高等学校专业教材

省级精品课程配套教材

食品化学

黄泽元　迟玉杰　主编

中国轻工业出版社

图书在版编目（CIP）数据

食品化学/黄泽元，迟玉杰主编．—北京：中国
轻工业出版社，2025.1

普通高等教育"十三五"规划教材
省级精品课程配套教材
ISBN 978 - 7 - 5184 - 1246 - 4

Ⅰ．①食…　Ⅱ．①黄…　②迟…　Ⅲ．①食品化学 -
高等学校 - 教材　Ⅳ．①TS201.2

中国版本图书馆 CIP 数据核字（2017）第 002857 号

责任编辑：马　妍
策划编辑：马　妍　　责任终审：张乃柬　　封面设计：锋尚设计
版式设计：锋尚设计　　责任校对：晋　洁　　责任监印：张　可

出版发行：中国轻工业出版社（北京鲁谷东街 5 号，邮编：100040）
印　　刷：北京君升印刷有限公司
经　　销：各地新华书店
版　　次：2025 年 1 月第 1 版第 7 次印刷
开　　本：787×1092　1/16　　印张：23
字　　数：530 千字
书　　号：ISBN 978 - 7 - 5184 - 1246 - 4　　定价：48.00 元
邮购电话：010-85119873
发行电话：010-85119832　010-85119912
网　　址：http://www.chlip.com.cn
Email：club@chlip.com.cn

本书编委会

主　　编　黄泽元（武汉生物工程学院）

　　　　　迟玉杰（东北农业大学）

副 主 编　王海滨（武汉轻工大学）

　　　　　张华江（东北农业大学）

　　　　　王月慧（武汉轻工大学）

参编人员（以姓氏笔画排序）

　　　　　车丽娟（吉林工商学院）

　　　　　何静仁（武汉轻工大学）

　　　　　张一凡（沈阳师范大学）

　　　　　陈海华（青岛农业大学）

　　　　　姚　理（武汉轻工大学）

　　　　　段春红（武汉生物工程学院）

前言 | Preface

　　食品化学是从化学角度和分子水平研究食品的化学组成、结构、理化性质、营养和安全性质，以及食品在加工、贮藏和运销过程中发生的变化及其对食品品质（色、香、味、质构、营养）和食品安全性影响的科学。食品化学是食品科学与工程专业、食品质量与安全专业及相关专业的一门重要的专业基础课程。其教材体现的教学任务是：① 以食品主要成分为主线，阐明食品的组成、各成分的理化性质、结构和功能以及食品各成分在加工及贮藏中可能发生的各种化学变化；② 食品是一个复杂的体系，食品化学需要介绍主要成分相互间的作用；③ 食品的营养性、安全性和享受性是食品的基本属性，食品化学教材需要介绍食品主要成分与食品属性的关系；④ 食品化学教材应适时将基础理论与最新成果和生活实际相联系，引导学生理论联系实际，培养学生应用基础理论解决实际问题的思维习惯和创新能力。本课程的教学旨在拓宽学生的专业基础知识面，为今后学习专业课打好坚实的基础，同时引导和培养学生的理论联系实际及创新能力。本教材根据教育部食品科学与工程专业教学指导分委员会专业培养目标的要求制定的食品化学教学大纲而编写。教材删除了一般食品化学教材中与基础课和专业基础课重复的内容，增加了与专业课衔接的内容，体现了近年来国内外最新的食品化学研究成果，结合作者多年的食品化学教学实践经验，介绍了食品化学的原理及应用技术，以提高人才培养质量。本教材配套在线教学资源及课件，方便广大师生学习使用。

　　本书由黄泽元、迟玉杰任主编，王海滨、张华江、王月慧任副主编。武汉生物工程学院食品工程系顾问，原武汉轻工大学黄泽元编写第一章；东北农业大学张华江编写第二章、第十一章；武汉轻工大学王月慧编写第三章；武汉轻工大学姚理编写第四章；东北农业大学迟玉杰编写第五章；武汉轻工大学王海滨编写第六章；吉林工商学院车丽娟编写第七章；武汉生物工程学院段春红编写第八章；武汉轻工大学何静仁编写第九章；沈阳师范大学张一凡编写第十章；青岛农业大学陈海华编写第十二章。武汉轻工大学食品科学与工程学院研究生陈雪勤协助为本书进行了文字整理及图片整理工作。

　　本书可供食品科学与工程专业、粮食工程专业、食品质量与安全专业学生使用，也可供食品科学研究、食品企业有关技术人员参考。

　　由于编者水平有限，书中难免有不妥之处，敬请读者批评指正。

目录 | Contents |

第一章 绪论 ·········· 1

第一节 食品化学的定义及课程特点 ·········· 1

第二节 食品化学的发展历史 ·········· 2

第三节 食品化学的研究内容 ·········· 3

第四节 食品化学对食品工业的推动作用 ·········· 6

第五节 食品化学的研究方法 ·········· 7

第六节 食品化学的研究发展趋势及学习方法 ·········· 9

第二章 水 ·········· 11

第一节 食品中的水分含量及其功能 ·········· 11

第二节 食品中的水分状态及其与溶质间的相互作用 ·········· 13

第三节 水分活度 ·········· 16

第四节 水对食品的影响 ·········· 22

第五节 分子流动性与食品稳定性 ·········· 29

第三章 碳水化合物 ·········· 35

第一节 食品中的碳水化合物 ·········· 35

第二节 单糖、低聚糖的物理性质 ·········· 38

第三节 单糖、低聚糖的化学性质 ·········· 42

第四节 功能性低聚糖 ·········· 50

第五节 淀粉 ·········· 53

第六节 非淀粉多糖 ·········· 67

第四章 脂类 ·········· 79

第一节 概述 ·········· 79

第二节 油脂的组成、结构和分类 ·········· 80

第三节 油脂的物理性质 ·········· 90

第四节 油脂的化学性质 ·········· 99

第五节 油脂品质的鉴评 ·········· 123

第六节　油脂制品及其加工 ………………………………… 125
第七节　类脂 ……………………………………………… 130

第五章　氨基酸、肽和蛋白质 ……………………………… 135
第一节　氨基酸、肽和蛋白质的理化性质 ………………… 135
第二节　蛋白质的功能性质 ………………………………… 148
第三节　食品中的蛋白质 …………………………………… 156
第四节　生物活性肽 ………………………………………… 161
第五节　食品加工中蛋白质的变化 ………………………… 166

第六章　酶 …………………………………………………… 172
第一节　概述 ………………………………………………… 172
第二节　谷物类食物中的主要酶类及其特性 ……………… 180
第三节　酶促褐变 …………………………………………… 185
第四节　酶对食品质量的影响 ……………………………… 188
第五节　酶在食品加工中的应用 …………………………… 193
第六节　酶的固定化 ………………………………………… 200

第七章　维生素 ……………………………………………… 204
第一节　概述 ………………………………………………… 204
第二节　脂溶性维生素 ……………………………………… 206
第三节　水溶性维生素 ……………………………………… 215
第四节　维生素在食品加工与贮藏过程中的变化 ………… 229
第五节　维生素的增补与强化 ……………………………… 234

第八章　矿物质 ……………………………………………… 239
第一节　概述 ………………………………………………… 239
第二节　食品中的矿物质 …………………………………… 241
第三节　矿物质的生物有效性 ……………………………… 244
第四节　矿物质在食品加工及贮藏中的变化 ……………… 246
第五节　酸性食品与碱性食品 ……………………………… 247
第六节　矿物质的营养强化 ………………………………… 249

第九章　食品色素 …………………………………………… 251
第一节　食品色素的发色原理及分类 ……………………… 251
第二节　食品中的天然色素 ………………………………… 252

第三节　人工合成食品着色剂 ……………………………………… 263

第十章　食品风味 ………………………………………………… 266
　　第一节　概述 ………………………………………………………… 266
　　第二节　食品的味道 ………………………………………………… 269
　　第三节　食品的滋味和呈味物质 …………………………………… 274
　　第四节　嗅觉 ………………………………………………………… 289
　　第五节　食品的香气及其香气成分 ………………………………… 293
　　第六节　食品中香气物质形成的途径 ……………………………… 296
　　第七节　食品加工与香气控制 ……………………………………… 303

第十一章　食品中的有害成分 …………………………………… 307
　　第一节　概述 ………………………………………………………… 307
　　第二节　食品中的各类有害物质 …………………………………… 309
　　第三节　食品中有害物质的安全评价方法 ………………………… 323

第十二章　食品添加剂 …………………………………………… 327
　　第一节　概述 ………………………………………………………… 327
　　第二节　食品添加剂的分类及组成 ………………………………… 329
　　第三节　食品添加剂的性质及应用 ………………………………… 330
　　第四节　食品添加剂与食品安全性 ………………………………… 351

参考文献 ………………………………………………………………… 356

第一章

绪　论

[学习指导]

　　熟悉和掌握食品化学的概念、食品的化学组成、食品化学的主要内容；了解食品化学研究的对象，食品化学在食品科学中的作用，食品化学的研究方法，食品化学有哪些"生长点"。

第一节　食品化学的定义及课程特点

　　食品化学是从化学角度和分子水平研究食品的化学组成、结构、理化性质、营养和安全性质以及食品在加工、贮藏和运销过程中发生的变化及其对食品品质（色、香、味、质构、营养）和食品安全性影响的科学。它是为改善食品品质、开发食品新资源、革新食品加工工艺和贮运技术、改进食品包装、加强食品质量控制、科学调整膳食结构、提高食品原料加工和综合利用水平奠定理论基础的学科。

　　食品化学研究的对象主要是生物物质，即植物、动物产品、（非）生命机体或组织。食品的化学组成包括天然成分和非天然成分。其中天然成分包括无机成分和有机成分。无机成分包括水和矿物质。有机成分包括碳水化合物、脂肪、蛋白质、维生素、膳食纤维、酶、有机酸、色素、风味物质、激素、有害物质等。非天然成分包括食品添加剂（包括天然来源的和人工合成的）和污染物质（加工产生的、环境污染的有害物质）。

　　食品化学是食品科学的一个重要方面，是食品科学的支柱学科之一。食品化学是食品类专业的核心课程之一，是食品科学与工程专业、食品质量与安全专业等食品类专业的专业基础课。其与基础化学、生物化学、食品营养学、食品贮运学、食品分析学、食品安全学、食品工艺学等课程密切相关。食品化学是一门交叉性非常明显的学科。食品加工的每一个工艺步骤的设计，都要建立在对加工原料化学组成的了解，以及对加工条件下可能发生的反应的预测基础之上；

评价食品营养，也应对食物成分及其稳定性有充分的了解；食品分析中对食品成分的分离、处理则要掌握更多的食品化学知识。

通过食品化学课程的教学，使学生了解食品的主要营养成分及其在食品中的含量、分布、结构、性质和生理功能，在食品加工和贮藏中的变化；掌握主要成分在食品加工中的功能特性；了解食品中酶的种类、含量、分布、结构及性质；掌握酶对食品品质的影响，以及在食品加工和贮藏中控制和利用酶改进食品品质的途径；掌握食品加工和贮藏的原理；注重学生在食品加工和贮藏中分析问题、解决问题的能力和综合素质的培养；特别要求学生掌握具有专业特色的教学内容，为后续学习专业课打好坚实的基础。

食品化学与生物化学从章节编排的形式来看，有相同的章节名，但教学内容各有不同的侧重点。如在"蛋白质"一章中，两门课程介绍的内容是不一样的。生物化学着重研究蛋白质在与生命活动相适应的环境条件下的各种生理生化反应及对生物生命活动的影响。食品化学则侧重于研究蛋白质在食品加工与贮藏过程中的理化反应，如蛋白质在加热、冷冻、浓缩、脱水、辐照等处理时可能发生的物理和化学变化，以及这些变化对食品品质的影响。当然，食品化学对某些生理生化反应也有描述，但只是局限在植物的采后生理和动物的宰后生理，其研究范围是衰败或死亡的生物体内的生理现象，因为这些现象与食品品质密切相关。

食品化学是连接基础理论与专业技术的桥梁。食品化学对专业技术课程的作用，如同进入大门的钥匙一般，掌握了食品化学的原理，就很容易深入到各个技术领域中去。食品化学是应用化学，是专业基础课。专业基础课的特点是：从教学内容上讲，它比基础课更接近实践，但比专业课，更注重基本原理的介绍。正因为如此，专业基础课不像基础课那样具有理论体系的严密性、教学内容的逻辑性以及深入浅出、环环相扣的特性，显得理论性、系统性不强，知识比较零乱，难以系统掌握；而它又不如专业课那样具有实践性、直观性和吸引力。所以专业基础课的教学工作有较大难度，但其又是本专业学生通向专业前沿必不可少的桥梁，须下大力气教好、学好。

第二节　食品化学的发展历史

食品化学是 20 世纪初随着化学、生物化学的发展和食品工业的兴起而形成的一门独立学科。

食品化学的起源可以上溯至远古时期，因为早期人类的食物生产也涉及食品化学的一些内容，例如我国的发酵制酒技术有 4000 多年的历史，海藻（碘）治病有 1600 多年的历史，猪肝治病（夜盲）有 1300 多年的历史，制酱技术有 1200 多年的历史。

食品化学成为一门独立学科始于 20 世纪初，但可以追溯到 18 世纪。

瑞典化学家舍雷（Carl Wilhelm Scheele）1780 年分离出乳酸并研究了其性质。1784 年分离出柠檬酸、苹果酸，检验了 20 余种水果中的柠檬酸、苹果酸、酒石酸等有机酸，成为定量研究的先驱。法国化学家拉瓦锡（Antoine Laurent Lavoisier）首先测定了乙酸的元素成分，确定了燃烧有机分析原理，率先提出了用化学方程式表达发酵过程。1807 年法国化学家尼古拉斯（Nicolas）用干法灰化方法测定了植物中矿物元素的含量，首先完成了乙醇的精确元素组成分析。盖－吕萨克（Joseph Louis Gay－Lussac）和赛纳德（Louis－Jacques Thenarde）1811 年提出了干燥植物中的碳、氢、氧、氮定量测定方法。

英国化学家戴维（Humphrey Davy）在 1807—1808 年分离出元素钾、钠、钙、镁、钡、铝，在 1813 年出版了第一本《农业化学原理》，在其中论述了食品化学的一些有关内容。法国化学家谢福瑞（Michel Fugene Chevreul）在其对动物脂肪成分上所做的经典研究中发现并命名了硬脂酸和油酸。

李比希（Justus von Liebig）于 1842 年将食品分类为含氮化合物、不含氮化合物，1847 年出版《食品化学研究》刊物。德国的汉尼伯格（W. Hanneberg）和斯托曼（F. Stohman）于 1860 年发展了测定水分、脂肪、灰分、蛋白质、无氮浸出物的方法。杜马（Jean Baptiste Dumas）于 1871 年提出了仅由蛋白质、碳水化合物和脂肪组成的膳食不足以维持人类生命活动的论断。

20 世纪初，食品工业已成为发达国家和一些发展中国家的重要工业，大部分食品的组成已被化学家、生物学家和营养医学家的研究探明，这些物质包括维生素、矿物质、脂肪酸和一些氨基酸。食品工业的发展推动了食品化学的发展。食品工业的不同行业纷纷创建自身的化学基础，如粮食化学、油脂化学、果蔬化学、乳品化学、糖业化学、水产品化学、肉禽蛋化学、添加剂化学、风味化学等的创建和发展，为系统地建立食品化学学科奠定了坚实的基础。同时在 20 世纪 30 ~ 60 年代，一些具有重要世界影响的杂志如 *Journal of Food Science*、*Journal of Agricultural and Food Chemistry* 和 *Food Chemistry* 等相继创刊，标志着食品化学作为一个学科正式建立。食品化学著作、教科书相继问世，基本反映了食品化学发展水平，其中美国学者菲尼马（Owen R. Fennema）的 *Food Chemistry* 和德国学者贝利兹（H. D. Belitz）的 *Food Chemistry* 已经发行了多版，作为经典教材被世界各国的高校广泛使用或作为教学参考书。

20 世纪的后期，由于现代食品工业加工技术的新发展，例如膜技术、超临界萃取技术、微胶囊技术、超微粉碎技术、微波技术和静高压灭菌技术、电磁波技术等在食品工业中开始应用并得到深入研究，不仅对食品质量、品质、安全性等方面提出了新要求，而且对食品化学领域的一些相关研究也提出了新问题。现代分析技术（例如色谱、质谱、色质联机等）的广泛应用则进一步为现代食品化学的研究和发展创造了新的条件，这些技术可以帮助我们确定食品组分在加工、贮藏过程中发生的化学变化及研究其反应机制和动力学，寻找新的加工、贮藏技术和方法。功能食品、动植物化学成分研究的兴起，天然食品成分的功能性质开发，为食品化学的研究和发展开拓了新的研究领域。

第三节　食品化学的研究内容

食品化学研究内容可归纳为两个方面：食品成分化学和食品在加工贮藏中的变化及加工对食品品质的影响。食品成分化学研究包括食品化学组成、结构、理化性质、营养和安全性质研究，食品原料、食品配方改进研究，以及食品化学理论和方法研究。食品在加工贮藏中的变化及对食品品质的影响研究，包括研究食品贮藏加工中可能发生的各种化学、生物化学变化，研究化学反应的动力学和环境因素对变化的影响，研究改进加工工艺、加工技术和设备、包装方法、贮藏条件，以便更好保护食品有益成分，减少有害成分，减缓不良变化，提高产品的品质和安全性。

一、食品成分化学

（1）食品中的水　水是最普遍存在的组分，占植物、动物质量或食品质量的 4% ~ 95%。由于水为必需的生物化学反应提供一个物理环境，因此它对所有已知的生命形式是绝对重要的。水作为代谢所需的成分决定着市场上食品的特性、质构、可口程度、消费者可接受性、品质管理水平和保藏期，因而它是许多食品法定标准中的重要指标。

（2）食品中的碳水化合物　碳水化合物是人类食品中热量的主要来源，在食品加工中必须重视碳水化合物的结构和加工特性。近 20 年来，在这方面的研究非常活跃，例如淀粉糊化和改性、功能性多糖的开发及其空间结构对功能的影响、功能性低聚糖的开发利用等。

（3）食品中的脂肪　食用脂肪具有重要的营养价值，它不仅提供热量和必需脂肪酸，而且能改善食品的口味。食用脂肪以两种形式存在，一种是从动物和植物中分离出来的奶油、猪油、豆油、花生油以及棕榈油等，另一种是存在于食品中的，如肉、乳、大豆、花生、菜籽以及棉籽中均含有脂肪。

（4）食品中的蛋白质　蛋白质是食品中的重要营养成分，具有重要的生理功能和食用价值。蛋白质分子体积较大并具有能产生多种反应的复杂结构，所以在生物物质中占有特殊的地位。蛋白质的许多不可逆反应可导致食品变质，或产生有害的化合物，使其营养价值降低。

（5）食品中的酶　酶是由生物活细胞所产生的，具有高效的催化活性和高度特异性（专一性）的蛋白质。任何动植物和微生物来源的食物原料，均含有一定的内源酶。内源酶对食物的风味、质构、色泽、营养具有重要的影响，其作用有的是人们期望的，有的是人们不期望的。

（6）食品中的维生素　维生素是由多种不同结构的有机化合物构成的一类营养素。目前，对许多维生素的一般稳定性已经了解，但是对于复杂食品体系中维生素保存的影响因素尚不十分清楚。例如，食品贮藏加工的时间和温度，维生素降解反应与其浓度和温度的关系，氧浓度、金属离子、氧化剂和还原剂等对其稳定性的影响等。另外，许多维生素的前体和类似物也是现代研究的热点。

（7）食品中的矿物质　食品中的矿物质元素有数十种，它们无法在人体内合成，不能缺少，许多微量元素有多种存在形式和生物功能，并且对食品其他成分的功能和食品的形状具有复杂的影响。某些元素有毒，即使是必需的微量元素，过量也会产生毒性或致病，所以对于实际食品体系中矿物质元素的研究仍是食品化学研究的重点。

（8）食品中的色素　食品色素是植物或动物细胞与组织内的天然有色物质，以及一部分人工合成的着色剂。全面了解食品色素的种类、特性及重点掌握其在加工和贮藏过程中的变化对于如何保持食品的感官吸引力是至关重要的。

（9）食品中的风味物质　食品的风味，除新鲜水果、蔬菜外，一般是在加工过程中由糖类、蛋白质、脂类、维生素等分解或进一步反应所产生的需宜或非需宜的特征。新鲜水果和蔬菜的风味主要由生物合成途径产生，其间涉及糖代谢、脂质代谢和氮代谢等，产物有比较高级的醇、醛、酯和酮类等。与此同时，多酚类、萜烯类等天然次生物质的合成及其变化也为水果和蔬菜贡献着风味。粮食、肉类等原本风味较淡的食品原料在加工中会转变为风味十足的食品，此风味主要来自大分子降解产生的氨基酸、糖、脂肪酸等进一步反应形成的小分子化合物，但有时也包括一些天然小分子如色素、维生素和其他次生物质的参与和变化。食品加工引起的大分子变性、水分含量变化等也可以引起食品质地发生变化。另外，各种调味品和香料在食品风味的改善中常常起着关键作用，掌握和善用其关键成分是将调味科学发展为调味艺术的关键。因此，研究风味物质的化学对控制食品的贮藏加工条件，使之保持原料具有的优良风味、产生需宜的风味，防止非需宜风味的形成是十分必要的，对进一步发展风味添加剂也是十分必要的。

（10）食品添加剂　食品添加剂是指为了在食品的制造、加工、包装、贮藏、运输或保存中达到一个技术上（包括感官上）的目的而有意识地加入食品中的一些物质。由于食品添加剂直接或间接地成为食品的一个组分，所以不但要研究它的功能，还必须研究它的安全性。世界上已经开发了一万多种食品添加剂，各国常用的也有数百种。添加剂在食品中的合理使用大大促进了食品工业的发展，但食品添加剂的滥用也带给食品相当多的安全隐患。要解决好这一问题还面临着严峻考验。

（11）食品中的有害物质　可能因污染和原料天然含有的缘故，食品中或多或少都含有一定对人体有害的物质。例如农药、兽药残留，重金属污染，真菌毒素、亚硝胺、激素及不良加工中产生的多种微量的有害物。由于许多食品中存在超标的有害物质时，依然没有明显的迹象可供消费者辨别，并涉及很广泛的和较高深的化学及生物知识与技术。所以，预防、分析和减除食品中的有害物质是食品科学面临的重要任务之一。

（12）食品中的保健成分　现代营养学、医学和食品科学共同关注着保健功能食品的发展。不论是中国传统的食疗或药膳，现代的保健食品，日本的功能食品，还是欧美的健康食品，其本质都是指：对于形形色色的人群，如果只食用普通食品，其某些生理功能处于亚健康状态，而保健功能食品中含有较丰富的普通食品中含量相对不足的具有调节人体某种生理功能的成分（功能因子），长期补充食入这类食品，可以改善亚健康人群的健康状态，健康人群即使长期补充食用此类食品，也不应有副作用。保健功能食品的发展已到了第三代，它要求明确功能因子的功能、安全性、含量、量效关系和保证其在食品加工贮藏中的稳定性。因此，现代食品化学工作者将很大一部分精力投入到保健功能因子的研究和利用上。

二、食品在加工贮藏中的变化及加工对食品质量的影响

食品从原料生产、贮藏、运输、加工到产品销售等过程中，每个过程无不涉及一系列的变化。仅就化学变化而言，其涉及面已非常广泛。由于食品各成分之间的相互作用不仅涉及营养价值、功能性质、风味方面等，还涉及食品的安全性问题，因而食品成分在加工、贮藏中的变化成为食品化学的重点研究内容。

1. 食品成分的化学变化

在贮藏加工过程中发生的化学变化，主要有氧化反应、水解反应、热降解反应、交联反应

等。例如，食品的非酶促褐变和酶促褐变；脂类的水解、自动氧化、热降解和辐解；蛋白质变性、交联和水解；食品中多糖的合成和化学修饰反应、低聚糖和多糖的水解等，并从多种方面影响食品的品质和安全性。

2. 食品质地的变化

食品质地指可用机械的、触觉的、视觉的、听觉的方法感觉到的产品的流变学性质、结构、几何图形和表面特征。常见的食品质地变化包括以下几方面。

（1）持水容量降低　如蛋白质变性、糖的水解使食品持水容量降低。

（2）变硬、变软　如蛋白质变性、果蔬损伤、加热等使食品的质地变硬、变软。

（3）胶凝化　如蛋白质、动物胶、植物胶、微生物胶可以发生胶凝作用，果冻、软糖的制作就利用了胶凝作用。

3. 食品风味的变化

（1）产生哈喇味　如脂类氧化、水解产生哈喇味。

（2）产生蒸煮味或焦糖味　如糖水解、羰氨反应产生蒸煮味或焦糖味。

（3）产生不良味或芳香美味　如细胞破裂释放酶、酸后发生的反应，美拉德（Maillard）褐变反应，一定条件下加热蛋白质等产生香味化合物。

4. 食品色泽的变化

（1）变深变暗　如脂类氧化、糖类和脂肪水解以及细胞破裂后发生反应而使产品颜色变暗。脱色，如果蔬损伤、日晒或受热以及细胞破裂释放酶、酸后发生反应而褪色。

（2）产生不良的色泽或诱人色彩　如食品的酶促褐变和非酶促褐变。

5. 食品营养价值的变化

（1）维生素损失或降解　如果蔬损伤、受热以及释放酶、酸后发生反应而损失多种维生素。

（2）矿物质元素损失　如果蔬损伤和漂烫时矿物质流失。

（3）蛋白质损失或降解　如蛋白质的变性、交联、水解反应，羰氨反应等。

（4）脂类损失或降解　如脂类的水解、氧化、热降解和羰氨反应等。

（5）产生生物活性物质　如蛋白质和多糖部分水解形成寡肽、低聚糖等。

6. 食品安全性的变化

产生或钝化毒素，如烧烤食品表面可能有有机物不完全燃烧产生的致癌物质；胆固醇的氧化产物中包含可致癌和致突变成分；加热可以使胰蛋白酶抑制剂失活。

第四节　食品化学对食品工业的推动作用

食品化学对食品工业的推动作用主要体现在对各食品行业技术进步的影响。食品化学对各食品行业技术进步的影响见表 1-1。

表1-1　　　　　　　　食品化学对各食品行业技术进步的影响

食品加工	影响方面
果蔬加工贮藏	化学去皮，护色，质构控制，维生素保留，脱涩脱苦，打蜡涂膜，化学保鲜，气调贮藏，活性包装，酶法榨汁，过滤和澄清及化学防腐等
肉品加工贮藏	宰后处理，保汁和嫩化，护色和发色，提高肉糜乳化力，凝胶性和黏弹性，超市鲜肉包装，烟熏剂的生产和应用，人造肉的生产，内脏的综合利用（制药）等
饮料工业	速溶，克服上浮下沉，稳定蛋白饮料，水质处理，稳定带肉果汁，果汁护色，控制澄清度，提高风味，白酒降度，啤酒澄清，啤酒泡沫和苦味改善，防止啤酒异味，果汁脱涩，大豆饮料脱腥等
乳品工业	稳定酸乳和果汁乳，开发凝乳酶代用品及再制干酪，乳清的利用，乳品的营养强化等
焙烤工业	生产高效膨松剂，增加酥脆性，改善面包呈色和质构，防止产品老化和霉变等
食用油脂工业	精炼，调温，油脂改性，DHA、EPA及中链脂肪酸三甘酯（MCT）的开发利用，食用乳化剂的生产，抗氧化剂，减少油炸食品吸油量等
调味品工业	生产肉味汤料、核苷酸鲜味剂、碘盐和有机硒盐等
发酵食品工业	发酵产品的后处理，后发酵期间的风味变化，菌体和残渣的综合利用等
基础食品工业	面粉改良，精谷制品营养强化，水解纤维素和半纤维素，产生高果糖浆，改性淀粉，氢化植物油，生产新型甜味料，生产新型低聚糖，改性油脂，分离植物蛋白质，生产功能性肽，开发微生物多糖和单细胞蛋白质，食品添加剂生产和应用，野生、海洋和药食两用资源的开发利用等
食品检验	检验标准的制定，快速分析，生物传感器的研制等

第五节　食品化学的研究方法

食品化学的研究方法与一般化学研究方法的共同点是通过试验和理论从分子水平分析、探讨和研究物质的变化。食品化学的研究方法与一般化学研究方法的不同之处是把食品的化学组成、理化性质及变化的研究同食品的品质和安全性研究联系起来。由于食品是多种组分构成的复杂体系，在食品的配制、加工和贮藏中可发生许多复杂的化学变化，因而给食品化学的研究工作带来了一定的困难。为克服这些困难，从试验设计开始，食品化学的研究就以揭示食品品质或安全性变化为目的。为了使分析、推导和综合有一个清晰的背景，食品化学研究通常采用一个简化的、模拟的食品体系来进行试验，得到结果和结论后，再于真实的食品体系中验证、充实和修正它们。由于这种研究方法有时很难全面揭示食品体系中的真实情况，因此，在建立模拟体系时应认真思考研究对象的实际情况，设计好模拟体系，选好研究工作的切入点和抓住主要目标，并且应认真考虑、检查和认识已进行的研究中存在的不足，通过多角度、多次的试验研究，不断提高研究水平和完善研究成果。

食品化学试验研究在很多情况下需要模拟食品加工、贮藏过程，其试验内容和设备也必然要应用到食品加工、贮藏方法和试验型食品加工、贮藏上。食品科学领域利用现代分析技术进行研究已越来越广泛，然而食品的组成复杂，进行现代分析时的样品前处理和测定结果的解析正在向食品分析和化学提出严峻的挑战。然而，和任何其他化学领域的现代分析一样，对食品化学的研究越深入和知识积累越丰富，建立更适当的样品前处理方法和对测定结果进行更准确深入的解析就越容易。正因为这样，许多国家的食品科技界将食品分析纳入食品化学学科领域之中。在我国，虽然二者并未融合，但每个从事食品化学研究的科技人员也都在从事一定的改进食品分析方法的研究，而每个从事食品分析研究的科技人员也都在从事一定的食品化学研究。所以，分析方法本身实质上也是食品化学研究方法的重要部分。

食品化学研究中常进行理化试验和感官试验。理化试验主要是对食品成分进行分离、分析和结构分析，并对食品成分的变化反应进行追踪以便分析其变化机制。因此分离和分析试验系统中的营养成分、有害成分、色素和风味物质等关键成分的存在形式、含量、变化后的生成物和它们的性质及其化学结构是常见的试验内容。除建立的试验体系各有特色外，所采用的方法是和其他化学研究相同的。感官试验通过人的直观检评来分析试验系统的质构、风味和颜色的变化。这种试验有一套独特的方法。在食品化学研究中，感官试验和理化试验相互结合往往能取得更好的结果，感官试验研究往往能更快和更容易地发现食品变化，而理化试验研究则能更科学地鉴定食品物质并揭示反应机制。

对食品安全性进行评定，这是由于安全性与营养、风味品质一样，也是食品的重要属性。供人类消费的食品不应含有或尽量减少微生物毒素（如黄曲霉毒素 B_1）、亚硝胺、苯并 [a] 芘、激素、农药、有害金属元素等有害物质。而食品在生产、加工、贮藏中，一些成分发生的化学反应、物理变化或微生物污染，有可能对食品的品质、安全性产生各种不良的影响，例如蛋白质、脂肪和碳水化合物三大营养成分在食品的贮藏、加工过程中就有可能发生一些不需要的反应。目前公众对食品安全性问题如此敏感，食品安全性问题将是农业、食品工业所面临的最重要问题之一。

食品化学研究成果最终将转化为合理的原料配比，有效的反应物接触屏障的建立，适当的保护或催化措施的应用，最佳反应时间、温度、光照、氧含量、水分活度和 pH 等的确定，从而得出最佳的食品加工、贮藏方法，进而实现食品的科学合理生产，为人们提供安全、营养的食品。

第六节 食品化学的研究发展趋势及学习方法

一、食品化学研究发展趋势

为了满足人民生活水平日益提高的需要，今后的食品工业必将会更快和更健康地发展。食品工业的发展从客观上更加依赖科技进步，把食品科研重点转向高、深、新的理论和技术方向，这将为食品化学的发展创造极有利的机会。同时，由于新的现代分析手段、分析方法和食品技术的应用，以及生物学理论和应用化学理论的进展，使得人们对食品成分的微观结构和反应机制有了更进一步的了解。采用生物技术和现代化工业技术改变食品的成分、结构与营养性，从分子水平上对功能食品中的功能因子所具有的生理活性及保健作用进行深入研究等将使得今后食品化学的理论和应用产生新的突破和飞跃。因此，食品化学学科今后的研究方向主要体现在下列几个方面。

（1）中国幅员辽阔、食品资源丰富而复杂、加工技术多样，因此，继续研究不同原料和不同食品的组成、性质和在食品贮藏加工中的变化依然是今后食品化学的主要课题。

（2）开发新的食品资源，特别是新的食用蛋白质资源，发现并脱除新食源中有害成分，同时保护有益成分的营养与功能是今后食品化学学科的另一重要任务。

（3）现有的食品工业生产中还存在各种各样的问题，如变色变味、质地粗糙、货架期短、风味不自然等，这些问题有待食品化学家与工厂技术人员相结合从理论和实践上加以解决。

（4）运用现代化科学与技术手段对功能性食品中功能因子的组成、含量、结构、生理活性、保健作用、提取、分离、纯化方法及应用加以深入研究。

（5）现代贮藏保鲜技术中辅助性的化学处理剂或被膜剂的研究和应用仍将是食品化学家义不容辞的责任。

（6）利用现代分析手段和高新技术深入研究食品的风味化学和加工工艺学。

（7）新的食品添加剂的开发、生产和应用研究任务将加大。生物技术和化学改性技术将成为食品化学家担此重任的有力手段。

（8）快速和精确分析检验食品成分（特别是有害成分）的方法或技术研究规模将扩大。

（9）食品深加工和资源综合利用虽然是整个食品科学与工程学科的重大任务，但重中之重的是高经济价值成分的确立、资源转化中的化学变化及转化产物的提取分离技术研究。

可以肯定，尽管目前我国食品化学学科基础还很薄弱，未来的前进道路也不平坦，但随着经济和社会的发展，食品化学的蓬勃发展之势必然到来。

二、食品化学的学习方法

在世界范围内，食品化学作为一门大学课程还不过几十年，因此本门课程内容的系统性还有些欠缺。另一方面，由于食品化学的涉及面很广，对于完全无食品加工实践的学生来说，如果不注意学习方法，则难以收到好的学习效果。所以，建议同学们在学习该课程时注意以下几点。

（1）建立食品化学反应是多步骤的、复杂的概念。

（2）记住食品主要化学成分的代表性物质的化学性质、结构特点、特征基团、加工与贮藏条件下的典型反应等，以它们作为本课程的基本知识元素，这样有利于今后从事食品产品开发和科学研究。

（3）应注意了解常见食品的特点，特别是它们的主要化学组成和主要化学变化，作为理解食品化学的实例，也为预测食品在贮藏和加工条件下可能发生的化学反应打下理论基础。

（4）教材中有关工艺技术的举例，最好能查阅有关工艺资料，以加深对有关理论问题的理解。

（5）在学习过程中会遇到一些与食品化学相关的基础性知识，如一些典型的有机化学反应，一些普遍的生物学现象，要及时查阅相关的书籍和已经学习的基础化学知识，把这些问题弄懂。

（6）食品化学知识与你的日常生活密切相关，多与自己遇到的实际情况联系，以培养对本门课程的学习兴趣和解决实际问题的能力。

（7）应用归纳方法，在每学习一章后要及时进行归纳和总结，学习了后续的章节后要与前面的章节联系起来进行归纳和总结。

（8）适当阅读参考资料，加深理解，扩大知识面。

（9）独立完成实验，注意观察、记录、分析实验现象，认真完成实验报告。

（10）认真听讲，记笔记，完成作业，加强与同学们和老师的讨论，实践探讨式地学习。

🔍 思考题

1. 简述食品化学的概念。
2. 食品的化学组成包括哪些成分（含天然成分和非天然成分)?
3. 食品化学研究的对象是什么？
4. 食品化学在食品科学中的作用如何？
5. 食品化学研究的主要内容是什么？
6. 食品化学的研究方法是什么？
7. 怎样学好食品化学？
8. 你认为食品化学有哪些"生长点"？

CHAPTER

2

第二章

水

[学习指导]

　　熟悉掌握水和冰的结构及其性质；水在食品中的物理状态及其功能；食品中水与非水溶质之间的相互作用。重点掌握水在食品中的存在状态，水分活度、水分等温吸湿线的概念及其意义，水分活度对粮油等食品稳定性的影响，冰在食品稳定性中的作用。熟悉分子移动性的基本理论，掌握食品中水分的相态转变及其状态图，分子流动性与食品稳定性的关系以及 T_g 在预测食品稳定性中的重要性。

第一节　食品中的水分含量及其功能

一、食品中的水分含量

　　水是地球上储量最多、分布最广的一种物质，广泛分布于江、河、湖、泊、地下、大气和海洋等环境和生物体中。同时是食品体系普遍存在的一个组成组分（表2–1），在天然食品中，水分含量范围一般在50%～92%。水在各种食品中都有其特定的含量、分布、状态，因而决定了食品的色、香、味、形、营养性、安全性等特性。

二、水在生物体内的功能

　　生物体内的水分含量一般为70%～80%，是其含量最高的组分。水在人体内的含量随年龄的增长而逐渐减少，成年人的含水量为58%～67%；水在人体内的分布也是不均匀的，肌肉、脑、肝、胃等含水量为70%～80%，皮肤为60%～70%，骨骼为12%～15%；人体内的水分处于动态变化之中，正常情况下，每人每日需要从食物中摄取2～2.7L的水，并以汗、尿等形式排出，维持体内水的平衡。

表 2 - 1　　　　　　　　　　　　一些食品中的水分含量

食品		水分含量/%	食品		水分含量/%
水果、蔬菜	番茄	95	乳制品	液态乳	87 ~ 92
	柑橘	87		冰淇淋	65 ~ 68
	香蕉	75		人造黄油	18 ~ 20
	西瓜	90 ~ 98	畜、水产品	牛肉	50 ~ 70
	青豆类	67		猪肉	60 ~ 63
	黄瓜	96		鲜蛋	74
	马铃薯	75 ~ 85		鱼肉	65 ~ 81
	卷心菜	92 ~ 98	谷物及其制品	面粉	10 ~ 13
糖类	白糖及其制品	< 1		饼干	5 ~ 8
	蜂蜜	20 ~ 25		面包	35 ~ 45
				馅饼	43 ~ 59
				燕麦	< 4
乳制品	奶油	16 ~ 18	高脂肪含量食品	人造奶油	15
	干酪	40		蛋黄酱	15
	乳粉	4		沙拉酱	40

在人体内，水虽无直接的营养价值，但水不仅是构成机体的主要成分，而且是维持生命活动、调节代谢过程不可缺少的重要物质，断水比断食物对人体的危害和影响更为严重。水的作用有：① 水使人体体温保持稳定，因为水的热容量大，一旦人体内热量增多或减少也不致引起体温出现太大的波动；水的蒸发潜热大，因而蒸发少量汗水即可散发大量热能，通过血液流动使全身体温平衡。② 水是一种溶剂，能够作为体内营养素运输、吸收和代谢物运转的载体，也可作为体内化学和生物化学的反应物和反应介质。③ 水是天然的润滑剂，可使摩擦面滑润，减少损伤。④ 水是优良的增塑剂，同时也是生物大分子聚合物构象的稳定剂，以及包括酶催化剂在内的大分子动力学行为的促进剂。

三、水的食品功能

水是食品中非常重要的一种成分，也是构成大多数食品的主要成分。水的含量、分布和状态不仅对食品的结构、外观、质地、风味、色泽、流动性、新鲜程度和腐败变质的敏感性产生极大的影响，而且对生物组织的生命过程也起着至关重要的作用。① 水在食品贮藏加工过程中是化学和生物化学反应的介质，又是水解过程的反应物。② 水是微生物生长繁殖的重要因素，直接关系到食品的贮藏和安全特性。③ 水分还与食品中营养成分的变化、风味物质的变化以及外观形态的变化有密切关系。如蛋白质的变性、脂肪的氧化酸败、淀粉的老化、维生素的损失、香气物质的挥发、色素的分解、褐变反应、黏度的变化等都与水分相关。④ 水还能发挥膨润、浸湿的作用，影响食品的加工性。因此，在许多法定的食品质量标准中，水分是一个主要的质量指标。

在食品加工过程中采用的大多数单元操作都有一个目标，即以某种方式或者从食品材料中除去水（干燥和浓缩），或者将水转变成非活性成分（冷冻），或者将水固定在凝胶结构食品和低（或中等）水分食品中，于是提高了食品材料的稳定性。

第二节 食品中的水分状态及其与溶质间的相互作用

一、水 分 状 态

各种食品或食品原料都是由水和非水组分构成的，它们的含水量各不相同，而且其中水分与非水组分间以多种形式相互作用后，便形成了不同的存在状态，性质也不尽相同，对食品的贮藏性、加工特性也产生不同的影响，所以区分食品中不同形式的水分是很有必要的。

从水与食品成分的作用情况来划分，食品中的水是以游离水（或体相水、自由水）和结合水（或固定水）两种状态存在的，它们的区别在于它们同亲水性物质的缔合程度，而缔合程度的大小又与非水成分的性质、盐的组成、pH、温度等因素有关。

1. 游离水

游离水（free water）又称体相水（bulk water），是指与非水组分靠物理作用结合的那部分水。它又可分为三类：不移动水或滞化水（entrapped water）、毛细管水（capillary water）和自由流动水（free flow water）。

（1）不移动水或滞化水 指被组织中的显微和亚显微结构与膜阻留住的水，这些水不能自由流动，所以称为不可移动水或滞化水。例如一块重100g的动物肌肉组织中，总含水量为70~75g，含蛋白质20g，除去近10g结合水外还有60~65g水，这部分水中极大部分是滞化水。

（2）毛细管水 指在生物组织的细胞间隙、制成食品的结构组织中存在的一种由毛细管力截留的水，在生物组织中又称细胞间水，其物理和化学性质与滞化水相同。

（3）自由流动水 指动物的血浆、淋巴和尿液，植物的导管和细胞内液泡中的水，因为都可以自由流动，所以称自由流动水。

游离水具有普通水的性质，容易结冰，可以作为溶剂，利用加热的方法可从食品中分离，可以被微生物利用，与食品的腐败变质有重要的关系，因而直接影响食品的保藏性。食品是否易被微生物污染并不决定于食品中水分的总含量，而仅决定于食品中游离水的含量。

2. 结合水

结合水（bound water）又称固定水（immobilized water），是指存在于溶质及其他非水组分邻近的那一部分水，与同一体系的游离水相比，它们呈现出显著不同的性质，如呈现低的流动性，在-40℃不结冰，不能作为所加入溶质的溶剂，在质子核磁共振（NMR）试验中使氢的谱线变宽。根据与非水组分结合牢固程度不同，结合水又可分为：化合水（compound water）、邻近水（vicinal water）和多层水（multilayer water）。

（1）化合水 化合水又称组成水（constitutional water），是指与非水物质结合得最牢固的并构成非水物质整体的那部分水分，例如它们存在于蛋白质的空隙区域内或者成为化学水合物的一部分。它们在-40℃不会结冰、不能作为溶剂、不能被微生物利用以及在高水分含量食品中只占很小比例。

（2）邻近水　邻近水又称单层水（monolayer water），包括单分子层水和微毛细管（<0.1μm直径）中的水。它们与非水组分的结合与化合水相比要弱一些，占据非水成分大多数亲水基团的第一层位置，与离子或离子基团通过水－离子和水－偶极作用力结合的水是结合最紧的一种邻近水。它们-40℃不会结冰，没有溶剂能力。

（3）多层水　多层水占据非水组分的大多数亲水基团的第一层剩下的位置以及形成邻近水以外的几个水层，与周围及溶质主要靠水－水和水－溶质氢键的作用结合。尽管多层水不像邻近水那样牢固地结合，但仍然与非水组分结合得相当紧密，以至于其性质发生了明显的变化，与纯水相比大多数多层水在-40℃仍不结冰，即使结冰，冰点也大大降低，溶剂能力部分下降。

值得注意的是，结合水不是完全静止不变的，它们同邻近水分子之间的位置交换作用会随着水结合程度的增加而降低，但是它们之间的交换速率不会为零。

二、水与溶质间的关系

1. 水与离子或离子基团的相互作用

（1）离子的水合作用　当向纯水中添加可解离的溶质时，纯水靠氢键键合形成的四面体的正常结构遭到破坏。离子或离子基团（Na^+，Cl^-，$—COO^-$，$—NH_3^+$ 等），由自身电荷与水分子偶极子产生离子－偶极的极性结合，这种作用方式通常称为离子水合作用，这部分水是食品中结合最紧密的一部分水。

（2）离子的水合作用大小　水分子具有大的偶极距，因此能与离子产生强的相互作用，如图2-1所示。例如水分子同 Na^+ 的水合作用能约 83.68kJ/mol，是水分子之间氢键结合（约20.9kJ/mol）的4倍，然而却低于共价键能。由于 pH 的变化可以影响溶质分子的离解，结合水会因溶质分子的离解程度增大而大幅度增加。

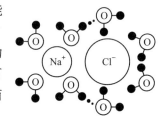

图2-1　离子的水合作用和水分子取向

（3）离子水合作用对水结构和性质的影响　离子电荷与水分子的偶极子之间相互作用对食品体系的影响表现在改变水的结构、改变水的介电常数以及改变食品体系和生物活性大分子的稳定性。在稀盐水溶液中，不同的离子对水结构的影响不同。一些离子如 K^+、Rb^+、Cs^+、NH_4^+、Cl^-、Br^-、I^-、NO_3^-、BrO_3^-、IO_3^- 和 ClO_4^- 等，由于半径大、电场强度弱，破坏了水的网状结构，所以溶液比纯水的流动性更大。而电场强度较强、离子半径小的离子或多价离子，有助于水形成网状结构，因此比纯水的流动性小，例如 Li^+、Na^+、H_3O^+、Ca^{2+}、Ba^{2+}、Mg^{2+}、Al^{3+}、F^- 和 OH^- 等。从实际情况来看，所有离子对水的结构都有破坏作用，因为它们均能阻止水在0℃下结冰，使水的冰点下降。

离子除影响水的结构外，还可通过不同的水合能力来改变水的结构和水溶液的介电常数，胶体周围双电层的离子就能明显影响介质、其他非水溶质和悬浮物的相容程度。因此，蛋白质构象和胶体的稳定性（盐溶、盐析）受体系中存在的离子种类、数量的影响。

2. 水与极性基团的相互作用

（1）与水形成氢键的极性基团及作用力大小　水可以与某些极性基团形成氢键，这些基团有羟基、氨基、巯基、羧基、酰胺基等。水和极性基团间的相互作用力比水与离子间的相互作用弱，但与水分子间的氢键相近。

各种有机分子的不同极性基团与水形成氢键的牢固程度有所不同。蛋白质多肽链中赖氨酸和精氨酸侧链上的氨基、天冬氨酸和谷氨酸侧链上的羧基、肽链两端的羧基和氨基以及果胶物质中未酯化的羧基，无论是在晶体中还是在溶液中，都是呈离解或离子态的基团，这些基团与水形成氢键，键能大，结合得牢固。蛋白质结构中的酰胺基以及淀粉、果胶质、纤维素等分子中的羟基与水也能形成氢键，但键能较小，牢固程度差一些。

蛋白质中含有多个极性基团，可以和多个水分子相互作用形成"水桥"结构，如图2-2所示。

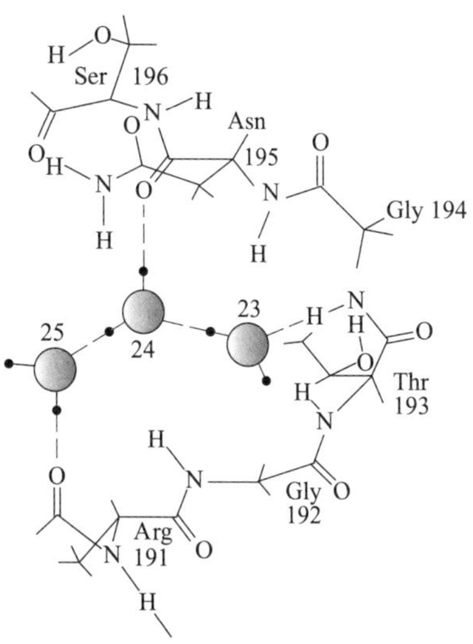

（2）水与极性基团的相互作用对水结构的影响　一般情况下，凡能够产生氢键键合的溶质都可以强化纯水的结构，至少不会破坏这种结构。然而在某些情况下，一些溶质在形成氢键时，键合的部位以及取向在几何构

图2-2　木瓜蛋白酶中的三分子水桥

型上与正常水的氢键部位是不相容的。因此，这些溶质通常对水的正常结构也会产生破坏作用，像尿素这种小的氢键键合溶质就对水的正常结构有明显的破坏作用。大多数能够形成氢键键合的溶质都会阻碍水结冰，但当体系中添加具有氢键键合能力的溶质时，溶液中的氢键总数不会明显地改变，这可能是由于所断裂的水-水氢键被水-溶质氢键代替。通过氢键而被结合的水流动性极小。

3. 水与非极性基团的相互作用

（1）疏水水合　向水中加入疏水性物质，例如烃类、稀有气体，以及引入脂肪酸、氨基酸、蛋白质等非极性疏水基团，由于极性的差异造成体系的熵减少，在热力学上是不利的（$\Delta G > 0$），此过程称为疏水水合（hydrophobi chydration），如图2-3（1）所示。它们与水分子产生斥力，从而使疏水基团附近的水分子之间的氢键键合作用增强，结构更为有序，而疏水基团之间相互聚集，减少了它们与水的接触面积，导致自由水分子增多。非极性物质具有两种特殊的性质：一种是蛋白质分子间产生的疏水相互作用（hydrophobic interaction），另一种是极性物质和水形成笼形水合物（clathrate hydrate）。

（2）疏水相互作用　疏水相互作用，就是疏水基团尽可能聚集在一起，为减少水与非极性实体的界面面积，在疏水基团之间进行缔合的作用，如图2-3（2）所示。

在水溶液中，溶质疏水基团间的缔合是很重要的，因为大多数蛋白质分子中大约40%的氨基酸含有非极性基团，如丙氨酸的甲基、苯丙氨酸的苯基、缬氨酸的异丙基、半胱氨酸的巯基、异亮氨酸的第二丁基和亮氨酸的异丁基等可与水产生疏水相互作用，从而影响蛋白质的功能。而其他化合物如醇、脂肪酸、游离氨基酸的非极性基团都能参与疏水相互作用，但后者的疏水相互作用不如蛋白质的疏水相互作用重要。

蛋白质在水溶液中产生疏水相互作用，球状蛋白质的非极性基团40%~50%占据在蛋白质的表面，暴露在水中，暴露的疏水基团与邻近的水分子间除了产生微弱的范德华力外，它们之间并无吸引力。由图2-4可以看出疏水基团周围的水分子对正离子产生排斥，对负离子产生吸引，这与许多蛋白质在等电点以上pH时能结合某些负离子的实验结果一致。因此水与水的结构在蛋白质的构象中起着重要的作用。

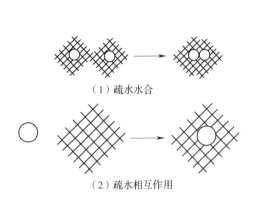

（1）疏水水合

（2）疏水相互作用

图 2-3 疏水水合和疏水相互作用

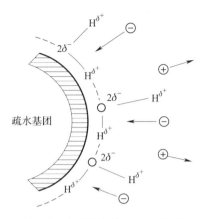

疏水基团

图 2-4 水在疏水基团表面的取向

第三节 水 分 活 度

一、水分活度的概念

食品中水分含量与食品的腐败变质存在着一定的关系，而食品的腐败变质与微生物的生长及食品中的化学变化密切相关，仅以水分含量作为判断食品稳定性的指标是不全面的。因为种类不同但含水量相同的食品，其腐败变质的难易程度也存在显著的差异；另外水与食品中非水组分作用后处于不同的存在状态，与非水成分结合牢固的水被微生物或化学反应利用程度降低。因此，人们逐渐认识到食品的品质和贮藏性与水分活度有更密切的关系。

水分活度（water activity）是指食品中水的蒸气压与同温下纯水的饱和蒸气压的比值。可用下式表示：

$$A_w = p/p_0 \tag{2.1}$$

式中，A_w 为水分活度；p 为食品在密闭容器中达到平衡时的水蒸气分压，即食品上空水蒸气分压力，一般来说 p 随食品中易被蒸发的游离水含量的增多而加大；p_0 为在相同温度下纯水的饱和蒸气压，可以从有关手册中查出。

若把纯水作为食品来看，其水蒸气分压 p 和 p_0 值相等，故 $A_w = p/p_0 = 1$。然而，一般食品不仅含有水，而且含有非水组分，食品的蒸气压比纯水小，即总是 $p < p_0$，故 $0 < A_w < 1$。

除了以上的定义式外，水分活度还有另外一些表达式。可用下式表示：

$$A_w = f/f_0 = ERH/100 \tag{2.2}$$

式中，f 为食品中水的逸度（溶剂从溶液中逸出的程度）；f_0 为相同条件下纯水的逸度，ERH 为食品的平衡相对湿度。

通过上式可以看出，水分活度从微观上表示食品中水与非水组分之间作用力的强弱，当 f 很大时，说明水很容易从食品中逸出，表明水与非水组分之间作用力小。所以，A_w 越大，食品中水与非水组分作用力越小；相反，A_w 越小，食品中水与非水组分作用力越大，它们之间的结合越紧密。该式计算水分活度，只有当样品与环境湿度达到平衡，数值上相等时，才可应用。

根据拉乌尔（Raoult）定律，对于理想溶液而言，也可推导出水分活度的以下表达式：

$$A_W = N = n_1/(n_1 + n_2) \tag{2.3}$$

式中，N 为溶剂（水）的摩尔分数；n_1 为溶剂的摩尔数；n_2 为溶质的摩尔数。

n_2 可通过以下公式进行计算：

$$n_2 = G\Delta T_f/1000K_f \tag{2.4}$$

式中，G 为样品中溶剂的质量，g；ΔT_f 为冰点下降的温度，℃；K_f 为水的摩尔冰点下降常数。

二、水分活度与温度的关系

蒸气压和平衡相对湿度都是温度的函数，所以水分活度也是温度的函数。水分活度与温度的函数可用克劳修斯－克拉贝龙（Clausius－Clapeyron）方程表示：

$$d\ln A_W/d(1/T) = -\Delta H/R \tag{2.5}$$

式中，T 为热力学温度；R 为气体常数；ΔH 为在样品的水分含量下的等量静吸附热（纯水的汽化潜热）。

式（2.5）经整理，可推导出以下方程：

$$\ln A_W = -k\Delta H/R(1/T) \tag{2.6}$$

式中，k 是样品中非水物质的本质和浓度的函数，也是温度的函数，但在样品一定和温度变化范围较窄的情况下 k 为常数，可由下式表示：

$$k = \frac{\text{样品的热力学温度} - \text{纯水的蒸气压力 } p_0 \text{ 时候的温度}}{\text{纯水的蒸气压力 } p_0 \text{ 时候的温度}} \tag{2.7}$$

从以上方程中可以看出 $\ln A_W - 1/T$ 有线性关系。图 2-5 表示马铃薯淀粉的水分活度与温度的关系，由图可见，$\ln A_W$ 和 $1/T$ 在一定温度范围内具有良好的线性关系，而且 A_W 对温度的相依性是含水量的函数。当温度升高时，A_W 随之升高，这对密封在袋内或罐内食品的稳定性有很大的影响。

由图 2-6 可以看出，温度不变时，随着食品含水量的增加，水分活度也随之增加，而食品含水量由非水成分决定；食品含水量一定时，温度升高，水分活度随之增加。所以冰点以上温度时食品受食品组成和温度影响，并以食品的组成为主。

当温度范围较大时，以 $\ln A_W$ 对 $1/T$ 作图时，得到的图形并非始终是一条直线，当温度达到冰点温度时直线发生转折，因此对于冰点以下的水分活度需要重新定义。

低于冰点温度时，食品发生冻结。纯水的蒸气压用纯水的过冷水的蒸气压表示，食品中有冰，所以食品内水的蒸气分压用纯冰的蒸气压表示。所以冰点以下食品的 A_W 应按下式计算：

$$A_W = p_{ff}/p_{0(scw)} = p_{ice}/p_{0(scw)} \tag{2.8}$$

式中，p_{ff} 是部分冷冻食品中水的分压；$p_{0(scw)}$ 是纯的过冷水的蒸气压；p_{ice} 是纯冰的蒸气压。

表 2-2 列举了 0℃以下纯水和过冷水的蒸气压以及由此求得的冻结食品在不同温度时的 A_W 值。所以在冰点温度以下食品体系的 A_W 改变主要受温度影响，受体系组成影响很小。

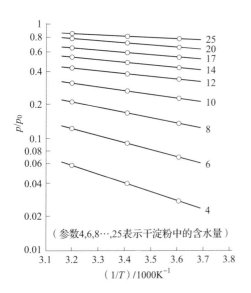

图 2-5 马铃薯淀粉的水分活度和
温度的克劳修斯 – 克拉贝龙关系

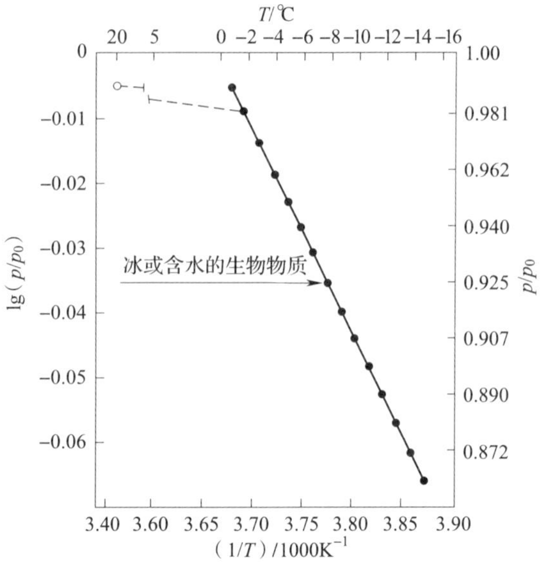

图 2-6   冰点以上及以下时样品的
水分活度与温度的关系

表 2-2   水、冰和食品在低于冰点的不同温度时的蒸气压和水分活度

温度/℃	液态水的蒸气压[①]/kPa	冰和含冰食品的蒸气压/kPa	A_W
0	0.6104[②]	0.6104	1.004[③]
-5	0.4216[②]	0.4016	0.953
-10	0.2865[②]	0.2599	0.907
-15	0.1914[③]	0.1654	0.864
-20	0.1254[④]	0.1034	0.82
-25	0.0806[④]	0.0635	0.79
-30	0.0509[④]	0.0381	0.75
-35	0.0189[④]	0.0129	0.68
-40	0.0064[④]	0.0039	0.62

注：① 除0℃外为所有温度下的过冷水。

② 观测数据。

③ 仅适用于纯水。

④ 计算的数据。

食品在冰点上下水分活度的比较：① 在冰点以上，食品的 A_W 是食品的组成和温度的函数，并且主要与食品的组成有关，而在冰点以下 A_W 仅与食品的温度有关；② 就食品而言，冰点以上和冰点以下水分活度的意义不一样，如在 -15℃、水分活度为 0.80 时微生物不会生长且化学反应缓慢，然而在 20℃、水分活度仍为 0.80 时化学反应快速进行且微生物能较快地生长；③ 不能用食品在冰点以下的 A_W 预测食品在冰点以上的 A_W，同样也不能用食品在冰点以上的 A_W 预测食品在冰点以下的 A_W。

三、吸附等温线

1. 水分吸附等温线的含义

在一定温度条件下，用来表示食品的含水量（用单位干物质中的水含量表示）与水分活度的图称为水分吸附等温线（moisture sorption isotherms，MSI）。

MSI 对于了解以下信息是非常有意义的：① 配制混合食品必须避免水分在配料之间的转移；② 了解在浓缩和干燥过程中样品脱水的难易程度与相对蒸气压的关系；③ 预测食品的化学和物理稳定性与水分含量的关系；④ 测定什么样的水分含量能够抑制微生物的生长；⑤ 对于要求脱水的产品的干燥工艺、货架期和包装要求都有很重要的作用。

如图 2-7 所示为高水分食品的 MSI，它包括了从正常至干燥的整个水分含量范围。这类 MSI 没有详细地显示低水分区的数据，而这部分数据对于食品研究来说是最重要的。因此，通常略去高水分区和扩展低水分区，得到更有价值的 MSI（图 2-8）。A 区与 B 区的水性质不一样，例如在蛋白质水合过程中，这两部分水分性质不同。

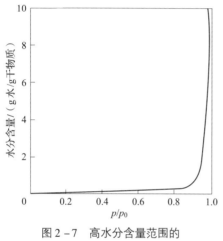

图 2-7 高水分含量范围的水分吸附等温线

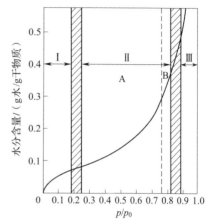

图 2-8 低水分含量范围食品的水分吸附等温线的一般形式（20℃）

一般来讲，不同的食品由于组成不同，其水分吸附等温线的形状是不同的，并且曲线的形状还与样品的物理结构、样品的预处理、温度、测定方法等因素有关。向经过干燥的样品中添加水即可绘制出一些食品的水分吸附等温线，如图 2-9 所示。大多数食品的 MSI 呈 S 形，而水果、糖制品、含有大量糖和其他可溶性小分子的咖啡提取物以及多聚物含量不高的食品的 MSI 为 J 形。

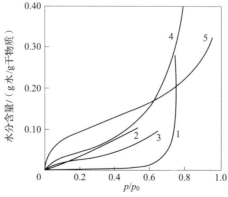

图 2-9 不同类型食品的回吸等温线

1—糖果（主要成分为蔗糖分），40℃　2—喷雾干燥的菊苣提取物，20℃　3—焙烤后的咖啡，20℃
4—猪胰脏提取粉，20℃　5—天然大米淀粉，20℃

为了深入了解吸附等温线的含义和实际应用，水分吸附等温曲线可分成 3 个区间（图 2 - 8 和表 2 - 3），当干燥的无水样品产生回吸作用而重新结合水时，其水分含量、水分活度就从Ⅰ区（干燥的）向Ⅲ区（高水分含量）移动，水的物理性质即发生变化，下面分别叙述每个区间水的主要特性。

表 2 - 3　　　　　　　　　　水分吸附等温线上不同区域水分特性

特性	Ⅰ区	Ⅱ区	Ⅲ区
A_W	0 ~ 0.25	0.25 ~ 0.85	>0.85
冻结能力	不能冻结	不能冻结	正常
溶剂能力	无	轻微 ~ 适度	正常
水分状态	单分子水层吸附 化学吸附结合水	多分子水层凝集 物理吸附	毛细管水或自由流动水
微生物利用性	不可利用	不可利用	可利用

Ⅰ区：A_W = 0 ~ 0.25，相当于 0 ~ 7% 的含水量。Ⅰ区的水与溶质结合最牢固，它们是食品中最不容易移动的水，这种水依靠水 - 离子或水 - 偶极相互作用而强烈地吸附在极易接近溶质的极性位置，其蒸发焓比纯水大得多。这类水在 -40℃不结冰，也不具备作为溶剂溶解溶质的能力。食品中这类水不能对食品的固形物产生可塑作用，其行为如同固形物的组成部分。Ⅰ区的水只占高水分食品中总水量的很小一部分。

Ⅰ区和Ⅱ区边界线之间的区域称为 "BET 单层"，这部分水相当于食品中的单层水，单层水可以看成是在接近干物质强极性基团上一个单分子层所需要的近似水量，如对于淀粉此含量为一个葡萄糖残基吸着一个水分子。这部分水对于维持干燥食品的稳定性具有很大的作用。

Ⅱ区：A_W = 0.25 ~ 0.85，相当于 7% ~ 27.5% 的含水量。Ⅱ区的水包括Ⅰ区间的水和Ⅱ区间内增加的水，Ⅱ区间内增加的水占据固形物第一层的剩余位置和亲水基团周围另外几层的位置，这部分水是多层水。多层水主要靠水 - 水分子之间的氢键作用和水 - 溶质间的缔合作用，同时还包括直径 <1μm 的毛细管中的水。它们的移动性比游离水差一些，蒸发焓比纯水大，但范围不等，大部分在 -40℃不能结冰。

Ⅱ区和Ⅲ区边界线之间的区域称为 "真实单层"，这部分水能引发溶解过程，促使基质出现初期溶胀，起着增塑作用，引起体系中反应物流动，加速大多数反应的速率。在高水分含量食品中这部分水的比例占总含水量的 5% 以下。

Ⅲ区：A_W >0.85，相当于大于 27.5% 的含水量。Ⅲ区内的水包括Ⅰ区和Ⅱ区的水，再加Ⅲ区上边界内增加的水。这部分水是游离水，是食品中与非水物结合最不牢固、最容易流动的水，也称体相水。其蒸发焓基本上与纯水相同，既可以结冰，也可作为溶剂，并且还有利于化学反应的进行和微生物的生长。Ⅲ区内的游离水在高水分含量的食品中一般占含水量的 95% 以上。

虽然等温线划分为 3 个区间，但还不能准确地确定区间的分界线，而且除化合水外等温线每一个区间内和区间与区间之间的水都能发生交换。另外，向干燥物质中增加水虽然能够稍微改变原来所含水的性质，即基质的溶胀和溶解过程，但是当Ⅱ区增加水时，Ⅰ区内水的性质几乎保持不变。同样，在Ⅲ区内增加水，Ⅱ区中水的性质也几乎保持不变。从而可以说明食品中结合得最不牢固的那部分水即游离水对食品的稳定性起着重要作用。

2. 水分吸附等温线与温度的关系

食品的水分活度与温度有关，因此水分吸附等温线也与温度有关，同一食品在不同温度下具有不同的水分吸附等温线。如图2-10所示，在一定含水量时，水分活度随温度的上升而增大，同时在一定的温度时水分含量随水分活度的增加而增加，它与克劳修斯-克拉贝龙方程一致，符合食品中所发生的各种变化规律。

3. 水分吸附等温线的滞后现象和数学描述

回吸等温线是把完全干燥的样品放置在相对湿度不断增加的环境，根据样品增加的质量数据绘制而成的，解吸等温线是把潮湿样品放置在同一相对湿度下，通过测定样品质量减轻数据绘制而成的。采用回吸和解吸的方法绘制食品水分吸附等温线，所得到的等温线不相互重叠，这种不重叠性称为滞后现象（hysteresis），如图2-11所示。食品的水分吸附等温线都表现出滞后现象。滞后作用的大小、滞后曲线的形状、滞后曲线的起始点和终止点取决于食品的性质、食品除去或添加水分时所发生的物理变化，以及温度、解吸速度和解吸时的脱水程度等多种因素。A_W值一定时，解吸过程中食品的含水量大于回吸过程中食品的含水量。食品含水量一定时，回吸过程中食品的A_W大于解吸过程中的A_W。

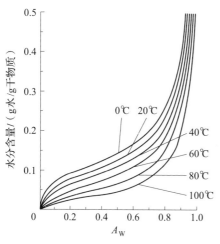

图2-10 不同温度下马铃薯的水分吸附等温线

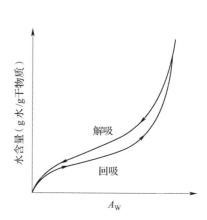

图2-11 等温线的滞后现象

关于等温线的滞后现象产生原因的理论解释有很多。目前认可度比较高的解释为：① 食品解吸过程中的一些吸水部位与非水组分作用而无法释放出水分；② 食品形状不规则所产生的毛细管现象，欲填满或抽空水分需不同的蒸气压（要抽出需$p_{内} > p_{外}$，要填满即吸着时则需$p_{内} < p_{外}$）；③ 解吸时食品组织发生改变，当再吸水时无法紧密结合水分，因此可导致较高的水分活度。然而，对等温线滞后现象确切的解释目前还没有形成。

相比食品水分含量的测定而言，食品水分活度的测定以及食品水分吸附等温线的绘制是一个比较烦琐的过程，如果能用数学方法定量描述某种食品中水分含量与水分活度之间的关系将十分有用，但是由于各种食品的化学组成不同以及各成分的水结合能力不同，虽然一直以来有许多模型被运用来描述食品中水分含量与水分活度之间的关系，但还没有一种模型能够完全准确地描述不同食品的水分吸附等温线。下面介绍几种常见的数学模型。

改进的Halsey方程是一个较简单、直观的模型，它只涉及3个参数就将温度、水分含量与水分活度这 3 个重要的变量联系在一起了。改进的 Halsey 模型的数学形式为：

$$\ln(A_W) = -m - A_{exp}(C + BT) \tag{2.9}$$

式中，A、B、C 为常数；m、T 分别为食品水分含量和温度。

人们熟知的 BET 方程也是一个常用的方程，它具有以下的形式：

$$M = \frac{M_0 c A_W}{(1 - A_W) + (c - 1)(1 - A_W) A_W} \tag{2.10}$$

式中，A_W 为水分活度；M_0 为 BET 单分子层水值；M 为水分含量，g 水/g 干物质；c 为常数。

该模型适合于水分活度为 0.11 ~ 0.45 的物质。

而 Iglesias 等提出一个三参数模型，描述一些食品的水分吸附等温线：

$$A_W = \exp[-c(m/m_1)^r] \tag{2.11}$$

式中，m 为食品水分含量；m_1 为单分子水层水分含量；c、r 为常数。

GBA（Guggenheim – Anderson – de Boer）方程被确认为是描述水分吸附等温线最好的模型，该方程具有以下的形式：

$$m = c k m_1 A_W / [(1 - k A_W)(1 - k A_W + c k A_W)] \tag{2.12}$$

式中，m 为食品水分含量；m_1 为单分子层水分含量；c、k 为常数。

但是由于食品的组成不同，各成分对水的作用情况不一样，不是所有的食品水分吸附等温线均可以用一个方程进行定量描述。

四、粮食、油脂的水分活度

水分是粮食、油料种子中的重要成分，其中所进行的一切物理化学变化无不与水分有关。油料种子的含水率与种子的成熟程度密切相关，一般未成熟的种子含水率较高，成熟后则较低。成熟油籽中的水分以自由水和结合水两种状态存在。自由水、结合水与细胞内其他组分联合在一起构成了原生质体的胶体状态，形成一种密不可分的体系。油籽中含有较多疏水性的脂肪，因此干燥油籽中的水分几乎全部集中在蛋白质、糖类等亲水物质里，即水分活度极低。

一般来说粮食可以进行相当长时间的储存，谷物通常收获时水分含量较低。由于水合作用，粮食中的水在一定程度上变成结合水，但能进行水合作用的部分主要是亲水性官能团，存在于蛋白质和糖类物质中，所以水分是其他组分的一部分，水分活度较低。

第四节　水对食品的影响

一、水分活度与食品的稳定性

食品的稳定性和贮藏性与水分活度之间有着密切的关系。而食品的稳定性主要受微生物的生长和食品中的各种化学变化影响。

1. 水分活度与微生物生命活动的关系

就水与微生物的关系而言，食品中微生物的生长繁殖与水分活度密切相关，即水分活度决定微生物在食品中萌发的时间、生长速率及死亡率。不同的微生物在食品中繁殖时对水分活度要求也不同。一般来说，只有食物的水分活度大于某一临界值时，特定的微生物才能生长。影响食品稳定性的微生物主要有细菌、酵母菌和霉菌。

食品中水分活度与微生物生长之间的关系见表 2 - 4。水分活度大于 0.91 时，引起食品腐败变质的细菌生长占优势。水分活度低于 0.91 时，大多数细菌的生长受到抑制，如在食品中加入食盐、糖后其水分活度下降，除了一些嗜盐细菌外其他细菌不生长。水分活度在 0.87 ~ 0.91 时，引起变质的酵母菌和霉菌生长占优势。水分活度低于 0.8 时，糖浆、蜂蜜和浓缩果汁的腐败主要是由酵母菌引起的。水分活度低于 0.6，大多数微生物都不生长。

表 2 - 4   食品中水分活度与微生物生长之间的关系

A_w	在此范围内的最低 A_w 能抑制的微生物	食品
1.0 ~ 0.95	假单胞菌，大肠杆菌变形菌，志贺菌属，克雷伯菌属，芽孢杆菌，产气荚膜梭状芽孢杆菌，一些酵母菌	极易腐败的食品、蔬菜、肉、鱼、牛乳、罐头水果；香肠和面包；含有约 40% 蔗糖或 7% 食盐的食品
0.95 ~ 0.91	沙门菌属，肉毒梭状芽孢杆菌，副溶血红蛋白弧菌，沙雷杆菌，乳酸杆菌属，一些霉菌，红酵母，毕赤酵母	一些干酪、腌制肉、水果浓缩汁、含有 55% 蔗糖或 12% 食盐的食品
0.91 ~ 0.87	许多酵母菌（假丝酵母菌，球拟酵母菌，汉逊酵母菌），小球菌	发酵香肠、干的干酪、人造奶油、含有 65% 蔗糖或 15% 食盐的食品
0.87 ~ 0.80	大多数霉菌（产毒素的青霉菌），金黄色葡萄球菌，大多数酵母菌，德巴利酵母菌	大多数浓缩果汁、甜炼乳、糖浆、面粉、米、含有 15% ~ 17% 水分的豆类食品、家庭自制的火腿
0.80 ~ 0.75	大多数嗜盐细菌，产真菌毒素的曲霉	果酱、糖渍水果、杏仁酥糖
0.75 ~ 0.65	嗜旱霉菌，二孢酵母菌	含 10% 水分的燕麦片、果干、坚果、粗蔗糖、棉花糖、牛轧糖
0.65 ~ 0.60	耐渗透压酵母菌（鲁酵母菌），少数霉菌（刺孢曲霉，二孢红曲霉）	含有 15% ~ 20% 水分的果干、太妃糖、焦糖、蜂蜜
0.50	微生物不繁殖	含 12% 水分的酱、含 10% 水分的调料
0.40	微生物不繁殖	含 5% 水分的全蛋粉
0.30	微生物不繁殖	饼干、曲奇饼、面包硬皮
0.20	微生物不繁殖	含 2% ~3% 水分的全脂乳粉、含 5% 水分的脱水蔬菜或玉米片、家庭自制饼干

因此，如果要提高食品的贮藏性，就要降低食品的水分活度到一定值以下。而发酵食品加工时就必须提高水分活度到一定值有利于有益微生物生长、繁殖、分泌代谢产物。微生物对水分的需要还会受到食品 pH、营养物质、氧气等共存因素的影响。因此，在选定食品的水分活度

时应根据具体情况进行适当地调整。

2. 水分活度与食品化学反应的关系

食品中的脂类自动氧化、非酶褐变、微生物生长、酶促反应等都与 A_W 有很大的关系，即食品的稳定性与水分活度有着密切的联系。图 2 – 12 给出了几个典型的变化与水分活度之间的关系。

在图 2 – 12 的前五个图中，化学反应最小反应速度一般首先出现在等温线的区间 I 与区间 II 之间的边界（A_W 为 0.2 ~ 0.3）；当 A_W 进一步降低时，除了氧化反应外，全部保持在最小值；在中等和较高 A_W 值（A_W 为 0.7 ~ 0.9）时，美拉德褐变反应、脂类氧化、维生素 B_1 降解、叶绿素损失、微生物生长和酶促反应等均显示出最大速率。但在有的情况下，随着水分活度的增加，反应速度反而降低，如蔗糖水解后的褐变反应，这是因为：① 在水为生成物的反应中，根据反

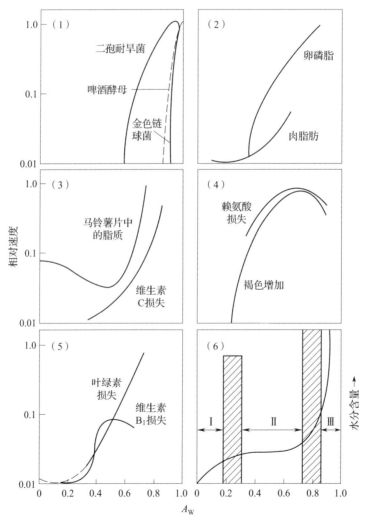

图 2 – 12   水分活度、食品稳定性和吸附等温线之间的关系

（1）微生物生长与 A_W 的关系   （2）酶水解与 A_W 的关系   （3）氧化反应（非酶）与 A_W 的关系

（4）美拉德褐变与 A_W 的关系   （5）其他反应的速度与 A_W 的关系

（6）水分含量与 A_W 的关系。图中除了（6）所有纵坐标表示相对速度

应动力学，水含量的增加阻止了反应的进行，结果使反应速度降低；② 水含量达到某一值时，反应物的溶解度、大分子表面与另一反应物相互接近的程度，以及通过提高水分活度来增加反应速度的作用已不再是一个显著的因素，如果再增加水含量，对反应物产生稀释效应（浓度降低），结果使反应速度降低。因此，中等水含量范围（$A_w = 0.7 \sim 0.9$）的食品，其化学反应速率最大，不利于食品的耐藏性能提高，这也是为什么现代食品加工技术非常关注中等水分含量食品的原因。食品体系在 A_w 为 $0.2 \sim 0.3$ 稳定性较高，这是由于形成单分子层水，所以知道食品中单分子层水时的水含量是十分有意义。

总之，低水分活度能够稳定食品质量是因为食品中发生的化学反应是引起食品品质变化的重要原因，降低水分活度可以抑制这些反应的进行，一般作用的机制表现如下。

（1）大多数化学反应必须在水溶液中才能进行。如果降低水分活度，则食品中水的存在状态在发生变化，游离水的比例减少，而结合水又不能作为反应物的溶剂，所以降低水分活度能使食品中许多可能发生的化学反应受到抑制，反应速率下降。

（2）很多化学反应属于离子反应，反应发生的条件是反应物首先必须进行离子水合作用，而发生离子水合作用的条件是必须有足够的游离水。

（3）很多化学反应和生物化学反应必须有水分子参加才能进行（如水解反应）。若降低水分活度，就减少了参加反应的游离水的有效数量，化学反应速率也就变慢。

（4）许多以酶为催化剂的酶促反应，水有时除了具有底物作用外，还能作为输送介质并且通过水化促使酶和底物活化。当 $A_w < 0.8$ 时，大多数酶的活力就受到抑制；若 A_w 降到 $0.25 \sim 0.30$ 的范围，则食品中的淀粉酶、多酚氧化酶和过氧化物酶就会受到强烈的抑制或丧失其活力（但脂肪酶例外），水分活度在 $0.1 \sim 0.5$ 时仍能保持脂肪酶活力。

（5）食品中微生物的生长繁殖都要求有最低限度的 A_w，大多数细菌为 $0.94 \sim 0.99$，大多数霉菌为 $0.80 \sim 0.94$，大多数耐盐细菌为 0.75，耐干燥霉菌和耐高渗透压酵母为 $0.60 \sim 0.65$。当水分活度低于 0.60 时，绝大多数微生物无法生长。

二、结冰对食品稳定性的影响

冷冻被认为是保藏食品的一个好方法，这种保藏技术的优点是在低温情况下微生物的繁殖被抑制，一些化学反应的速率常数降低，保藏性提高与此时水从液态转化为固态的冰无关。

食品的低温冷藏虽然可以提高一些食品的稳定性，但是对一些食品而言，冰的形成也可以带来两个不利的影响：① 水转化为冰后，其体积相应增加 9%，体积的膨胀会产生局部压力，使细胞状食品受到机械性损伤，造成食品解冻后汁液的流失，或者使细胞内的酶与细胞外的底物产生接触，导致不良反应的发生；② 冰冻浓缩效应，这是由于在商业保藏温度下食品中仍然存在非冻结相，在非冻结相中非水成分的浓度提高，最终引起食品体系的理化性质如非冻结相的 pH、可滴定酸度、离子强度、黏度、冰点、表面和界面张力、氧化 - 还原电位等发生改变，此外还将形成低共熔混合物，溶液中有氧和二氧化碳逸出，水的结构和水与溶质间的相互作用也剧烈地改变，同时大分子更紧密地聚集在一起，使相互作用的可能性增大。

因此，在此条件下冷冻给食品体系化学反应带来的影响有相反的两方面：降低温度，减慢了反应速率；溶质浓度增加，加快了反应速率。表 2 - 5 将温度、浓度两种因素的影响程度进行比较，综合列出了它们对反应速率的最终影响。表 2 - 6 给出了发生冻结时反应或变化速率增加的一些具体的食品例子。

表2-5   冷冻过程中温度和溶质浓缩对化学反应速率的最终影响

对化学反应速率的影响		两种作用的相对影响程度	冻结对反应速率的最终影响
温度降低（T）	溶质浓缩（S）		
降低	降低	协同	降低
降低	略有增加	$T > S$	略有降低
降低	中等程度增加	$T = S$	无影响
降低	极大增加	$T < S$	增加

表2-6   食品冷冻过程中一些变化被加速的实例

化学反应	反应物
酶催化反应	蔗糖
氧化反应	抗坏血酸、乳脂肪、油炸马铃薯食品中的维生素E、脂肪中 β - 胡萝卜素与维生素A的氧化
蛋白质的不溶性形成 NO - 肌红蛋白或 NO - 血红蛋白（腌肉的颜色）	鱼、牛、兔的蛋白质，肌红蛋白或血红蛋白

对牛肌肉组织挤出的汁液中蛋白质的不溶性研究发现，由于冻结而产生蛋白质不溶性变化加速的温度，一般是在低于冰点几摄氏度时最为明显；同时在正常的冷冻温度下（-18℃），蛋白质不溶性变化的速率远低于0℃时的速率，在这一点上与冷冻还是一种有效的保藏技术的结论是相吻合的。

在细胞食品体系中一些酶催化反应在冷冻时被加速，这与冷冻导致的浓缩效应无关，一般认为是由于酶被激活或由于冰体积增加而导致的酶 - 底物位移。典型的例子见表2-7。

表2-7   冷冻过程中酶催化反应被加速的实例

反应类型	食品样品	反应加速的温度/℃
糖原损失和乳酸蓄积	动物肌肉组织	-3 ~ -2.5
磷脂的水解	鳕鱼	-4
过氧化物的分解	快速冷冻马铃薯与慢速冷冻豌豆中的过氧化物酶	-5 ~ -0.8
维生素C的氧化	草莓	-6

在食品冻藏过程中冰晶体大小、数量、形状的改变也会引起食品劣变，而且可能是冷冻食品品质劣变最重要的原因。由于冻藏过程中温度出现波动，温度升高时已冻结的小冰晶融化，温度再次降低时原先未冻结的水或先前小冰晶融化的水将会扩散并附着在较大的冰晶体表面，造成再结晶的冰晶体积增大，这样对组织结构的破坏性很大。因此，在食品冻藏时，要尽量控制温度的恒定。

食品冻藏有缓冻和速冻两种方法。速冻的肉，由于冻结速率快，形成的冰晶数量多、颗粒小，在肉组织中分布比较均匀，又由于小冰晶的膨胀力小，对肌肉组织的破坏很小，解冻融化后的水可以渗透到肌肉组织内部，所以基本上能保持原有的风味和营养价值；而缓冻的肉，结果刚好相反。速冻的肉，解冻时一定要采取缓慢解冻的方法，使冻结肉中的冰晶逐渐融化成水，并基本上全部渗透到肌肉中去，尽量不使肉汁流失，以保持肉的营养和风味。所以商业上采取速冻和缓慢解冻的方法。

三、水对食品质构的影响

水分活度除影响化学反应和微生物的生长以外，还可以影响干燥和半干燥食品的质地，所以欲保持饼干、油炸马铃薯片等食品的脆性，防止砂糖、乳粉、速溶咖啡等结块，以及防止糖果、蜜饯等黏结，均需要保持适当的水分活度。要保持干燥食品的理想品质，A_w 不能超过 0.35~0.5，但随食品产品的不同而有所变化。对于软质构的食品（含水量高的食品），为了避免不希望的失水变硬，需要保持相当高的水分活度。

四、降低水分活度的方法

在食品中添加吸湿剂可在水分含量不变条件下，降低 A_w。吸湿剂应该含离子、离子基团或含可形成氢键的中性基团（羟基、羰基、氨基、亚氨基、酰基等），即可与水形成结合水的亲水性物质。如多元醇：丙三醇、丙二醇、糖；无机盐：磷酸盐（水分保持剂）、食盐；动物、植物、微生物胶：明胶、卡拉胶、黄原胶等。而降低粮食水分活度的方式为干燥，是指从粮食中除去一定量的水分。干燥的方法可分为自然干燥法和人工干燥法。自然干燥法是利用日晒、阴凉、风吹等自然环境条件使粮食脱水干燥的方法。粮食在太阳光的辐射能和干燥空气的作用下，其温度上升，粮食内部的水分因受热向表面周围的介质蒸发，增加了粮食表面的空气湿度，使之与周围空气形成温度差和湿度差，并在对流空气的作用下，粮食的水分不断地向空气中蒸发，最终使粮食水分含量降至与空气温度和相对湿度趋于平衡状态为止，此时干燥粮食仍然保持一定量的水分。

人工干燥法是人为控制环境条件对粮食进行脱水干燥的方法。这种方法的形式很多，适用范围广，按工作压力分为常压干燥法、减压干燥法和加压干燥法。较常用的为常压干燥和减压干燥。

常压干燥是指在大气压下，采用适宜温度使粮食的水分通过反复内扩散和表面外扩散蒸发干燥的方法。减压干燥即真空干燥，是物料在常温的减压条件下，加速水分蒸发的干燥方法。其优点是干燥速度快，不发生表面硬化现象，但耗能大。

五、粮食、油脂的水分活度与稳定性

通常粮食一年收获一次，在某些热带地区收获两次，但是粮食的消费则是一年到头在进行。因此实际上所有的谷物都要贮藏，储粮方法多种多样，不管采用哪种贮藏方法，粮食的水分含量总是影响储粮质量的第一要素。

除非采取特殊的预防措施，否则所有的谷物总是含有一些水分。水分在谷物的安全贮存中也是极为重要的。微生物，特别是某些种类的真菌是谷物变质的主要原因。三个主要因素控制着真菌在粮食上生长的速率。这些因素是水分、时间和温度。三个因素中水分是最重要的。在低含水量时，真菌不会生长。但是当水分含量达到14%或稍微超过这个水平时，真菌即开始生长。当水分含量在14%~20%，只要稍微提高水分含量，就会改变真菌的生长速率，同时也会改变粮食中的优势真菌种类。因此，如果要使粮食贮存一段时期，重要的是要了解粮堆任何一个部位的水分含量。如果粮堆的某一区域有很高的水分含量，那么微生物就会在那里生长。由于新陈代谢既要产生水分又要产生热量，从而会对粮食造成严重的损害。

粮堆中的水分与其周围空气中的水分处于平衡的状态；这种平衡的水分含量被认为是与某一相对湿度的大气相平衡的水分（如果粮堆是密闭的，那么就是粮食的水分活度）含量。不同类型的谷物，即使是属于同一类型的谷物也可能有不同的水分含量，尽管如此所有谷物都与其粮堆中的空气的相对湿度处于平衡状态。此外，处于同一相对湿度空气中的同种谷物也可能有不同的水分含量，这取决于这种谷物是获得还是失去水分，即所谓的滞后现象。

粮食的安全贮存水分含量几乎完全取决于该谷物对水分的吸附滞后特性。在贮存中，谷物与其周围空气的水分含量逐渐趋于平衡，谷物贮存中最具有损害性的因素之一是霉菌的生长。当谷物与相对湿度低于70%的空气相平衡时，霉菌不会生长。主要粮食安全贮藏的最高水分含量（安全水分）通常被认为是：玉米13%，小麦14%，大麦13%，燕麦13%，高粱13%，稻谷12%～13%。像所有的规则一样，本规则也经常有例外。最高水分将因温度、粮堆中水分的均匀性以及其他因素而发生变化。

粮食的品质和贮藏稳定性与A_w有相当密切的关系，这样的关系比与水分含量的关系更密切。不仅微生物的繁殖与A_w有关，而且自动氧化、褐变反应等也与A_w密切相关。粮食也是如此，粮食贮藏环境中的相对湿度或粮食的水分活度，直接影响粮食的贮藏稳定性（图2－13）。

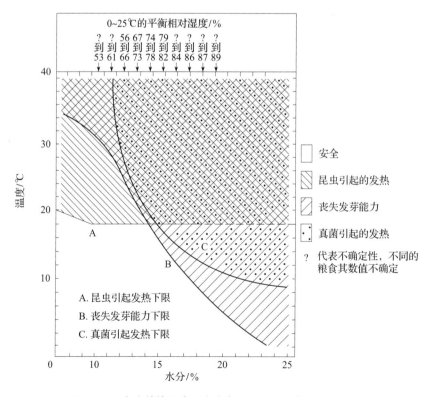

图2－13　安全储粮温度、水分含量、相对湿度之间的关系

脂类氧化反应速率随 A_w 变化的曲线如图 2 – 12（3）所示。在极低的 A_w 范围内，脂类氧化速率随 A_w 增加而降低，因为最初添加到干燥样品中的水可以与由自由基反应生成的氢过氧化物结合，并阻止其分解，从而使脂类自动氧化的初始速率减小，$A_w = 0.2 \sim 0.3$ 时脂类氧化速率最小。另外，在反应的初始阶段，这部分水还能与催化油脂氧化的金属离子发生水合作用，明显降低金属离子的催化活性。当向食品中添加的水超过Ⅰ区和Ⅱ区的边界时，随 A_w 的增加，氧化速率增大，因为在等温线这个区间内增加水能增加氧的溶解度和大分子溶胀，使大分子暴露出更多的反应位点，从而使氧化速率加快。$A_w > 0.85$ 时所添加的水则减缓氧化速率，这种现象是由于水对催化剂的稀释作用或对底物的稀释作用而降低催化效率所造成的。

值得注意的是我们不能简单地说，水是粮食劣变的主要因素之一，因为粮食是活的有机体，在贮藏过程中进行着生命活动，如果没有水，粮食的生命活动就会停止。从这个意义上来说，水对粮食贮藏是不可缺少的。有研究表明：大米贮藏过程中，过低的水分对其食用品质的保持是不利的，但是水分高的大米不易贮藏。粮食在贮藏过程中采取适当的水分活度和较低的温度，就会达到储粮的目的。

第五节　分子流动性与食品稳定性

一、基　本　概　念

水的存在状态有液态、固态和气态 3 种，在热力学上都属于稳定态。其中水分在固态时是以稳定的结晶态存在的。但是复杂的食品与其他生物大分子一样，往往是以无定形状态存在的。所谓无定形（amorphous）是指物质所处的一种非平衡、非结晶状态，若饱和条件占优势且溶质保持非结晶，此时形成的固体就是无定形态。食品处于无定形态，其稳定性不会很高，但却具有优良的食品品质。因此，食品加工的任务就是在保证食品品质的同时使食品处于亚稳态或处于相对于其他非平衡态来说比较稳定的非平衡态。

玻璃态（glassy state）是物质的一种存在状态，此时的物质像固体一样具有一定的形状和体积，又像液体一样分子之间的排列只是近似有序，因此是非晶态或无定形态。处于此状态的大分子聚合物的链段运动被冻结，只允许小尺度空间的运动（即自由体积很小），所以其形变很小，类似坚硬的玻璃，因此称为玻璃态。

橡胶态（rubbery state）是指大分子聚合物转变为柔软而具有弹性的固体时（此时还未融化）的状态，分子具有相当的形变，它也是一种无定形态。根据状态的不同，橡胶态的转变可分为玻璃态转变区（glassy transition region）、橡胶态平台区（rubbery plateau region）和胶态流动区（rubbery flow region）3 个区域。

黏流态是指大分子聚合物能自由运动、出现类似一般液体的黏性流动的状态。

玻璃化转变温度（glass transition temperature，T_g，T_g'）：T_g 是指非晶态食品从玻璃态到橡胶态的转变（玻璃化转变）时的温度；T_g' 是特殊的 T_g，是指食品体系在冰形成时具有最大冷冻浓缩效应的玻璃化转变温度。

随着温度由低到高，无定形聚合物可经历 3 个不同的状态，即玻璃态、橡胶态、黏流态，各反映了不同的分子运动模式。

① $T < T_g$ 时，大分子聚合物的分子运动能量很低，此时大分子链段不能运动，大分子聚合物呈玻璃态。

② $T = T_g$ 时，分子热运动能增加，链段运动开始被激发，玻璃态开始逐渐转变到橡胶态，此时大分子聚合物处于玻璃化转变区域。玻璃化转变发生在一个温度区间内，而不是在某个特定的单一温度处。发生玻璃化转变时，食品体系不放出潜热、不发生一级相变，宏观上表现为一系列物理和化学性质的急剧变化，如食品体系的比体积、比热容、膨胀系数、热导率、折射率、黏度、自由体积、介电常数、红外吸收谱线和核磁共振吸收谱线宽度等都发生突变或不连续变化。

③ 当 $T_g > T > T_m$（T_m 为熔化温度）时，分子的热运动能量足以使链段自由运动，但由于邻近分子链之间存在较强的局部性的相互作用，整个分子链的运动仍受到很大抑制，此时聚合物柔软而具有弹性，黏度约为 $10^7 Pa \cdot s$，处于橡胶态平台区。橡胶态平台区的宽度取决于聚合物的相对分子质量，相对分子质量越大，该区域的温度范围越宽。

④ $T = T_m$ 时，分子热运动能量可使大分子聚合物整链开始滑动，此时橡胶态开始向黏流态转变，除了具有弹性外，出现明显的无定形流动性。此时大分子聚合物处于橡胶态流动区。

⑤ 当 $T > T_m$ 时，大分子聚合物链能自由运动，出现类似一般液态的黏性流动，大分子聚合物处于黏流态。

分子流动性（molecular mobility，Mm）也称分子移动性，它与食品的一些重要的扩散控制性质有关，因此对食品稳定性也是一个重要的参数。Mm 就是分子的旋转移动和平动移动性的总度量，物质处于完全而完整的结晶状态下 Mm 为零，物质处于完全的玻璃态（无定形态）时 Mm 值也几乎为零，但绝大多数食品的 Mm 值不等于零。

二、状 态 图

使用状态图（state diagram）可以说明 Mm 和食品稳定性的关系。通常以水和在食品中占支配地位的溶质作为二元物质体系绘制食品的状态图。在恒压下以溶质含量为横坐标、以温度为纵坐标做出的二元体系状态图如图 2 – 14 所示，图中的粗实线和粗虚线均代表亚稳态，如果食品状态处于玻璃化曲线（T_g 线）的左上方又不在其他亚稳态线上，食品就处于不平衡状态。

由图 2 – 14 中的融化平衡曲线 T_m^L 可知，食品在低温冷冻过程中，水不断以冰晶形式析出，未冻结相溶质的浓度不断提高，冰点逐渐降低，直到食品中的非水组分也开始结晶，这时的温度为 T_E（共结晶温度），这个温度也是食品体系从未冻结的橡胶态转变为玻璃态的温度。当食品温度低于冰点而高于 T_E 时，食品中部分水结冰而非水组分未结冰，此时食品可维持较长时间的黏稠液体过饱和状态，而黏度又未显著增加，这时的状态为橡胶态，处于这种状态的食品物理、化学及生物化学反应依然存在，并导致食品腐败。当温度低于 T_E 时，食品非水组分开始结冰，未冻结相的高浓度溶质的黏度开始显著增加，冰限制了溶质晶核的分子移动与水分的扩散。

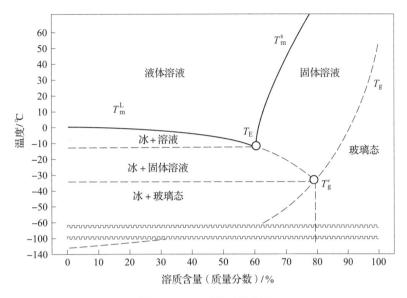

图 2-14 二元体系状态图

T_m^L—融化平衡曲线 T_E—共熔点 T_m^s—溶解平衡曲线 T_g—玻璃化曲线

T_g'—特定溶质的最大冷冻浓缩的玻璃化转变温度

玻璃态下的未冻结的水不是按前述的氢键方式结合的，其分子被束缚在具有极高黏度的玻璃态下，这种水分不具有反应活性，使整个食品体系以不具有反应活性的非结晶性固体形式存在。因此，在 T_g 下，食品具有高度的稳定性。故低温冷冻食品的稳定性可以用该食品的 T_g 与贮藏温度 t 的差（$t-T_g$）决定，差值越大，食品的稳定性就越差。

食品中的水分含量和溶质种类显著地影响食品的 T_g。碳水化合物对无定形的干燥食品的 T_g 影响很大，常见的糖如果糖、葡萄糖的 T_g 很低。因此，在高糖食品中，它们显著地降低 T_g。一般来说，蛋白质和脂肪对 T_g 的影响并不显著。在没有其他外界因素影响下，水分含量是影响食品体系玻璃化转变温度的主要因素。一般而言，每增加 1% 的水，T_g 降低 5~10℃。食品的 T_g 随溶质相对分子质量的增加而成比例增加，但是当溶质相对分子质量大于 3000 时 T_g 就不再依赖其相对分子质量。对于具有相同相对分子质量的同一类聚合物来说，化学结构的微小变化也会导致 T_g 的显著变化。如对淀粉而言，结晶区虽不参与玻璃化转变，但限制淀粉主链的活动，因此随淀粉结晶度的增大 T_g 增大。天然淀粉中含有 15%~30% 的结晶区，而预糊化淀粉无结晶区，所以天然淀粉的 T_g 在相同的水分含量下明显高于后者，当水分含量在 0.221g/g 干物质左右时，天然淀粉的 T_g 为 40℃，而预糊化淀粉的 T_g 仅为 28℃。不同种类的淀粉，支链淀粉分子侧链越短且数量越多，T_g 相应越低。例如小麦支链淀粉与大米支链淀粉相比，小麦支链淀粉的侧链数量多且短，所以在水分含量相近时其 T_g 也比大米淀粉的 T_g 小。虽然 T_g 强烈依赖溶质类别和水含量，但 T_g' 只依赖溶质种类。

食品中 T_g 的测定方法主要有差式扫描量热法（DSC）、动力学分析法（DMA）和热力学分析法（DMTA）。除此之外，还包括热机械分析（TMA）、热高频分析（TDEA）、热刺激流法、高频光谱法、穆斯堡尔（Mossbauer）光谱法、布里渊（Brillouin）扫描光谱法、机械光谱测定法、动力学流变仪测定法、黏度仪测定法和英斯特朗（Instron）分析法。T_g 值与测定时的条件和所用的方法有很大关系，所以在研究食品玻璃化转变的 T_g 时一般可采用不同的方法进行研究。需要指出的是，复杂体系的 T_g 很难测定，只有简单体系的 T_g 可以较容易地测定。

表 2-8 给出了一些食品的 T_g' 值。蔬菜、肉、鱼肉和乳制品的 T_g' 一般高于果汁和水果的 T_g'，所以冷藏或冻藏时前 4 类食品的稳定性就相对高于果汁和水果。但是在动物食品中，大部分脂肪由于和肌纤维蛋白质同时存在，在低温下并不被玻璃态物质保护，因此即使在冻藏温度下动物食品的脂类仍具有高不稳定性。

表 2-8   一些食品的 T_g' 值

食品名称	$T_g'/℃$	食品名称	$T_g'/℃$
橘子汁	-37.5 ± 1.0	菜花	-25
菠萝汁	-37	菜豆（冻）	-2.5
梨汁、苹果汁	-40	青刀豆	-27
桃	-36	菠菜	-17
香蕉	-35	冰淇淋	$-37 \sim -33$
苹果	$-42 \sim -41$	干酪	-24
甜玉米	$-15 \sim -8$	牛肌肉	-11.7 ± 0.6
鲜马铃薯	-12	鳕鱼肉	-12.0 ± 0.3

三、分子流动性对食品稳定性的影响

除了 A_w 是预测、控制食品稳定性的重要指标外，用分子移动性也可以预测食品体系的化学反应速率，这些化学反应包括酶催化反应、蛋白质折叠反应、质子转移变化、自由基结合反应等。根据化学反应理论，一个化学反应的速率由 3 个方面控制：扩散系数（因子）D（一个反应要发生，首先反应物必须能相互接触）、碰撞频率因子 A（在单位时间内的碰撞次数）、反应的活化能 E_a（两个适当定向的反应物发生碰撞时有效能量必须超过活化能才能导致反应发生）。如果 D 对反应的限制性大于 A 和 E_a，那么反应就是扩散限制反应；另外，在一般条件下不是扩散限制的反应，在水分活度或体系温度降低时，也可能使其成为扩散限制反应，这是因为水分降低导致食品体系的黏度增加或者温度降低减少了分子的运动性。因此，用分子移动性预测扩散限制反应的速率很有用，而对不受扩散限制的反应和变化应用分子移动性是不恰当的，如微生物的生长。

大多数食品都是以亚稳态或非平衡状态存在的，其中大多数物理变化和一部分化学变化由 Mm 值控制。决定食品 Mm 值的主要成分是水和食品占优势的非水组分。水分子体积小，常温下为液态，黏度也很低，所以在食品体系温度处于 T_g 时水分子仍然可以转动和移动；而作为食品主要成分的蛋白质、碳水化合物等大分子聚合物不仅是食品品质的决定因素，还影响食品的黏度、扩散性质，所以它们也决定食品的分子移动性。故绝大多数食品的 Mm 值不等于零。已经证明一些食品的性质和行为特征由 Mm 决定。表 2-9 给出了几类食品品质受分子移动性的影响。

表 2-9　　　　　　　　　　　分子移动性对食品品质的影响

干燥或半干燥食品	冷冻食品
流动性和黏性	水分迁移（冰结晶现象发生）
结晶和再结晶过程	乳糖结晶（在冷甜食品中出现砂状结晶）
巧克力表面起糖霜	酶活力在冷冻时留存，有时还出现表观提高
食品干燥时的爆裂	在冷冻干燥的初级阶段发生无定形区的结构塌陷
干燥或中等水分的质地	食品体积收缩（冷冻甜食中泡沫样结构部分塌陷）
冷冻干燥中发生的食品结构塌陷	
微胶囊风味物质从芯材的逸散	
酶的活力	
非酶褐变	
淀粉的糊化	
淀粉老化导致的焙烤食品的陈化	
焙烤食品在冷却时的爆裂	
微生物孢子的热灭活	

在讨论分子移动性与食品性质的关系时，还须注意以下例外：① 反应速度没有显著地受扩散影响的化学反应；② 通过特定的化学作用（例如改变 pH 或氧分压）达到适宜或不适宜的效应；③ 试样的 Mm 是根据聚合物组分（聚合物的 T_g）估计的，而实际上渗透到聚合物的小分子才是决定产品重要性质的因素；④ 微生物细胞的生长（p/p_0 是比 Mm 更可靠的估计参数）。

四、水分活度和分子流动性在预测食品稳定性方面的比较

水分活度（A_W）是判断食品稳定性的有效指标，主要研究食品中水的有效性（利用程度）。分子流动性（Mm）评估食品稳定性主要依据食品的微观黏度和化学组分的扩散能力。玻璃化相变温度（T_g）是从食品的物理特性变化来评价食品稳定性。

一般来说，在估计不含冰的食品中非扩散限制的化学反应速度和微生物生长方面，应用 A_W 效果较好，Mm 方法效果较差，甚至不可靠。在估计接近室温保藏的食品稳定性时，运用 A_W 和 Mm 方法效果相当。

在估计扩散限制的性质，如冷冻食品的理化性质，冷冻干燥的最佳条件，包括结晶作用、胶凝作用和淀粉老化等物理变化时，应用 Mm 的方法较为有效，A_W 在预测冷冻食品的物理或化学性质时是无用的。

目前由于测定 A_W 较为快速和方便，应用 A_W 评价食品稳定性仍是较常用的方法。快速、经济地测定食品的 Mm 和 T_g 的技术或方法还有待完善。

思考题

1. 画出食品的等温吸湿曲线，指明各区间代表的意义。

2. 什么是水分活度？食物冰点以上和冰点以下的水分活度之间有何区别与联系？

3. 降低水分活度可以提高食品的稳定性，其机制是什么？

4. 简述食物中水与溶质间的作用关系有哪些及其特点。

5. 简述食品中水的存在状态有哪些以及其特点。

6. 简述 T_g 在预测食品稳定性方面的作用。

7. 什么是分子流动性？比较分子流动性和水分活度在反映食品稳定性时的各自特点。

CHAPTER

3

第三章

碳水化合物

[学习指导]

　　了解食品中碳水化合物的存在状况。理解单糖、低聚糖的甜度、溶解度、结晶性、吸湿性、保湿性、渗透压、黏度、冰点降低、抗氧化性等物理性质及在食品加工生产中的应用。掌握焦糖化反应及其在食品加工生产中的应用。理解羰氨反应的机制、影响因素及控制措施。掌握功能性低聚糖的理化性质、生物功能以及它们在食品加工生产中的应用。掌握淀粉粒、淀粉分子的基本结构，淀粉的水解，淀粉糊化过程、本质、特性、影响因素，淀粉的老化及控制措施。熟悉果胶、黄原胶、魔芋胶等非淀粉多糖的功能特性及它们在食品加工中的应用。

第一节　食品中的碳水化合物

一、概　述

　　碳水化合物（carbohydrates）是多羟基醛、酮及其衍生物和缩合物。碳水化合物普遍存在于谷物、水果、蔬菜及其他人类能食用的植物中。早期认为，这类化合物的分子组成一般可用 $C_n(H_2O)_m$ 通式表示，因此采用碳水化合物这个术语。后来发现有些糖如鼠李糖（$C_6H_{12}O_5$）和脱氧核糖（$C_5H_{10}O_4$）等并不符合上述通式，并且有些糖还含有氮、硫、磷等成分，显然用碳水化合物这个名称来代替糖类名称已经不适当，但由于沿用已久，至今还在使用这个名称。碳水化合物按其组成可分为单糖、低聚糖、多糖三类。

　　单糖是指碳水化合物中不能再被水解的最简单的多羟基醛、酮及其衍生物。按照其官能团的特点，单糖可分为醛糖、酮糖及衍生单糖。按所含碳原子数目的不同，单糖可分为丙糖（triose）、丁糖（tetrose）、戊糖（pentose）、己糖（hexose）、庚糖（heptose）等，其中以戊糖、己糖最为重要，如核糖、脱氧核糖属戊糖，葡萄糖、果糖、半乳糖属己糖，半乳糖醛酸、木糖醇属衍生单糖。

低聚糖是指聚合 2~10 个单糖的糖类，按水解后生成单糖数目的不同，低聚糖又分为二糖、三糖、四糖、五糖等，其中以二糖最为重要，如蔗糖、麦芽糖等。低聚糖又分为均低聚糖和杂低聚糖，前者是由同一种单糖聚合而成的，如麦芽糖和聚合度小于 10 的糊精，后者由不同种的单糖聚合而成，如蔗糖、棉子糖、水苏糖等。根据低聚糖的还原性质，可分为还原性低聚糖和非还原性低聚糖。

多糖一般指聚合度大于 10 的糖类，由相同的单糖分子通过相同的或不同的糖苷键连接而成的多糖称为同聚多糖（也称均多糖、同型多糖），如淀粉、纤维素、糖原等；由不同的单糖分子组成的多糖称为杂聚多糖（也称非均质多糖），如半纤维素、木聚糖、海藻酸钠、卡拉胶、阿拉伯胶等。自然界中最丰富的多糖是纤维素，包含纤维素的碳水化合物约占自然界生物物质的 3/4，是自然界中分布广泛、数量最多的有机化合物。

碳水化合物是生物体维持生命活动所需能量的主要来源，是合成其他化合物的基本原料，同时也是生物体的主要结构成分。人类摄取食物的总能量中大约 80% 由糖类（主要是淀粉、蔗糖、乳糖、葡萄糖、果糖等）提供，因此它是人类及动物的生命源泉。作为食品成分之一的碳水化合物，它包含了具有各种特性的化合物，如具有高黏度、胶凝能力和稳定作用的多糖；有作为甜味剂、保藏剂的单糖和双糖；有能与其他食品成分发生反应的单糖；具有保健作用的低聚糖和多糖等。

二、普通食品中的糖含量

普通加工食品中添加的蔗糖量一般比较多，蔗糖是从甘蔗或甜菜中分离得到的。普通食品中的糖含量见表 3-1。

表 3-1　　　　　　　　　　　　普通食品中的糖含量

食品	糖的含量/%	食品	糖的含量/%
可口可乐	10	橙汁	9
脆点心	18	冰淇淋	12
番茄酱	36	蛋糕（干）	29
韧性饼干	83	果冻（干）	20

三、水果中的游离糖含量

水果中的游离糖含量见表 3-2。

表 3-2　　　　　　　　水果中游离糖含量（以鲜重计）　　　　　　　　单位:%

水果	D-葡萄糖	D-果糖	蔗糖
苹果	1.17	6.04	3.78
梨	0.95	6.77	1.61

续表

水果	D-葡萄糖	D-果糖	蔗糖
香蕉	6.04	2.01	10.03
葡萄	6.86	7.84	2.25
桃	0.91	1.18	6.92
樱桃	6.49	7.38	0.22
草莓	2.09	2.40	1.03
蜜橘	1.50	1.10	6.01
杏	4.03	2.00	3.04
西瓜	0.74	3.42	3.11
番茄	1.52	1.51	0.12
甜柿肉	6.20	5.41	0.81
枇杷肉	3.52	3.60	1.32

四、蔬菜中的游离糖含量

蔬菜中的游离糖含量见表3-3。

表3-3　　　　　　　　　　蔬菜中游离糖含量（以鲜重计）　　　　　　　　　单位:%

蔬菜	D-葡萄糖	D-果糖	蔗糖
菠菜	0.09	0.04	0.06
胡萝卜	0.85	0.85	4.24
黄瓜	0.86	0.86	0.06
洋葱	2.07	1.09	0.89
硬花甘蓝	0.73	0.67	0.42
甜玉米	0.34	0.31	3.03
甘薯	0.33	0.30	3.37
甜菜	0.18	0.16	6.11
菜花	0.73	0.67	0.42
莴苣	0.07	0.16	0.07
番茄	1.12	1.34	0.01

五、粮食中的糖类含量

粮食中有70%以上的干物质是糖类。粮食中的糖类主要包括淀粉、纤维素、葡萄糖、蔗糖、果胶质等。它们在粮食中的含量见表3-4。

表 3 – 4　　　　　　　　主要粮种的糖类含量（以干重计）　　　　　　单位:%

粮食	可溶性糖[1]	淀粉	纤维素	半纤维素
小麦	2.00 ~ 5.00	58 ~ 76	2.3 ~ 3.7	4.9 ~ 7.5
大麦	6.00 ~ 7.00	56 ~ 66	5.9	10.5
黑麦	1.87 ~ 3.00	57.7 ~ 62.7	2.6	10.2
燕麦	0.33	50 ~ 60	12.6	14.4
糙米	0.46	75 ~ 80	10.5	—
玉米	1.50 ~ 3.70	60 ~ 70	2.4	6.2
高粱	1.00 ~ 3.00	69 ~ 70	1.9 ~ 2.2	3.4 ~ 4.6

注：① 可溶性糖类是指葡萄糖、麦芽糖及蔗糖等单糖和低聚糖的总和。

六、豆类中的碳水化合物含量

豆类中的碳水化合物含量见表 3 – 5。

表 3 – 5　　　　　　　豆类中的碳水化合物含量　　　　　　　单位:%

豆类	碳水化合物的含量	膳食纤维的含量
黄豆	34.2	15.5
黑豆	33.6	10.2
青豆	35.4	12.6
绿豆	62.0	6.4
蚕豆	61.5	6.9

第二节　单糖、低聚糖的物理性质

一、甜　度

　　甜味是糖的重要物理性质，甜味的强弱用甜度来表示，但甜度目前还不能用物理或化学方法定量测定，只能采用感官比较法，因此所获得的数值只是一个相对值，通常以蔗糖（非还原糖）为基准物。一般以10%的蔗糖水溶液在20℃时的甜度为1.00，则果糖的甜度为1.50，葡萄糖的甜度为0.70，由于这种甜度是相对的，所以又称比甜度。一些糖的比甜度见表 3 – 6。

　　甜味是由物质分子的构成所决定的，单糖都有甜味，绝大多数双糖和一些三糖也有甜味，多糖则无甜味。糖甜度的高低与糖的分子结构、相对分子质量、分子存在状态及外界因素有关。相对分子质量越大、溶解度越小，则甜度也小；糖的 α 型和 β 型也影响糖的甜度。D – 葡萄糖

表 3 - 6　　　　　　　　　　　　　　　　　糖的比甜度[①]

糖类名称	比甜度
蔗糖	1.00
果糖	1.50
葡萄糖	0.70
半乳糖	0.60
麦芽糖	0.60
乳糖	0.27
麦芽糖醇	0.68
山梨醇	0.50
木糖醇	1.00
果葡糖浆（转化率 16%）	0.80
果葡糖浆（转化率 42%）	1.00
淀粉糖浆（葡萄糖值 42%）	0.50
淀粉糖浆（葡萄糖值 52%）	0.60
淀粉糖浆（葡萄糖值 62%）	0.70
淀粉糖浆（葡萄糖值 70%）	0.80

注：① 蔗糖是测量甜味剂相对甜度的基准物质，规定以 10% 的蔗糖溶液在 20℃ 时甜度为 1.0。

有 α 型和 β 型，如把 α 型的甜度定为 1.00，则 β 型的甜度为 0.666 左右；结晶葡萄糖是 α 型，溶于水以后一部分转为 β 型，所以刚溶解的葡萄糖溶液最甜。果糖与之相反，若 β 型的甜度为 1.00，则 α 型果糖的甜度是 0.33；结晶的果糖是 β 型，溶解后，一部分变为 α 型，达到平衡时甜度下降。优质糖应具备甜味纯正，甜感反应快，消失得也迅速的特点。常用的几种单糖基本上符合这些要求，但稍有差别。例如与蔗糖相比，果糖的甜味感觉反应快，达到最高甜味的速度快，持续时间短，而葡萄糖的甜味感觉反应慢，达到最高甜度的速度也慢。

二、溶　解　度

各种糖都能溶于水中，但溶解度不同，果糖的溶解度最高，其次是蔗糖、葡萄糖、乳糖等。各种糖的溶解度，随温度升高而增大，如表 3 - 7 所示。葡萄糖的溶解度较低，在室温下浓度约为 50%，浓度过高时，会有结晶析出。浓度为 50% 的葡萄糖溶液，其渗透压还不足以抑制微生物生长，贮藏性差。工业上贮存葡萄糖（较高的温度）一般是用较高浓度的溶液。如浓度为 70% 在 55℃ 时葡萄糖不会结晶析出，贮藏性较好。在淀粉糖浆中为了防止葡萄糖结晶析出，一般控制葡萄糖含量在 42%（干物质计）以下。α - 葡萄糖在水中的溶解速度比蔗糖慢很多，但不同葡萄糖异构体之间也存在差别。设蔗糖的溶解速度为 1.0，无水 β - 葡萄糖、无水 α - 葡萄糖和含水 α - 葡萄糖的溶解速度分别为 1.40、0.55 和 0.35。用喷雾干燥法制造的葡萄糖为 α 和 β 两种葡萄糖异构体，溶解速度与蔗糖相似。

表 3 - 7　　　　　　　　　　糖的溶解度

糖	20℃		30℃		40℃		50℃	
	浓度/%	溶解度/(g/100g 水)	浓度/%	溶解度/(g/100g 水)	浓度/%	溶解度/(g/100g 水)	浓度/%	溶解度/(g/100g 水)
果　糖	78.9	374.8	81.5	441.7	84.3	538.6	86.9	665.6
蔗　糖	66.6	199.4	68.2	214.3	70.0	233.4	72.0	257.6
葡萄糖	46.7	87.7	54.6	120.5	61.9	162.4	70.9	243.8

　　果汁和蜜饯类食品利用糖作为保存剂，需要糖具有高溶解度，因为只有糖浓度在70%以上才能抑制酵母菌和霉菌生长。在20℃蔗糖最高浓度只有66%，不能达到这种要求，淀粉糖浆最高浓度约80%，具有较好的食品保存性能，也可与蔗糖混合使用。在20℃，葡萄糖最高浓度约50%，这种浓度保存性能差。果葡糖浆的浓度因其果糖含量不同而异，果糖含量为42%、60%和90%时其浓度分别为71%、77%和80%，这是因为葡萄糖的溶解度低，而果糖的溶解度高，因此，果葡糖浆中果糖含量高，其保存性能比较好。

三、结　晶　性

　　蔗糖易结晶，且晶体很大。葡萄糖也易结晶，但晶体细小。果糖和转化糖较难于结晶。淀粉糖浆是葡萄糖、低聚糖和糊精的混合物，不能结晶，并能防止蔗糖结晶。在糖果制造时，要应用糖结晶性质上的差别。例如，生产硬糖不能单独用蔗糖。若单独使用蔗糖，熬煮到水分在3%以下经冷却后，蔗糖就会结晶、碎裂，不能得到坚韧、透明的产品。旧式制造硬糖果的方法是加有机酸，在熬糖过程中使一部分蔗糖水解成转化糖（10%~15%），以防止蔗糖结晶。新式制造硬糖果的方法是添加适量淀粉糖浆（葡萄糖值42），工艺简单，效果较好，用量一般为30%~40%。淀粉糖浆不含果糖，吸潮性较转化糖低，糖果保存性较好。淀粉糖浆含有糊精，能增加糖果的韧性、强度和黏性，使糖果不易碎裂。淀粉糖浆的甜度较低，起冲淡蔗糖甜度的作用，使产品甜味温和，更加可口。但淀粉糖浆的用量不能过多，如果产品中糊精含量过多，则韧性过强，影响糖果的脆性。在 -23℃ 低温情况下，蔗糖能结晶成含水晶体：$C_{12}H_{22}O_{11} \cdot 25H_2O$ 和 $C_{12}H_{22}O_{11} \cdot 35H_2O$，这种含水晶体聚合成球形。因此，在冰冻食品生产中，为了避免生成含水蔗糖晶体，可用淀粉糖浆代替一部分蔗糖。

四、吸湿性和保湿性

　　糖的吸湿性是指在较高的空气湿度情况下，糖吸收水分的性质。糖的保湿性是指在较低空气湿度情况下，糖保持水分的性质。各种糖吸湿性不相同，以果糖、转化糖的吸湿性最强，葡萄糖、麦芽糖次之，蔗糖吸湿性最小。不同种类的食品对于糖吸湿性和保湿性的要求不同。例如，硬糖果要求吸湿性低，避免遇潮湿天气吸收水分导致溶化，所以用蔗糖为宜。而软糖果则需要保持一定的水分，避免在干燥天气干缩，应用转化糖浆和果葡糖浆为宜。面包、糕点类食品也需要保持松软，应用转化糖和果葡糖浆为宜。无水 α - 葡萄糖的吸湿性很强，吸收水分向含水 α - 葡萄糖转变，30~60min 转变完成。葡萄糖经过氢化生成山梨醇，具有良好的保湿性，作为保湿剂广泛应用于食品、烟草等工业，效果比甘油还好。

五、渗 透 压

任何溶液都有渗透压。一定浓度的糖溶液,也有一定的渗透压,其渗透压随着浓度增高而增大。在相同质量分数下,溶液的相对分子质量越小,分子数目越多,渗透压力越大。因为单糖的分子数目等于双糖的 2 倍,所以单糖的渗透压约为双糖的 2 倍。葡萄糖和果糖都是单糖,比蔗糖具有更高的渗透压力。渗透压越高的糖对食品保存的效果越好。对于败坏食品的链球菌曾做过对比试验,35% ~45% 葡萄糖溶液具有较强的抑制作用,相当于 50% ~60% 蔗糖溶液。糖液的渗透压对于抑制不同微生物的生长是有差别的。50% 蔗糖溶液能抑制一般酵母菌的生长,但抑制细菌和霉菌的生长,则分别需要 65% 和 80% 的浓度。有些酵母菌和霉菌能耐高浓度糖液,例如,有时蜂蜜也会败坏,就是由于耐高渗透压酵母菌作用的结果。果葡糖浆的糖分组成为葡萄糖和果糖,渗透压较高,不易因感染杂菌而败坏。

果酱、蜜饯及水果糖渍品等都是利用糖液具有渗透压这个基本原理制成的。在制作过程中,还应该注意糖的溶解度。在实际生产中,食品厂一般使用蔗糖和还原糖或果葡糖浆、淀粉糖浆混合物,因为这种混合物的溶解度比单纯蔗糖的溶解度大。

六、黏 度

糖浆的黏度对食品加工具有重要意义。葡萄糖和果糖的黏度较蔗糖低,淀粉糖浆的黏度较高。不同成分的淀粉其黏度是不相同的。干的固形物和糊精含量较高时,其黏度较大,反之,还原糖含量高时,其黏度就较低。在蔗糖溶液中加入淀粉糖浆就是利用其黏度来阻止蔗糖分子的结晶,因此在糖果工业中被广泛使用。糖浆的黏度都是随着温度变化而改变的。在一定范围内温度升高,黏度降低;温度降低,黏度就增高。在一定黏度范围内可以使由糖浆熬煮而成的糖膏具有可塑性,以适应糖果工艺中拉条和成型的需要。在搅打蛋糕蛋白时加入熬好的糖浆,就是利用糖浆的黏度来稳定蛋白气泡。糖浆的黏度特性在食品加工中被广泛利用。在实际生产中,可以借助调节糖的黏度来提高食品的稠度和可口性,例如果汁饮料、糖浆类食品中应用淀粉糖浆可增加黏稠感。

七、冰 点 降 低

糖溶液冰点降低的程度取决于它的浓度和糖的相对分子质量大小,溶液浓度高,相对分子质量小,冰点降低得多。葡萄糖降低冰点的程度高于蔗糖,淀粉糖浆降低冰点的程度因转化程度而不同,转化程度增高,冰点降低得多。因为淀粉糖浆是多种糖的混合物,平均相对分子质量随转化程度增高而降低。葡萄糖值 36、42 和 62 的糖的平均相对分子质量分别为 543、430 和 296。生产雪糕类冰冻食品时混合使用淀粉糖浆和蔗糖,冰点降低较单独用蔗糖小。使用低转化度淀粉糖浆的效果更好,冰点降低小,能节约电能,应用低转化度淀粉糖浆还有促进冰粒细腻,提高黏稠度,使甜味温和等效果,使雪糕更为可口。冰点降低相对值 Δt 与质量摩尔浓度 m 的关系为 $\Delta t = Km$ 因为葡萄糖的相对分子质量小,所以 Δt(葡萄糖)$> \Delta t$(蔗糖)。对淀粉糖浆,转化程度越大 [即 DE 大,淀粉水解程度用葡萄糖(还原糖)当量值 DE 表示,即 DE 为还原糖(以葡萄糖汁)在糖浆中所占百分数(以干物质计)],则冰点降低越多。几种糖液冰点降低的程度列于表 3 – 8。

表 3 - 8　　　　　　　　　　几种糖液冰点相对降低值比较

糖	平均相对分子质量 M	冰点降低相对值 Δt
蔗糖	342	1.00
葡萄糖	180	1.90
淀粉糖浆 DE = 30	647	0.53
淀粉糖浆 DE = 36	543	0.63
淀粉糖浆 DE = 42	430	0.80
淀粉糖浆 DE = 54	360	0.93
淀粉糖浆 DE = 62	296	1.16

八、抗 氧 化 性

糖溶液具有抗氧化性，有利于保持水果的风味、颜色和维生素 C，不致因氧化反应而发生变化，这是因为氧气在糖溶液中的溶解量较在水溶液中低很多，如在 20℃、60% 蔗糖溶液中溶解氧的量仅为水溶液中的 1/6 左右。葡萄糖、果糖和淀粉糖浆都具有相似的抗氧化性。应用这些糖溶液（因糖浓度、pH 和其他条件不同，抗氧化性也不同）可使维生素 C 的氧化反应降低 10% ~ 90%。

第三节　单糖、低聚糖的化学性质

单糖、低聚糖的化学性质有些在有机化学、生物化学等基础课程中已经学习。例如，糖在碱性溶液中不稳定，易发生异构化和分解等反应，糖在酸性溶液中，易发生复合反应、脱水反应，还可发生氧化还原反应、酯化反应等。在此不再重复，只讨论水解反应——转化糖的生成、糖的发酵性、焦糖化反应和羰氨反应。

一、水解反应——转化糖的生成

低聚糖或双糖在酸或水解酶的催化作用下可以水解成单糖，例如蔗糖在盐酸作用下水解生成等摩尔的葡萄糖和等摩尔的果糖。

$$C_{12}H_{22}O_{11} + H_2O \xrightarrow{H^+} C_6H_{12}O_6 + C_6H_{12}O_6$$

蔗糖　　　　　　　　葡萄糖　　果糖

$$[\alpha]_D^{20} = +66.5° \qquad [\alpha]_D^{20} = -20°$$

蔗糖是右旋，而水解后生成等量的葡萄糖和果糖的混合物则是左旋，由于蔗糖水解使旋光方向发生了改变，故称蔗糖水解产物为转化糖。

由于转化酶的影响，也可使蔗糖转化成果糖与葡萄糖。存在于生物细胞中的转化酶有两种，即 β – 葡萄糖苷酶和 β – 果糖苷酶。许多果实中所含的转化糖，多数是由果实中的转化酶或天然存在的酸水解蔗糖而形成的。蜂分泌的转化酶，使植物花粉中大部分蔗糖转化，因此蜂蜜中含有大量转化糖。

二、发 酵 性

糖类发酵对食品加工具有重要意义。酵母菌能使葡萄糖、果糖、甘露糖、麦芽糖等发酵而成酒精，同时放出二氧化碳。这是葡萄酒、黄酒和啤酒生产及面包膨松的基础。

$$C_6H_{12}O_6 \xrightarrow{\text{酵母菌}} 2C_2H_5OH + 2CO_2$$

经酵母菌发酵的果酒中的酒精，在氧的存在下，可用醋酸杆菌类按下列反应式进一步发酵成醋酸，这是生产醋的机制。

$$C_2H_5OH + O_2 \xrightarrow{\text{醋酸杆菌}} CH_3COOH + H_2O$$

各种糖的发酵速度是不相同的。大多数面包酵母和酿酒酵母都是首先发酵葡萄糖，而后是果糖和蔗糖，发酵速度最慢的是麦芽糖。麦芽糖和蔗糖的发酵需要经酵母菌中水解酶水解成单糖后才能发生作用。在一般情况下，酵母菌不能使乳糖、半乳糖发酵。所以在生产面包、饼干和糕点时，如加入乳制品能起到很好的着色作用，这是因为乳制品中的乳糖不能被酵母菌利用所致。酵母菌不能使多糖发酵，如利用富含淀粉的谷类、薯类为原料来酿酒时，必须将淀粉水解成麦芽糖、葡萄糖后才能进行酒精发酵。在特种曲霉和细菌作用下，一些单糖或多糖还能发酵成柠檬酸、丁酸、丁醇和丙酮等产物。由于蔗糖、葡萄糖等糖类的可发酵性，所以在有些食品的加工中，常以甜味剂代替糖类，以避免微生物生长、繁殖而引起食品变质或汤汁混浊的现象发生。

三、焦糖化反应

糖类尤其是单糖在没有氨基化合物存在的情况下，加热到熔点以上的高温（一般是 140～170℃以上）时，因糖发生脱水与降解，会发生褐变反应，这种反应称为焦糖化反应，又称卡拉蜜尔作用（caramelization）。焦糖化反应在酸、碱条件下均可进行，但速度不同，如在 pH 8 时要比 pH 5.9 时快 10 倍。糖在强热的情况下生成两类物质：一类是糖的脱水产物，即焦糖或酱色；另一类是裂解产物，即一些挥发性的醛、酮类物质，它们进一步缩合、聚合，最终形成深色物质。因此，焦糖化反应产生两类深色物质。

1. 焦糖的形成

糖类在无水条件下加热，或在高浓度时用稀酸处理，可发生焦糖化反应。由葡萄糖可生成右旋葡萄糖酐（1，2 – 脱水 – α – D – 葡萄糖）和左旋葡萄糖酐（1，6 – 脱水 – β – D – 葡萄糖），前者的比旋光度为 +69°，后者的为 -67°，酵母菌只能发酵前者，两者很容易区别。在同样条件下果糖可形成果糖酐（2，3 – 脱水 – β – D – 呋喃果糖）。

由蔗糖形成焦糖（酱色）的过程可分为三个阶段。开始阶段，蔗糖熔融，继续加热，当温度达到约 200℃时，经约 35min 的起泡，蔗糖同时发生水解和脱水两种反应，并迅速进行脱水产物的二聚合作用，产物是失去一分子水的蔗糖，称为异蔗糖酐（isosaccharosan，$C_{12}H_{20}O_{10}$，图 3 – 1），无甜味而具有温和的苦味，这是蔗糖焦糖化的初始反应。

$$C_{12}H_{22}O_{11} - H_2O \longrightarrow C_{12}H_{20}O_{10}$$

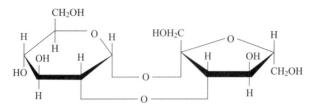

图 3-1 异蔗糖酐

生成异蔗糖酐后，起泡暂时停止。而后又发生二次起泡现象，这就是形成焦糖的第二阶段，持续时间比第一阶段长，约为 55min，在此期间失水量达 9%，形成的产物为焦糖酐（sucrose anhydride）：平均分子式为 $C_{24}H_{36}O_{18}$。

$$2C_{12}H_{22}O_{11} - 4H_2O \longrightarrow C_{24}H_{36}O_{18}$$

焦糖酐的熔点为 138℃，可溶于水及乙醇，味苦。中间阶段起泡 55min 后进入第三阶段，进一步脱水形成焦糖烯（caramelen）：

$$3C_{12}H_{22}O_{11} - 8H_2O \longrightarrow C_{36}H_{50}O_{25}$$

焦糖烯的熔点为 154℃，可溶于水。若再继续加热，则生成高分子质量的深色物质，称为焦糖素（caramelin），分子式为 $C_{125}H_{188}O_{80}$。这些复杂色素的结构目前尚不清楚，但具有下列的官能团：羰基、羧基、羟基和酚基等。焦糖是一种胶态物质，等电点在 pH 3.0 ~ 6.9，甚至可低于 pH 3，随着制造方法的不同而异。焦糖的等电点在食品制造中有重要意义，例如在一种 pH 为 4 ~ 5 的饮料中若使用了等电点的 pH 为 4.6 的焦糖，就会发生凝絮、混浊乃至出现沉淀。

磷酸盐、无机酸、碱、柠檬酸、延胡索酸、酒石酸、苹果酸等对焦糖的形成有催化作用。

2. 糠醛和其他醛的形成

糖在强热下的另一类变化是裂解脱水等，形成一些醛类物质，由于这类物质性质活泼，故被称为活性醛。如单糖在酸性条件下加热，脱水形成糠醛或糠醛衍生物。它们经聚合或与胺类反应，可生成深色的色素。单糖在碱性条件下加热，首先起互变异构作用，生成烯醇糖，然后断裂生成甲醛、五碳糖、乙醇醛、四碳糖、甘油醛、丙酮醛等。这些醛类经过复杂缩合、聚合反应或发生羰氨反应生成黑褐色的物质。

各种单糖因熔点不同，其反应速度也不同，葡萄糖的熔点为 146℃，果糖的熔点为 95℃，麦芽糖的熔点为 103℃，由此可见，果糖引起焦糖化反应最快。与羰氨反应类似，对于某些食品如焙烤、油炸食品，焦糖化作用使用得当，可使产品得到悦人的色泽与风味。作为食品色素的焦糖色，也是利用此反应得来的。

蔗糖通常被用于制造焦糖色素和风味物，催化剂可以加速这类反应，并且使反应产物具有不同类型的焦糖色素。有三种商品化焦糖色素。第一种是单由蔗糖直接加热，热解产生红棕色并含有略带有负电荷的胶体粒子的焦糖色素，其水溶液的 pH 为 3 ~ 4，应用于啤酒和其他含醇饮料。第二种是由蔗糖溶液与亚硫酸氢铵加热制得的耐酸焦糖色素，可应用于可乐饮料、其他酸性饮料、烘焙食品、糖浆、糖果以及调味料中。这种色素的溶液是酸性的（pH 2 ~ 4.5），它含有带有负电荷的胶体粒子。这是由于酸性铵盐催化蔗糖糖苷键的断裂，铵离子参与阿姆德瑞（Amadori）分子重排。第三种是将糖与（非酸性）铵盐加热，产生红棕色并含有带正电荷的胶体粒子的焦糖色素，其水溶液的 pH 为 4.2 ~ 4.8，应用于烘焙食品、糖浆及布丁等。

焦糖化过程中产生的挥发性产物有四十多种，主要有呋喃衍生物、醛、酮（二酮）等，如麦芽酚（3 - 羟基 - 2 - 甲基吡喃 - 4 - 酮）和异麦芽酚（3 - 羟基 - 2 - 乙酰呋喃），具有面包风味，产生的麦芽酚、乙基麦芽酚（3 - 羟基 - 2 - 乙基吡喃 - 4 - 酮）、异麦芽酚、2 - 氢 - 4 - 羟基 - 5 - 甲基呋喃 - 3 - 酮具有风味增强剂作用。焦糖化部分风味物结构式见图 3 - 2。

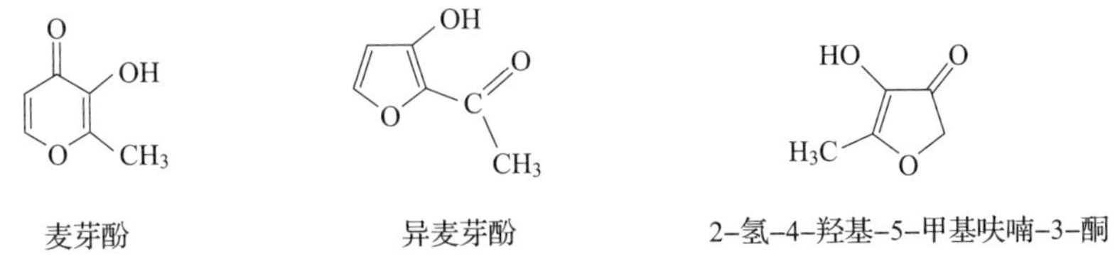

| 麦芽酚 | 异麦芽酚 | 2-氢-4-羟基-5-甲基呋喃-3-酮 |

图 3 - 2　焦糖化部分风味物结构式

四、羰 氨 反 应

羰氨反应又称美拉德反应（Maillard reaction），指羰基与氨基经缩合、聚合生成类黑色素的反应。此反应最初是由法国化学家美拉德（Maillard L. C.）于 1912 年发现的，故以他的名字命名。美拉德反应的产物是棕色缩合物，所以该反应又称褐变反应。这种褐变反应不是由酶引起的，所以属于非酶褐变。几乎所有的食品均含有羰基（来源于糖或油脂氧化酸败产生的醛和酮）和氨基（来源于蛋白质），因此都可能发生羰氨反应，故在食品加工中由羰氨反应引起食品颜色加深的现象比较普遍。如焙烤面包产生的金黄色，烤肉所产生的棕红色，熏干产生的棕褐色，松花蛋蛋清的茶褐色，啤酒的黄褐色，酱油和陈醋的黑褐色等均与其有关。

（一）羰氨反应机制

羰氨反应过程可分为初期、中期、末期三个阶段，每一个阶段又包括若干个反应。

1. 初期阶段

初期阶段包括羰氨缩合和分子重排两种作用。

（1）羰氨缩合　羰氨反应的第一步是氨基化合物中的游离氨基与羰基化合物的游离羧基之间的缩合反应，最初产物是一个不稳定的亚胺衍生物，称为席夫碱（schiff base），此产物随即环化为 N - 葡萄糖基胺。羰氨缩合反应见图 3 - 3。

羰氨缩合反应是可逆的，在稀酸条件下，该反应产物极易水解。羰氨缩合反应过程中由于游离氨基的逐渐减少，使反应体系的 pH 下降，所以在碱性条件下有利于羰氨反应。

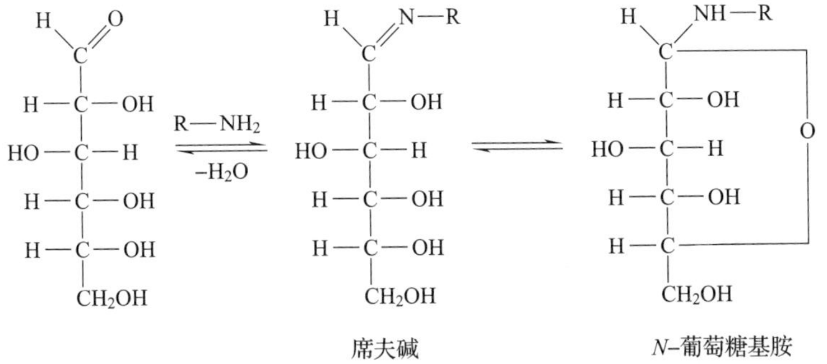

| 席夫碱 | N-葡萄糖基胺 |

图 3 - 3　羰氨缩合

（2）分子重排　N－葡萄糖基胺在酸的催化下经过阿姆德瑞（Amadori）分子重排作用，生成氨基脱氧酮糖即单果糖胺，阿姆德瑞分子重排见图 3－4。此外，酮糖也可与氨基化合物生成酮糖基胺，而酮糖基胺可经过海因斯（Heyenes）分子重排作用异构成 2－氨基－2－脱氧葡萄糖，海因斯分子重排见图 3－5。

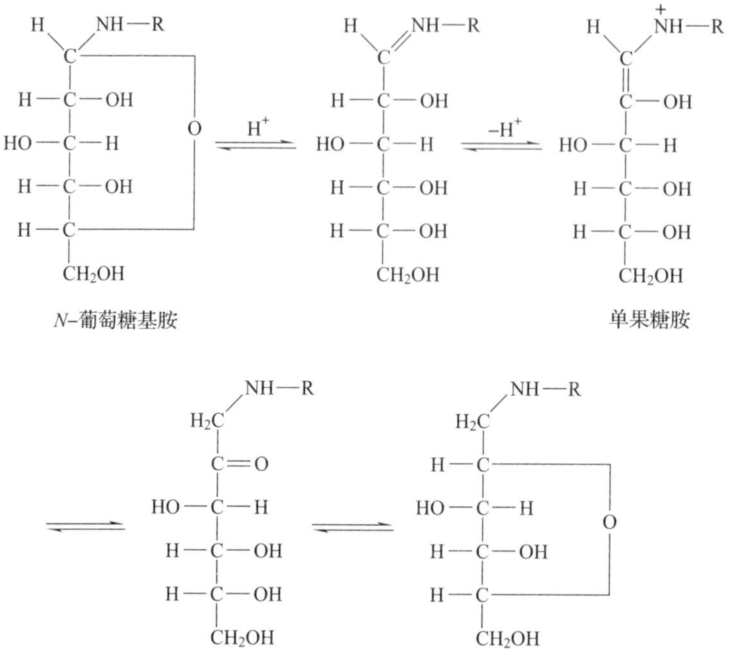

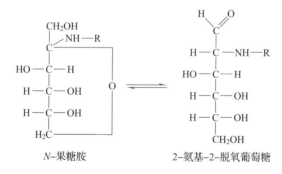

图 3－4　阿姆德瑞分子重排

图 3－5　海因斯分子重排

2. 中期阶段

重排产物 1－氨基－1－脱氧－2－己酮糖（果糖基胺）的进一步降解可能有不止一条途径。

（1）果糖基胺脱水生成羟甲基糠醛　这一过程的总结果是脱去胺残基（R—NH₂）和糖衍生物的逐步脱水。果糖基胺可异构成烯醇式果糖基胺，再脱水生成烯醇式席夫碱，再脱去胺残基（R—NH₂）生成 3－脱氧－己糖醛酮，再脱水生成 3，4－脱氧－己糖醛酮，再进一步脱水生成羟甲基糠醛（hydroxymethylfurfural，HMF），如图 3－6 所示。其中含氮基团并不一定被消去，它可以保留在分子上，这时的最终产物是烯醇式席夫碱。HMF 的积累与褐变速度有密切的相关性，HMF 积累后不久就可发生褐变，因此用分光光度计测定 HMF 积累情况可作为预测褐变速度的指标。

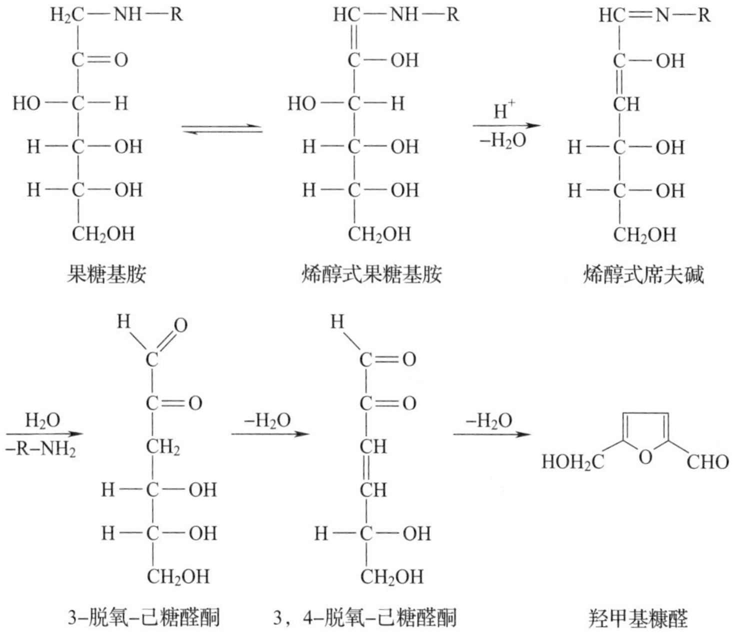

图 3-6 果糖基胺脱水生成羟甲基糠醛

（2）果糖基胺脱去胺残基重排生成还原酮　　上述反应历程中包括阿姆德瑞分子重排的1，2-烯醇化作用，此外还有一条是经过2，3-烯醇化最后生成还原酮类化合物的途径。由果糖基胺生成还原酮的历程如图 3-7 所示。还原酮类是化学性质比较活泼的中间产物，它可能进一步脱水后再与胺类缩合，也可能裂解成较小的分子如二乙酰、乙酸、丙酮醛等。

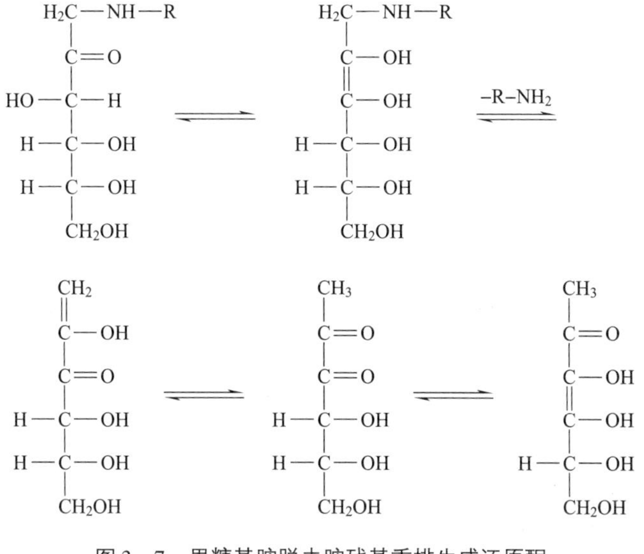

图 3-7 果糖基胺脱去胺残基重排生成还原酮

（3）氨基酸与二羰基化合物的作用　在二羰基化合物存在下，氨基酸可发生脱羧、脱氨作用，成为少一个碳的醛，氨基则转移到二羰基化合物上，这一反应称为斯特勒克（Strecker）降解反应，反应式见图3-8。二羰基化合物接受了氨基，形成氨基羰基化合物，进一步聚合而形成褐色素。

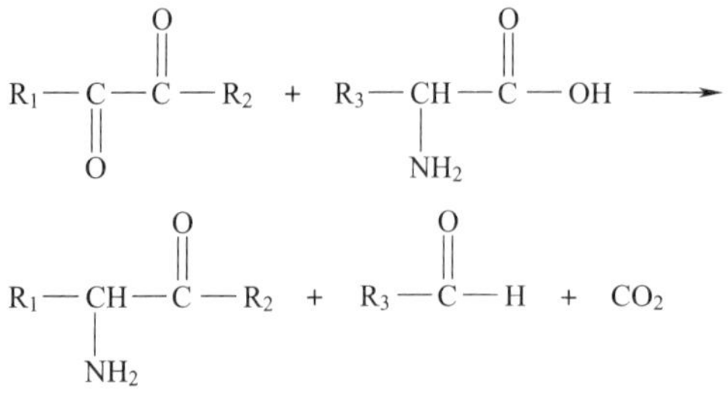

图3-8　斯特勒克（Strecker）降解反应

美拉德发现在褐变反应中有二氧化碳放出，食品在贮存过程中会自发放出二氧化碳的现象也早有报道。通过同位素示踪法已证明，在羰氨反应中产生的二氧化碳中90%～100%来自氨基酸残基而不是来自糖残基部分。所以，斯特勒克反应在褐变反应体系中即使不是唯一的，也是主要的二氧化碳的来源。

3. 末期阶段

羰氨反应的末期阶段包括如下两类反应。

（1）醇醛缩合　醇醛缩合是两分子醛的自相缩合作用，并进一步脱水生成不饱和醛的过程。醇醛缩合反应见图3-9。

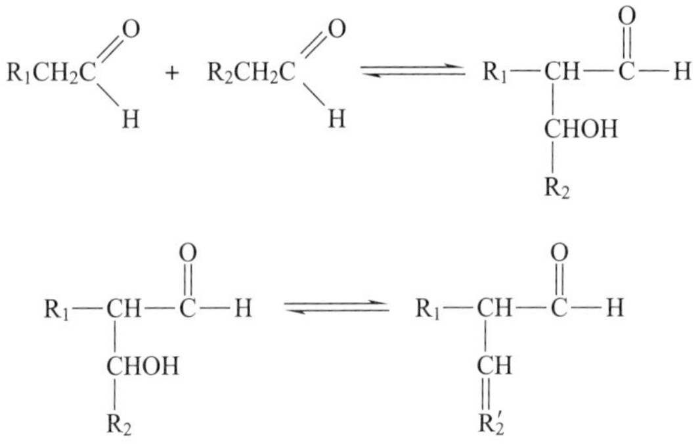

图3-9　醇醛缩合反应

（2）生成黑色素的聚合反应　经过中期反应后，产物中有糠醛及其衍生物、二羰基化合物、还原酮类、由斯特勒克降解和糖裂解所产生的醛等，这些产物进一步缩合、聚合形成复杂的高分子黑色素。羰氨反应中生成的3-脱氧-己糖醛酮、3,4-脱氧-己糖醛酮、羟甲基糠醛、还原酮等与氨基化合物进一步缩合，再聚合形成黑色素。由斯特勒克降解反应产生的氨基羰基化合物直接聚合形成黑色素。

（二）影响羰氨反应的因素

羰氨反应的机制十分复杂，不仅与参与的糖类等羰基化合物及氨基酸等氨基化合物的种类有关，同时还受到温度、氧气、水分及金属离子等环境因素的影响。控制这些因素可促进或抑制褐变，这对食品加工具有实际意义。

(1) 羰基化合物的影响 褐变速度最快的是像 2 - 己烯醛 [$CH_3(CH_2)_2CH\!\!=\!\!CHCHO$] 之类的 α、β 不饱和醛，其次是 α - 双羰基化合物，酮的褐变速度最慢。像抗坏血酸那样的还原酮类有烯二醇结构，具有较强的还原能力，而且在空气中也易被氧化成为 α - 双羰基化合物，故易褐变。

还原糖的美拉德反应速度，戊糖 > 己糖 > 双糖，醛糖 > 酮糖，五碳糖中：核糖 > 阿拉伯糖 > 木糖；六碳糖中：半乳糖 > 甘露糖 > 葡萄糖 > 果糖，并且五碳糖的褐变速度大约是六碳糖的 10 倍。双糖中：乳糖 > 蔗糖 > 麦芽糖 > 海藻糖。

(2) 氨基化合物的影响 氨基酸、肽类、蛋白质、胺类均与褐变有关。氨基化合物的美拉德反应速度，一般胺类 > 氨基酸、肽 > 蛋白质，碱性氨基酸（末端）的氨基易褐变，如赖氨酸、精氨酸、组氨酸。

(3) pH 的影响 美拉德反应在酸、碱环境中均可发生，但 pH 在 3 以上时，其反应速度随 pH 的升高而加快，所以降低 pH 是控制褐变的较好方法，高酸度的食品如泡菜就不易褐变。

(4) 水分的影响 水分含量在 10% ~ 15% 时，褐变易进行。干燥食品，褐变受到抑制，例如冰淇淋粉要求水分含量 <3%。

(5) 温度的影响 美拉德反应受温度的影响很大，温度相差 10℃，褐变速度相差 3 ~ 5 倍。一般在 30℃ 以上褐变较快，而 20℃ 以下则进行较慢，例如酱油酿造时，提高发酵温度，酱油颜色也加深，温度每提高 5℃，着色度提高 35.6%，这是由于发酵中氨基酸与糖发生的羰氨反应随温度的升高而加快。不需要褐变的食品在加工处理时应尽量避免高温长时间处理，且贮存时以低温为宜，例如将食品放置于 10℃ 以下冷藏，则可较好地防止褐变。

(6) 金属离子的影响 由于铁和铜催化还原酮类的氧化，所以促进褐变，Fe^{3+} 比 Fe^{2+} 更为有效，故在食品加工处理过程中避免这些金属离子的混入是必要的，而 Na^+ 对褐变没有什么影响。钙可同氨基酸结合生成不溶性化合物而抑制褐变。

(7) 亚硫酸盐的影响 亚硫酸盐或酸式亚硫酸盐可以抑制美拉德反应。在美拉德反应还没有发生之前，如果加入亚硫酸盐，亚硫酸根可以与醛形成加成化合物，这个产物可以与 R—NH_2 缩合，其缩合产物不能再进一步生成席夫碱和 N - 葡萄糖基胺（图 3 - 10）。因此，亚硫酸盐可以抑制美拉德反应。

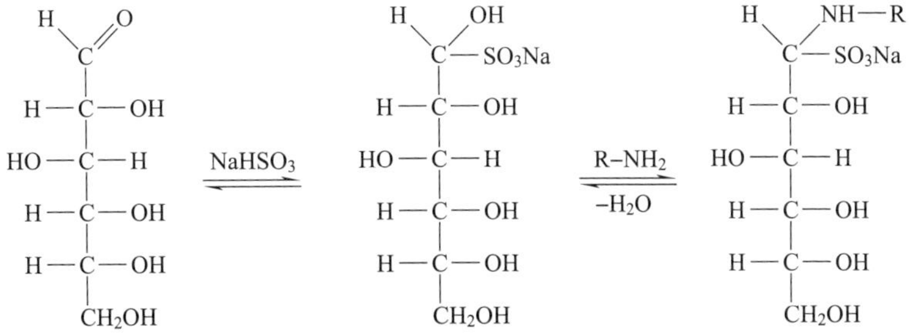

图 3 - 10 亚硫酸根与醛的加成反应式

对于某些食品，褐变反应可引起其色泽变劣，要严格控制，如乳制品、植物蛋白饮料的高温杀菌等。如果不希望在食品体系中发生美拉德反应，可采用如下方法：将水分含量降到很低；

如果是流体食品，可稀释、降低 pH、降低温度或除去一种作用物。一般除去糖可以减少褐变，例如，在加工干燥蛋制品时，在干燥前可以加入 D - 葡萄糖氧化酶以氧化 D - 葡萄糖。

美拉德反应的另一个不利方面是还原糖同蛋白质的部分链段相互作用会导致部分氨基酸的损失，特别是必需氨基酸 L - 赖氨酸所受的影响最大。赖氨酸含有 ε - 氨基，即使存在于蛋白质分子中，也能参与美拉德反应。因此，从营养学的角度来看，美拉德褐变会造成氨基酸等营养成分的损失。

对于很多食品，为了增加色泽和香味，在加工处理时利用适当的褐变反应是十分必要的，例如，茶叶的制作，可可豆、咖啡的烘焙，酱油的后期加热等。此外，美拉德反应还能产生牛乳巧克力的风味，当还原糖与牛乳蛋白质反应时，可产生乳脂糖、太妃糖及奶糖的风味。

通过斯特勒克降解可产生挥发性香味物质，主要有：吡嗪、吡啶、吡咯、咪唑等衍生物。其中食品焙烤香气主要由吡嗪类产生。pH 为 6.5 时，加热葡萄糖与氨基酸产生的气味，其加热温度不同，所形成的香气也不同。加热葡萄糖与氨基酸（1:1）产生的气味见表 3 - 9。

表 3 - 9　　　　　　　　　加热葡萄糖与氨基酸（1:1）产生的气味

葡萄糖: 氨基酸 = 1:1	100℃	180℃
单独葡萄糖	无	焦糖味
葡萄糖 + 赖氨酸	无	面包味
葡萄糖 + 谷氨酸	巧克力味	奶油味
葡萄糖 + 精氨酸	爆玉米味	焦糖味
葡萄糖 + 苏氨酸	巧克力味	焦臭味
葡萄糖 + 苯丙氨酸	菜味（紫罗兰）	紫丁香
葡萄糖 + 脯氨酸	焦蛋白质香气	烤面包香气
葡萄糖 + 甲硫氨酸	马铃薯香味	马铃薯香味

第四节　功能性低聚糖

一、生理学功能

近年来，研究表明功能性低聚糖不但具有良好的物理及感官性质，更引人注目的是它具有（或应该具有）以下优越的生理学功能。

① 改善人体内的微生态环境。摄取低聚糖后，可增殖体内双歧杆菌及其他有益菌，经代谢产生有机酸使肠内 pH 降低，抑制肠内沙门菌和腐败菌的生长，促进肠胃功能，减少肠内腐败

物质，改变大便性状，防治便秘；并增加维生素的合成量，提高人体免疫功能。因而低聚糖具有很好的保健功能，特别对老年人有良好的抗衰老及抗癌作用。

② 高品质的低聚糖很难被人体消化道唾液酶和小肠消化酶水解，它不仅能保证其能抵达大肠，而且它发热值低，很少转化为脂肪。

③ 类似于水溶性植物纤维，能降低血脂，改善脂质代谢，降低血液中胆固醇和甘油三酯的含量。

④ 低聚糖对牙齿无不良影响。它不被龋齿菌作用形成基质，也没有菌体凝结作用。

⑤ 难消化低聚糖属非胰岛素依赖型，不易使血糖升高，可供糖尿病人食用。

近年来，常有报道应用于食品并被较为详细研究的功能性低聚糖主要有：低聚果糖、异麦芽低聚糖、低聚半乳糖、异麦芽酮糖、大豆低聚糖、低聚木糖、异构乳糖、低聚壳聚糖、低聚琼脂糖及低聚甘露糖等。

二、低 聚 果 糖

低聚果糖（fructooligosaccharide），又称寡果糖或蔗果三糖族低聚糖，是指在蔗糖分子的果糖残基上通过 β –（1→2）糖苷键连接 1~3 个果糖基而成的蔗果三糖、蔗果四糖及蔗果五糖组成的混合物。低聚果糖的结构式见图 3 – 11。其结构式可表示为 G—F—F$_n$（G 为葡萄糖，F 为果糖，$n=1~3$），属于果糖与葡萄糖构成的直链杂聚糖，低聚果糖多存在于天然植物中，如菊芋、芦笋、洋葱、香蕉、番茄、大蒜、蜂蜜及某些草本植物中。低聚果糖具有卓越的生理功能，

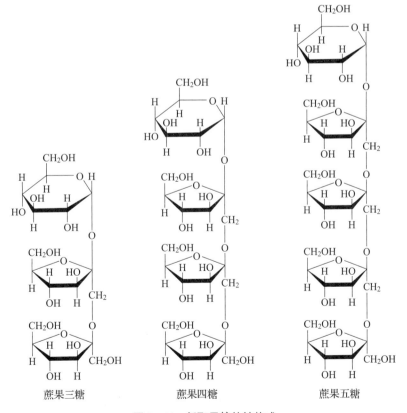

蔗果三糖　　　　　　　蔗果四糖　　　　　　　蔗果五糖

图 3 – 11　低聚果糖的结构式

包括作为双歧杆菌的增殖因子；属于人体难消化的低热值甜味剂；是水溶性的膳食纤维；能降低机体血清胆固醇和甘油三酯含量及抗龋齿等诸多优点。低聚果糖的黏度、保湿性、吸湿性、甜味特性及在中性条件下的热稳定性与蔗糖相似，甜度较蔗糖低。低聚果糖不具有还原性，参与美拉德反应程度小，但其有明显的抑制淀粉回生的作用。近年来备受人们的重视，尤其日本、欧洲对其的开发应用走在世界前列，我国也已开始生产该产品。

低聚果糖已广泛应用于乳制品、乳酸饮料、糖果、焙烤食品、膨化食品及冷饮食品中。目前低聚果糖多采用适度酶解菊芋粉来获得。此外也可以蔗糖为原料，采用 $\beta-D-$ 呋喃果糖苷酶的转果糖基作用，在蔗糖分子上以 $\beta-$（$1\rightarrow2$）糖苷键与 $1\sim3$ 个果糖分子相结合而成，该酶多由米曲霉和黑曲霉生产得来。

三、大豆低聚糖

大豆低聚糖（soybean oligosaccharide）是从大豆子粒中提取出的可溶性低聚糖的总称。主要成分为水苏糖、棉子糖和蔗糖。棉子糖和水苏糖都是由半乳糖、葡萄糖和果糖组成的支链杂聚糖，是在蔗糖的葡萄糖基一侧以 $\alpha-$（$1\rightarrow6$）糖苷键连接 1 或 2 个半乳糖。其中棉子糖（raffinose）又称蜜三糖，是 $\alpha-D-$ 吡喃半乳糖基（$1\rightarrow6$）$-\alpha-D-$ 吡喃葡萄糖（$1\rightarrow2$）$-\beta-D-$ 呋喃果糖。纯净棉子糖为白色或淡黄色长针状结晶，结晶体一般带有 5 分子结晶水，其水溶液的比旋光度 $[\alpha]_D^{20}$ 为 $+105°$，无水棉子糖 $[\alpha]_D^{20}$ 为 $+123.1°$，带结晶水的棉子糖熔点为 80℃，不带结晶水的为 $118\sim119$℃。棉子糖易溶于水，比甜度为 $0.2\sim0.4$，微溶于乙醇，不溶于石油醚。其吸湿性在所有低聚糖中是最低的，即使在相对湿度为 90% 的环境中也不吸水结块。棉子糖属于非还原糖，参与美拉德反应的程度小，热稳定性较好。大豆低聚糖中对双歧杆菌起增殖作用的因子是水苏糖和棉子糖，二者能量值很低，具有良好的热稳定性和酸稳定性。大豆低聚糖是一种安全无毒的功能性食品基料，可部分替代蔗糖，应用于清凉饮料、酸乳、乳酸菌饮料、冰淇淋、面包、糕点、糖果和巧克力等食品中。

大豆低聚糖广泛存在于各种植物中，以豆科植物中含量居多，除大豆外，豌豆、扁豆、豇豆、绿豆和花生等均有存在。一般是以生产浓缩或分离大豆蛋白时得到的副产物大豆乳清为原料，经加热沉淀、活性炭脱色、真空浓缩干燥等工艺制取。

四、环　糊　精

环糊精（cyclodextrin）又称沙丁格糊精（schardinger dextrin）或环状淀粉，是由 $D-$ 吡喃葡萄糖以 $\alpha-1,4-$ 糖苷键连接而成的环状低聚糖，是通过特定酶类作用于淀粉糊精而产生的，它的聚合度有 6、7、8 三种，依次称为 $\alpha-$ 环糊精、$\beta-$ 环糊精、$\gamma-$ 环糊精。其物理性质的差异见表 3－10。

$\alpha-$ 环糊精、$\beta-$ 环糊精、$\gamma-$ 环糊精的结构如图 3－12 所示。其立体结构如上下无底盖、上口和下口大小不一的木桶，内部的空腔被称为环糊精的空穴。

$\beta-$ 环糊精为白色结晶性粉末，无臭、微甜。在 $\beta-$ 环糊精分子中 7 个葡萄糖基的 C_6 上的伯醇羟基都排列在环的外侧，而空穴内壁侧由疏水性的 C—H 键和环氧组成，使中间的空穴是疏水区域，环的外侧是亲水的。由于中间具有疏水空穴，因此可以包含脂溶性物质或适当大小的疏水物质，形成各种包合物。在溶液中同时存在憎水性物质和亲水性物质时，憎水性物质能被环内侧疏水基吸附，主动进入空穴，并稳定在其中。由于环糊精的这种特性，它可对油脂起乳化作用，对挥发性的芳香物质有防止挥发的作用，对易氧化和易光解的疏水小分子物质有保护作用，对食品中一些苦味和异味等不良风味可以去除。

表 3 - 10　　　　　　　　　　　环糊精的结构与基本性质

项目	α - 环糊精	β - 环糊精	γ - 环糊精
葡糖残基数	6	7	8
相对分子质量	972	1135	1297
水中溶解度（25℃）/（g/100mL）	14.5	18.5	23.2
比旋光度 $[\alpha]_D^{20}$	+150.5°	+162.5°	+177.4°
空穴内径/（×10^{-8}cm）	4.5	~7.0	~8.5
空穴高/（×10^{-8}cm）	6.7	~7.0	~7.0

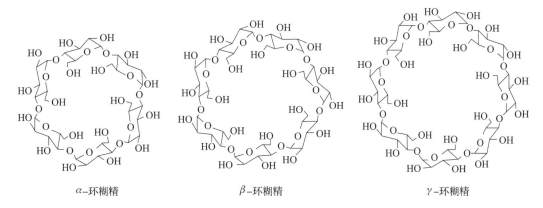

α-环糊精　　　　　　　β-环糊精　　　　　　　γ-环糊精

图 3 - 12　α - 环糊精、β - 环糊精、γ - 环糊精的结构

第五节　淀　　粉

一、概　　述

1. 淀粉的分布

淀粉是食物中人体所需要热能的主要来源，也是轻工业和食品工业的重要原料。其中粮食种子和植物的块根、块茎是淀粉的主要来源。

淀粉在禾谷类籽粒中的含量特别多，占碳水化合物总量的90%左右。各种粮食中的淀粉含量见表 3 - 11。表 3 - 11 中的数字只能表示一般的情况，实际上由于品种、土壤气候、栽培条件及成熟度的不同，淀粉含量多少有些差异。

表 3－11　　　　　　　　　　　　　粮食中的淀粉含量　　　　　　　　　　　单位：%

名称	淀粉含量	名称	淀粉含量
糙米	75～80	燕麦（不带壳）	50～60
普通玉米	60～70	燕麦（带壳）	35
甜玉米	20～28	荞麦	44
高粱	69～76	豌豆	21～49
黍	60	蚕豆	35
小麦	58～76	甘薯	19
大麦（不带壳）	56～66	马铃薯	16
大麦（带壳）	40	花生	5

淀粉在粮食中的分布极不均匀，禾谷类粮食籽粒的淀粉主要集中在胚乳的淀粉细胞内，在分层细胞尖端，即深入胚乳淀粉细胞之间的部分，也含有极少量的、粒度很细的淀粉。豆类集中在种子的子叶中，薯类则在块根和块茎里面。其他部分一般都不含淀粉，只有玉米胚中含淀粉 25% 左右。

2. 淀粉粒的一般性状

淀粉在胚乳细胞中以颗粒状存在，故可称为淀粉粒（starch granule）。实验观察的结果表明，不同来源的淀粉粒其形状、大小和构造各不相同，因此可以借助显微镜观察来鉴别淀粉的来源和种类，并可检查粉状粮食中是否混杂有其他种类的粮食产品。例如，小麦粉中是否混有大米粉或玉米粉等。

不同来源淀粉粒的形状很不一样，有圆形、卵形或椭圆形和多角形三种。例如，马铃薯淀粉粒中较大者为卵形，较小者为圆形；小麦淀粉粒大的为圆形，小的为卵形；大米淀粉粒为多角形；玉米淀粉粒则有圆形和多角形两种。

不同来源淀粉粒的大小相差很大。以颗粒长轴的长度表示，一般介于 2～120μm，其中以马铃薯的淀粉粒为最大（15～120μm），大米淀粉粒为最小（2～10μm）。同一种类的淀粉粒，其大小也很不相同。例如，玉米淀粉粒最小的为 2～5μm，最大的为 30μm，平均为 10～15μm；小麦的淀粉粒，小的 2～10μm，大的 25～35μm，见表 3－12。

表 3－12　　　　　　　　　　　　几种粮食淀粉粒的性状

名称	长轴的大小/μm	整齐	形状	环纹	粒心	单复粒
大米	2～10 平均 5	整齐	多角形，棱角最为显著	不清楚	放大 400 倍可以看出，位于中央	复粒
玉米	5～30 平均 15	整齐	圆形或多角形，棱角显著	比较清楚（放大 285 倍）	位于中央，呈星状环纹	单粒

续表

名称	长轴的大小/μm	整齐	形状	环纹	粒心	单复粒
小麦	2~40 平均20	有大粒和小粒两种, 少有中粒	大粒凸镜形, 小粒卵形	不清楚	位于中央, 可以看出	单粒多, 复粒少
甘薯	5~40 平均17	不整齐	棱角较不显著, 有些呈圆形	不清楚	明显, 裂纹呈星状或放射状或不规则的十字形	单粒
马铃薯	15~120 平均50	不大整齐	大粒呈卵形或贝壳形, 小粒圆形	明显完整	偏心明显	单粒多, 复粒、半复粒也有

淀粉粒的形状和大小常常受种子生长条件、成熟度及胚乳结构等的影响。例如, 在温暖多雨条件下所形成的马铃薯淀粉比在干燥条件下所形成者为小; 玉米角质胚乳的淀粉粒为多角形, 因为淀粉粒被蛋白质包裹得紧, 生长期间遭受的压力较大, 而未成熟的或粉质胚乳的淀粉粒则一律成圆形, 因为生长期间遭受的压力较小。

淀粉粒的形状和大小也依赖于直链淀粉的近似含量。例如, 玉米的直链淀粉含量从27%增加至50%时, 普通玉米淀粉的典型角质颗粒即减少, 而更近于圆形的颗粒则增多; 直链淀粉的近似含量高达70%时, 就会有奇怪的腊肠形颗粒出现。

3. 淀粉粒的结构

(1) 环层结构 在显微镜下细心观察时, 淀粉粒都具有环层结构。有的可以看到明显的环纹 (或轮纹), 与树木的年轮有些相像。其中以马铃薯淀粉粒的环纹最为明显, 看起来像贝壳, 有时需先进行热处理, 或在水中长期静置, 或用稀薄的铬酸溶液或碘化钾溶液慢慢作用后才会显示出来。加热过的淀粉粒再用水处理, 可使环层互相分离。

环层结构是淀粉粒内部密度不同的表现, 每层开始时密度最大, 以后逐渐减小, 到次一层时密度又陡然增大, 一层一层地周而复始, 结果便显示环纹。

各层密度的不同, 是由于合成淀粉所需的葡萄糖原料的供应昼夜不同的缘故, 白天光合作用比夜间强, 转移到胚乳细胞的葡萄糖较多, 合成的淀粉密度也较大, 昼夜相间便造成环纹结构。实验证明, 在人工光照下, 种子中形成的淀粉粒就不具环层, 因为在这种情况下没有昼夜之分。

各环层共同围绕的一点称为"粒心"或者"核"。禾谷类淀粉的粒心常在中央, 故为同心环纹, 马铃薯淀粉的粒心则偏于一端, 故为偏心环纹。粒心的位置和显著程度依粮食种类的不同而异 (见表3-12)。由于粒心部分含水较多, 比较柔软, 故在加热干燥时常常造成星状的裂纹。

（2）晶体结构 淀粉粒具有双折射性，在偏光显微镜下观察，呈现出一种黑色的十字，将淀粉粒分成四个白色的区域，称为偏光十字或马耳他十字。这是淀粉粒为球晶体的重要标志。十字的交点恰恰位于粒心，因此可以帮助粒心定位。实际上用 X – 衍射法研究的结果也证实淀粉粒中具有晶体结构，当淀粉粒充分膨胀、压碎或受热干燥时，晶体结构即消失，分子排列无定形，这时就看不见黑色十字纹了。

不同种类淀粉粒的偏光十字的位置、形状和明显程度都各有差异。例如，马铃薯的偏光十字最明显，玉米、高粱和木薯淀粉明显程度稍逊，小麦淀粉则不很明显。

淀粉粒依其本身构造，如粒心的数目和环层排列的不同，又可分为单粒、复粒和半复粒三种，见图 3 – 13。单粒只有一个粒心，有同心排列（如小麦淀粉粒）和偏心排列（如马铃薯淀粉粒）两种；复粒，如大米和燕麦的淀粉粒，是由几个单粒构成的，具有几个粒心，尽管每个单粒可能原来都是多角形，但在复粒的外围，仍然显出统一的轮廓；半复粒，它的内部有两个单粒，各有各的粒心和环层，但最外围的几个轮廓则是共同的，因而构成的是一个整粒。

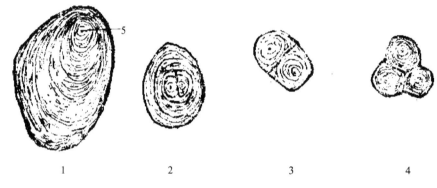

图 3 – 13　马铃薯淀粉粒

1—简单淀粉粒　2—半复合淀粉粒
3、4—复合淀粉粒　5—淀粉粒的粒心

4. 淀粉分子的结构

将淀粉彻底水解，将全部生成 α – D – 葡萄糖，由此证明淀粉分子以葡萄糖为基本组成单位。因为淀粉分子只由一种葡萄糖组成，故属于同多聚糖或称均一多聚糖，组成每个淀粉分子的葡萄糖残基的数目称为聚合度，用 D. P 表示。

葡萄糖残基在淀粉分子中互相结合有两种不同的形式，因而形成两种结构不同的分子链，一种称为直链淀粉，另一种称为支链淀粉。天然淀粉粒中一般同时含有这两种不同的淀粉分子。从表 3 – 13 可知，禾谷类淀粉中直链淀粉的含量为 20% ~ 25%，豆类淀粉中为 30% ~ 35%，糯性粮食（如糯米、糯玉米、糯高粱等）的淀粉，则几乎全部是支链淀粉。皱皮豌豆淀粉最为突出，含有 60% ~ 75% 的直链淀粉。在同一种粮食中，这两种淀粉的含量也与品种和成熟度有关，一般粳米的直链淀粉含量较籼米为低，不同品种也有差异；未成熟的玉米只含 5% ~ 7% 的直链淀粉，通过现代育种技术已培育出直链淀粉含量高达 70% 的玉米品种，这就等于可以应用农业生物遗传方法，取代工业生产中的化学分离法来取得直链淀粉。

表 3 – 13		各种粮食淀粉中直链淀粉的含量	单位:%
淀粉种类	直链淀粉	淀粉种类	直链淀粉
大米	17	小麦	24
糯米	0	燕麦	24
玉米（普通种）	26	豌豆（光滑）	30
甜玉米	70	豌豆（皱皮）	75
糯玉米（腊质种）	0	甘薯	20
高粱	27	马铃薯	22
糯高粱	0	木薯	17

　　直链淀粉是 D – 吡喃葡萄糖通过 $\alpha – 1$，4 糖苷键连接起来的链状分子。但是从立体构型看，它并非线形，具有次级结构，即由于分子内氢键的关系使链卷曲盘旋成左螺旋状。根据 X 射线图谱分析证明，直链淀粉取双螺旋结构时，每一圈中每段链包含了 3 个糖基，取单螺旋结构时，每一圈包含 6 个糖基。在溶液中，直链淀粉可取螺旋结构、部分断开的螺旋结构和不规则的卷曲结构（图 3 – 14）。每个直链淀粉的两端各有一个葡萄糖残基，左端为非还原性的葡萄糖残基，右端为还原性的葡萄糖残基。直链淀粉相对分子质量为 4000 ~ 400000。直链分子的大小也随淀粉的来源和籽粒的成熟度而相差很大。

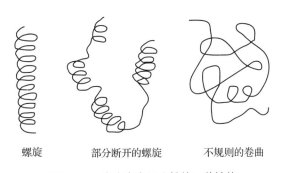

　　螺旋　　　　　部分断开的螺旋　　　　不规则的卷曲

图 3 – 14　溶液中直链淀粉的三种结构

　　支链淀粉分子中有主链，其上分出支链，各个葡萄糖残基之间均以 $\alpha – 1$，4 – 糖苷键相连接，但在分支点上则有 $\alpha – 1$，6 – 糖苷键相连的葡萄糖残基。主链中每隔 6 ~ 9 个葡萄糖残基就有一个分支，每一个分支平均含有 15 ~ 18 个葡萄糖残基，平均每 24 ~ 30 个葡萄糖残基中就有一个非还原性尾基，整个分子伸展开来就像树的分枝一样。其连接方式和分子图形见图 3 – 15、图 3 – 16，由图可知，支链淀粉具有 A、B、C 三种链，A 是外链，经由 $\alpha – 1$，6 – 糖苷键与 B 链相连，B 链又经由 $\alpha – 1$，6 – 糖苷键与 C 链相连。C 链的一端为非还原性尾基，另一端为还原性尾基。A 链和 B 链都没有还原性尾基，所以支链淀粉的还原性是很微弱的。支链淀粉的相对分子质量要比直链淀粉大得多，为 $5 \times 10^5 ~ 1 \times 10^6$。

　　5. 淀粉分子在淀粉粒中的排列

　　从偏振光通过淀粉粒的情况来看，淀粉粒的内部构造应与球晶体相似。它是由许多环层构

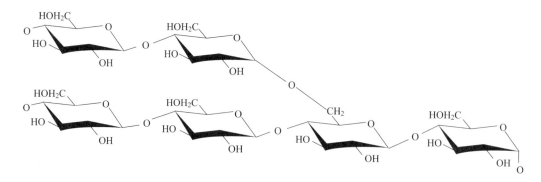

图 3 - 15 支链淀粉局部结构

成的，层内的针形微晶体（又称微晶束），排列成放射状。每一个微晶束，由长短不同的直链分子或支链分子分支互相平行排列，并由氢键联系起来，形成大致上有规则的束状体。另一方面，淀粉粒又和一般球晶体不同，它具有弹性变形现象。因此，可以推想到，有一部分链段是以无定形的方式把微晶束联系起来。这样一来，同一个支链淀粉或直链淀粉的分支，就可能参加到不同的微晶束里面，而一个微晶束也可能由不同淀粉分子的分支部分来构成。微晶束本身有大小的不同，同时在淀粉粒的每一个环层中微晶束的排列密度也不一样。因此，可以说淀粉粒具有一种局部结晶的网状结构，其中起骨架作用的是巨大的支链分子，直链分子则可能有一部分单独包含在淀粉粒中，但也有一部分分布在支链分子当中，与支链的分支混合构成微晶束，见图 3 - 17。

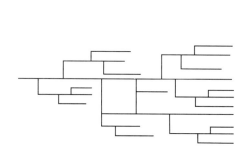

图 3 - 16 支链淀粉的整体结构示意图

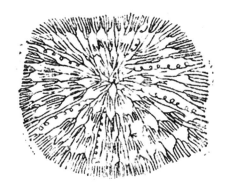

图 3 - 17 淀粉粒的超大分子模型

6. 糖原

糖原是动物肝脏和肌肉中的贮藏性多糖，故又称动物淀粉。在微生物细胞中也广泛存在。糖原的结构和性质与支链淀粉很相似，不同的是每个分支只含有 6 ~ 7 个葡萄糖残基，分支点之间只相隔 3 ~ 4 个葡萄糖残基。它是分支最多、构造最紧密的一种多糖。

二、淀粉的性质

1. 物理性质

淀粉为白色粉末，吸湿性很强，天然淀粉粒不溶于冷水，但在热水中（例如 60 ~ 80℃）能吸水膨胀，直链淀粉分子首先从淀粉粒中溶解出来形成胶体溶液，冷却静置即成晶形沉淀析出。

支链淀粉要在加热温度较高，同时搅拌的条件下才能溶解形成黏稠的胶体溶液，但冷却静置后不产生沉淀。淀粉的水溶液呈右旋性，比旋光度为 $[\alpha]_D^{20}$ 为 $+201.5° \sim +205°$。

2. 还原性

从淀粉分子的结构来看，在多苷链的末端（还原性末端）仍然有自由的半缩醛羟基。但是在一般情况下，淀粉并不显示还原性，因为，在几百个甚至几千个葡萄糖单位中只存在一个自由的半缩醛羟基，所以很难显示出来。

3. 淀粉的水解

在食品工业中，我们经常利用淀粉的水解性质来生产葡萄糖、麦芽糖、糊精、淀粉糖浆等食品原料。根据作用原理的不同，淀粉的水解方法分为两种：酸水解法和酶水解法。淀粉在无机酸或酶的催化下会发生水解反应，糖苷键发生裂解。淀粉水解的产物由于催化条件、淀粉的种类不同而有差别，但水解产物一般统称为糖浆。当然，任何淀粉的最终水解产物都是葡萄糖。

（1）酸水解法　无机酸为催化剂可以使淀粉发生水解反应。水解程度和产物分子的大小也有所不同。以直链淀粉为例，无机酸作用的水解产物可以是紫色糊精、红色糊精、无色糊精、麦芽糖、葡萄糖。淀粉水解过程中，根据碘呈色情况可以大致判断淀粉的水解度情况。淀粉水解物的链长度与碘呈色之间的关系见表 3 – 14。

表 3 – 14　　　　　　　　　　　淀粉水解物的链长度与碘呈色之间的关系

链长度	< 12	12 ~ 15	20 ~ 30	35 ~ 40	>45
螺旋数	2	2	3 ~ 5	6 ~ 7	9
与碘反应情况	无色	棕色	红色	紫色	蓝色

不同来源的淀粉酸水解难易有差别，一般马铃薯淀粉较玉米、小麦、高粱等谷类淀粉易水解，大米淀粉较难水解。支链淀粉较直链淀粉易水解，这是因为糖苷键的水解难易顺序为 $\alpha - 1, 6 > \alpha - 1, 4 > \alpha - 1, 3 > \alpha - 1, 2$；结晶区比无定形区更难水解。另外，酸水解反应还与温度、底物浓度和无机酸种类有关，一般来讲盐酸和硫酸催化水解的效率较高。不过，酸水解中仍然有不希望的副产物形成，例如酸水解淀粉的葡萄糖当量达到55%时，一般为水解的极限，更高的水解程度会导致产品色泽加深和苦味物质生成。

（2）酶水解法　淀粉的酶水解在食品工业上称为糖化，淀粉酶也被称为糖化酶。淀粉酶水解一般要经过糊化、液化和糖化三道工序，这是由于淀粉粒的晶体结构抵抗淀粉酶水解的作用力强，因此需要加热淀粉乳，破坏其晶体结构，以便酶催化反应。淀粉水解所应用的淀粉酶主要有 α – 淀粉酶（液化酶）、β – 淀粉酶（转化酶、糖化酶）和葡萄糖淀粉酶。

α – 淀粉酶催化反应从分子内部进行，反应发生在链中任意位置的 $\alpha - 1, 4$ – 糖苷键，糖苷键断裂的先后顺序无规律，所以这种淀粉酶称为"内切酶"，产物还原端葡萄糖残基为 α – 构型，故称 α – 淀粉酶。α – 淀粉酶不能催化水解 $\alpha - 1, 6$ – 糖苷键，但能越过 $\alpha - 1, 6$ – 糖苷键继续催化淀粉水解。此外，α – 淀粉酶也不能催化麦芽糖分子中的 $\alpha - 1, 4$ – 糖苷键水解，所以淀粉水解的主要产物是 α – 葡萄糖、α – 麦芽糖和很小的糊精分子。几种主要的 α – 淀粉酶性质比较见表 3 – 15。

表 3 – 15 主要的 α – 淀粉酶性质比较

酶	常温 α – 淀粉酶	耐热 α – 淀粉酶	霉菌 α – 淀粉酶
来源	芽孢杆菌	地衣芽孢杆菌	米曲霉
淀粉水解限度/%	35	35	48
碘消色点水解度/%	13	13	16
热稳定温度/℃	80 ~ 85	95 ~ 105	55 ~ 70
适宜 pH	5.4 ~ 5.6	5.7 ~ 7.0	4.9 ~ 5.2
钙离子保护作用浓度/(mg/L)	150	20	50
主要水解产物	G5、G2	G7、G6、B4、G2	G2、G3

β – 淀粉酶能催化 α – 1，4 – 葡萄糖苷键水解，不能催化 α – 1，6 – 糖苷键水解，也不能越过 α – 1，6 – 键继续催化淀粉水解。β – 淀粉酶所催化的反应从淀粉分子的还原尾端开始，并不是从分子内部任意位置进行，因此 β – 淀粉酶属于外切酶，水解产物是 β – 麦芽糖和 β – 极限糊精（水解停止在 α – 1，6 – 键的位置，分子不能继续被水解），产物的 β – 构象说明在水解过程中发生了构象转变。微生物 β – 淀粉酶的性质比较见表 3 – 16。

表 3 – 16 微生物 β – 淀粉酶的性质比较

酶来源	多黏芽孢杆菌	巨大芽孢杆菌	蜡状芽孢杆菌	假单胞杆菌	环蜡状芽孢杆菌
相对分子质量	6×10^4	6×10^4	6.2×10^4	—	6×10^4
最适 pH	7.0	6.5	7.0 ~ 8.0	6.5 ~ 7.4	7.0
最适温度/℃	40	50	50	45 ~ 50	60

葡萄糖淀粉酶则是由非还原尾端开始催化淀粉分子的水解，反应发生在 α – 1，4、α – 1，6 和 α – 1，3 – 糖苷键，淀粉中的任何糖苷键均能被水解。葡萄糖淀粉酶属于外切酶，专一性较差，最后产物全部为 β – 葡萄糖。葡萄糖淀粉酶催化水解淀粉时的适宜 pH 为 4 ~ 5，温度为 55 ~ 65℃。

淀粉的水解是食品工业，尤其是发酵工业中的一个重要过程，不仅可以提供食品配料中所需要的甜味剂，而且还可以提供微生物繁殖时所必需的碳源，因此是发酵工业中生产一些重要化合物（如生产乙醇、乙酸、氨基酸、谷氨酸等）的重要而且廉价的底物。不仅小分子水解物具有广泛的应用，淀粉水解生成的糊精产物也有重要的应用价值，因为糊精不仅可以达到保水、增加黏度的目的，同时它的甜度较低，不会造成所添加的产品出现太甜的感官质量问题，适合用于生产高能量的饮料类食品。不同水解程度的淀粉水解产物的性质比较见表 3 – 17。

表 3 – 17 不同水解程度的淀粉水解产物的性质

水解程度较大的产物	水解程度较小的产物
具有甜味，强的吸湿性，溶入水中冰点下降，增味剂，能被微生物发酵，能发生褐变反应	非吸湿性，产生黏性，具有增稠作用，能稳定泡沫，具有抑制糖结晶的作用，能阻止冰晶的生成

4. 淀粉与碘的反应

直链淀粉遇碘生成一种深蓝色的复合体或络合物，而支链淀粉遇碘则呈现红紫色，并不产生络合结构。

一般与碘反应的颜色，取决于淀粉链状分子的长度和分支的密度。实验证明，凡是由6个以下葡萄糖残基组成的分子，对碘不呈颜色反应；由8~12个葡萄糖残基组成的分子对碘呈红色，这就是显红糊精；只有比这更长的，由30~60个以上的葡萄糖残基组成的长链分子才呈蓝色反应；直链淀粉虽然聚合度很大，但每个分支的聚合度只有24~30个葡萄糖残基，故与碘反应呈红紫色。此外，随着分支密度的增强，碘反应的颜色也由深蓝色转为紫色、红色以至于棕色，见表3-18。

表3-18　　　　　　　　　　淀粉类多糖与碘的反应

名称	平均分支数/100 个葡萄糖残基	碘反应的颜色
直链淀粉	0	深蓝色
支链淀粉	4	红紫色
从支链淀粉得到的极限糊精	9	浅红色
糖原	9	棕红色
从糖原得到的极限糊精	18	浅棕色

定量的实验证明，直链淀粉分子中，每6个葡萄糖残基结合一个碘分子，同时由于这种碘络合物的水溶液具有双折射性，说明碘分子被结合的方式具有定向性。另外，X射线衍射图还证实，碘分子贯穿在淀粉的直链螺旋之中，碘分子的长轴与螺旋轴向平行。而且据推算，每一个螺旋恰好环绕着一个碘分子，也就是每一个碘分子和6个葡萄糖残基相结合。由6个以下葡萄糖残基组成的低分子糊精，因为它不能形成一个完整的螺旋节距，故不能与碘发生呈颜色反应。

在实际工作中应注意到，加热后，淀粉与碘的颜色反应即行消失，冷却后又可重新出现，这显然是由于加热时螺旋伸直，冷却后螺旋又恢复的缘故。干淀粉遇碘呈暗棕色，加少许水即转为蓝色。

直链淀粉遇脂肪酸或直链淀粉与醇类有机化合物（如正丁醇）生成的络合物，其结构跟直链淀粉的碘络合物相类似。此外，直链淀粉与表面活性剂也能生成类似的络合物。如在面包制造中添加表面活性剂，可以延缓面包的老化。

三、淀粉的糊化和老化

（一）淀粉的糊化（gelatinization）

1. 淀粉的糊化

未受损伤的淀粉颗粒不溶于冷水，但可逆地吸着水并产生溶胀，淀粉粒的直径明显地增加，经过搅拌处理后淀粉分散为不透明悬浊液，静置一段时间则重新分为水相和淀粉粒相。然而，如果同时对淀粉-水体系进行加热处理，随着温度的升高淀粉分子运动加剧，使淀粉分子间的氢键开始断裂，所断裂的氢键位置就可以同水分子产生氢键，淀粉粒的体积增大。由于水分子的穿透，以及更多、更长的淀粉链段的分离，增加了淀粉分子结构的无序性，减少了结晶区域的数目和大小，最终使淀粉分子分散而呈糊状，体系的黏度增加，双折射现象消失，最后得到半透明的黏稠体系，这个过程就是淀粉的糊化。处于糊化状态的淀粉称为 α 化淀粉，而导致淀粉颗粒溶胀、其内部结构被破坏的温度范围，称为淀粉的糊化温度。

淀粉的糊化通常发生在一个较狭窄的温度范围内，糊化后的凝胶体系一般简单地将其称为"淀粉糊（paste）"，淀粉糊中除含有被分散的直链淀粉、支链淀粉以外，还包括淀粉粒剩余物，主要是没有被分散的相对分子质量较大的支链淀粉。天然淀粉中以马铃薯淀粉的淀粉糊透明性最好，木薯、蜡质玉米淀粉等的透明性次之，谷物淀粉糊的透明性最差。

糊化程度通常是用偏振光显微镜测定淀粉粒悬浮液中完全糊化的淀粉粒数量来表示，监测淀粉糊化程度与温度的关系是用旋转黏度计连续观察。淀粉粒体积随着加热的进行而逐渐增大，悬浮液的黏度随之增加，然后淀粉粒发生崩解而体积减小，分散体系的黏度也明显下降。整个过程可以分为三个阶段：① 淀粉分子随着体系温度的增加，吸收少量的水，水分子进入淀粉粒内部后，淀粉通过氢键与水分子作用，颗粒的体积增加不多，外观上没有明显的变化，淀粉粒内部晶体结构没有改变，淀粉粒只是可逆地溶胀，体系的黏度稍微增加。② 温度增加，淀粉粒开始糊化，淀粉粒大量吸附水，体积膨胀，偏光十字在脐点处变暗，淀粉分子间的氢键被破坏，破坏范围从无定形区扩展到结晶区，分子结构发生伸展，随后，淀粉粒继续膨胀，形成巨大的网状结构，淀粉粒的偏光十字彻底消失，体系黏度增加至最大，发生了不可逆的变化过程。此时淀粉分子虽然还没有全部分散，但是分子间的结合已经被破坏。所以从本质上看，糊化是温度和水破坏了淀粉分子间的相互作用，断裂氢键，使淀粉分子分散度增加的一个过程，从直观上表现出分散系的黏度增加，透明度增加。③ 淀粉分散系最后加热处理，已经膨胀到极点的颗粒开始破碎，最后分散为糊状物，体系的黏度也达到最大，完成了整个淀粉的加热糊化。

各种淀粉的糊化温度不相同，即使用同一种淀粉，因为颗粒大小不一，糊化温度也不一致。通常用淀粉糊化开始的温度和糊化完成的温度表示淀粉糊化温度，完全糊化温度和开始温度可以相差10℃。几种淀粉的糊化温度见表 3 – 19。

表 3 – 19　　　　　　　　　几种淀粉的糊化温度　　　　　　　　　单位：℃

淀粉	开始糊化温度	完全糊化温度	淀粉	开始糊化温度	完全糊化温度
粳米	59	61	玉米	64	72
糯米	58	63	荞麦	69	71
大麦	58	63	马铃薯	59	67
小麦	65	68	甘薯	70	76

观察各种淀粉的糊化曲线（如图 3 – 18 所示），可看出它们的形状不同，但有共同点：① 随着温度的升高、时间的延长，淀粉粒首先发生溶胀，悬浮液的黏度增加并最终达到最大值；② 此后由于溶胀淀粉粒的崩解，以及淀粉粒内聚力的降低而使黏度下降。最典型的是马铃薯淀粉和蜡质玉米淀粉，小麦淀粉和木薯淀粉的变化则较平稳。对于普通玉米淀粉，由于它的淀粉粒结构致密而较稳定，所以在加热时黏度的增加较少，加热后黏度的增加可能是由于新形成了较大的淀粉粒或是形成了淀粉凝胶。

2. 影响因素

淀粉的糊化、淀粉液黏度以及淀粉凝胶的性质等不仅取决于淀粉的种类和体系的温度，还取决于共存的其他组分的种类和数量，如糖、蛋白质、脂类、有机酸以及水等物质。

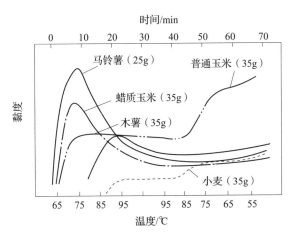

图3-18 各种淀粉的糊化曲线

(布拉班德测定仪测定, 以1.5℃/min速度程序升温加热至95℃)

(1) 淀粉晶体结构 淀粉分子间的结合程度、分子排列紧密程度、淀粉分子形成微晶区的大小等, 影响淀粉分子的糊化难易程度。淀粉分子间的缔合程度大、分子排列紧密、破坏这些作用和拆开微晶区所需要的能量多, 淀粉粒就不容易糊化。小颗粒淀粉的结构较紧密, 糊化温度较高; 反之, 大颗粒的淀粉分子糊化较容易。

(2) 直链淀粉/支链淀粉的比例 直链淀粉在冷水中不易溶解、分散, 但完整的淀粉粒完全溶胀时, 直链淀粉从淀粉粒中渗出并分散在溶液中, 形成黏稠的悬浮液。直链淀粉分子间存在的作用相对较大, 直链淀粉含量越高, 淀粉越难以糊化, 糊化温度越高; 相反, 一些淀粉仅含有支链淀粉, 这些淀粉一般产生清糊, 淀粉糊也相当稳定, 不容易发生老化现象。

(3) 水分活度 (水分含量) 在水分活度较低时, 糊化就不能发生或者糊化程度非常有限。事实上, 能与水强烈结合的成分由于竞争性地与水结合, 甚至可以推迟淀粉的糊化。干淀粉 (水含量低于3%) 加热至180℃也不会导致淀粉糊化, 而对水含量为60%的悬浮液, 70℃的加热温度通常能够产生完全的糊化。

(4) 其他物质 一些化合物也能影响淀粉的糊化, 例如高浓度糖降低了淀粉糊化的程度、黏度的峰值和所形成凝胶的强度, 不同糖类抑制淀粉糊化的能力大小顺序为蔗糖 > 葡萄糖 > 果糖。而脂类化合物, 由于能与直链淀粉形成复合物, 脂肪酸部分碳链进入其螺旋, 推迟了淀粉颗粒的溶胀; 酸、盐对淀粉溶胀或糊化产生很小的影响, 但在低pH时是例外, 此时淀粉发生水解反应, 产生了相对分子质量较小的糊精而降低其黏度, 这一点在加工中比较重要, 所以为了避免淀粉的酸变稀现象而影响食品质地, 在pH较低的体系中一般使用性质稳定的交联淀粉。不同离子对淀粉糊化的影响作用大小顺序如下。

阳离子对糊化的促进作用: $Li^+ > Na^+ > K^+ > Rb^+$。

阴离子对糊化的促进作用: $OH^- >$ 水杨酸根 $> SCN^- > I^- > Br^- > Cl^- > SO_4^{2-}$ (大于 I^- 者常温下可使淀粉糊化)。

另外, 能够破坏氢键的化合物, 例如脲类、胍盐、二甲亚砜等在常温下也能使淀粉糊化, 其中二甲亚砜在淀粉尚未发生溶胀前就产生溶解, 所以可作为淀粉的溶剂。

(5) 一些前处理 淀粉的糊化与淀粉的前处理过程也有关系。将淀粉悬浮液在糊化温度以下的温度条件下保温一段时间，则会因为淀粉粒结构的重新组合而导致糊化温度的提高。此外，淀粉在低水分含量下进行热处理，淀粉的结晶区发生熔融，无定形区的链则会进行重排，对淀粉的结晶区产生稳定作用，分子取向明显、分子间的相互作用加大，使淀粉的糊化温度提高。热处理的作用还包括增加淀粉的水结合能力，淀粉酶更加容易作用。

（二）淀粉的老化

稀的淀粉糊在放置一段时间以后会逐渐变得混浊，最终会产生不溶性的白色沉淀物。老化（回生、凝沉、retrogradation）一词通常表示淀粉由分散态向不溶的微晶态、聚集态的不可逆转变，即直链淀粉分子的重新定位过程（如图 3 – 19 所示）。糊化后的淀粉分子处于无定形状态，在低温下淀粉分子又自动排列成序，相邻分子间的氢键逐步恢复，最后可以形成致密、高度晶化的淀粉分子微束。所以从某种意义上看，老化过程可看成是糊化的逆过程。但是老化不能使淀粉彻底复原到生淀粉的结构状态，它比生淀粉的晶化程度低。糊化淀粉被称为 α – 淀粉，结晶淀粉被称为 β – 淀粉。老化后的淀粉与水失去亲和力，并且难以被淀粉酶水解，严重地影响了食品的质地。一些食品的品质劣化，例如面包陈化失去新鲜感、汤汁失去黏度或产生沉淀，就是由于淀粉老化（至少是与老化有关）。所以对淀粉老化作用的控制，在食品工业有重要意义。但是，淀粉的老化过程是一个非常复杂的过程，淀粉完全糊化水合后，当体系的温度降低至一定水平，由于淀粉分子的运动能较低，体系处于热力学非平衡状态，淀粉分子通过分子间形成氢键进行排列，使体系的能量下降，最终形成结晶。所以淀粉的老化是淀粉分子链间有序排列的结果，这个过程包括了直链淀粉分子螺旋结构的形成及堆积、支链淀粉分子外支链间双螺旋的形成和双螺旋的有序堆积。

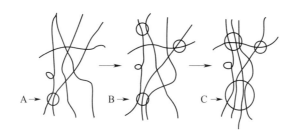

图 3 – 19   淀粉糊老化模式图

A—原有的氢键聚合点   B、C—老化过程中形成的氢键聚合，微晶束形成

不同来源淀粉的老化难易程度不相同，但主要是直链淀粉起作用。由于直链淀粉是线形分子，易于取向，直链淀粉较支链淀粉更易老化，淀粉中直链淀粉含量越多，老化问题越严重。支链淀粉几乎不发生老化，其原因是它的分支结构妨碍了微晶束氢键的形成，这个特性被实际应用于淀粉的化学改性中。温度也影响淀粉的老化，在较低温度（特别在 0℃ 附近）、中性 pH、高浓度淀粉和无表面活性剂存在下，淀粉的老化趋势增强；不过在迅速冷却过程中，由于淀粉分子来不及取向，可以减少淀粉老化速度。淀粉的老化程度还取决于淀粉分子的相对分子质量（链长或聚合度）和淀粉的来源（直链/支链比例不同），对于常见的淀粉，它们的老化趋势按马铃薯淀粉 < 玉米淀粉 < 小麦淀粉的顺序变化。

在食品加工中防止淀粉老化的一种有效方法就是将淀粉（或含淀粉的食品）糊化后，在80℃以上的高温迅速除去水分（水分含量最好达 10% 以下），或冷至 0℃ 以下迅速脱水。这样，淀粉分子已不可能移动和相互靠近，成为固定的 α – 淀粉。除脱水可以延缓淀粉的老化外，脂类（极性脂类如磷脂、硬脂酰乳酸钠、单甘酯等）对抗老化有较大的贡献，它们进入淀粉的螺旋结构，所形成的包合物可阻止直链淀粉分子间的平行定向、相互靠近及结合，对淀粉的抗老化很有效。在一些谷物食品，例如面包中，这些极性脂类已经得到应用，有效地增加了食品的货架寿命。此外，一些大分子物质如蛋白质、半纤维素、植物胶等对淀粉的老化也有减缓的作用，作用机制与它们对水的保留、干扰淀粉分子之间的结合有关。

（三）抗性淀粉

随着对食品多糖研究的深入，发现有部分淀粉在人体小肠内无法消化吸收，过去认为淀粉可在小肠内完全消化吸收的观点受到了质疑，导致了淀粉新的分类方法产生。目前根据淀粉在小肠内的生物可利用性，可以将淀粉分为三类：① 易消化淀粉（ready digestible starch，RDS），指能在小肠中迅速被消化吸收的淀粉分子，即前述的 α - 淀粉；② 不易消化淀粉（slowly digestible starch，SDS），指那些能在小肠中被完全消化吸收但速度较慢的淀粉，主要是一些生的、未经糊化的淀粉；③ 抗性淀粉（resistant starch，RS），是指不在小肠中被消化吸收、但在大肠中被发酵的淀粉。抗性淀粉对人体的有益作用相当于将在下面提到的膳食纤维。

食品中存在的抗性淀粉可分为三类：① 物理包埋淀粉（RS_1），主要存在于完整的或部分研磨的谷粒之中；② 抗性淀粉颗粒（RS_2），是指未经糊化的生淀粉粒和未成熟的淀粉粒，常存在于生马铃薯、生豌豆、绿香蕉中；③ 老化淀粉（RS_3），是指糊化后的淀粉在冷却或贮藏过程中部分发生重结晶的淀粉，常存在于冷米饭、冷面包、油炸马铃薯片中。用不同加工方式处理，淀粉中的抗性淀粉含量相差很大。常见食物中抗性淀粉含量见表 3 – 20。

表 3 – 20　　　　　　　　　　常见食物中抗性淀粉的含量

抗性淀粉含量/%	典型食品
≤1（很低）	熟马铃薯、熟米饭、空心粉、稀粥、馒头等
1~2.5（低）	早餐麦片、饼干、面包、马铃薯片（冷）、米饭（冷）、稀粥（冷）等
2.5~5（中等）	玉米片、油炸马铃薯片、爆豌豆等
5~15（高）	煮过的扁豆、大豆、蚕豆；生大米、玉米粉；高压蒸煮 – 冷却的谷物淀粉；烹调后冷却的淀粉食物等
>15（很高）	生马铃薯、生大豆、未成熟的香蕉、高直链玉米淀粉、老化后的直链淀粉等

虽然天然淀粉中存在 RS_2，但是它的含量一般较低，并且可能由于处理过程而被破坏，因此从天然淀粉粒来制备 RS_2 是不太现实的。一种有效的处理方法是，在淀粉不发生糊化和熔化的条件下，通过物理处理来改变粒状淀粉的结构（称为热液处理），提高抗性淀粉的含量。热液处理的作用机制是提高淀粉分子中结晶部分的有序程度，或者是提高结晶部分的比例。由于淀粉颗粒的非结晶区是这种变化的前提，温度处理只有当温度高于非结晶成分的玻璃态转变温度（T_g）才有效。由于 T_g 与淀粉的水分含量紧密相关，所以处理时水分含量决定最低 T_g 值。

多数含有直链淀粉的淀粉通过热处理都可得到 RS_3，这种抗性淀粉的产生机制是直链淀粉分子的老化作用，通过进行淀粉的高温加热—冷却的循环处理就可以形成抗性淀粉，高直链玉米淀粉是制备这种抗性淀粉的理想原料，产率可以达到40%。一种新的制备方法是：淀粉首先被加热到100℃，然后在4℃进行凝沉，在100～140℃下进行热液处理前先使淀粉部分酸解，最后可得到 RS_3。

四、变性淀粉

为了适应各种使用的需要，需将天然淀粉经物理、化学或酶处理，使淀粉原有的物理性质发生一定的变化，如水溶性、黏度、色泽、味道、流动性等，这种经过处理的淀粉总称为改性淀粉（modified starch）。物理改性主要通过膨化、滚筒加热、焙烤等方法处理淀粉。酶改性主要通过水解酶、异构酶和合成酶等处理淀粉。目前，化学改性淀粉的种类较多，如可溶性淀粉、氧化淀粉、交联淀粉、酯化淀粉、醚化淀粉、接枝淀粉等。

1. 可溶性淀粉（soluble starch）

可溶性淀粉是经过轻度酸或碱处理的淀粉，其淀粉溶液热时有良好的流动性，冷凝时能形成坚柔的凝胶，α - 淀粉则是由物理处理方法生成的可溶性淀粉。

生产可溶性淀粉的方法一般是在25～35℃的温度下，用盐酸或硫酸作用于40%玉米淀粉浆，处理的时间可由黏度的降低来决定，为6～24h，用纯碱或者稀NaOH中和水解混合物，再经过滤和干燥即得到可溶性淀粉。可溶性淀粉可用于制造胶姆糖和糖果。

2. 氧化淀粉（oxidized starch）

氧化淀粉是工业上应用次氯酸钠、过氧化氢等处理淀粉而得到的产品，通过氧化反应可改变淀粉的胶凝性质。这种氧化淀粉糊的黏度较低，但稳定性高，较透明，颜色较白，生成薄膜的性质好。由于直链淀粉被氧化后，变为扭曲状，因而不易引起老化。氧化淀粉在食品加工中可形成稳定溶液，适合用作分散剂或乳化剂。高碘酸或其钠盐能氧化相邻的羟基成醛基，在研究糖类的结构中有应用。

3. 交联淀粉（crosslinked starch）

用具有多元官能团的试剂，如甲醛、环氧氯丙烷、三氯氧磷、三偏磷酸盐等作用于淀粉颗粒能将不同淀粉分子经"交联"结合，产生的淀粉称为交联淀粉。交联淀粉具有良好的机械性能，并且耐酸、耐热和耐碱。随交联程度增高，性质的变化增大，甚至高温受热也不糊化。在食品工业中，交联淀粉可用作增稠剂和赋形剂。

4. 酯化淀粉（esterized starch）

淀粉的糖基单体含有三个游离羟基，能与酸或酸酐形成酯，其取代度能从1变化到最大值3，常见的有淀粉醋酸酯、硝酸淀粉和磷酸淀粉等。

工业上用醋酸酐或乙酰氯在碱性条件下与淀粉乳作用而制备淀粉醋酸酯，基本上不发生降解作用。低取代度的淀粉醋酸酯糊的凝沉性弱，稳定性高，用醋酐和吡啶在100℃进行酯化而获得。三醋酸酯含乙酰基44.8%，能溶于醋酸、氯仿和其他氯烷烃溶剂中，其氯仿溶液常用于测定黏度、渗透压力、比旋光度等。

利用 CS_2 作用于淀粉得到黄原酸酯，用于除去工业废水中的铜、铬、锌和其他许多重金属离子，效果很好。为使产品不溶于水，使用高程度交联淀粉为原料制备。

硝酸淀粉为工业上较早生产的淀粉酯衍生物，用于炸药。用 N_2O_5 在含有 Na 的氯仿液中氧化淀粉能得到完全取代的硝酸淀粉，可用于测定相对分子质量。

磷酸为三价酸，与淀粉作用生成的酯衍生物有磷酸淀粉一酯、二酯和三酯。用正磷酸钠和三聚磷酸钠 $Na_5P_3O_{10}$ 进行酯化，得磷酸淀粉一酯。磷酸淀粉一酯糊具有较高的黏度、透明度、胶黏性。用具有多官能基的磷化物如三氯氧磷（$POCl_3$）进行酯化时可得到一酯和交联的二酯、三酯混合物产品。二酯和三酯称为磷酸多酯，属于交联淀粉。因为淀粉分子的不同部分被羟酯键交联起来，淀粉颗粒的膨胀受到抑制，糊化困难，黏度和黏度稳定性均增高。酯化度低的磷酸淀粉可改善某些食品的抗冻结 - 解冻性能，降低冻结 - 解冻过程中水分的离析。

5. 酸变性淀粉（modified starch by acid）

用酸在糊化温度以下处理淀粉改变其性质得到的产品称为酸变性淀粉。在酸催化水解过程中，直链淀粉和支链淀粉分子变小，聚合度降低，产品流动性提高。酸变性淀粉仍基本保持了原淀粉的颗粒形状，但在水中受热发生的变化与原淀粉有很大的差别。酸变性淀粉易被水分散，具有较低的热糊黏度和较高的冷糊黏度。酸变性淀粉黏度低，能配制高浓度糊液，含水分较少，干燥快，黏合快，胶黏力强，适合于需要成膜性及黏附性的工业，例如纸袋黏合、纸板制造等。

第六节 非淀粉多糖

一、纤维素和半纤维素

1. 纤维素和改性纤维素

纤维素是植物组织中的一种结构性多糖，是植物细胞壁的主要成分，它常常和半纤维素、木质素以及硅酸等混在一起。它在细胞壁的机械物理性质方面起着重要的作用。

纤维素是 D - 葡萄糖以 β - 1，4 - 糖苷键连接而成的直链分子（图 3 - 20），相对分子质量是所有多糖中最大的一种。X 射线衍射分析及其他光学方面的研究都证明纤维素分子具有平行排列以氢键相互结合组成微晶束的结构，每一个纤维素长链分子同时结合在多个微晶束里面，不结合微晶束的部分则成无定形状态，因而形成一个网络状的整体。微晶束之间留有空隙，木质素和硅酸等则是这些空隙中的填料，当然也有一部分与纤维素成结合状态。

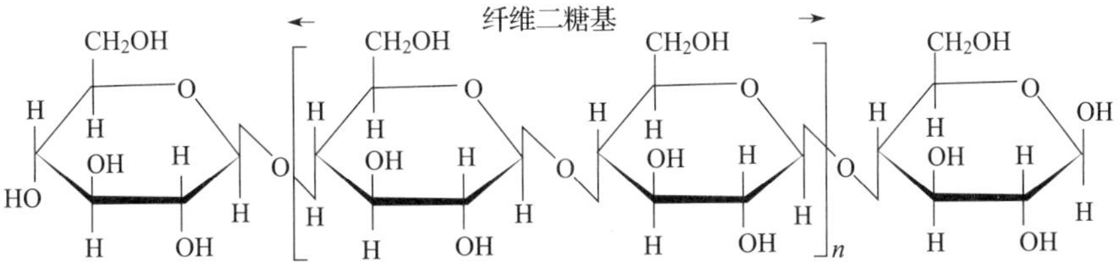

图 3 - 20　纤维素的结构

虽然氢键的牢固性比普通化学键小得多，但是由于纤维素微晶束间的氢键数目非常多，因此微晶束也结合得十分牢固，不但机械性能很强，化学性质也很稳定。纤维素不溶于水，对稀酸和稀碱特别稳定，几乎不还原斐林试剂。只有用高浓度的酸（60% ~ 70% 硫酸或 41% 盐酸）或稀酸在高温下处理才能分解，分解的最后产物是葡萄糖，这个反应被用于从木材直接生产葡萄糖（木材糖化），用针叶树糖化产生的是己糖，落叶树糖化产生的是戊糖。

纤维素应用于造纸、生产纺织品、化学合成物、炸药、胶卷、医药和食品包装、发酵（酒精）、饲料（酵母蛋白和脂肪）、吸附剂和澄清剂等。它的长链中常有许多游离的醇羟基，具有羟基的各种特征反应，如成酯和成醚反应等。

纤维素衍生物常用的有羧甲基纤维素（CMC）、甲基纤维素（MC）与羟丙基甲基纤维素（HPMC），现分别介绍如下。

（1）甲基纤维素（MC）与羟丙基甲基纤维素（HPMC）　甲基纤维素是一种非离子纤维素醚，它是通过醚化在纤维素中引入甲基而制成的（纤维素—O—CH_3），甲基纤维素有4种重要功能：增稠、具有表面活性、具有成膜性以及形成热凝胶（冷却时熔化）。MC溶液在广泛pH（3.0~11.0）范围内是稳定的，它具有独特的热胶凝性质，即在加热时形成凝胶，冷却时熔化，胶凝温度范围为50~70℃。甲基纤维素的胶凝性质可用多糖分子在水中的结构效应来解释。在溶液中多糖分子是水合的，随温度增加，许多氢键被打断，溶剂化水分子从链上解离，水合程度降低，因而分子间缔合增加，产生胶凝。当温度降低时，重新溶解，所以胶凝是可逆的。

商品MC的甲基醚基摩尔取代度（MS）为1.1~2.2。羟丙基甲基纤维素的羟丙基醚基的摩尔取代度为0.02~0.3。这两种纤维素可简单地称为甲基纤维素，它们都是冷水溶的，这是因为甲基和羟丙基醚基阻止了纤维素分子间缔合。纤维素接上醚基，其水溶性增加了，但水合能力有所下降，因为极性羟基减少了。由于纤维素分子中存在醚基，因而使分子具有一些表面活性，能在界面上吸附，有助于稳定乳状液与泡沫。

MC与HPMC加热时形成的凝胶的强度同甲基含量以及甲基与羟丙基的比例有关。随甲基浓度增加，加热形成的凝胶比较硬；如果羟丙基取代度增加，则凝胶变软。因此将羟丙基加入到甲基纤维素可使凝胶强度减小，而热凝胶温度提高，这是由于羟丙基比甲基亲水性强，因此加热时能较好地保留水合水。

加入一些盐如聚磷酸三钠或硫酸钠可大大降低MC的胶凝温度。在2%甲基纤维素溶液中加入3%聚磷酸三钠能在室温下形成硬的凝胶。

由于MC与HPMC具有形成热凝胶的性质，因此在油炸食品中加入MC或HPMC，油炸时可以减少油的摄入约50%，具有阻油能力。由于MC与HPMC能提供类脂肪的性质，可代替部分脂肪，因而可降低食品中脂肪的用量。

（2）羧甲基纤维素（CMC）　羧甲基纤维素是一种阴离子、直链、水溶性高聚物，或以游离酸的形式存在，或以钠盐形式存在（图3-21）；由于游离酸形式不溶于水，因此用于食品的是钠盐形式。为了方便起见，把CMC称为羧甲基纤维素钠，食品级CMC即为纤维素胶，由于它易溶于水，因而是应用最广的一种食品胶。一般来说，CMC溶液是假塑性的，随剪切速率增加，表观黏度降低，与剪切时间无关。当剪切停止立即恢复到原有黏度。但是高聚合度（DP）与低取代度（DS）的CMC溶液显示触变性，在恒定的剪切速率下，黏度随剪切时间而变化。大多数商品CMC的取代度为0.4~0.8，最广泛用作食品配料的CMC的DS为0.7。由于CMC具有许多可解离的羧基，因此CMC是带有负电的长链棒状分子。由于分子间静电斥力使分子在溶液中高度伸展，因此CMC溶液不仅稳定，而且黏度很高，但溶液黏度随着温度升高和酸度增加而降低，特别是长时间加热，会引起纤维素降解。在酸性pH条件下，羧基被抑制电离，因而黏度下降。各种商品CMC具有不同大小的黏度。

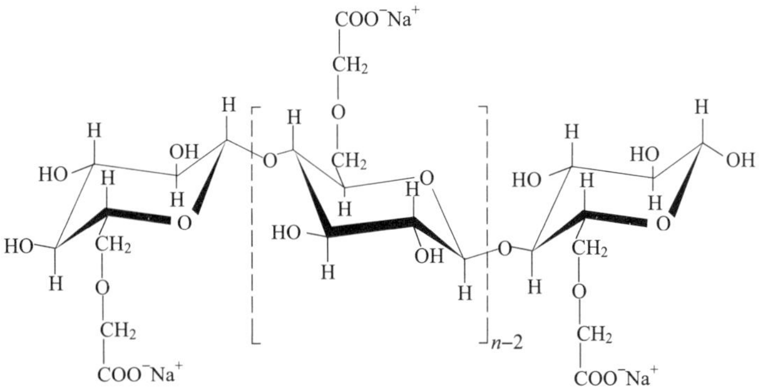

图 3-21　羧甲基纤维素（CMC）

CMC 是阴离子聚合物，它能同蛋白质相互作用，当食品体系的 pH 低于蛋白质等电点时，那么带负电的 CMC 与带正电的蛋白质之间离子相互作用使黏度升高。CMC 能稳定处在近等电点 pH 的蛋白质分散体系。例如，在乳制品中它能防止酪蛋白沉淀，改善其稳定性。如果在 CMC 溶液中加入三价金属离子如醋酸铝，则 CMC 中羧基通过金属离子交联形成凝胶。

2. 半纤维素

半纤维素（hemicellulose）是含 D-木糖的一类杂聚多糖，它一般以水解能产生大量戊糖、葡萄糖醛酸和一些脱氧糖而著称。它存在于所有陆地植物中，而且通常存在于植物木质化部分。食品中最主要的半纤维素是由（1→4）-β-D-吡喃木糖基单位组成的木聚糖为骨架。

粗制的半纤维素可分为一个中性组分（半纤维素 A）和一个酸性组分（半纤维素 B），半纤维素 B 在硬质木材中特别多。两种半纤维素都有 β-D-（1→4）-糖苷键结合成的木聚糖链。在半纤维素 A 中，主链上有许多由阿拉伯糖组成的短支链，还存在 D-葡萄糖、D-半乳糖和 D-甘露糖。从小麦、大麦和燕麦粉得到的阿拉伯木聚糖是这类糖的典型例子。半纤维素 B 不含阿拉伯糖，它主要含有 4-甲氧基-D-葡糖醛酸，因此它具有酸性。水溶性小麦面粉戊聚糖结构见图 3-22。

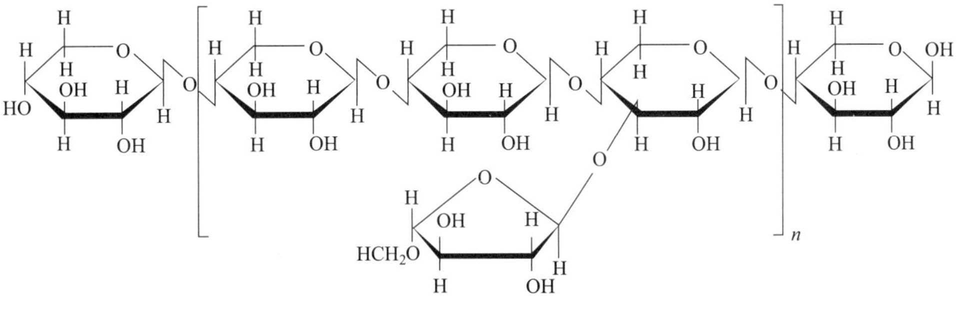

图 3-22　水溶性小麦面粉戊聚糖的结构

半纤维素在焙烤食品中的作用很大，它能提高面粉结合水的能力。在面包面团中，改进混合物的质量，降低混合物能量，有助于蛋白质的进入和增加面包的体积，并能延缓面包老化。

半纤维素是膳食纤维的一个重要来源，对肠蠕动、粪便量和粪便通过的时间产生有益生理效应，对促使胆汁酸的消除和降低血液中的胆固醇方面也会产生有益的影响。事实表明它可以减轻心血管疾病、结肠紊乱，特别是预防结肠癌。食用高纤维膳食的糖尿病病人可以减少对胰岛素的需求量，但是，多糖胶和纤维素在小肠内会减少某些维生素和必需微量元素的吸收。

二、果　胶

商品果胶（pectin）是用酸从苹果渣与柑橘皮中提取制得的天然果胶（原果胶），它是可溶性果胶，由柠檬皮制得的果胶最易分离，质量最好。果胶的组成与性质随不同的来源有很大差别。果胶分子的主链是 150～500 个 α–D–半乳糖醛酸基（相对分子质量为 30000～100000）通过 1，4–糖苷键连接而成（图 3–23），在主链中相隔一定距离含有 α–L–鼠李吡喃糖基侧链，因此果胶的分子结构由均匀区与毛发区组成（图 3–24）。均匀区是由 α–D–半乳糖醛酸基组成，毛发区由高度支链 α–L–鼠李半乳糖醋酸组成。

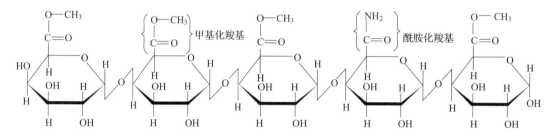

图 3–23　果胶的结构

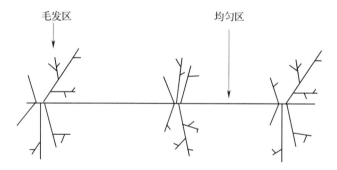

图 3–24　果胶分子结构示意图

天然果胶一般有两类：其中一类分子中超过一半的羧基是甲酯化（—COOCH₃）的，称为高甲氧基果胶（HM），余下的羧基是以游离酸（—COOH）及盐（—COO⁻Na⁺）的形式存在的；另一类分子中低于一半的羧基是甲酯化的，称为低甲氧基果胶（LM）。羧基酯化的百分数称为酯化度（DE），当果胶的 DE >50% 时，形成凝胶的条件是可溶性固形物含量（一般是糖）超过 55%，pH 2.0～3.5。当 DE <50% 时，通过加入 Ca^{2+} 形成凝胶，可溶性固形物为 10%～20%，pH 为 2.5～6.5。

HM 与 LM 果胶的胶凝机制是不同的。HM 果胶溶液必须在具有足够的糖和酸存在的条件下才能胶凝，又称为糖–酸–果胶凝胶。当果胶溶液 pH 足够低时，羧酸盐基团转化为羧酸基团，因此分子不再带电荷，分子间斥力下降，水合程度降低，分子间缔合形成凝胶。糖的浓度越高，越有助于形成接合区，这是因为糖与果胶分子链竞争结合水，致使分子链的溶剂化程度大大下降，有利于分子链间相互作用，一般糖的浓度至少在 55%，最好在 65%。凝胶是由果胶分子形成的三维网状结构，同时水和溶质固定在网孔中。形成的凝胶具有一定的凝胶强度，有许多因素影响凝胶的形成与凝胶强度，最主要的因素是果胶分子的链长与连接区的化学性质。在相同条件下，相对分子质量越大，形成的凝胶越强，如果果胶分子链降解，则形成的凝胶强度就比较弱。凝胶破裂强度与平均相对分子质量具有非常好的相关性，凝胶破裂强度还与每个分子参与连接的点的数目有关。HM 果胶的酯化度与凝胶的胶凝温度有关，因此根据胶凝时间和胶凝温度可以进一步将 HM 果胶进行分类（表 3-21）。此外，凝胶形成的 pH 也与酯化度相关，快速胶凝的果胶（高酯化度）在 pH 3.3 也可以胶凝，而慢速胶凝的果胶（低酯化度）在 pH 2.8 可以胶凝。凝胶形成的条件还受到可溶性固形物（糖）的含量（Brix）与 pH 的影响，固形物含量高及 pH 低，则可在较高温度下胶凝，因此制造果酱与糖果时必须选择固形物含量高、pH 低以及适合类型的果胶以达到所希望的胶凝温度。

表 3-21　　　　　　　　　　　　　　果胶的分类与胶凝条件

果胶类型	酯化度	胶凝条件	胶凝速率	果胶类型	酯化度	胶凝条件	胶凝速率
高甲氧基	74~77	Brix >55 pH <3.5	超快速	高甲氧基	58~65	Brix >55 pH <3.5	慢速
高甲氧基	71~74	Brix >55 pH <3.5	快速	低甲氧基	40	Ca^{2+}	慢速
高甲氧基	66~69	Brix >55 pH <3.5	中速	低甲氧基	30	Ca^{2+}	快速

LM 果胶（DE <50）必须在二价阳离子（如 Ca^{2+}）存在情况下形成凝胶，胶凝的机制是由不同分子链的均匀（均一的半乳糖醛酸）区间形成分子间接合区，胶凝能力随 DE 的减少而增加。正如其他高聚物一样，相对分子质量越小，形成的凝胶越弱。胶凝过程也和外部因素如温度、pH、离子强度以及 Ca^{2+} 的浓度有关。凝胶的形成对 pH 非常敏感，pH 3.5，LM 果胶胶凝所需的 Ca^{2+} 量超过中性条件。在一价盐 NaCl 存在条件下，果胶胶凝所需 Ca^{2+} 量可以少一些。pH 与糖双重因素可以促进分子链间相互作用，因此可以在 Ca^{2+} 浓度较低的情况下进行胶凝。

果胶与海藻胶之间的相互作用主要同海藻胶的甘露糖醛酸与古洛糖醛酸的比值有关，也同果胶的 DE 与 pH 有关。由 HM 与富含古洛糖醛酸的海藻胶制得的凝胶性能较好。pH 也非常重要，pH >4，完全妨碍胶凝。LM 果胶与海藻胶形成凝胶时，必须在酸性条件下（pH <2.8），这意味着相互作用前尽量不带电，即需要酯化以减少静电斥力。

为了得到满意的食品质构，多糖与蛋白质的相互作用也是非常重要的。例如，pH 在明胶的等电点以上，以及 NaCl 浓度 <0.2mol/L 时，果胶与明胶混合可以得到稳定的单相体系；如果盐浓度提高，则产生不相容性，因而有利于明胶分子的自缔合；pH 高于等电点，相容性增加。

果胶的主要用途是作为果酱与果冻的胶凝剂。果胶的类型很多，不同酯化度的果胶能满足不同的要求（表 3-21）。慢胶凝的 HM 果胶与 LM 果胶用于制造凝胶软糖。果胶的另一用途是在生产酸乳时用作水果基质，LM 果胶特别适合。果胶还可作为增稠剂与稳定剂。HM 果胶可应用于乳制品，它在 pH 3.5~4.2 范围内能阻止加热时酪蛋白聚集，这适用于经巴氏杀菌或高温杀菌的酸乳、酸豆乳以及牛乳与果汁的混合物。HM 与 LM 果胶也能应用于蛋黄酱、番茄酱、混浊型果汁、饮料以及冰淇淋等，一般添加量 <1%；但是凝胶软糖除外，它的添加量为 2%~5%。

三、植 物 多 糖

1. 阿拉伯胶

阿拉伯胶由两种成分组成。阿拉伯胶中 70% 是由不含 N 或含少量 N 的多糖组成，另一成分是具有高相对分子质量的蛋白质结构，多糖以共价键与蛋白质肽链中的羟脯氨酸与丝氨酸相结合，总蛋白质含量约为 2%，但是特殊部分含有高达 25% 的蛋白质。与蛋白质相连接的多糖是高度分支的酸性多糖，具有如下组成：D – 半乳糖 44%，L – 阿拉伯糖 24%，D – 葡萄糖醛酸 14.5%，L – 鼠李糖 13%，4 – O – 甲基 – D – 葡萄糖醛酸 1.5%。在主链中 β – D – 吡喃半乳糖是通过 1，3 – 糖苷键相连接的，而侧链通过 1，6 – 糖苷键相连接。

阿拉伯胶易溶于水，最独特的性质是溶解度高，溶液黏度低，溶解度甚至能达到 50%，此时体系有些像凝胶。阿拉伯胶既是一种好的乳化剂，又是一种好的乳状液稳定剂，具有稳定乳状液的作用，这是因为阿拉伯胶具有表面活性，能在油滴周围形成一层厚的、具有空间稳定性的大分子层，防止油滴聚集。往往将香精油与阿拉伯胶制成乳状液，然后进行喷雾干燥得到固体香精。此类产品可以避免香精的挥发与氧化。而且在使用时能快速分散与释放风味，并且不会影响最终产品的黏度。固体香精可用于固体饮料、布丁粉、蛋糕粉以及汤料粉等。阿拉伯胶的另一个特点是与高糖具有相容性，因此可广泛用于高糖含量和低水分含量糖果中，如太妃糖、果胶软糖以及软果糕等。它在糖果中的功能是阻止蔗糖结晶和乳化脂肪组分，防止脂肪从表面析出产生"白霜"。

2. 魔芋葡甘露聚糖

魔芋葡甘露聚糖是由 D – 甘露糖与 D – 葡萄糖通过 β – 1，4 – 糖苷键连接而成的多糖，D – 甘露糖与 D – 葡萄糖的比为 1:1.6。在主链的 D – 甘露糖的 C_3 位上存在由 β – 1，3 – 糖苷键连接的支链，每 32 个糖基约有 3 个支链，支链由几个糖基组成。每 19 个糖基有一个酰基，酰基赋予其水溶性，每 20 个糖基含有 1 个葡萄糖醛酸，其结构如图 3 – 25 所示。魔芋葡甘露聚糖的相对分子质量为 10^5~10^6，随魔芋的品种、加工方法及原料贮存时间而变化。

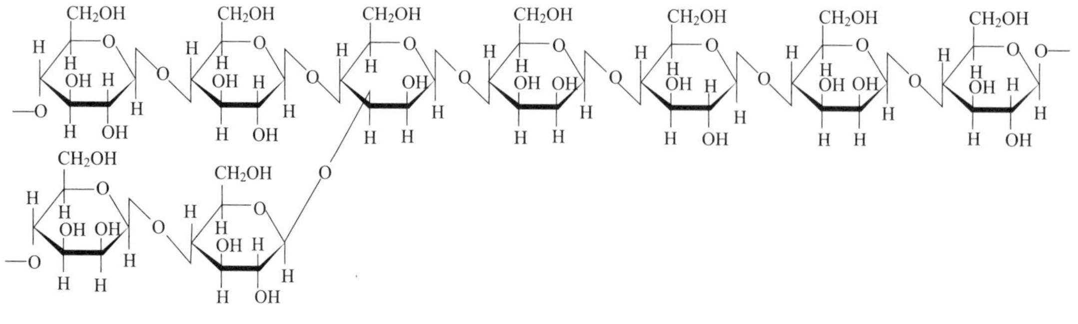

图 3 – 25 魔芋葡甘露聚糖最可能的结构示意图

魔芋葡甘露聚糖能溶于水，形成高黏度的假塑性溶液，它经碱处理脱乙酰后形成强的弹性凝胶，是一种热不可逆凝胶。当魔芋葡甘露聚糖与黄原胶混合时，能形成热可逆性凝胶。黄原胶与魔芋葡甘露聚糖的比值为1:1时得到的强度最大，凝胶的熔化温度为60～63℃，凝胶的熔化温度同两种胶的比值与聚合物总浓度无关，但凝胶强度随聚合物浓度的增加而增加，并随盐浓度的增加而减少。

利用魔芋葡甘露聚糖能形成热不可逆凝胶的特性可制作多种食品，如魔芋糕、魔芋豆腐、魔芋粉丝以及各种仿生食品（虾仁、腰花、肚片、蹄筋、鱿鱼、海参和海蜇皮等）。利用魔芋葡甘露聚糖与黄原胶形成热可逆凝胶的特性，可制造果冻、布丁、果酱以及糖果等。还可将它用于乳制品和肉制品，起到增稠与持水作用，因此它是一种具多功能的食品添加剂。

四、海 洋 多 糖

1. 琼脂

食品中重要的海洋多糖包括琼脂（agar）、鹿角藻胶（chondrus crispus）和褐藻胶（algin），琼脂作为细菌培养基已为人们所熟知，它来自红藻类（claserhodophyceae）的各种海藻，主产于日本海岸。琼脂像普通淀粉一样可分离成为琼脂糖（agarose）和琼脂胶（agaropectin）两部分。琼脂糖的基本二糖重复单位，是由 β - D - 吡喃半乳糖（1→4）连接3，6 - 脱水 α - L - 吡喃半乳糖基单位构成的，如图3 - 26所示。

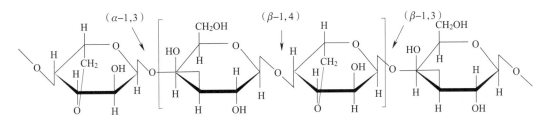

图3 - 26 琼脂的结构

琼脂胶的重复单位与琼脂糖相似，但含5%～10%的硫酸酯、一部分 D - 葡萄糖醛酸残基和丙酮酸酯。琼脂凝胶最独特的性质是当温度大大超过胶凝起始温度时仍然保持稳定性，例如，1.5%琼脂的水分散液在30℃时形成凝胶，熔点35℃，琼脂凝胶具有热可逆性，是一种最稳定的凝胶。

琼脂在食品中的应用包括抑制冷冻食品脱水收缩和提供需要的质地，在加工的干酪和奶油干酪中提供稳定性和需要的质地，在焙烤食品和糖衣中可控制水分活度和推迟陈化。此外，还用于肉制品罐头。琼脂通常可与其他高聚物如黄芪胶、角豆胶或明胶合并使用。

2. 卡拉胶

卡拉胶（carrageenan）是由红藻通过热碱分离提取制得的杂聚多糖，它是由硫酸基化或非硫酸基化的半乳糖和3，6 - 脱水半乳糖通过 α - 1，3 - 糖苷键和 β - 1，4 - 糖苷键交替连接而成的。大多数糖单位有一个或两个硫酸酯基，多糖链中总硫酸酯含量为15%～40%，而且硫酸酯基数目与位置同卡拉胶的凝胶性密切相关。卡拉胶有三种类型：κ、ι 和 λ。κ - 卡拉胶和 ι - 卡拉胶通过双螺旋交联形成热可逆凝胶（图3 - 27）。多糖在溶液中呈无规则线团结构，当多糖溶液冷却时，足够数量的交联区形成了连续的三维网状凝胶结构。

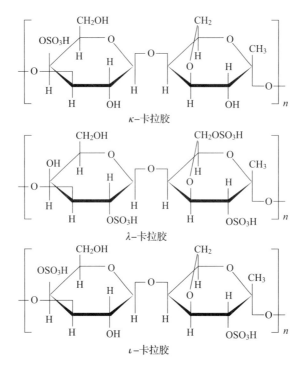

图 3 - 27　卡拉胶的分子结构

由于卡拉胶含有硫酸盐阴离子，因此易溶于水。硫酸盐含量越少，多糖链越易从无规则线团转变成螺旋结构。κ - 卡拉胶含有较少的硫酸盐，形成的凝胶是不透明的，且凝胶最强，但是容易脱水收缩，这可以通过加入其他胶来减少卡拉胶的脱水收缩。ι - 卡拉胶的硫酸盐含量较高，在溶液中呈无规则的线团结构，形成的凝胶是透明和富有弹性的，通过加入阳离子如 K^+ 或 Ca^{2+} 同硫酸盐阴离子间静电作用使分子间缔合进一步加强，阳离子的加入也提高了胶凝温度。λ - 卡拉胶是可溶的，但无胶凝能力。

卡拉胶同牛乳蛋白质可以形成稳定的复合物，这是由卡拉胶的硫酸盐阴离子与酪蛋白胶粒表面上正电荷间静电作用而形成的。牛乳蛋白质与卡拉胶的相互作用，使形成的凝胶强度增强。在冷冻甜食与乳制品中，卡拉胶添加量很低，只需 0.03%。低浓度 κ - 卡拉胶（0.01% ~ 0.04%）与牛乳蛋白质中酪蛋白相互作用，形成弱的触变凝胶（图 3 - 28）。利用这个特殊性质，可以悬浮巧克力牛乳中的可可粒子，同样也可以应用于冰淇淋和婴儿配方乳粉等。

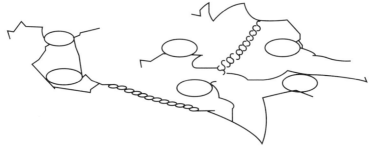

图 3 - 28　κ - 卡拉胶和酪蛋白相互作用形成凝胶

卡拉胶具有熔点高的特点，但卡拉胶形成的凝胶比较硬，可以通过加入半乳甘露糖（刺槐豆胶）改变凝胶硬度，增加凝胶的弹性，代替明胶制成甜食凝胶，并能减少凝胶的脱水收缩，如应用于冰淇淋能提高产品的稳定性与持泡能力。为了软化凝胶结构，还可以加入一些瓜尔胶。卡拉胶还可与淀粉、半乳甘露聚糖或 CMC 复配应用于冰淇淋中。如果加入 K^+ 与 Ca^{2+}，则促使卡拉胶凝胶的形成。在果汁饮料中添加 0.2% 的 λ – 卡拉胶或 κ – 卡拉胶可以改进质构。在低脂肉糜制品中，可以提高口感和替代部分动物脂肪。所以卡拉胶是一种多功能的食品添加剂，起持水、持油、增稠、稳定并促进凝胶形成的作用，卡拉胶在食品工业中的应用见表 3 – 22。

表 3 – 22　　　　　　　　　　　卡拉胶在食品工业中的应用

食品产品	卡拉胶的作用
冰淇淋、干酪	稳定剂与乳化剂
即食布丁	稳定剂与乳化剂
巧克力牛乳	稳定剂与乳化剂
咖啡中奶油的替代品	稳定剂与乳化剂
甜食凝胶	胶凝剂
低热果冻	胶凝剂
低脂肉汤	胶凝剂

3. 海藻胶

海藻胶是从褐藻中提取得到的，商品海藻胶大多是以海藻酸的钠盐形式存在。海藻酸是由 β – 1，4 – D – 甘露糖醛酸和 α – 1，4 – L – 古洛糖醛酸组成的线性高聚物（图 3 – 29），商品海藻酸盐的聚合度为 100 ~ 1000。D – 甘露糖醛酸（M）与 L – 古洛糖醛酸（G）按下列次序排列：① 甘露糖醛酸块—M—M—M—M—M—M—；② 古洛糖醛酸块—G—G—G—G—G—G—；③ 交替块—M—G—M—G—M—G—。

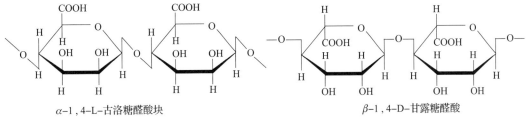

α-1,4-L-古洛糖醛酸块　　　　　　　　β-1,4-D-甘露糖醛酸

图 3 – 29　海藻胶的结构

海藻酸盐分子链中 G 块很易与 Ca^{2+} 作用，两条分子链 G 块间形成一个洞，结合 Ca^{2+} 形成"蛋盒"模型，如图 3 – 30 所示。海藻酸盐与 Ca^{2+} 形成的凝胶是热不可逆凝胶，凝胶强度同海藻酸盐分子中 G 块的含量以及 Ca^{2+} 浓度有关。海藻酸盐凝胶具有热稳定性，脱水收缩较少，因此可用于制造甜食凝胶。

海藻酸盐还可与食品中其他组分如蛋白质或脂肪等相互作用。例如，海藻酸盐易与变性蛋白质中带正电的氨基酸相互作用，用于重组肉制品的制造。高含量古洛糖醛酸的海藻酸盐与高酯化度果胶之间协同胶凝应用于果酱、果冻等，所得到的凝胶结构与糖含量无关，是热可逆凝

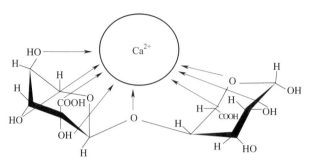

图 3 – 30　海藻酸盐与 Ca^{2+} 相互作用形成 "蛋盒" 结构

胶，应用于低热食品。海藻酸盐能与 Ca^{2+} 形成热不可逆凝胶，使它在食品中得到广泛应用，特别是重组食品如仿水果、洋葱圈以及凝胶糖果等；也可用作汤料的增稠剂，冰淇淋中抑制冰晶长大的稳定剂以及酸乳和牛乳的稳定剂。

4. 壳聚糖

壳聚糖（chitin）又称几丁质、甲壳质、甲壳素，是一类由 N – 乙酰 – D – 氨基葡萄糖或 D – 氨基葡萄糖以 β – 1，4 – 糖苷键连接起来的低聚合度水溶性氨基多糖。主要存在于甲壳类（虾、蟹等）动物的外骨骼中，在虾壳等软壳中含壳多糖 15% ~30%，蟹壳等外壳中含壳多糖 15% ~20%。其基本结构单位是壳二糖（chitobiose），如图 3 – 31 所示。

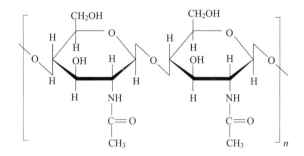

图 3 – 31　壳二糖的结构式

壳多糖脱去分子中的乙酰基后，转变为壳聚糖，其溶解性增加，称为可溶性的壳多糖。因其分子中带有游离氨基，在酸性溶液中易成盐，呈阳离子性质。壳聚糖随其分子中含氨基组分数量的增多，其氨基特性更显著，这正是其独特性质所在，由此奠定了壳聚糖的许多生物学特性及加工特性的基础。

壳聚糖在食品工业中可作为黏结剂、保湿剂、澄清剂、填充剂、乳化剂、上光剂及增稠稳定剂；而作为功能性低聚糖，能降低胆固醇，提高机体免疫力，增强机体的抗病抗感染能力，尤其有较强的抗肿瘤作用。因其资源丰富，应用价值高，已被大量开发使用。工业上多用酶法或酸法水解虾皮或蟹壳来提取壳聚糖。

目前在食品中应用相对多的是改性壳聚糖尤其是羧甲基化壳聚糖，其中 N，O – 羧甲基壳聚糖在食品工业中作增稠剂和稳定剂，由于其可与大部分有机离子及重金属离子络合沉淀，也被用为纯化水的试剂。N，O – 羧甲基壳聚糖又可溶于中性（pH 为 7）水中形成胶体溶液，具有良好的成膜性，被用于水果保鲜。

五、微生物多糖

微生物多糖有黄原胶、黄杆菌胶、茁霉胶等，下面只介绍黄原胶。

黄原胶是一种微生物多糖，是应用较广的食品胶。它由纤维素主链和三糖侧链构成，分子结构中的重复单位是五糖，其中三糖侧链是由两个甘露糖与一个葡萄糖醛酸组成的（图3－32）。黄原胶的相对分子质量约为 2×10^6。黄原胶在溶液中三糖侧链与主链平行，形成一稳定的硬棒结构，当加热到100℃以上时，才能转变成无规则线团结构，硬棒通过分子内缔合以螺旋形式存在，并通过缠结形成网状结构（图3－33）。黄原胶溶液在广泛的剪切与浓度范围内，具有高度假塑性、剪切变稀和黏度瞬时恢复的特征。它的独特的流动性质同其结构有关，黄原胶高聚物的天然构象是硬棒，硬棒聚集在一起，当剪切时聚集体立即分散，待剪切停止后，重新快速聚集。

黄原胶溶液在 $18 \sim 80$℃以及 pH $1 \sim 11$ 广泛范围内黏度基本不变，与高盐浓度具有相容性，这是因为黄原胶具有稳定的螺旋构象，三糖侧链具有保护主链糖苷键不产生断裂的作用，因此黄原胶的分子结构特别稳定。

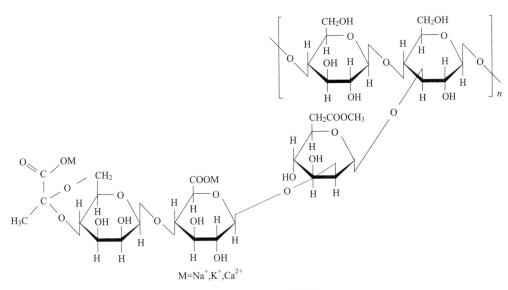

图 3－32 黄原胶的结构

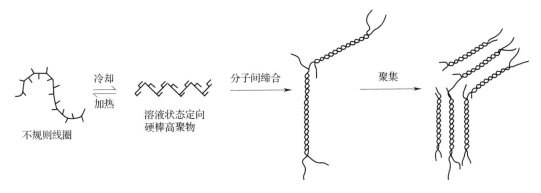

图 3－33 黄原胶的胶凝机制

黄原胶与瓜尔胶具有协同作用，与 LBG 相互作用形成热可逆凝胶，其胶凝机制与卡拉胶和 LBG 的胶凝相同。

黄原胶在食品工业中应用广泛，这是因为它具有下列重要性质：能溶于冷水和热水，低浓度时具有高黏度，在宽广的温度范围内（0~100℃）溶液黏度基本不变，与盐有很好的相容性，在酸性食品中保持溶解与稳定，同盐有很好的匹配性，同其他胶具有协同作用，能稳定悬浮液和乳状液，具有良好的冷冻与解冻稳定性。这些性质同其具有线性纤维素主链以及阴离子的三糖侧链的结构是分不开的。黄原胶能改善面糊与面团的加工与贮藏性能，在面糊与面团中添加黄原胶可以提高其弹性与持气能力。

🔍 思考题

1. 食品中碳水化合物的存在状况如何？

2. 单糖和低聚糖的甜度、溶解度、结晶性、吸湿性、保湿性、渗透压、黏度、冰点降低、抗氧化性等物理性质如何？这些物理性质在食品加工生产中如何应用？

3. 简述焦糖化反应的概念及在食品加工生产中如何应用。

4. 何为羰氨反应褐变？羰氨反应褐变的影响因素有哪些？在食品加工中如何抑制羰氨褐变？

5. 简述功能性低聚糖的理化性质、生物功能以及它们在食品加工生产中的应用。

6. 简述淀粉粒、淀粉分子的基本结构。

7. 简述淀粉的水解情况和转化糖的概念。

8. 什么是淀粉的糊化？糊化的本质是什么？影响淀粉糊化的因素有哪些？试指出食品中利用糊化的例子。

9. 什么是淀粉的老化？影响淀粉老化的因素有哪些？谈谈防止淀粉老化的措施。试指出食品中利用老化的例子。

10. 浅谈方便食品的制作原理。

11. 试从 β - 环状糊精的结构特征说明其在食品中为何具有保色、保香、乳化的功能。

12. 天然淀粉通过什么改性可以增强哪些功能性质？酸改性淀粉有何用途？

13. 海藻酸盐有哪些作用？卡拉胶形成凝胶的机制及其用途如何？

14. 简述果胶的功能特性及其在食品加工中的应用。

15. 黄原胶有哪些重要的性质？在食品加工中如何应用？

16. 简述魔芋葡甘露聚糖的功能特性及其在食品加工中的应用。

第四章

脂　类

[学习指导]

　　熟悉和掌握脂肪酸的命名方法，天然油脂的主要成分，甘油三酸酯的同质多晶体，必需脂肪酸与油脂的物理特性。理解和掌握油脂的酸价，油脂的过氧化值，油脂的可塑性，油脂的酪化性，油脂的改性，油脂酸败。了解油脂自动氧化的机制，油脂的光敏氧化机制和特点，类脂，脂肪替代物。熟悉和掌握油脂的自动氧化，长时间油炸条件下，油脂会发生的变化。

第一节　概　　述

　　脂类是一类不溶或微溶于水，而溶于乙醚、石油醚、氯仿、苯、四氯化碳等大部分有机溶剂的疏水性物质，它所包括的范围比较广，从食品、营养和加工的角度来看，重要的脂类有脂肪、磷脂、类固醇等。

　　脂类按其结构和组成可分为简单脂类、复合脂类和衍生脂类三类（表4-1）。

表4-1　　　　　　　　　　　　　　　脂类的分类

主类	亚类	组成
简单脂质	酰基甘油	甘油＋脂肪酸
	蜡	长链脂肪醇＋长链脂肪酸
复合脂质	磷酸酰基甘油	甘油＋脂肪酸＋磷酸盐＋含氮基团
	鞘磷脂类	鞘氨醇＋脂肪酸＋磷酸盐＋胆碱
	脑苷脂类	鞘氨醇＋脂肪酸＋糖
	神经节苷脂类	鞘氨醇＋脂肪酸＋碳水化合物
衍生脂质		类胡萝卜，类固醇，脂溶性维生素等

（1）简单脂类　由脂肪酸与醇所生成的酯。根据其中醇的性质又可分为两类：一类是由脂肪酸与甘油构成的酯，称为甘油酸酯或酰基甘油；另一类是由脂肪酸与高级一元醇所构成的酯，称为蜡。

（2）复合脂类　分子中不仅存在脂肪酸与醇所形成的酯，而且还结合了其他成分，主要有磷酸、含氮化合物、糖基及其衍生物、鞘氨醇及其衍生物等。

（3）衍生脂类　它们符合脂类的共同溶解特征，但又不是简单或复合脂类，如类固醇、类胡萝卜素、脂溶性维生素等。

脂类主要来源于植物和动物。在植物组织中脂类主要存在于种子或果仁中，在根、茎、叶中含量较少；动物体中脂类主要存在于皮下组织、腹部网膜上和内脏器官周围等；许多微生物细胞中也能积累脂肪。

自然界中，以简单脂类中的甘油三酸酯含量最为丰富，在数量上它占了天然脂类的95%左右，而蜡、复合脂类、衍生脂类的总和仅占5%左右。

甘油三酸酯是天然油脂的主要成分，此外，天然油脂中还含有少量其他各种复杂的非甘油三酸酯成分，包括磷脂、固醇、脂肪烃、脂肪醇、脂肪酸、色素、脂溶性维生素等。甘油三酸酯俗称中性油，根据其存在状态，一般习惯把在室温下呈液态的称为油，呈固态的称为脂。油和脂在化学上没有本质区别，只是物理状态的差异，液态油通过冷冻可变成固态脂，固态脂加热又可变成液态油，其变化是可逆的。

油脂作为重要的食品组分之一，具有各方面的重要意义。其作用包括：作为高热量化合物为人类提供热能，提供人体必需的脂肪酸，作为脂溶性维生素的载体，赋予食品良好的风味和口感等。在食品工业上，油脂也是重要的原料，如可用作热媒介质煎炸食品，提供食品加工所需要的加工性能等。但由于油脂的化学不稳定性，在食品加工或贮藏中所发生的变化，如氧化、水解等反应，也会给食品的品质带来不利的影响，甚至产生食用安全性问题，为食品的生产和贮藏带来诸多不利因素，必须进行有效的控制。

第二节　油脂的组成、结构和分类

无论是动物脂肪还是植物油，天然油脂的主要组成皆为甘油与脂肪酸所成的酯——甘油三酸酯（简称甘三酯，也可称为三酰基甘油）。

甘油三酸酯是由1个甘油分子和3个脂肪酸分子反应生成的，反应式如下：

$$
\begin{array}{l}
\text{CH}_2\text{OH} \\
| \\
\text{CHOH} \\
| \\
\text{CH}_2\text{OH}
\end{array}
+
\begin{array}{l}
\text{HO}-\overset{\displaystyle O}{\overset{\|}{C}}-R_1 \\
\text{HO}-\overset{\displaystyle O}{\overset{\|}{C}}-R_2 \\
\text{HO}-\overset{\displaystyle O}{\overset{\|}{C}}-R_3
\end{array}
\longrightarrow
\begin{array}{l}
\text{CH}_2-O-\overset{\displaystyle O}{\overset{\|}{C}}-R_1 \\
\text{CH}-O-\overset{\displaystyle O}{\overset{\|}{C}}-R_2 \\
\text{CH}_2-O-\overset{\displaystyle O}{\overset{\|}{C}}-R_3
\end{array}
+3\text{H}_2\text{O}
$$

甘油　　　　脂肪酸　　　　　　甘油酯

天然甘三酯分子中，甘油基部分是固定的，相对分子质量为41，其余部分为脂肪酸残基部分（RCOO—），通常相对分子质量为650～970，占整个甘油三酸酯相对分子质量的94%～96%。由于脂肪酸在甘三酯分子中所占的比例很大，因此它们对甘三酯的物理和化学性质的影响起着主导作用。

油脂的性质与组成它的脂肪酸关系很大。如含不饱和脂肪酸多的植物油脂大豆油在常温下为液态，而含饱和脂肪酸多的动物脂肪猪脂在常温下则为固态。事实上，油脂的性质在很大程度上是由构成其甘三酯的脂肪酸组成所决定的，并与各脂肪酸在所构成的甘三酯分子中的分布有关。

一、脂 肪 酸

1. 脂肪酸的结构

脂肪酸最初是由油脂水解得到的，具有酸性，因此而得名。根据 IUPAC – IUB（国际理论和应用化学 – 国际生物化学联合会）在 1976 年修改公布的命名法中，脂肪酸被定义为天然油脂水解生成的脂肪族羧酸化合物的总称，属于脂肪族的一元羧酸。

天然油脂中含有 800 种以上的脂肪酸，已经得到鉴别的就有 500 种之多。综合已经分析过的脂肪酸，天然脂肪酸具有如下特点。

① 无论饱和或不饱和，天然脂肪酸绝大多数为偶碳直链的，极少数为奇数碳链和具有支链。

② 天然存在的不饱和脂肪酸除少数为反式结构外，大部分是顺式结构。

③ 多烯酸的双键一般以非共轭的五碳双烯结构（1，4 – 不饱和系统）形式存在，但也有少量共轭酸存在。其结构形式如下：

$$—CH_2—CH \mathop{=\!=\!=}^4 CH—CH_2—CH \mathop{=\!=\!=}^1 CH—（1,4 – 不饱和系统）$$

④ 天然脂肪酸的碳链长度范围虽广（C_2～C_{30}），但天然油脂中常见的只是 C_{12}、C_{14}、C_{16}、C_{18}、C_{20}、C_{22} 几种，其他的脂肪酸含量很少。

在天然脂肪酸中，脂肪酸的碳链一般只由碳、氢两种元素组成，但也存在含有少量其他官能团的特殊脂肪酸，如羟基酸（如蓖麻油酸）、酮基酸、环氧基酸以及最近几年新发现的含杂环基团（呋喃环）脂肪酸等，但它们仅存在于个别油脂中。

各种碳链长度、饱和程度、双键位置以及顺反结构不同的脂肪酸，其物理和化学性质各不相同，所构成的甘油三酸酯的性质显然也不同，会影响所组成的油脂的性质。

2. 脂肪酸的命名

脂肪酸的命名主要有以下几种方法。

（1）俗名 许多脂肪酸最初是从天然产物中得到的，故常根据其来源命名。如棕榈酸得之于棕榈油，花生酸存在于花生油中，蓖麻酸和桐酸分别来源于蓖麻油和桐油等。用俗名称呼既简单又明了，对于结构复杂的脂肪酸尤其方便，但其缺点是不能反映出名称与结构之间的关系。

（2）系统命名法 系统命名法可对结构复杂的脂肪酸进行命名，采用这种命名法时按如下法则进行。

① 对于饱和脂肪酸，选择分子中含羧基的最长碳链作为主链，根据其碳原子数目，称为某（烷）酸。例如：

$$CH_3—CH_2—CH_2—CH_2—CH_2—COOH \qquad （己酸）$$

$$CH_3—(CH_2)_{16}—COOH \qquad\qquad （十八碳酸）$$

当碳链上含有不饱和双键时，取含有羧基和碳碳双键的最长碳链作为主链，根据主链上的碳原子的个数称为某烯酸，并从羧基开始用阿拉伯数字将主链的碳原子进行编号，表示出双键的位置、几何构型和个数。位置用阿拉伯数字表示，双键个数用汉字数字表示，反式酸可以 t（tran）表示，顺式酸以 c（cis）表示。

例如：

$$CH_3—(CH_2)_4—CH=CH—CH_2—CH=CH—(CH_2)_7—COOH$$
$$（9,12-顺,顺-十八碳二烯酸）$$

② 当碳链上有取代基时，把取代基名称、所在位置和取代基个数写在某酸的名称之前，位置用阿拉伯数字表示，取代基个数用汉字数字表示。例如：

$$CH_3—\underset{\underset{CH_3}{|}}{CH}—CH_2—COOH \qquad\qquad （3-甲基丁酸）$$

$$CH_3—(CH_2)_7—\overset{10}{\underset{\underset{OH}{|}}{CH}}—\overset{9}{\underset{\underset{OH}{|}}{CH}}—(CH_2)_7—COOH \qquad （9，10-二羟基-十八碳酸）$$

如果碳链上有几个不同的取代基时，按位置顺序从小到大进行排列。例如：

$$CH_3—(CH_2)_7—\overset{10}{\underset{\underset{Cl}{|}}{CH}}—\overset{9}{\underset{\underset{OH}{|}}{CH}}—(CH_2)_7—COOH \qquad （9-羟基-10-氯-十八碳酸）$$

$$CH_3—(CH_2)_5—\underset{\underset{OH}{|}}{CH}—CH_2—CH=CH—(CH_2)_7—COOH \qquad （12-羟基-9-十八碳一烯酸）$$

对于碳链个数小于 10 的脂肪酸，还常常习惯用天干数字来表示，例如四烷酸可称为丁酸，2，4-六碳二烯酸称为 2，4-己二烯酸等。

（3）速记表示法　除了上述的命名方法外，还可以用速记写法来表示脂肪酸，原则是在表示碳链碳原子数的数字后面加比号，比号后再用数字表示出双键的个数。还可以表示出双键的位置和顺反异构情况。

例如，十四烷酸速记写法为 C14：0 或 $C_{14:0}$。

反，顺-5，9-十八碳二烯酸可表示为 5t，9c-C18：2，或 C18：2（5t，9c）

不饱和脂肪酸也常用 n、ω 速记法表示，这种方法中是从脂肪酸碳链甲基端开始编号，仅以距甲基端最近的第一个双键的位置表示双键的位置。

例如，亚油酸 $CH_3(CH_2)_4CH=CHCH_2CH=CH(CH_2)_7COOH$ 可表示为 C18：2（$n-6$）或 C18：2（$\omega-6$）。

但此法仅限于：双键为顺式的直链不饱和脂肪酸，若有多个双键则应为五碳双烯型。由于脂肪酸的生理活性和合成过程与分子中双键距离末端甲基碳原子的远近有关，因此 n、ω 速记法是生物化学领域中常用的表示方法。

根据此命名法，油酸为 $\omega-9$ 系列脂肪酸，亚油酸为 $\omega-6$ 系列脂肪酸，而亚麻酸则为 $\omega-3$ 系列的脂肪酸。

3. 常见的天然脂肪酸

（1）饱和脂肪酸　天然油脂中的饱和脂肪酸从 $C_2 \sim C_{30}$ 都存在（表4-2）。

表 4 - 2　　　　　　　　　　　常见饱和脂肪酸的各种命名法

系统命名	俗名	速记表示	分子式	相对分子质量	熔点/℃	来源
正丁酸	酪酸	C4:0	$C_4H_8O_2$	88.10	-7.9	乳脂
正己酸	低羊脂酸	C6:0	$C_6H_{12}O_2$	116.15	-3.4	乳脂
正辛酸	亚羊脂酸	C8:0	$C_8H_{16}O_2$	144.21	14.7	乳脂、椰子油
正癸酸	羊脂酸	C10:0	$C_{10}H_{20}O_2$	172.26	31.6	乳脂、椰子油
十二烷酸	月桂酸	C12:0	$C_{12}H_{24}O_2$	200.31	44.2	椰子油，棕榈油
十四烷酸	豆蔻酸	C14:0	$C_{14}H_{28}O_2$	228.36	53.9	肉豆蔻种子油
十六烷酸	棕榈酸	C16:0	$C_{16}H_{32}O_2$	256.42	63.1	所有动植物油
十八烷酸	硬脂酸	C18:0	$C_{18}H_{36}O_2$	284.47	69.6	所有动植物油
二十烷酸	花生酸	C20:0	$C_{20}H_{40}O_2$	312.52	75.3	花生油中含少量
二十二烷酸	山嵛酸	C22:0	$C_{22}H_{44}O_2$	340.57	79.9	花生、菜籽油含少量
二十四烷酸	木焦油酸	C24:0	$C_{24}H_{48}O_2$	368.62	84.2	花生、豆科种子油含少量
二十六烷酸	蜡酸	C26:0	$C_{26}H_{52}O_2$	396.68	87.7	巴西棕榈蜡、蜂蜡
二十八烷酸	褐煤酸	C28:0	$C_{28}H_{56}O_2$	424.73	90.0	褐煤蜡、蜂蜡
三十烷酸	蜂花酸	C30:0	$C_{30}H_{60}O_2$	452.78	93.6	巴西棕榈蜡、蜂蜡

　　油脂中常见的饱和脂肪酸是软脂酸（也称棕榈酸）（C16:0）与硬脂酸（C18:0），它们是已知分布最广的两种饱和脂肪酸，几乎存在于所有的动植物油脂中。软脂酸是猪脂、牛脂（25%～30%）、棕榈油（30%～50%）、可可脂（25%～30%）的主要成分，而乌桕油中软脂酸的含量高达60%以上；硬脂酸主要存在于动物脂中，如猪脂（7%～15%）、牛脂（12%～20%）、羊脂（3%左右），可可脂中硬脂酸的含量也高达35%左右。

　　其次为月桂酸（C12:0）、肉豆蔻酸（C14:0）和花生酸（C20:0）。月桂酸大量存在于樟科植物油中，其最高含量可达80%，在棕榈科油中也含有较多，一般含量为40%～50%；肉豆蔻酸分布虽广但含量不多，唯肉豆蔻种子油中含量高达77%；花生酸在花生油中含量较多，在一般的油脂中含量很少。

　　碳链大于20的长链饱和脂肪酸，如山嵛酸（C22:0）、木焦油酸（C24:0）在天然油脂中仅有少量存在，而C24:0以上的脂肪酸则存在于蜡中。

　　碳链小于12的饱和脂肪酸主要存在于乳脂与少数的植物种子油中，其他动植物油脂中含量很少。少数油脂中所含的微量中碳链脂肪酸（C6:0～C10:0）对人体有特殊的生理代谢作用。

　　（2）不饱和脂肪酸　一般而论，多数植物油中所含不饱和脂肪酸的数量大于陆地动物油脂，尤其是多烯酸的含量。某些植物油更以含有大量某一种不饱和脂肪酸为特征，例如，橄榄油含有65%～85%的油酸，亚麻油含有近60%亚麻酸，红花籽油含65%～73%亚油酸，传统菜籽油、芥子油含有约50%或更高的芥酸等。由于不饱和键的存在，不饱和脂肪酸的化学性质比饱和脂肪酸更易发生变化，致使油脂成为一种对外界环境较为敏感的物质。

天然存在的一烯酸大部分含有 10 个或 10 个以上的碳原子，其中以含 18 个碳原子的油酸分布最广，几乎存在于所有的动植物油脂中，而且含量常较多。其结构式为：

$$CH_3(CH_2)_7CH = CH(CH_2)_7COOH$$
油酸

系统命名为 9 - 顺 - 十八碳一烯酸。速记表示法为：9c - C18:1。

另一种比较受人们关注的一烯酸为芥酸，它是十字花科油中的特有脂肪酸，一般含量为 50% 左右。其结构式为：

$$CH_3(CH_2)_7CH = CH(CH_2)_{11}COOH$$
芥酸

系统命名为：13 - 顺 - 二十二碳一烯酸。速记表示法为：13c - C22:1。

有动物实验表明，大量摄入芥酸可致心肌纤维化引起心肌病变，虽尚无芥酸对人体有害的直接证据，但有人对此持慎重的态度，联合国粮农组织及世界卫生组织已对菜籽油中芥酸含量作出限量规定，规定食用菜籽油芥酸的含量要低于 5%。

天然油脂中最主要的二烯酸为亚油酸，它是保持人体健康不可缺少的必需脂肪酸，其结构式为：

$$CH_3(CH_2)_4CH = CHCH_2CH = CH(CH_2)_7COOH$$
亚油酸

系统命名为：9，12 - 顺，顺 - 十八碳二烯酸。速记表示法为：9c，12c - C18:2

α - 亚麻酸和 γ - 亚麻酸是天然油脂中主要的三烯酸。

α - 亚麻酸属于必需脂肪酸，有很好的生理功能和生物活性，具有重要的营养价值，存在于许多植物油中，如亚麻籽含 45% ~60%，紫苏油 63%，大麻籽油为 35% ~40%，动物油脂中通常 α - 亚麻酸低于 1%，只有马脂例外，高达 15% 左右。

γ - 亚麻酸是 α - 亚麻酸的位置异构体，它主要存在于月见草种子油中，含量 10% 以上。两者的结构式为：

$$CH_3CH_2C = CCH_2C = CCH_2C = C(CH_2)_7COOH$$
α - 亚麻酸

$$CH_3(CH_2)_4C = CCH_2C = CCH_2C = C(CH_2)_4COOH$$
γ - 亚麻酸

系统命名分别为：9，12，15 - 顺，顺，顺 - 十八碳三烯酸，和 6，9，12 - 顺，顺，顺 - 十八碳三烯酸速记表示法分别为：9c，12c，15c - C18:3 和 6c，9c，12c - C18:3。

三个双键以上的多烯酸在陆地动物及少数几种植物油脂中仅发现有花生四烯酸，它是人体合成前列腺素的重要前体物质，其结构式为：

$$CH_3(CH_2)_4C = CCH_2C = CCH_2C = CCH_2C = C（CH_2)_3COOH$$

系统命名分别为：5，8，11，14 - 顺，顺，顺，顺 - 二十碳四烯酸，速记表示法为：5c，5c，11c，14c - C20:4

在海洋动物油脂中，存在几种重要的多烯酸：

5，8，11，14，17 – 二十碳五烯酸，常以英文缩写 EPA 表示，主要存在于鳕鱼肝油中（1.4% ~9.0%），其他海水、淡水鱼油及甲壳类动物油脂中也有较少存在。

4，7，10，13，16，19 – 二十二碳六烯酸，常以英文缩写 DHA 表示，主要存在于日本沙丁鱼肝油、鳕鱼肝油及鲱鱼油中，其他鱼油中含量较少。

上述几种脂肪酸在生物代谢中起着很重要的生理作用，近年来受到高度重视。

二、甘油三酸酯的组成和结构

甘油三酸酯（甘三酯）是由一分子甘油与三分子脂肪酸脱水而成的酯，根据酯的命名法，也可称为三酸甘油酯或三酰基甘油，结构如下：

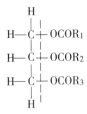

如果构成甘三酯的三个脂肪酸相同 $R_1 = R_2 = R_3$，则该甘油酯称为单酸甘三酯，否则称为混酸甘三酯。

甘油是三元醇，而天然油脂中含有多种脂肪酸参与成酯，所以天然脂肪中单酸甘三酯很少，一般是多种混酸甘三酯的混合物。

例如，大豆油中的脂肪酸组成（%）为：豆蔻酸 0.1 ~0.4，硬脂酸 2.4 ~6，软脂酸 7 ~11，花生酸等其他饱和酸 0.3 ~2.4，棕榈油酸 0.1 ~1，亚麻酸 2 ~10，油酸 22 ~34，亚油酸 50 ~60；猪脂（背部）的脂肪酸组成（%）为：豆蔻酸 0.7 ~1.3，硬脂酸 11.5 ~16.5，软脂酸 25 ~33，棕榈油酸 2 ~5，亚油酸 3 ~12，油酸 40 ~51，豆蔻油酸痕量至 0.3，C_{20-22} 不饱和脂肪酸 1.7 ~3。

1. 甘油三酸酯中脂肪酸的分布

油脂的性质与所构成的甘三酯的脂肪酸组成（种类及数量）有关，同时这些脂肪酸在甘油三个羟基上的结合位置，即脂肪酸在甘三酯中的分布情况，也会使各类天然油脂有较大的性质差异。也即脂肪酸组成不同，所构成油脂的性质会不同；但即使脂肪酸组成相近，所构成油脂的性质也不一定相同。如羊脂与可可脂所含的脂肪酸的种类和数量都非常接近，但两种油脂的物理性质却不同。可可脂熔点低，为 32 ~36℃，接近人体体温，并具有独特、优良的熔化特性，易消化吸收，是巧克力极好的原料，广泛用于糖果；而羊脂熔点高达 40 ~55℃，物性差，不易消化、吸收，食用价值低。可以看出，羊脂和可可脂熔点的差异并非仅由脂肪酸的种类或数量所引起。经研究发现，羊脂中含大量的全饱和酸甘三酯分子，为可可脂的十倍多，是导致羊脂熔点高的主要原因。而可可脂中主要含一不饱和酸、二饱和酸甘油三酯，全饱和酸甘三酯含量非常少，所以熔点低。

以上例子说明，油脂的甘三酯构成与油脂性质密切相关，也即油脂中脂肪酸在甘三酯上的分布情况对油脂的性质具有重要的影响。为此，很多科学家对天然油脂的甘三酯的定量组成作了一系列的系统研究，并在此基础上提出了有关甘三酯中脂肪酸分布模式的各种理论。

（1）甘三酯脂肪酸分布模式理论　在人们没有认识到油脂的本质之前，一直错误地认为油脂中的甘三酯，是由同一种脂肪酸组成的，即有五种脂肪酸则产生五种同酸甘三酯如 AAA、

BBB、CCC、DDD、EEE。直到 20 世纪初，人们认识到油脂是混酸甘三酯的混合物后，这种由同一种脂肪酸组成油脂甘三酯的学说（也被称为极小分布学说）即被否定，被各种分布理论所代替。这里仅介绍两种有代表性的分布学说。

① 均匀分布假说。此理论认为，脂肪酸在参与成酯时，不分类型均匀分布于三个羟基位置上。即脂肪酸是以最大的趋势形成各种混合脂肪酸的甘三酯。因此当某种脂肪酸含量达到 2/3 时，才会有同酸甘三酯出现。但随后的研究发现，此理论与对油脂进行分析得到的数据不相符合，因为有很多油脂其中的饱和脂肪酸高达 30% 时，仍未出现三饱和脂肪酸甘三酯。

② 随机分布假说。此理论认为，不管脂肪酸的类型，也不管甘油分子的羟基位置，各种脂肪酸在甘三酯中的分布，是按照数学随机化法则进行的。

根据随机分布理论，脂肪酸在每个甘三酯分子上以及在所有的甘三酯分子中都是随机分布的，其甘三酯组分应以下式计算：

$$(a + b + c + \cdots\cdots)^n$$

其中 a、b、c、……为各类或各种脂肪酸含量，n 为多元醇上的羟基数量，如以饱和酸（S）及不饱和酸（U）对油脂中的脂肪酸组成进行简化，则：

$$(S + U)^3 = S^3 + 3S^2U + 3SU^2 + U^3$$

展开式的各项分别代表油脂中各种甘三酯类型（GS_3、GS_2U、GSU_2 和 GU_3），从上式各项计算出结果，换算成百分含量即为 GS_3、GS_2U、GSU_2 和 GU_3 四种甘三酯类型各自的百分含量。

这个假说虽然比均匀分布假说合理，但实际中发现，大多数脂肪也不完全符合随机分布的规律。随后人们又相继提出了限制随机、1－3－随机－2－随机、1－随机－2－随机－3－随机等学说，虽都具有一定的理论和使用意义，但都不能完全解释天然脂肪的结构，具有一定的局限性。

（2）天然油脂的甘三酯中脂肪酸的分布　随着分析技术的发展，人们测定了许多脂肪中脂肪酸在甘三酯的三个位置上的分布，积累了大量的分析数据，认识到上面两种学说，都建立在同一前提下，即甘油的三个羟基，都无选择性地与脂肪酸结合，但实际研究表明，脂肪酸在甘油三个羟基位置上的分布不是随机的，也不是均匀的，而是有一定选择性的，$sn-1$、$sn-2$、$sn-3$ 位是有区别的。表 4－3 是各种脂肪酸在油脂甘三酯中三个位置的选择性特点。

表 4－3　　　　　　　　　　　　动植物甘三酯立体专一分布的特点

油脂	sn	脂肪酸
植物油脂	1，3	饱和酸及长碳链——烯酸
	2	不饱和酸（富集 18∶2）
动物油脂	1	饱和酸
	2	短碳链饱和酸和不饱和酸
	3	长碳链脂肪酸（饱和及不饱和酸）
猪油	2	16∶0
鸟禽油	1，3	对称
海产哺乳动物油	3	20∶5，22∶5 和 22∶6
人及反刍动物乳脂	3	4∶0，6∶0，8∶0，10∶0
动植物油脂	3	特殊脂肪酸

脂肪酸在油脂甘三酯中的分布情况概括如下。

① 对所有的油脂，不常见脂肪酸多半联结在甘油的 $sn-3$ 位羟基上（如菜籽油中的芥酸）。

② 所有植物油脂，不饱和脂肪酸尤其是油酸、亚油酸优先联结在 $sn-2$ 位上，饱和脂肪酸与长碳链（指 $>C_{18}$）不饱和脂肪酸，集中在 $sn-1$ 与 $sn-3$ 位上。

③ 许多动物油脂，饱和脂肪酸集中在 $sn-1$ 位，短链酸与不饱和酸在 $sn-2$ 位，长链不饱和酸（指 $>C_{18}$）在 $sn-3$ 位。猪油、鱼油中软脂酸集中在 $sn-2$ 位。鸟类脂肪的 $sn-1$ 与 $sn-3$ 位置上，很可能是同一脂肪酸。反刍动物乳脂的 $sn-3$ 位，集中了短链酸，哺乳动物的 $C_{20/22}$ 多烯酸，也集中在 $sn-3$ 位上。

油脂的脂肪酸组成和分布都直接影响油脂的物理、化学性质，因此油脂进行酯交换反应后，虽然油脂脂肪酸组成没有发生改变，但脂肪酸分布由具有选择性到随机化的改变，使油脂的性质也随之发生改变。

2. 甘油三酸酯的命名

甘三酯是一个手性分子，目前广泛采用 $sn-$ 系统命名法（立体编号命名法）对甘三酯进行命名，可唯一地对任何甘三酯准确命名。通常使用甘油的 Fisher 平面投影，使甘油处于平面的 L 构型（A），中间的羟基位于中心碳的左边时，将 C 原子从顶到底的次序编号为 $sn-1$、$sn-2$ 以及 $sn-3$。在此基础上，对任何甘三酯命名时，只要标明这三个位置上的羟基分别与哪种脂肪酸成酯即可。

$sn-$ 命名法是油脂立体专一分析的基础。

$$
\begin{array}{ll}
\mathrm{CH_2OH} & \\
\mathrm{HO-C-H} & sn\text{-}1(\alpha) \\
\mathrm{CH_2OH} & sn\text{-}2(\beta) \\
& sn\text{-}3(\alpha)
\end{array}
$$

（A）

$$
\mathrm{CH_3(CH_2)_7CH=CH(CH_2)_7COO-}
\begin{array}{l}
\mathrm{CH_2OOC(CH_2)_{10}CH_3} \\
\mathrm{CH} \\
\mathrm{CH_2OOC(CH_2)_{12}CH_3}
\end{array}
$$

（B）

如（B），可命名为 $sn-$ 甘油 $-1-$ 硬脂酸酯 $-2-$ 油酸酯 $-3-$ 肉豆蔻酸酯，或者 $1-$ 硬脂酰 $-2-$ 油酰 $-3-$ 肉豆蔻酰 $-sn-$ 甘油。

由于 $sn-$ 系统命名比较烦琐，有时仍采用传统的 α、β 命名法，该法也可部分表示出甘三酯的立体结构，α 是指 $sn-1$、$sn-3$ 位，β 是指 $sn-2$ 位。

三、天然油脂的分类

按自然界中油脂的来源，常见的油脂可概括为三大类，即动物油脂、植物油脂和微生物油脂。

植物油脂种类多，产量大，其脂肪酸组成比较单纯，主要有软脂酸、油酸和亚油酸，在常温下多为液态，称为油。棉子油、玉米油、花生油、葵花子油、红花油、橄榄油、棕榈油以及芝麻油等，含有大量的油酸和亚油酸，它们的饱和脂肪酸含量均低于 20%；还有一些油脂的脂肪酸组成中含有大量的亚麻酸，如豆油、麦胚油、大麻籽油以及紫苏油；椰子油中含有大量的月桂酸；在个别种类的油脂中，还含有一些其他油脂所没有的特殊脂肪酸成分，如桐油中含有桐酸，蓖麻油中含有蓖麻酸。

动物油脂又可简单地分为水产动物油脂和陆地动物油脂两类。水产动物油脂（如鱼油和鲸油）的脂肪酸组成以不饱和酸为主，并含有长碳链多不饱和脂肪酸，一般为液态，称为油。陆地动物油脂中饱和脂肪酸较多，含有大量的 C_{16} 和 C_{18} 酸，其中硬脂酸的含量较高，不饱和脂肪酸中最多的是油酸和亚油酸，并含有一定量的完全饱和的甘三酯，具有比较高的熔点。陆地动物油脂在常温下一般为固态或半固态，称为脂，如猪脂、牛脂等，不过习惯上常为称猪油和牛油。

微生物油脂也称单细胞生物油脂，是由各种菌类（如细菌、霉菌、酵母菌和藻类等）在糖类基质中培育繁殖而得的。微生物油脂的组成与植物油脂相似。作为一种新油源，微生物油脂的研究越来越受到人们的重视，开发微生物油脂具有深远的社会和经济效益。

按脂肪酸的组成情况，又可将天然食用油脂分为八大类。

（1）乳脂类 乳脂类油脂来自于哺乳动物的乳汁，其脂肪酸组成有如下特点：

除含油酸、棕榈酸和硬脂酸外，还含较少量的各种低分子脂肪酸（其碳原子数递减至丁酸），在油脂中含有丁酸的油脂仅有此类。此外，乳脂还含有少量具有 10、12、14、16 个碳原子的单烯酸，微量高度不饱和脂肪酸，少量具有 12、14、15、16、17 个碳原子和带甲基侧链的脂肪酸，以及微量 11、13、15、17、19 奇数个碳原子的不饱和直链脂肪酸。这是一种独特的脂肪酸成分组合。

来源不同的乳脂脂肪酸差别很大，例如，牛、羊乳脂所含的饱和脂肪酸约为不饱和脂肪酸的 2 倍，而马乳脂中不饱和脂肪酸含量约等于不饱和脂肪酸的含量。

从牛乳中可提取乳脂制得奶油（又称黄油）产品。

（2）月桂酸类 月桂酸类油脂来自于月桂及棕榈科植物（如月桂、椰子、油棕和巴巴苏树）的种子。月桂油、椰子油和棕榈仁油是这类油脂的主要代表。其脂肪酸组成特点是：

与常见植物油脂相比，含有大量的月桂酸（一般为 40% ~ 50%），仅含少量的 8、10、14、18 碳的饱和脂肪酸；不饱和酸主要为油酸和亚油酸，是所有商品油脂中不饱和脂肪酸含量最低的一类。

由于脂肪酸平均相对分子质量较低，高饱和度和适中的熔点使它们成为具有价值的特种油脂，用这类油脂制取的钠皂不易氧化，溶解性好，泡沫多，是制皂的上乘原料。它们还是中碳链脂肪酸的主要来源。

（3）植物脂类 植物脂类油脂主要存在于各种热带树的果实中，它具有熔点范围窄的特点，属于这类的有牛油树脂、婆罗脂、可可脂等。典型代表是可可脂，其脂肪酸组成的特点如下：

饱和脂肪酸和不饱和脂肪酸的含量比约为 2:1，虽然 C_{14} ~ C_{18} 的饱和脂肪酸含量较高，但由于不存在三饱和脂肪酸酯，熔点虽较一般的植物油高，但低于猪脂、羊脂和牛脂等动物脂。可可脂的脂肪酸组成比较简单，主要是棕榈酸、硬脂酸、油酸和亚油酸，它的甘三酯结构很特殊，主要是油酸——二饱和脂肪酸酯，且油酸主要分布在 $sn-2$ 位上，由于其甘三酯中脂肪酸排列极有规则，因而熔点范围较窄（32 ~ 36℃），具有独特的稠度和口熔性。

可可脂是世界上最贵重的食用油脂之一，主要用于生产巧克力、糖果等和药品。由于价格太高，可可脂代用品发展很快。可可脂代用品分成两类，即类可可脂和代可可脂。类可可脂是一类在甘三酯组分等方面和天然可可脂都十分接近的代用脂，它们可以与天然可可脂混溶，可以任意比例掺混于天然可可脂中，而不影响可可脂的性能。代可可脂则是一类与天然可可脂在甘三酯组成上相差较大，但在熔化特性等物理性能上接近的代用脂，它们与天然可可脂的相容性差，不能掺混，只能单独使用。

（4）陆上动物脂类 陆上动物脂类油脂是指家畜体内的脂肪，其典型代表是猪脂、羊脂和牛脂等。其特点是：

$C_{16:0}$、$C_{18:0}$脂肪酸含量高，属中等不饱和度，但含有一定数量的全饱和甘三酯，熔点较高；其不饱和酸大多为油酸和亚油酸。另外，动物脂含有少量奇数碳原子的直链脂肪酸，这是其他种类油脂所少有的。它们既是重要的食用油脂，又是制造肥皂、脂肪酸的重要原料。

（5）油酸-亚油酸类 这类油脂均来自植物，是数量最多的一类，也是各类油脂中组分与性质相差最大的一类。其特点如下：

大多数情况下，饱和酸的含量低于20%，主要由不饱和酸（油酸和亚油酸）组成，亚麻酸及其他不饱和度更高的酸含量极少，甚至完全不存在。这类油脂多呈液态，主要有棉籽油、花生油、大豆油、芝麻油、玉米油、葵花籽油、红花油、橄榄油等。

橄榄油是一种被认为比较好的食用油，其外观呈黄绿色，具有自身的优良风味，其产地主要集中在地中海沿岸国家，主要有西班牙、意大利、希腊等国，其中以西班牙为主要生产国。橄榄油的脂肪酸主要由棕榈酸、油酸、亚油酸及硬脂酸等组成，油酸的平均含量在75%左右。冷榨未精炼的橄榄油中含有比较多的多酚化合物等抗氧化物质，被认为具有一定健康价值。

（6）芥酸类 这类油脂中有芥子油、野菜子油和菜子油。其特点是：具有较高含量（44%~55%）的芥酸，同时还含有少量的亚麻酸和二十碳一烯酸。

我国传统的食用菜子油中芥酸含量一般在40%以上，目前的双低油菜子生产出来的菜子油，芥酸含量大大降低。根据联合国粮农组织的标准，双低油菜子要求生产出的油中芥酸含量小于5%。双低油菜品种最早来源于加拿大，被称作卡诺拉。

低芥酸菜子油适用于食用，而高芥酸菜子油主要用于制造润滑剂、山嵛酸、芥酸酰胺及其他脂肪衍生物。

（7）亚麻酸类 主要有亚麻子油、紫苏油和大麻子油等。这类油脂的特点是：

除含有油酸和亚油酸外，主要含有大量的亚麻酸。含亚麻酸高的油脂都具有干性，容易氧化酸败，虽可食用但不广泛。

（8）海生动物油类 这类油脂的脂肪酸特点是不饱和脂肪酸具有多样性。除了含有大量的C_{16}、C_{20}、C_{22}脂肪酸外，还含有长链的多不饱和脂肪酸，双键数可多达五六个（例如EPA、DHA），稳定性差。属于这类油脂的有鱼油、鱼肝油、海兽油（鲸鱼）等。

常说的深海鱼油是指从深海鱼类获得的富含高不饱和脂肪酸的油脂。普通鱼体内EPA、DHA的含量极微，只有寒冷地区深海里的鱼，如三文鱼、沙丁鱼等体内两者的含量很高。富含EPA、DHA的深海鱼油作为营养补充剂早已出现在医药、保健品市场。

第三节 油脂的物理性质

脂肪酸的物理性质是由其结构所决定的,如碳链的长度、不饱和程度及构型等。油脂的物理性质,主要取决于它所含有的甘三酯,是由脂肪酸和甘三酯的结构共同决定的。因此,油脂的物理性质与脂肪酸的性质有相似之处,且比脂肪酸复杂。

不同种类的油脂,由于脂肪酸的碳链长短、双键多少等结构以及在甘三酯中的分布不同,而使油脂表现出不同的物理性质。

油脂的物理性质很多,本章重点对油脂的溶解度、沸点、折射率以及固体脂所具有的膨胀特性、熔点、同质多晶现象、乳化等性质作较为详细的介绍。

一、溶 解 度

1. 脂肪酸和油脂在水中的溶解度

短碳链脂肪酸较易溶于水,甲酸和乙酸可与水无限制混溶;随着脂肪酸碳链的增长,其溶解度降低,$C_6 \sim C_{10}$脂肪酸则少量溶于水,C_{12}以上的脂肪酸在水中的溶解度极小;根据此特征可以分离高级和低级脂肪酸,也可以定性或定量地鉴别含有较多短碳链脂肪酸的油脂。

一般情况下,无论是油脂在水中的溶解度或者是水在油脂中的溶解度都比相应的脂肪酸小得多,但是油脂溶于水的能力大于水溶于油脂的能力。

随着温度的升高,脂肪酸、油脂与水的相互溶解能力均有所提高。水在油脂中溶解度的增加与温度的升高有近乎直线的关系,温度越高,溶解度越大,但是200℃以上油脂迅速水解。

含中碳链脂肪酸较多的椰子油和含羟基酸很多的蓖麻油比棉籽油、豆油等能溶解较多的水。

2. 脂肪酸和油脂在有机溶剂中的溶解度

脂肪酸是长碳链的化合物,容易溶解于非极性溶剂中;同时脂肪酸具有极性羧基基团,所以也易溶于极性溶剂中。

脂肪酸在有机溶剂中的溶解度随碳链增长而降低,随不饱和度增大而增大,如表4-4所示。

表4-4 几种主要脂肪酸在不同温度及不同极性溶剂中的溶解度

溶剂	脂肪酸	100g溶剂中的脂肪酸溶解度/g							
		20℃	10℃	0℃	-10℃	-20℃	-30℃	-40℃	-50℃
丙酮	16:0	5.38	1.94	0.60	0.27	0.10	0.038		
	18:0	1.54	0.80	0.21	0.023	0.025			
	18:1		87.0	15.9	27.4	5.1	1.4	0.5	

续表

溶剂	脂肪酸	100g 溶剂中的脂肪酸溶解度/g							
		20℃	10℃	0℃	−10℃	−20℃	−30℃	−40℃	−50℃
丙酮	18:2	∞	∞	∞	1200	147	27.2	8.6	3.3
甲醇	16:0	3.7	1.3	0.8	0.16	0.05			
	18:0	0.1		0.09	0.031	0.001			
	18:1		1522	250	31.6	4.0	0.9	0.3	
	18:2		∞	∞	1850	233	48.1	9.9	3.3
90% 乙醇	16:0	4.93	2.1	0.85					
	18:0	1.13	0.65	0.24					
	18:1	∞	1470	235	47.5	9.5	2.2	0.7	
	18:2	∞	∞	1150	70	47.5	11.1	4.5	

在超过油脂的熔点时，油脂可以与大多数有机溶剂混溶。一般来说，大部分油脂易溶于非极性溶剂中（含有大量蓖麻酸的蓖麻油易溶解于极性溶剂如乙醇中）。只有在高温下才能较多地溶解于极性溶剂中。

油脂与有机溶剂的溶解有以下两种情况：一种是溶剂与油脂完全混溶，当降温至一定程度时，油脂以晶体形式析出，这一类溶剂称为脂肪溶剂；另一种情况是某些极性较强的有机溶剂在高温时可以和油脂完全混溶，当温度降低至某一值时，溶液变混浊而分为两相，一相是溶剂中含有少量油脂，另一相是油脂中含有少量溶剂，这一类溶剂称为部分混溶溶剂。根据以上情况可以有效地分离和提纯油脂。

油脂和脂肪酸在有机溶剂中的溶解度对于工业生产和分析检验具有重要意义，如油脂在常见有机溶剂中的溶解特性是浸出法制油的依据。

油脂本身也是一种溶剂，一些维生素和天然色素等能溶于油脂中。纯净的油脂无色，天然油脂由于溶有胡萝卜素、叶绿素或其他杂质而产生色泽和气味。

二、沸点和蒸气压

沸点和蒸气压是油脂及其衍生物的重要物理性质之一，在油脂加工及分析上有着重要的用途。

脂肪酸及其酯类沸点的大小为：甘三酯＞甘二酯＞甘一酯＞脂肪酸＞脂肪酸的低级一元醇（甲醇、乙醇、异丙醇等）酯。

它们的蒸气压大小顺序正好相反。其中，甘油酯的蒸气压大大低于脂肪酸的蒸气压。

同系脂肪酸的沸点随着碳链的增长而增加；相同碳数的饱和脂肪酸的沸点和不饱和脂肪酸的沸点相差很小。

理论上采用分馏的方法可以分离相差两个或两个以上碳原子的脂肪酸，但是由于脂肪酸通常不是一个理想的混合物（性质偏离拉乌尔定律），因此采用分馏操作很难达到完全地分离。

为了更精确地分离，常采用脂肪酸甲酯（乙酯、丙酯也可以，但它们的热稳定性不如脂肪酸甲酯）的形式进行分馏。这是由于脂肪酸甲酯的性质更接近理想状态，沸点比相应的脂肪酸要低，热稳定性也比相应的酸要好。在对油脂进行脂肪酸组成的色谱分析时，利用甲酯化来实现对脂肪酸的分离和测定，也是利用这个性质。

表4-5和表4-6分别列举了部分脂肪酸和脂肪酸甲酯的沸点。

甘三酯的蒸气压很低，即使是高真空蒸馏，也不能保证甘三酯分子不受破坏而蒸馏出来，因为油脂在200℃以上易分解。在油脂工业中采用高真空水蒸气蒸馏来脱除油脂中的臭味成分。高酸价的油脂也可以用真空蒸馏的方法来脱除其中的游离脂肪酸。某些典型的合成甘三酯和天然油脂的沸点见表4-7。

表4-5　　　　　　　　　　　　　饱和脂肪酸的沸点

压力/kPa	沸点/℃				
	癸酸	月桂酸	豆蔻酸	棕榈酸	硬脂酸
0.134	110.3	130.2	149.2	167.4	183.6
0.536	132.7	154.1	173.9	192.2	209.2
1.072	145.5	167.4	187.6	206.1	224.1
2.144	159.4	181.8	202.4	221.5	240
101.840	270.0	298.9	326.2[1]	351.5[1]	376.1[1]

注：① 数值由外推法求得。

表4-6　　　　　　　　　　　　　脂肪酸甲酯的沸点

组成	沸点/℃					
	0.134kPa	0.268kPa	0.536kPa	1.340kPa	2.680kPa	5.360kPa
癸酸甲酯	—	77	89	108	123	139
月桂酸甲酯	—	100	113	134	149	166
豆蔻酸甲酯	114	126	141	160	175	197
棕榈酸甲酯	136	148	162	182	202	—
硬脂酸甲酯	155.5	168	181	204	223	—
油酸甲酯	152.5	166	182	203	218	—
亚油酸甲酯	149.5	163	182	202	220	—

表4-7　　　　　　　　　　　　　甘三酯的沸点

组成	沸点/℃	
	6.7kPa	0.134kPa
三月桂酸甘油酯	244	188
三豆蔻酸甘油酯	275	216
三棕榈酸甘油酯	298	239
三硬脂酸甘油酯	313	253

续表

组成	沸点/℃	
	6.7kPa	0.134kPa
大豆油	308	254
橄榄油	308	253
2-油酸-1,3-二硬脂酸甘油酯	315	254
1-豆蔻酸-2-棕榈酸-3-硬脂酸甘油酯	297	237
1-棕榈酸-2-月桂酸-3-硬脂酸甘油酯	290	232
1-豆蔻酸-2-月桂酸-3-硬脂酸甘油酯	282	223
1-棕榈酸-2-月桂酸-2-辛酸-3-硬脂酸甘油酯	280	223
1-辛酸-2-月桂酸-3-豆蔻酸甘油酯	249	189

三、烟点、闪点和燃烧点

油脂烟点是指油脂试样在避免通风的情况下加热，当出现稀薄连续蓝烟时的温度。

油脂的闪点是指在严格规定的条件下加热油脂，油脂所发出的气体与周围空气形成混合气体，当油脂达到某温度时，将一火焰移近会引起闪燃，但不能维持燃烧，此温度称为油脂的闪点。

油脂的燃烧点是指在严格规定的条件下加热油脂，将一火焰移近油脂着火燃烧，且燃烧时间不少于5s，此时温度称为油脂的燃烧点。

烟点、闪点、燃烧点主要取决于油脂本身的组成及含杂情况。一般含有低碳链或不饱和程度大的脂肪酸的油脂抗高温性能较差，其烟点、闪点、燃烧点较低；油脂中游离脂肪酸、甘一酯、磷脂和其他受热易挥发的类脂物的含量直接影响其烟点、闪点及燃烧点，含量越高，烟点、闪点、燃烧点就越低。

一般植物油的闪点不低于225~240℃，脂肪酸的闪点要低于其油脂的闪点100~150℃，但是，当油脂中有溶剂存在时，油脂的闪点就大大降低。

植物油脂的燃烧点通常比闪点高20~60℃。

四、折 射 率

油脂具有折光性，通常用折射率（折光率）表示油脂折光性。折射率是油脂的一个重要特征，它可以用阿贝折光仪直接侧定，操作简易、迅速、准确，所需的样品量也不多。

油脂的折射率与油脂的脂肪酸组成有关。一般油脂折射率随其脂肪酸的碳原子数和双键数增加而增大，具有共轭双键的增大更为显著。双键减少，折射率也变小，油脂氢化工艺就是利用折射率的变化来控制氢化程度的。油脂中含有羟基的脂肪酸也具有较大的折射率。

因此，折射率也是鉴定油脂类别、纯度及品质变化的一个重要的理化常数。

五、熔点与凝固点

纯物质具有确切的熔点，且熔点与凝固点相同。油脂是混酸甘三酯的混合物并混杂有其他物质，所以没有确切的熔点与凝固点而只有温度范围。脂肪酸和甘三酯均具有同质多晶现象，各自的熔点与凝固点有一定的差距，通常是凝固点比熔点低 1~5℃。

脂肪酸的熔点随着碳链增长而增大，随不饱和度增加而下降，故饱和脂肪酸的熔点高于同碳数的不饱和脂肪酸的熔点，例如硬脂酸的熔点为 69.6℃，油酸为 16℃，亚油酸为 -5℃；共轭酸的熔点接近于同碳数饱和酸的熔点；反式酸的熔点远远高于顺式酸，例如反油酸的熔点为 44.5℃，顺式油酸为 16℃；无论顺式酸或反式酸其双键越靠近羧基或末端甲基熔点越高，例如，$4c-18:1$、$9c-18:1$（油酸）、$12c-18:1$ 脂肪酸的熔点分别是 52℃、15℃、27℃。所以，氢化、反化和共轭化都可以使脂肪酸的熔点升高。

脂肪酸碳链上引入羟基会使熔点升高；引入甲基会使熔点下降；取代基越多熔点变化越大。

油脂的熔点与其脂肪酸的组成有关。通常，如果组成油脂甘三酯的脂肪酸碳链长、饱和度高，则该油脂的熔点就高，反之该油脂的熔点就低。豆油、菜籽油、棉籽油等植物油的不饱和脂肪酸含量高，在室温下呈液态；陆地动物油脂含较多的 C_{16} 和 C_{18} 饱和脂肪酸，在室温下呈固态；海产动物油富含 C_{20} 以上的不饱和脂肪酸，在室温下多呈液态。液体油脂经过氢化、反化或非共轭双键异构化成共轭双键等都会提高油脂的熔点。

脂肪酸的组成不同可造成油脂熔点的差异，然而两种脂肪酸组成相近的油脂，其熔点仍可能相差较大，原因是脂肪酸分布不同造成的甘三酯结构不同，典型的例子是可可脂与羊脂。羊脂中含大量高熔点的全饱和酸甘三酯分子，导致羊脂熔点高，而可可脂中不含全饱和酸甘三酯，主要含熔点较低的一不饱和酸甘油三酯、二饱和酸甘油三酯，所以熔点较低。

由于油脂是由各种熔点不同的甘三酯分子组成的，在一定温度下利用各种甘三酯的熔点差异及溶解度的不同，采用降低温度的方法，可以把油脂分成熔点较高的固体脂和熔点较低的液体油两部分，以满足对油脂性质不同的需求，这种油脂改性的手段就是分提。例如，对油脂进行分提获取制造人造奶油的原料固体脂，或用以生产熔点要求低的色拉油的原料油。

油脂的熔点对消化吸收率有一定的影响，当油脂熔点低于人体温度时，消化率较高；熔点高于人体温度的脂肪，吸收率较低一些。

六、同质多晶现象

同一种物质在不同的结晶条件下具有不同的晶体形态的现象，称为同质多晶现象，同质多晶体间的熔点、密度、膨胀及潜热等性质是不同的。脂肪酸和甘三酯都具有同质多晶现象。

同质多晶现象在食品加工中有重要的应用价值，巧克力和人造奶油的感官质量好坏就与其中脂肪的同质多晶现象有关。

晶体是由晶胞在空间重复排列而成的，X 射线衍射研究表明晶胞一般是由两个短间隔和一个长间隔组成的长方体或斜方体，如图 4-1 所示，其中 a 与 b 为短间隔，c 为长间隔，α 为倾斜角，它们是区别不同晶体的主要结构参数。分子极性端基相互缔合形成由 a 和 b 轴组成的面，非极性短链沿 C 轴排列。晶胞主要有 3 种不同的堆积排列方式，形成三斜、正交以及六方晶系，见图 4-2。

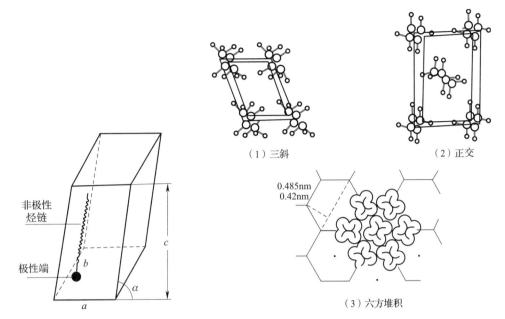

（1）三斜　　　　　　（2）正交

0.485nm
0.42nm

（3）六方堆积

图 4-1　碳氢化合物的晶胞示意图　　　　图 4-2　三斜、正交以及六方堆积示意

当脂肪固化时，甘三酯会进行高度有序排列，形成三维晶体结构。甘三酯分子的晶体结构具有这 3 种主要的堆积排列类型，即三斜、正交以及六方堆积，分别称为 β、β' 以及 α 型晶体。另外，在快速冷却熔融甘三酯时会产生一种非晶体，称之为玻璃质。

甘三酯分子的晶体最稳定形式为三斜晶胞，其烃链平面是相互平行的，取向完全一致；其次为正交晶胞，其烃链平面是相互垂直的，取向部分一致；六方型晶胞稳定性最差，为无序排列，游离能最高（图 4-3）。

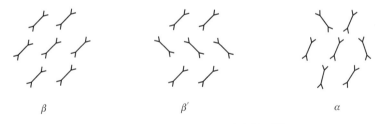

β　　　　　　　　　β'　　　　　　　　　α

图 4-3　甘三酯 3 种晶型的有序排列情况

因此，α、β' 和 β 三种晶体中，脂肪酸侧链的排列从无序向有序转化，三种晶型的熔点、密度、稳定性按 $\alpha \rightarrow \beta' \rightarrow \beta$ 的顺序增大。α 晶型油脂熔点低，密度小，不稳定；β' 和 β 晶型油脂熔点高、密度大、稳定。在晶体形态上，α 晶型结晶细小，β' 晶型结晶较细密，β 晶型结晶较粗大。表 4-8 是甘三酯三种晶型的主要特征差异。

表 4-8　　　　　　　　　　　甘三酯三种晶型的重要特征

类型	形态	形状	熔点	稳定性	密度
α	六方结晶	小	低	不	小
β'	正交结晶	中	中	中	中
β	三斜结晶	大	高	高	大

根据 X – 衍射测定结果，甘三酯晶体中晶胞的长间隔大于脂肪酸碳链的长度，因此认为不同甘三酯分子的脂肪酸是交叉排列的。其排列方式有多种，主要有两种，即"二倍碳链长"排列形式和"三倍碳链长"排列形式，可在 3 种主要晶型后用阿拉伯数字表示，如二倍碳链长的 β 晶型为 $\beta–2$，三倍碳链长的 β 晶型为 $\beta–3$。图 4 – 4 是甘三酯 β 晶型时的两种排列方式。

在具有相同脂肪酸的甘三酯的晶格中，分子排列呈二倍链长的变形音叉或椅式结构，例如三月桂酸甘三酯的分子排列就呈这种结构（图 4 – 5），1，3 – 位置的链与 2 – 位置链的方向相反。

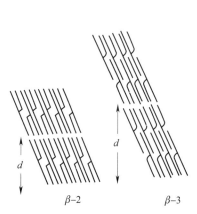

图 4 – 4   甘三酯 β 晶型的两种排列方式

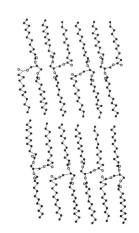

图 4 – 5   三月桂酸甘三酯的分子排列

甘三酯晶型之间可以发生转变，不同晶型相互之间的转变，有些是可逆的，有些是不可逆的（图 4 – 6）。稳定性较低的亚稳态自发地向稳定性高的同质多晶体转化，可不必经过熔化过程，并且转变是单向的。当同质多晶体的稳定性均较高时，发生的转化是多向的，具体进行方向与温度有关。

甘三酯晶型的转变具有一定的规律性。α 晶型转变为 β' 晶型的速度很快；而 β' 晶型转变为 β 型则速度较慢，且在有甘一酯或山梨酸酯等乳化剂的存在时可延缓或抑制 β 晶型的产生。因此，β' 晶型和 β 晶型都容易保持不变，而 α 晶型的保持则比较困难，很容易转变成 β' 和 β 晶型。

一般情况下，对于构成油脂的脂肪酸碳链长度和不饱和程度相差不大的油脂容易形成 β 晶型，相差很大的油脂则易形成 β' 晶型。例如豆油、猪油、可可脂、花生油、玉米油、芝麻油、葵花油、红花油及芥花油等的结晶常为 β 型；而棉籽油、菜籽油、棕榈油、牛油和奶油的结晶常为 β' 型。

另外，不同组分和结构的甘三酯所形成的晶型也不同。一般同酸甘三酯易形成稳定的 β 结晶，而异酸甘三酯由于碳链长度不同，空间阻碍增大，则比较容易停留在稳定的 β' 结晶。对称型甘三酯易形成 β 型，非对称型甘三酯易形成 β' 型。

油脂的晶型还取决于熔化油脂冷却时的温度和速度。

在食用油脂的生产加工中，用棉籽油加工色拉油必须采取冬化工艺进行冷冻过滤，以除去高熔点的甘三酯成分。在冷冻过程中要求冷却速度很慢，

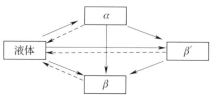

图 4 – 6   甘三酯晶型之间可以发生的转变

以便有足够的晶体形成时间，产生粗大的 β 型晶体。如果冷却速度太快，易形成细小的 α 晶型，在过滤增加压力时这些细小的晶粒结合紧密，使晶体间的空隙很小，液体油很难通过，给过滤分离带来困难。因此，在油脂冬化过程中，要求在较长时间内缓慢冷却油脂，以利于固体脂与液体油的分离。

人造奶油是直接食用的一种油脂，除了对其 SFI 值有严格要求外，还必须具有良好的涂抹性和很好的口感。这就要求人造奶油的结晶晶粒细腻且为 β' 型。因此，生产中油脂先经急冷，形成许许多多细小的 α 晶体，然后再保持略高温度继续冷冻（熟成期），使之转变为 β' 晶型，并避免颗粒粗大的 β 晶型产生。

利用可可脂生产巧克力时，准确控制可可脂的结晶温度和速度是保证巧克力质量的关键。巧克力要求表面光滑，35℃以下不变软而进入口内时容易熔化，不产生油腻感。这就要求严格控制生产条件使可可脂既能全部形成稳定的 $\beta - 3$ 晶型，同时晶体颗粒又不能过分粗大，以确保巧克力的口感品质，且不会由于多种晶型的存在引起收缩程度不同而起霜等。可首先将可可脂加热到 55℃以上，使其全部熔化，然后缓慢冷却，在 27℃左右结晶将会很快地生成，略微高出此温度（29℃）下停止冷却，而后再加热至 33℃，使 β 以外的晶型熔化。在 29℃冷却和 33℃加热重复操作多次，使之完全转变为 β 型结晶。这种过程称为调温。

七、脂肪的膨胀及固体脂肪指数

当温度升高时，在不发生相变的情况下，无论是液体油或是固体脂，其体积都将膨胀而比体积增加，此现象称为热膨胀。固相的热膨胀很小，仅是液相的 1/3。

固体脂热熔变为液体油时，体积增加较大，这种比体积变化来自相的转变，被称为熔化膨胀，或者相变膨胀。熔化膨胀是液相热膨胀的千余倍，以此现象为依据的分析方法称为膨胀测定法。典型脂肪的理论膨胀曲线如图 4 - 7 所示。

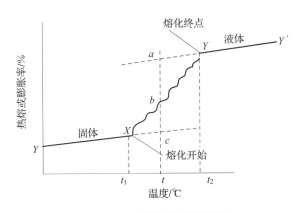

图 4 - 7　油脂的理论膨胀曲线

由图 4 - 7 可见，随着温度的升高，固体脂的比体积缓慢增加，至 X 点为单纯固体脂的热膨胀；X 点以后则发生了部分固体脂的相变膨胀；到达 Y 点时，固体脂全部熔化为液体油，Y 点以后则为单纯液体油的热膨胀。

可以看到，在一定温度范围内（XY 区段）液体油和固体脂同时存在，要直接得到某温度（t）下固体脂的熔化膨胀是不太可能的，但可以利用熔化膨胀曲线来获得。例如，利用外推法测定在某温度时塑性脂肪（全液态）的体积与在此温度下固液两态总体积的差值，可以间接得到该温度下还未熔化固体的体积。具体方法：延长液相线 YY' 至 a，延长固相线 XX' 至 c，在任意温度 t 时得到 ab 和 bc，则 ab 为该温度下的固体脂应有的膨胀数值，ac 为脂肪的全熔化膨胀值。则 $100 \times ab/ac$ 可用来表示温度 t 时总油脂量中固体脂部分所占的比例，称为固体脂肪指数（SFI）。

SFI 值实际表示的是塑性脂肪的膨胀情况，并不能直接表示出塑性脂肪中的固体脂肪的含量（solid fat content，SFC）。但是，在一定的条件下，从 SFI 可以算出固体脂肪含量。表 4 – 9 列出了几种天然油脂在不同温度下的 SFI 值。

表 4 – 9　　　　　　　　　　　　　几种天然油脂的 SFI 值

油脂	熔点/℉	SFI				
		50℉ (10℃)	70℉ (21.1℃)	80℉ (26.7℃)	92℉ (33.3℃)	100℉ (37.8℃)
乳脂	97	32	12	9	3	0
可可脂	85	62	48	8	0	0
椰子油	79	55	27	0	0	0
猪油	110	25	20	12	4	2
棕榈油	103	34	12	9	6	4
棕榈仁油	84	49	33	13	0	0
牛油	114	39	30	28	23	18

SFI 值测定传统的方法是使用膨胀仪。将一定质量的油样放入膨胀仪中，在不同的温度下读取体积膨胀值，并根据油质计算膨胀率，以膨胀率对温度做膨胀曲线图，从而可求出体脂肪指数。

膨胀法测定 SFI 不仅费时费力，而且无法直接测定出塑性脂肪的固体脂肪含量，是一种经验方法，现代化仪器则克服了这一缺点。差示扫描量热仪（DSC）测定是分析油脂 SFI 的一种重要手段，其基本原理是油脂从一个状态向另一个状态转变时吸收或放出一定的热量，根据监测体系热量的变化就可以确认体系状态的变化。利用低分辨宽线核磁共振仪可以直接测定一定温度下塑性脂肪的固体脂肪含量（SFC）。低分辨宽线核磁共振仪有连续波核磁共振仪（CW – NMR）和脉冲核磁共振仪（P – NMR）两种，由于 P – NMR 具有精密度高、操作简便等优势，近几年已替代了 CW – NMR 来测定脂肪的固体脂肪指数，现在 P – NMR 已经成为美国油脂化学家协会（AOCS）的官方标准分析方法。

无论 P – NMR 法或 SFI 法都可以用来了解塑性脂肪的塑性，并且所测得 SFI 值与 SFC 值之间有良好的直线对应关系。

八、脂肪的可塑性及稠度

室温下呈固态的脂肪如猪油、牛油、奶油、椰子油、乌桕脂等，常称为塑性脂肪，它实质上是由液体油和固体脂两部分组成的混合物，只有在极低温度下才能转化为100%的固体。在塑性脂肪内部，许多细小的固脂晶体周围都被液体油包围着，固体微粒间的空隙很小，从而使液体油无法从固体脂肪中分离出来，使固液两相网缠交织在一起。

塑性脂肪的显著特点是在一定的外力范围内，具有抗变形的能力，但是变形一旦发生，不能恢复原状。这一特性也称脂肪可塑性。

塑性脂肪必须具备几个条件：

① 由固液两相组成；

② 固体颗粒充分地分散，使整体（固液两相）由共聚力保持成为一体；

③ 固液两相比例适当。即固体粒子不能太多，避免形成刚性的交联结构，但也不能太少，否则没有固体粒子骨架的阻碍而造成整体流动。

人造奶油、起酥油是典型的商品塑性脂肪，其涂抹性、稠度等特性都取决于油脂的可塑性大小。

脂肪的可塑性，取决于一定温度下固液两相的比例、固态甘三酯的结构、固脂的晶型、晶粒大小、液体油的黏度以及加工条件和加工方法等因素。其中固液两相的比例最为重要，当脂肪中固液比例适当时，脂肪的可塑性好；当固体脂过多或过少时，可塑性均不好，前者脂肪过硬，后者则过软，易变形。一般来说，食用脂肪固体含量在10%～30%，可以得到所希望的可塑性；当脂肪的晶型为β'时，油脂的可塑性好。

塑性脂肪的软硬程度，用稠度来表示。塑性好的脂肪稠度适中。

可以通过测定塑性脂肪的固脂指数，或者固体脂肪含量，来了解其可塑性特征。

根据脂肪的膨胀曲线，可以了解塑性脂肪塑性范围的大小。参见图4-7，如果XY间变化平缓，说明其塑性范围较宽；反之，若XY间变化陡峭，表示塑性范围窄。脂肪的塑性范围可以通过添加相对熔点较高或较低的成分来改变。

第四节　油脂的化学性质

油脂是混酸甘三酯的混合物，故具有酯的化学性质，可进行酯的水解、酯交换等反应；同时油脂甘三酯的长碳链与脂肪酸的长碳链上所具有的双键一样都能进行加成、氧化、异构化、成环及聚合等反应。下面从食品加工、贮藏的角度，对油脂相关的重要化学反应进行介绍。

一、油脂的水解反应

在适当的条件（温度、压力和催化剂）下，油脂能发生水解反应，生成游离脂肪酸和甘油，其反应过程如下：

$$
\begin{array}{l}
\text{CH}_2\text{OCOR} \\
| \\
\text{CHOCOR} + \text{H}_2\text{O} \rightleftharpoons \\
| \\
\text{CH}_2\text{OCOR}
\end{array}
\quad
\begin{array}{l}
\text{CH}_2\text{OCOR} \\
| \\
\text{CHOCOR} + \\
| \\
\text{CH}_2\text{OH}
\end{array}
\quad
\begin{array}{l}
\text{CH}_2\text{OCOR} \\
| \\
\text{CHOH} \quad + \text{RCOOH} \\
| \\
\text{CH}_2\text{OCOR}
\end{array}
$$

$$ \text{H}_2\text{O} \updownarrow $$

$$
\begin{array}{l}
\text{CH}_2\text{OH} \\
| \\
\text{CHOH} + 3\text{RCOOH} \rightleftharpoons \\
| \quad\quad\quad\quad \text{H}_2\text{O} \\
\text{CH}_2\text{OH}
\end{array}
\quad
\begin{array}{l}
\text{CH}_2\text{OH} \\
| \\
\text{CHOH} \quad + 2\text{RCOOH} \\
| \\
\text{CH}_2\text{OCOR}
\end{array}
$$

水解反应分三步进行，第一步甘三酯脱去一个酰基生成甘二酯，第二步甘二酯脱去一个酰基生成甘一酯，第三步甘一酯再脱去酰基生成甘油和脂肪酸。

水解反应的特点是第一步反应速度缓慢，第二步反应速度很快，而第三步反应速度又降低。这是由于初级水解反应时，水在油脂中溶解度较低，以及反应后期甘一酯与生成物脂肪酸及甘油之间达到平衡所致。水解反应是酯化反应的逆反应，反应速度较慢，反应需在高温高压或催化剂存在下进行，常用的催化剂有无机酸、碱以及动植物体中提取的脂肪酶等，都可以加快水解速度。

油脂水解生成脂肪酸与甘油，是油脂化学工业中一个重要的反应。

在食品工业方面，油脂水解反应也有重要的影响。例如，食品在油炸过程中，油脂可达到相当高的温度，同时从被油炸食品引入大量的水分，因此油脂不可避免地发生水解反应。油脂水解后会产生大量的游离脂肪酸，导致油脂烟点下降，影响油炸食品的风味。

油脂的水解在有脂肪酶存在时，反应速度加快，这是油脂在贮存时发生酸败变质的原因之一。

未经炼制的毛油中常含有活性的脂肪酶，它来源于植物种子或动物脂肪组织，有些毛油中含量比较多，如米糠油。脂肪酶在有水分存在的情况下，能催化油脂分子发生水解而游离出脂肪酸，使油脂变质。

经过滤的毛油比未过滤的毛油稳定得多。这是因为在未过滤的冷榨毛油中，存在着各种杂质，其上附着的解脂酶和水分，可使油脂发生水解酸败；同时各种杂质往往还是微生物的培养基，微生物也能分泌出多种酶而引起油脂酸败。经过滤处理的油脂，减少了这些不利因素，使油脂发生水解酸败的程度大为减弱。

米糠、棕榈果等油料中富含解脂酶，可使收获后的油料中的油脂在短期内水解产生游离脂肪酸，因此需趁新鲜入榨或进行蒸汽灭酶处理。如夏季用米糠制取毛油，如果生产出的米糠存放 1d 后再制取，酸值可达30；存放 2d，酸值可达60；到第 5 天，酸值可达100。棕榈果实采摘后，在工业上要及时进行灭酶处理，在 90～100℃ 的温度下，保持 3～5min，使酶失活方可保存。否则制得的毛油中游离脂肪酸含量可高达 40% 。油橄榄也需随采收随制油，其原因是相同的。

在有生命的动物组织脂肪中并不存在游离脂肪酸，然而动物屠宰后，在酶的作用下可生成一定数量的游离脂肪酸，因此，宰后及时熬炼，可使水解酯键的酶失活，减少游离脂肪酸的含量。经熬炼的猪油贮藏时比未熬炼的脂肪组织稳定得多。

影响脂肪酶活力的因素也影响着油脂水解酸败的速度，主要有以下几方面。

① 温度。脂肪酶活力最旺盛的温度在 25～35℃，高于50℃或低于15℃脂肪酶的活力都受

到抑制。

②介质的 pH。介质的酸碱度对脂肪酶的影响很大。一般介质的 pH 在 4.5 ~ 5 时，脂肪酶的活力最大；pH 过大或过小都会抑制脂肪酶的活力。

食品工业中，大多数情况下，人们采取工艺措施降低油脂的水解，但在少数情况下则有意地增加酯解，如为了产生典型的干酪风味特地加入微生物和乳脂解酶，在制造面包和酸乳时也有控制和选择地进行酯解，使脂肪水解产生相应的风味。

含低级脂肪酸越多的油脂，水解后的气味越强烈，例如牛乳中的脂肪含丁酸和己酸，水解后的牛乳臭味中便有这种成分。

酶催化水解也被广泛地用来作为油脂研究中的一个分析工具。从动物中提取的胰脂酶可选择性地水解甘三酯 1，3 位的酰基，因此被广泛用于测定甘三酯的结构，测定酰基甘油分子中脂肪酸的位置分布。

二、油脂的氧化反应

脂肪酸是构成甘三酯的主要成分，因此油脂的一些化学性质取决于其组成脂肪酸。不饱和脂肪酸由于含有双键，比较活泼，容易被氧化，在氧化剂（高锰酸钾、过氧酸、过氧化氢等）、空气及臭氧等各种不同氧化条件下，可以得到不同的产物。饱和脂肪酸比较稳定，难被氧化，但在强氧化剂、高温及长时间作用等条件下，也有被氧化的可能，可在分子的不同位置上发生氧化，使碳链断裂而生成二元酸、一元酸、醛、酮等物质的复杂混合物。

从食品工业的角度出发，我们重点研究油脂在空气中的氧化。

油脂在贮存过程中由于贮存条件不当或贮藏时间太久，油脂被空气中的氧氧化或者发生油脂水解，而引起油脂品质发生劣变的现象称为"油脂的酸败"。变质后的油脂，游离脂肪酸含量升高，过氧化值上升，会产生被称为"哈喇味"或"酸败臭"的特殊臭味，严重者甚至失去食用价值。根据油脂酸败时发生的化学变化的本质，可将其分为水解酸败和氧化酸败两大类型。

油脂氧化酸败是食品变质的主要原因之一。前面已对水解酸败进行了介绍，这里对引起氧化酸败的空气氧化过程进行分析介绍。

油脂在空气中的氧化主要是发生在不饱和脂肪酸的双键上。油脂氧化首先产生氢过氧化物，氢过氧化物可以继续氧化（其他双键上）生成二级氧化产物，聚合形成聚合物，脱水形成酮基酸酯，分解产生醛、酮、酸等一系列小分子等。

$$油脂 \rightarrow \begin{cases} 继续氧化 \\ 氢过氧化物 \rightarrow 聚合 \\ 分解 \end{cases}$$

油脂空气氧化以自动氧化为主，另外还有光氧化和酶促氧化。

油脂空气氧化过程是一个动态平衡过程，氢过氧化物产生的同时还存在着分解和聚合（图 4-8）。氢过氧化物的含量增加到一定值，分解和聚合速度都会增加。反应底物和条件不同，这一动态平衡有很大不同。

油脂空气氧化对食用油脂造成很大影响。分解产生的醛、酮、酸等小分子有强烈刺激气味（哈喇味），影响口味，不适宜食用。氢过氧化物氧化生成的二级氧化产物在人体中很难代谢，

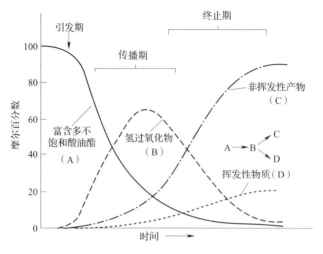

图 4 – 8　油脂空气氧化的动态平衡过程

会对肝脏造成损害。另外氧化产生的聚合物也很难被动物吸收，常积累于体内对动物造成损害，因此了解油脂空气氧化的机制和防止油脂空气氧化的工作十分重要。

1. 空气氧

氧元素原子序数为8，电子结构为$1s^2 2s^2 2p^4$。氧分子含有2个氧原子、10个分子轨道（5个成键轨道，5个反键轨道）和12个价电子。根据泡利不相容原理和洪特规则，氧分子的分子轨道和能量水平见图4 – 9。在氧分子中成键轨道比反键轨道多出4个电子，相当于一个双键，因此它的键长和键能与一个典型的双键相当。由于分子轨道中有两个自旋平行的电子，所以氧分子具有顺磁性。

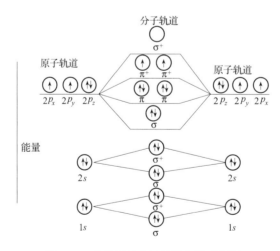

图 4 – 9　氧分子的分子轨道和能量水平

根据光谱线命名规则规定：没有未成对电子的分子称为单重态，有一个未成对电子的分子称为双重态，有两个未成对电子的分子称为三重态。按此规则，基态氧分子为三重态，激发态氧分子为单重态，游离基氧为双重态。这与一般有机分子不同（一般有机分子基态为单重态，激发态为三重态，如基态类胡萝卜素为^{1}类胡萝卜素，激发态类胡萝卜素为^{3}类胡萝卜素）。激发态氧分子的分子轨道和能量水平见图4 – 10。单重态氧不具有顺磁性，而是具有抗磁性。

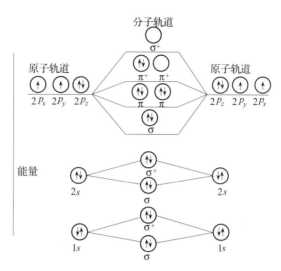

图 4 – 10 激发态氧分子的分子轨道和能量

三重态氧在一定条件下可以转化成游离基状态，而单重态氧没有这种特性。所以基态氧分子可以参与游离基反应，而激发态氧分子不能进行游离基反应。把自旋守恒定律应用于氧化反应，即要求自旋角动量守恒，反应过程中自旋状态不变。可表示如下：

单重态 + 单重态→三重态（S）

单重态 + 三重态→三重态（T）

单重态 + 双重态→双重态（D）

三重态 + 双重态→双重态（D）

根据上述反应机制，三重态的基态有机分子与单重态的基态有机分子反应产生一个三重态产物是可以进行的，只是由于生成物一般是含能量高的激发态而使反应无法直接进行，只有通过游离基的产生来克服能量障碍才能使基态氧与有机分子顺利地发生反应（T + D→D），这与后面要讲的自动氧化和酶促氧化机制相符合。单重态的氧分子与单重态的基态有机分子直接反应生成单重态产物，此过程很容易进行。这与后面的光氧化机制相符合。因此，氧分子的存在状态不同，参与油脂氧化时其作用机制显然不同。

2. 油脂在空气中氧化的机制

（1）自动氧化 油脂在空气中的氧化以自动氧化为主。自动氧化是一个自催化过程，在常温条件下就可缓慢进行。油脂自动氧化的机制属一个游离基链反应，反应过程分为链引发（诱导）、链传播和链终止三个阶段。其基本过程如下。

链引发阶段：产生游离基 R· 或 ROO·

$$RH + X· → R· + XH$$

链传播阶段：

$$R· + O_2 → ROO·$$

$$ROO· + RH → ROOH + R·$$

链终止阶段：

$$ROO· + ROO· → ROOR + O_2$$

$$R· + R· → R—R$$

其中 RH 表示参加反应的不饱和底物，H 表示与双键相邻的亚甲基上的氢原子。

脂肪酸中与双键相邻的亚甲基，称为 α - 亚甲基。α - 亚甲基上的氢，受到双键的活化，特别容易被除去，生成烷基游离基 R·。在引发期，在光量子、热或金属催化剂的活化下，脂肪酸（RH）脱去氢原子，形成游离基（R·）。

在传播期，烷基游离基与空气中的氧相结合，形成过氧化游离基（ROO·），而过氧化游离基又从其他脂肪酸分子的 α - 亚甲基上夺取氢，形成氢过氧化物（ROOH），同时形成新的烷基游离基（R·）。新的烷基游离基（R·）与氧作用重复以上步骤，重复连锁的攻击，使数以万计的不饱和脂肪酸氧化，产生大量的氢过氧化物。

在终止期，各种游离基和过氧化游离基互相聚合，形成二聚体或多聚体，则链反应就终止。

这一过程是公认的自动氧化反应机制，反应中产生的各种游离基以及其他产物均已被现代化仪器手段所证实。但是自动氧化的引发机制目前仍然不很清楚，但是一些因素如氧、过渡金属、热、光等均对此有密切影响，因为它们可促使自动氧化反应的进行。一般来说，链诱导反应的活化能较高，所以是整个反应中相对较慢的过程。

$$RH + M^{3+} \rightarrow R· + H^+ + M^{2+}$$
$$ROOH + M^{2+} \rightarrow RO· + OH^- + M^{3+}$$
$$ROOH + M^{3+} \rightarrow ROO· + H^+ + M^{2+}$$

从反应生成氢过氧化物的情况来看，脂肪酸烃链上与双键相邻的亚甲基在一定条件下容易均裂而形成游离基，这些游离基相应地可以产生多个氢过氧化物异构体。现以单一的脂肪酸酯为对象说明，如以油酸酯为例。

采用各种色谱手段可以从油酸酯的氧化产物中分出 4 种位置异构体，用"Δ"表示双键的位置，即 $\Delta^9 - 8 - OOH$（26%）、$\Delta^{10} - 9 - OOH$（24%）、$\Delta^8 - 10 - OOH$（23%）和 $\Delta^9 - 11 - OOH$（26%），这 4 种异构体的含量基本相同。反应过程如下：

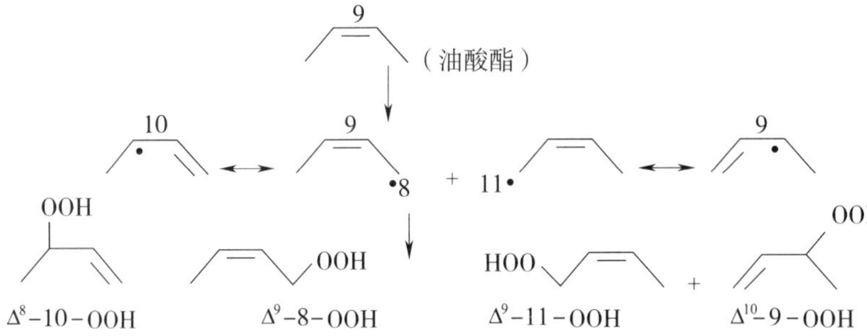

亚油酸酯的自动氧化速度是油酸酯的 10 ~ 40 倍，因为两个双键中间的亚甲基非常活泼，更容易形成游离基。因此油脂中油酸和亚油酸共存时，亚油酸可诱导油酸氧化，使油酸诱导期缩短。从亚油酸酯的氧化产物中可分出等量的 $\Delta^{10,12} - 9 - OOH$ 和 $\Delta^{9,11} - 8 - OOH$ 异构体。其反应过程如下：

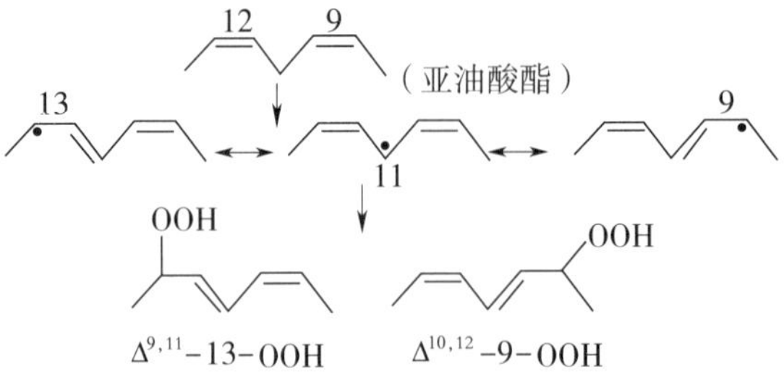

　　亚麻酸酯的氧化速度比亚油酸酯快 $2\sim4$ 倍，其原因是它有两个非常活泼的亚甲基，生成四种氢过氧化物，可能的结果是在 C_{11} 脱氢成为 $\Delta^{10,12,15}-9-OOH$ 和 $\Delta^{9,11,15}-13-OOH$，在 C_{14} 脱氢成为 $\Delta^{9,13,15}-12-OOH$ 和 $\Delta^{9,12,14}-16-OOH$。其氧化过程如下：

$$\Delta^{10,12,15}-9-OOH \qquad \Delta^{9,11,15}-13-OOH \qquad \Delta^{9,13,15}-12-OOH \qquad \Delta^{9,12,14}-16-OOH$$

　　在一般温度下，油酸酯、亚油酸酯和亚麻酸酯的自动氧化速度之比为 $1:12:25$。油脂自动氧化速度受很多因素影响，例如反应底物的浓度、游离基、引发剂、链传播和中止的速度等，因此油脂的自动氧化过程十分复杂，有待于进一步研究。

　　（2）光氧化　光敏氧化反应与自动氧化的机制不同，它是通过"烯"反应进行氧化。基态氧受光敏剂和日光影响产生单重态氧，单重态氧直接进攻双键，与双键发生一步协同反应形成六元环过渡态，然后双键发生位移形成氢过氧化物。

$$光敏剂 + 光照 \rightarrow {}^{1}光敏剂 \rightarrow {}^{3}光敏剂$$
$${}^{3}光敏剂 + {}^{3}O_{2} \rightarrow 光敏剂 + {}^{1}O_{2}$$

$${}^{1}O_{2} + -CH_{2}-\overset{3}{CH}=\overset{2}{CH}-\overset{1}{CH_{2}}- \longrightarrow -\overset{4}{CH}=\overset{3}{CH}-\underset{OOH}{\overset{2}{CH}}-\overset{1}{CH_{2}}- + -\overset{4}{CH_{2}}-\underset{OOH}{\overset{3}{CH}}-\overset{2}{CH}=\overset{1}{CH}-$$

　　其中，光敏剂为单重态光敏剂分子（油脂中的光敏物质有叶绿素、脱镁叶绿素和赤藓红等色素）；^{1}光敏剂为激发单重态光敏剂分子；^{3}光敏剂为激发三重态光敏剂分子；${}^{3}O_{2}$ 为三重态氧分子；${}^{1}O_{2}$ 为激发单重态氧分子。

　　在光氧化过程中，${}^{1}O_{2}$ 可进攻任一不饱和碳原子使双键发生位移，因此光氧化产生的氢过氧化物位置异构体与自动氧化不同，有几个不饱和碳原子就产生几个位置异构体。例如亚油酸酯经光敏氧化可得到 $9-$，$10-$，$12-$ 以及 $13-$ 氢过氧化物，反应机制见图 $4-11$。

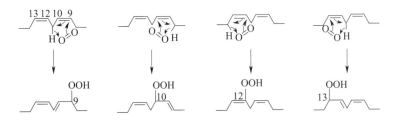

图 4 - 11　亚油酸酯光敏氧化反应机制示意图

　　光氧化所产生的氢过氧化物（ROOH）在过渡金属离子的存在下分解出游离基（R·及ROO·），目前认为是引发自动氧化的关键。

　　光敏氧化反应还具有如下的特点：不产生游离基，不存在诱导期；双键的顺式构型改变成反式构型；与氧浓度无关；光敏氧化反应受到单重态氧淬灭剂 β – 胡萝卜素与生育酚的抑制，但不受抗氧化剂影响。

光氧化速度极快，一旦单重态氧产生，反应速度常千倍于自动氧化。因此光氧化对油脂劣变同样会产生很大的影响。但是对于含有双键数目不同的底物，光氧化速度区别不大，在自动氧化中，油酸酯、亚油酸酯、亚麻酸酯的氧化速度之比一般为 $1:12:25$，而光氧化为 $1.0:1.7:2.3$。

在含脂食品中常存在些天然色素如叶绿素或肌红蛋白，它们能作为光敏剂产生单重态氧，有些合成色素如赤藓红也是有效的光敏剂，也可将氧转变成活泼的单重态氧。

β – 胡萝卜素是最有效的 ${}^1O_2$ 淬灭剂，抗氧化剂 BHA 和 BHT 也是有效的合成 ${}^1O_2$ 淬灭剂。

(3) 酶促氧化　自然界中普遍存在脂肪氧合酶，它可使油脂与氧发生反应产生氢过氧化物，这种反应称为酶促氧化。植物中的脂肪氧合酶具有高度专一性，仅作用于亚油酸、亚麻酸、花生四烯酸和二十碳五烯酸等不饱和脂肪酸的 1，4 – 顺、顺 – 戊二烯基位置，且 1，4 – 戊二烯的中心亚甲基应处于脂肪酸的 $\omega - 8$ 位置，因此对一烯酸（如油酸）和共轭酸不起作用。

不饱和脂肪酸在受到脂肪氧合酶（LOX）的作用时，首先是 $\omega - 8$ 亚甲基脱去一个氢原子生成游离基，然后这个游离基通过异构化使双键位置转移同时转变成反式构型，生成 $\omega - 6$ 氢过氧化物或 $\omega - 10$ 氢过氧化物。反应过程如下：

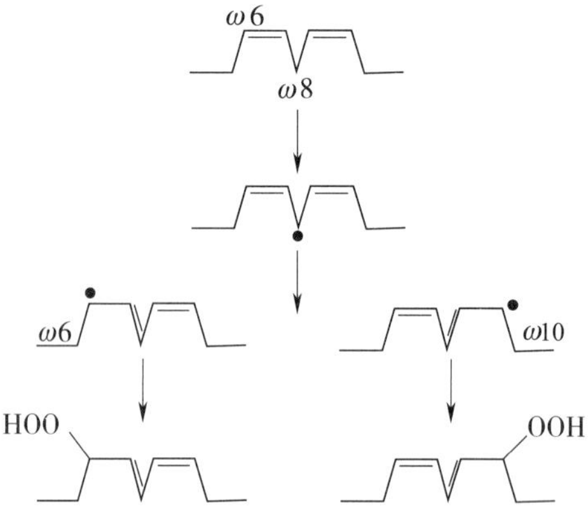

另外，脂肪酸可以在酶的作用下发生 β – 氧化作用。这种酶促氧化，需要脱氢酶、水合酶和脱羧酶的参加，因为氧化反应多发生在饱和脂肪酸的 α – 和 β – 碳位之间的键上，因而称为 β – 氧化作用。β – 氧化的最终产物是有不愉快气味的酮酸和甲基酮，所以又称酮式酸败。

$$RCH_2CH_2COH \xrightarrow[O_2]{\text{微生物}} RCH(OH)CH_2COOH$$

$$\xrightarrow{-3H} RCOCH_2COOH \xrightarrow{-CO_2} RCOCH_3$$
$$\qquad\qquad \text{酮酸} \qquad\qquad\qquad \text{甲基酮}$$

这种酸败多数是由于油脂在污染微生物如灰绿青霉、曲霉等霉菌，在繁殖时产生酶的作用下引起的，主要发生在油脂水解产生的游离饱和脂肪酸中，以含有椰子油、奶油等低级脂肪酸的食品中最为明显。为防止这种酸败，应提高油脂纯度，避免微生物污染，降低水分含量，降低存放时的温度。

3. 油脂氧化产物

氢过氧化物是油脂氧化的主要初期产物，本身并无异味，因此，有些油脂可能在感官上尚未觉察到酸败，但已有较高的过氧化值，油脂实际已经开始酸败了。

氢过氧化物是极不稳定的化合物，当体系中此化合物的含量增至一定浓度时，就开始分解。

氢过氧化物分解的第一步是氢过氧化物的氧－氧键断裂，产生烷氧基游离基与羟基游离基。

$$R_1—CH—R_2 \longrightarrow R_1—CH—R_2 + \cdot OH$$

氢过氧化物分解的第二步是烷氧基两侧碳－碳键断裂生成醛，也可按下列途径生成烃、醇、酮、酸类化合物。

（1）生成醛：$RCH_2CHCH_2R' \longrightarrow RCH_2CHO+R'CH_2'$
$\longrightarrow RCH_2CHO+R'CH_2\cdot$

（2）生成酮：$RCH_2CHCH_2R' \xrightarrow{R'O'\cdot} RCH_2CCH_2R'+R''OH$

（3）生成醇：$RCH_2CHCH_2R' \xrightarrow{R''H} RCH_2CHCH_2R'+R''$

（4）生成酸：$RCH_2CHO \xrightarrow{氧化} RCH_2COOH$

氢过氧化物分解形成的小分子醛、酮、醇、酸，大部分具有不愉快的刺激性气味，形成令人难以接受的臭味，这是油脂氧化产生"酸败臭"的原因。

如果过氧基两端还有双键存在则可能产生烯烃、烯醛、烯醇，双键继续氧化则产生羟基醛、酮基醛等多基团小分子。

单氢过氧化物中仍有双键，可继续氧化生成多氢过氧化物。这些二级氧化产物也能热分解产生小分子，如氢过氧基环过氧化亚油酸甲酯热分解模式，如图4－12所示。

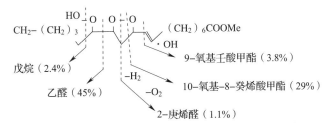

图4－12 氢过氧基环过氧化亚油酸甲酯热分解示意图

氢过氧化物除发生分解反应产生一系列小分子化合物外，还发生聚合反应，生成二聚体或三聚体等，使油脂黏度增加。自动氧化的链中止过程实际上是一个聚合过程，反应中既形成O—O结合的二聚物，也形成C—O、C—C结合的二聚物。

4. 影响油脂氧化的因素

影响油脂氧化的因素有很多，不外乎分为两大类：内在因素，即脂肪酸本身的结构性质；环境因素，如空气、光照、温度、水分、色素、金属离子及酶等。对于食品中的脂类，由于食品中还含有许多非脂类组分，这些非脂类组分可能产生共氧化，或者与氧化脂及其氧化产物产生相互作用，因此食品中脂类的氧化更为复杂。

（1）油脂的脂肪酸组成　虽然油脂在空气中氧化主要是氧与不饱和双键的反应，但饱和脂肪酸在特殊条件下也能发生氧化，如有霉菌的繁殖或有酶存在等情况下，都可能使饱和脂肪酸发生 β -氧化作用而形成酮酸和甲基酮，然而饱和脂肪酸的氧化率往往只有不饱和脂肪酸的1/10。

不饱和脂肪酸的氧化速度与其双键的数量、位置与几何形状有关。花生四烯酸、亚麻酸、亚油酸与油酸氧化的相对速度约为40:20:10:1；顺式酸比它们的反式酸易于氧化，而共轭双键比非共轭双键的活性强。

游离脂肪酸与酯化脂肪酸相比，氧化速度高一些。

（2）温度　温度与油脂的氧化有密切的关系。一般来说，温度升高，油脂的氧化速度加快。例如，对纯油酸甲酯而言，在高于60℃的条件下贮存，每升高11℃，其氧化速度增加一倍。因此，低温贮存油脂是降低油脂氧化速度的一种方法。

温度不仅影响氧化速度，也影响反应的机制。在常温下，氧化大多发生在与双键相邻的亚甲基上，生成氢过氧化物。但当温度超过50℃时，氧化可发生在不饱和脂肪酸的双键上，生成环状过氧化物。

（3）氧气　在大量氧存在的情况下，氧化速率与氧浓度无关；但当氧浓度较低时，氧化速度与氧浓度近似成正比。氧化速度还与油脂暴露于空气中的表面积成正比，因此在油脂贮存与加工过程中要尽可能减小油脂与空气的接触面积，或者排除氧气，采用真空或充氮包装和使用透气性低的包装材料来避免油脂与空气的接触，防止食品油脂的氧化变质。

（4）水分活度　食品中，水分活度对油脂氧化作用的影响很复杂。在水分活度小于0.1的干燥食品中，油脂的氧化速度很快。当水分活度增加到0.3时，可使脂类氧化减慢，并往往达到一个最低速度。这可能是由于少量水分的保护作用，阻止了氢过氧化物的分解，降低了脂类自动氧化的初速度；或由于水与金属离子发生水合作用，降低了金属离子的催化活性；或促进了非酶褐变（产生具有抗氧化活性的化合物），阻止氧进入食品。当水分活度在0.55~0.85时，氧化速度再次增高，这可能与氧的溶解度增加，体系中催化剂的流动性提高以及脂类分子溶胀而暴露出更多的反应位点有关。

（5）光和射线　可见光、紫外线和 γ 射线是有效的氧化促进剂，光和射线不仅能够促进氢过氧化物分解，而且还能将未氧化的脂肪酸引发为游离基，其中以紫外光线和 γ 射线辐射能最强。

光的波长及强度不同，对油脂的氧化过程会造成不同的影响。通常光的波长越短，油脂吸收光的程度越强，其促油脂氧化的速度越快。因此，避光贮存会延缓油脂的氧化过程。

高能射线的辐照是目前食品加工时常用的灭菌手段，在处理过程中会加速食品中油脂的氧化。

（6）促氧化剂　过渡金属如铝、铜、铁、锰与镍等，是主要的油脂助氧化剂，即使浓度低至0.1mg/kg，它们仍能缩短诱导期和提高氧化速度。如铜、铁离子可以催化氢过氧化物裂解，产生新的游离基，形成新的游离基链反应。

不同金属对油脂氧化催化作用的强弱如下：铅>铜>黄铜>锡>锌>铁>铝>不锈钢>银。

食品中的过渡金属离子可能来源于加工贮藏过程中所用的金属设备，如在油脂加工、运输、贮存中，若管道、阀门、包装容器材料选择不当，会不可避免地混入铁、铜等离子；金属离子也可能来源于食品中天然存在的成分，其中最重要的是含金属的卟啉物质，如血红素等，它们的存在会缩短食品油脂的货架寿命。

油脂中本身存在的某些天然抗氧化剂如维生素 E，以及人为添加的抗氧化剂、增效剂、淬灭剂等则对增强油脂的稳定性，起着至关重要的作用。

由此可见，为了防止油脂的氧化酸败，可采取相应的措施有：减少与氧气的接触，避免光照，避免高温，去除叶绿素等光敏性物质，尽量减少或避免与金属离子的接触程度，降低水分含量，去除磷脂等亲水杂质，防止微生物的侵入，加入抗氧化剂和增效剂等，均可提高油脂的稳定性。

5. 油脂抗氧化与抗氧化剂

油脂受本身组分及外来条件的影响，贮存一段时间后易发生氧化，会引起油脂食品货架寿命、风味、功能以及营养成分等的损失，这是一个不可忽视的问题，且是一个难于解决的问题。在实际生活中，在油脂或含脂的食品中添加抗氧化剂，是保持食品的质量与延长货架寿命的一种重要手段。

使用小剂量（一般小于 0.02% 时）而能延缓油脂氧化的物质称为抗氧化剂。根据作用机制的不同，抗氧化剂可分成两大类：

第一类为主抗氧化剂，它主要是游离基接受体，可以推迟或抑制自动氧化的引发或停止自动氧化的传递。

油脂中通常使用的主抗氧化剂是合成化合物，包括丁基化羟基茴香醚（BHA）、丁基化羟基甲苯（BHT）、没食子酸丙酯（PG）以及叔丁基氢醌（TBHQ）等。有些食品中存在的天然组分也可作为主抗氧化剂，如生育酚与胡萝卜素是通常使用的天然主抗氧化剂，但是它们的作用机制与这些酚类不同。

第二类为次抗氧化剂，具有很多可能的作用机制，这些抗氧化剂通过不同的作用能减慢氧化速率，但不能将游离基转换成较为稳定的产品。这类抗氧化剂也常称为增效剂、协同剂，因为它们能增加第一类抗氧化剂的抗氧化活性。这类抗氧化剂通常不单独使用，常和主抗氧化剂联合使用，而使总的抗氧化能力大为提高，如柠檬酸、抗坏血酸、酒石酸以及卵磷脂等。

（1）抗氧化剂的抗氧化机制　根据自动氧化机制，如果有一种物质能在初始阶段抑制游离基的产生或能中断游离基链的传播，就能推迟自动氧化反应的进行。

一些抗氧化剂能清除游离基，从而抑制自动氧化和延长诱导期，其作用机制为：

$$ROO^- + AH(抗氧化剂) \longrightarrow ROOH + A\cdot$$
$$A\cdot + A\cdot \longrightarrow AA$$
$$A\cdot + ROO\cdot \longrightarrow ROOA$$

式中，AH 为抗氧化剂，A· 为抗氧化剂游离基。

抗氧化剂在此处起到质子供给体的作用，作为游离基接受体（AH）主要与过氧化游离基 ROO· 作用，而不是与 R· 游离基作用，可以认为抗氧化的基本机制是上述抑制反应与链传递反应之间的一种竞争反应。常用的这类抗氧化剂多为酚类化合物。

氢过氧化物是油脂氧化的初级产物，它在一定条件下裂解，又可形成新的游离基，产生链反应。有一些抗氧化剂不具有抑制游离基的作用，而是通过分解链反应中生成的氢过氧化物生成非活性物质，从而起到防止氧化的作用，这种抗氧化剂称为氢过氧化物分解剂。硫代二丙酸或其月桂酸酯及硬脂酸酯（用 R_2S 表示）即属于这类物质：

$$R_2S + R'OOH \longrightarrow R_2S = O + R'OH$$

$$R_2S = O + R'OOH \longrightarrow R_2SO_2 + R'OH$$

天然油脂自身含有一定的抗氧化剂，比较常见的是生育酚，个别油脂中还有芝麻酚、棉酚、阿魏酸酯、角鲨烯、咖啡酸以及其他酚型化合物。

（2）协同作用与增效剂　抗氧化剂复合使用的抗氧化活性，往往超过单个抗氧化剂。常使用增效剂来进行这种协同作用。

所谓增效剂是指自身没有抗氧化作用或抗氧化作用非常弱，但是和抗氧化剂一起使用，可以使抗氧化剂效能加强的物质。常见的增效剂有磷脂、柠檬酸、抗坏血酸及其酯等。

增效剂的作用机制目前仍不完全肯定，但是比较重要的一点是一些增效剂可以螯合金属离子，使其失活或活性降低，从而使金属离子催化油脂氧化的功能减弱。过渡金属离子具有助氧化的作用，是因为其外面的电子轨道层中有较多能级差较小的空轨道，因而很容易得失电子，由于柠檬酸、抗坏血酸等螯合剂通过配位键占据这些空轨道，从而使之钝化。另外，一些增效剂可以使抗氧化剂的寿命延长，减慢了抗氧化剂的损耗。其作用过程为：

$$ROO^- + AH \longrightarrow ROOH + A^-$$

$$A \cdot + BH \longrightarrow B \cdot + AH$$

式中，AH 为主抗氧化剂，BH 为增效剂

BH 可以作为电子给予体，使主抗氧化剂 AH 具有再生能力，A·经过链反应消失的倾向大大降低。反应不仅使抗氧化剂游离基还原成分子，而且生成的 B·游离基活性极低，很难参与油脂氧化的游离基链反应，最终达到减缓油脂氧化的目的。

酚类抗氧化剂与抗坏血酸相互间具有协同作用，抗坏血酸除可以作为电子给予体、金属螯合剂外，由于其高度的还原性，它还是有效的氧清除剂等，通过自身被氧氧化，除去体系中的氧而起到抗氧化作用。

两种不同的酚类抗氧化剂也可能具有协同作用。

（3）单重态氧淬灭剂　酚类抗氧化剂只能抑制油脂的游离基氧化反应，不能抑制光氧化反应，要抑制光氧化反应必须淬灭单重态氧。单重态氧（$^1O_2$）易与同属单重态的双键作用，转变成三重态氧，如果被作用的双键化合物转变成为不能继续传递氧化反应的物质，这一反应就起到了消除单重态氧的作用，这类双键化合物具有淬灭单重态氧（$^1O_2$）的作用，因此称为单重态氧淬灭剂。

天然油脂中存在的单重态氧淬灭剂有 β – 胡萝卜素、生育酚等。

含有许多双键的类胡萝卜素是较好的单重态氧淬灭剂，其作用机制是激发态的单重态氧将激发态能量转移到类胡萝卜素上，类胡萝卜素从基态（^{1}类胡萝卜素）变为激发态（^{3}类胡萝卜素），而激发态的类胡萝卜素可以直接以热能的形式放出能量回复到基态。

$$^1类胡萝卜素 + ^1O_2 \longrightarrow {}^3类胡萝卜素 + {}^3O_2$$

$$^3类胡萝卜素 \longrightarrow {}^1 类胡萝卜素$$

（4）油脂中常用的抗氧化剂种类以及选择　人们早就发现，油脂中加入辛辣味植物花椒、生姜等可在一定程度上防止其氧化，说明在这些物质中存在着天然抗氧化物质。植物油中天然存在具有抗氧化作用的生育酚，此外，棉酚、芝麻酚等均被发现具有一定的抗氧化作用，所以植物油脂比动物油脂的稳定性好。这些天然的抗氧化物质具有安全性高的优点，在当今人们对化学添加剂的安全性日益关注的趋势下，继续寻找高效的天然抗氧化剂具有重要的意义。目前

广泛应用的天然抗氧化剂有生育酚、β–胡萝卜素、抗坏血酸、茶多酚等，但由于作用效果、成本等多方面因素，作为抗氧化剂用于油脂产品还很有限。

与天然抗氧化剂相比，合成抗氧化剂由于具有效率高、性质稳定、价格较低的优势而被广泛使用。几种最常用的合成抗氧化剂基本上都是酚类化合物，但它们的抗氧化能力并不一样，而且相互之间有些也存在着增效作用。其结构和名称如图 4–13 所示。

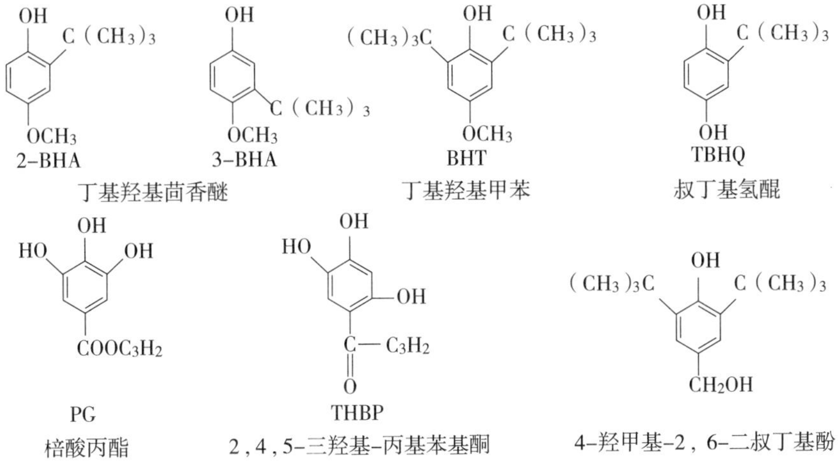

2–BHA 3–BHA 丁基羟基茴香醚；BHT 丁基羟基甲苯；TBHQ 叔丁基氢醌；PG 棓酸丙酯；THBP 2，4，5–三羟基–丙基苯基酮；4–羟甲基–2，6–二叔丁基酚

图 4–13 油脂产品中常用的合成抗氧化剂

BHA 和 BHT 是优秀的抗氧化剂，遇金属离子不着色，可是挥发性较强，因此作为煎炸油和焙烤糕点的抗氧化剂存在一定困难。商品 BHA 是 2–BHA 和 3–BHA 的混合物，不溶于水，易溶于油，具有典型的酚气味，在动物脂肪中的抗氧化效果优于在植物油中；BHT 不溶于水，溶于油脂，不似 BHA 有特别的酚气味，抗氧化能力强。

PG 的热稳定性极低，因此也不适合油炸食品和焙烤糕点的加工，同时 PG 遇铁后呈紫色，因此常与柠檬酸合用，因为柠檬酸可螯合金属离子，既可以作为增效剂，又可避免 PG 遇金属离子着色。PG 的油溶性和耐热性不如 BHA 和 BHT，但在添加的食品中其抗氧化性能优于两者。

TBHQ 溶于油而微溶于水，耐热性好且不易挥发，在植物油中使用和在食品油炸时使用时其抗氧化效果优于 BHA、BHT 和 PG，遇金属铁离子不着色，无异味和臭味，不会带来颜色或风味稳定性问题，现常用于精炼油脂的抗氧化。

抗氧化剂，尤其是酚类抗氧化剂，应在油脂尚未发生氧化变质之前加入，若加入过迟氧化游离基链反应已经开始，并有许多氧化产物积累，此时非但不能阻断氧化反应，反而有可能促进油脂的继续氧化。

由于抗氧化剂分子性质的差别，不同的抗氧化剂在不同的含油食品中以及不同的加工条件下，会显示出不同的效力。另外，还需考虑其他因素，如同食品混合的容易程度，持久性、对 pH 的敏感性，产生变色或异味以及价格等。

选择抗氧化剂时必须考虑其性质和食品性质的适应性。例如，必须经过高温加工的食品要使用耐热性好和挥发性低的抗氧化剂。各种抗氧化剂的亲水–亲油性与它们在不同场合应用中的效力有很大关系。一般来说，具有小的表面–体积比，例如体相油中，使用亲水亲油平衡值较大的抗氧化剂（如 PG 或 TBHQ）最为有效，这是因为抗氧化剂能集中在油的表面，有效阻止油脂与分子氧的作用。另一种情况是具有大的表面–体积比，例如 O/W 乳化液等，对于这类多相体系，水的浓度较高，脂肪常呈结晶态，宜用亲油性抗氧化剂如 BHA、BHT、高烷基没食子酸盐以及生育酚，它们能发挥较高的抗氧化效力。

抗氧化剂的用量必须控制在食品添加剂安全使用标准规定的最大用量范围之内，同类抗氧化剂混合使用时，还要考虑总剂量不得超标。

三、油脂的热反应

食品在加热过程中由于高温，油脂会发生多种化学变化。油炸食品的香气形成就与油脂在高温条件下的某些反应产物，如羰基化合物有关。油脂经长时间加热，会导致品质降低，甚至产生有害物质。

在150℃以上的高温下，油脂的反应非常复杂，在不同的条件下油脂会发生聚合、缩合和分解反应，而使其黏度增高、碘值下降、酸价增高、折射率改变，还会产生刺激性气味，同时营养价值也有下降。油脂在高温下最常见的化学变化有以下几种。

1. 油脂的聚合

油脂的聚合分为热聚合和热氧化聚合两种。

热聚合是油脂在真空、二氧化碳或氮气的无氧条件下加热至高温，多烯化合物发生第尔斯－阿德尔（Diels－Alder）反应，即共轭二烯烃与双键的加成反应，形成四代环己烯衍生物。反应首先是多不饱和脂肪酸的双键异构化生成共轭二烯化合物，然后二烯化合物再与不饱和脂肪酸的双键反应生成环己烯类化合物。

热聚合可发生在一个酰基甘油分子的两个酰基之间，形成分子内的环状聚合物，也可以发生在两个酰基甘油分子之间。热聚合反应不断进行，会形成环套环的二聚体，如不饱和单环、不饱和二环、饱和三环等。

热氧化聚合是油脂在空气中加热至高温时，发生热氧化引起的聚合。油炸食品所用的油逐渐变稠，即属于此类聚合反应。关于热氧化聚合体，一般认为是碳－碳结合所生成的聚合体，而几乎无双烯加成的环状化合物。如从油炸温度下（200℃左右）加热的油脂中可分离出具有如下结构的甘油酯二聚物：

（A）　　　　　　（B）　　　　　　（C）　　　　　　（D）

这种成分有毒，在体内被吸收后，可与酶结合而使酶失活引起生理异常现象。

油脂热氧化聚合的程度与温度、氧的接触面有关。金属尤其是铁、铜都可促使油脂的热氧化聚合，即使 1mg/kg 的含量也能促使油脂氧化聚合加快。

2. 油脂的缩合

在高温有水分存在的情况下下，油脂还能发生部分水解，然后再缩合成相对分子质量较大的醚型化合物。

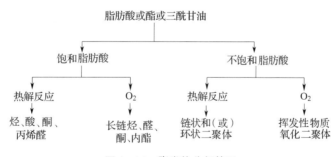

3. 油脂的分解

油脂在高温下，除发生上述聚合、缩合外，饱和脂肪和不饱和脂肪都会发生分解反应。

在高温条件下，油脂中的饱和脂肪酸与不饱和脂肪酸的反应情况不一样，二者在有氧和无氧的条件下，大致反应情况如图 4 - 14 所示。

图 4 - 14 脂类热分解简图

（1）饱和脂肪酸的热分解 饱和脂肪酸在常温下是相对稳定的。

在无氧以及很高的温度下，饱和脂肪酸可产生非氧化分解，分解产物大多是由烃类、酸类以及酮类组成的。

在空气中，如果加热到 150℃ 以上时，饱和脂类也会发生热氧化，主要的氧化产物为烷烃、醛、酮、酸以及内酯等。一般认为在这种条件下，饱和脂肪酸的热氧化一般发生在 α、β 或 γ 位，氧优先进攻羧基附近的 α、β 或 γ 位，形成氢过氧化物，然后再进一步分解。

如氧化发生在 α – 位，则生成 C_{n-1} 脂肪酸、C_{n-1} 烷醛以及 C_{n-2} 烷烃。

$$R_2O-\overset{\overset{O}{\|}}{C}-\underset{\sim}{\overset{\overset{\cdot}{O}}{C}}-\underset{\sim}{C}-R_1 \longrightarrow R_1O-\overset{\overset{O}{\|}}{C}-\overset{\overset{OOH}{}}{C}-C-R_2 \longrightarrow R_1-\overset{\overset{O}{\|}}{O}-\overset{\overset{O}{\|}}{C}-C-C-R_2$$

$\longrightarrow C_{n-1}$ 烷醛 $\longrightarrow C_{n-2}$ 烷烃

$$HO-\overset{\overset{O}{\|}}{C}-C-R_2 \longleftarrow HO-\overset{\overset{O}{\|}}{C}-\overset{\overset{O}{\|}}{C}-C-R_2$$
C_{n-1} 酸

如氧化发生在 β – 位上，则生成 C_{n-1} 甲基酮；烷氧基自由基中间物的 α 碳与 β 碳之间裂解产生 C_{n-2} 烷醛；β 与 γ 碳之间断裂生成 C_{n-3} 烷烃。

$$R_2O-\overset{\overset{O}{\|}}{C}-C-\underset{\sim}{\overset{\overset{\cdot}{O}}{C}}-\underset{\sim}{C}-R_1$$

$\longrightarrow C_{n-3}$ 链烷
$\longrightarrow C_{n-2}$ 链烷醛
$\longrightarrow C_{n-1}$ 甲基酮

如在 γ – 位上发生氧化，则产生 C_{n-4} 烷烃、C_{n-3} 烷醛以及 C_{n-2} 甲基酮。

$$R_2O-\overset{\overset{O}{\|}}{C}-C-C-\underset{\sim}{\overset{\overset{\cdot}{O}}{C}}-\underset{\sim}{C}-R_1$$

$\longrightarrow C_{n-4}$ 链烷
$\longrightarrow C_{n-3}$ 链烷醛
$\longrightarrow C_{n-2}$ 甲基酮

（2）不饱和脂肪酸的热分解　在无氧条件下，加热不饱和脂肪酸主要发生热聚合反应，生成二聚物和一些其他低相对分子质量的物质。

与饱和脂肪酸相比，不饱和脂肪酸的氧化敏感性远超过饱和脂肪酸。虽然高温与低温氧化存在一定差别，但两者的主要反应途径是相同的。高温下产生的主要化合物具有在室温下自动氧化产物的典型性质，但高温下，氢过氧化物的分解与次级氧化的速率都非常快，高温下又有脂肪酸基 α、β 或 γ 位氢过氧化物的生成及裂解，所以不饱和脂肪酸在高温和常温下的氧化产物也存在一定差异。不饱和脂肪酸在存在空气与高温条件下，生成氧代二聚物或含氢过氧化物、氢氧化物、环氧化物以及羰基等的聚合物。

金属离子（如铁）的存在可催化热解反应，发生热解的油脂，不仅味感变劣，而且丧失营养价值，甚至还有毒性，所以食品工艺过程一般要求控制油脂加热温度，以不超过150℃为宜。

四、油脂在电离辐射下的化学变化

食品辐照的主要目的是消灭微生物、延长食品的货架寿命；还用于防止马铃薯和洋葱、大蒜的发芽；延迟水果成熟以及杀死食物原料中的昆虫等。辐射处理可诱导食品中油脂成分发生化学变化。

发生辐射分解时，在甘三酯分子中，辐解断裂优先发生在邻近羰基的 5 个部位（a、b、c、d、e），而脂肪酸其余的碳—碳键的裂解则是随机的。

$$CH_2 \overset{a}{\Vert} O \overset{b}{\Vert} \overset{O}{\underset{\Vert}{C}} \overset{c}{\Vert} CH_2 \overset{d}{\Vert} CH_2 + CH_2 + CH_2 + (CH_2)_x + CH_3$$

$$\underset{e}{\mid}$$

$$CHOCOR$$
$$\mid$$
$$CH_2OCOR$$

如 a 处断裂产生游离脂肪酸和丙二醇二酯或丙烯二醇二酯。在 b 处断裂产生一种与母体脂肪酸链长相等的醛和二酰基甘油。在 c 或 d 处辐解产生一种碳原子比母体脂肪酸少一个或两个的烃和甘三酯。在甘油骨架碳之间的裂解（在 e 处）产生母体脂肪酸甲酯和乙二醇二酯。

或者，游离基可重新结合，产生许多辐解产物，如烷基甘油二酯和甘油醚二酯。很多方面还有待于进一步研究。

$$\begin{array}{c} CH_2OCOR \\ \mid \\ CH^{\cdot} \quad + R'' \longrightarrow \\ \mid \\ CH_2OCOR \end{array} \qquad \begin{array}{c} CH_2OCOR \\ \mid \\ CHR' \\ \mid \\ CH_2OCOR \end{array}$$

$$\begin{array}{c} CH_2OCOR \\ \mid \\ CHO^{\cdot} \quad + R'' \longrightarrow \\ \mid \\ CH_2OCOR \end{array} \qquad \begin{array}{c} CH_2OCOR \\ \mid \\ CHOR' \\ \mid \\ CH_2OCOR \end{array}$$

五、煎炸油的化学变化

与其他食品加工或处理方法相比，油炸引起油脂的化学变化是最大的。

在油炸过程中，由于高温、空气中的氧、食品组分的共同作用，产生了激烈的化学与物理变化。

油脂氧化过程中氢过氧化物的生成及分解产生了各种醛、酮、烃、内酯、醇、酸以及酯等挥发性化合物；热反应和氧化联合作用产生各种聚合物，如二聚和多聚酯，聚合作用的结果使油脂的黏度显著提高；甘三酯水解生成游离脂肪酸；烷氧基游离基通过各种氧化途径生成中等挥发性的非聚极性化合物，如羟基酸与环氧酸等。所有这些变化使油的黏度增加，游离脂肪酸含量增加，色泽变暗，碘值与表面张力下降，折射率发生变化，形成泡沫的倾向增加。

在油炸过程中油与食品都发生了很大的化学与物理变化，有些变化是不期望的或者说是有害的，但有些变化却赋予油炸食品期望的感官质量。然而，油脂的过度变化将破坏油炸食品的营养与感官质量，所以必须进行控制。

六、油 脂 氢 化

在一定条件下，氢加成到油脂不饱和脂肪酸的双键上，使其饱和的过程称为油脂氢化。

$$-CH=CH- + H_2 \longrightarrow -\underset{H}{\overset{}{C}}H-\underset{H}{\overset{}{C}}H-$$

在油脂工业上，油脂的氢化加工具有重要的意义，它与油脂酯交换、分提构成了油脂改性的三大手段，为制造多种专用油脂制品，如人造奶油、起酥油、代可可脂等提供了原料。对油脂进行氢化可以达到以下几个目的：① 提高油脂的熔点，使液体油转变为固体脂，以满足人造奶油、起酥油生产的需要；② 提高油脂的抗氧化能力。

1. 油脂氢化反应的机制

通常情况下，氢气不能与含不饱和脂肪酸的油脂作用，反应需要较高的活化能，即使高温高压，用活性很大的新生氢也难发生作用，油脂氢化反应必须在催化剂的作用下才能进行。常见的催化剂有镍、铜、铬、铂、钯等，其中镍催化剂最为常用。

按照近代活性中心学说与活化络合物学说，催化剂表面不平整的畸形结构，使表面存在着自由力场，形成活性中心，催化剂凭这种自由力场与氢和双键结合，形成不稳定的中间络合物，最终又分离成生成物和催化剂。这些中间产物的生成可以活化反应物的分子，改变反应历程，使氢化反应分步进行，以活化能较低的两步反应代替了活化能较高的一步反应，使反应顺利进行。

油脂氢化在催化剂表面的活性点上进行，它包括几个步骤：氢溶解在油和催化剂的混合物中，氢向催化剂表面扩散、吸附，进行表面反应，解吸产物从催化剂表面向外扩散。

一般不饱和甘油酯在活化中心只有一个双键首先被饱和，其余的双键逐步被饱和。当油脂的双键及溶解于油脂的氢被催化剂表面活性点吸附时，形成氢－催化剂－双键不稳定复合物，如图4－15所示。所吸附的每个不饱和键能够与一个氢原子起反应，生成双键上只加一个氢（H_a）的半氢化不稳定中间体；不稳定中间体再与另一个氢原子反应则使双键饱和；如果不稳定中间体不能进一步与另一个氢原子起反应，中间体就脱氢形成新的双键。半氢化不稳定中间体可通过下述四种不同途径，形成各种异构体。

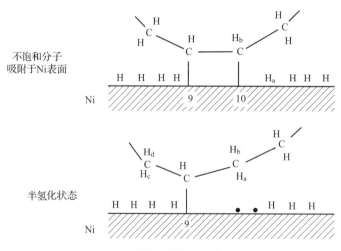

图4－15 不饱和脂肪酸的氢化过程

（1）半氢化中间体接受催化剂表面一个氢原子，形成饱和键，解吸、远离催化剂。

（2）结合的氢原子 H_a 脱落，原来双键恢复，解吸、远离催化剂。

（3）氢原子 H_b 脱落，原双键发生顺－反异构化，解吸、远离催化剂。

（4）若 H_c 或 H_d 脱落，发生双键位置移动，解吸、远离催化剂。

如果反应体系中既含有一烯脂肪链也含有二烯及多烯脂肪链，不同饱和程度的脂肪链可能竞相争先占据催化剂表面。二烯和多烯脂肪链优先被吸附至催化剂表面进行反应，氢化成单烯或产生异构化，也可能两者都进行，直至在油中的浓度降到很低，接着一烯脂肪链被吸附并进行反应。

由此看来，天然不饱和酸甘三酯在氢化过程中，可能加氢饱和，也可能保持不变，还可能产生异构化，既有位置异构，也会出现几何异构，反应产物非常复杂。

例如亚麻酸在氢化过程中可能经历的反应如下：

油脂氢化过程中异构化的情况对反应产物的性质有较大的影响，尤其是反式酸的生成。食品专用油脂中，反式结构含量的多少直接影响产品的质量。例如，反式油酸甘油酯的熔点（42℃）高于顺式约4.9℃，但低于同碳的硬脂酸甘油酯（73.1℃）。因此，不同温度下，油脂的固脂含量取决于反式油酸甘油酯及硬脂酸甘油酯的含量。高温下，固脂含量由硬脂酸甘油酯决定；低温下，则由硬脂酸甘油酯和反式油酸甘油酯决定。同时也可看出，相同饱和程度的氢化反应，可因为异构化情况的差异而使产品的性质出现差异。

油脂异构化中生成的反式脂肪酸的安全性也是目前人们关注的一个问题。反式酸在生物学上与它们的顺式异构物是不相等的，不具必需脂肪酸的活性，虽无明显的毒性，但有观点认为它是冠心病的一个风险因子，对人体健康有不良的影响，而引起人们的注意。

油脂氢化过程中异构化的发生，与反应条件的控制直接相关。

2. 选择性

饱和度不同的脂肪酸被催化剂吸附的强弱、先后次序有很大的差别，氢化的速度也不同，即饱和度不同的脂肪酸，其氢化的先后快慢不同，表现出选择性。我们用选择性比表示这种选择性，以表示饱和度不同的脂肪酸氢化过程相对快慢的比较。

假设油脂的氢化不可逆，异构体间的反应速度无差别，并不考虑催化剂中毒，其反应模式可简化如下：

$$亚麻酸酯（Ln）\xrightarrow{K_1}亚油酸酯（Lo）\xrightarrow{K_2}油酸酯（O）\xrightarrow{K_3}硬脂酸酯（S）$$

亚油酸的选择性比（SR_L）：亚油酸转化为油酸的速度常数与油酸转化为硬脂酸的速度常数之比，即K_2/K_3。

亚麻酸的选择性比（SR_{Ln}）：亚麻酸转化为亚油酸的速度常数与亚油酸转化为油酸的速度常数之比，即K_1/K_2。

如某豆油部分氢化时（图4-16），$SR_L = K_2/K_3 = 12.2$，表明亚油酸的氢化速度为油酸的12.2倍；$SR_{Ln} = K_1/K_2 = 0.367/0.159 = 2.3$，其意义为亚麻酸的氢化速度为亚油酸的2.3倍。

SR值大表示选择性好，如$SR_L > 50$表示亚油酸氢化选择性好，亚油酸的反应速度速度远远大于油酸，几乎亚油酸氢化完毕，油酸的反应才能进行。

氢化反应的选择性不仅与油脂的类型、反应条件有关，催化剂的作用也举足轻重。不同的催化剂对油脂氢化表现出不同的选择性，如铜催化剂比镍催化具有较好的亚麻酸选择性。

油脂工业中，可以通过选择性的控制，来进行氢化，以得到所需要性能的产品。例如，豆油中亚麻酸及亚油酸是构成其甘油酯的主要成分，亚麻酸含有两个活性亚甲基，易氧化产生异味，使豆油在贮存时易变质。若豆油通过氢化，使亚麻酸含量尽可能降低，同时尽量保留较稳定的必需脂肪酸亚油酸，可保留豆油的营养价值，同时提高了油脂的氧化稳定性。

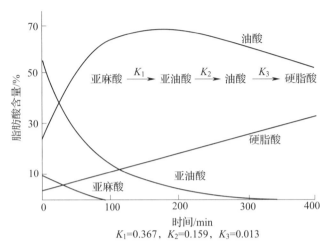

$$亚麻酸 \xrightarrow{K_1} 亚油酸 \xrightarrow{K_2} 油酸 \xrightarrow{K_3} 硬脂酸$$

$K_1=0.367$，$K_2=0.159$，$K_3=0.013$

图 4-16　豆油部分氢化脂肪酸与反应时间的关系

根据氢化程度不同，在工业上通常把油脂氢化分为极度氢化和部分氢化两种。极度氢化是将油脂中的双键尽可能全部饱和，产品碘值低，熔点高，其质量指标主要是达到一定的熔点，主要用于制取工业用油，如肥皂用油等，氢化时主要要求反应速度快。部分氢化需要保留一定的不饱和度，其中选择性氢化是用于制取食用油脂产品原料的主要控制手段，产品不仅要求有适当的碘值、熔点，还要求适当的固脂指数，这就要求油脂氢化时，对各种脂肪酸的反应速度有一定的选择性。在实际生产中，可通过采用适当的温度、压强、搅拌速度和催化剂来进行氢化选择性的控制。

表 4-10 列出了大豆油选择性氢化和非选择性氢化产品的一组数据。可以看出，在碘值相同，即氢化程度相同的情况下，选择性氢化有以下特点。

表 4-10　　　　　　　选择性氢化和非选择性氢化的指标比较

分析项目	选择性氢化	非选择性氢化
碘值	75.8	75.0
熔点（封闭毛细管法）/℃	75.8	75.0
凝固点/℃	32.2	50.0
固体脂肪指数	28.3	36.1
50℉（10.0℃）	33.0	34.4
70℉（21.1℃）	18.0	25.6
80℉（26.7℃）	10.2	23.1
90℃（33.3℃）	1.8	15.1
100℃（37.8℃）	0.4	9.1
脂肪酸组成/%		
亚麻酸	0.01	0.57
亚油酸	2.2	8.5
油酸	83.7	68.4
硬脂酸	4.1	12.5
棕榈酸	10.0	10.0

（1）脂肪酸组成中亚麻酸、亚油酸及硬脂酸的含量低，而油酸含量高。

（2）熔点及凝固点较低，各个温度的固体指数较低，产品的质地较软，常温下可塑性好，且显现出较好的口熔性。

氢化生产人造奶油及糖果用脂肪原料，选择性应很高，以保证人体温度（37℃）时，SFI接近零，具有好的口感。焙烤用油及起酥油则不然，它要求塑性范围宽，允许一定量的高熔点甘三酯存在，可选择较低选择性的氢化条件。

选择性比 SR_L 为 50 或 4 时，氢化豆油（碘值皆为95）的 SFI 曲线如图 4 - 17 所示。可以看出，氢化的选择性不同，所得产品的 SFI 随温度的变化有明显的差异。

3. 影响氢化反应的因素

油脂氢化反应体系为油（液体）、催化剂（固体）及氢气（气体）构成的多相反应体系，要使氢化反应顺利进行，处于三相的物质必须同时接触，因此氢化反应的速度不仅取决于反应的化学动力学因素，还取决于发生反应的相界面的表面积大小和物质的迁移速率等物理因素。

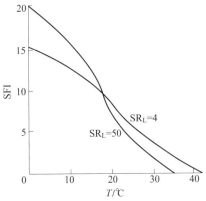

图 4 - 17　不同选择性的氢化产品 SFI 曲线

一般来说，温度、氢气压强、催化剂的种类和浓度是影响油脂氢化反应的重要因素。除了对化学动力学因素的影响，对吸附在催化剂表面上氢的有效浓度的影响，也是这些因素作用的重要方面。

与其他化学反应一样，氢化反应速度受温度变化的影响，温度升高，催化剂表面的反应速度加快。如果在升高温度的同时增加搅拌速度和压强，氢易于穿过界面进入油相，有足够的氢源源不断地供给催化剂表面，保证了氢化反应的进行；而如果只是升高温度，由于反应非常迅速，搅拌速度和压强较低，会导致氢源不足，催化剂表面的氢可能出现供应不足，结果是未饱和的活泼中间体重新失去一个氢而形成异构体，异构化反应增加。

为使油脂氢化产品能满足各种性质要求，需要严格控制反应条件。不同的反应参数，如压力、温度、搅拌以及催化剂浓度等对氢化速率、异构化程度和选择性，都有很大的影响，具体可参见表 4 - 11。

表 4 - 11　　　　　　　　　　反应条件对氢化选择性、异构化和速率的影响

加工参数	SR	反式酸	速率
高温	高	高	高
高压	低	低	高
高催化剂浓度	高	高	高
高强度搅拌	低	低	高

七、酯交换反应

广义的油脂酯交换是指甘油三酸酯与脂肪酸、醇、自身或其他酯类作用，引起酰基交换而产生新酯的一类反应。根据酯交换反应中的酰基供体的种类（酸、醇、酯）不同，可将其分为酸解、醇解和酯－酯交换。

① 酸解。油脂或其他酯类与脂肪酸作用，酯中酰基与脂肪酸酰基互换，生成新酯的反应称为酸解：

$$R-\overset{O}{\underset{}{C}}-OR' + R''-\overset{O}{\underset{}{C}}-OH \Longrightarrow R''-\overset{O}{\underset{}{C}}-OR' + R-\overset{O}{\underset{}{C}}-OH$$

② 醇解。油脂或其他酯类在催化剂的作用下与醇作用，交换酰基生成新酯的反应称为醇解。可参加反应的醇类有一元醇（如甲醇、乙醇）、二元醇（如乙二醇）、三元醇（甘油）、多元醇、糖类（如蔗糖）等，其反应式为：

$$R''OH + R-\overset{O}{\underset{}{C}}-OR' \Longrightarrow R-\overset{O}{\underset{}{C}}-OR'' + R'OH$$

③ 酯－酯交换。油脂中的甘三酯与甘三酯或其他酯类作用，交换酰基生成新酯的反应称为酯－酯交换。这是此章节中重点要研究的反应类型。

甘三酯分子中有三个脂肪酸酰基，油脂酯－酯交换可以是同一个甘三酯分子内的酰基交换，也可以是不同分子间的酰基交换。

酯交换使甘三酯分子的脂肪酸酰基发生重排，而油脂的总脂肪酸组成未发生变化。酰基的这种交换重排是按随机化原则进行的，反应所得到的甘三酯的种类是各种脂肪酸在各个甘油基及其三个位置上进行排列组合的结果，最终按概率规则达到平衡状态。

1. 酯交换后甘三酯中脂肪酸的分布

在天然油脂中，脂肪酸在甘三酯中的分布既不是均匀的也不是随机的，而是有一定的规律，这在前面已进行了阐述，随着分析技术的发展，已经积累了足够的分析数据，说明脂肪酸在甘油分子的三个羟基上的分布是有选择性的，$sn-1$、$sn-2$、$sn-3$ 三个位置是有区别的。例如，植物油中的油酸、亚油酸和亚麻酸具有选择性地与甘油的 $sn-2$ 位的羟基结合的特点，其余的脂肪酸如饱和脂肪酸与长碳链不饱和脂肪酸，包括多余的油酸与亚油酸、亚麻酸，则集中在 $sn-1$ 与 $sn-3$ 位上，不常见的酸（如芥酸）联结在 $sn-3$ 位上。

油脂酯交换反应的实质是各种脂肪酸按照随机化原则在分子内和分子间进行重排的过程。即每种脂肪酸进入 $sn-1$、$sn-2$、$sn-3$ 的机会均等，没有选择性，各占1/3。就甘油的三个位置而言，理论上饱和脂肪酸在 $sn-2$ 上的比例应是33.3%，实验数据在30% ~39%，可认为是相符的，$sn-1$、$sn-2$ 同样如此。由此可见，天然油脂酯交换后脂肪酸的分布发生明显变化，根据所含脂肪酸在甘油三个位置上出现情况的排列组合，则可能出现天然油脂中所没有的甘三酯种类。

2. 酯交换后油脂性质的变化

油脂的性质主要取决于所含脂肪酸的组成和脂肪酸在甘三酯分子中的分布。酯－酯交换反应中，虽然油脂的脂肪酸组成未发生改变，但酰基的随机重排、脂肪酸分布状况的改变使油脂的甘三酯组成发生了变化，而使其物理性质也随之发生改变。

酯-酯交换作为当今油脂改性的三大重要手段之一，在油脂食品生产中的应用日益增加。

油脂进行酯交换后，脂肪酸的分布发生改变，使甘三酯的构成在种类和数量上都发生了变化，引起油脂的多种性质也相应发生改变。具体变化与原料中脂肪酸组成的改变或生成物中甘三酯组成的改变密切相关。

（1）熔点　随酯交换后甘三酯组成的变化情况，而发生改变。

对于某种原料油和其他油脂的混合物，如果饱和脂肪酸含量增加，反应后产物的熔点会相应升高，反之则下降，例如氢化油和液态油进行酯交换后，氢化油的熔点一般下降10~20℃。

同一原料油中进行的酯交换，天然油脂中各种脂肪酸的某种规律分布，会趋于比较均匀。例如单一的植物油中，一般三饱和甘三酯存在的比率低，而酯交换中脂肪酸的随机重排会使之上升，而使反应后的熔点升高，通常会升高10~20℃。动物脂肪酯交换后，三饱和甘三酯的含量变化不大，略有下降，反应后油脂的熔点也是如此。表4-12给出了几种油脂随机酯交换后熔点的变化情况。

表4-12　　　　　　　　　几种油脂随机酯交换后的熔点变化　　　　　　　　单位：℃

油脂	大豆油	棉籽油	椰子油	棕榈油	猪脂	牛脂
反应前	-7	10.5	26.0	39.8	43.0	46.2
反应后	5.5	34.0	28.2	47.0	42.8	44.6

（2）固体脂肪指数（SFI）　由于酯交换后，脂肪酸重新分布，有些油脂的甘三酯组成变化较大，使SFI变化也大。SFI发生变化使油脂的可塑性、稠度也随之发生改变。

由表4-13可以看出，有些油脂的固体脂肪指数变化较小，如棕榈油、猪脂、牛脂等；而棕榈仁油及其与椰子油的配合油，反应后固体脂肪指数变化较大；变化最大是可可脂，反应前后有显著差异。

表4-13　　　　　　　　　　　　交酯反应前后SFI值的变化

油脂	反应前			反应后		
	10℃	20℃	30℃	10℃	20℃	30℃
可可脂	84.9	80	0	52.0	46	35.5
棕榈油	54	32	7.5	52.5	30	21.5
棕榈仁油	—	38.2	80	—	27.2	1.0
氧化棕榈仁油	74.2	67.0	15.4	65	49.7	1.4
猪脂	26.7	19.8	2.5	24.8	11.8	4.8
牛脂	58.0	51.6	26.7	57.1	50.0	26.7
60%棕榈油+40%椰子油	30.0	9.0	4.7	33.2	13.1	0.6
50%棕榈油+50%椰子油	33.2	7.5	2.8	34.4	12.0	0
40%棕榈油+60%椰子油	37.0	6.1	2.4	35.5	10.7	0
20%棕榈油硬脂+80%轻度氢化植物油	24.4	20.8	12.3	21.2	12.2	1.5

图 4-18 的曲线，反映了随机酯-酯交换对可可脂的影响。可可脂是一种具有鲜明熔化特征的油脂，其 SFI 曲线陡峭，熔点范围窄，在人体体温 37℃左右时，固体脂肪完全熔化，显示出良好的口熔性，这与其甘三酯中脂肪酸的分布特点有关。在可可脂的分子中，甘三酯的 $sn-2$ 位几乎全部与油酸连接，$sn-1$、$sn-3$ 位置多数是饱和脂肪酸，这种"对称型"甘三酯结构 SUS（S 表示饱和脂肪酸，U 表示不饱和脂肪酸）在天然可可脂中占 80% 以上，而使得熔点范围窄。由于随机酯交换后，脂肪酸在三个位置上的分布概率相似，改变了原来的甘三酯组成特点，生成高熔点甘三酯，使得在高温下（50℃）仍有一定量的固体脂肪，在人体口腔温度下不能完全熔化，并且"对称型"甘三酯结构为主特点的改变，使得熔点范围增宽，SFI 曲线走势变得平缓。

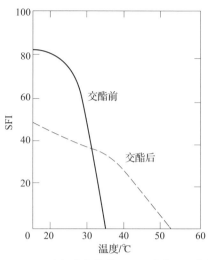

图 4-18　随机酯交换前后可可脂的 SFI 曲线

（3）结晶特性　酯交换可使某些油脂的结晶特性明显改变，例如天然猪油的甘三酯分子中，二饱和甘三酯（S_2U）大都是以 S-P-U 的形式排列，即棕榈酸选择性地分布在 $sn-2$ 位上，而硬脂酸分布在 $sn-1$ 或 $sn-3$ 位上，这种结构的相似性使其容易形成 β 晶体，而使猪油产生粗大的结晶，酪化性差。酯交换中脂肪酸分子重排，各种脂肪酸进行随机化排列，从表 4-14 可以看出，反应后，二饱和甘三酯的数量几乎没有变化，但 S-P-U 结构的甘三酯数量却激减，从而失去了形成稳定 β 结晶的基础。酯交换后的猪油形成 β' 结晶，可使其酪化性等特性发生明显改善。油脂进行酯交换后，其稳定性也会有所改变。

表 4-14　　　　　　　　　　酯交换前后猪油甘三酯的组成　　　　　　　　　　单位：%

甘三酯	S_3	S_2U	SU_2	U_3
酯交换前	2	26	54	18
随机酯交换后	5	25	44	26
定向酯交换后	14	15	32	39

3. 影响酯交换的因素

酯-酯交换反应能否发生以及进行的程度如何与原料油脂的品质、催化剂种类及其使用量、反应温度等密切相关。

（1）催化剂　油脂酯交换在没有催化剂的条件下，也可以进行，但速度很慢且要求反应温度很高（250℃左右），所需反应时间长，且伴有分子分解及聚合等副反应。因此必须使用催化剂。

根据酯交换反应中所使用的催化剂不同将其划分为化学酯交换反应和酶法酯交换反应两大类，前者是指油脂或酯类物质在化学催化剂（如酸、碱等）作用下发生的酯交换反应，后者是利用酶作为催化剂的酯交换反应。

酯交换常用的催化剂是碱金属、碱金属的氢氧化物及碱金属烷氧化物等。其中使用最广泛的是甲醇钠，其次是钠、钾、钠钾合金以及氢氧化钠等。

脂肪酶可用于催化酯交换反应。脂肪酶的种类不同，其催化作用也不同。人们常根据其催化的特异性将其分为三大类：非特异性脂肪酶、特异性脂肪酶和脂肪酸特异性脂肪酶。不同种类的脂肪酶催化油脂酯交换反应的过程与产物各异。

（2）温度　温度不仅影响酯交换反应的速度，而且影响酯交换反应平衡的方向。

可以将酯交换反应看作是一个可逆反应：

$$UUU + SSS \rightleftharpoons SUU + SSU + UUU + SSS$$

式中，U、S 分别代表不饱和脂肪酸和饱和脂肪酸。

反应可以向两个方向移动，当反应温度高于熔点时，反应向正反应方向移动；当控制温度低于油脂熔点时，酯交换逆向移动。

在油脂加工工艺中，酯交换分为随机酯交换和定向酯交换两种方式。随机酯交换是指在高于油脂熔点的状态下进行的，不施加其他辅助手段，产物完全是随机重排的结果。

在酯交换过程中，若产物之一从反应中移去，则反应平衡状态发生变化，趋于产生更多的被移去产物。因此，通过选择性结晶析出油脂酯交换产物中的三饱和甘三酯成分，残留的液相部分继续反应至平衡，又有部分三饱和甘三酯析出，从而引导所有饱和脂肪酸有效地转化为三饱和酸甘油酯，直到结束反应，反应物以三饱和甘三酯（S_3）和三不饱和甘三酯（U_3）为主，这种方法称为定向酯交换。

（3）原料油品质　由于水、游离脂肪酸和过氧化物等能够降低甚至完全破坏催化剂的催化功能，为催化剂毒物，而使酯交换反应无法顺利进行，所以用于酯交换反应的油脂应符合下列基本要求：水分不大于 0.01%，游离脂肪酸含量不大于 0.05%，过氧化物含量极少。且反应最好在充氮的环境中进行反应。

第五节　油脂品质的鉴评

一、油脂的重要化学特征值

1. 酸值（酸价，AV）

衡量油脂中游离脂肪酸量的多少，常用油脂的酸值（酸价，AV）表示。酸值的定义为：完全中和 1g 油脂中所含游离脂肪酸所需氢氧化钾的质量（mg）（mgKOH/g 油）。一般新鲜油脂的酸值较低，而长期贮藏或贮藏条件不佳时，酸值会逐渐增高。酸值的大小可直接说明油脂的新鲜度和质量好坏，所以是检验油脂质量的重要指标之一。

2. 碘值（IV）

100g 油脂所能吸收碘的质量（g）称为碘值。通过碘值可以判断油脂中脂肪酸的不饱和程度，油脂中双键越多，碘值越大，如油酸的碘值为 89，亚油酸的碘值为 181，亚麻酸则为 273。各种油脂有特定的碘值，如猪油的碘值为 55～70，花生油的碘值为 84～103。

碘值的测定是利用不饱和双键的卤素加成反应，由于碘与脂肪酸中双键的加成反应速度慢，所以测定时常用氯化碘或溴化碘作为反应试剂。

二、油脂氧化程度的测定

1. 过氧化值（POV）

过氧化值是指 1kg 油脂中所含氢过氧化物的毫克当量数。主要用于衡量油脂氧化初期的氧化反应程度。测定原理是油脂氧化形成氢过氧化物。氢过氧化物与碘化钾作用生成游离碘，以硫代硫酸钠标准溶液滴定游离出来的碘，以消耗硫代硫酸钠的毫摩尔数来确定氢过氧化物的毫摩尔数，即可定量确定氢过氧化物的含量。反应式为：

$$CH_3COOH(冰) + KI \longrightarrow CH_3COOK + HI$$
$$ROOH + 2HI \longrightarrow ROH + H_2O + I_2$$
$$I_2 + 2Na_2S_2O_3 \longrightarrow 2NaI + Na_2S_4O_6$$

由于氢过氧化物不稳定，在油脂氧化的初期它呈上升趋势，到一定程度便会发生大量分解，过氧化值升高到达最大值又缓慢下降，故深度酸败油脂的过氧化值反而小。

2. 硫代巴比妥酸值（TBA 值）

不饱和脂肪酸的氧化产物（丙二醛、烷醛、烯醛等）与硫代巴比妥酸反应生成黄色或红色的物质，这种物质在 450nm 和 530nm 处有最大的吸收，可同时在这两个最高吸收波长处测定油脂氧化产物的含量，以此衡量油脂氧化的程度。

一般来说，含有 3~4 个双键的脂肪酸才能产生大量的 TBA 反应产物。有不少非脂肪氧化产物的化合物，也能与 TBA 反应产生红色，例如糖与木材熏烟中一些化合物同 TBA 反应产生红色，这样就会影响 TBA 测定结果的正确性。另一方面，在氧化体系中丙二醛与蛋白质相互作用，也会引起 TBA 测定结果偏低。因而 TBA 测试方法仅适用于比较单一的物质在不同氧化阶段的氧化程度。

3. 羰基值的测定

氧化油脂所产生的酸败气味，与挥发性羰基物质的存在有直接关系，故可由测定油脂中醛、酮（均含有羰基）的含量来了解其氧化酸败的程度。

总羰基化合物的测定方法一般以由氢过氧化物分解生成的醛或酮与 2，4 - 二硝基苯肼作用生成腙为基本反应，羰基化合物与 2，4 - 二硝基苯肼的反应产物，在碱性溶液中形成褐红色或酒红色，可在 440nm 下测定吸光度，来计算羰基值。一些因素对测定结果有影响，如未分解的氢过氧化物。

由于氧化油脂中含有相对分子质量较高的羰基化合物，其挥发性较低，对油脂的风味无直接影响，因此可以采用各种分离技术将其与低相对分子质量、易挥发的羰基化合物分离。通过蒸馏回收易挥发的羰基化合物，馏出液与合适的试剂反应或采用色谱法进行测定，所得到的结果可以较好地与感官质量相关。

4. 色谱法和光谱法

采用高效液相色谱、气相色谱或薄层色谱等，可以分离、分析、鉴定油脂氧化后生成的某些化合物，如挥发性、极性或聚合产物，从而对其氧化程度进行评价。以气相色谱较常用。已出现用气相色谱来检测大豆油变质的方法。

光谱法一般可以通过利用红外光谱、紫外光谱或荧光分析等，测定油脂中不饱和脂肪酸双键的变化情况或氢过氧化物的生成情况，以此来衡量油脂的氧化情况。

三、油脂氧化稳定性的测定

油脂在贮存过程中是否能保持品质的稳定，仅从外部感官上进行判断是难以确定的。为了在较短时间内确定油脂稳定性的高低，常将其进行加热、通气及光照等，以期尽快使之酸败并测其氧化程度，由此来判断其稳定性。这类试验也常称为"加速试验"，常用的方法有以下几种。

1. 活性氧法（AOM 法）

该法是检验油脂是否耐氧化的重要方法。基本做法是把被测油样置于 97.8℃ 的恒温条件下，并连续向其中通入 2.33mL/s 的空气，定期测定在该条件下油脂的 POV 值变化，记录油脂的 POV 值达到一定过氧化值（通常，植物油脂 100，动物油脂 20）所需要的时间，以小时为单位。AOM 值越大，说明油脂的抗氧化性越好，稳定性高。

AOM 法对评价抗氧剂性能比较有效，但由于实验条件和油脂实际的贮存条件差异较大，它与油脂实际货架寿命并不完成对应关系。

2. Schaal 实验

Schaal 实验是测定油脂在 60℃ 下贮存达到一定 POV 或出现酸败气味的时间。可通过感官上的评定或 POV 值的测定来完成，方法比 AOM 简单。具体为：把油脂置于 (63±0.5)℃ 温箱中，定期测定 POV 值达到 20 的时间，或感官检查出现酸败气味的时间，以 d 为单位。温箱实验的天数与 AOM 值有一定的相关性，如在棉籽油的实验中有如下关系：

$$AOM（小时数）= 2 \times （Schaal 温箱实验天数）- 5$$

3. 氧吸收法

将样品放在密闭容器中，通过测定被样品吸收的氧的质量来表达其稳定性。具体的方法可以是测定密闭容器内产生一定压力降所需的时间，或者测定在一定氧化条件下吸收一定量的氧所需的时间。

第六节　油脂制品及其加工

油脂加工产品主要分为两大类，一类主要是作为烹调用油的油脂精炼产品，如色拉油；一类为所谓的油脂深加工产品，主要以精炼油为原料，通过改性手段，生产加工出的油脂产品，如起酥油、人造奶油、煎炸油等，很大部分是用作食品加工的用油。

一、油脂精炼及产品

从天然油料提取的油脂称为毛油，其中会含有一些以脂溶性为主的杂质，在数量和组成上各不相同，主要取决于油料的品种、质量以及制油工艺等。油脂精炼的主要目的就是根据产品的品级要求，去除毛油中的各种杂质，获得各种品质的产品。

毛油中杂质的绝对含量虽然不高，但大都会影响油脂的色泽、风味、保存性、使用品质甚至油脂的食用安全性等。这些杂质包括游离脂肪酸、磷脂、色素、水分、某些烃类物质、臭味成分等。例如，水分不仅影响油脂的透明度，而且会促进油脂的水解酸败；磷脂虽是一种营养物质，但它的存在会使油脂混浊，还会保留水分，而且在加热时会产生黑色沉淀，影响产品质量；游离脂肪酸不仅影响油品风味，促进其劣化，而且和水分、金属离子类似，存在于用氢化或酯交换加工的原料油脂中时，可使催化剂中毒，降低其活性。

毛油中也存在一些有益的杂质，如生育酚、谷维素等，它们既是油脂的天然抗氧化剂，也对人体有益，在精炼时可以尽量保留，也可以提取出来加以利用。

按照毛油中杂质的性质，油脂精炼去除杂质的方法可以归纳为以下几个方面。

（1）脱除不溶性杂质　采用沉降、过滤、离心分离等物理方法。

（2）脱胶　主要去除毛油中的磷脂、黏液质、树脂、蛋白质等物质，通常采用水化法进行。

（3）脱酸　常采用碱液中和法，主要去除油脂中的游离脂肪酸以及可以和碱反应的杂质。

（4）脱色　采用吸附活性白土、活性炭等吸附剂，吸附脱除油中的色素，同时达到去除胶质、含硫物质等的目的。

（5）脱臭　采用高温真空蒸汽蒸馏的原理，脱除油中的低分子臭味物质、游离脂肪酸等物质。

（6）脱蜡、脱脂　主要采用冷冻结晶的方式，去除某些油脂中的蜡质或高熔点的固脂。

针对不同种类油脂所含的杂质情况和产品品级的要求，采用不同的精炼过程，可以得到不同除杂程度的油脂产品。

油脂精炼生产过程：

油料→ 制取 →毛油（含杂质）→ 精炼（脱磷、脱酸、脱色、脱臭） →烹调用油

色拉油是去除杂质较充分的高品质油脂产品的代表，颜色浅，气味平淡，滋味柔和，除了酸值、过氧化值低，在冬季或冰箱里等较低温度下存放不会由于较高熔点甘三酯的结晶析出而出现混浊，冷冻试验（油样在0℃放置5.5h无结晶絮状物析出，保持澄清透明）必须合格。

对一些种类的油脂，仅需控制条件经过脱磷、脱酸、脱色、脱臭工序，就可以达到色拉油的等级，但对于含有高熔点甘三酯或蜡质的油脂，如米糠油、棉子油、葵花子油等，还必须进行脱脂、脱蜡去除这些高熔点的成分，才能生产出合格的色拉油产品。

根据我国油脂产品标准，烹调用油根据精炼除杂程度，分为一级、二级、三级、四级四个等级，一级油品级最高，品质接近色拉油。

二、油脂深加工产品

油脂深加工产品主要是指在对各种植物油进行精炼去除了杂质的基础上，进一步进行加工生产而得到的产品，如起酥油、人造奶油、煎炸油等。

所谓油脂改质是指借助于物理、化学手段，通过改变油脂中甘油三酸酯的组成和结构，使油脂的物理和化学性质发生改变而适应某种用途的过程。氢化、酯交换和分提是油脂改质的三大手段，利用改质加工可以由液态油获得固体脂。

起酥油、人造奶油的生产，可用下列示意图表示。

① 液态油—— 改质（氢化、酯交换、分提） ——→固体脂

$\left.\begin{array}{l}\text{液态油}\\\text{固体脂}\end{array}\right\}$ ②　　　　　　| 按一定比例进行调和 | —→ | 加工生产 | —→起酥油、人造奶油

传统的人造奶油和起酥油加工中，重要加工生产过程是采用急冷捏合，使产品产生适当的结晶形态，具有良好的可塑性和各种加工性能。

（一）人造奶油

传统的人造奶油是具有可塑性的乳化型半固体脂肪产品，是油脂和水乳化后进行急冷结晶的产物。人造奶油通常含有大于80%的油脂，一般原料油须由一定数量的固体脂和一定数量的液体油搭配调和而成，原料油脂中的高熔点成分决定了人造奶油结晶的趋向，这对所生产的人造奶油形成具有所需的性能非常重要。

人造奶油最初是在19世纪后期，作为奶油的代用品而发展起来的，原本是为了弥补天然奶油的短缺，随后却因使用植物油脂作为原料不含胆固醇，必需脂肪酸含量高及相对价格较低等因素，人们的消费量不断上升，甚至超过了天然奶油，处于遥遥领先的地位。传统的餐用人造奶油，主要特征是模仿天然奶油，作为其替代品，熔点与人的体温接近，具有相似的口感和固体形态。根据市场的需求，在注重营养价值和风味的特性基础上，众多品种的人造奶油不断出现，在概念和形态上也超越了传统的代用品，出现了含油量低于80%的低脂产品、流体状产品等。

总的来说，人造奶油可分成两大类：家庭用人造奶油和工业用人造奶油。

1. 家庭用人造奶油

家庭用人造奶油主要在就餐时直接涂抹在面包上食用，少量用于烹调，市场上销售的多为小包装产品。其必须具备的一些特性：

（1）保形性　室温下不熔化，不变形。

（2）延展性　在外力作用下，易变形，易于在面包等食品上涂抹。

（3）口熔性　置于口中能迅速熔化，具有良好的口感。

（4）风味　通过合理配方和加工使其具有使人愉快的滋味和香味。

（5）营养性　既要考虑为人体提供热量，还要考虑为人体提供多不饱和脂肪酸等。

2. 食品工业用人造奶油

食品工业用人造奶油可以看成是含有水分、以乳化型出现的起酥油，它除具备起酥油所具有的可塑性、酪化性、乳化性等加工性能外，还能够利用水溶性的食盐、乳制品和其他水溶性增香剂改善食品的风味和色泽。

食品工业用人造奶油常见的种类如下。

（1）通用型人造奶油　这类人造奶油属于万能型，一年四季都具有可塑性和酪化性，熔点一般较低，可用于各类所需场合各类糕点食品的加工。

（2）专用型人造奶油

① 面包用人造奶油。这种制品用于加工面包、糕点和作为食品装饰，稠度比家庭用人造奶油硬，要求塑性范围较宽，吸水性和乳化性要好。

② 起层用人造奶油。这种制品比面包用人造奶油硬，可塑性范围广，具黏性，用于烘烤后要求出现薄层的食品。

③ 油酥点心用奶油。这种制品比普通起层用人造奶油更硬，配方中使用较多的极度硬化油。

人造奶油生产的基本过程主要包括：原辅料的调和、乳化、急冷捏合塑化、包装、熟成五

个阶段。调和乳化的主要目的是将油和油溶性的添加剂、水和水溶性的添加剂分别溶解形成均匀的溶液后，然后充分混合形成乳化液。

（二）起酥油

起酥油是专用于食品加工的油脂产品。起酥油起初是从英文"短"（shorten）一词转化而来的，其意思是用这种油脂加工饼干等，可使制品十分酥脆，因而把具有这种性质的油脂称为"起酥油"，最初是指用于酥化或软化烘焙食品的一类具有可塑性的固体脂肪。由于新开发的流体态、粉末态起酥油均具有塑性脂肪赋予的功能特性，今天的起酥油包含了一个广阔的产品系列。

起酥油必须具有良好的可塑性和乳化性等加工性能，一般不宜直接食用，而是用于加工烘焙糕点、面包或煎炸食品。起酥油与人造奶油在外表上有些相似，但不能作为一类，在组成上它们最大的区别在于起酥油一般不含水相，而人造奶油可以含有不高于20%的水。

起酥油作为食品加工专用油脂之一，其品种繁多，可满足食品工业及日常加工的多种要求，产品可以从多种角度进行分类，介绍如下。

1. 按原料种类分类

有植物性起酥油、动物性起酥油、动植物混合型起酥油。

（1）植物型起酥油—由不同程度氢化植物油组成。

（2）动物型起酥油—例如猪脂。

（3）动、植物混合型起酥油—由动物脂肪加上植物油或轻度氢化植物油组成。

2. 按性状分类

（1）可塑性起酥油　即常温下呈可塑性固体的传统型的起酥油，其功能特性最佳。

（2）液体起酥油　指在常温下可以进行加工和用泵输送，贮藏过程中固体成分不被析出，具有流动性和加工特性的食用油脂。它又可分为三类：① 流动型起酥油：油脂为乳白色，内有固体脂的悬浮物；② 液体起酥油：油脂为透明液体；③ O/W 乳化型起酥油：含有水的乳化型油脂。

（3）粉末起酥油　又称粉末油脂，是在方便食品发展过程中产生的，一般含油脂量为50% ~80%，也有的高达92%。可以添加到糕点、即食汤料和咖喱素等方便食品中使用。

由于起酥油是用作食品加工的原料油脂，所以其功能特性尤为重要，主要包括可塑性、起酥性、酪化性、乳化性、吸水性、氧化稳定性等。对产品加工特性的要求因用途不同而重点各异，其中可塑性是最基本的特性。

① 可塑性。指在外力小的情况下不易变形，外力大时易变形，可作塑性流动的特性。可塑性是起酥油的基本特性，由此也可派生出一些其他特性。例如起酥油在食品加工中和面团混合时能形成细条及薄膜状，这是由其可塑性所决定的，而在相同条件下液体油只能分散成粒状或球状。因而脂肪膜在面团中比同样数量的粒状液体油能润滑更大的面积，用可塑性好的起酥油加工面团时，面团的延展性好，因而制品的质地、体积和口感都比较理想。

② 起酥性。指能使食品酥脆易碎的性质，对饼干、薄酥饼及酥皮等焙烤食品尤其重要。

用具有起酥性的油脂调制食品时，油脂由于其成膜性覆盖于面粉的周围，可阻碍面筋质相互黏结；此外油脂在层层分布的焙烤食品组织中，起润滑作用，使食品组织变弱易碎，烘烤出来的点心松脆可口。一般说来，可塑性适度的起酥油，起酥性好。油脂过硬，在面团中呈块状，制品酥脆性差，而液体油在面团中，使制品多孔，显得粗糙。

油脂的起酥性用起酥值表示，起酥值越小，起酥性越好。

③ 酪化性。油脂在空气中经高速搅拌时，空气被油脂裹吸，并形成了细小的气泡。油脂的这种含气性质称为酪化性。

酪化性的大小用酪化值来表示，即 1g 试样中所含空气毫升数的 100 倍。酪化性是食品加工的重要性质，将起酥性好的油脂加入面浆中，经搅拌后可使面浆体积增大，制出的食品疏松、柔软。

起酥油的酪化性要比奶油和人造奶油好得多。加工蛋糕时，蛋糕的体积与面团内的含气量成正比，若不使用酪化性好的油脂，则不会产生大的体积。

④ 乳化性。油和水互不相溶，但在食品加工中经常要将油相和水相混在一起，而且希望混得均匀而稳定。通常起酥油中含有一定量的乳化剂，因而它能与鸡蛋、牛乳、糖、水等乳化并均匀分散在面团中，促进体积的膨胀，而且能加工出风味良好的面包和点心。

⑤ 吸水性。吸水性对于加工干酪制品和烘焙点心有着重要的意义。例如，在饼干生产中，可以吸收形成面筋所需的水分，防止挤压时变硬。

⑥ 氧化稳定性。与普通油脂相比，起酥油由于基料油脂通过氢化、酯交换改性，不饱和程度降低或是添加了抗氧化剂，从而提高了氧化稳定性。

起酥油的性状不同，生产工艺也各异。传统的固态起酥油的生产和前述人造奶油的制法类似，只是没有水相和油水两相的乳化操作。

一般固态起酥油的生产过程包括油脂原辅料的调和、急冷捏合塑化、包装及熟成 4 个阶段。

（三）煎炸油

工业生产的煎炸食品，应具有良好的外观、色泽和较长的保存期，并不是所有的油脂都适合用来作为煎炸用油，煎炸用油应为具有自身品质特点的专用油脂。在食品煎炸的环境条件下，油脂始终处于高温下与空气接触，因此煎炸用油必须具有下列性质。

① 稳定性高。大部分食品的油炸温度为 150～200℃，有的更高一些，可达到 230℃。因此要求油脂在高温下不易发生氧化、水解、热聚合。

② 烟点高。烟点需高于油炸温度，烟点太低会导致油炸操作无法进行。

③ 具有良好的风味且不带异味。

④ 油脂熔点需与人体温相近，便于消化吸收。

⑤ 油炸时不起泡，否则易出现溢锅而会影响油炸操作。

含饱和脂肪酸多的油脂，稳定性高，在煎炸时起酥性能好，但因熔点高，作业性差，特别是当熔点超过人体温度时，吸收率低，而且过量摄取对心血管疾病的产生有一定的影响，不宜作煎炸油。含不饱和脂肪酸高的油脂，在煎炸的条件下不稳定，易发生氧化、热聚合、热分解及水解等一系列复杂反应，也不宜作为煎炸油。作为煎炸油的原料油，要求其饱和与不饱和脂肪酸的比例恰当，具有一定的熔点和碘值，使煎炸油产品既符合稳定性的要求，又尽可能地保留不饱和脂肪酸。因此常选用几种油脂，采用调和方式来制备调和煎炸油，使其脂肪酸组成合理，稳定性高，营养好，炸制物风味佳。除了原料油脂的选择，为了提高煎炸稳定性和贮藏性，煎炸油中常加入少量抗氧化剂和消泡剂硅酮。硅酮在煎炸时能在油脂与空气界面之间形成一层膜，抑制了泡沫的形成，也减少了油脂与空气之间的接触面积，因而对防止油脂氧化也起到一定作用。

棕榈油是一种天然的煎炸油。生产稳定性高的煎炸油，常采用选择性氢化的油脂作为原料油。

第七节 类 脂

食品脂类中除了甘三酯以外，还有磷脂、固醇、类胡萝卜素等类脂物质。

一、磷 脂

磷脂是含有磷酸根的脂类化合物，普遍存在于动植物细胞的原生质和生物膜中（其中禽类的卵黄中含量很高），对机体的正常代谢和生物膜的生物活性具有重要的作用。

按照分子组成，磷脂分为甘油磷脂（其结构如图4-19所示）和神经氨基醇磷脂，其中甘油磷脂包括卵磷脂（磷脂酰胆碱）、脑磷脂（磷脂酰乙醇胺）、肌醇磷脂、丝氨酸磷脂、磷脂酸、磷脂酰甘油、二磷脂酰甘油等；神经氨基醇磷脂种类较少，重要的物质有神经鞘磷脂。

对食品工业，重要的磷脂是指甘油磷脂，为混合物。一些食品中磷脂类化合物的组成见表4-15。

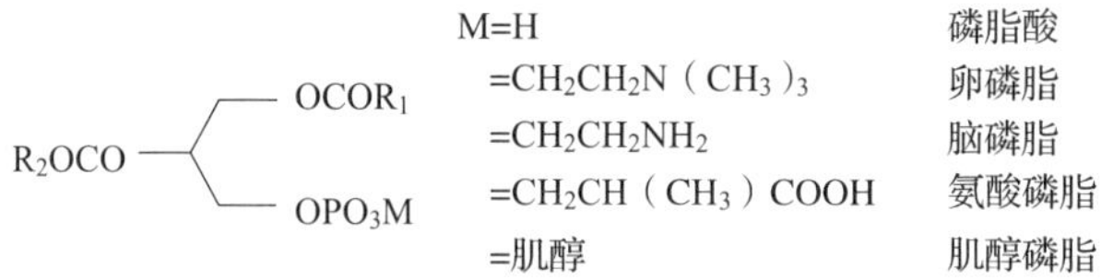

$$R_2OCO \underset{OPO_3M}{\overset{OCOR_1}{\diagdown}}$$

M=H	磷脂酸
=CH_2CH_2N（CH_3）_3	卵磷脂
=CH_2CH_2NH_2	脑磷脂
=CH_2CH（CH_3）COOH	氨酸磷脂
=肌醇	肌醇磷脂

图4-19 甘油磷脂的化学结构

表4-15　　　　　　　　　一些食品中磷脂类化合物的组成　　　　　　　　　单位:%

来源	卵磷脂	脑磷脂	肌醇磷脂	磷脂酸	丝氨酸磷脂	糖脂	神经鞘磷脂	其他磷脂
大豆	22	23	20	5	2	13	—	12
卵黄	73	17	1	—	—	0	3	—
花生	23	8	17	2	—	38	—	12

磷脂易溶于有机溶剂，难溶于水。不过，在有机溶剂中的溶解度不同，例如不溶或难溶于丙酮。卵磷脂和脑磷脂均溶于乙醚，但是卵磷脂还溶解于乙醇，脑磷脂则不溶。

磷脂可以吸水，吸水后形成膨胀的胶体不再溶于有机溶剂，而从油脂中析出。油脂精炼加工中的脱胶（磷）就是利用此性质，从油脂中分离出磷脂。

磷脂可以被酸、碱、酶催化水解，产物为甘油、脂肪酸、磷酸和相应的其他部分。在碱性溶液中，甘油与脂肪酸形成的酯键很容易水解，磷酸与有机碱形成的酯键较难水解，甘油与磷酸形成的酯键不水解；在酸性溶液中，磷酸与有机碱形成的酯键很容易水解，甘油和脂肪酸形成的酯键较难水解，甘油与磷酸形成的酯键很难水解。磷脂也可用酶水解，但酶的作用有选择性。

由于含有大量的不饱和脂肪酸（表4-16），磷脂的化学性质较一般的脂肪更为不稳定。磷脂易于被空气中的氧气氧化，短时间氧化为黄色，长时间氧化能变为褐色或黑色。磷脂的热稳定性很差，在80℃以上时开始氧化变色，120℃开始分解，在高温下（280℃）则变为黑色沉淀，所以油脂中磷脂的存在会严重影响油脂的品质和贮藏性能。

表4-16　　　　　　　　　　　　　大豆磷脂的脂肪酸组成　　　　　　　　　　单位:%

脂肪酸种类	C_{14}	C_{18}	$C_{20} + C_{22}$
饱和脂肪酸	11.7	4.4	—
不饱和脂肪酸	8.6	68.8	5.5

磷脂分子中存在亲水基团和亲油基团，是一种天然表面活性剂，在液-液界面上能降低油水两相间的表面张力。磷脂具有乳化、软化、润湿、分散、渗透、增溶、消泡和抗氧化等多种功能，可广泛用于化妆品、食品、医疗保健品、纺织、皮革和动物饲料等。甘油磷脂中卵磷脂的亲水性较强，而肌醇磷脂的亲油性较强。来自于大豆的磷脂混合物 HLB 值约为9，可以作为乳化剂、润湿剂应用。磷脂经过分级处理后富含卵磷脂，可以作为 O/W 型乳化剂，而富含肌醇磷脂的部分可以作为 W/O 型乳化剂。

磷脂作为一种重要的食品添加剂，常利用油脂加工副产物来生产不同的磷脂产品。各种油籽作物中均含有一定量的磷脂，例如大豆中有1.2%~3.2%，油菜子中约有1%，葵花子中约有0.6%。所以常对大豆油生产中的油脚进行加工利用，根据加工的程度不同，一般可以得到三种磷脂：浓缩大豆磷脂、粉末大豆磷脂、分级磷脂。而利用化学方法或酶的方法对磷脂进行结构改变，可以得到改性磷脂。

（1）浓缩磷脂　为黏稠状流体，其主要成分是磷脂和油脂，其中磷脂含量（丙酮不溶物）一般在50%以上，空气中久置会因氧化加深色泽，或产生刺激性气味。对大豆油脱胶后得到的油脚进行加热、真空脱水、漂白后的产品。

（2）粉末磷脂　利用磷脂不溶于丙酮的特性，将浓缩磷脂用丙酮处理而除去油脂，得到含油量很低的粉末磷脂。产品一般为浅黄色颗粒，吸湿性强，在空气中易被氧化。由于脂肪等的脱除，粉末磷脂的丙酮不溶物含量大大提高，一些产品的丙酮不溶物可达到95%以上。

（3）分级磷脂　浓缩磷脂中卵磷脂的含量约为20%，粉末磷脂中卵磷脂含量也只有29%左右。利用卵磷脂、肌醇磷脂在醇（乙醇、异丙醇等）中的溶解性不同，将粉末磷脂中的不同成分进行分离，得到富含卵磷脂产品（醇溶部分）和富含肌醇磷脂产品（醇不溶部分），从而可以改善磷脂产品的性质。

（4）改性磷脂　通过羟化、氢化、酰化及酶水解等反应，可以对磷脂进行化学改性。化学改性处理后，磷脂的耐热性、乳化性及分散性等得到改善。在改性磷脂产品中，羟化磷脂尤为重要，因为它能够快速在水中分散，其乳化性能也明显优于浓缩磷脂。此外利用脂酶的作用，将甘油磷脂中2-位上的脂肪酸水解，就得到所谓的溶血磷脂。对溶血磷脂的研究表明，盐类、pH 和温度对它的乳化稳定性均无大的影响，而这些条件对大豆卵磷脂却有较大影响，说明溶血卵磷脂的耐温、耐酸和耐盐性能优于磷脂，在食品中具有更好的应用价值。

食品中磷脂的功能性质与应用见表4-17。

表 4 – 17　　　　　　　　　　　　　食品中磷脂的功能性质与应用

应用领域	功能	实例
速溶食品	湿润、分散剂、乳化剂	饮料、蛋白饮料、可可、咖啡
糖果	结晶、黏度控制	巧克力、糖衣
焙烤食品	结晶控制、乳化剂、湿润剂、抗氧化剂	面包、馅饼、甜饼、生面团
乳制品	乳化剂、润湿分散剂	冰淇淋、速溶乳粉、奶油替代品

在粉末食品中，磷脂的主要作用是提高产品的润湿性与溶解性；磷脂与淀粉之间的作用在改善食品品质方面有重要意义，它可以延缓淀粉老化，可以有效地增加面团的吸水性，使产品具有均匀细密的内部结构；在糖果食品中，磷脂除具乳化作用，还可以发挥稀释作用，降低物料的黏度，对巧克力产品的成型、质地等十分重要。

二、固醇化合物

固醇又称甾醇，广泛分布于生物界，是由四个环组成的一类有机化合物，为环上带有羟基的环戊烷多氢菲化合物，由于其在 A 环上有一个羟基，所以属于醇类化合物。固醇为无色结晶，具有旋光性，不溶于水，易溶于乙醇、氯仿等溶剂，在非极性溶剂中的溶解度大于在极性溶剂中的溶解度。

固醇化合物可依其来源分为动物固醇和植物固醇。动物固醇主要是胆固醇，见图 4 – 20，植物固醇主要是谷固醇和豆固醇。

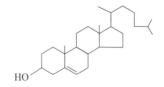

图 4 – 20　胆固醇类化合物的结构

胆固醇是最早发现的甾类化合物之一，因其在营养卫生方面的重要性而备受重视。胆固醇以游离形式或者以与脂肪酸结合成酯的形式存在，分布于动物的血液、脂肪、脑、神经组织和卵黄中。胆固醇及与长链脂肪酸生成的胆固醇酯是动物血浆蛋白和细胞膜的重要成分。胆固醇可在动物体内合成，可在胆道中沉积成结石，并在血管壁上沉积，引起动脉硬化。已有的研究结果表明，在人类的心脑血管疾病风险与胆固醇的摄入水平之间，存在一定的相关性。

胆固醇为无色蜡状固体，熔点 148.5℃，在高度真空下可升华，易溶于有机溶剂，不溶于水、稀酸及稀碱，不能皂化，一般在食品加工中不易被破坏。但胆固醇的氧化产物在一些加工食品中已经被发现，例如油炸食品、肉制品、乳制品、蛋粉和加热过的脂肪中，胆固醇的氧化产物一般被笼统地称为羟胆固醇。

植物固醇广泛存在于植物的根、茎、叶、果实、种子等中，来自于植物种子中的所有油脂中均含有植物固醇。一些植物油脂中植物固醇的含量见表 4 – 18。植物固醇与胆固醇虽然同属于固醇化合物，但植物固醇分子上五元环（D 环）上的取代基不同。

表 4 – 18　　　　　　　　　　　　一些植物油中植物固醇含量　　　　　　　　　　　　单位:%

油脂	植物固醇含量	油脂	植物固醇含量	油脂	植物固醇含量
大豆油	0.7	菜子油	0.35	玉米胚油	1.2
棉子油	1.6	芝麻油	0.5	米糠油	0.75
花生油	0.25	麦胚油	1.5		

植物油中植物固醇含量虽不一致，但一般均以谷甾醇含量最高。不同来源的植物油中，固醇的含量、分布不同，这个特征可用于对油脂的来源、混合或掺假问题进行判别（对可可脂特别重要），例如利用主要固醇的比值，像豆固醇与油菜固醇的比值，对于可可脂的替代品，此数值明显较纯可可脂低。一些油脂的豆固醇与油菜固醇的比值见表 4 – 19。另外植物固醇的鉴别也可以用于判断动物油脂中是否掺入了植物油。

表 4 – 19　　　　　　　　　　　一些油脂的豆固醇与油菜固醇之比

油脂	可可脂	椰子油	氢化花生油	Coberine[1]	Calvetta[2]
比值	2.8 ~ 3.5	1.47	0.72	0.31 ~ 0.60	0.58 ~ 0.61

注：[1]、[2]为可可脂替代品商品名。

与过量胆固醇摄入对人体健康存在的有害作用相反，植物固醇由于具有与胆固醇类似的化学结构，能够竞争性妨碍人体对胆固醇的吸收，从而降低血中总胆固醇、低密度脂蛋白胆固醇水平。

据估计，在西式膳食中植物固醇的摄入量为 160 ~ 360mg/d，所以对于美国等国家，植物固醇已经成为重要的植物化学物成分，在 FDA 的有关法规中将植物固醇作为安全物质，2000 年已经正式允许将植物固醇（或固烷醇）、植物固醇（或固烷醇）酯与机体健康的关系，表示于达到要求的食品标签中。

三、蜡

蜡是由高级脂肪醇与高级脂肪酸形成的酯，广泛分布于动、植物组织内，在其生理上，蜡有保护机体的作用。蜡在动植物油脂的加工过程中会溶到油脂中，如米糠毛油中含蜡量达到 2% ~4% ，对油脂的外观产生不良影响。在油脂生产中，可以借助于它与油脂在熔点上的差异，通过冷冻的方法脱去。

🔍 思考题

1. 简述甘油三酸酯的命名方法。
2. 必需脂肪酸有哪些？
3. 油脂氧化性的检测方法主要有哪些？
4. 控制油炸油脂质量的措施有哪些？

5. 天然油脂的主要成分是什么？

6. 甘油三酸酯具有哪三种同质多晶体？其中哪一种最稳定？

7. 什么是油脂的过氧化值？

8. 什么是油脂的可塑性？

9. 什么是油脂的改性？油脂改性的方法有哪些？

10. 什么是油脂的酪化性？

11. 什么是油脂的酸价？

12. 什么是油脂酸败？油脂酸败有哪三种类型？

13. 什么是油脂的自动氧化？油脂自动氧化的机制是什么？影响油脂自动氧化速度的因素有哪些？降低油脂自动氧化的措施有哪些？

14. 长时间油炸条件下，油脂会发生哪些变化？为了保证油炸食品的质量，可以采取什么措施？

15. 简述油的光敏氧化机制和特点。

16. 单一植物油进行酯交换后，为什么熔点会升高？

17. 猪油酯交换改质后，为什么可提高品质？

18. 为什么米糠油、棉籽油在夏天为澄清，而在冬天较低温度下会发生混浊甚至凝固？

19. 为什么米糠等原料制得的毛油酸价在夏天上升得非常快？

20. 油脂氢化和自动氧化都会引起碘值的下降，原因是否一致？

21. 当油脂无异味时，是否说明油脂尚未被氧化？为什么？此时可用何指标确定其氧化程度？

22. 根据所学的知识说明，用洗净的玻璃瓶装油是否需要将瓶弄干？贮存时应注意些什么？

23. 天然植物油脂中游离脂肪酸分布有何规律？

24. 为什么可可脂具有独特的口熔性？

25. 羊油和可可脂所含的游离脂肪酸的种类和数量相近，试从甘油酯的构成情况解释为何两者的物理性质大不相同？

26. 油脂氢化的作用是什么？

27. 反复使用的油炸油品质降低表现在哪些方面？为什么？长期食用有何危害？

28. 磷脂是一类营养物质，但它对油脂的品质有何影响？

29. 影响油脂酸败的因素有哪些？如何对油脂进行妥善保存？

30. 要延长煎炸油的使用寿命，需注意哪些问题？

31. 根据所学知识解释为什么猪油的碘值通常比植物油低，但其稳定性通常比植物油差。

32. 何为 HLB 值？如何根据 HLB 值选用不同食品体系的乳化剂？

CHAPTER 5

第五章 氨基酸、肽和蛋白质

[学习指导]

熟悉氨基酸、常见活性肽和蛋白质的理化性质和结构特点。重点掌握蛋白质的功能性质以及在食品加工中的应用；熟悉和掌握常见食品蛋白质的特点及其在食品工业中的具体应用；了解蛋白质变性的机制及其影响因素，熟悉蛋白质的改性方法及如何更好地利用蛋白质。

第一节 氨基酸、肽和蛋白质的理化性质

一、氨基酸的理化性质

1. 氨基酸的物理性质

（1）色泽和状态 氨基酸一般呈现为无色结晶，每种氨基酸都有各自特殊的晶型。

（2）熔点 氨基酸的熔点较高（200℃）。加热达到熔点时，往往已经开始分解。

（3）疏水性 蛋白质的结构和功能特性受其基本组成单元氨基酸的性质影响，其中氨基酸残基侧链的疏水性对蛋白质的结构、溶解性、结合风味物质和脂肪能力等理化性质有重要影响。

氨基酸的疏水性是指将1mol氨基酸从水溶液中转移到乙醇溶液中时的自由能变化，可由式（5.1）计算（忽略活度系数变化）：

$$\Delta G_t^{\ominus} = -RT\ln S_{乙醇}/S_{水} \quad (5.1)$$

式中，$S_{乙醇}$、$S_{水}$分别表示氨基酸在乙醇、水中的溶解度，mol/L；R为常数；T表示温度。

如果氨基酸有多个基团，则ΔG_t是氨基酸中各个基团的加合函数，用下式计算：

$$\Delta G_t^{\ominus} = \sum \Delta G_{ti}^{\ominus} \quad (5.2)$$

如苯丙氨酸可看作是甘氨酸在α－碳原子上连接一个苄基侧链的衍生物。

$$\langle\!\!\!\!\bigcirc\!\!\!\!\rangle\!\!-\!\!CH_2\!-\!\!\overset{|}{\underset{NH_3}{\overset{|}{C}H}}\!-\!\!COO^-$$

苄基　　　　　甘氨酰基

则苯丙氨酸侧链的疏水性可表示为:

$$\Delta G_t^\ominus(侧链) = \Delta G_t^\ominus(氨基酸) - \Delta G_t^\ominus(甘氨酸) \tag{5.3}$$

利用上述方法测定出部分氨基酸侧链的疏水性,结果见表5-1。具有较大的正 $\Delta G_t^\ominus$ 值的氨基酸侧链疏水性较强,在蛋白质结构中该残基倾向分布于分子的内部;若具有较大负的数值,则该氨基酸的侧链亲水性较强,在蛋白质结构中倾向分布于分子的表面。因此,可以利用标注数据预测氨基酸或由其构成的蛋白质在疏水性载体上的吸附情况。但天然赖氨酸含有 4 个疏水性亚甲基,故虽然它是亲水性氨基酸,但具有正的疏水性数值。

表 5 – 1　　　　　　　氨基酸侧链的疏水性 (25℃,乙醇 – 水,Tanford 法)

氨基酸	$\Delta G_t^\ominus$ (侧链) / (kJ/mol)	氨基酸	$\Delta G_t^\ominus$ (侧链) / (kJ/mol)
丙氨酸	2.09	亮氨酸	9.61
精氨酸	3.10	赖氨酸	6.25
天冬酰胺	0	甲硫氨酸	5.43
天冬氨酸	2.09	苯丙氨酸	10.45
半胱氨酸	4.18	脯氨酸	10.87
谷氨酰胺	– 0.42	丝氨酸	– 1.25
谷氨酸	2.09	苏氨酸	1.67
甘氨酸	0	色氨酸	14.21
组氨酸	2.09	酪氨酸	9.61
异亮氨酸	12.54	缬氨酸	6.27

(4) 溶解性　氨基酸溶解度差异较大,易溶于水,不溶于有机溶剂。胱氨酸、酪氨酸、天冬氨酸、谷氨酸等的溶解性较差,而精氨酸、赖氨酸的溶解性很好。

(5) 氨基酸的光学性质

① 旋光性。常见氨基酸中,除甘氨酸外的其他氨基酸都有不对称的 α – 碳原子 (手性碳原子),因而具有旋光性,其旋光方向和大小不仅取决于侧链 R 基的性质,还与溶液介质的 pH、温度等条件有关。可以利用氨基酸的旋光性质进行定性和定量分析。根据 α – 碳原子上 4 种不同取代基的正四面体位置,可有两种立体异构体 (或对映体)。根据费歇尔表示法,可将氨基酸分成两种构型: L 型和 D 型 (图 5 – 1)。天然存在的蛋白质中,只存在 L – 氨基酸。

图 5 – 1　氨基酸构型

② 紫外吸收和荧光。氨基酸对可见光无吸收，但酪氨酸、色氨酸和苯丙氨酸等芳香族氨基酸对紫外线有显著的吸收作用（最大吸收波长分别是 275nm、278nm、260nm），胱氨酸在 230nm 有微弱吸收，所有氨基酸在 210nm 附近都有吸收。芳香族氨基酸还能受激发产生荧光（表 5-2），色氨酸在蛋白质分子中仍然会产生荧光（激发波长 280nm，发射波长 348nm）。蛋白质有构象变化。蛋白质中的酪氨酸、色氨酸残基等在 280nm 波长附近有最大吸收，可以用于蛋白质的定量分析。

表 5-2　　　　　　　　　　芳香族氨基酸的紫外吸收和荧光

氨基酸	最大吸收波长 λ_{max}/nm	摩尔消光系数/ (cm·mol)	荧光最大吸收波长 λ_{max}/nm
苯丙氨酸	260	190	282[1]
色氨酸	278	5500	348[2]
酪氨酸	275	1340	304[2]

注：① 激发波长 260nm。② 激发波长 280nm。

2. 氨基酸的化学性质

氨基酸和蛋白质分子中具有化学反应活性的基团主要是氨基、羧基、疏基、酚羟基、咪唑基、胍基等，其羧基具有一元羧酸羧基的基本性质（如成盐、成酯、成酰胺、脱羧、酰氯化等），氨基则具有一级胺（R—NH_2）氨基的性质（如脱氨、与 HNO_2 作用等）。可以通过某些反应改变蛋白质的理化性质，或定量测定蛋白质分子中特定氨基酸残基的含量。

（1）与茚三酮反应　弱酸条件下，α-氨基酸与茚三酮溶液共热，生成紫红、蓝色或紫色物质，在 570nm 波长下有最大吸收。脯氨酸和羟脯氨酸与茚三酮反应形成黄色化合物，在 440nm 波长下有最大吸收。可利用比色法测定氨基酸含量。

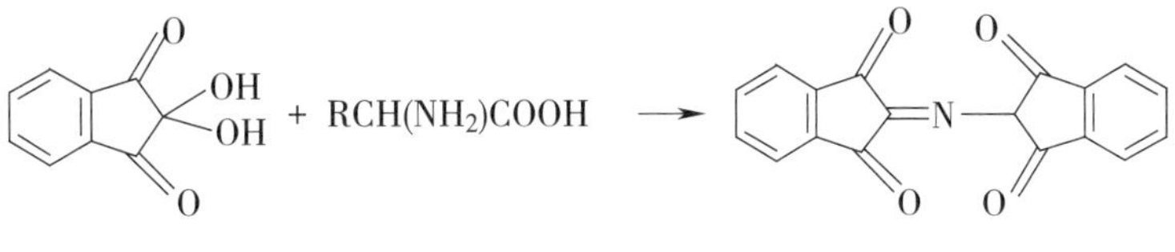

（2）与荧光胺反应　α-氨基酸和荧光胺反应生成强荧光衍生物，可快速测定氨基酸、蛋白质含量，灵敏度较高（激发波长 390nm，发射波长 475nm）。

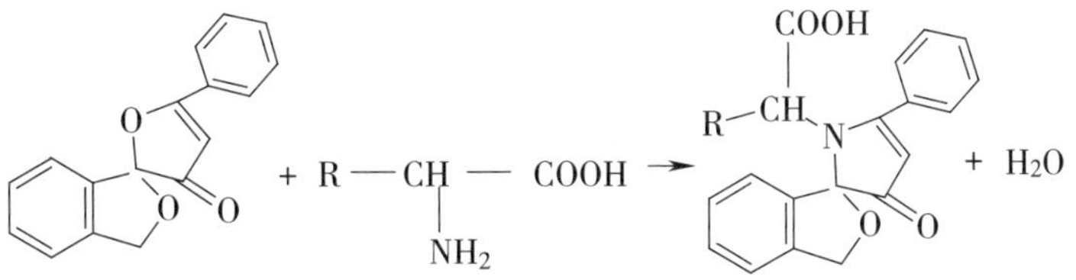

（3）与异硫氰酸苯酯反应　弱碱性条件下，α-氨基酸可与异硫氰酸苯酯（phenyl isothiocyanate，PITG）反应生成苯氨基硫甲酰氨基酸（PTC-AA），PTC-AA 在酸性条件下环化生成苯乙内酰硫脲氨基酸（phenylthiohydantoin，PTH）。

（4）与丹磺酰氯反应 α－氨基酸能与 1－二甲氨基萘－5－磺酰氯（DNS－Cl）反应，生成 DNS－AA。该产物在 6mol/L 浓盐酸加热 100℃ 条件下也较稳定，用于氨基酸 N 末端分析。

二、蛋白质的结构与作用力

蛋白质是以氨基酸为基本单位通过肽键连接而成的生物大分子，氨基酸之间的化学键在空间的旋转状态不同，导致蛋白质大分子的构象差异，使蛋白质分子具有极为复杂的空间立体结构。蛋白质的结构层次总体上分为一级结构、二级结构、三级结构、四级结构，其中二、三、四级结构又统称为高级结构。蛋白质结构的形成如图 5－2 所示。

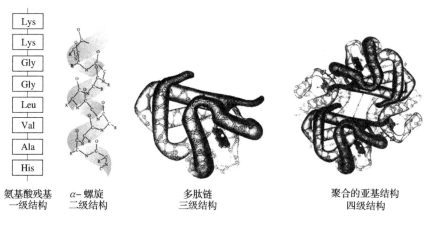

图 5－2　蛋白质的结构

1. 一级结构

蛋白质的一级结构（primary structure）是指由共价键连接的氨基酸残基的排列序列及二硫键的位置。蛋白质肽链中带有游离氨基的一端称作 N 端，带有游离羧基的一端称作 C 端。蛋白质的一级结构是最基本结构，决定蛋白质的高级结构，其三维立体结构的全部信息也贮存于氨基酸的序列中。一级结构决定蛋白质的基本性质，同时还会使蛋白质的二级结构、三级结构不同，蛋白质的种类和生物活性都与肽链的氨基酸种类和排列顺序有关。许多蛋白质的一级结构已经明确，已知的最短蛋白质肽链（肠促胰液肽和胰高血糖素）由 20～100 个氨基酸残基组成，大多数蛋白质含有 100～500 个氨基酸，一些不常见的蛋白质肽链多达几千个氨基酸残基。

2. 二级结构

蛋白质的二级结构（secondary structure）是指多肽链中相邻氧基酸残基间通过氢键作用排列成沿一个方向、具有周期性结构的构象，主要有 α – 螺旋、β – 折叠、β – 转角、π – 螺旋和无规则卷曲等。

（1）α – 螺旋　α – 螺旋（α – helix）是蛋白质分子中最常见、含量最丰富的稳定且规则的结构。蛋白质肽链由 N 端到 C 端可形成右手螺旋或左手螺旋两种结构，因为右手螺旋结构的空间位阻小，易于形成且构象稳定，所以 α – 螺旋几乎都是右手结构（图 5–1）。在蛋白质的 α – 螺旋结构中，每 3.6 个氨基酸残基构成一个螺旋，每圈螺旋沿旋轴方向距离为 0.54nm，氨基酸的 R 基伸向螺旋的外侧，相邻螺圈间可由酰胺键的亚氨基氢与羰基氧形成链内氢键，氢键的取向几乎与中心轴平行。维持蛋白质肽链空间结构的稳定。脯氨酸没有亚氨基，所以不能形成链内氢键，因此只要蛋白质肽链中有脯氨酸（或羟基脯氨酸），α – 螺旋即中断。

（2）β – 折叠　β – 折叠（β – pleated sheet）结构又称 β – 片层结构，是蛋白质中普遍存在的规则的呈锯齿状的伸展结构，是由两条或两条以上几乎完全伸展的肽链通过氢键连接而成的。β – 折叠分平行式和反平行式两种结构，平行式 β – 折叠的两条肽链与 N 端到 C 端的方向相同，反平行式则相反。纤维状蛋白质中 β – 折叠主要以反平行式存在，球状蛋白质中则同时含有反平行式和平行式两种结构。

（3）β – 转角　β – 转角（β – turn）是蛋白质中常见的结构，是肽链形成 β – 折叠时反转 180° 形成的，在球状蛋白质中含量丰富，多数情况下处于球状蛋白质分子的表面，是蛋白质生物活性的重要空间结构部位。β – 转角由 4 个氨基酸残基构成，通过第一个氨基酸残基 C＝O 上的氧与第四个氨基酸残基 N—H 上的氢形成的氢键维持其稳定。β – 转角中常见的氨基酸有天冬氨酸、半胱氨酸、天冬酰胺、甘氨酸、脯氨酸和酪氨酸。

（4）无规则卷曲　无规则卷曲（random coil）或称卷曲结构，不能归入明确的二级结构中（如螺旋结构），肽链空间结构呈有序而非重复性特点。无规则卷曲结构并非卷曲或完全无规则状态，只是这类结构不像其他二级结构那样具有明确而稳定的结构。无规则卷曲结构是蛋白质分子结构中重要的活性部位，普遍存在于各种天然蛋白质分子中。

3. 三级结构

当含有二级结构片段的线性蛋白质链进一步折叠成紧密的三维形式时，就形成了蛋白质的三级结构（tertiary structure）。稳定蛋白质三级结构的作用力有氢键、离子键、二硫键和范德华力等。许多蛋白质的三级结构已经充分了解，但很难用简单的方式表示这种结构，大多数蛋白质含有 100 个以上的氨基酸残基。

蛋白质从线性构型转变成折叠的三级结构是一个复杂的过程。当蛋白质肽链局部的肽段形成二级结构以及它们之间进一步相互作用成为超二级结构后，仍有一些肽段中的单键在不断运动旋转，肽链中的各个部分（包括已知相对稳定的超二级结构以及还未键合的部分）继续相互作用，使整个肽链的内能进一步降低，分子变得更为稳定。因此，在分子水平上，蛋白质结构形成的细节存在于氨基酸序列中。也就是说，三维构象是多肽链的各个单键的旋转自由度受到各种限制的结果。

4. 四级结构

蛋白质的四级结构（quarternary structure）可定义为一些特定三级结构的肽链通过非共价键形成大分子体系时的组合方式，是指含有多于一条多肽链的蛋白质的空间排列。它是蛋白质三级结构的亚单位通过非共价键缔合的结果，这些亚单位既可能是相同的也可能是不同的，它们的排列方式既可以是对称的也可以是不对称的。稳定四级结构的力或键（除二硫交联键外）与稳定三级结构的键相同。

某些生理上重要的蛋白质是以二聚体、三聚体、四聚体等多聚体形式存在的。寡聚体结构的形成是蛋白质–蛋白质特定相互作用的结果。这些相互作用基本上是非共价相互作用，如氢键、疏水相互作用和静电相互作用。疏水性氨基酸残基所占的比例似乎影响着形成寡聚体结构的倾向。从热力学角度考虑，需要将暴露的疏水性亚基表面埋藏起来，这就驱动着蛋白质分子四级结构的形成。当一个蛋白质分子含有高于 30% 的疏水性氨基酸残基时，它在物理上已不可能形成一种将所有的非极性残基埋藏在内部的结构，因此在表面存在疏水性小区的可能性就很大。这种相邻单体表面疏水小区之间的相互作用能导致形成二聚体、三聚体等。因此，含有超过 30% 的疏水性氨基酸残基的蛋白质形成寡聚体的倾向大于含有较少疏水性氨基酸残基的蛋白质。

5. 稳定蛋白质高级结构的作用力

影响蛋白质折叠的作用力包括两类：蛋白质分子固有的作用力所形成的分子内相互作用和受周围溶剂影响的分子内相互作用。范德华相互作用和空间相互作用属于前者，而氢键、静电相互作用和疏水相互作用属于后者。

（1）空间相互作用　虽然 φ 和 ψ 角在理论上具有 360° 的转动自由度，实际上由于氨基酸残基侧链原子的空间位阻而使它们的转动受到很大的限制。多肽链的折叠必须避免键长和键角的变形。

（2）范德华相互作用　这是蛋白质分子中中性原子之间偶极 – 诱导偶极和诱导偶极 – 诱导偶极相互作用，其作用力的大小取决于相互作用的原子间的距离。各种原子对的范德华相互作用的能量范围为 $-0.8 \sim -0.17kJ/mol$。在蛋白质中有许多原子对参与范德华相互作用，因此它对于蛋白质的折叠和稳定性的贡献是很大的。

（3）氢键　蛋白质中有形成氢键的基团。氢键的强度取决于所涉及的电负性原子对和键角，强度范围在 $8.4 \sim 33kJ/mol$。在蛋白质中，由氢键降低的蛋白质的自由能约为 $-18.8kJ/mol$，因此普遍认为氢键的作用不仅是蛋白质折叠的驱动力，而且能对天然结构的稳定性做出巨大的贡献。但是研究证实，这并非是一个可靠的观点。因为生物体内存在着大量的水，水分子能与蛋白质分子中的 N—H 和 C=O 基团竞争氢键的形成，因此这些基团之间的氢键不能自发地形成，而且 N—H 和 C=O 之间的氢键也不能作为蛋白质分子中 α – 螺旋结构和 β – 折叠结构形成的驱动力。事实上，α – 螺旋结构和 β – 折叠结构中的氢键相互作用是其他有利的相互作用的结果。

氢键基本上是一个离子相互作用，类似于其他的离子相互作用，它的稳定性也取决于环境的介电常数。

（4）静电相互作用　蛋白质是一些带有离解基团的氨基酸残基。在中性 pH，Asp 和 Glu 残基带负电荷，而 Lys、Arg 和 His 带正电荷。在碱性 pH，Cys 和 Tyr 残基带负电荷。蛋白质分子中带相同电荷基团之间的推斥作用或许会导致蛋白质结构的不稳定。同样，在蛋白质分子结构中某些关键部位带相反电荷基团之间的吸引作用有助于蛋白质结构的稳定。

除少数外，蛋白质中几乎所有的带电基团都分布在分子的表面。处在蛋白质分子表面的带电基团对蛋白质结构的稳定性没有重要的贡献，这是由于在水溶液中介电常数很高的水使得蛋白质的排斥力和吸引强度已降低到了最小值，37℃时其静电相互作用能仅为 ±(3.5~5.8) kJ/mol。然而，部分地埋藏在蛋白质内部的带相反电荷的基团由于所处环境的介电常数比水的介电常数低，通常能形成相互作用能量较高的盐桥，对蛋白质的结构起到稳定作用。静电相互作用能的范围为 ±(3.5~460) kJ/mol。

尽管静电相互作用并不能作为蛋白质折叠的主要作用力，然而在水溶液中带电基团倾向于暴露在分子结构的表面确实影响着蛋白质分子的折叠模式。

（5）疏水相互作用　从上面的论述可以清楚地了解到，在水溶液中多肽链上的各种极性基团之间的静电相互作用和氢键不具有足够的能量驱动蛋白质折叠。在蛋白质分子中的这些极性基团的相互作用是非常不稳定的，它们的稳定性取决于能否保持在一个非极性环境中。驱动蛋白质折叠的主要力量来自于非极性基团的疏水相互作用。

在水溶液中，非极性基团之间的疏水相互作用是水与非极性基团之间热力学上不利的相互作用的结果。因为当非极性基团溶于水时，吉布斯自由能的变化（ΔG）是正值，体积变化（ΔV）和焓（ΔH）为负值。尽管 ΔH 是负的，根据 $\Delta G = \Delta H - T\Delta S$，熵（$\Delta S$）应是一个大的负值才能使 ΔG 为正值。可见，一个非极性基团溶于水，熵减小（ΔS 为负值），这是一个热力学上不利的过程。熵减小引起了水在非极性基团周围形成笼形结构。ΔG 为正值极大地限制了水同非极性基团间的相互作用，因此非极性基团在水溶液中倾向于聚集，使它们直接与水接触的面积降到最小，同时将非极性侧链周围多少有些规则的水分子变成可自由运动的游离的水分子，这样一个过程的吉布斯自由能改变使 $\Delta G < 0$。在水溶液中，这种由于水的结构引起的非极性基团相互作用称为疏水相互作用。

非极性基团的疏水相互作用实际上是非极性基团溶于水的逆过程，$\Delta G < 0$，而 ΔH 和 ΔS 为正值。因此，疏水相互作用的本质是一种熵驱动的自发过程。与其他非共价键相互作用不同，疏水相互作用是一个吸热过程，高温下作用很强，低温下作用较弱。而且非极性残基侧链的聚集所产生的能量变化比上述几种分子间的相互作用大得多。为此，疏水相互作用对于稳定蛋白质主体结构是非常重要的。在蛋白质二级结构的形成中疏水相互作用不是至关重要的，但是在蛋白质三级结构的形成和稳定中疏水作用位于诸多因素的首位。

在球状蛋白质中，每个氨基酸残基的平均疏水自由能约为 10.45kJ/mol，疏水相互作用对蛋白质结构的稳定性起了重要的作用。

（6）二硫键　二硫键是天然蛋白质中存在的唯一的共价侧链交联，它们既存在于分子间，又存在于分子内部。它们的存在是蛋白质折叠的结果，同时也稳定了蛋白质的结构。

（7）配位键　已知某些离子 - 蛋白质的相互作用有利于蛋白质四级结构的稳定，如蛋白质 - Ca^{2+} - 蛋白质型的静电相互作用对维持酪蛋白胶束的稳定性起着重要作用。在某些情况下，金属 - 蛋白质复合物还可能产生生物活性，使它们具有一定的功能，如铁的运载或酶活力。通常金属离子在蛋白质分子一定的位点上结合，过渡金属离子（Cr、Mn、Fe、Cu、Zn、Hg 等）可同时通过部分离子键与几种氨基酸的咪唑基和巯基结合。

总之，一个独特的蛋白质三维结构的形成是各种排斥和吸引的非共价相互作用以及几个共价二硫键的结果。

三、蛋白质的化学性质

1. 蛋白质的酸碱性

蛋白质分子结构中除了有可离解的 C 端的羧基和 N 端的 α - 氨基外，还有侧链上的可离解氨基酸残基等官能团。因此，蛋白质具有与氨基酸相同的部分理化性质。蛋白质是一类两性电解质，与酸、碱都能发生反应，可以看作是多价离子，其所带电荷的性质和数量与可离解基团的含量和分布有关，同时也与溶液的 pH 有关。蛋白质溶液在特定 pH 时，其所带正电荷数量与负电荷数量相等（静电荷为零），此时溶液的 pH 称为蛋白质的等电点 pI。溶液的 pH > pI 时，蛋白质带负电，作为阴离子，在电场中向阳极移动；溶液的 pH < pI 时，蛋白质带正电，作为阳离子，在电场中向阴极移动；溶液的 pH = pI 时，蛋白质静电荷为零，在电场中不移动，蛋白质的溶解度最低。

2. 蛋白质的水解

蛋白质的酰胺键能在酸、碱、酶催化下发生水解作用。依据水解度的不同分为完全水解和部分水解，完全水解的产物是氨基酸的混合物，部分水解的产物是肽段和氨基酸的混合物。蛋白质的水解过程及生成产物为：蛋白质→蛋白胨→蛋白短肽→二肽→氨基酸。

（1）酸水解　利用浓 H_2SO_4 或浓 HCl 溶液在加热条件下水解，可将蛋白质完全水解为氨基酸。酸水解的优点是水解彻底，无消旋现象，得到 L - 氨基酸。缺点是色氨酸被完全破坏，丝氨酸、苏氨酸、天冬酰胺、谷酰胺也有一定程度被破坏。此外，蛋白质的酸水解过程中还产生氯代丙醇，它是一类化合物的统称，主要有 3 - 氯丙二醇和 1，3 - 二氯丙醇等，是人们普遍关注的食品安全问题之一。

（2）碱水解　利用 5mol/L NaOH 溶液在煮沸条件下可将蛋白质完全水解。碱法水解蛋白质能将胱氨酸、半胱氨酸、精氨酸等破坏，但不会破坏色氨酸。此外，碱水解还能引起氨基酸的外消旋化，产生 D - 氨基酸和 L - 氨基酸的混合物。

（3）酶水解　与酸法水解和碱法水解相比，酶法水解蛋白质的条件比较温和，对氨基酸的破坏较少，不产生消旋作用。但是，要将蛋白质彻底水解成氨基酸，需要一系列酶的共同作用才能完成，而且酶法水解的反应时间比较长。

3. 蛋白质的颜色反应

蛋白质分子中一些特定基团能与不同显色剂产生颜色反应，常用来对蛋白质进行定性或定量测定。

（1）双缩脲反应　双缩脲是由 2 分子尿素释放出 1 分子氨缩合而成的。碱性条件下，双缩脲与硫酸铜反应能产生紫红色络合物，称为双缩脲反应。蛋白质结构中的肽键与双缩脲结构类似，所以碱性条件下含有 2 个以上肽键的肽类都能发生此反应，但二肽和游离氨基酸不能。利用双缩脲反应可以对蛋白质进行定性和定量测定，但此反应不是蛋白质的专一反应。

（2）茚三酮反应　中性条件下，蛋白质、多肽、氨基酸、胺盐能与茚三酮试剂发生颜色反应，生成蓝色或紫红色化合物。这一反应可用于蛋白质的定性和定量分析。

四、活　性　肽

肽类（peptides）是一些由氨基酸通过酰胺键聚合而成的、相对分子质量小于蛋白质的氨基酸聚合物，氨基数目在 2～10 的为寡肽，数目在 10～50 个时称为多肽，50 个以上就是蛋白质。由于构成肽的氨基酸种类、数目与排列顺序的不同，决定了肽纷繁复杂的结构与功能。

具有生物活性的寡肽称为生物活性寡肽。生物活性寡肽属于生物活性肽，现代营养学研究发现，蛋白质经消化道中酶作用后并不完全以游离氨基酸的形式被吸收，而主要是以寡肽的形式被吸收，且机体对寡肽的吸收代谢速度比对游离氨基酸快。生物活性肽吸收机制具有六大特点：① 不需消化，直接吸收。生物活性肽不会受到人体的促酶、胃蛋白酶、胰酶、淀粉酶、消化酶及酸碱物质二次水解，它以完整的形式直接进入小肠，被小肠所吸收，进入人体循环系统，发挥其功能。② 吸收快。吸收进入循环系统的时间，如同静脉针剂注射一样，快速发挥作用。③ 具有 100% 吸收的特点。吸收时，没有任何废物及排泄物，能被人体全部利用。④ 既可主动吸收又能迫使吸收。⑤ 吸收时，不需耗费人体能量，不会增加胃肠功能负担。⑥ 起载体作用。它可将人所食的各种营养物质运载输送到人体各细胞、组织、器官。因此，生物活性寡肽的生物效价和营养价值更高。生物活性寡肽的制备、分离、提取及其所具有的生物活性已成为人们研究的热点，用生物活性寡肽开发的保健食品前景也被看好。

五、蛋白质的变性与食品加工

蛋白质分子由氨基酸通过一定的顺序连接在一起，通过分子内、分子间的各种作用力达到一个平衡状态，最后形成一定的空间结构。为了达到能量最低，蛋白质倾向于将其疏水性氨基酸残基排布在分子内部，亲水性的排布在分子外部。蛋白质变性是指在某些物理和化学因素作用下（如酸、碱、热、有机溶剂、辐射处理、剪切、搅拌等），蛋白质的二级、三级、四级结构构象发生不同程度的改变，但肽键不发生断裂，一级结构维持不变。在温和条件作用下，蛋白质的空间构象可能只发生细微变化，当外界因素解除后蛋白质可恢复到天然构象，这种变性称为可逆变性。如果不能恢复原来的各种性质，称为不可逆变性。变性蛋白质的理化性质和生物活性会有显著变化，能直接影响蛋白质的加工工艺。

由于空间构象改变，变性后蛋白质的一些性质发生变化。变性后蛋白质常见的性质变化一般包括：① 分子内部疏水性基团暴露，蛋白质在水中的溶解性能降低。如球状蛋白质变性后，空间结构被破坏，多肽链伸展，形成随机卷曲的无规结构，分子内部的疏水基团暴露，肽链相互缠绕聚集，产生沉淀。但在离 pI 很远的 pH 环境中或有尿素、胍等变性剂共存时，由于电荷的排斥，则不发生沉淀。② 某些生物蛋白质的生物活性丧失，如失去蛋白质所具有的酶、激素、毒素、抗原与抗体、血红蛋白的载氧能力等生物学功能。生物活性丧失是蛋白质变性的主要特征。有时蛋白质的空间结构只有轻微变化即可引起生物活性的丧失。③ 蛋白质的肽键更多地暴露出来，易被蛋白酶催化水解。蛋白质变性后，分子结构松散，暴露出水解位点，易被蛋白酶水解。④ 蛋白质结合水的能力发生改变。⑤ 蛋白质分散体系的黏度发生改变。蛋白质变性后，原来的有序空间结构转变为无秩序松散的伸展状态，分子的不对称程度加大，因而溶液的黏度也增大。⑥ 蛋白质的结晶能力丧失。⑦ 旋光度、紫外和红外吸收光谱改变。

1. 物理变性

（1）加热　加热是食品加工中最常用的处理过程，也是引起蛋白质变性最常见的因素。大多数蛋白质在 45～50℃ 已开始变性（如蛋清蛋白等），55℃ 左右变性速度加快。蛋白质变性过程中，在一个狭窄的温度范围内会产生状态的剧烈变化（理化性质的急剧变化），这个狭窄的温度范围就是蛋白质的变性温度。通常认为，蛋白质变性过程不存在中间状态，直接从天然状态"突变"到变性状态。

蛋白质经过热变性后表现出相当程度的伸展变形，如天然血清蛋白是椭圆形的，长宽比为3:1，热变性后的血清蛋白的长宽比变为5.5:1，蛋白质分子形状发生明显伸展。在较低的温度下，蛋白质热变性仅涉及非共价键的变化（即蛋白质二级、三级、四级结构的变化），蛋白质分子伸展，常发生可逆变性。多数情况下，蛋白质的热变性是不可逆的。变性的速度取决于温度，温度每提高10℃，蛋白质的变性速度提高约600倍（多数普通化学反应的温度系数为3～4，即反应温度每升高10℃，反应速度增加3～4倍），这说明维持蛋白质结构稳定的相互作用力的能量较低。这个性质在食品加工过程中体现出来，如高温瞬时杀菌（HTST）、超高温杀菌（UHT）技术。一般情况下，温度越低，蛋白质的稳定性越高。但是肌红蛋白和突变型噬菌体T4溶菌酶却例外，两者分别在30℃和12.5℃时显示最高稳定性，低于或高于此温度时稳定性都降低，低于0℃时这两种蛋白质均遭受冷诱导变性。

影响蛋白质热变性的因素很多，如蛋白质的组成、浓度、水分活度、pH和离子强度等。含有高比例疏水性氨基酸的蛋白质比含有较多亲水性氨基酸的蛋白质更稳定。蛋白质的热稳定性与Asp、Cys、Glu、Lys、Arg、Trp和Tyr残基所占的百分数呈正相关，与Ala、Asp、Gly、Gln、Ser、Thr、Val残基所占的百分数呈负相关，其他氨基酸残基对蛋白质的变性温度影响很小，其原因还不清楚（表5-3）。蛋白质在干燥状态下较稳定，对温度变化的承受能力较强，而在湿热状态下容易发生变性，浓蛋白液受热变性后的复性更加困难。

表5-3 蛋白质的热变性温度和平均疏水性关系

蛋白质	热变性温度 T_d/℃	平均疏水性/ (kJ/mol 残基)	蛋白质	热变性温度 T_d/℃	平均疏水性/ (kJ/mol 残基)
胰蛋白酶原	55	3.68	卵清蛋白	76	4.01
凝乳蛋白酶原	57	3.78	胰蛋白酶抑制剂	77	—
弹性蛋白酶	57	—	肌红蛋白	79	4.33
胃蛋白酶原	60	4.02	α-乳清蛋白	83	4.26
核糖核酸酶	62	3.24	细胞色素C	83	4.37
羧肽酶	63	—	β-乳球蛋白	83	4.50
乙醇脱氢酶	64	—	抗生物素蛋白	85	3.81
牛血清清蛋白	65	4.22	大豆球蛋白	92	—
血红蛋白	67	3.98	蚕豆菜蔫11S蛋白	94	—
溶菌酶	72	3.72	向日葵11S蛋白	95	—
胰岛素	76	4.16	燕麦球蛋白	108	—

蛋白质热稳定性还受到其立体结构影响。多数情况下，单体球状蛋白热变性是可逆的，许多单体酶加热到变性温度以上甚至短时间保留在100℃后立即冷却至室温，也能完全恢复原有活性。盐和糖可提高蛋白质水溶液的热稳定性，如蔗糖、乳糖、葡萄糖和甘油等能稳定蛋白质，0.5mol/L的NaCl能显著提高β-乳球蛋白、大豆蛋白、血清白蛋白和燕麦球蛋白的变性温度。

（2）冷冻　低温冷冻是食品加工常用的保藏和加工手段，如海产品、肉制品等。但低温处理过程也能导致蛋白质变性，如 L-苏氨酸脱氨酶在室温下稳定，但在 0℃ 不稳定；11S 大豆球蛋白、乳蛋白、卵蛋白、麦醇溶蛋白等在冷却或冷冻时可以发生凝集和沉淀。也有例外，如一些氧化酶在较低温度下被激活。蛋白质冷冻变性在水产品的低温贮藏过程中普遍存在。如鱼肉在冷冻时，其蛋白质会发生水解及其他一些物理化学变化；鱼糜低温冻藏时，鱼肉肌原纤维蛋白中的 F-肌动蛋白和肌球蛋白因发生冷冻变性，使二者不能结合形成肌动球蛋白，造成鱼糜弹性变差。

导致蛋白质低温变性的原因，主要是由于蛋白质与水的相互作用、蛋白质质点分散密度发生变化，破坏了维持蛋白质结构的作用力平衡，部分基团的水化层被破坏，基团之间的相互作用引起蛋白质聚集或亚基重排，冷冻过程中由于温度下降，冰晶逐渐形成，使蛋白质分子中的水化膜减弱甚至消失，蛋白质侧链暴露出来，加上冰晶的挤压，使蛋白质质点互相靠近而结合，致使蛋白质质点凝集沉淀。这种作用主要与冻结速度有关，冻结速度越快，冰晶越小，挤压作用也越小，变性程度就越小。此外，导致蛋白质冷冻变性的原因还有体系结冰后的盐效应、冷冻的浓缩效应等。

（3）静水压　静水压处理（hydrostatic pressure）也能导致蛋白质变性。静水压是影响蛋白质构象的一个热力学参数。目前还没有关于高压对蛋白质一级结构影响的报道；高压有利于二级结构的稳定；在 200MPa 以上的压力下，蛋白质三级结构发生显著变化；四级结构对压力非常敏感。

天然球形的蛋白质分子不是刚性球结构，分子内部还存在空穴，有一定的柔性和可压缩性，在高压下蛋白质分子会发生变形（变性）。常温下，大多数蛋白质在 100~1200MPa 会发生变性。有时高压引起的蛋白质变性或酶失活在高压消除以后能重新恢复。静高压处理能导致酶或微生物的灭活，对食品中的营养物质、色泽、风味等不造成破坏作用，也无有害的化合物产生，如对肉制品进行高压处理可以使肌肉组织中的肌纤维裂解，提高肉制品的品质，所以逐渐成为"绿色"加工技术之一。

压力诱导的球状蛋白质变性会使其体积减小 30~100mL/mol，主要是因为：① 蛋白质展开而消除了空穴；② 展开的蛋白质结构中非极性氨基酸残基暴露而产生水合作用。后一个变化导致体积减小。

体积变化与自由能变化的关系如下：

$$\Delta V = \mathrm{d}(\Delta G)/\mathrm{d}p \tag{5.4}$$

式中，p 代表静水压。

若球状蛋白质完全展开，体积的变化约为 2%。但是静水压造成的蛋白质体积减小值 30~100mL/mol 仅相当于约 0.5% 的体积减小。这说明，即使在高达 1000MPa 的压力作用下，蛋白质也仅仅是部分地展开。

（4）剪切　食品加工中的挤压、打擦、捏合、高速搅拌和均质等操作产生的剪切作用能导致蛋白质变性。高剪切力通常都伴随着高温，两者结合会导致蛋白质不可逆的变性，剪切速度越大，蛋白质变性程度越大，如在 pH 3.5~4.5 和温度 80~120℃ 条件下用 7500~10000r/min 的剪切速度处理 10%~20% 乳清蛋白质，就能形成直径约 1μm 的不溶解球状胶体粒子。加工面包等食品面团时产生的剪切力使蛋白质变性，主要是因为 α-螺旋的破坏导致蛋白质的网络结构改变。

（5）辐照　电磁辐射会对蛋白质结构产生影响，如断裂肽链间二硫键、氢键、盐键和醚键等，从而使蛋白质的三级结构和二级结构遭到破坏，导致蛋白质变性。电磁波对蛋白质结构的影响与电磁波的波长和能量有关。一般可见光由于波长较长、能量较低，对蛋白质的构象影响不大；而紫外线、X 射线、γ 射线等高能量的电磁波对蛋白质的构象会产生明显的影响。高能射线被芳香族氨基酸吸收后，导致蛋白质构象改变，同时还会使氨基酸残基发生各种变化，如破坏共价键、分子离子化、分子游离基化、氧化—SH 基等。

蛋白质经射线照射会发生辐射交联，其主要原因是巯基氧化生成分子内或分子间的二硫键，也可以由酪氨酸和苯丙氨酸的苯环偶合导致。辐射交联导致蛋白质发生凝聚作用，甚至出现一些不溶解的聚集体。如用 X 射线照射血纤蛋白，会引起部分裂解，产生较小的碎片；卵清蛋白在等电点辐射也发现黏度减小，证明发生了降解。蛋白质辐照时降解与交联同时发生，而往往是交联大于降解，所以降解常被掩盖而不易觉察。因此，辐射不仅可以使蛋白质发生变性，而且还可能因结构的改变导致蛋白质的营养价值变化。但在对食品进行一般的辐射保鲜时，辐射对食品蛋白质的影响极小，一是由于食品处理时所使用的辐射剂量较低，二是食品中存在水的裂解而减少了其他物质的裂解。

（6）界面　蛋白质吸附在界面后发生不可逆的变性，是由于在气–液界面上的水分子的能量较本体水分子的能量高，界面上的水分子与蛋白质分子发生相互作用，导致蛋白质分子的能量增加，蛋白质分子中一些化学键被破坏，结构发生变化，水分子进入蛋白质分子的内部，进一步导致蛋白质分子的伸展，并使蛋白质的疏水性残基、亲水性残基分别向极性不同的两相排列，最终导致蛋白质分子的变性。

蛋白质吸附速率与其向界面扩散的速率有关，当界面被变性蛋白质饱和（约 $2mg/m^2$）即停止吸附。如果蛋白质分子具有较疏松的结构，在界面上的吸附就比较容易；如果蛋白质的结构较紧密，蛋白质就不易被界面吸附，因而界面变性也就比较困难。

2. 化学变性

（1）pH　pH 变化对蛋白质稳定性影响较大。通常情况下，大多数蛋白质在 pH 4 ~ 10 比较稳定，超过这个范围就会发生变性。在极端 pH 条件下，蛋白质分子内的离子基团如氨基、羧基等离解，产生强静电排斥作用，促进蛋白质分子的伸展导致其变性。极端碱性的 pH 条件对蛋白质的变性作用强于极端酸性的 pH 条件，在极端碱性的 pH 时，部分埋藏在蛋白质内部的羧基、酚羟基和巯基离子化，这些离子化基团趋向水环境运动，造成多肽链散开。

pH 引起的变性大多数是可逆的，某些蛋白质经过酸碱处理后，如果 pH 调回原来的范围，蛋白质则能恢复原来的结构，如酶。由酸碱诱导的蛋白质变性如果加上热的作用，其变性速率将会更大。蛋白质在等电点时比在其他 pH 下稳定。表 5 – 4 给出了几种蛋白质的等电点。中性条件下，蛋白质所带的净电荷不多，除少数几种蛋白质带有正电荷外，大多数蛋白质带有负电荷。分子内产生的静电排斥力小于稳定蛋白质结构的其他作用力，所以大多数蛋白质在中性条件下比较稳定。

表 5 – 4　　　　　　　　　　几种蛋白质的等电点（pI）

蛋白质	等电点	蛋白质	等电点	蛋白质	等电点
胃蛋白酶	1.0	β–乳球蛋白	5.2	核糖核酸酶	9.5
κ–酪蛋白 B	4.1 ~ 4.5	β–酪蛋白 A	5.3	细胞色素 C	10.7

续表

蛋白质	等电点	蛋白质	等电点	蛋白质	等电点
卵清蛋白	4.6	血红蛋白	6.7	溶菌酶	11.0
大豆球蛋白	4.6	α-糜蛋白酶	8.3		
血清蛋白	4.7	α-糜蛋白酶原	9.1		

（2）金属离子 金属离子对蛋白质构象影响很大，特别是一些高价态离子能改变蛋白分子的结构状态，使其变性。Na^+、K^+ 等碱金属离子与蛋白质相互作用程度有限，而 Ca^{2+}、Mg^{2+} 等离子略强。Cu^{2+}、Fe^{2+}、Hg^{2+}、Pb^{2+}、Ag^+ 等一些重金属离子能与蛋白质分子中的游离巯基形成稳定的复合物，或者将二硫键转化为巯基，导致蛋白质的稳定性改变或发生变性。Ca^{2+}、Fe^{2+}、Cu^{2+}、Mg^{2+} 等离子还是一些蛋白质分子或分子缔合物的组成部分，对维持蛋白质的稳定性有重要作用。Hg^{2+}、Pb^{2+} 等能够与蛋白质肽链中的组氨酸、色氨酸残基等反应，导致蛋白质变性。此外，在离子浓度较低时，离子与蛋白质发生非特异性的静电相互作用，从而稳定蛋白质的结构；在离子浓度较高时，离子能破坏蛋白质的稳定性，而且阴离子的影响大于阳离子。

在等离子强度时，各种阴离子影响蛋白质稳定性的能力一般遵循下列顺序：$F^- < SO_4^{2-} < Cl^- < Br^- < I^- < ClO_4^- < SCN^- < Cl_3CCOO^-$。据此，氟化物、氯化物和硫酸盐是蛋白质稳定剂，其他阴离子则是去稳定剂。

（3）有机溶剂 多数有机溶剂能显著影响蛋白质分子的稳定性，特别是与水互溶的有机溶剂，如乙醇、丙酮等，它们通过影响蛋白质的疏水相互作用、氢键、静电相互作用等方式改变蛋白质结构构象。有机溶剂能降低蛋白质溶液的介电常数，一方面促进肽氢键的稳定和形成，另一方面对静电相互作用有双重的作用——降低介电常数使带相反电荷基团之间的静电相互作用增强，同时也增加带相同电荷基团之间的排斥力。非极性有机溶剂能穿透到蛋白质的疏水区域，破坏疏水相互作用，导致蛋白质变性。如 2-氯乙醇，能提高蛋白质分子中 α-螺旋的比例；卵白蛋白在水溶液中 α-螺旋占 31%，在 2-氯乙醇中 α-螺旋占 85%。在低浓度下，有机溶剂对蛋白质结构的影响较小，甚至具有稳定作用；但是在高浓度下所有的有机溶剂均能对蛋白质产生变性作用。

（4）有机化合物 有机化合物，如 4~6mol/L 尿素和 3~4mol/L 盐酸胍，在室温条件下能使溶液中某些蛋白质分子间的氢键被破坏，蛋白质发生不同程度的变性。增加变性剂浓度可提高变性程度，当尿素浓度为 8mol/L 和盐酸胍浓度为 6mol/L 时，蛋白质完全变性。盐酸胍具有离子的性质，因此比尿素具有更强的变性能力，如许多球状蛋白质即使在 8mol/L 尿素中仍不会完全变性，而在 8mol/L 盐酸胍中则完全变性，常以随机螺旋状态存在。

尿素或盐酸胍诱导的蛋白质变性在除去变性剂后可以逆转，但由尿素诱导的蛋白质变性要实现完全的可逆有时很困难，这是因为一部分尿素转变成了氰酸盐和氨，而氰酸盐与氨基作用改变了蛋白质的电荷。

尿素和盐酸胍造成的蛋白质变性有两个机制。第一种机制：变性蛋白质与尿素和盐酸胍优先结合，生成变性蛋白质-变性剂复合物，复合物由天然状态向变性状态移动，变性剂浓度进一步增加，天然状态的蛋白质不断转变为复合物，最终导致蛋白质完全变性，但只有高浓度的变性剂才能引起蛋白质完全变性；第二种机制：尿素与盐酸胍具有形成氢键的能力，通过破坏水的结构、水与蛋白间的作用来提高疏水氨基酸残基的溶解性。

（5）还原剂　还原剂如半胱氨酸、抗坏血酸、β-巯基乙醇、二硫苏糖醇等，具有游离巯基，能还原蛋白质分子中的二硫键，改变蛋白质的构象，使蛋白质发生变性。

$$HSCH_2CH_2OH + -S-S-Pr \longrightarrow -S-S-CH_2CH_2OH + HS-Pr$$

（6）表面活性剂　表面活性剂如十二烷基磺酸钠（sodium dodecyl sulfonate，SDS）是一种很强的变性剂，能破坏蛋白质分子的疏水相互作用，促使天然蛋白质分子伸展，还能与变性蛋白质分子强烈结合，在接近中性 pH 时使蛋白质带有大量的净负电荷，从而增加蛋白质内部的斥力，使蛋白质分子结构伸展趋势增大，这是 SDS 能在较低浓度下使蛋白质完全变性的原因。同时 SDS 诱导的蛋白质变性是不可逆的，球状蛋白质经 SDS 变性后不是以随机螺旋状态存在，而是在 SDS 溶液中采取 α-螺旋，呈棒状，严格地讲，此棒状蛋白质是变性的。

第二节　蛋白质的功能性质

蛋白质的功能性质是指蛋白质在食品加工、贮藏和销售过程中对食品质构、品质等特性起到的有利作用和体现出的物理化学性质，如在某种食品加工中蛋白质所体现出来的胶凝性、溶解性、起泡性、乳化性、黏稠性等功能特性。蛋白质的功能性质对食品的感官质量、质构特性等有重要影响。

根据蛋白质在食品加工中体现的功能特点，可将蛋白质的功能性质分为三大类。

第一类：水化性质，主要由蛋白质和水的相互作用决定，包括水的吸附与保留、湿润性、膨胀性、黏合性、分散性、溶解性等。

第二类：结构性质，是由蛋白质分子之间的相互作用体现出的性质，包括蛋白质的胶凝作用、质构化、面团的形成、沉淀等。

第三类：表面性质，是由蛋白质在极性不同的两相间产生相互作用的一类性质，主要包括蛋白质的表面张力、起泡性、乳化作用等。

此外，根据蛋白质对食品感官质量的作用和影响，还可将蛋白质的功能性质划分出第四类性质——感官性质，包括蛋白质在食品体系中具有的混浊度、色泽、风味结合、咀嚼性、爽滑感等。各种食品中蛋白质的功能性质见表 5-5。

表 5-5　　　　　　　　　　　蛋白质在食品体系中的功能性质

功能	机制	食品	蛋白质种类
溶解性	亲水性	饮料	乳清蛋白
黏度	水结合、流体动力学、分子大小和形状	汤、肉汁、色拉调味料和甜食	明胶

续表

功能	机制	食品	蛋白质种类
持水性	氢键、离子水合	肉、香肠、蛋糕和面包	肌肉蛋白、鸡蛋蛋白
胶凝作用	水截留和固定、网状结构形成	肉、凝胶、蛋糕、焙烤食品和干酪	肌肉蛋白、鸡蛋蛋白和乳清蛋白
黏结-黏合	疏水结合、离子结合和氢键	肉、香肠、面条和焙烤食品	肌肉蛋白、鸡蛋蛋白和乳清蛋白
弹性	疏水结合和二硫交联键	肉和焙烤食品	肌肉蛋白和谷物蛋白
乳化	界面吸附和形成膜	香肠、大红肠、汤、蛋糕和调味料	肌肉蛋白、鸡蛋蛋白和乳清蛋白
起泡	界面吸附和形成膜	搅打起泡的浇头、冰淇淋、蛋糕和甜食	鸡蛋蛋白、乳清蛋白
脂肪和风味物质的结合	疏水结合、截留	低脂肪焙烤食品、油炸面包圈	鸡蛋蛋白、乳清蛋白和谷物蛋白

　　蛋白质的这些功能性质间不是相互独立、完全不同的，它们之间互相影响、彼此联系。如蛋白质的胶凝作用既涉及蛋白质分子之间的相互作用（形成三维的空间网络结构），又涉及蛋白质同水之间的作用（水的保留）；再如蛋白质的黏度、溶解度等都涉及蛋白质之间和蛋白质与水之间的相互作用。影响蛋白质功能性质的因素有很多，如本身的化学组成、结构及环境条件的影响等，总体可分为 3 个方面：内在因素、环境条件、加工条件（表 5-6）。

表 5-6　　　　　　　　　蛋白质功能性质的影响因素

内在因素	环境条件		加工条件	
化学组成	pH	氧化还原电位	加热	干燥
构象	盐	水	pH 调整	离子强度
其他成分	碳水化合物	脂类	还原剂	贮存条件
	表面活性剂	风味物质	物理改性	化学改性

一、水 化 性 质

1. 蛋白质的水合

　　蛋白质的水合性质即蛋白质的水合作用（hydration），是蛋白质通过其肽键和氨基酸残基侧链与水分子发生相互作用的特性。一般情况下，食品是一个复杂的水合体系，各成分的理化性质和流变学性质都受体系中水含量和水分活度影响，例如大多数蛋白质的构象在很大程度上与蛋白质和水的相互作用有关。食品蛋白质吸附水、保留水的能力，对食品体系的感官品质、质地结构以及产品产量等有直接影响，所以研究蛋白质的水合和复水性质在食品加工中非常重要。

蛋白质水合过程如图 5-3 所示。

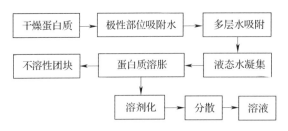

图 5-3 干燥蛋白质的水合过程

从蛋白质水合过程可以看出，蛋白质的水吸收、溶胀、润湿性、持水能力、黏着性与水化过程的前四步相关，而蛋白质的溶解度、速溶性、浓度与蛋白质水化的溶剂化有关。蛋白质水化后往往以不溶的、充分溶胀的固态蛋白质存在。

影响蛋白质水合的因素首先是蛋白质形状、表面积大小、蛋白质粒子表面极性基团数目和蛋白质粒子的微观结构是否多孔等。其次，蛋白质的环境因素会影响蛋白质的水化程度。例如蛋白质总水吸附量随蛋白质浓度的增加而增加，而在等电点时蛋白质表现出最小的水合作用，这是由于在等电点条件下蛋白质与蛋白质的相互作用达到最大。动物被屠宰后，在僵直期内肌肉组织的持水力最差，这是由于肌肉的 pH 从 6.5 降到 5.0 左右（接近等电点），肉的嫩度下降。蛋白质分子加工中不仅仅考虑蛋白质对水的吸附、结合的能力，对于蛋白质的水合作用，实际生产中通常以持水力或保水性衡量。

蛋白质吸附水、结合水的能力对各类食品尤其是肉制品和面团等的质地有重要作用。蛋白质其他的功能性质如胶凝、乳化作用也对蛋白质水合性质有重要作用。

2. 蛋白质的溶解性

蛋白质的溶解度是蛋白质分子之间和蛋白质与溶剂之间相互作用达到平衡的热力学表现。蛋白质是一类有机大分子化合物，在水溶液中以分散态（胶体态）存在，所以实质上蛋白质在水中形成的是胶体分散系，而不是溶液。蛋白质溶解度的大小最终受 pH、离子强度、温度、溶剂类型等影响。

大多数食品蛋白质的溶解度 - pH 关系曲线是一条 U 形曲线。在高于或低于等电点 pH 时，蛋白质带有净电荷，这些电荷对蛋白质的溶解性产生有益作用，故蛋白质的溶解度在等电点时最低，高于或低于等电点其溶解度均增大。但酪蛋白、大豆蛋白在等电点时几乎不溶，而牛血清清蛋白、乳清蛋白在等电点时仍具有较高的溶解性。对于溶解性随 pH 变化大的蛋白质，通过改变介质酸碱度对蛋白质进行提取、分离是十分方便的。

盐类对蛋白质的溶解性产生不同的影响。当中性盐的离子强度较低为 0.1 ~ 1mol/L 时，可增加蛋白质的溶解度，这种效应称为盐溶效应（salting - in effect）。硫氰酸盐和过氯酸盐逐渐提高蛋白质的溶解度（盐溶）。当中性盐的离子强度 > 1.0mol/L 时，盐对蛋白质溶解度的影响具有特异的离子效应，硫酸盐和氟化物降低蛋白质的溶解度，并产生沉淀（盐析），这种盐析效应（salting - out effect）是蛋白质和离子之间为各自溶剂化争夺水分子的结果。

在相同离子强度时，各种离子对蛋白质溶解度的影响遵循霍夫梅斯特（Hofmeister）序列规律，阴离子提高蛋白质溶解度的能力由小到大依次为 $SO_4^{2-} < F^- < Cl^- < Br^- < I^- < ClO_4^- <$

SCN^-，阳离子降低蛋白质溶解度的能力由小到大依次为 $NH_4^+ < K^+ < Na^+ < Li^+ < Mg^{2+} < Ca^{2+}$。

温度对蛋白质溶解性影响显著。加热时，蛋白质的溶解度明显地不可逆降低，即使在温度比较低的加热条件下蛋白质也会产生一定程度的不溶。例如，在商品脱脂大豆粉、大豆浓缩蛋白、大豆分离蛋白等产品的加工过程中热处理不同，使得这些蛋白产品的氮溶解指数分布在 10% ~90%。通常情况下，蛋白质的溶解度在 0~40℃ 范围内随温度升高而增加，但当温度进一步升高时，蛋白质发生变性，溶解度随之下降。

一些有机溶剂如丙酮、乙醇等，由于降低了蛋白质溶液中的介电常数，使得蛋白质分子之间的静电斥力减弱，蛋白质分子间的作用相对增加，从而使蛋白质发生聚集，甚至产生沉淀。

3. 蛋白质的黏度

蛋白质体系的黏度和稠度是流体食品的主要功能性质，反映出它对流动的阻力情况，是流体食品如饮料、肉汤、汤汁等的主要功能性质，影响着食品品质和质地，对于蛋白质食品的输送、混合、加热、冷却等加工过程也有实际意义。

蛋白质的黏度与溶解性之间不存在简单的关系。通过热变性而得到的不溶性蛋白在水中分散后不具有高黏度，溶解性能好但吸水性和溶胀能力较差的乳清蛋白同样也不能在水中形成高黏度的分散系。那些具有很大初始吸水能力的蛋白质（如大豆蛋白、干酪素钠）在水中分散后却具有很高的黏度，这也是它们作为食品蛋白质配料的重要原因。所以在蛋白质的水吸附能力与黏度之间存在着正的相关性。

二、胶 凝 作 用

1. 胶凝作用

蛋白质胶凝作用是指变性蛋白质分子发生聚集并形成有序的蛋白质网络结构的过程。与蛋白质胶凝作用不同的是，蛋白质的聚集、缔合、沉淀、凝结和絮凝等属于蛋白质分子在不同水平上的聚集变化，它们之间也有一定的区别：蛋白质的聚集（aggregation）或聚合（polymerization）指较大的聚合物的生成；缔合（association）是指蛋白质在亚基或分子水平上发生的变化；沉淀作用（precipitation）指蛋白质的溶解性部分或全部丧失引起的聚集反应；凝结（coagulation）是变性蛋白质产生的无序聚集反应，蛋白质之间的相互作用大于蛋白质与溶剂的相互作用，形成粗糙的凝块。絮凝（flocculation）是指未变性蛋白质发生的无序聚集反应，常由肽链间静电排斥力的降低引起。

蛋白质形成凝胶后具有立体的三维网络空间结构，高度水合，每克蛋白质可结合水 10g 以上，网络内部可以容纳其他物质，对食品的风味（品质、质构等方面）具有重要影响。例如，蛋白质凝胶对肉类食品，不仅可以使之具有半固态的黏弹性特征，还有稳定脂肪、黏结、保水等作用，对酸乳、豆腐等的生产更为重要，是这类食品形成的基础。关于蛋白质凝胶形成机制和相互作用还未完全揭示清楚，但一般认为蛋白质凝胶网状结构的形成是蛋白质分子之间、蛋白质与水之间、相邻肽链分子间的相互作用（吸引和排斥）达到平衡的结果。静电吸引力、蛋白质分子之间的作用（包括氢键、疏水相互作用等）、二硫键等有利于蛋白质肽链的靠近，而静电斥力、蛋白质与水之间的作用则使蛋白质肽链发生分离。蛋白质浓度较高时，肽链分子间接触的概率增大，更容易产生胶凝作用，即使环境条件对凝集作用不十分有利（如不加热、pH 与 pI 相差很大），也可以发生胶凝作用。

一般情况下，加热处理是蛋白质形成凝胶的必需条件（促使蛋白质变性，肽链伸展），冷却使肽链间形成氢键；少量的酸或盐特别是 Ca^{2+} 盐可以提高蛋白质凝胶速度和强度（如大豆蛋白、乳清蛋白、血清蛋白等）。有时，蛋白质不需要加热也可以形成凝胶，如有些蛋白质只需要加入 Ca^{2+} 盐（如酪蛋白胶束），或通过适当的酶解（如酪蛋白胶束、卵白、血纤维蛋白等），或溶液碱化后调 pH 至等电点，就可以发生胶凝作用（如大豆蛋白）。蛋白质凝胶可以由蛋白质溶液形成（如鸡卵清蛋白和其他卵清蛋白等），也可以由不溶或微溶的蛋白质形成（如胶原蛋白、肌原纤维蛋白等），因此蛋白质的溶解性不一定是胶凝作用所必需的条件。

蛋白质形成凝胶的过程主要分为两步：① 蛋白质分子构象改变或结构部分伸展，发生变性；② 变性的蛋白质分子逐步聚集，有序地形成可以容纳水等物质的网状结构。

根据蛋白质形成凝胶的途径，一般将蛋白质凝胶分为两大类：一是热致凝胶，如卵白蛋白加热形成凝胶；二是非热致凝胶，如通过调节 pH、加入二价金属离子、凝乳酶制作干酪，碱对蛋清蛋白的部分水解形成皮蛋等。

根据蛋白质形成凝胶的热稳定性，蛋白质凝胶分为两大类：一是热可逆凝胶（如明胶加热时形成溶液，冷却后又恢复凝胶状态）；二是非热可逆凝胶（如大豆蛋白，凝胶一旦形成，热处理不会再发生改变）。热可逆凝胶主要是通过蛋白质分子间的氢键保持稳定；非热可逆凝胶则多涉及分子间的二硫键的形成，因为二硫键一旦形成就不容易再发生断裂，加热不会对其发生破坏作用。

蛋白质通过两类不同的结构方式形成凝胶（图 5 - 4）：① 肽链通过有序串形聚集排列，形成的凝胶是透明或半透明的，如卵白蛋白、溶菌酶、血清蛋白、大豆球蛋白等的凝胶；② 肽链自由聚集排列，形成不透明的凝胶，如肌浆球蛋白在高离子强度下形成的凝胶，乳清蛋白、β - 乳球蛋白形成的凝胶。常见的蛋白质的凝胶结构可同时存在这两种不同的方式，而且受 pH、蛋白质浓度、加热温度、加热时间、离子强度等条件影响。此外，某些不同种类的蛋白质共热可产生共胶凝作用。

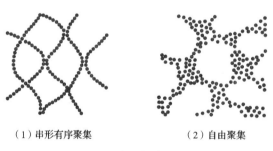

（1）串形有序聚集　　　　　（2）自由聚集

图 5 - 4　蛋白质凝胶的网状结构

2. 质构化

蛋白质是许多食物质地或结构的构成基础，动物肌肉和鱼的肌原纤维是典型例子。但是从植物组织中分离出的植物蛋白或从牛乳中得到的乳蛋白不具备相应的组织结构和咀嚼性能，因此它们在食品加工应用时存在一定的限制。通过蛋白质的质构化（texturization）处理，能使它们形成具咀嚼性能和良好持水性能的薄膜或纤维状产品，并且在以后的水合或加热处理中蛋白质能保持良好的性能。经质构化处理的蛋白质可以作为肉的代用品或替代物，在食品加工中使用广泛。另外质构化加工还可以用于对一些动物蛋白进行重质构化（retexturization）。

常见的蛋白质质构化方式有 3 种。

（1）热凝固（thermal coagulation）和薄膜形成　将大豆蛋白溶液在 95℃保持几小时，或将大豆蛋白浓溶液置于平滑的热金属表面，由于溶液表面的水分蒸发和蛋白质热凝结，能在表面形成一层薄的蛋白膜。这些蛋白膜是一类质构化蛋白，它们具有稳定的结构，加热处理不会发生改变，具有正常的咀嚼性能。传统腐竹就是采用上述方法加工而成的。

如果将蛋白质溶液（如玉米醇溶蛋白的乙醇液）均匀涂布在光滑物体的表面，溶剂挥发后，蛋白质分子通过相互作用形成均匀的薄膜。形成的蛋白膜具有一定的机械强度以及对水、氧气等气体的屏障作用，可以作为可食性的食品包装材料。

（2）热塑性挤压（thermoplastic extrusion）　植物蛋白通过热塑性挤压可得到多孔状颗粒或小块产品，它在复水后具有咀嚼性能和良好的质地。热塑性挤压的方法是使含有蛋白质的混合物在旋转螺杆的作用下通过一个圆筒，在高压、高温和高剪切的作用下固体物料转变为黏稠状物，然后快速地挤压通过一个模板进入常压环境，物料的水分迅速蒸发后，就形成了高度膨胀、干燥的多孔结构，即所谓的膨化蛋白。该工艺是目前最常用的蛋白质质构化方法。

（3）纤维形成　借鉴合成纤维的生产原理，可将大豆蛋白和乳蛋白喷丝形成纤维。首先在pH > 10的条件下制备高浓度蛋白质溶液，由于静电斥力大大增加，蛋白质分子离解并充分伸展。接着在高压下通过一个有许多小孔的喷头，此时伸展的蛋白质分子沿流出方向定向排列，以平行方式延长并有序排列。当从喷头出来的"长丝"进入酸性NaCl溶液时，由于等电点和盐析效应的共同作用，蛋白质发生凝结，通过氢键、离子键和二硫键等相互作用，形成水合蛋白纤维。再通过滚筒转动使蛋白质纤维伸展，增加纤维的机械阻力和咀嚼性，降低纤维的持水力。同时通过滚筒加热除去一部分水，提高纤维的黏着力和韧性。这种纤维进一步经过结合、切割、压缩等工序，可形成人造肉或类似肉的蛋白质加工食品。

3. 面团的形成

小麦面粉的面筋蛋白质在室温下与水混合、揉搓，能够形成黏稠、有弹性、可塑和强内聚力的面团，这就是面团的形成过程。大麦、黑麦等也具有这种特性，但是比小麦面粉差。小麦面粉中除含有面筋蛋白外，还有淀粉、糖和极性脂类、非极性脂类、可溶性蛋白等其他成分，这些成分有利于面筋蛋白形成三维网状结构和面团质地，并被容纳在这个结构中。小麦蛋白质由80%的水不溶性蛋白质和20%的可溶性蛋白构成，其中水不溶性蛋白由麦醇溶蛋白（溶于70%乙醇）和麦谷蛋白组成，二者含量相近，称为面筋蛋白。面筋蛋白质富含谷氨酰胺（超过33%）、脯氨酸（15% ~ 20%）、丝氨酸及苏氨酸，它们易于形成氢键，使面筋蛋白具有较好的吸水能力（面筋吸水量为干蛋白质的180% ~ 200%）和黏着性质，其中黏着性质还与疏水相互作用有关；面筋蛋白中含有—SH基，能形成二硫键，使面团质地较为坚韧。当面粉被揉捏时，蛋白质分子伸展，二硫键形成，疏水相互作用增强，面筋蛋白转化形成立体的具有黏弹性的蛋白质网状结构，并截留淀粉粒和其他成分。如果此时加入还原剂破坏二硫键，则可破坏面团的内聚结构。但如果加入氧化剂$KBrO_3$则有利于增加面团的弹性和韧性。此外，面团中的非极性氨基酸对水合面筋蛋白质的聚集、黏弹性、与脂肪的结合能力等性质有积极作用。

面团的特性与麦谷蛋白和麦醇溶蛋白的性质直接相关。麦谷蛋白相对分子质量可达数百万，既含有链内二硫键，又含有大量链间二硫键；麦醇溶蛋白仅含有链内二硫键，相对分子质量在35000 ~ 75000。麦谷蛋白决定面团的弹性、黏合性、抗张强度；麦醇溶蛋白能促进面团的流动性、伸展性和膨胀性。如制作面包面团时，两类蛋白质的适当平衡对面包品质影响很大。麦谷蛋白过多时，面团过度黏结，会抑制发酵期间截留的CO_2气泡的膨胀，抑制面团发起和成品面包中形成空气泡，此时加入还原剂半胱氨酸、偏亚硫酸盐可打断部分二硫键，降低面团的黏弹性；麦醇溶蛋白过多时，面团过度延展，产生的气泡膜容易破裂、可渗透，不能很好地截留 CO_2，使面团塌陷，此时加入溴酸盐氧化剂可使二硫键形成，提高面团的硬度和黏弹性。当面团揉搓不足时，面筋网络没有足够时间形成，使面筋强度不足；但揉搓过度时，可能导致二硫键断裂，使面筋强度降低。面粉中存在的氢醌类、超氧离子和易被氧化的脂类也被认为是促进二硫键形成的天然因素。

三、界 面 性 质

蛋白质的表面性质又称蛋白质的界面性质。蛋白质是两性分子，它们能自发地迁移至气-水界面或油-水界面。蛋白质自发地从体相迁移至界面表明蛋白质处在界面上比处在体相水相中具有较低的自由能，于是当达到平衡时蛋白质的浓度在界面区域总是高于在体相水相中。不同于低相对分子质量表面活性剂，蛋白质能在界面形成高黏弹性薄膜，后者能承受保藏和处理中的机械冲击，因此蛋白质稳定的泡沫和乳状液体系比采用低相对分子质量表面活性剂制备的相应分散体系更加稳定。正因为如此，蛋白质广泛应用于此目的。

虽然所有的蛋白质是两亲的，但是它们在表面活性性质上存在着显著的差别，不能将蛋白质在表面性质上的差别简单地归于它们具有不同的疏水性氨基酸残基与亲水性氨基酸残基之比。蛋白质表面活性的差别主要与它们在构象上的差别有关。重要的构象因素包括多肽链的稳定性/柔性、对环境改变适应的难易程度和亲水与疏水基团在蛋白质表面的分布模式。所有这些构象因素是相互关联的，它们集合在一起对蛋白质的表面活性产生重大的影响。

已经证实，理想的表面活性蛋白质具有 3 个性能：① 能快速地吸附至界面；② 能快速地展开，并在界面上再定向；③ 一旦到达界面即能与邻近分子相互作用，形成具有强的黏合性和黏弹性并能忍受热和机械运动的膜。

1. 乳化性质

食品乳化体系定义为互不相溶的两个分散液态相。常见的液态相为水相与脂肪相。由于两相的极性不同，在界面上界面张力相当大，所以乳化体系在热力学上为不稳定分散系，需要通过表面活性物质（乳化剂）的作用降低界面张力，增加体系的稳定性。蛋白质由于分子中具有亲水、亲油基团或区域，所以可以在乳化体系的形成中发挥乳化剂作用。

许多食品都是蛋白质稳定的乳化体系，如牛乳、冰淇淋、黄油、干酪、蛋黄酱、肉馅等。在天然食品的脂肪球中，由磷脂、不溶性脂蛋白和可溶性蛋白的连续吸附层所构成的"膜"稳定着脂肪球，蛋白质通常在稳定这些乳化体系时起重要作用。蛋白质在分散的油滴和水相的界面上吸附，能使液滴产生抗凝集性的物理学、流变学性质，如静电斥力、黏度等。

球蛋白具有很稳定的结构和很大的表面亲水性，因此它们不是一种很好的乳化剂，如血清蛋白、乳清蛋白。酪蛋白由于其结构特点（无规则卷曲）以及肽链上高度亲水区域和高度疏水区域是隔开的，所以它是一种很好的乳化剂。大豆蛋白分离物、肉和鱼肉蛋白质的乳化性能也都不错。

有很多因素影响蛋白质稳定的乳状液性质，包括内在因素，如 pH、离子强度、温度、存在的低相对分子质量表面活性剂、糖、油相体积、蛋白质类型和使用的油的熔点，外在因素，如制备乳状液的设备的类型、剪切速度。比如，蛋白质的乳化能力与溶解度成正比，一旦乳状液形成，不溶的蛋白质起到稳定乳状液的作用。加热处理时，界面上的蛋白质的黏度和硬度降低，其乳化能力也随之降低。当体系中加入其他小分子表面活性剂时，它们能够替换蛋白质留在界面上，使蛋白质的乳化能力降低。二硫键可能是提高蛋白质乳化活性的重要因素。

评价食品乳化性质的方法主要有三种：乳化活性指数（emulsifying activity index，EAI）、乳化容量（emulsion capacity，EC）和乳化稳定指数（emulsion stability index，ESI）。

2. 起泡特性

食品泡沫通常是指气体在连续液相或半固相中分散所形成的分散体系。在稳定的泡沫体系中，有弹性的薄层连续相将各个气泡分开，气泡的直径从 $1\mu m$ 到几厘米不等，典型的食品例子就是冰淇淋、啤酒等。产生泡沫的方法有 3 种：① 让气体经过多孔分散器通入溶液中；② 在大量气体存在下机械搅拌或振荡溶液；③ 在高压下使气体溶于溶液，突然将压力解除。在泡沫形成过程中，蛋白质首先向气-液界面迅速扩散，然后被吸附，进入界面层后再进行分子结构重排，在这 3 个过程中蛋白质的扩散过程是一个决定因素。泡沫体系中气体所占的体积分数变化范围大，气体体积与连续相体积的比甚至可达 100:1，泡沫有很大的界面面积，界面张力也远大于乳化分散系，因而它们非常容易破裂。

液体通过上述的 3 种途径产生泡沫后，就要考虑泡沫的稳定性问题。具有良好起泡能力的蛋白质并非一定是好的泡沫稳定剂。例如，肝酪蛋白的起泡能力非常好，但它的泡沫稳定性却很差。蛋白质的起泡能力和泡沫稳定性由两类不同的分子性质决定。蛋白质的起泡能力取决于蛋白质分子的快速扩散、对界面张力的降低以及疏水基团的分布等性质，主要由蛋白质的溶解性、疏水性、肽链的柔软性决定。泡沫稳定性主要由蛋白质溶液的流变学性质决定，如吸附膜中蛋白质的水合蛋白质的浓度、膜的厚度、蛋白质分子间相互作用。研究表明卵清蛋白是最好的蛋白质起泡剂，其他蛋白质如血清蛋白、明胶、大豆蛋白等也有不错的起泡性质。

影响蛋白质起泡性质的环境因素主要包括盐类、糖类、脂类物质、蛋白质浓度、温度、pH等。比如，有研究表明乳清蛋白溶液中加入果胶后能够产生大量的气泡，并具有较好的稳定性，这是由于乳清蛋白有较高的表面黏弹性，在水中具有较强的起泡能力，加入的果胶增加了气泡膜的硬度。

评价蛋白质的起泡特性一般用泡沫密度、泡沫强度、泡沫直径、发泡力、泡沫稳定性等多个指标，但通常后两个指标最常用。也常用一些实验性指标。实验常用鼓泡法进行（图 5-5）。在一个透明圆柱形刻度容器内装上一定体积和浓度的蛋白质水溶液，通过鼓起形成泡沫，记录一些特殊高度值，可按以下公式得出评价指标的值。

$$膨胀率（又称超出率）= 100 \times B/A$$

$$发泡力 = 100 \times E/D$$

$$稳定泡沫体积（又称泡沫膨胀度）= 100 \times E/A$$

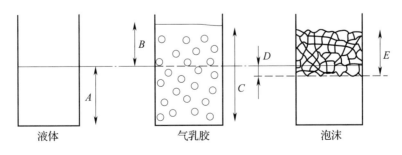

图 5-5 鼓泡法形成泡沫示意图

A—液体体积 B—气体体积 C—气乳胶体积 D—泡沫中液体体积 E—泡沫体积

四、风味结合

蛋白质可以作为风味载体，改善食品的风味。但某些蛋白质制品结合具有豆腥味的醛、酮等异味物质，烹饪或咀嚼时能感觉出这些物质的释放，影响其食用品质。例如，大豆蛋白制品的豆腥味和青草味归因于己醛的存在。在这些羰基化合物中，有的与蛋白质的结合亲和力特别强，以至于采用溶剂都不能将它们抽提出来。蛋白质并不是以相同的亲和力与所有的风味物相结合，这就导致一些风味物不平衡和不成比例地保留以及在加工中不期望的损失。了解各种风味物与蛋白质相互作用的机制和亲和性的知识对于生产风味物–蛋白质产品或从蛋白质中除去不良风味是必须的。

在液态或高水分食品中风味物质与蛋白质结合的机制，主要是风味物质的非极性部分与蛋白质表面的疏水区或空隙相互作用，以及风味化合物与蛋白质极性基团（如羟基和羧基）通过氢键和静电相互作用结合。在结合至表面疏水区之后，醛和酮能进一步扩散至蛋白质分子的疏水性内部。干蛋白质粉主要通过范德华相互作用、氢键和静电相互作用与风味物质相结合。

风味物质与蛋白质的相互作用通常是完全可逆的。然而，醛或酮与氨基的结合、胺类与羧基的结合都是不可逆的结合。任何能改变蛋白质构象的因素都会影响它同挥发性化合物的结合，如水分活度、pH、盐、化学试剂、水解酶、变性及温度等。

第三节　食品中的蛋白质

食品中的蛋白质主要是传统食物蛋白质，包括两大类：动物蛋白和植物蛋白。动物蛋白主要有乳、肉、蛋、鱼类等，植物蛋白主要有大豆蛋白、谷物蛋白等。常见的蛋白质来源及其应用见表5–7。

表5–7　　　　　　　　　　　　常见食品蛋白质来源及其应用

来源	蛋白质	应用
乳类	全脂乳、脱脂乳、乳清蛋白粉、干酪素	用途广泛，包括乳化剂、黏合、增稠
鱼类	肌肉、胶原（明胶）	凝胶、肉糜产品
动物	肌肉、胶原（明胶）、牛/猪血	乳化、保水、凝胶
油籽	大豆、芝麻、花生等分离蛋白、浓缩蛋白、蛋白粉	豆乳、焙烤食品、人造肉及替代物
谷物	面筋蛋白、玉米蛋白	早餐食品、焙烤食品、搅打起泡剂
鸡蛋	全蛋、卵白、卵黄、脂蛋白	用途广泛，包括乳化剂、黏合、增稠

一、肉类蛋白质

肉类蛋白质是人类最重要和最优质的食物蛋白质来源之一。肉类蛋白质主要存在于肌肉组织中，以猪、牛、羊、鸡、鸭肉等最为重要，肌肉蛋白质占肌肉组织湿重的18% ~20%。动物肌肉组织中的蛋白质主要分为肌原纤维蛋白、肌浆蛋白和肌质蛋白3种，含量分别约为55%、30%、15%。这3类蛋白质在溶解性方面差异显著，肌浆蛋白能被水或低离子强度的缓冲液（0.15mol/L或更低浓度）提取出来，肌原纤维蛋白需要更高浓度的盐溶液提取，而肌质蛋白则不溶于水和盐溶液。

肌浆蛋白主要有肌溶蛋白和球蛋白X两大类，占肌肉蛋白质总量的20% ~30%。肌溶蛋白溶于水，变性凝固温度为55 ~65℃；球蛋白X溶于盐溶液，变性凝固温度为50℃。肌浆蛋白中还有少量的肌红蛋白。

肌原纤维蛋白是肌肉组织中的结构蛋白，主要有肌球蛋白（肌凝蛋白）、肌动蛋白（肌纤蛋白）、肌动球蛋白（肌纤凝蛋白）和肌原球蛋白等，这些蛋白质占肌肉蛋白质总量的51% ~53%。肌球蛋白是盐溶蛋白，占肌原纤维蛋白的55%，是肌肉中含量最多的一种蛋白质，其pI约为5.4，30℃开始变性，50 ~55℃时发生凝固，具有ATP酶活力；肌动蛋白能溶于盐溶液，其pI约为4.7，变性凝固温度为45 ~50℃。肌动蛋白与肌球蛋白结合形成肌动球蛋白，能溶于盐溶液。肌原纤维蛋白中的肌球蛋白、肌动蛋白间的相互作用决定了肌肉的收缩。肌原纤维蛋白由于能溶于盐溶液，也称盐溶性肌肉蛋白质。

肌质蛋白主要包括胶原蛋白和弹性蛋白，都属于硬蛋白类，不溶于水和盐溶液。胶原蛋白在肌肉中约占2%，还存在于动物的筋、腱、皮、血管和软骨中，它们在肉蛋白的功能性质中起着重要作用。胶原蛋白中含有丰富的甘氨酸（约33%）、羟脯氨酸（10%）和脯氨酸，还有羟赖氨酸，但几乎不含色氨酸。这种特殊的氨基酸组成使胶原蛋白形成特殊结构，因而具有特殊的功能特性。胶原蛋白分子通过链间、链内的共价交联使肉具有坚韧性。

二、胶原蛋白与明胶

胶原蛋白是由 α - 氨基酸组成的，一般含有碳、氢、氮、氧和硫5种元素。胶原蛋白分子的氮含量高于其他蛋白，尤其是牛皮、猪皮、马皮和骆驼皮。

胶原蛋白是一种结构蛋白，具有优良的生物相容性和低抗原性，具有保持角质层水分以及纤维结构的完整性及修复组织的功能，可以使胃黏膜抗溃疡、抑制血压上升、提高骨骼强度、促进皮肤胶原代谢等功能。这些功能主要因为胶原蛋白在80℃热水中能发生部分水解，产生明胶。目前应用于实际的蛋白酶有：碱性蛋白酶、中性蛋白酶和木瓜蛋白酶等。酶解得到的胶原蛋白多肽具有良好的溶解性、吸水性、凝胶性、保水性、吸油性和起泡性，一定的乳化性和较弱的泡沫稳定性。

三、乳蛋白质

鲜牛乳中蛋白质含量在2.9% ~5.0%，主要有酪蛋白、乳清蛋白两大类，还有一些生物活性蛋白、肽类等，如乳铁蛋白、免疫蛋白、溶菌酶等。

酪蛋白以固体微胶粒形式分散于乳清中，是乳中含量最多的蛋白质，占牛乳蛋白质的80%，等电点pH 4.6，是一种含磷蛋白，包括 α_{s1} - 酪蛋白、α_{s2} - 酪蛋白、β - 酪蛋白、κ - 酪蛋白 4 种。与其他蛋白质相比，酪蛋白带有相对较高的电荷，含有较多的脯氨酸，很难形成 α – 螺旋和三级结构，具有松散的卷曲结构，几乎不含胱氨酸，疏水性极高。α_{s1} – 酪蛋白和 α_{s2} – 酪蛋白的相对分子质量相似，约 23500，等电点也都是 pH 5.1，α_{s2} – 酪蛋白比 α_{s1} – 酪蛋白 亲水性略强一些，两者共占总酪蛋白的 48%。κ – 酪蛋白占酪蛋白的 15%，相对分子质量为 19000，等电点在 pH 3.7 ~ 4.2，含有半胱氨酸，并可通过二硫键形成多聚体，由于含有一个磷酸化残基和碳水化合物成分，使其亲水性提高。

酪蛋白与钙结合形成酪蛋白酸钙，再与磷酸钙构成酪蛋白酸钙 – 磷酸钙复合体，复合体与水形成悬浊状胶体（酪蛋白胶团）存在于鲜乳（pH 6.7）中。酪蛋白胶团在牛乳中比较稳定，但经冻结或加热等处理也会发生胶凝现象。在 130℃ 加热数分钟，酪蛋白变性而凝固沉淀。添加酸或凝乳酶，酪蛋白胶粒的稳定性被破坏而凝固，干酪就是利用凝乳酶对酪蛋白的凝固作用制成的。

乳清蛋白是在 20℃、pH 4.6 条件下由牛乳中的酪蛋白经沉淀分离出的乳清中的蛋白质总称，约占牛乳蛋白质的 20%，包括 β – 乳球蛋白、α – 乳清蛋白、免疫球蛋白、血清清蛋白等。与酪蛋白不同的是，乳清蛋白具有细密的折叠结构，大多数含有 α – 螺旋二级结构，电荷分布均匀，热稳定性差，水合能力强，分散度高，甚至在 pI 时仍能保持分散状态。β – 乳球蛋白约占乳清蛋白的 50%，pH 3.5 ~ 7.5 时以二聚体形式存在，pH 低于 3.5 和 pH 高于 7.5 则以单体形式存在于乳清中，是一种简单蛋白质，含有游离的 — SH，牛乳加热产生气味可能与它有关。加热、增加钙离子浓度或 pH 超过 8.6 等条件能使其变性。α – 乳清蛋白约占乳清蛋白的 25%，比较稳定，分子中含有 4 个二硫键，不含游离的 —SH。

乳蛋白中的酪蛋白已成为食品加工中的重要配料，主要有 4 种不同的酪蛋白产品。其中酪蛋白的钠盐（干酪素钠）能起到保水剂、乳化剂、胶凝剂、起泡剂和增稠剂等作用，应用广泛。乳清浓缩蛋白（whey protein concentrate，WPC）或乳清分离蛋白（whey protein isolate，WPI）也是重要的功能性食品配料，特别是在婴幼儿食品中应用广泛。

β – 乳球蛋白和 α – 乳清蛋白也是性能良好的食品加工原料，还有一些其他的蛋白质或肽也有重要的应用价值。

四、鸡蛋蛋白质

鸡蛋蛋白质有蛋清蛋白与蛋黄蛋白两种，它的特点是具有较高的生物学价值。

蛋清蛋白中至少含有 8 种不同的蛋白质，其中存在的溶菌酶、抗生物素蛋白、免疫球蛋白和蛋白酶抑制剂等都能有效抑制微生物生长，保护蛋黄。蛋清中的蛋白质主要包括：① 卵清蛋白，占蛋清蛋白总量的 54% ~ 69%，属于磷糖蛋白，耐热，如在 pH 9 和 62℃ 下加热 3.5min 仅 3% ~ 5% 的卵清蛋白有显著改变；② 伴清蛋白，即卵转铁蛋白，是一种糖蛋白，占蛋清蛋白的 9%，在 57℃ 加热 10min 后 40% 的伴清蛋白变性，当 pH 为 9 时在上述条件下加热，伴清蛋白性质未见明显改变；③ 卵类黏蛋白，占蛋清蛋白总量的 11%，在糖蛋白质酸性和中等碱性的介质中能抵抗热凝结作用，但是在有溶菌酶存在的溶液中加热到 60℃ 以上时蛋白质便凝结成块；④ 溶菌酶，占蛋清蛋白总量的 3% ~ 4%，等电点为 10.7，比蛋清中的其他蛋白质的等电点高得多，而其相对分子质量（14600）却最低；⑤ 卵黏蛋白，是一种糖蛋白，占蛋清蛋白总量的 2.0% ~ 2.9%，有助于浓厚蛋清凝胶结构的形成。

蛋清是食品加工中重要的发泡剂，它的良好起泡能力与蛋清中卵黏蛋白和球蛋白的发泡能力有关。它们都是相对分子质量很大的蛋白质，卵黏蛋白具有高黏度。在焙烤过程中发现，由卵黏蛋白形成的泡沫易破裂，而加入少量溶菌酶后可大大提高泡沫的稳定性。

蛋黄是食品加工中重要的乳化剂。蛋黄中含有丰富的脂类。蛋黄蛋白有卵黄蛋白、卵黄磷蛋白和脂蛋白3种。蛋黄的乳化性质很大程度上取决于脂蛋白。蛋黄的发泡能力稍大于蛋清，但是它的泡沫稳定性远不如蛋清蛋白。

蛋清还是食品加工中重要的胶凝剂。

五、大豆蛋白

大豆蛋白是最具有发展潜力的植物蛋白资源。大豆蛋白是大豆中的主要成分，可分为两类：大豆清蛋白和大豆球蛋白。大豆清蛋白含量较少，一般约占大豆蛋白的5%（以粗蛋白计）；大豆球蛋白是大豆蛋白的主要组成部分，约占90%。非 pI 条件下，大豆球蛋白可溶于水、碱和盐溶液。如果调 pH 至等电点4.5或加硫酸铵至饱和，则沉淀析出，故又称酸沉蛋白。而大豆清蛋白无此特性，称为非酸沉蛋白。从必需氨基酸组成来看，大豆蛋白的营养价值与肉类蛋白相近，含有足够的赖氨酸，但缺乏含硫氨基酸。

根据大豆蛋白的超离心性质（沉降系数）对大豆蛋白质进行分类，可分为4个组分：2S、7S、11S和15S（S为沉降系数，$1S = 1 \times 10^{-13} s = 1 Svedberg$ 单位）。其中7S和11S最为重要，7S占总蛋白质的37%，11S占总蛋白质的31%。7S球蛋白是一种糖蛋白，含糖量约为5.0%，含有血球凝集素、β – 淀粉酶和脂肪氧合酶；11S球蛋白也是一种糖蛋白，糖含量只占0.8%，含有较多的谷氨酸、天冬酰胺。7S球蛋白中色氨酸、甲硫氨酸、胱氨酸含量略低，而赖氨酸含量较高，因此7S球蛋白更能代表大豆蛋白的氨基酸组成。7S组分与大豆蛋白的加工性能密切相关，7S组分含量高的大豆制得的豆腐较细嫩。在离子强度从0.5mol/L改为0.1mol/L时，7S大豆蛋白聚集成为9S蛋白。11S组分有冷沉特性，如脱脂大豆的水浸出蛋白液在0~2℃水中放置后，约有86%的11S组分沉淀出来。利用这一特性可以分离浓缩1lS组分。2S部分主要含有蛋白酶抑制物、细胞色素C、尿囊素酶和两种球蛋白，整体约占总蛋白质的20%。15S蛋白部分是大豆球蛋白的聚合物，含量约为水提取蛋白的10%。

7S和11S组分在食品加工中的性质不同，由11S组分形成的钙胶冻比由7S组分形成的更坚实；7S较11S的乳化稳定性稍好。

大豆经脱脂后得到的豆粕，主要成分为大豆蛋白和糖类化合物。在压榨法生产油脂的工艺中，蛋白质经受高温影响，变形程度较大，功能性差，称为高温豆粕，一般用于加工动物饲料；有机溶剂浸提法生产得到的豆粕没有经过高温脱溶，不存在这些不足，称为低温豆粕。低温豆粕进一步加工，一般可以得到3种不同的商品大豆蛋白——脱脂豆粉、大豆浓缩蛋白、大豆分离蛋白，可以用于食品中，作为蛋白质原料（图5-6）。

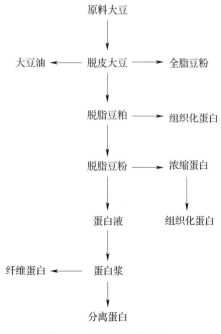

图5-6　大豆蛋白综合加工

在大豆蛋白分子的肽链骨架上分布着许多极性基团，易发生水合作用。适当地向肉制品、面包、糕点等食品中添加大豆蛋白，能改善其吸水性和保水性的平衡，增加面包产量。改进面包的加工特性，减少糕点的收缩，延长面包和糕点的货架期。大豆蛋白分散于水中形成胶体，在一定条件（蛋白质浓度、温度、时间、pH、盐类、巯基化合物等）下可转变为凝胶，其中大豆蛋白浓度及其组成是凝胶能否形成的决定性因素，大豆蛋白浓度越高，凝胶强度越大。

大豆蛋白制品在食品加工中起调色作用，主要表现在两个方面：一是漂白，二是增色。如在面包加工过程中添加活性大豆粉，一方面大豆粉中的脂肪氧合酶能氧化多种不饱和脂肪酸，产生氧化脂质，氧化脂质对小麦粉中的类胡萝卜素有漂白作用，使之由黄变白，形成内瓤很白的面包；另一方面大豆蛋白又与面粉中的糖类发生美拉德反应，可以增加其表面的颜色。

六、面筋蛋白质

醇溶蛋白和谷蛋白由于其溶解性差而不溶于水，加工中一般将其统称为面筋蛋白。醇溶蛋白由单一肽链组成，相对分子质量为 $3 \times 10^4 \sim 6 \times 10^4$，分子内存在二硫键，可将其分为 $\alpha-$、$\beta-$、$\gamma-$、$\omega-$ 四种醇溶蛋白。谷蛋白则由低分子肽链、高分子肽链亚基组成，亚基相对分子质量为 $3.1 \times 10^4 \sim 4.8 \times 10^4$ 和 $9.7 \times 10^4 \sim 1.36 \times 10^5$，有肽链间（或者分子间）二硫键，分子中一般含有 3~5 个高分子亚基、约 15 个低分子亚基。

对食品加工来讲，人们早就认识到小麦粉中谷物蛋白对焙烤产品品质的影响很大，加工时原料的质量、面团的流变学特性均决定最终产品的品质，而这些又与面粉中蛋白质的含量、蛋白质组成有关。例如所谓的强力粉就是含有较高的蛋白质含量的面粉，在制作面包时具有很好的气体滞留能力，同时还使得产品具有良好的外观和质地。不同蛋白质含量的面粉的用途如图 5-7 所示。

对面筋蛋白，从化学结构的角度看二硫键的作用非常重要，它决定了醇溶蛋白和谷蛋白的溶解行为，因而决定面团的性质。早期研究发现，在面团中加入还原剂使其发生二硫键交换反应，结果导致蛋白质溶解度增加和面团强度减弱，所以氧化剂的使用可以改善面粉的品质，活性大豆粉的作用也是

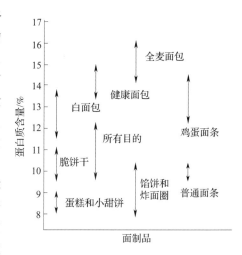

图 5-7　小麦粉的蛋白质含量与
其食品加工应用

如此。另外，面筋蛋白与其他成分的作用有时也是非常重要的，例如面筋蛋白与淀粉的作用对于产品的老化问题具有意义，蛋白与淀粉形成的网络结构可以抗拒淀粉老化。

面筋蛋白含量与面团性质的关系研究显示，谷蛋白含量与面团体积间的关系，比面粉蛋白含量与面团体积间的关系更好。通过研究谷蛋白大聚集体的含量发现，谷蛋白大聚集体是决定焙烤食品面团品质的重要参数。

七、谷物中的蛋白质

谷物是人类食用历史悠久的主要食物，其主要品种包括稻谷、小麦、玉米、大麦、燕麦等作物。谷物蛋白质从其化学组成的特征来看，蛋白质含量比动物源食品、油籽作物等低，氨基

酸组成不平衡，一部分氮元素以非蛋白氮形式存在。根据其溶解性主要分为四类：清蛋白（albumin，水溶）、谷蛋白（glutelin，酸或碱溶）、球蛋白（globulin，盐溶）和醇溶蛋白（又称谷醇溶蛋白，prolamin，可用70%乙醇溶解）。这几种蛋白质在谷物中的含量随品种、地域、生长条件不同而有变化（表5-8）。

表5-8　　　　　　　　　几种谷物食品中蛋白质的分级组成　　　　　　　　单位:%

谷物	清蛋白	球蛋白	醇溶蛋白	谷蛋白	谷物	清蛋白	球蛋白	醇溶蛋白	谷蛋白
小麦	5	10	69	16	玉米	4	2	55	39
大米	5	10	5	80	高粱	8	8	52	32

谷物蛋白中醇溶蛋白与谷蛋白的总量超过85%，所以谷物蛋白质的营养价值依赖于这两种蛋白质。由于醇溶蛋白中的赖氨酸含量很低，所以谷物蛋白的限制性氨基酸一般是赖氨酸。通过食物蛋白质之间的互补作用可以克服谷物蛋白的营养问题，例如谷物蛋白同大豆蛋白互补。

八、油料作物中的蛋白质

与大豆蛋白相比，其他几种常见的油料作物的组成及特点见表5-9。

表5-9　　　　　　　　　　常见油料作物的营养物质　　　　　　　　单位：g/100g

成分	大豆	棉籽	花生	向日葵	Phe + Tyr
水分	7	6	9	6	3
脂类	25	30	50	40	33
糖类化合物	15	10	20	26	35
蛋白质	45	53	25	30	26
蛋白质 PER[①]	2.3	2.3	1.7	2.1	2.6
限制氨基酸	Met	Lys，Met	Met	Lys	平衡
潜在的毒性成分	胰蛋白酶、植酸	棉酚	黄曲霉毒素	多酚	硫代糖苷

注：① PER 为蛋白质功效比值。

由表5-9可知，油料蛋白的必需氨基酸组成较差，营养价值比动物蛋白低，如棉籽蛋白缺乏赖氨酸和含硫氨基酸，花生蛋白缺乏含硫氨基酸等。油料蛋白还含有抗营养因子或含有一些微生物毒素等。所以需要通过适当的存储条件减少微生物污染，或采用适当的加工条件破坏油料作物中的抗营养因子，提高其营养价值及食用安全性。

第四节　生物活性肽

一、生物活性肽的功能作用及开发意义

按照功能给食品中的生物活性肽分类，大致可分为降血压肽、高 F 值寡肽、酪蛋白磷酸肽、免疫活性肽、清除自由基活性肽等几种国内外广泛关注的生物活性肽。

生物活性寡肽按来源可分为动物源生物活性寡肽和植物源生物活性寡肽，这些寡肽具有非常重要的、广泛的生物学功能和调节功能，其中有些寡肽已经通过工业化生产进入国际市场。

（1）抗菌活性　抗菌肽常从动物、植物、微生物体内分离或免疫昆虫获得，多数是 50 个氨基酸以下的碱性或正离子肽，富含赖氨酸和精氨酸。具有亲水性和亲脂性，亲水性使其溶于体液，亲脂性使其与细菌细胞膜结合，使敏感细菌的细胞膜下形成小孔，致使细胞泄漏，导致生长受抑直至死亡。从乳链球菌中提取出来的乳链球菌素是目前唯一被允许用于食品防腐且对人体安全的天然防腐剂。从乳铁蛋白中分离出来的抗菌肽具有拮抗产肠毒素大肠杆菌和李斯特杆菌的作用。抗菌肽在体内还不容易产生耐药性，因此有着广泛的应用前景。

（2）免疫活性　免疫活性肽可与肠黏膜结合淋巴组织相互作用，而且也可以自由通过肠壁直接与外周淋巴细胞发生作用。胸腺肽作为一种免疫因子已应用于医学临床，在抗感染、免疫缺乏症的治疗上获得了可喜成果。

（3）抗氧化作用　抗氧化肽是存在于动物肌肉中的肌肽，可在体外抑制被铁、血红蛋白、脂质氧化酶和单态氧催化的脂质氧化作用。某些肽和蛋白水解物起着重金属清道夫和过氧化氢分解促进剂的作用，因而可降低自氧化速率和减少脂肪过氧化氢含量。抗氧化活性肽添加于肉制品中可预防氧化型脂肪酸败，作为防腐剂在食品和动物饲料中有广阔的应用前景。

（4）抗高血压活性　抗高血压肽主要是通过抑制血管紧张素 – I 转换酶，进而影响肾素 – 血管紧张素 – 醛固酮系统来实现对血压影响的。一般认为，抗高血压肽的 C 末端的 Pro、Phe 和 Tyr 或序列中含有的疏水性氨基酸是维持高活性所必需的。对二肽来说，N 末端的芳香氨基酸与血管紧张素的结合是最有效的。已知的抗高血压肽大致上有以下几种来源：来自乳蛋白的肽类；来自酸乳的肽类；来自鱼贝类（沙丁鱼、金枪鱼）的肽类；来自植物的肽类（玉米、无花果）等。

（5）降胆固醇作用　研究发现，大豆多肽具有降低血清胆固醇的作用，与大豆蛋白相比具有特殊的优点。对于胆固醇值正常的人，没有降低胆固醇的作用，而对于胆固醇值高的人具有降低胆固醇的作用；对胆固醇值正常的人，食用高胆固醇含量的食品时，有防止血清胆固醇值升高的作用；使胆固醇中 LDL、VLDL 值降低，但不会使 HDL 值降低。大豆多肽的降胆固醇作用主要是通过刺激甲状腺激素分泌，促进胆固醇的胆汁酸化，使粪便排泄胆固醇增加，从而降低血液胆固醇。

（6）结合矿物质　酶解酪蛋白获得的肽可结合和运输二价矿物质离子，如乳蛋白是矿物质结合肽的主要来源。牛乳蛋白中含有磷酸肽，其活性中心是磷酸化的 Ser 和 Glu 簇，矿物质结合位点存在于这些氨基酸带负电的侧链。在中性和碱性时（肠道），酪蛋白磷酸肽（CPP）通过磷酸丝氨酸与钙、锌、铁等离子结合，由小肠肠壁细胞吸收后再释放进入血液，从而避免了这些离子在小肠的中性和偏碱性环境中沉淀，促进了它们的吸收。动物试验和人群研究也表明，CPP 有促进骨骼和牙齿发育，预防和改善龋齿、佝偻病、骨质疏松等作用。

（7）促生长作用　促生长肽能促进细胞的生长分化，如大豆蛋白的酶解物可刺激细菌的生长，特别是乳酸菌族的生长；从鸡蛋中提取的肽能促进细胞的生长和 DNA 的合成；动物循环中存在外源组织蛋白合成促进肽。

（8）抗血栓作用　研究人员从北美水蛭中发现一种由 39 个氨基酸残基组成的肽，可竞争性地抑制纤维蛋白原与血小板表面的受体（GP Ⅱb）与Ⅲa 结合，从而具有抗血小板聚集的功能和阻断血栓的最终生成。抗血栓肽的发现和进一步的开发利用为血栓类疾病的预防和治疗提供了新的手段。

（9）抑制肿瘤转移 某些小肽（如 Arg – Gly – Asp、Leu – Asp – Vol、Tyr – Ile – Gly – Ser – Arg）在肿瘤转移中起重要作用，人工合成含有这些氨基酸序列的外源性生物活性肽可以与细胞外基质（ECM）、纤维蛋白竞争细胞和血小板表面的整合素等分子，干扰肿瘤细胞 – ECM 的相互作用，抑制血小板瘤栓形成及肿瘤血管生成，达到抑制肿瘤转移的目的。

（10）其他功能 有文献报道从栝楼根部提取到一个 3 肽（Gly – Leu – Gln），能杀死艾滋病病毒且对正常细胞无影响，现已进入临床试验阶段。茜草中存在着一组高效低毒的抗癌活性环己肽，包含 6 个单体。我国研究人员从小红参中得到 1 个环己肽，其基本母核与茜草环己肽类似。

二、生物活性肽的制备方法

1. 食品蛋白酶酶解法

蛋白质多肽链内部存在着许多功能区，选择不同的蛋白酶进行水解，将得到不同的功能性片段，从而制备出具有各种生理功能的功能活性肽。

蛋白酶酶解蛋白质的过程如下：

① 打开肽键。$—CHR'—CO—NH—CHR''— + H_2O \longrightarrow —CHR'—COOH + NH_2—CHR''—$

② 质子交换。$—CHR'—COOH + NH_2—CHR'' \longrightarrow —CHR'—COO^- + {}^+NH_3CHR''—$

③ 氨基基团的滴定。${}^+NH_3—CHR''— + OH^- \longrightarrow NH_2—CHR''— + H_2O$

蛋白酶解过程中蛋白的肽键被蛋白酶打开并通过质子交换和氨基基团的滴定形成新肽。在此过程中通过控制水解条件、水解度即可获得目标相对分子质量分布的水解产物。

蛋白酶水解蛋白质时，作用部位因肽键种类而异，利用蛋白酶的底物专一性可以定向获得特殊结构的寡肽。表 5 – 10 列出了部分常见蛋白酶的主要切割位点和较适 pH。

表 5 – 10　　　　　　　　　　一些蛋白酶的切割位点和较适 pH

蛋白酶	来源	较适 pH 范围	主要作用位点
胃蛋白酶	胃黏膜	2 ~ 3	Phe – 、Leu –
胰蛋白酶	胰脏	7 ~ 9	Arg – 、Lys –
胰凝乳蛋白酶	胰脏	3.7	Tyr – 、Trp – 、Phe – 、Leu –
木瓜蛋白酶	木瓜果实	5 ~ 7	Arg – 、Lys – 、Phe – X –
菠萝蛋白酶	菠萝果实	5 ~ 7.5	Lys – 、Tyr – 、Ala – 、Gly –
碱性蛋白酶	枯草杆菌	6.5 ~ 8.5	Trp – 、Phe – 、Leu – 、Val – 、Ala – 、Tyr –
复合蛋白酶	杆菌	5.5 ~ 7.5	—
风味蛋白酶	米曲霉	5 ~ 7	—

酶法制备生物活性寡肽时，选择合适的蛋白酶是生产的关键。现有的蛋白酶种类很多，按水解蛋白质的方式不同可分为以下几种。

（1）内切酶 切开蛋白质分子内部肽键，将蛋白质水解成相对分子质量较小的多肽类。包括动物蛋白酶，如胰蛋白酶、胰凝乳蛋白酶、胃蛋白酶等；植物蛋白酶，如木瓜蛋白酶、菠萝蛋白酶、无花果蛋白酶等；微生物来源的蛋白酶，如丹麦 Novo Nodisk 公司生产的碱性蛋白酶、复合蛋白酶、中性蛋白酶，以及国产的碱性蛋白酶地衣型芽孢杆菌2709、中性蛋白酶枯草杆菌 1.398、放线菌 166、栖土曲霉 3.942、酸性蛋白酶黑曲霉3350 等。

（2）外切酶　切开蛋白质或多肽分子氨基或羧基末端的肽键，游离出氨基酸，作用于氨基末端的称为氨肽酶，作用于羧基末端的称为羧肽酶。如丹麦 Novo Nodisk 公司生产的 F 酶就含有外切酶。外切酶的一个重要特性就是能把处于肽链末端的疏水性氨基酸水解出来，降低多肽的苦味。

（3）有些蛋白酶还能够水解蛋白质或多肽的酯键和酰胺键　酶解法分为单一酶一步酶解和多种酶复合进行底物保护和激活、底物去保护和激活过程多步反应。经预处理的原料蛋白被蛋白酶酶解后，经分离、精制、干燥即可制成生物活性寡肽成品。采用酶解法制备生物活性寡肽，一是可以生产大量混合小肽且成本低；二是反应条件温和且反应底物、反应剂和反应环境没有危害。目前酶解法在国内多被用于多肽混合物产品的生产以及其生理活性的研究。刘健敏等采用两种蛋白酶 AS1398 和 Alcalase 水解大豆分离蛋白制得水解度（DH）10% ~24% 的大豆多肽，采用 AS1398 水解的 DH 为 12% 的产品抗氧化活性最高，其相对分子质量分布在 1000 以上的组分较多；采用 Alcalase 水解的 DH 为 14% 的大豆多肽产品，ACE 抑制活性最高，IC_{50} 为0.144mg/mL，其相对分子质量分布大多在 200 ~ 600。在国外酶解法主要是作为生物活性寡肽分离提取的前处理步骤。Byun 等将阿拉斯加青鳕鱼的皮肤蛋白酶解并从中分离出一种抗高血压肽，IC_{50} 为 2.6μmol/L，序列为 Gly – Pro – Leu。除了从蛋白质的酶解物中发现并分离纯化出具有一定生理活性且功效显著的生物活性寡肽外，国外对蛋白酶解的研究热点还包括挖掘新的蛋白质资源及其酶解物功能特性的研究，蛋白质酶解工艺的研究以及新型蛋白酶制剂的研究等。

2. 合成法

肽合成的方法主要包括：① 化学合成；② DNA 重组技术；③ 酶合成。合成方法的选择主要以所需目标肽的数量及其肽链长度而定。酶合成法多用于合成肽链相对较短的肽；DNA 重组技术常用于合成肽链相对较长的肽；化学合成法则更适于合成中等长度肽链的肽。

3. 生物活性寡肽的分离提纯

分离提取的目的是利用一些分离设备及方法，如排阻色谱、离子交换色谱、亲和色谱、反相高效液相色谱、毛细管电泳、超速离心、质谱等，将所需的生物活性寡肽从原料中分离出来并对其进行分析和利用。分析前应初步了解原料及目标肽的一些性质，如相对分子质量范围、等电点及对 pH、盐、温度、酶等的稳定性。

三、粮食、油料蛋白质制备活性肽

1. 大豆肽

大豆肽是指大豆蛋白经酶解或微生物技术处理而得到的水解产物，它以 3 ~ 6 个氨基酸组成的小分子肽为主，还含有少量大分子肽、游离氨基酸、糖类和无机盐等成分。大豆肽的分子质量以 1000u 以内的为主，主要为 300 ~ 700u。大豆肽的质量标准及氨基酸组成见表 5 – 11 和表 5 – 12。

表 5－11　　　　　　　　　　　大豆肽的常规质量标准　　　　　　　　　单位:%

水分	蛋白质（干基）	酸溶蛋白（占总蛋白质含量）	游离氨基酸	灰分	pH
≤6.0	≥85	≥99	≤5.0	≤6.0	7.0±0.5

注：pH 为大豆肽以 1:10 溶解在水中的测试结果。

表 5－12　　　　　　　大豆肽的常规质量标准氨基酸组成及含量　　　　单位：g/100g 大豆肽

氨基酸	含量	氨基酸	含量
天冬氨酸	12.34	异亮氨酸	4.48
苏氨酸	3.99	亮氨酸	8.18
丝氨酸	5.49	酪氨酸	4.09
谷氨酸	21.54	苯丙氨酸	5.54
甘氨酸	4.20	赖氨酸	6.26
丙氨酸	4.13	组氨酸	2.15
胱氨酸	0.95	精氨酸	7.70
缬氨酸	5.30	脯氨酸	2.98
甲硫氨酸	1.31		

与大豆蛋白相比，大豆肽消化吸收率高，具有降低胆固醇、降血压和促进脂肪代谢，以及抗低过敏、免疫调节、抗氧化、微生物发酵、强健肌肉和消除疲劳作用。大豆肽是功能性膳食原料，其优良的加工性和多重生理活性为保健食品和食品工业的产品创新提供了新的动力，是目前国际上高档的功能性膳食配料之一。

随着大豆肽诸多功能被逐步验证，如何对大豆肽产品进行评价成为一个亟需解决的问题。大豆肽的价值在于它的营养特性和功能特性，因此评价大豆肽质量的优劣主要可依据以下几个指标：总蛋白含量、酸溶蛋白含量、相对分子质量及分布、游离氨基酸含量、卫生指标、水溶性及灰分等。

2. 花生多肽

花生多肽可以用榨油后的花生粕来制备。经研究证实，花生多肽具有以下优良特性：可由肠道不经降解直接吸收，吸收速度和吸收率比蛋白质和氨基酸都高，因而可作为肠道营养剂和以流质食物的形式提供给处于特殊身体状况下的人群；不仅提供人体必需的蛋白营养，还能有效降低血液中胆固醇和甘油三酯的含量，加快体内耗能，预防肥胖；为人体提供丰富的氨基酸，促进蛋白质合成，抑制核糖核酸酶活力下降，清除人体内的自由基与重金属，改善细胞代谢，为免疫系统制备对抗细菌和感染的抗体，提高人体免疫功能；酸性条件下溶解性大大改善，溶液的热稳定性高且高浓度下仍是低黏度的溶液；能促进双歧杆菌等有益菌群的生长代谢，类似增殖因子的作用。

3. 玉米蛋白生物活性肽

玉米含有 8%～14% 的蛋白质，其中 75% 在胚乳中，20% 在麦芽中。玉米蛋白质可分为白蛋白、球蛋白、醇溶蛋白和谷蛋白。其中醇溶蛋白含有独特的氨基酸组成，尤其支链氨基酸和中性氨基酸含量相当高，其水解的氨基酸组成见表 5 - 13，是植物蛋白中少有的特色的组成。近年来研究人员利用生物工程对玉米蛋白进行改性，将玉米蛋白转化为某些具有功能性成分的蛋白水解物。如蛋白醒酒肽的开发，谷氨酰胺肽的开发，高 F 值低聚肽、玉米蛋白肽饮料、疏水性肽的开发，这些肽具有改善肝性脑病症状、降低血清胆固醇、补充蛋白质、抗疲劳等生理功能。

表 5 - 13　　　　　　　　　玉米醇溶蛋白氨基酸组成

氨基酸	组成（摩尔分数）/%	备注	氨基酸	组成（摩尔分数）/%	备注
Lys	0.1		Ala	13.7	
His	1.0		Met	1.7	
Arg	1.1		Ile	3.7	支链氨基酸
Asp	19.3		Leu	19.5	支链氨基酸
Val	3.7	支链氨基酸	Tyr	3.6	芳香族氨基酸
Pro	10.1		Phe	5.5	芳香族氨基酸
Gly	2.0		Cys	0.4	

随着生物工程技术的发展，酶制剂逐渐在食品工业得到应用。用酶处理的玉米蛋白开发具有高附加值的功能肽，可充分利用玉米蛋白资源，大大提高玉米加工企业经济效益和社会效益。由于玉米蛋白功能肽具有多种营养特性，可用于保健及非药物疗法，使玉米蛋白功能肽具有十分广阔的开发空间及市场潜力。

第五节　食品加工中蛋白质的变化

一、热　处　理

热处理是最常用的食品加工方法，也是对蛋白质影响最大的处理方法，影响程度取决于热处理的时间、温度、湿度、氧化或还原剂、有无其他物质等因素。所以加热条件需要合理控制。如牛乳在72℃巴氏杀菌时，可灭活大部分酶，但对乳清蛋白和香味影响不大，基本不破坏牛乳的营养成分。

加热对蛋白质有利的方面是：加热处理能提高绝大多数蛋白质的营养价值，因为在适当的加热条件下蛋白质发生变性，原有较为紧密的球状结构变得松散，容易受到消化酶作用，从而提高消化率和生物利用率。适度热处理可以使酶失活，如蛋白酶、脂酶、脂肪氧合酶、淀粉酶、多酚氧化酶等，可避免酶促氧化产生不良的色泽和气味，使食品在保藏期间不发生酸败、质构和色泽变化。豆类和油料种子蛋白质存在多数抗营养因子或蛋白质毒素（如胰蛋白酶和胰凝乳蛋白酶抑制剂），影响蛋白质的消化率，同时还含有外源凝集素，能导致血红细胞凝集，经热处理后能使这些抗营养因子或毒素失活，从而提高蛋白质的消化率。热处理还会产生一定的风味物质和色泽，有利于食品感官质量的提高。

过度的热处理将对蛋白质产生不利的影响，因为高温热处理时蛋白质发生氨基酸分解、脱氨、脱硫、脱二氧化碳、蛋白质分解、蛋白质交联等反应，降低蛋白质的营养价值。如食品蛋白质中的赖氨酸残基与还原糖发生美拉德反应，生成席夫碱（能被消化利用）等。

单纯热处理条件下，食品中的蛋白质可能发生氨基酸残基的脱硫、脱氨、异构化等化学变化。热处理温度高于100℃能使部分氨基酸残基脱氨，释放的氨主要来自于谷氨酰胺和天冬酰胺残基。这类反应虽然对蛋白质营养价值影响不大，但能使蛋白质侧链间形成新的共价键，导致蛋白质等电点和功能特性的改变。

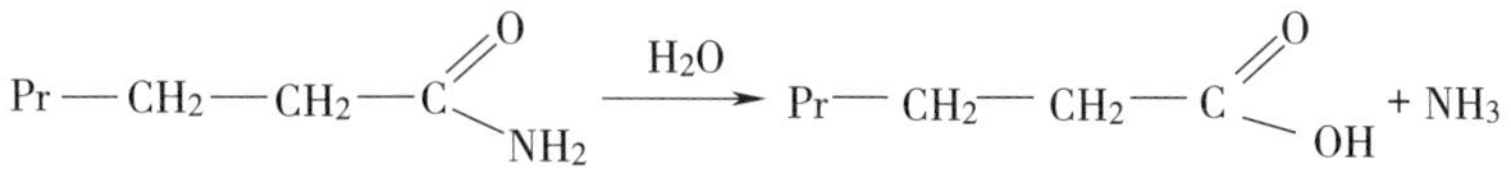

$$Pr-CH_2-CH_2-C\underset{NH_2}{\overset{O}{\diagup}} \xrightarrow{H_2O} Pr-CH_2-CH_2-C\underset{OH}{\overset{O}{\diagup}} + NH_3$$

天冬酰胺残基   天冬氨酸残基

蛋白质在115℃加热27h，将有50%~60%的半胱氨酸和胱氨酸被破坏，并产生硫化氢、二甲基硫化物、磺基丙氨酸等物质，如烧烤时肉类风味就是由氨基酸分解的硫化氢及其他挥发性成分组成的。这种分解反应一方面有利于食品特征风味的形成，另一方面使含硫氨基酸严重损失。色氨酸残基在有氧的条件下加热，也会破坏部分结构。

$$2Pr-CH_2SH \longrightarrow Pr-CH_2-S-CH_2-Pr + H_2S$$

半胱氨酸残基   羊毛硫氨酸残基

$$Pr-CH_2SH + H_2O \longrightarrow Pr-CH_2OH + H_2S$$

半胱氨酸残基   丝氨酸残基

在150℃强烈加热过程中，蛋白质赖氨酸、精氨酸的游离氨基与天冬氨酸或谷氨酸的游离羧基反应，形成新的酰胺键（异肽键），导致蛋白质分子之间产生异肽键（图5-8）交联，如畜肉、鱼肉等的高温加热。蛋白质交联后其在体内的消化吸收率显著降低，使食品中的必需氨基酸损失，蛋白质的营养价值降低。

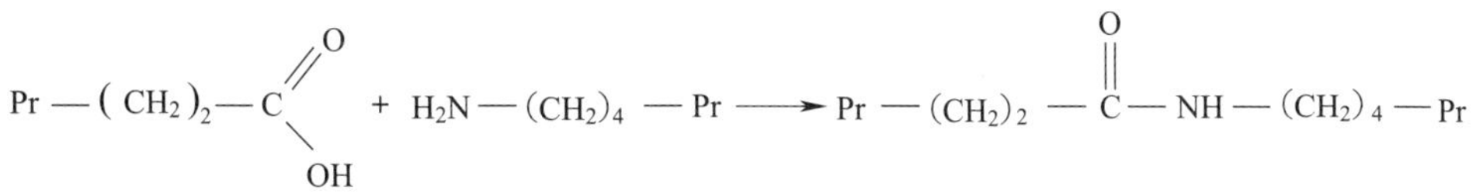

$$Pr-(CH_2)_2-C\underset{OH}{\overset{O}{\diagup}} + H_2N-(CH_2)_4-Pr \longrightarrow Pr-(CH_2)_2-\overset{O}{\overset{\|}{C}}-NH-(CH_2)_4-Pr$$

谷氨酸残基   赖氨酸残基   赖谷氨酸残基

图5-8 蛋白质分子形成的异肽键

200℃以上的高温处理可导致氨基酸残基的异构化，部分L-氨基酸转化为D-氨基酸，最终产物是内消旋氨基酸残基（D-构型和L-构型氨基酸各占1/2）混合物，由于D-氨基酸基本无营养价值且其肽键难以水解，导致蛋白质的消化性和营养价值显著降低。此外，某些D-氨基酸还具有毒性，毒性的大小与肠壁吸收的D-氨基酸量成正比。色氨酸性质不稳定，在高于200℃处理时会产生咔啉（carboline），该物质具有强致突变作用。已经从热解的色氨酸中分离出α-咔啉（$R_1=NH_2$；$R_2=H$或CH_3）、β-咔啉（$R_3=H$或CH_3）和γ-咔啉（$R_3=H$或CH_3；$R_5=NH_2$；$R_6=CH_3$）3种主要产物（图5-9）。

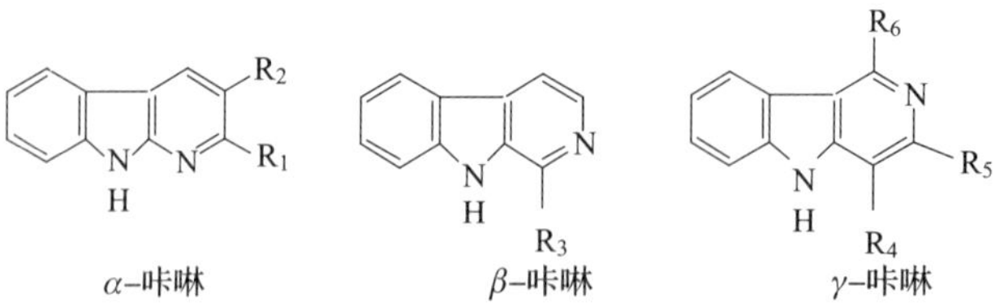

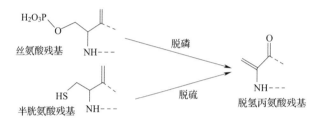

图 5-9 色氨酸热解产物

二、碱 处 理

对食品进行碱处理，尤其是与热处理同时进行时，会使蛋白质发生一些不良的变化，如交联反应、消旋反应，蛋白质的营养价值严重下降，甚至出现安全问题。例如，较高温度下碱处理蛋白质，丝氨酸残基、半胱氨酸残基发生脱磷、脱硫反应，生成脱氢丙氨酸残基(图 5-10)。

图 5-10 脱氢丙氨酸残基的形成

脱氢丙氨酸的反应活性很高，易与赖氨酸、丝氨酸、鸟氨酸、半胱氨酸、精氨酸、色氨酸、酪氨酸等形成共价键，导致蛋白质交联。如产生人体不能消化的赖丙氨酸残基、鸟丙氨酸残基、羊毛硫氨酸残基（图 5-11）。

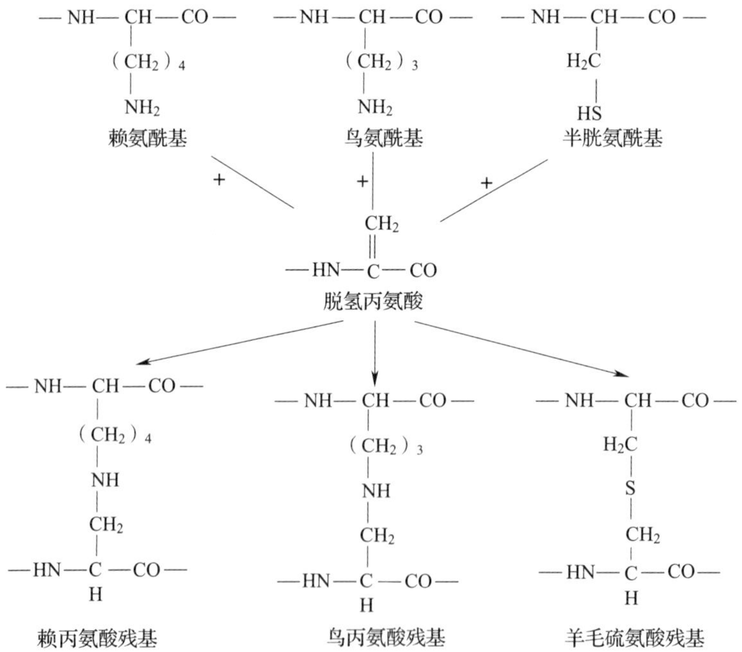

图 5-11 脱氢丙氨酸与几种氨基酸残基的反应

这些交联反应显著破坏食品的营养价值，降低蛋白质的消化吸收率，降低含硫氨基酸与赖氨酸含量，还产生一些有毒有害物质。如制备大豆分离蛋白时，若以 pH 12.2，40℃ 处理 4h，就会产生赖丙氨酸残基，温度越高、时间越长，生成的赖丙氨酸残基越多。

三、与氧化剂的作用

食品加工过程中应用过氧化氢、过氧乙酸、次氯酸钠等氧化剂，在此过程中食品中蛋白质可发生氧化反应，导致蛋白质营养价值降低，甚至产生有害物质。对氧化反应敏感的氨基酸是含硫氨基酸（如甲硫氨酸、半胱氨酸、胱氨酸）和芳香族氨基酸（色氨酸）。其氧化反应如图 5 - 12 所示。

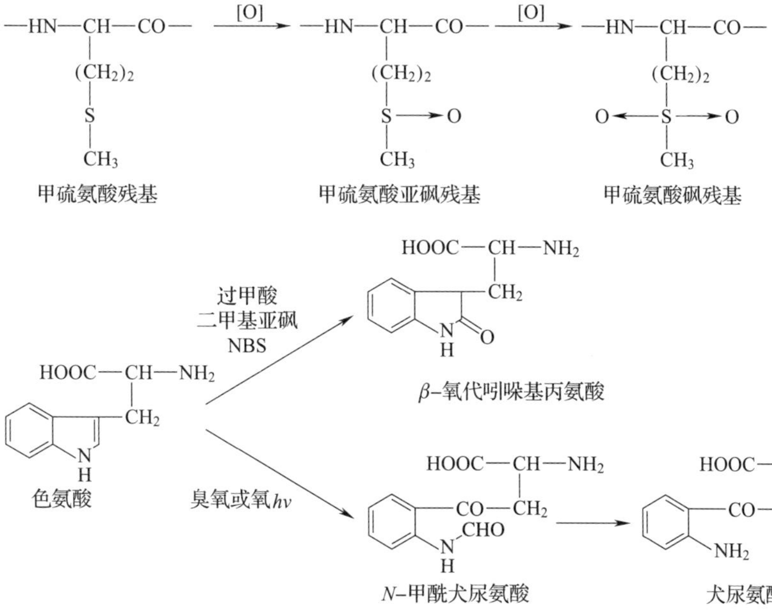

图 5 - 12　几种氨基酸残基的氧化反应

四、与脂类的作用

脂蛋白是由蛋白质和脂类组成的非共价复合物，在活体组织中广泛存在，对食品的物理和功能性质产生一定的影响。在多数情况下，脂类成分经溶剂萃取分离，不影响蛋白质成分的营养价值。脂类、蛋白质的相互作用是有害的，不仅降低几种氨基酸的有效性，而且降低其消化率、蛋白质的功效比和生理价值。蛋白质食品中的脂类氧化在其营养价值被大量破坏以前，在感官上就已经不能接受。

不饱和脂肪的氧化导致形成烷氧化自由基和过氧化自由基，这些自由基继续与蛋白质反应生成脂 - 蛋白质自由基。而脂 - 蛋白质自由基能使蛋白质聚合物交联。

$$LH + O_2 \longrightarrow LOOH$$
$$LOOH \longrightarrow LO \cdot + \cdot OH$$
$$LOOH \longrightarrow LOO \cdot + H \cdot$$
$$LO \cdot + PH \longrightarrow LOP + H \cdot$$
$$LOP + LO \cdot \longrightarrow \cdot LOP + LOH$$

$$\cdot LOP + O_2 \longrightarrow \cdot OOLOP$$
$$\cdot OOLOP + PH \longrightarrow POOLOP + H \cdot$$
$$LOO \cdot + PH \longrightarrow LOOP + H \cdot$$
$$LOOP + LOO \cdot \longrightarrow \cdot LOOP + LOOH$$
$$\cdot LOOP + O_2 \longrightarrow \cdot OOLOOP$$
$$\cdot OOLOOP + PH \longrightarrow POOLOOP + H \cdot$$

此外，脂肪自由基能在蛋白质 Cys 和 His 侧链引发自由基，然后再产生交联和聚合反应。

$$LOO \cdot + PH \longrightarrow LOOH + P \cdot$$
$$LO \cdot + PH \longrightarrow LOH + P \cdot$$
$$P \cdot + PH \longrightarrow P - P \cdot$$
$$P - P \cdot + PH \longrightarrow P - P - P \cdot$$
$$P - P - P \cdot + P \cdot \longrightarrow P - P - P - P$$

食品中脂肪过氧化物的分解导致醛和酮的释出，其中丙二醛尤其值得注意。这些羰基混合物与经羰胺反应的蛋白质的氨基反应，生成席夫碱。丙二醛向赖氨酰基侧链的反应导致蛋白质的交联和聚合。过氧化脂肪与蛋白质的反应一般对蛋白质的营养价值产生损害效应，羰基化合物与蛋白质的共价结合也产生不良气味。

五、与多酚的作用

许多植物中的天然多酚类化合物，如儿茶酚、咖啡酸、棉酚、单宁、原花色素和黄酮类化合物等，在有氧存在的碱性或接近中性的 pH 介质环境中，由于多酚氧化酶的作用，被氧化成对应的醌。生成的醌类化合物可以聚合成巨大的褐色色素分子，或者与某些氨基酸残基发生缩合或氧化等反应，结果引起氨基酸的损失。

六、与亚硝酸盐的作用

蛋白质食品在烹调或胃酸条件下，通常容易发生与亚硝酸盐的反应，生成亚硝胺或亚硝酸胺强烈致癌物，如图 5 - 13 所示。参与此反应的氨基酸（或氨基酸残基）主要是 Pro、His 和 Trp。Arg、Tyr 和 Cys 也能与亚硝酸盐反应，反应主要在酸性环境和较高的温度下发生。

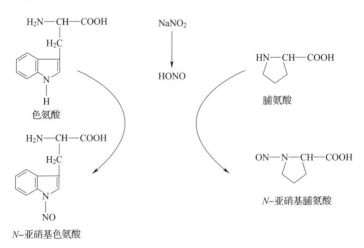

图 5 - 13　氨基酸与亚硝酸盐反应过程

在美拉德反应中产生的第二胺，如阿姆德瑞和海因斯产物，也能与亚硝酸盐反应。在肉类烧煮和烘烤中形成的 N – 亚硝胺是公众非常关心的问题之一，然而诸如抗坏血酸和异抗坏血酸这样的添加剂能有效抑制此反应。

七、酶水解对蛋白质功能性质的影响

1. 酶法改性

酶法改性利用蛋白酶在温和的条件下催化水解蛋白质达到蛋白质改性的目的。酶解是一种不减弱食品营养价值，同时又能获得更好食品蛋白质功能特性的简便方法。影响蛋白质水解的因素包括酶的专一性、蛋白质的变性程度、pH、离子强度、底物及其酶的浓度、温度以及酶抑制剂的存在与否，其中酶的专一性是最主要的因素，它决定着水解产生的肽的数目和作用的位置。随着蛋白水解的进行，中间产物生成，大肽断裂成小肽，这被称为"zipper 机制"。经酶水解作用后，蛋白质具有以下 3 种特性：相对分子质量降低、离子性基团数目增加、疏水性基团暴露出来。这样可使蛋白质的功能性质发生变化，因而达到改善乳化效果、增加保水性、提高热反应能力及摄食时易为人体消化吸收等目的。酶水解蛋白质的程度，可用 DH 表示。DH 越高表示肽键被切断的数目越多，也就有更多游离氨基酸、小肽生成，完全水解的蛋白质 DH 为 100%。

根据蛋白质最终水解产物的相对分子质量，可以将蛋白质水解分为轻度水解、中度水解和深度水解。食品级的蛋白酶来源包括动物体、微生物、菌类和植物体，不同的酶，其催化的最适条件以及对肽链的作用位点也不尽相同。根据酶的专一性、反应条件和水解程度的不同，可以得到多种肽，一些寡肽已被证实具有生理活性。

此外，水解对蛋白质品质的影响还表现在感官质量方面，一些疏水氨基酸含量较高的蛋白质在水解时会产生具有苦味的肽分子（苦味肽），苦味强度取决于蛋白质中氨基酸的组成和所使用的蛋白酶。一般来讲，平均疏水性大于 5.85kJ/mol 的蛋白质容易产生苦味，而非特异性蛋白酶较特异性蛋白酶更容易水解产生苦味肽。

2. 转蛋白反应

转蛋白反应是指蛋白质部分水解后再经蛋白酶的作用生成高相对分子质量的多肽。不是单一的反应，而是包括：第一步反应在普通条件下进行，蛋白质分子水解成肽分子，第二步反应需在底物浓度较高条件下进行，蛋白酶催化先前产生的小肽链重新结合形成新的多肽链，提高蛋白质的功能和营养特性。转蛋白反应结果的特异现象就是会形成凝胶或蛋白质聚集物。

🔍 思考题

1. 蛋白质的空间结构可分为几种类型？稳定这些结构的主要化学键分别有哪些？
2. 蛋白质具有哪些功能性质，它们与食品加工有何关系？
3. 什么是蛋白质溶液的"剪切稀释"？其产生原因如何？
4. 简述蛋白质变性后性质有哪些变化及常用的变性手段，阐述相关的变性机制。
5. 简述在碱性条件下蛋白质所发生的不良反应。
6. 在制作面包面团时要求麦谷蛋白和麦醇溶蛋白比例适当的原因是什么？
7. 简述生物活性肽有哪些功能性质及制备方法。

第六章

酶

[学习指导]

　　熟悉和掌握酶的概念、重要性、酶的本质和特性、影响酶反应的因素；了解和熟悉粮食中主要酶类及其特性；掌握酶促褐变的概念、机制及控制方法；熟悉和掌握酶对食品质量（色泽、质构、风味及营养）的影响；了解酶在不同类型食品加工中的应用概况；了解酶的固定化的基本内容。

第一节　概　　述

一、酶　的　概　念

　　酶（enzyme）的应用可以追溯到几千年前，但对酶的真正发现和对酶本质的认识直到 19 世纪中叶才开始起步，随着现代科技的发展和人们对酶本质认识的不断深化，酶的定义也不断变化。Dixon 和 Webb 在 1979 年的著作中对酶的定义为："酶是一种由于其特异的活动能力而具有催化特性的蛋白质"。综合 20 世纪 80 年代之前的研究结果，这可能是最好、最科学的定义，按照此定义，"酶是由生物活细胞所产生的，具有高效的催化活性和高度特异性（专一性）的蛋白质"。但在 20 世纪 80 年代初，Cech 和 Altman 等分别发现了具有催化功能的 RNA－核酶（ribozyme），不但打破了酶是蛋白质的传统观念，开辟了酶学研究的新领域，同时基于这一研究结果，酶的定义也必须做一定的修改。因此有理由重新对酶下一个更加科学的定义：酶是由生物活细胞所产生的、具有高效和专一催化功能的生物大分子。

　　需要指出的是"酶"的传统术语还将在一般情况下使用，特别是以蛋白质的特性来描述生物催化作用时，尤其在食品工业中。现在和可预见的将来所使用的所有酶都是蛋白质。

　　根据所催化反应的类型，可将酶分成 6 大类：① 氧化还原酶类（oxidoreductases）；② 转移酶类（transferases）；③ 水解酶类（hydrolases）；④ 裂解酶类（lyases）；⑤ 异构酶类

（isomerases）；⑥ 连接酶类（ligases）。

酶的命名方法主要有两大类：① 习惯命名法。它是根据以下三种原则来命名的，一是根据酶作用的性质，例如水解酶、氧化酶、转移酶等；二是根据作用的底物并兼顾作用的性质，例如淀粉酶、脂肪酶和蛋白酶等；三是结合以上两种情况并根据酶的来源而命名，例如胃蛋白酶、胰蛋白酶等。② 系统命名法。国际酶学委员会规定了一套系统的命名法，使一种酶只有一种名称，该方法以 4 个阿拉伯数字来代表一种酶，前面冠以"EC"。

二、酶 的 本 质

根据酶的概念，酶是生物大分子，酶的核心本质主要体现在两个方面：① 酶是催化剂；② 酶是生物催化剂。

有许多实验证明，酶在催化反应中并不是整个酶分子在起作用，起作用的只是其中的某一部分，例如，溶菌酶肽链的第一至第三十四个氨基酸残基切除后，其催化活性并不受影响，这说明了酶催化底物发生反应时，确实只有酶的某一特定部位在起作用。因此，把酶分子中能与底物直接起作用的特殊部分，称为酶的活力中心。在蛋白质酶中，常见的酶活力中心的基团有：Ser—OH、Cys—SH、His 咪唑基、Asp—COOH、Gly—COOH、Lys—NH$_3$ 等。根据它们与底物作用时的功能分为两类：① 与反应底物结合的称结合基团，一般由一个或几个氨基酸残基组成。② 促进底物发生化学变化的称催化基团，一般由 2～3 个氨基酸残基组成。酶的活力中心不同是由于不同酶的完整的空间结构所致，如果酶蛋白变性，其立体结构被破坏，则活力中心的构象相应也会受到破坏，酶则失去活力。

三、酶 的 特 性

1. 酶的催化特性

酶和一般化学催化剂相比，具有下列的共性和特点。

酶与一般催化剂相比，具有下面几个共性：① 具有很高的催化效率，但酶本身在反应前后并无变化。酶与一般催化剂一样，用量少，催化效率高。② 不改变化学反应的平衡常数。酶对一个正向反应和其逆向反应速度的影响是相同的，即反应的平衡常数在有酶和无酶的情况下是相同的，酶的作用仅是缩短反应达到平衡所需的时间。③ 降低反应的活化能。酶作为催化剂能降低反应所需的活化能，因为酶与底物结合形成复合物后改变了反应历程，而在新的反应历程中过渡态所需要的自由能低于非酶反应的能量，增加反应中活化分子数，促进了由底物到产物的转变，从而加快了反应速度。

酶作为生物催化剂，还具有以下不同于化学催化剂的特点。

（1）专一性　酶与化学催化剂之间最大的区别就是酶具有专一性，即酶只能催化一种化学反应或一类相似的化学反应，酶对底物有严格的选择。根据专一程度的不同可分为以下 4 种类型。

① 键专一性。这种酶只要求底物分子上有合适的化学键就可以起催化作用，而对键两端的基团结构要求不严。

② 基团专一性。有些酶除了要求有合适的化学键外，对作用键两端的基团也具有不同的专一性要求。如胰蛋白酶仅对精氨酸或赖氨酸的羧基形成的肽键起作用。

③ 绝对专一性。这类酶只能对一种底物起催化作用，如脲酶，它只能作用于一种底

物——尿素，大多数酶属于这一类。

④ 立体化学专一性。很多酶只对某种特殊的旋光或立体异构物起催化作用，而对其对映体则完全没有作用。如 D - 氨基酸氧化酶与 dl - 氨基酸作用时，只有一半的底物（D 型）被分解，因此，可以此法来分离消旋化合物。

利用酶的专一性还能进行食品分析。酶的专一性在食品加工上极为重要。

（2）活性容易丧失　大多数酶的本质是蛋白质，由蛋白质的性质所决定，酶的作用一般应在温和的条件下，如中性 pH、常温和常压下进行。强酸、强碱或高温等条件都能使酶的活性部分或全部丧失。

（3）酶的催化活性是可调控的　酶作为生物催化剂，它的活性受到严格的调控。调控的方式有许多种，包括反馈抑制、别构调节、共价修饰调节、激活剂和抑制剂的作用。

2. 酶催化专一性的两种学说

酶为什么具有很高的催化效率呢？一般认为是酶降低了化学反应所需的活化能。所谓活化能，就是指一般分子成为能参加化学反应的活化分子所需的能量。然而在一个化学反应中并不是所有的底物分子都能参加反应的，因为它们并不一定都是活化分子。活化分子是指那些具备足够能量能够参加化学反应的分子。要使化学反应迅速进行，就要想办法增加活化分子。增加活化分子的途径有两条：一是外加能量，对进行中的反应加热或光照，增加底物分子的能量，从而达到增加活化分子的目的；第二是降低活化能，使本来不具活化水平的分子成为活化分子，从而增加了反应的活化分子数目。

在研究酶促反应的机制时，不得不提到过渡态理论或中间产物理论。1913 年生物化学家 Michaelic 和 Menten 提出了酶中间产物理论，他们认为：酶降低活化能的原因是酶参加了反应而形成了酶 - 底物复合物。这个中间产物不但容易生成（也就是只要较少的活化能就可生成），而且容易分解出产物，释放出原来的酶，这样就把原来能阈较高的一步反应变成了能阈较低的两步反应。由于活化能降低，所以活化分子大大增加，反应速度因此迅速提高。例如，以 E 表示酶，S 表示底物，ES 表示中间产物，P 表示反应终产物，其反应过程可表示如下：

$$S + E \Longleftrightarrow ES \longrightarrow E + P$$

这个理论的关键是认为酶参与了底物的反应，生成了不稳定的中间主产物，因而使反应沿着活化能较低的途径迅速进行。事实上，中间产物理论已经被许多实验所证实，中间产物确实存在。已经提出了两种模型解释酶如何结合它的底物。

（1）锁和钥匙学说（lock - and - key model theory）　1984 年 Emil Fischer 提出锁和钥匙模型。该模型认为，底物的形状和酶的活性部位被认为是彼此相适合的，像钥匙插入锁孔中，认为两种形状是刚性的（rigid）和固定的（fixed），当正确组合在一起时，正好互相补充。葡萄糖氧化酶（glucose oxidase，EC 1.1.3.4）催化葡萄糖转化为葡萄糖酸，该酶对葡萄糖的专一性是很容易证实的，这是因为当采用结构上类似于葡萄糖的物质作为该底物时酶的活力显著下降。例如以 2 - 脱氧 - D - 葡萄糖为底物时，葡萄糖氧化酶的活力仅为原来的 25%，以 6 - 甲基 - D - 葡萄糖为底物时活力仅为 2%，以木糖、半乳糖和纤维二糖为底物时活力低于 1%。

（2）诱导契合学说（induced - fit theory）　但后来许多化学家发现，许多酶的催化反应并不符合经典的锁和钥匙模型。1958 年 Daniel E. Koshland Jr. 提出了诱导契合模型，认为底物结合在酶的活性部位诱导出构象的变化。该模型的要点是：当底物与酶的活性部位结合时，酶蛋白的几何形状有相当大的改变；催化基团的精确定向对于底物转变成产物是必需的；底物诱导酶蛋白几何形状的改变使得催化基团能精确地定向结合到酶的活性部位上去。

酶的专一性或特异性也可扩展到键的类型上。例如，α - 淀粉酶（α - amylase，EC 3.2.1.1）选择性地作用于淀粉中连接葡萄糖基的 α - 1，4 - 糖苷键，而纤维素酶（cellulase，EC 3.2.1.4）选择性地作用于纤维素分子中连接于葡萄糖基的 β - 1，4 - 糖苷键。这两种酶作用于不同类型的键，然而，键所连接的糖基都是葡萄糖。并非所有的酶分子都具有上述的高度专一性。例如，在食品工业中使用的某些蛋白酶虽然选择性地作用于蛋白质，然而对于被水解的肽键都显示相对较低的专一性。当然，也有一些蛋白酶显示较高的专一性，例如胰凝乳蛋白酶（chymotrypsin，EC 3.4.4.5）优先选择水解含有芳香族氨基酸残基的肽键。

3. 酶的活力单位

在酶学和酶工程的生产和研究中，经常需要进行酶活力的测定，以确定酶量的多少以及变化情况。酶活力测定是在一定条件下测定酶所催化的反应速度。在外界条件相同的情况下，反应速度越大，意味着酶的活力越高。

酶活力的高低是以酶活力的单位数表示的。

（1）国际单位 酶活力单位：用来表示酶活力大小的单位，通常用酶量来表示。

1961 年国际酶会议规定：在特定条件（25℃，其他为最适条件）下，1min 内转化 1μmol 底物，或者底物中 1μmol 有关基团所需的酶量，称为一个国际单位（IU，又称 U）。

另外一个国际酶学会议规定的酶活力单位是 Kat，规定为：在最适条件下，1s 能使 1mol 底物转化的酶量。

Kat 和 U 的换算关系：$1Kat = 6 \times 10^7 IU$

（2）比活力 是酶纯度的一个指标，是指在特定的条件下，1mg 蛋白或 RNA 所具有的酶活力单位数。即：

$$酶比活力 = 酶活力（单位）/mg（蛋白或 RNA）$$

四、酶的辅助因子

从酶的组成来看，有些酶仅由蛋白质或核糖核酸组成，这种酶称为单成分酶。而有些酶除了蛋白质或核糖核酸以外，还需要有其他非生物大分子成分，这种酶称为双成分酶。蛋白类酶中的纯蛋白质部分称为酶蛋白，核酸类酶中的核糖核酸部分称为酶 RNA，其他非生物大分子部分称为酶的辅助因子。

双成分酶需要有辅助因子存在才具有催化功能。单纯的酶蛋白或酶 RNA 不呈现酶活力，单纯的辅助因子也不呈现酶活力，只有两者结合在一起形成全酶（holoenzyme）才能显示出酶活力。

$$全酶 = 酶蛋白（或酶 RNA）+ 辅助因子$$

辅助因子可以是无机金属离子，也可以是小分子有机化合物。

1. 无机辅助因子

无机辅助因子主要是指各种金属离子，尤其是各种二价金属离子。

（1）镁离子 镁离子是多种酶的辅助因子，在酶的催化中起重要作用。例如，各种激酶、柠檬酸裂解酶、异柠檬酸脱氢酶、碱性磷酸酶、酸性磷酸酶、各种自我剪接的核酸类酶等都需要镁离子作为辅助因子。

（2）锌离子　锌离子是各种金属蛋白酶，如木瓜蛋白酶、菠萝蛋白酶、中性蛋白酶等的辅助因子，也是铜锌-超氧化物歧化酶（Cu，Zn-SOD）、碳酸酐酶、羧肽酶、醇脱氢酶、胶原酶等的辅助因子。

（3）铁离子　铁离子与卟啉环结合成铁卟啉，是过氧化物酶、过氧化氢酶、色氨酸双加氧酶、细胞色素B等的辅助因子。铁离子也是铁-超氧化物歧化酶（Fe-SOD）、固氮酶、黄嘌呤氧化酶、琥珀酸脱氢酶、脯氨酸羧化酶的辅助因子。

（4）铜离子　铜离子是铜锌-超氧化物歧化酶、抗坏血酸氧化酶、细胞色素氧化酶、赖氨酸氧化酶、酪氨酸酶等的辅助因子。

（5）锰离子　锰离子是锰-超氧化物歧化酶（Mn-SOD）、丙酮酸羧化酶、精氨酸酶等的辅助因子。

（6）钙离子　钙离子是 α-淀粉酶、脂肪酶、胰蛋白酶、胰凝乳蛋白酶等的辅助因子。

2. 有机辅助因子

有机辅助因子是指双成分酶中相对分子质量较小的有机化合物。它们在酶催化过程中起着传递电子、原子或基团的作用。

（1）烟酰胺核苷酸（NAD^+ 和 $NADP^+$）　烟酰胺是B族维生素的一员，烟酰胺核苷酸是许多脱氢酶的辅助因子，如乳酸脱氢酶、醇脱氢酶、谷氨酸脱氢酶、异柠檬酸脱氢酶等。起辅助因子作用的烟酰胺核苷酸主要有烟酰胺腺嘌呤二核苷酸（NAD^+，辅酶Ⅰ）和烟酰胺腺嘌呤二核苷酸磷酸（$NADP^+$，辅酶Ⅱ）。NAD^+ 和 $NADP^+$ 在脱氢酶的催化过程中参与传递氢（$2H^+ + 2e$）的作用。例如，醇脱氢酶催化伯醇脱氢生成醛，需要 NAD^+ 参与氢的传递。

$$R\text{—}CH_2CH_2OH + NAD^+ \Longrightarrow R\text{—}CHO + NADH + H^+$$

NAD^+ 和 $NADP^+$ 属于氧化型，NADH 和 NADPH 属于还原型。其氧化还原作用体现在烟酰胺第4位碳原子上的加氢和脱氢。

（2）黄素核苷酸（FMN 和 FAD）　黄素核苷酸为维生素 B_2（核黄素）的衍生物，是各种黄素酶（氨基酸氧化酶、琥珀酸脱氢酶等）的辅助因子，主要有黄素单核苷酸（FMN）和黄素腺嘌呤二核苷酸（FAD）。在酶的催化过程中，FMN 和 FAD 的主要作用是传递氢。其氧化还原体系主要体现在异咯嗪基团的第1位和第10位N原子的加氢和脱氢。

（3）铁卟啉　铁卟啉是一些氧化酶，如过氧化氢酶、过氧化物酶等的辅助因子。它通过共价键与酶蛋白牢固结合。

（4）硫辛酸（6，8-二硫辛酸）　硫辛酸全称为6，8-二硫辛酸。它在氧化还原酶的催化作用过程中，通过氧化型和还原型的互相转变，起传递氢的作用。此外，硫辛酸在酮酸的氧化脱羧反应中，也作为辅酶起酰基传递作用。

（5）核苷三磷酸（NTP）　核苷三磷酸主要包括腺嘌呤核苷三磷酸（ATP）、鸟苷三磷酸（GTP）、胞苷三磷酸（CTP）、尿苷三磷酸（UTP）等，它们是磷酸转移酶的辅助因子。

在酶的催化过程中，核苷三磷酸的磷酸基或焦磷酸被转移到底物分子上，同时生成核苷二磷酸（NDP）或核苷酸（NMP）。

（6）鸟苷　鸟苷是含Ⅰ型 IVS 的自我剪接酶（R-酶）的辅助因子。

（7）辅酶Q　辅酶Q是一些氧化还原酶的辅助因子，于1955年被发现。辅酶Q是一系列苯醌衍生物，分子中含有的侧链由若干个异戊烯单位组成（$n = 6 \sim 10$），其中短侧链的辅酶 Q 主要存在于微生物中，而长侧链的辅酶 Q 则存在于哺乳动物中。

（8）谷胱甘肽（G－SH） 谷胱甘肽是由 L－谷氨酸、半胱氨酸和甘氨酸组成的三肽，是 L－谷氨酰－L－半胱氨酸－甘氨酸的简称。

（9）辅酶 A 辅酶 A 是各种酰基化酶的辅酶，于 1948 年被发现。辅酶 A 由一分子腺苷二磷酸、一分子泛酸和一分子巯基乙胺组成。

（10）生物素 生物素是维生素 B 的一种，又称维生素 H，是羧化酶的辅助因子，在酶催化反应中，起 CO_2 的渗入作用。

（11）硫胺素焦磷酸 硫胺素又称维生素 B_1，于 1931 年被发现。硫胺素焦磷酸（TPP）于 1937 年被发现，是酮酸脱羧酶的辅助因子。

（12）磷酸吡哆醛和磷酸吡哆胺 磷酸吡哆醛和磷酸吡哆胺又称维生素 B_6，于 1934 年被发现，是各种转氨酶的辅助因子。在酶催化氨基酸和酮酸的转氨过程中，维生素 B_6 通过磷酸吡哆醛和磷酸吡哆胺的互相转变，起氨基转移作用。

五、影响酶反应的因素

许多因素影响着酶的活力，这些因素除了酶和底物的本质以及它们的浓度外，还包括其他一系列环境条件。控制这些因素对于在食品加工和保藏过程中控制酶的活力是非常重要的。下面将讨论影响酶活力的因素，它们包括底物的浓度、酶的浓度、pH、温度、水分活度、抑制剂和其他重要的环境条件。

1. 底物浓度对酶活力的影响

所有的酶反应，如果其他条件恒定，则反应速度（V）取决于酶浓度（c_E）和底物浓度（c_S）；如果酶的浓度保持不变，当底物浓度增加时，反应速度随着增加，并以双曲线形式达到最大速度。

随着底物浓度的增加，酶反应速度并不是直线增加，而是在高浓度时达到一个极限速度。这时所有的酶分子已被底物所饱和，即酶分子与底物结合的部位已被占据，速度不再增加。可用 Michaelis－Menten 方程来解释这一关系：

$$V = V_{max} c_S / (K_m + c_S)$$

式中，K_m 为米氏常数（Michaelis constant），它是反应速度达到最大反应速度一半时的底物浓度（mol/L），是酶的一个重要参数。

酶的 K_m 值范围很广，大多数酶的 K_m 值在 $10^{-6} \sim 10^{-1}$ mol/L。对大多数酶来说，K_m 可表示酶与底物的亲和力，K_m 值大表示亲和力小，K_m 值小表示亲和力大。如表 6－1 所示为一些酶的 K_m 值。

表 6－1　　　　　　　　　　　　　　　　　一些酶的 K_m 值

酶	来源	底物	K_m/(mmol/L)	酶	来源	底物	K_m/(mmol/L)
酯酶	马肝	丁酸丁酯	22	黄嘌呤氧化酶	牛乳	黄嘌呤	0.05
脂肪酶	猪胰	甘油三丁酯	0.6	乳酸脱氢酶	心肌	丙酮酸	0.017
胆碱酯酶	电鳗	乙酰胆碱	0.46	己糖激酶	酵母	ATP	0.095

续表

酶	来源	底物	$K_m/$ (mmol/L)	酶	来源	底物	$K_m/$ (mmol/L)
蔗糖酶	酵母	蔗糖	28	丙酮酸脱氢酶	鸽胸肌	丙酮酸	1.30
肌激酶	兔肌	腺三磷	0.33	α-酮戊二酸脱氢酶	鸽胸肌	α-酮戊二酸	0.0085
肌酸激酶	兔肌	腺三磷	0.60	甘油醛-3-磷酸脱氢酶	兔肝	甘油醛-3-磷酸	0.051
磷酸甘油酸激酶	酵母	ATP	0.11	苹果酸脱氢酶	心肌	苹果酸	0.055
碱性磷酸酯酶	文昌鱼	对硝基苯磷酸盐	0.5	丁酰辅酶A脱氢酶	牛肝	丁酰辅酶A	0.14
碱性磷酸酯酶	缢蛏	对硝基苯磷酸盐	2.5	葡萄糖-6-磷酸脱氢酶	酵母	葡萄糖-6-磷酸	0.058
中华猕猴桃蛋白酶	猕猴桃	血红蛋白	25	磷酸己糖异构酶	酵母	葡萄糖-6-磷酸	0.7

测定米氏常数值有许多方法，这里介绍两种方法。

第一种方法是 Lineweaver – Burk 的双倒数作图法 ［图 6 – 1 （1）］。取米氏方程的倒数，可得下式：

$$1/V = （K_m/V_{max}） \times 1/c_S + 1/V_{max}$$

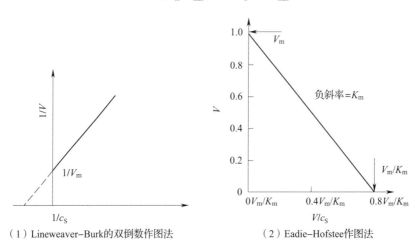

（1）Lineweaver–Burk的双倒数作图法　　　　（2）Eadie–Hofstee作图法

图 6 – 1　计算 K_m 值的作图法

以 $1/V$ 为纵坐标，$1/c_S$ 为横坐标作图，得一直线，其斜率为 K_m/V_{max}，将直线延长，在 $1/c_S$ 及 $1/V$ 的截距为 $-1/K_m$ 及 $1/V_{max}$，这样，K_m 就可以从直线的截距上计算出来。该方法作图的缺点是：图形的点分布集中于 $1/V$ 轴附近，在低 c_S 时 V 很小，本身容易产生误差，化成 $1/V$ 时，这种误差就显著放大。这一缺点可通过适当选择 c_S 加以克服。

第二种方法是 Eadie – Hofstee 提出的作图法 [图 6 – 1 (2)]。将米氏方程移项整理后可得下式 (Eadie – Hofstee 方程):

$$V = V_m - K_m \times V/c_S$$

如果以 V/c_S 对 V 作图,可以得到一条直线,直线斜率为 $-K_m$,在 x、y 轴截距分别为 V_m 和 V_m/K_m,这种作图法存在点分布不均匀的缺点,但误差没有放大,可信度高,更大的优点是各种因素的影响可在图上表现出来。

2. 酶浓度的影响

对大多数的酶促催化反应来说,在适宜的温度、pH 和底物浓度一定的条件下,反应速度至少在初始阶段与酶的浓度成正比,这个关系是测定未知试样中酶浓度的基础。但如果令反应继续下去,则速度将下降。随着反应的进行,反应速度下降的原因可能很多,其中最重要的是底物浓度下降和终产物对酶的抑制。

3. 温度的影响

温度对酶反应的影响是双重的:① 随着温度的上升,反应速度也增加,直至最大速度为止。② 在酶促反应达到最大速度时再升温,反应速度随温度的增高而减小,高温时酶反应速度减小,这是酶本身变性所致。

在一定条件下每一种酶在某一温度下才表现出最大的活力,这个温度称为该酶的最适温度。一般来说,动物细胞的酶的最适温度通常在 37 ~ 50℃,而植物细胞的酶的最适温度较高,在 50 ~ 60℃或以上。

4. pH 的影响

pH 的变化对酶的反应速度影响较大,即酶的活力随着介质的 pH 变化而变化。每一种酶只能在一定 pH 范围内表现出它的活力。使酶的活力达到最高时的 pH 称为最适 pH (表 6 – 2)。在最适 pH 的两侧酶活力都骤然下降,一般酶促反应速度的 pH 曲线呈钟形。

表 6 – 2   一些酶的最适 pH

酶	最适 pH	酶	最适 pH
碱性磷酸酯酶 (牛乳)	10	脂肪酶 (胰脏)	7
α - 淀粉酶 (人唾液)	7	脂肪氧化酶 – 1 (大豆)	9
β - 淀粉酶 (红薯)	5	脂肪氧化酶 – 2 (大豆)	7
羧肽酶 A (牛)	7.5	果胶酯酶 (高等植物)	7
过氧化氢酶 (牛肝)	3 ~ 10	胃蛋白酶 (牛)	2
组织蛋白酶 (肝)	3.5 ~ 5	聚半乳糖醛酸酶 (番茄)	4
纤维素酶 (蜗牛)	5	多酚氧化酶 (桃)	6
α - 胰凝乳蛋白酶 (牛)	8	凝乳酶 (牛)	3.5
无花果蛋白酶 (无花果)	6.5	胰蛋白酶 (牛)	8
葡萄糖氧化酶 (点青霉或特异青霉)	5.6		

pH 影响酶活力的主要原因:① pH 引起酶变性而失活;② pH 改变酶蛋白分子的电离状态;③ pH 改变底物的电离状态。所以在酶的研究和使用时,必须先了解其最适 pH 范围,酶促反应

混合液必须用缓冲液来控制 pH 的稳定。不同酶的最适 pH 有较大差异，有些酶的最大活性是在极端的 pH 处，如胃蛋白酶的最适 pH 为 1.5~3，精氨酸酶的最适 pH 为 10.6。由于食品中成分多且复杂，在食品的加工与贮藏过程中，对 pH 的控制很重要。如果某种酶的作用是必需的，则可将 pH 调节至某酶的最适 pH 处，使其活性达到最高；反之，如果要避免某酶的作用，也可以改变 pH 而抑制此酶的活力。例如，酚酶能产生酶褐变，其最适 pH 为 6.5，若将 pH 降低到 3.0，就可防止褐变产生。在水果加工时常添加酸化剂（acidulants）如柠檬酸、苹果酸和磷酸等防止褐变，就是基于上述原理。

5. 水分活度的影响

酶在含水量相当低的条件下仍具有活性。例如，脱水蔬菜要在干燥前进行热烫，否则将会很快产生干草味而不宜贮藏。干燥的燕麦食品，如果不用加热法使酶失活，经过贮藏后会产生苦味。面粉在低水分（14% 以下）时，脂肪酶能很快使脂肪分解成脂肪酸和醇类。水分活度对酶促反应的影响是不一致的，不同的反应，其影响也不相同。

6. 激活剂对酶促反应的影响

许多酶促反应必须有其他适当物质存在时才能表现酶的催化活力或加强其催化效力，这种作用称为酶的激活作用。引起激活作用的物质称为激活剂。激活剂和辅酶或辅基（或某些金属作为辅基）不同，如果无激活剂存在时，酶仍能表现一定的活力，而辅酶或辅基不存在时，酶则完全不呈现活力。激活剂种类很多，其中有无机阳离子，如 Na^+、K^+、Rb^+、Cs^+、NH_4^+、Mg^{2+}、Ca^{2+}、Zn^{2+}、Cd^{2+}、Mn^{2+}、Fe^{2+}、Co^{2+}、Ni^{2+}、Al^{3+} 等；无机阴离子，如 Cl^-、Br^-、I^-、CN^-、NO_3^-、PO_4^{3-}、AsO_4^{3-}、SO_3^{2-}、SeO_4^{2-} 等；有机物分子，如维生素 C、半胱氨酸、巯乙酸、还原型谷胱甘肽以及维生素 B_1、维生素 B_2 和维生素 B_6 的磷酸酯等化合物和一些酶。

7. 抑制剂对酶促反应的影响

酶促反应是一个复杂的化学反应，有的化学物质能对它起促进作用，但也有许多物质可以减弱、抑制甚至破坏酶的作用，后者称为酶的抑制剂。

酶的抑制剂有许多种：重金属离子（如 Ag^+、Hg^{2+}、Cu^{2+} 等）、一氧化碳、硫化氢、氢氰酸、氟化物、有机阳离子（如生物碱、染料等）、碘代乙酸、对氯汞苯甲酸、二异丙基氟磷酸、乙二胺四乙酸以及表面活性剂等。

有的抑制作用可通过加入其他物质或用其他方法解除使酶活力恢复，这种抑制称为可逆性抑制。如抗坏血酸（维生素 C）对于酵母蔗糖酶有较强的抑制作用，但加入半胱氨酸后这种抑制即解除。相反，有的抑制作用不能因加入某种物质或用其他方法而解除，这种抑制称为不可逆抑制。例如，某些磷化合物对胆碱酯酶的作用和氰化物对黄素酶的作用等。

第二节　谷物类食物中的主要酶类及其特性

内源性酶和添加酶（酶制剂）都对谷物类食物的质量有非常重要的影响，如表 6-3 所示为影响谷物食品性能的主要酶类型。表 6-4 所示为酶促反应改善烘焙产品质量的例子。

表6-3   影响谷物食品性能的主要酶类型

酶的分类和实例	谷物基质	催化的反应
淀粉分解酶	淀粉	水解
α-淀粉酶（EC 3.2.1.1）	直链淀粉和支链淀粉	α（1→4）-D-糖苷链［内切］
β-淀粉酶（EC 3.2.1.2）	直链淀粉和支链淀粉	α（1→4）-D-糖苷链［外切］
葡萄糖淀粉酶（EC 3.2.1.3）	直链淀粉和支链淀粉	α（1→4）-和 α（1→6）-D-糖苷链
支链淀粉酶	支链淀粉	α（1→6）-D-糖苷链
纤维素酶和半纤维素酶	细胞壁成分：纤维素，β-葡聚糖，戊聚糖	水解
纤维素酶（EC 3.2.1.4）	纤维素和 β-葡聚糖	β（1→4）-D-糖苷链
昆布多糖酶（EC 3.2.1.6）	β-葡聚糖	β（1→3）-和 α（1→4）-D-糖苷链
地衣聚糖酶（EC 3.2.1.73）	β-葡聚糖	β（1→4）-D-糖苷链
内型-1，4-β-D-木聚糖酶（EC 3.2.1.8）	阿拉伯糖基木聚糖	β（1→4）-D-木糖苷链
α-L-阿拉伯糖苷酶（EC 3.2.1.55）	阿拉伯糖基木聚糖	终端 α-L-阿拉伯糖苷残留（释放阿拉伯糖）
阿魏酸酯酶（一种类羧酸酯水解酶）（EC 3.1.1.1）	阿拉伯糖基木聚糖包括阿魏酸组	酯键（释放阿魏酸）
蛋白酶	蛋白质	肽键水解
酯酶	酯类	水解酯键类
脂肪酶（EC 3.1.1.3）	三酰基甘油（甘油三酯）	释放羧酸（游离脂肪酸）
溶血磷脂酶（EC 3.1.1.5）	溶血磷脂	释放羧酸
6-或3-植酸酶（分别为 EC 3.1.3.26 和 EC 3.1.3.8）	肌醇六磷酸（肌醇六磷酸盐）	释放磷酸基
氧化酶类	多方面的	氧化还原与氧作为电子受体
脂肪氧合酶（EC 1.13.11.12）	多不饱和脂肪酸	羧酸的氧化（脂肪酸）
葡萄糖氧化酶（EC 1.1.3.4）	葡萄糖	葡萄糖氧化（和产生过氧化氢）

表6-4 酶促反应改善烘焙产品质量的例子

性质	改进目标	应用的酶
体积	较大的容积，高纤维的烘焙，提高面粉烘焙品质	α-淀粉酶、半纤维素酶、纤维素酶、脂肪酶（蛋白酶）
稳定性	保鲜效果，延长货架期，提高新鲜度	α-淀粉酶、半纤维素酶
质构	柔和的面包芯、精细和规则的孔隙结构、稳定的冷冻面团，更好的酥脆性，较低的吸湿性	半纤维素酶、α-淀粉酶、蛋白酶（脂肪酶）
颜色	褐变效果，改善外皮（壳）色彩、漂白效果	α-淀粉酶（半纤维素酶）、脂肪氧合酶
风味	生产发酵基质和香气前体	α-淀粉酶、蛋白酶、脂肪氧合酶、脂肪酶、葡萄糖氧化酶
综合质量	补偿配方变化，溴酸盐置换、焦亚硫酸钠替换，替换乳化剂，替换活性面筋，降脂烘焙	α-淀粉酶、半纤维素酶、蛋白酶、脂肪氧合酶、葡萄糖氧化酶、脂肪酶
营养特性	增加了总的和可溶性膳食纤维含量	半纤维素酶

一、淀 粉 酶

淀粉酶是一种能够水解直链淀粉和支链淀粉中葡萄糖单元之间糖苷键的酶。淀粉酶基本上可以分为3类：α-淀粉酶（从底物分子内部以随机的方式分解糖苷键）、β-淀粉酶（从底物分子的非还原性末端将麦芽糖单位水解下来）和葡萄糖淀粉酶（从底物分子的非还原性末端将葡萄糖单位水解下来）。α-淀粉酶主要存在于小麦籽粒的胚乳部分，β-淀粉酶主要存在于小麦籽粒的皮层和糊粉层。

1. 小麦后熟作用对酶品质变化的影响

小麦作为我国三大粮食之一，其产量约占粮食总产量的22%。新收获的小麦由于其组成结构和生理特性的不同，而表现出很多与存放一段时间的小麦不同的品质特性，这些品质特性对小麦的加工品质、食用品质等都有影响。新收获的小麦必须经过一段时间的存放才能用于加工，而这一段时间的存放就称为小麦的后熟。小麦的后熟作用实际上就是小麦种用品质、食用品质、工艺品质逐步完善的生理过程。

酶的活力在一定程度上能够反映储粮的安全性，是粮食品质劣变的另一个重要的指标。新收获小麦中，过氧化氢酶的活动度普遍较高，与贮存1年后小麦过氧化氢酶的活动度相差较大，并随着贮藏时间的延长，粮食中过氧化氢酶的活动度会逐渐减少。此外，新收获的小麦降落值较小，α-淀粉酶的活力高，随着贮藏时间增加而逐渐趋于正常。

2. 小麦陈化过程中淀粉酶活力的变化

小麦陈化是指小麦经"工艺后熟"，烘焙性能达到最佳状态，并维持一段时间后，品质逐渐劣变的过程。酶是小麦中具有生物活性的重要蛋白质，并且酶活力强弱与小麦陈化程度密切相关。

小麦在陈化过程中，物理性质和化学性质都发生了很大的变化，其中脂肪、淀粉、蛋白质和麦粒内部组织结构都有了很大的变化，从而使面粉品质劣变。

二、蛋 白 酶

蛋白酶是一种可以水解蛋白质中的肽键的酶。它可以改变面粉中面筋的性能和面团的特性，降低面团弹性，使面团的延伸性增强。因为蛋白酶破坏了蛋白质的肽链，使面筋的膜变薄，所以，发酵时面筋的网孔变得细密，最后得到的面包触感柔软、质地紧密而且均匀；蛋白酶的另一个作用就是可以有效地缩短发酵时间，作用于面筋，将它们分解成为相对分子质量较小的物质，这样就可以降低面团的强度。适当地添加蛋白酶，可使面团的弹性适中并缩短面团调制时间。

大麦籽粒在制麦过程中，生成各种降解酶，包括淀粉酶、蛋白酶、极限糊精酶等，分解籽粒中的蛋白质、淀粉、葡聚糖等一些大分子物质。品质良好的麦芽均具有较好的酶活水平，尤其是淀粉酶和 β – 葡聚糖酶，且麦芽中各种酶的活性对麦芽汁的黏度、浊度、过滤速度以及发酵度和啤酒的品质均有重要的影响。

小麦的蛋白酶活力在发芽前 4d 内均保持增长趋势，且在发芽 2d 时增长幅度较大，到第 5 天酶活力有所下降；啤酒大麦的蛋白酶活力在发芽过程中一直上升。

三、脂 肪 酶

小麦脂肪酶（也称脂酶，LA）主要分布在麸皮与胚芽两个部位，其中前者占 75% ~ 80%，后者占 20% ~ 25%。麸皮 LA 对热敏感，而胚芽中 LA 热稳定性较高。当温度升至 75℃时，二者的酶活力基本接近。脂肪酶具有明显的界面活性，该酶可水解甘油三酸酯，但不能水解乙酯，反应符合米氏方程，其对中长链脂肪酸，尤其是油酸反应效率最高。

小麦胚芽为小麦生长发育的基础，富含各种必需氨基酸、不饱和脂肪酸、矿物质和维生素，被誉为"人类天然的营养宝库"，可广泛应用于食品、医药与饲料工业。新鲜的小麦中富含多种酶类，如脂肪酶（LA）、脂肪氧化酶、酯酶、α – 淀粉酶和蛋白酶等。LA 能催化小麦胚芽脂质的甘油三酸酯水解成高级脂肪酸。在常温下，新鲜的小麦胚芽存放 2 周左右就会酸败、变质，从而限制了小麦胚芽的高效利用。

我国是世界上稻谷产量最多的国家，是"稻米王国"，最高年份稻谷产量达 2 亿多吨，最近几年保持在 1.7 亿吨左右，占世界稻谷总产量的 35% 左右。稻米是我国膳食中最主要的主食，随贮藏时间的延长，由于酶活力的减弱，呼吸能力降低，活力减弱，这种由新到陈，由旺盛到衰退的现象被称为"陈化"，这种变化通常是不可避免的，也是不以人的意志为转移的。影响稻米陈化变质的因素很多，内因概括起来主要有：蛋白质变化、直链和支链淀粉含量的相对变化、碳水化合物、游离脂肪酸、脱氢酶、巯基变化等；外因主要包括温度和相对湿度在内的贮藏条件。稻谷的脂肪酸值随着贮存时间的延长逐步增加。稻谷籽粒油脂中，不饱和脂肪酸所占比例较高。不饱和脂肪酸内有双键存在，极易吸收空气中的氧与脂肪酶作用，脂肪快速降解，游离脂肪酸数值增加，从而导致脂肪酸值增加。大米脂类的变化被认为是导致陈化的最主要因素，脂肪酶是导致脂肪水解的主要原因，因此，脂肪酶也是导致陈化的主要因素。

在我国，大米从加工完成到居民消费这段时间通常为 3 ~ 6 个月，由外地调入的时间更长些。其中在转运点、运输、粮店、居民家中贮藏诸环节上对大米品质保存缺少有效的保证措施。稻谷加工成大米后，失去谷壳和果皮保护，营养成分外露，贮藏稳定性比稻谷差。在加工过程中，脂肪酶被激活引起的生理生化反应加快了劣变的速度，因此，脂类变化是造成大米品质劣变的重要因素之一。在我国，大米从加工到消费期间的贮藏保鲜问题是我国粮食贮藏研究的薄弱环节之一，现在受到人们的重视。亚油酸和油酸为稻谷膜脂中脂肪酸的主要成分，在贮藏过程中，膜脂易在脂肪酶作用下分解产生游离脂肪酸。脂肪酶的产物主要为脂肪过氧化物和氧自由基，而这些物质可以直接作用于更多的多不饱和脂肪酸，产生一系列连锁反应，最终加剧了膜脂过氧化的进行，随着贮藏时间延长，水稻中脂肪酶活力先升高后降低，亚油酸含量逐渐减少，过氧化物的含量增加，从而导致米质劣变。

四、其 他 酶

粮食中存在的其他酶主要有多酚氧化酶、脂肪氧合酶、葡萄糖氧化酶等。

多酚氧化酶（PPO）是一类广泛存在于动植物和微生物中的结合 Cu 元素的蛋白酶，对产品的外观品质和营养价值影响较大。PPO 位于正常细胞的质体中（包括叶绿体、黄色体和白色体等），如根细胞质体、马铃薯块茎淀粉体、胚轴细胞质体、水果表皮细胞质体、胡萝卜培养组织质体、顶端组织细胞质体等。

多酚氧化酶是位于质体的氧化还原酶，主要参与酚类（儿茶酚等）氧化为醌及木质素前体的聚合作用，认为与呼吸链末端电子传递有关，能消除氧自由基的伤害，从而达到抗病的目的。

多酚氧化酶对作物起着一定的积极作用，它主要参与酚类氧化为醌以及木质素前体的聚合作用，与植物抗病性密切相关，具有抵抗病原入侵和自身防御功能。

多酚氧化酶对小麦品质的影响，包括影响面团及其蒸煮食品的色泽，对于成熟小麦而言，多酚氧化酶主要存在于麸皮中，面粉中多酚氧化酶活力随着出粉率的增加而上升。

脂肪氧合酶（LOX）又称脂肪氧化酶、脂氧酶，属于氧化还原酶，是一类含非血红素铁的蛋白质，能专一催化具有顺、顺 -1，4 - 戊二烯结构的多不饱和脂肪酸，通过分子内加氧，形成具有共轭双键的氢过氧化衍生物，可导致果蔬加工制品产生不良的风味，油脂和含油食品在贮藏和加工过程中色、香、味发生劣变等。

脂肪氧合酶可氧化面粉中的色素，使之褪色，使面制品增白，氧化不饱和脂肪酸使之形成过氧化物，过氧化物可以氧化蛋白质分子中的硫氢基团形成二硫键，从而提高面筋的筋力。

脂肪氧合酶会产生两种有害的副作用，一是造成有营养价值的多不饱和脂肪酸损失；二是产生导致酸败的氧化产物，在哺乳动物代谢中它们参与类二十烷酸的形成。

葡萄糖氧化酶在氧气存在条件下可将葡萄糖转化为葡萄糖酸，同时产生过氧化氢。过氧化氢是一种强氧化剂，能将蛋白质分子中巯基氧化为二硫键，从而增强面筋强度。

在面条加工中葡萄糖氧化酶能有效提高面条咬劲，改善面条耐煮性，使烹煮后的面条表面不塌陷、不糊汤。能改善馒头内部结构与提高咬劲，使表面色泽更鲜亮。

第三节　酶促褐变

　　褐变作用按其发生机制分为酶促褐变（生化褐变）及非酶褐变（非生化褐变）两大类。酶促褐变发生在水果、蔬菜等新鲜植物性食物中。水果和蔬菜在采后，组织中仍在进行活跃的代谢活动。在正常情况下，完整的果蔬组织中氧化还原反应是偶联进行的，但当发生机械性的损伤（如削皮、切开、压伤、虫咬、磨浆等）及处于异常的环境条件下（如受冻、受热等）便会影响氧化还原作用的平衡，发生氧化产物的积累，造成变色。这类变色作用非常迅速，并需要和氧接触，由酶所催化，称为酶促褐变（enzyme browning）。在大多数情况下，酶促褐变是一种不希望出现于食物中的变化，例如香蕉、苹果、梨、茄子、马铃薯等都很容易在削皮切开后褐变，应尽可能避免。但茶叶、可可豆等食品，适当的褐变则是形成良好的风味与色泽所必需的。

一、酶促褐变的机制

　　植物组织中含有酚类物质，在完整的细胞中作为呼吸传递物质，在酚 – 醌之间保持着动态平衡，当细胞被破坏以后，氧就大量侵入，造成醌的形成和还原之间的不平衡，于是发生了醌的积累，醌再进一步氧化聚合形成褐色色素。

　　酚酶的系统名称是邻二酚: 氧 – 氧化还原酶（EC 1. 10. 3. 1）。此酶以 Cu 为辅基，必须以氧为受氢体，是一种末端氧化酶。

　　酚酶可以用一元酚或二元酚为底物。有些人认为酚酶是兼能作用于一元酚及二元酚的一种酶；但也有人认为是两种酚酶的复合体，一种是酚羟化酶（phenol hydroxylase），又称甲酚酶（cresolase），另一种是多元酚氧化酶（polyphenoloxidase），又称儿茶酚酶（catecholase）。

　　现以马铃薯切开后的褐变为例来说明酚酶的作用（图 6 – 2）。酚酶作用的底物是马铃薯中最丰富的酚类化合物酪氨酸。

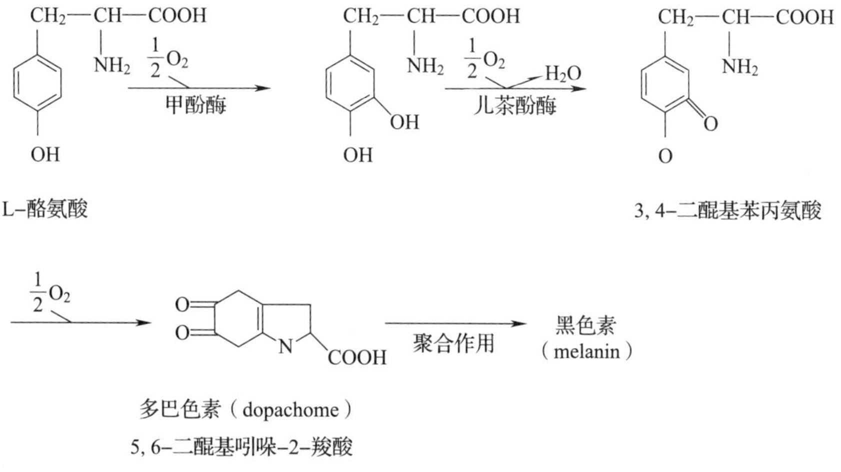

图 6 – 2　马铃薯褐变机制

这一机制也是动物皮肤、毛发中黑色素形成的机制。

在水果中，儿茶酚是分布非常广泛的酚类，在儿茶酚的作用下，较容易氧化成醌。

醌的形成是需要氧气和酶催化的，但醌一旦形成以后，进一步形成羟醌的反应则是非酶促的自动反应，羟醌进行聚合，聚合程度增大而由红变褐最后成褐黑色的黑色素物质。

酚酶的最适 pH 接近 7，比较耐热，依来源不同，在 100℃ 下钝化此酶需 2~8min。

水果蔬菜中的酚酶底物以邻二酚类及一元酚类最丰富（图 6-3）。一般说来，酚酶对邻羟基酚型结构的作用快于一元酚，对位二酚也可被利用，但间位二酚则不能作为底物，甚至还对酚酶有抑制作用。

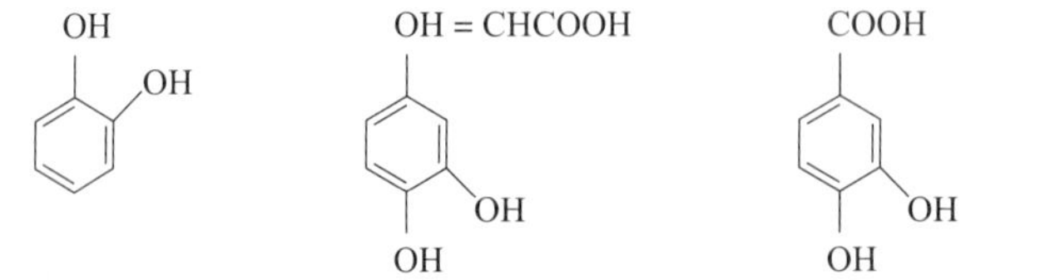

图 6-3 果蔬中常见邻二酚类化合物

但邻二酚的取代衍生物也不能为酚酶所催化，例如愈疮木酚（guaiacol）及阿魏酸（ferulic acid）。

绿原酸（chlorogenic acid）是许多水果特别是桃、苹果等褐变的关键物质（图 6-4）。

前已述及，马铃薯褐变的主要底物是酪氨酸，在香蕉中，主要的褐变底物也是一种含氮的酚类衍生物即 3，4-二羟基苯乙胺（3，4-dihydroxyphenol ethylamine）。

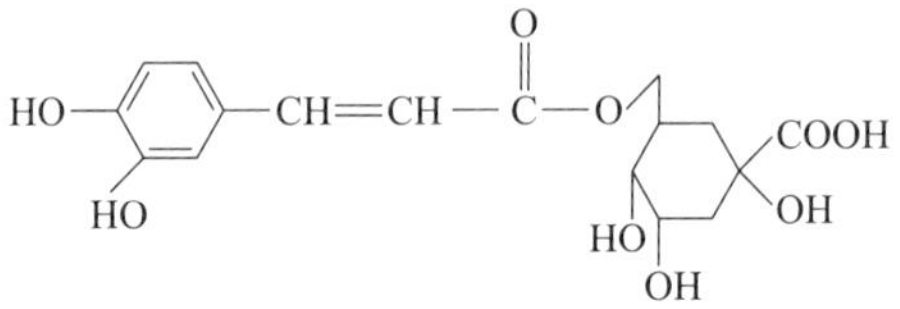

图 6-4 绿原酸结构示意图

氨基酸及类似的含氮化合物与邻二酚作用可产生颜色很深的复合物，其机制大概是酚先经酶促氧化成为相应的醌，然后醌和氨基发生非酶的缩合反应。白洋葱、大蒜、韭葱（*Allium porrum*）的加工中常有粉红色泽形成，其原因概如上述。

可作为酚酶底物的还有其他一些结构比较复杂的酚类衍生物，例如花青素、黄酮类、鞣质等，它们都具有邻二酚型或一元酚型的结构。

二、酶促褐变的控制

酶促褐变的发生，需要三个条件，即适当的酚类底物、酚氧化酶和氧。在控制酶促褐变的实践中，除去底物的途径可能性极小，曾经有人设想过使酚类底物改变结构，例如将邻二酚改变为其取代衍生物，但迄今未取得实用上的成功。实践中控制酶促褐变的原理主要从控制酶和氧两方面入手，主要途径有：① 钝化酶的活力（热烫、抑制剂等）。② 改变酶作用的条件（pH、水分活度等）。③ 隔绝氧气的接触。④ 使用抗氧化剂（抗坏血酸、SO_2 等）。

常用的控制酶促褐变的具体方法如下。

1. 热处理法

在适当的温度和时间条件下加热新鲜果蔬，使酚酶及其他相关的酶都失活，这是最广泛使用的控制酶促褐变的方法。加热处理的关键是在最短时间内达到钝化酶的要求，否则过度加热会影响质量；相反，如果热处理不彻底，热烫虽破坏了细胞结构，但未钝化酶，反而会加强酶和底物的接触而促进褐变。像白洋葱、韭葱如果热烫不足，变粉红色的程度比未热烫的还要厉害。

水煮和蒸汽处理仍是目前使用最广泛的热烫方法。微波能的应用为热力钝化酶活力提供了新的有力手段，可使组织内外一致迅速受热，对质地和风味的保持极为有利。

2. 酸处理法

利用酸的作用控制酶促褐变也是广泛使用的方法。常用的酸有柠檬酸、苹果酸、磷酸以及抗坏血酸等。一般来说，它们的作用是降低 pH 以控制酚酶的活力，因为酚酶的最适 pH 在 6～7 之间，低于 pH 3.0 时已无活性。

柠檬酸是使用最广泛的食用酸，对酚酶有降低 pH 和螯合酚酶的 Cu 辅基的作用，但作为褐变抑制剂来说，单独使用的效果不大，通常需与抗坏血酸或亚硫酸联用，切开后的水果常浸在这类酸的稀溶液中。对于碱法去皮的水果，还有中和残碱的作用。

苹果酸是苹果汁中的主要有机酸，在苹果汁中对酚酶的抑制作用要比柠檬酸强得多。

抗坏血酸是更加有效的酚酶抑制剂，即使浓度极大也无异味，对金属无腐蚀作用，而且作为一种维生素，其营养价值也是尽人皆知的。也有人认为，抗坏血酸能使酚酶本身失活。抗坏血酸在果汁中的抗褐变作用还可能是作为抗坏血酸氧化酶的底物，在酶的催化下把溶解在果汁中的氧消耗掉了。据报道，在每千克水果制品中，加入 660mg 抗坏血酸，即可有效控制褐变并减少苹果罐头顶隙中的含氧量。

3. 二氧化硫及亚硫酸盐处理

二氧化硫及常用的亚硫酸盐如亚硫酸钠（Na_2SO_3）、亚硫酸氢钠（$NaHSO_3$）、焦亚硫酸钠（$Na_2S_2O_5$）、连二亚硫酸钠即低亚硫酸钠（$Na_2S_2O_4$）等都是广泛用于食品工业中的酚酶抑制剂，已应用在蘑菇、马铃薯、桃、苹果等加工中。

用直接燃烧硫黄的方法产生 SO_2 气体处理水果、蔬菜，SO_2 渗入组织较快，而使用亚硫酸盐溶液的优点是使用方便。不管采取什么形式，只有游离的 SO_2 才能起作用。SO_2 及亚硫酸盐溶液在微偏酸性（pH 为 6）的条件下对酚酶抑制的效果最好。

实验条件下，10mg/kg SO_2 即可几乎完全抑制酚酶，但在实践中因有挥发损失和与其他物质（如醛类）反应等原因，实际使用量较大，常达 300～600mg/kg。1974 年我国食品添加剂协会规定使用量以 SO_2 计不得超过 300mg/kg，成品食品中最大残留量不得超过 20mg/kg。SO_2 对酶促褐变的控制机制现在尚无定论，有的学者认为是抑制了酶活力，有的则认为是由于 SO_2 把醌还原为酚，还有人认为是 SO_2 和醌加合而防止了醌的聚合作用，很可能这三种机制都是存在的。

二氧化硫法的优点是使用方便、效力可靠、成本低，有利于维生素 C 的保存，残存的 SO_2 可用抽真空、炊煮或使用 H_2O_2 等方法除去。缺点是使食品失去原色而被漂白（花青素被破坏），腐蚀铁罐的内壁，有不愉快的嗅感与味感，残留浓度超过0.064%即可感觉出来，并且破坏维生素 B_1。

4. 驱除或隔绝氧气

具体措施有：① 将去皮切开的水果、蔬菜浸没在清水、糖水或盐水中。② 浸涂抗坏血酸液，使在表面上生成一层氧化态抗坏血酸隔离层。③ 用真空渗入法把糖水或盐水渗入组织内部，驱出空气。苹果、梨等果肉组织间隙中具有较多气体的水果最适宜用此法。一般在 1.028×10^5 Pa真空度下保持5~15min，突然破除真空，即可将汤汁强行渗入组织内部，从而驱出细胞间隙中的气体。

5. 加酚酶底物类似物

用酚酶底物类似物如肉桂酸、对位香豆酸及阿魏酸等酚酸可以有效地控制苹果汁的酶促褐变（图6-5）。在这三种同系物中，以肉桂酸的效率最高，浓度大于0.5mmol/L时即可有效控制处于大气中的苹果汁的褐变达7h之久。由于这三种酸都是水果、蔬菜中天然存在的芳香族有机酸，在安全上无多大问题。肉桂酸钠盐的溶解性好，售价也便宜，控制褐变的时间长。

图6-5 酚酶底物类似物结构示意图

第四节 酶对食品质量的影响

一、酶对食品色泽的影响

酶的作用对于食品质量的影响是非常重要的，实际上，没有酶或许就没有食品。对于任何生物体，酶参与了机体生长发育的每一个过程。食品原料的生长和成熟依赖于酶的作用，而在生物生长期间的环境条件影响着植物性食品原料的成分，其中也包括酶。

农产品的收获、贮藏和加工条件也影响食品原料中各类酶催化的反应，产生两类不同的结果，既可加快食品变质的速度，又可提高食品的质量。除了存在于食品原料的内源酶外，因微生物污染而引入的酶也参与催化食品原料中的反应。因此，控制酶的活力对于提高食品质量是至关重要的。本节将讨论影响食品颜色、质地、风味和营养质量的酶。

食品被消费者接受的程度如何，首先取决于食品的颜色，这是因为食品的内在质量在一般情况下很难判断。众所周知，新鲜瘦肉的颜色必须是红色的，而不是褐色或紫色的。这种红色是由于其中的氧合肌红蛋白所致。当氧合肌红蛋白转变成肌红蛋白时瘦肉就呈紫色。当氧合肌红蛋白和肌红蛋白中的 Fe^{2+} 被氧化成 Fe^{3+}，生成高铁肌红蛋白时，瘦肉呈褐色。在肉中酶催化的反应与其他反应竞争氧，这些反应的化合物能改变肉组织的氧化－还原状态和水分含量，因而影响肉的颜色。

绿色是许多新鲜蔬菜和水果的质量指标。有些水果成熟时绿色减少而代之以红色、橘色、黄色和黑色。随着成熟度的提高，青刀豆和其他一些蔬菜中的叶绿素的含量下降。上述食品材料颜色的变化都与酶的作用有关。导致水果和蔬菜中色素变化的 3 个关键性的酶是脂肪氧合酶、叶绿素酶和多酚氧化酶。

1. 脂肪氧合酶

脂肪氧合酶对于食品有 6 个方面的功能，它们中有的是有益的，有的是有害的。两个有益的方面是：小麦粉和大豆粉漂白；在制作面团中形成二硫键。四个有害的方面是：破坏叶绿素和胡萝卜素；产生氧化性的不良风味，它们具有特殊的青草味；使食品中的维生素和蛋白质类化合物遭受氧化性破坏；使食品中的必需脂肪酸，如亚油酸、亚麻酸和花生四烯酸遭受氧化性破坏。这 6 个方面的功能都与脂肪氧合酶作用于不饱和脂肪酸时产生的自由基有关。

2. 叶绿素酶

叶绿素酶存在于植物和含叶绿素的微生物中。它水解叶绿素产生植醇和脱植醇基叶绿素。尽管将果蔬失去绿色归之于这个反应，然而，由于脱植醇基叶绿素呈绿色，因此没有证据支持该观点。相反，有证据显示脱植醇基叶绿素在保持绿色的稳定性上优于叶绿素。

3. 多酚氧化酶

多酚氧化酶又称酪氨酸酶、多酚酶、酚酶、儿茶酚氧化酶、甲酚酶和儿茶酚酶。它主要存在于植物、动物和一些微生物（主要是霉菌）中，它催化食品的褐变反应。

二、酶对食品质构的影响

质地是决定食品质量的一个非常重要的指标。水果和蔬菜的质地主要取决于所含有的一些复杂的碳水化合物：果胶物质、纤维素、半纤维素、淀粉和木质素。自然界存在着能作用于这些碳水化合物的酶，酶的作用显然会影响果蔬的质地。对于动物组织和高蛋白质植物性食品，蛋白酶作用会导致质地的软化。

1. 果胶酶

果胶是一些杂多糖的化合物，在植物结构中充当结构物。果胶中最主要的成分是半乳糖醛酸，通过 $\alpha-1$，4－糖苷键连接而成，半乳糖醛酸中约有 2/3 的羧基和甲醇进行了酯化反应。果胶酶可分为以下 3 种类型。

（1）果胶酯酶（pectin esterase） 它可以水解除去果胶上的甲氧基基团。果胶酯酶存在于细菌、真菌和高等植物中，在柑橘和番茄中含量非常丰富，它对半乳糖醛酸酯具有专一性。在果胶酯酶的催化反应中，果胶酯酶要求在其作用的半乳糖醇酸链的酯化基团附近有游离的羧基存在，此酶可沿着链进行降解直到遇到障碍为止。

（2）聚半乳糖醛酸酶（polygalacturonase） 它主要作用于分子内部的 $\alpha-1$，4－糖苷键，而半乳糖醛酸外酶可沿着链的非还原端将半乳糖醛酸逐个地水解下来。另一些半乳糖醛酸酶主要作用于含有甲基的化合物（果胶），还有些主要作用于含游离羧基的物质（果胶酸）上，这些酶分别称为多聚甲基半乳糖醛酸酶和多聚半乳糖醛酸酶。内多聚半乳糖醛酸酶存在于水果和丝状真菌中，但不存在于酵母和细菌中；外半乳糖醛酸酶存在于植物如胡萝卜和桃，以及真菌、细菌中。

（3）果胶裂解酶（pectin lyases）　又称果胶转消酶（pectin transeliminase）。它可在葡萄糖苷酸分子的 C_4 和 C_5 处通过氢的转消除作用，将葡萄糖苷酸链的糖苷键裂解。果胶裂解酶是一种内切酶，只能从丝状真菌即黑曲霉中得到。

为了保持混浊果汁的稳定性，常用高温短时杀菌法（HTST）或巴氏消毒法使其中的果胶酶失活，因果胶是一种保护性胶体，有助于维持悬浮溶液中的不溶性颗粒而保持果汁混浊。在番茄汁和番茄酱的生产中，用热打浆法可以很快破坏果胶酶的活力。商业上果胶酶可用来澄清果汁、酒等。大多数水果在压榨果汁时，果胶多则水分不易挤出，且榨汁混浊，如以果胶酶处理，则可提高榨汁率而且果汁澄清。加工水果罐头时应先热烫使果胶酶失活，可防止罐头贮存时果肉过软。许多真菌和细菌产生的果胶酶能使植物细胞间隙的果胶层降解，导致细胞的降解和分离，使植物组织软化腐烂，在果蔬中称为软腐病（soft rot）。

2. 纤维素酶

水果和蔬菜中含有少量纤维素，它们的存在影响着细胞的结构。纤维素酶是否在植物性食品原料（例如青刀豆）软化过程中起着重要作用仍然有争议。在微生物纤维素酶方面已做了很多的研究工作，这显然是由于它在转化不溶性纤维素成葡萄糖方面潜在的重要性。

3. 戊聚糖酶

半纤维素是木糖和阿拉伯糖（还含有少量其他的戊糖和己糖）的聚合物，它存在于高等植物中。戊聚糖酶存在于微生物和一些高等植物中，它水解木聚糖、阿拉伯聚糖和阿拉伯木聚糖，产生相对分子质量较低的化合物。

小麦中存在着浓度很低的戊聚糖酶，然而对它的性质了解甚少。目前在微生物戊聚糖酶方面做了较多的研究工作，已能提供商品微生物戊聚糖酶制剂。

4. 淀粉酶

水解淀粉的淀粉酶存在于动物、高等植物和微生物中，因此，在一些食品原料的成熟、保藏和加工过程中淀粉被降解就不足为奇了。由于淀粉是决定食品的黏度和质构的一个主要成分，因此，在食品保藏和加工期间它的水解是一个重要的变化。淀粉酶包括 3 个主要类型：α - 淀粉酶、β - 淀粉酶和葡萄糖淀粉酶。

α - 淀粉酶存在于所有的生物中，它从淀粉（直链和支链淀粉）、糖原和环糊精分子的内部水解 α - 1，4 - 糖苷键，水解产物中异头碳的构型保持不变。由于 α - 淀粉酶是内切酶，因此它的作用能显著地影响含淀粉食品的黏度，这些食品包括布丁和奶油酱等。唾液和胰 α - 淀粉酶对于消化食品中的淀粉是非常重要的。一些微生物含有高浓度的 α - 淀粉酶。一些微生物的 α - 淀粉酶在高温下才会失活，它们对于以淀粉为基料的食品的稳定性会产生不良的影响。

β - 淀粉酶存在于高等植物中，它从淀粉分子的非还原性末端水解 α - 1，4 - 糖苷键，产生 β - 麦芽糖。由于 β - 淀粉酶是端解酶，因此仅当淀粉中许多糖苷键被水解时，淀粉糊的黏度才会发生显著的改变。β - 淀粉酶作用于支链淀粉时不能越过所遭遇的第一个 α - 1，6 - 糖苷键，而作用于直链淀粉时能将它完全水解。如果直链淀粉分子含偶数葡萄糖基，产物中都是麦芽糖；如果淀粉分子含奇数葡萄糖基，产物中除麦芽糖外，还含有葡萄糖。因此 β - 淀粉酶单独作用于支链淀粉时，它被水解的程度是有限的。聚合度 10 左右的麦芽糖浆在食品工业中是一种很重要的配料。人体中的淀粉酶是一种巯基酶，它能被许多巯基试剂抑制。在麦芽中，β – 淀粉酶常通过二硫键以共价方式连接至其他巯基上；因此，用一种巯基化合物（例如半胱氨酸）处理麦芽能提高它所含的 β – 淀粉酶的活力。

5. 蛋白酶

对于动物性食品原料，决定其质构的生物大分子主要是蛋白质。蛋白质在天然存在的蛋白酶作用下所产生的结构上的改变会导致这些食品原料质构上的变化，如果这些变化是适度的，食品具有理想的质构。

（1）组织蛋白酶（cathepsins） 组织蛋白酶存在于动物组织的细胞内，在酸性 pH 条件下具有活性。这类酶位于细胞的溶菌体内，它们区别于由细胞分泌出来的蛋白酶（胰蛋白酶和胰凝乳蛋白酶），已经发现五种组织蛋白酶，它们分别用字母 A、B、C、D 和 E 表示。此外，还分离出一种组织羧肽酶（catheptic carboxypeptidase）。

组织蛋白酶参与了肉成熟期间的变化。当动物组织的 pH 在宰后下降时，这些酶从肌肉细胞的溶菌体粒子中释放出来。据推测，这些蛋白酶透过组织，导致肌肉细胞中的肌原纤维以及胞外结缔组织例如胶原分解，它们在 pH 2.5～4.5 范围内具有最高的活力。

（2）钙活化中性蛋白酶（calcium – activated neutral proteinases，CANPs） 钙活化中性蛋白酶或许是已被鉴定的最重要的蛋白酶。已经证实存在着两种钙活化中性蛋白酶，即 CANPI 和 CANPII，它们都是二聚体。两种酶含有相同的较小的亚基，相对分子质量约为 30000，并且都含有不同的较大的亚基，相对分子质量约为 80000，在免疫特性方面有所不同，它们在结构上相符的程度约 50%。尽管钙离子对于酶的作用是必需的，然而酶的活性部位中含有半胱氨酸残基的巯基，因此它归属于半胱氨酸（巯基）蛋白酶。

50～100pmol/L Ca^{2+} 可使纯的 CANPI 完全激活，而 CANPII 的激活需要 1～2mmol/L Ca^{2+}，在 CANPI 被完全激活的条件下，CANPII 实际上是处在失活的状态。肌肉 CANP 以低浓度存在，它在 pH 低至约为 6 时还具有作用。肌肉 CANP 可能通过分裂特定的肌原纤维蛋白质而影响肉的嫩化。这些酶很有可能是在宰后的肌肉组织中被激活，它们可能在肌肉改变成肉的过程中同溶菌体蛋白酶协同作用。

与其他组织相比，肌肉组织中蛋白酶的活力是很低的，兔的心脏、肺、肝和胃组织蛋白酶活力分别是腰肌的 13、60、64 和 76 倍。正是由于肌肉组织中的低蛋白酶活力才会导致成熟期间死后僵直体肌肉以缓慢的有节制和有控制的方式松弛，这样产生的肉具有良好的质构。如果在成熟期间肌肉中存在激烈的蛋白酶作用，那么不可能产生理想的肉的质构。

（3）乳蛋白酶 牛乳中主要的蛋白酶是一种碱性丝氨酸蛋白酶，它的专一性类似于胰蛋白酶。此酶水解 β – 酪蛋白产生疏水性更强的 γ – 酪蛋白，也能水解 α_s – 酪蛋白，但不能水解 κ – 酪蛋白。在乳酪成熟过程中乳蛋白酶参与蛋白质的水解作用。由于乳蛋白酶对热较稳定，因此，它的作用对于经超高温处理的乳的凝胶作用也有贡献。乳蛋白酶将 β – 酪蛋白转变成 γ – 酪蛋白这一过程对于各种食品中乳蛋白质的物理性质有着重要的影响。

在牛乳中还存在着一种最适 pH 在 4 左右的酸性蛋白酶，然而，此酶较易热失活。

三、酶对食品风味的影响

对食品的风味作出贡献的化合物不知其数，风味成分的分析也是有难度的。正确地鉴定哪些酶在食品风味物质的生物合成和不良风味物质的形成中起重要作用，同样是非常困难的。

在食品保藏期间酶的作用会导致不良风味的形成。例如，有些食品材料，如青刀豆、豌豆、玉米和菜花因热烫处理的条件不适当，在随后的保藏期间会形成显著的不良风味。

在讨论脂肪氧合酶对食品颜色的影响时也提到它能产生氧化性的不良风味。脂肪氧合酶的作用是青刀豆和玉米产生不良风味的主要原因，而胱氨酸裂解酶（cysteine lyase）的作用是菜花产生不良风味的主要原因。下面介绍几种影响食品风味的酶。

1. 硫代葡萄糖苷酶（glucosinolase）

在芥菜和辣根中存在着芥子苷（glucosinolates）。在这类硫代葡萄糖苷中，葡萄糖基与糖苷配基之间有一个硫原子，其中 R 为烯丙基、3 - 丁烯基、4 - 戊烯基、苯基或其他的有机基团，烯丙基芥子苷（allylglucosinolate）最为重要。硫代葡萄糖苷在天然存在的硫代葡萄糖苷酶作用下，导致糖苷配基的裂解和分子重排。生成的产物中异硫氰酸酯是含硫的挥发性化合物，它与葱的风味有关。人们熟悉的芥子油即为异硫氰酸烯内酯，它是由烯丙基芥子苷经硫代葡萄糖苷酶的作用而产生的。

2. 过氧化物酶

过氧化物酶普遍地存在于植物和动物组织中。在植物的过氧化物酶中，对辣根的过氧化物酶（horseradish peroxidase：hydrogen peroxideoxidoreductase，EC 1. 11. 1. 7）研究得最为彻底。如果不采取适当的措施使食品原料（例如蔬菜）中的过氧化物酶失活，那么在随后的加工和保藏过程中，过氧化物酶的活力会损害食品的质量。未经热烫的冷冻蔬菜所具有的不良风味被认为与酶的活力有关，这些酶包括过氧化物酶、脂肪氧合酶、过氧化氢酶、α - 氧化酶（α - oxidase）和十六烷酸 - 辅酶 A 脱氢酶。然而，线性回归分析未能发现上述酶中任何两种酶活力之间的关系或任何一种酶活力与抗坏血酸浓度之间的关系。

各种不同来源的过氧化物酶通常含有一个血色素（铁卟啉IX）作为辅基。过氧化物酶催化下列反应：

$$ROOH + AH_2 \rightarrow H_2O + ROH + A$$

反应物中的过氧化物（ROOH）可以是过氧化氢或一种有机过氧化物，例如过氧化甲基（CH_3OOH）或过氧化乙基（CH_3CH_2OOH）。在反应中过氧化物被还原，而一种电子给予体（AH_2）被氧化。电子给予体可以是抗坏血酸、酚、胺或其他有机化合物。在过氧化物酶催化下，电子给予体被氧化成有色化合物，根据反应的这个特点可以设计分光光度法测定过氧化物酶的活力。

目前对过氧化物酶导致食品不良风味形成的机制还不十分清楚，Whitaker 认为应采用导致食品不良风味形成的主要酶作为判断食品热处理是否充分的指标。例如，脂肪氧合酶被认为是导致青刀豆和玉米不良风味形成的主要酶，而胱氨酸裂解酶是导致菜花不良风味形成的主要酶。由于过氧化物酶普遍存在于植物中，并且可以采用简便的方法较准确地测定它的活力，尤其是热处理后果蔬中残存的过氧化物酶的活力，因此它广泛地被采用为果蔬热处理是否充分的指标。

过氧化物酶在生物原料中的作用可能还包括下列几方面：① 作为过氧化氢的去除剂；② 参与木质素的生物合成；③ 参与乙烯的生物合成；④ 作为成熟的促进剂。虽然上述酶的作用如何影响食品质量还不十分清楚，但是过氧化物酶活力的变化与一些果蔬的成熟和衰老有关已经得到证实。

从前面的讨论中可以看出，食品原料中的一些内源酶的作用除了影响食品的风味外，同时还影响食品的其他质量，例如脂肪氧合酶的作用就同时影响食品的颜色、风味、质构和营养质量。在一些情况下几种酶的协同作用对食品的风味会产生显著的影响。

四、酶对食品营养质量的影响

有关酶对食品营养质量的影响的研究结果的报道相对来说较少见。前面已提及的脂肪氧合酶氧化不饱和脂肪酸确实会导致食品中亚油酸、亚麻酸和花生四烯酸这些必需脂肪酸含量的下降。

脂肪氧合酶催化不饱和脂肪酸氧化过程中产生的自由基能降低类胡萝卜素（维生素 A 的前体）、生育酚（维生素 E）、维生素 C 和叶酸在食品中的含量。自由基也会破坏蛋白质中半胱氨酸、酪氨酸、色氨酸和组氨酸残基。在一些蔬菜中抗坏血酸氧化酶会导致抗坏血酸的破坏。硫胺素酶会破坏硫胺素，后者是氨基酸代谢中必需的辅助因子。存在于一些维生素中的核黄素水解酶能降解核黄素。多酚氧化酶引起褐变的同时也降低了蛋白质中有效的赖氨酸量。

第五节 酶在食品加工中的应用

在食品加工中加入酶的目的通常是：① 提高食品品质；② 制造合成食品；③ 增加提取食品成分的速度与产量；④ 改良风味；⑤ 稳定食品品质；⑥ 增加副产品的利用率。食品加工业中所利用的酶比起标准的生化试剂来说相当地粗糙。大部分酶制剂中仍含有许多杂质，而且还含有其他的酶，食品加工中所用的酶制剂是由可食用的或无毒的动植物原料和非致病、非毒性的微生物中提取的。用微生物制备酶有许多优点：① 微生物的用途广泛，理论上可以说利用微生物可以生产任何种酶；② 可以通过变异或遗传工程改变微生物而生产较高产的酶或其本身没有的酶；③ 大多数微生物酶为胞外酶，所以回收酶非常容易；④ 培养微生物用的培养基来源容易；⑤ 微生物的生长速率和酶的产率都是非常高的。

因为酶催化反应的专一性与高效性，在食品加工中酶的应用相当广泛，表 6－5 所示为食品工业中正在利用或将来很有发展前途的酶。从表 6－5 可以看出：用在食品加工中的酶的总数相对于已发现的酶的种类与数量还是相当少的。用得最多的是水解酶，其中主要是碳水化合物的水解酶；其次是蛋白酶和脂肪酶；少量的氧化还原酶类在食品加工中也有应用。目前，食品加工中只有少数几种异构酶得到应用。

表 6－5 酶在食品加工中的应用

酶	食品	目的与反应
淀粉酶	焙烤食品	增加酵母发酵过程中的糖含量
	酿造	在发酵过程中使淀粉转化为麦芽糖，除去淀粉造成的混浊
	各类食品	将淀粉转化为糊精、糖，增加吸收水分的能力

续表

酶	食品	目的与反应
淀粉酶	巧克力	将淀粉转化成流动状
	糖果	从糖果碎屑中回收糖
	果汁	除去淀粉以增加起泡性
	果冻	除去淀粉，增加光泽
	果胶	作为苹果皮制备果胶时的辅剂
	糖浆和糖	将淀粉转化为低相对分子质量的糊精（玉米糖浆）
	蔬菜	在豌豆软化过程中将淀粉水解
转化酶	人造蜂蜜	将蔗糖转化为葡萄糖和果糖
	糖果	生产转化糖供制糖果、点心用
葡聚糖–蔗糖酶	糖浆	使糖浆增稠
	冰淇淋	使葡聚糖果增加，起增稠剂作用
乳糖酶	冰淇淋	阻止乳糖结晶引起的颗粒和砂粒结构
	饲料	使乳糖转化成半乳糖和葡萄糖
	牛乳	除去牛乳中的乳糖以稳定冰冻牛乳中的蛋白质
纤维素酶	酿造	水解细胞壁中复杂的碳水化合物
	咖啡	咖啡豆干燥过程中将纤维素水解
	水果	除去梨中的粒状物，加速杏及番茄的去皮
半纤维素酶	咖啡	降低浓缩咖啡的黏度
果胶酶（可利用方面）	巧克力，可可	增加可可豆发酵时的水解活动
	咖啡	增加可可豆发酵时明胶状种衣的水解
	果汁	增加压汁的产量，防止絮结，改善浓缩过程
	水果	软化
	橄榄	增加油的提取
	酒类	澄清
果胶酶（不利方面）	橘汁	破坏和分离果汁中的果胶物质
	面粉	若酶活力太高会影响空隙的体积和质地
脂肪酶（可利用方面）	干酪	加速熟化及增加风味
	油脂	使脂肪转化成甘油和脂肪酸
	牛乳	使牛乳巧克力具特殊风味

续表

酶	食品	目的与反应
脂肪酶（不利方面）	谷物食品	使黑麦蛋糕过分褐变
	牛乳及乳制品	水解性酸败
	油类	水解性酸败
磷酸酯酶	婴儿食品	增加有效性磷酸盐
	啤酒发酵	使磷酸化合物水解
	牛乳	检查巴氏消毒的效果
核糖核酸酶	风味增加剂	增加 5′-核苷酸与核苷
过氧化物酶（可利用方面）	蔬菜	检查热烫的程度
	葡萄糖的测定	与葡萄糖氧化酶综合利用测定葡萄糖
过氧化物酶（不利方面）	蔬菜	产生异味
	水果	加强褐变反应
葡萄糖氧化酶	各种食品	除去食品中的氧气或葡萄糖，常与过氧化氢酶结合使用
脂肪氧合酶	面包	改良面包质地、风味并进行漂白
双乙醛还原酶	啤酒	降低啤酒中双乙醛的浓度
过氧化氢酶	牛乳	在巴氏消毒中破坏 H_2O_2
多酚氧化酶（可利用方面）	茶叶、咖啡、烟草	使其在熟化和发酵过程中产生褐变
多酚氧化酶（不利方面）	水果、蔬菜	产生褐变、异味及破坏维生素 C

一、淀 粉 酶

淀粉酶属于水解酶类，是催化淀粉（包括糖原、糊精）水解的一类酶的统称。此类酶是目前产量最大和应用最广泛的一类酶，其生产量占整个酶制剂总产量的 50% 以上。主要应用领域包括焙烤食品，制糖工业，糊精、麦芽糊精和环状糊精的生产，酒类、调味品及有机酸的生产。根据淀粉酶对淀粉的作用方式不同，淀粉酶可分为四种主要类型，即 α-淀粉酶、β-淀粉酶、葡萄糖淀粉酶和异淀粉酶，其特性见表 6-6。

表 6-6 淀粉酶的分类及特性

EC	系统名称	常用名	作用特性
E. C. 3. 2. 1. 1	α-1, 4-葡聚糖-4-葡聚糖水解酶	α-淀粉酶、液化酶、淀粉-1, 4-糊精酶、内断型淀粉酶	不规则地分解淀粉、糖原类物质的 α-1, 4-糖苷键

续表

EC	系统名称	常用名	作用特性
E. C. 3. 2. 1. 2	α -1, 4 - 葡聚糖 - 4 - 麦芽糖水解酶	β - 淀粉酶、淀粉 -1, 4 - 麦芽糖苷酶、外断型淀粉酶	从非还原性末端以葡萄糖为单位顺次分解淀粉、糖原类物质的 α -1, 4 - 糖苷键
E. C. 3. 2. 1. 3	α -1, 4 - 葡聚糖 - 葡萄糖水解酶	糖化淀粉酶、糖化酶、葡萄糖淀粉酶、淀粉 -1, 4 - 葡萄糖苷酶、淀粉葡萄糖苷酶	从非还原性末端以葡萄糖为单位顺次分解淀粉、糖原类物质的 α -1, 4 - 糖苷键
E. C. 3. 2. 1. 9	支链淀粉:1, 6 - 葡聚糖水解酶	异淀粉酶、淀粉 -1, 6 - 糊精酶、R - 酶、脱支酶	分解支链淀粉、糖原类物质的 α -1, 4 - 糖苷键

1. α - 淀粉酶

α - 淀粉酶作用于淀粉时,可以从底物分子内部不规则地切开 α -1, 4 - 糖苷键,但不水解支链淀粉的 α -1, 6 - 键,也不水解靠近分支点的 α -1, 6 - 键附近的 α -1, 4 - 键,水解产物为麦芽糖、少量葡萄糖以及一系列相对分子质量不等的低聚糖和糊精。由于所产生的还原糖在光学结构上是 α - 型,故称为 α - 淀粉酶。几种微生物 α - 淀粉酶的性质见表 6 - 7。

表 6 - 7　　　　　　　　　　几种 α - 淀粉酶的性质

酶来源	主要水解产物	耐热性 (15min) /℃	pH 稳定性 (30℃, 24h)	适宜 pH	Ca^{2+} 保护作用[1]
枯草杆菌 (液化型)	糊精、麦芽糖 (30%)、葡萄糖 (6%)	65 ~ 80	4.8 ~ 10.6	5.4 ~ 6.0	+
枯草杆菌 (糖化型)	葡萄糖 (41%)、麦芽糖 (58%)、麦芽三糖、糊精	55 ~ 70	4.0 ~ 9.0	4.6 ~ 5.2	-
枯草杆菌 (耐热型)	糊精、麦芽糖、葡萄糖	75 ~ 90	5.0		+
米曲霉	麦芽糖 (50%)	55 ~ 70	4.7 ~ 9.5	4.9 ~ 5.2	+
黑曲霉	麦芽糖 (50%)	55 ~ 70	4.7 ~ 9.5	4.9 ~ 5.2	+
黑曲霉 (耐酸型)	麦芽糖 (50%)	55 ~ 70	1.8 ~ 6.5	4.0	+
根霉	麦芽糖 (50%)	50 ~ 60	5.4 ~ 7.0	3.6	-

注:① " + " 号代表有作用," - " 号代表没有作用。

2. β - 淀粉酶

β - 淀粉酶又称淀粉 - 1, 4 - 麦芽糖苷酶, 广泛存在于大麦、小麦、甘薯、豆类以及一些蔬菜中, 一般单独存在或与 α - 淀粉酶共存。其中大麦、小麦、甘薯、豆类来源的 β - 淀粉酶已被制成结晶。另外, 不少微生物也能产生 β - 淀粉酶, 其对淀粉的作用与高等植物的 β - 淀粉酶基本一致, 但在耐热性方面优于高等植物的 β - 淀粉酶。β - 淀粉酶作用于淀粉的 α - 1, 4 - 糖苷键, 其分解作用由非还原性末端开始, 按麦芽糖单位依次水解, 同时发生沃尔登转位反应 (Walden inversion), 使产物由 α - 型变为 β - 型麦芽糖, 因此称为 β - 淀粉酶。

二、蛋 白 酶

蛋白酶是最重要的一种工业酶制剂, 能催化蛋白质和多肽水解, 广泛存在于动物内脏、植物茎叶、果实和微生物中。在焙烤食品、肉制品、水产食品、乳制品、蛋品、植物蛋白加工及发酵酿造食品生产中都大量地使用蛋白酶。此外, 胃蛋白酶、胰凝乳蛋白酶、羧肽酶和氨肽酶都是人体消化道中的蛋白酶, 在它们的作用下, 人体摄入的蛋白质被水解成小分子肽和氨基酸。

蛋白酶的分类如下。

1. 按水解蛋白质的不同部位分类

(1) 内肽酶 切开蛋白质分子内部肽键生成相对分子质量较小的多肽类, 这类酶一般称为内肽酶。例如动物脏器的蛋白酶、胰蛋白酶, 植物中提取的木瓜蛋白酶、无花果蛋白酶、菠萝蛋白酶以及微生物蛋白酶等都属于这类酶。

(2) 外肽酶 切开蛋白质或多肽分子氨基或羧基末端的肽键而游离出氨基酸, 这类酶称为外肽酶。作用于氨基末端的称为氨肽酶, 作用于羧基末端的称为羧肽酶。

(3) 水解蛋白质或多肽酯键的酶。

(4) 水解蛋白质或多肽酰胺键的酶。

此外, 有些蛋白酶还可以合成肽类, 或者将一个肽转移到另一个肽上。例如, 利用这种转肽作用可用甲硫氨酸强化大豆蛋白, 提高其营养价值。

2. 按蛋白酶的来源分类

分为动物蛋白酶、植物蛋白酶和微生物蛋白酶。微生物蛋白酶又可分为细菌蛋白酶、霉菌蛋白酶、酵母蛋白酶和放线菌蛋白酶。如木瓜蛋白酶、无花果蛋白酶和菠萝蛋白酶等来自植物; 胰蛋白酶来自胰脏; 胃蛋白酶和凝乳酶来自胃。

3. 按蛋白酶作用的最适 pH 分类

可分为酸性蛋白酶 (最适 pH 2.5 ~ 5.0)、碱性蛋白酶 (pH 9 ~ 11) 和中性蛋白酶 (pH 7 ~ 8)。

4. 按蛋白酶的活性中心和最适 pH 分类

(1) 丝氨酸蛋白酶 其活性中心含有丝氨酸, 这类酶几乎全是内肽酶。

(2) 巯基蛋白酶 其活性部位含有一个或更多的巯基, 如木瓜蛋白酶、无花果蛋白酶和菠萝蛋白酶, 某些链球菌蛋白酶属于这一类。

(3) 金属蛋白酶 这类蛋白酶中含有 Mg^{2+}、Zn^{2+}、Mn^{2+}、Co^{2+}、Fe^{2+}、Cu^{2+} 等金属离子, 如许多微生物中性蛋白酶、胰羧肽酶 A 和某些氨肽酶。

（4）酸性蛋白酶　这一类蛋白酶的活性部位中有两个羧基，如胃蛋白酶、凝乳酶和许多霉菌蛋白酶。

三、脂　肪　酶

脂肪酶（也称"脂酶"，甘油酯水解酶，lipase）属于羧酸酯水解酶类，能够逐步地将甘油三酯水解成甘油和脂肪酸。自 20 世纪 80 年代后期，界面酶学和非水酶学的研究与应用取得了突破性的进展，极大地促进了脂酶多功能催化作用的开发，如乳制品的增香、鱼片脱脂、食用油加工、洗涤剂添加酶、皮革毛皮绢脱脂、制药、化工合成、污水处理、工具酶等多种用途。而且，在有机相中，脂肪酶还能催化酯合成、酯交换反应、酯聚合反应、肽合成以及酰胺合成等，是生产医药、化工、食品和化妆品的重要原料。下面简要介绍脂肪酶在食品工业领域中的应用。

1. 脂肪酶在面类食品加工中的应用

面类制品的食味口感主要与小麦粉中的蛋白质、淀粉和脂肪等成分有关，特别是通过蛋白质的定向和形成网络结构产生弹性，增加面的黏弹性。在面类食品生产时，可以将溶解有脂肪酶的水直接加入面粉中，然后在常温下放置一段时间进行压延处理。与添加蛋白质和多糖类等面粉改良剂相比，添加脂肪酶后产品品质会得到大幅度提高。具体表现在以下三个方面。

（1）增加并保持弹性　通过脂肪酶反应提高产品的弹性，改善口感。

（2）提高成品率　面类制品生产时添加脂肪酶，多数情况下可使水量增加，通过加水可以提高产品的成品率，降低损耗。

（3）面皮的改良　添加脂肪酶可以使面皮的质量得到改良，即使面皮很薄也不易破裂，有透明感，难溶于水，冷冻时也不会破裂等。

2. 脂肪酶在食用油脂工业上的应用

（1）酶促油脂水解　将油脂与水一起在催化剂作用下生成脂肪酸和甘油的反应称为油脂水解反应，它在脂肪酸与肥皂工业上广泛应用。

（2）酶促酯交换　将一种酯与另一种脂肪酸或醇或酯混合并伴随酰基交换生成新酯的反应称为酯交换反应。其中，酯 – 酸交换、酯 – 酯交换反应可以改变油脂的性质，这是油脂工业常用来进行油脂改性的一种重要手段。

（3）生物精炼——酶促酯化　在食用油脂精炼工艺中，由于毛油中通常含有较高的游离脂肪酸，故需采取措施进行脱酸以提高油脂品质。常采用化学碱炼法和物理精炼法，要求高、易造成损失和环境污染。酶促酯化的原理是：借助微生物脂肪酶在一定条件下能催化脂肪酸与甘油间的酯化反应，从而把油中的大量游离脂肪酸转变成中性甘油酯，这样既降低了酸值，又增加了中性甘油酯的量。

3. 脂肪酶在乳品工业中的应用

应用于乳酯水解，包括乳酪和乳粉风味的增强、乳酪的熟化、代用乳制品的生产、奶油及冰淇淋的酯解改性等。脂肪酶作用于乳酯并产生脂肪酸，能赋予乳制品独特的风味，经脂肪酶处理后释放的短碳链脂肪酸（$C_4 \sim C_6$）使产品具有一种独特强烈的乳风味，而释放的中碳链脂肪酸（$C_{10} \sim C_{14}$）使产品具有皂似的风味。同时，由于脂肪酶参与到类似微生物反应的过程中，增加了一些新风味物质的形成，如甲基酮类、风味酯类和乳酯类等。

四、谷氨酰胺转氨酶

谷氨酰胺转氨酶（glutamine transaminase）全称为蛋白质 – 谷氨酰胺 – γ – 谷氨酰胺基转移酶，是一类催化蛋白质中赖氨酸残基上的 ε – 氨基和谷氨酰胺残基上的 γ – 羟酰氨基之间结合反应的聚合性酶。转谷氨酰胺酶与食品工业上常用的淀粉酶、蛋白酶等功能性质完全不同，它是通过转谷氨酰胺酶及其交联反应将小分子蛋白质聚合为大分子结合物，因而近年来受到广泛关注。

1. 谷氨酰胺转氨酶的特性

谷氨酰胺转氨酶是一种单体蛋白质，其亲水性和催化活性较高，热稳定性高，并且对 Ca^{2+} 不具依赖性，有利于其在食品加工中的应用。大多数金属离子对该酶活力无影响或影响不大，但 Zn^{2+} 具有很强的抑制作用。该酶活力易受五氯硝基苯（PCNB）、N – 乙基 – 顺丁烯二酰亚胺抑制，而乙二醇双（乙 – 氨乙基）四乙酸（EGTA）可消除其活力。微生物来源的转谷氨酰胺酶性质：最适 pH 为 6 ~ 7，pH 的稳定范围在 5 ~ 10；最适温度为 50℃，37℃处理 10min 后残余活力为 74%；相对分子质量 38000，等电点为 9.0；Ca^{2+} 浓度对活性的影响为（残余活性），0mmol 情况下为 100%，1mmol 情况下为 100%，5mmol 情况下为 99%。

2. 谷氨酰胺转氨酶的功能及其作用机制

食品工业中常用的蛋白酶和淀粉酶等酶类通常是起解聚作用，而谷氨酰胺转氨酶恰恰相反，它起聚合作用，因而在食品工业中具有独特的作用。谷氨酰胺转氨酶的主要功能如下。

（1）它可以改变酪蛋白、肌球蛋白和 β – 乳球蛋白等蛋白的物理特性，从而提高蛋白质的功能特性和改善其结构。

（2）它可以将各种氨基酸以共价键形式与各食品蛋白质结合，防止加工过程中必需氨基酸的流失或破坏，从而提高食品蛋白质的营养价值。

（3）不同蛋白质也可以通过谷氨酰胺转氨酶作用结合成一大分子，其物理特性与同种蛋白质分子结合体类似，可作为开发新蛋白食品的途径，如各种人造肉、仿蟹肉等的开发。

（4）该酶还可以延长被其处理过的食品的货架期以及减少食品中的过敏源。

（5）谷氨酰胺转氨酶还可以分解谷氨酰胺生成谷氨酸和氨，而谷氨酸在食品风味上起着重要作用，因而通过添加该酶可增加食品的风味。

3. 谷氨酰胺转氨酶在面制品中的应用

（1）在面条生产中，添加谷氨酰胺转氨酶后，通过调整酶用量和反应时间就可控制面条质构，在烹煮后释放进入沸水中的固形物也就减少，同时面条表面黏性下降，烹煮时就不易结成大块，面汤混浊度也降低，提高面条口感。

（2）用于油炸方便面时，可降低方便面吸油率，从而减少方便面热量，同时方便面厂商可因此降低油消耗量。

（3）在面包烘焙中，谷氨酰胺转氨酶可代替乳化剂和氧化剂改善面团稳定性，提高烘焙产品质量，使面包颜色较白，内部结构均一，增大面包比体积。

（4）对三明治类切片面包，添加谷氨酰胺转氨酶后，面团更稳定，吸水性较好，制作出的面包具有光滑表面，面包瓤结构细密、均匀一致。

第六节　酶的固定化

一、固定化酶的概念及意义

固定化酶是 20 世纪 50 年代开始发展起来的一项新技术，最初是将水溶性酶与不溶性载体结合起来，成为不溶于水的酶的衍生物，所以曾称为"水不溶酶"和"固相酶"。但是后来发现，也可以将酶包埋在凝胶内或置于超滤装置中，高分子底物与酶在超滤膜一边，而反应产物可以透过膜逸出，在这种情况下，酶本身仍处于溶解状态，只不过被固定在一个有限的空间内不能再自由流动。因此，用水不溶酶或固相酶的名称就不恰当了。在 1971 年第一届国际酶工程会议上，正式建议采用"固定化酶"（immobilized enzyme）的名称。

所谓固定化酶，是指在一定空间内呈闭锁状态存在的酶，能连续地进行反应，反应后的酶可以回收重复使用。因此，不管用何种方法制备的固定化酶，都应该满足上述固定化酶的条件。例如，将一种不能透过高分子化合物的半透膜置入容器内，并加入酶及高分子底物，使之进行酶反应，低分子生成物就会连续不断地透过滤膜，而酶因其不能透过滤膜而被回收再用，这种酶实质也是一种固定化酶。

固定化酶与游离酶相比，具有下列优点：① 极易将固定化酶与底物、产物分开；② 可以在较长时间内进行反复分批反应和装柱连续反应；③ 在大多数情况下，能够提高酶的稳定性；④ 酶反应过程能够加以严格控制；⑤ 产物溶液中没有酶的残留，简化了提纯工艺；⑥ 较游离酶更适合于多酶反应；⑦ 可以增加产物的收率，提高产物的质量；⑧ 酶的使用效率提高，成本降低。

与此同时，固定化酶也存在一些缺点：① 许多酶在固定化时，需利用有毒的化学试剂使酶与支持物结合，这些试剂若残留于食品中对人类健康有很大的影响；② 连续操作时，反应体系中常滋生一些微生物，后者利用食品的养分进行生长代谢，污染食品；③ 固定化时，酶活力有损失；④ 增加了生产的成本，工厂初始投资大；⑤ 只能用于可溶性底物，而且较适用于小分子底物，对大分子底物不适宜；⑥ 与完整菌体相比不适宜于多酶反应，特别是需要辅助因子的反应；⑦ 胞内酶必须经过酶的分离手续。

二、固定化酶的制备

已发现的酶有数千种。固定化酶的应用目的、应用环境各不相同，而且可用于固定化制备的物理、化学手段、材料等多种多样。制备固定化酶要根据不同情况（不同酶、不同应用目的和应用环境）来选择不同的方法，但是无论如何选择，确定什么样的方法，都要遵循几个基本原则。

（1）必须注意维持酶的催化活性及专一性。酶蛋白的活性中心是酶的催化功能所必需的，酶蛋白的空间构象与酶活力密切相关。因此，在酶的固定化过程中，必须注意酶活力中心的氨基酸残基不发生变化，也就是酶与载体的结合部位不应当是酶的活性部位，而且要尽量避免那些可能导致酶蛋白高级结构破坏的条件。由于酶蛋白的高级结构是凭借氢键、疏水键和离子键等弱键维持，所以固定化时要采取尽量温和的条件，尽可能保护好酶蛋白的活性基团。

（2）固定化应该有利于生产自动化、连续化，为此，用于固定化的载体必须有一定的机械强度，不能因机械搅拌而破碎或脱落。

（3）固定化酶应有最小的空间位阻，尽可能不妨碍酶与底物的接近，以提高产品的产量。

（4）酶与载体必须结合牢固，从而使固定化酶能回收贮藏，利于反复使用。

（5）固定化酶应有最大的稳定性，所选载体不与废物、产物或反应液发生化学反应。

（6）固定化酶成本要低，以利于工业使用。

酶的固定化方法很多，但对任何酶都适用的方法是没有的。酶的固定化方法通常按照用于结合的化学反应的类型进行分类（表6-8）。各种方法也各自具有自身的优缺点（表6-9）。

表6-8　　　　　　　　　　　　　酶固定化方法

固定化方法	分类	固定化方法	分类
非共价结合法	结晶法 分散法 物理吸附法 离子结合法	化学结合法	交联法 共价结合法
		包埋法	微囊法 网格法

表6-9　　　　　　　　　　　　酶固定化方法的优缺点

特性	物理吸附法	离子结合法	包埋法	共价结合法	交联法
制备	易	易	易	难	难
结合力	中	弱	强	强	强
酶活力	高	高	高	中	中
底物专一性	无变化	无变化	无变化	有变化	有变化
再生	可能	可能	不可能	不可能	不可能
固定化费用	低	低	中	中	高

固定化酶可以用于两种基本的反应系统中：第一种是将固定化酶与底物溶液一起置于反应槽中搅拌，当反应结束后使固定化酶与产物分开；第二种是利用柱层析方法，将固定有酶蛋白的惰性载体装在柱中或类似装置中，当底物液流经时，酶即催化底物发生反应。

三、固定化酶的性质

酶固定化实际上是酶的一种修饰，因此，酶本身的结构必然随着固定化的不同而受到不同程度的影响和变化，同时，酶固定化后，其催化作用由均相转变为异相。再者，酶、底物和载体可能带有电荷，因此产生静电相互作用，上述原因带来的扩散限制效应、空间效应、电荷效应，以及载体性质造成的分配效应等因素都必然会对酶的性质产生影响。

1. 固定化后酶活力和稳定性的变化

固定化酶的活力在大多数情况下比天然酶小，其专一性也可能发生变化。例如，胰蛋白酶用羧甲基纤维素载体固定后，对酪蛋白的活力降低30%。这主要是由于在固定化过程中酶的空间构象发生变化或因空间位阻及扩散阻力，直接影响到活性中心和底物的定位。酶在包埋后，使大分子底物不能透过膜与底物接触。然而也有极少数情况，酶与载体交联后提高了酶的稳定性而使酶活力提高。

大多数情况下酶固定化后其稳定性都有不同程度增加，这是十分有利的。Merlose曾对50种固定化酶的稳定性进行了研究，发现其中有30种酶固定化后稳定性提高，只有8种酶的稳定性降低。固定化酶的稳定性提高主要表现在耐热性增加，以及对有机试剂和酶抑制剂耐受性的提高。酶固定化后也可能使最适反应pH的范围改变，这是由于酶在固定化时与载体多点连接，从而防止了酶蛋白分子的伸展，而且减少了与其他分子反应的基团。此外，酶固定化后其活力可缓慢释放，因此使酶的稳定性比天然状态高。

2. 固定化酶最适条件的变化

酶固定化后由于热稳定性提高，因而最适反应温度发生变化，一般比固定以前提高。但也有少数报道例外。

酶的催化能力对环境pH非常敏感。固定化酶对底物作用的最适pH变化可达1~2个pH单位，而且酶活力–pH曲线也会发生一定的偏移，一般二者的曲线关系已再不是钟形曲线。这主要是微环境表面电荷带来的影响所致。通常，带负电荷的载体，其最适pH较游离酶偏高。这是由于载体的聚阴离子效应，使固定化酶扩散层的H^+浓度比周围外部溶液高，这样外部溶液的pH只有向碱性偏移，才能抵消微环境作用。反之，使用带正电荷的载体其最适pH向酸性偏移。

3. 固定化酶对米氏常数的影响

固定化酶的表观米氏常数K_m'随载体的带电性能而变化。当酶结合于电中性载体时，由于扩散限制造成K_m'上升。然而对带电载体，由于载体和底物之间的静电相互作用，将引起底物分子在扩散层和整个溶液之间的不均匀分布，产生电荷梯度效应，结果造成与载体电荷相反的底物，在固定化酶微环境中的浓度高于整体溶液。因此，固定化酶即使在溶液的底物浓度较低时，也可达到最大反应速率，即固定化酶的表观米氏常数K_m'低于溶液的K_m值。然而，当载体与底物电荷相同时，就会造成固定化酶的表观米氏常数K_m'值显著增加。

四、固定化酶的应用

固定化酶尽管有许多优点，但是真正用于食品加工中的却很少，在食品分析中应用较多。淀粉转化为果糖是最有意义的体系。在淀粉转化的过程中需要将淀粉颗粒加热到105℃使之被破坏，但是由于淀粉溶胀，溶液的黏度太高，不利于酶的催化反应进行，如果此时使用热稳定性相对较高的地衣形芽孢杆菌（*Bacillus lichenformis*）产生的α–淀粉酶，那么能将淀粉水解到DP＝10，但是，在如此高的温度下，淀粉和溶剂中的任何微生物都会遭到破坏，因此，上述途径毫无实际意义。如果将葡糖淀粉酶和葡萄糖异构酶固定在柱状反应器上，对淀粉进行水解和异构化催化反应，则是十分有利的，而且相对较稳定，至于柱子的污染和再生也不存在问题。此外，在食品加工中应用的还有氨酰基转移酶、天冬氨酸酶、延胡索酸酶和α–半乳糖苷酶等固定化酶。一些国家将乳糖酶固定在载体柱上，用以水解牛乳中的乳糖为半乳糖和葡萄糖，生产不含乳糖的牛乳以满足乳糖酶缺乏的人群的需要。

🔍 **思考题**

1. 酶的概念是什么？什么是内源酶和外源酶（酶制剂）？

2. 影响食品中酶活力的因素有哪些？以"温度"和"pH"为例，说明它们对酶活力的影响及其原因。

3. 举例说明粮食中主要酶类及其特性。

4. 什么是酶促褐变？试以水果中的儿茶酚为例，用化学方程式表示酶促褐变过程，并谈谈控制酶促褐变可采取的措施。

5. 举例说明酶对食品色泽的影响。

6. 酶是如何影响食品的质构特性的？以近年来得到较广泛应用的谷氨酰胺转氨酶（TGase）为例加以说明。

7. 举例说明酶对食品风味的影响。

8. 举例说明酶对食品营养质量的影响。

9. 举例说明淀粉酶在食品工业中的应用原理及途径。

10. 举例说明纤维素酶在食品工业中的应用原理及途径。

11. 举例说明蛋白酶在食品工业中的应用原理及途径。

12. 举例说明脂肪酶在食品工业中的应用原理及途径。

13. 简述脂肪氧合酶在食品贮藏加工过程中的特性及控制方法。

14. 简述固定化酶在食品工业中的应用途径及特点。

15. 简述聚合酶链式反应技术（PCR）在食品安全检验中的应用途径及特点。

第七章

维　生　素

[学习指导]

　　熟悉维生素的分类；掌握维生素的理化性质、稳定性，常见维生素在食品中的含量与分布；重点掌握维生素在食品加工、贮藏中的变化及对食品品质产生的影响；了解维生素的种类及维生素在机体中的主要生理功能和作用，维生素的增补与强化。

第一节　概　　述

一、维生素的概念

　　维生素（vitamin）是人和动物维持正常的生理功能所必需的一类微量有机化合物，也是保持机体健康的重要活性物质。

　　维生素是人体不可或缺的营养素，但与碳水化合物、脂肪和蛋白质三大物质不同，碳水化合物、脂肪和蛋白质是宏量营养素，维生素是微量营养素，是活的细胞为了维持正常生理功能所必需的天然有机物。人体对维生素的需要量很小，日需要量常以毫克（mg）或微克（μg）计算，但一旦缺乏就会引发相应的维生素缺乏症，对人体健康造成损害。

　　在维生素的定义中如果满足以下四个特点，则可以称之为必需维生素。① 外源性：人体自身不可合成（维生素 D 人体可以少量合成，但是由于较重要，仍被作为必需维生素），需要通过食物补充；② 微量性：人体所需量很少，但是可以发挥巨大作用；③ 调节性：维生素必需能够调节人体新陈代谢或能量转变；④ 特异性：缺乏了某种维生素后，人将呈现特有的病态。根据这四个特点，必需维生素有 13 种：维生素 A、维生素 D、维生素 E、维生素 K、维生素 B_1、维生素 B_2、维生素 B_6、维生素 B_{12}、叶酸、泛酸、生物素、烟酸、维生素 C。

　　维生素及其前体都存在于天然食物中。食物中的维生素含量较低，许多维生素稳定性差，在食品加工、贮藏过程中常常损失较大。因此，要尽可能最大限度地保存食品中的维生素，避免其损失或与食品中其他组分发生反应。

二、维生素的特点

维生素被发现于 19 世纪。1897 年，艾克曼（Christian Eijkman）在爪哇发现只吃精磨的白米会患脚气病，而食用未经碾磨的糙米能治疗这种病。并发现可治脚气病的物质能用水或酒精提取，当时称这种物质为"水溶性 B"。1906 年证明食物中含有除蛋白质、脂类、碳水化合物、无机盐和水以外的"辅助因素"，其量很小，但为动物生长所必需。

维生素在机体代谢中起着重要作用。维生素虽然参与体内能量的代谢，但本身并不参与机体内各种组织器官的组成，也不能为机体提供能量，它们的作用主要是以辅基或辅酶形式参与机体细胞物质代谢和能量代谢的调节。人体犹如一座极为复杂的化工厂，不断地进行着各种生化反应，其反应与酶的催化作用有密切关系，酶要产生活性，必须有辅酶参加。已知许多维生素是酶的辅酶或者是辅酶的组成分子。因此，维生素是维持和调节机体正常代谢的重要物质。缺乏维生素时会引起机体代谢紊乱，导致特定的缺乏症或综合征，如缺乏维生素 A 时易患夜盲症。

人体所需的维生素大多数在体内不能合成，或即使能合成但合成的速度很慢，不能满足机体的需要，加之维生素本身也在不断地代谢，所以必须通过食物供给。有些维生素如维生素 B_6、维生素 K 等能由动物肠道内的细菌合成，合成量可满足动物的需要；动物细胞可将色氨酸转变成烟酸（一种 B 族维生素），但生成量不能满足机体需要；维生素 C 除灵长类（包括人类）及豚鼠以外，其他动物都可以自身合成；植物和多数微生物都能自己合成维生素，不必由体外供给。

维生素除具有重要的生理作用外，有些维生素还可作为自由基的清除剂，一部分维生素由于自身化学结构的特征，如具有不饱和双键或酚类（维生素 E、维生素 C），在体内抗氧化过程中双键打开或酚类还原，结合机体代谢产生的自由基，而清除自由基，因此维生素具有很好的抗氧化作用；此外维生素还具有遗传调节因子，如维生素 A 和维生素 D。因此维生素在人体是合成细胞，参与代谢，参与免疫应答等必不可少的重要物质。维生素作为风味物质的前体、还原剂以及参与褐变反应，从而影响食品的某些属性。

三、维生素的分类

维生素是个庞大的家族，目前所知的维生素有几十种。维生素都是小分子有机化合物，它们的化学结构复杂而且无共同性，有脂肪族、芳香族、脂环族、杂环和甾类化合物等，所以无法采用化学结构分类法；维生素的生理功能各有所异，有的维生素参与所有细胞的物质与能量的转移过程，它们作为生物催化剂（酶的辅助因子）而起着各种生理作用，例如 B 族维生素；有的维生素则专一性地作用于高等有机体的某些组织，例如维生素 A 对视觉起作用，维生素 D 对骨骼构成起作用，维生素 E 具有抗不育症作用，维生素 K 对于血液凝结起作用等；所以也无法根据其生理作用进行分类。

在维生素发现早期，因对它们了解甚少，一般按其发现先后顺序命名，如 A、B、C、D、E 等，或根据其生理功能特征或化学结构特点等命名，例如维生素 C 称抗坏血病维生素、抗坏血酸；维生素 B_1 因分子结构中含有硫和氨基，称为硫胺素。后来人们根据维生素在脂类溶剂或水中溶解性特征将其分为两大类：脂溶性维生素（fat – soluble vitamins）和水溶性维生素（water – soluble vitamins）（图 7 – 1）。这种分类方法也是目前使用最普遍的分类方法。

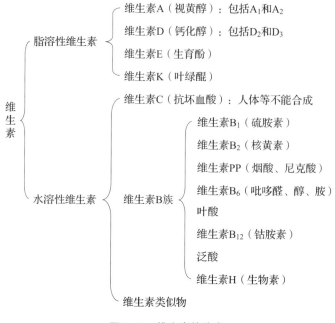

图 7 – 1 维生素的分类

水溶性维生素易溶于水而不易溶于非极性有机溶剂，无需消化，直接从肠道吸收后，通过循环到机体需要的组织中，多余的部分大多由尿排出，在体内储存甚少。脂溶性维生素易溶于非极性有机溶剂，而不易溶于水，经胆汁乳化，在小肠吸收，由淋巴循环系统进入到体内各器官。体内可储存大量脂溶性维生素，排泄率不高。维生素 A 和维生素 D 主要储存于肝脏，维生素 E 主要存于体内脂肪组织，维生素 K 储存较少。

有些物质在化学结构上类似于某种维生素，经过简单的代谢反应即可转变成维生素，此类物质称为维生素原，如 β – 胡萝卜素能转变为维生素 A；7 – 脱氢胆固醇可转变为维生素 D_3，但要经许多复杂代谢反应才能形成。

此外，还有类似维生素，如胆碱、肉毒碱、吡咯喹啉醌、乳清酸、牛磺酸、肌醇等，也被称为"其他微量有机营养素"。

第二节 脂溶性维生素

重要的脂溶性维生素有维生素 A、维生素 D、维生素 E、维生素 K。

脂溶性维生素分子中仅含有碳、氢、氧三种元素，均为非极性疏水的异戊二烯衍生物；不溶于水，溶于脂类及脂肪溶剂，脂溶性维生素的存在与吸收均与脂肪有关，在食物中与脂类共存，并随脂类一同吸收，任何增加脂肪吸收的措施，均可增加脂溶性维生素的吸收，当脂类吸收不足时，脂溶性维生素的吸收也相应减少，甚至出现缺乏症；吸收的脂溶性维生素可以在肝脏内储存，如果摄入过多会出现中毒症状；脂溶性维生素易受光、热、湿、酸、碱、氧化剂等破坏而失效。

一、维生素 A

1. 结构与存在

维生素 A 是一类由 20 个碳构成的具有活性的不饱和碳氢化合物，有多种形式，见图 7 - 2。其羟基可被酯化或转化为醛或酸，也能以游离醇的状态存在。主要有维生素 A_1（视黄醇，retinol）及其衍生物（醛、酸、酯）、维生素 A_2（脱氢视黄醇，dehydroretinol）。维生素 A 的活性形式主要是视黄醇及其酯类，视黄醛、视黄酸次之。视黄醇醋酸酯也被广泛用于食品强化。

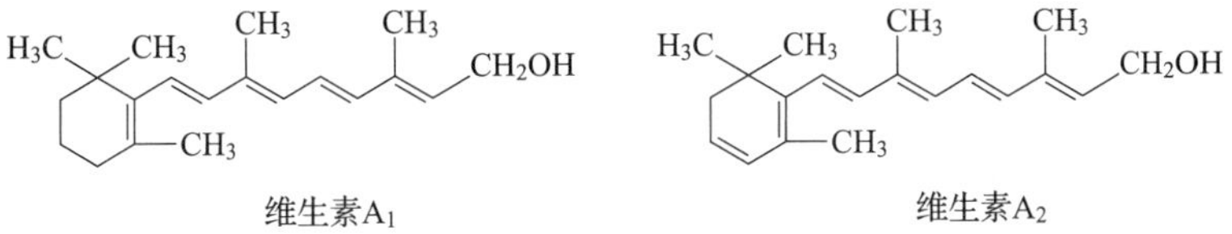

维生素A₁   维生素A₂

图 7 - 2 维生素 A 的化学结构

维生素 A_1 结构中存在共轭双键（异戊二烯类），有多种顺反立体异构体。食物中的维生素 A_1 主要是全反式结构，生物效价最高。维生素 A_2 为 3，4 位脱氢视黄醇，生物效价为 $0.4A_1$。维生素 A_1 主要存在于动物的肝脏、鱼卵、鱼肝油、全乳、奶油、禽蛋和血液中，维生素 A_2 主要存在于淡水鱼中，见表 7 - 1。

表 7 - 1　　　　　　　富含维生素 A 的动物性食物（μgRE/100g 食物）

食物名称	维生素 A 含量	食物名称	维生素 A 含量
鸡肝	10414	鸡蛋	310
鸭肝	1044	鸡蛋黄	438
牛肝	20220	鸡蛋粉	525
鹅肝	6100	鸭蛋	261
猪肝	4972	松花蛋	215
羊肝	20972	河蟹	389
奶油	1042	鲱鱼（罐头）	178
乳酪	152	牡蛎	27
牛乳	21	黄鳝	50

蔬菜和水果中没有维生素 A，但深绿色或红黄色的蔬菜和水果、胡萝卜中含有的胡萝卜素进入体内后可转化为维生素 A_1，通常称之为维生素 A 原或维生素 A 前体。胡萝卜素的结构见图 7 - 3。

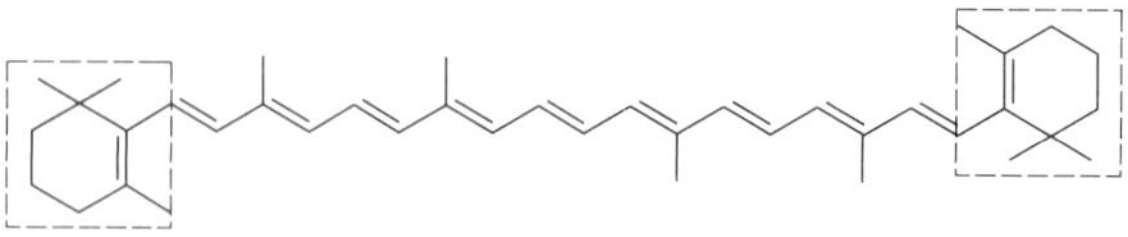

β-紫罗酮环　　β-胡萝卜素（$C_{40}H_{56}$）　　β-紫罗酮环

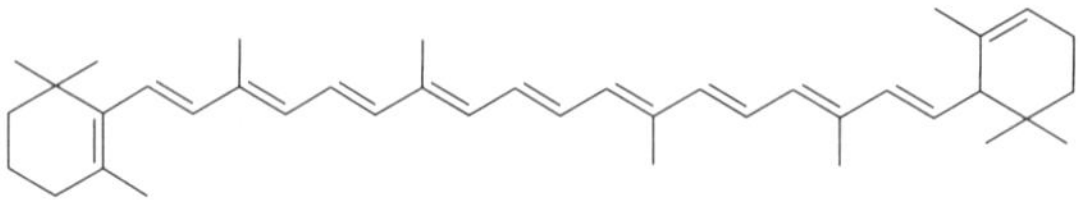

α-胡萝卜素
（$C_{40}H_{56}$）

图7－3　胡萝卜素的结构

国际组织采用了生物当量单位来表示维生素A的含量，即1μg视黄醇＝1标准维生素A视黄醇当量（retinol equivalents，RE）。人体摄食β－胡萝卜素后在体内可以转变为维生素A_1。尽管理论上1分子β－胡萝卜素可以生成2分子维生素A_1，但是实验证明β－胡萝卜素在人体内的吸收率平均约为摄入量的1/3，而吸收后的β－胡萝卜素在体内转变为维生素A_1的转换率约为吸收量的1/2。因此，1μg β－胡萝卜素约为1/6视黄醇当量或0.167维生素A_1，即1μg视黄醇当量＝6μg β－胡萝卜素＝12μg其他有维生素A活性类胡萝卜素。一些食品中维生素A和胡萝卜素的含量见表7－2。

表7－2　一些食品中维生素A和胡萝卜素的含量　单位：mg/100g

食物名称	维生素A含量	胡萝卜素含量
牛肉	37	0.04
黄油	2363～3452	0.43～0.17
干酪	553～1078	0.07～0.11
鸡蛋（煮熟）	165～488	0.01～0.15
鲱鱼（罐头）	178	0.07
牛乳	110～307	0.01～0.06
番茄（罐头）	0	0.5
桃	0	0.34
洋白菜	0	0.10
菜花（煮熟）	0	2.5
菠菜（煮熟）	0	6.0

2. 性质

维生素A为淡黄色结晶，不溶于水，溶于脂肪和脂肪溶剂，在一般的加热、弱酸和碱性条件下较稳定，在无机强酸中不稳定；在无氧条件下，加热至120℃，可保持12h仍很稳定，在有氧条件下，加热4h即失活；维生素A与维生素E、磷脂共存较稳定。食品在加工和贮藏中，维生素 A 和维生素 A 原由于分子结构高度不饱和，对光、氧和氧化剂敏感，高温和金属离子可加速其分解，金属铜、铁对维生素 A 的破坏作用较强。在碱性和冷冻环境中较稳定，贮藏中的损失主要取决于脱水的方法和避光情况。如图 7-4 所示为维生素 A 在食品加工、贮藏过程中的变化。

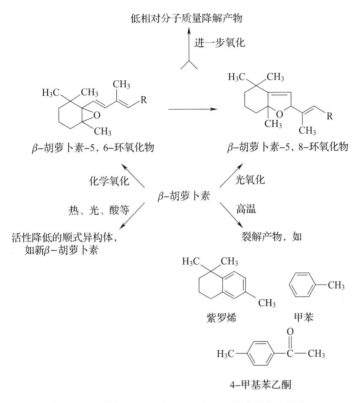

图 7-4　维生素 A 在食品加工、贮藏过程中的变化

3. 生理功能

维生素 A 构成视觉细胞内感光物质，参与糖蛋白的合成，维持上皮组织的分化与健全，加强免疫能力、清除自由基。视黄醛是视觉过程中视网膜圆锥细胞和杆状细胞的重要组成物质，人和动物感受暗光的物质是视紫红质，它的形成和生理功能的发挥与维生素 A 有关。当体内缺乏时引起夜盲症，结膜干燥及干眼病，黏膜、上皮改变，生长发育受阻，易患呼吸道感染，味觉、嗅觉减弱，食欲下降、头发枯干、皮肤粗糙、毛囊角化，记忆力减退、心情烦躁及失眠。动物实验表明，当缺乏维生素 A 时，可使动物对某些化学致癌物的敏感性增加，而一旦维生素 A 的营养状况改善，则可抑制细胞癌变和癌细胞增生，并且认为这可能与维生素（或胡萝卜素）清除氧自由基、抗脂质过氧化作用有关。

二、维 生 素 D

1. 结构与存在

维生素 D 是一类固醇衍生物。天然的维生素 D 主要有维生素 D_2（麦角钙化醇，ergocalciferol）和维生素 D_3（胆钙化醇，cholecalciferol），二者结构十分相似，维生素 D_2 只比维生素 D_3 多一个甲基和一个双键。

维生素 D_2 是由酵母菌或麦角中的麦角固醇经日光或紫外光照射后的产物，并且能被人体吸收，见图 7-5。鱼肝油中也含有少量的维生素 D_2。维生素 D_3 是由储存于皮下的胆固醇的衍生物（7-脱氢胆固醇），在紫外光照射下转变而成的，见图 7-6。

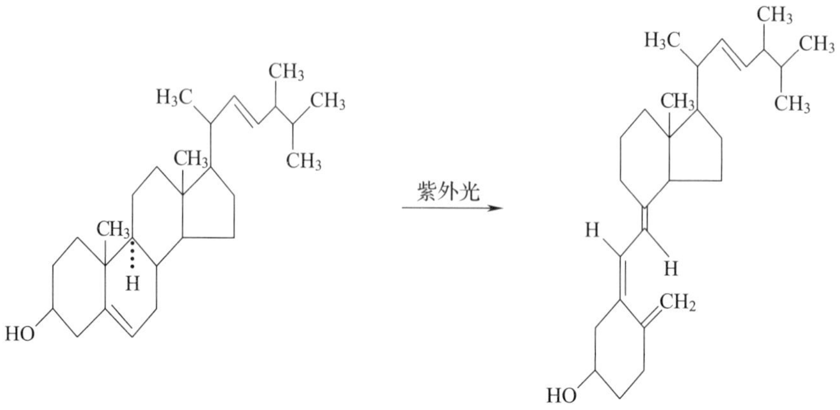

麦角固醇（维生素D_2原）　　　　　　麦角钙化醇（维生素D_2）

图 7-5　麦角固醇经紫外线照射后转化为维生素 D_2

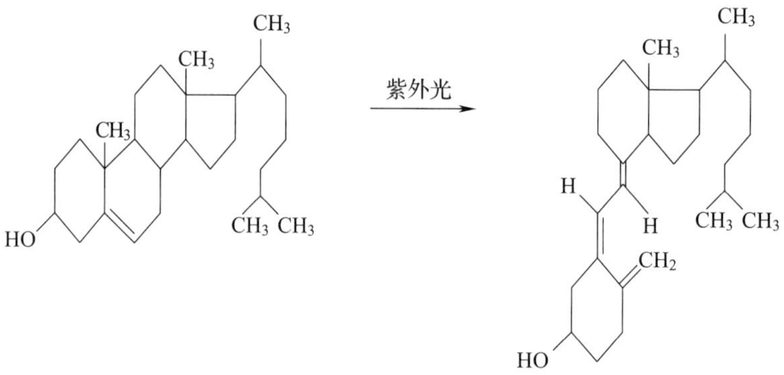

7-脱氢胆固醇（维生素D_3原）　　　　　胆钙化醇（维生素D_3）

图 7-6　7-脱氢胆固醇经紫外线照射后可转化为维生素 D_3

维生素 D 广泛存在于动物性食品中，以鱼肝油中含量最高，鸡蛋、黄油、干酪中含量较丰富，动物肝脏、牛乳、瘦肉、坚果中含量较少。维生素 D 的来源除了食物来源之外，还可来源于自身的合成制造，但这需要多晒太阳，接受更多的紫外线照射。维生素 D 的生物活性形式为 1，25-二羟基胆钙化醇，$1\mu g$ 的维生素 D 相当于 40IU。一些食品中维生素 D 的含量见表 7-3。

表 7-3　　　　　　　　　一些食品中维生素 D 的含量　　　　　　　　单位：$\mu g/100g$

食品	维生素 D 含量
肝（牛、猪）	2～5
鸡蛋	44

续表

食品	维生素 D 含量
牛乳	0.9
黄油	2 ~ 40
干酪	12 ~ 47
鲱鱼油	2500
鱼肝油	8500

2. 性质

维生素 D 为无色晶体，性质十分稳定，消毒、煮沸及高压灭菌对其活性无影响；在中性和碱性溶液中耐热，不易被氧化，但在酸性环境下会逐渐被破坏；维生素 D 在油脂中容易形成异构体，油脂氧化酸败时也会使其中的维生素 D 被破坏；冷冻贮存对牛乳和黄油中维生素 D 的影响不大。维生素 D 的损失主要与光照和氧化有关，维生素 D_2 和维生素 D_3 遇光、氧迅速被破坏，其光解机制可能是直接光化学反应或由光引发的脂肪自动氧化间接涉及反应。维生素 D 易发生氧化主要是因为其分子中含有不饱和键。因此维生素 D 应保存于不透光的密封容器中。

3. 生理功能

维生素 D 在体内吸收后需在肝、肾中经羟化后才能形成具有生物活性的维生素 D_2 和维生素 D_3，实际上，羟化后的维生素 D 具有激素的性质，作用于小肠黏膜、肾及肾小管，主要功能是调节钙、磷的代谢，调节血钙平衡，调节细胞的分化、增殖和生长，促进肠道对钙、磷的吸收，进而通过钙与蛋白质的结合促进骨骼正常发育，有利于新骨的形成、钙化，维生素 D 可激活钙蛋白酶。缺乏时，儿童易患佝偻病，成人可引起骨质疏松症、骨质软化症、手足痉挛症。维生素 D 补充过量可引起中毒。

三、维 生 素 E

1. 结构与存在

维生素 E 又称生育酚，是具有 α - 生育酚类似活性的生育酚（tocopheryl）和生育三烯酚（tocotrienols）的总称，是一种脂溶性维生素，结构式见图 7 - 7。生育三烯酚的结构与生育酚结构上的区别在于其侧链的 3′、7′和 11′处存在双键。

维生素 E 活性成分主要是 α - 、β - 、γ - 和 δ - 四种异构体。母生育酚的 6 - 羟基苯并二氢吡喃环上可有一到多个甲基取代物，甲基取代物的数目和位置不同，其生物活性也不同，其中 α - 生育酚活性最大，β - 生育酚及 γ - 生育酚和 α - 三烯生育酚的生理活性仅为 α - 生育酚的 40% 、8% 和 20% 。

维生素 E 在自然界中分布最广，一般情况下不会缺乏。维生素 E 主要存在于种子、种子油、谷物、豆类、水果、蔬菜和动物产品中。植物油和谷物胚芽油中含量高，蛋类、鸡（鸭）肫、豆类、坚果、植物种子、绿叶蔬菜中含量中等；在肉、鱼类动物性食品，水果及其他蔬菜中含量较少。常见食物中维生素 E 的含量见表 7 - 4，谷物中生育酚的含量见表 7 - 5。

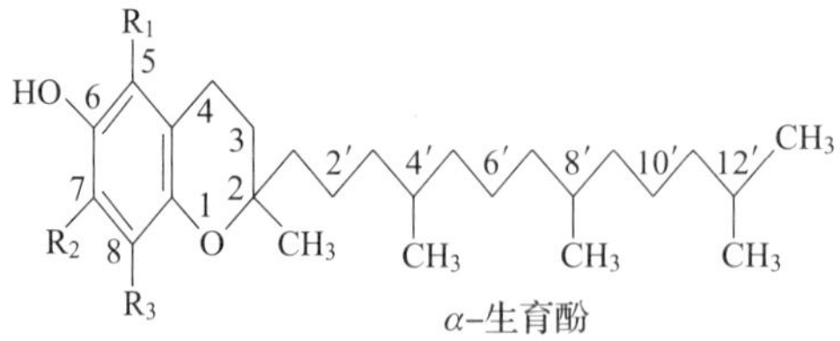

	R_1	R_2	R_3
α	CH_3	CH_3	CH_3
β	CH_3	H	CH_3
γ	H	CH_3	CH_3
δ	H	H	CH_3
生育酚母核	H	H	H

图 7-7　生育酚的结构

表 7-4　　食物中维生素 E 含量　　单位：mg/100g

品种	含量	品种	含量	品种	含量
茶油	27.9	猪油	5.2	大麦	1.2
芝麻油	68.5	椰子油	4.0	白米	0.5
葵花子油	54.6	猪肝	0.9	糙米	0.8
辣椒油	87.2	牡蛎	6.0	白面包	1.7
棉子油	86.5	鸡蛋	2.3	菜花	0.4
色拉油	24.0	鱼	0.2~1.2	胡萝卜	0.4
棕榈油	15.2	牛肉	0.8	大豆	18.9
菜子油	60.9	牛乳	0.2	马铃薯	0.3
花生油	42.1	肌肉	0.22	多数绿叶菜	1~10
玉米油	51.9	小米	3.6	鲜玉米	0.5
豆油	93.1	小麦胚粉	23.2	鲜果	0.1~2.0
牛油	4.6	面粉	1.8	杏仁	18.5
羊油	1.08	玉米粒	3.9	花生	18.1

表 7-5　　谷物中生育酚的含量

产品	生育酚含量/(mg/100g)			
	α	β	γ	δ
金黄玉米	1.5	—	5.1	0.5
黄玉米粉	0.4	—	0.9	—
全麦	0.9	2.1	—	0.1
面粉	0.1	1.2	—	0
燕麦	1.5	—	0.05	0.3
燕麦粉	1.3	—	0.2	0.5
全谷	0.4	—	0.4	—
加工的谷子	0.1	—	0.3	—

2. 性质

维生素 E 为微带黏性的淡黄色油状物，不溶于水，溶于油脂及有机溶剂。对热、酸稳定，对碱不稳定，在无氧条件下较为稳定，甚至加热至 200℃ 以上也不被破坏。但在空气中维生素 E 极易被氧化，颜色变深，遇碱及金属离子（如铁、铜）会加速氧化而失活，维生素 E 氧化成醌类。油脂氧化酸败可破坏维生素 E。

维生素 E 是良好的抗氧化剂，因易受分子氧和自由基的氧化，故能保护其他易被氧化的物质（如维生素 A 及不饱和脂肪酸等）不被破坏。各种维生素 E 的异构体在未酯化前均具有抗氧化剂的活性，它们通过贡献一个酚基氢和一个电子来淬灭自由基。生育酚酯没有抗氧化活性，因为其中酚上的氢已经被酯化基团所取代，见图 7-8。维生素 E 广泛用于食品中，尤其是动植物油脂中。它主要通过淬灭单线态氧而保护食品中其他成分。在肉类腌制中，亚硝胺的合成是通过自由基机制进行的，维生素 E 可清除自由基，防止亚硝胺的合成。

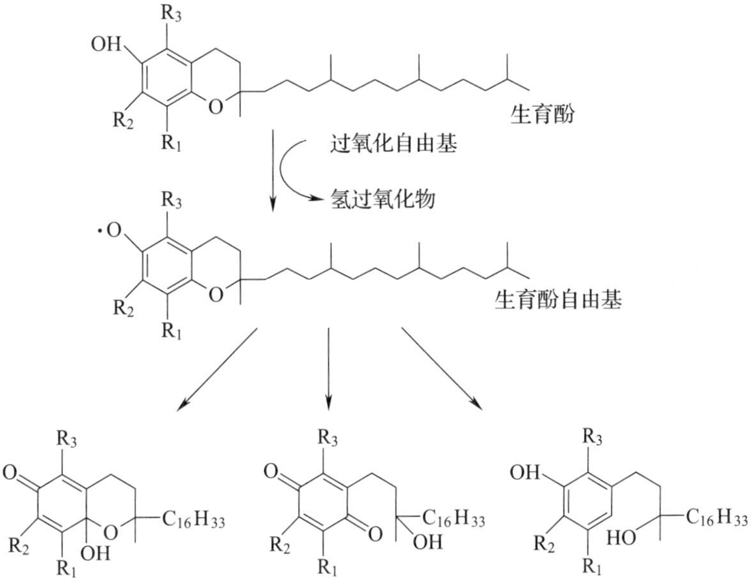

图 7-8 α-生育酚的氧化降解途径

3. 生理功能

膳食中维生素 E 主要有 α-生育酚和 γ-生育酚，主要储存在脂肪组织中，对于能正常地消化和吸收脂肪的人，维生素 E 的生物利用率是比较高的。维生素 E 在机体中主要具有抗氧化和促进血红素代谢，调节血小板的黏附力，防止血小板凝集、保持酶系活性的功能；实验表明维生素 E 还与动物的生殖功能和精子生成有关，近年来又有研究表明维生素 E 可预防衰老。

食品在加工与贮藏中常常会造成维生素 E 的大量损失，例如，谷物机械加工去胚时，维生素 E 大约损失 80%；油脂精炼也会导致维生素 E 的损失；脱水可使鸡肉和牛肉中维生素 E 损失 36%~45%；肉和蔬菜罐头制作中维生素 E 损失 41%~65%；油炸马铃薯在 23℃ 下贮存一个月维生素 E 损失 71%，贮存两个月损失 77%。此外，氧、氧化剂和碱对维生素 E 也有破坏作用。但由于一般食品中维生素 E 含量尚充分，较易吸收，故不易发生维生素 E 缺乏症。长期缺乏者可出现红细胞受损、红细胞寿命缩短、而导致溶血性贫血。维生素 E 在临床上试用范围较广泛，并发现对某些病变有一定防治作用，如贫血、动脉粥样硬化、肌营养不良症、脑水肿、男性或女性不育症、先兆流产等。

四、维 生 素 K

1. 结构与存在

维生素 K 是具有萘醌结构的衍生物，常见的有维生素 K_1 即叶绿醌（phylloquinone）、维生素 K_2 即聚异戊烯基甲基萘醌（menaquinone）和维生素 K_3 即 2 - 甲基 - 1，4 萘醌（menadione）。维生素 K_1 主要存在于植物中，如苜蓿、菠菜等绿叶植物，维生素 K_2 由微生物合成，人体肠道细菌也可合成，维生素 K_3 由人工合成。维生素 K_3 的活性比维生素 K_1 和维生素 K_2 高。维生素 K 参与凝血过程，具有促进凝血的功能，故又称为凝血因子，如图7 - 9所示。

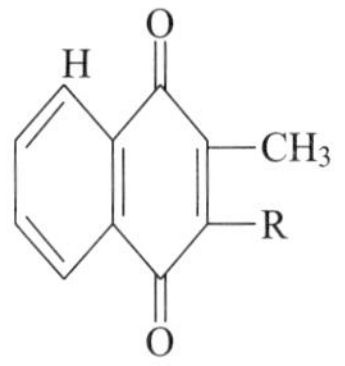

萘醌

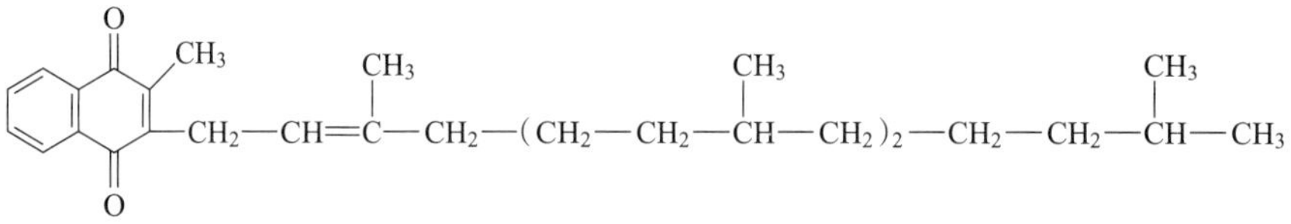

维生素K_1（叶绿醌）

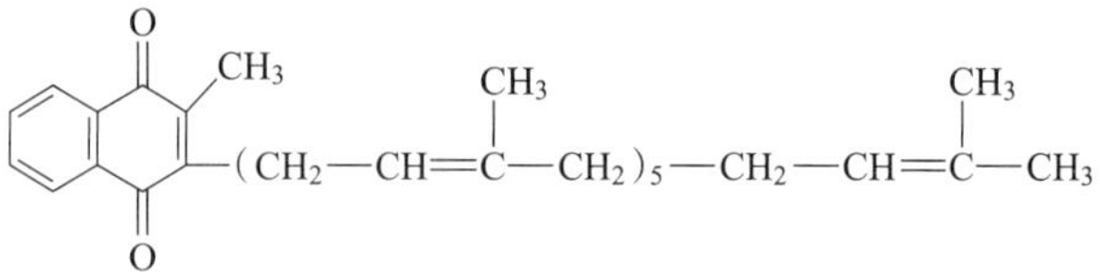

维生素K_2（聚异戊烯基甲基萘醌）

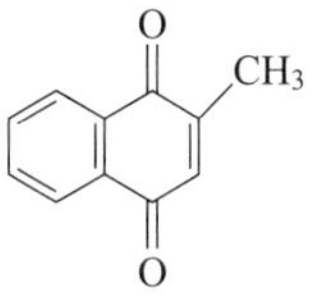

维生素K_3（2-甲基-1，4萘醌）

图 7 - 9　维生素 K_1、维生素 K_2 和维生素 K_3 结构

维生素 K_1 在绿色蔬菜中含量丰富，如菠菜、洋白菜等；鱼肉、猪肝、鸡蛋中维生素 K 含量也较丰富，但麦胚油、鱼肝油、动物性食品中含量很少。维生素 K_2 能由肠道中的细菌合成，因此，一般人不会缺乏。目前已能人工合成维生素 K，合成的维生素 K 溶于水的能力增强，更有利于人体吸收，已广泛地用于医疗中。一些食品中的维生素 K 含量见表7 - 6。

2. 性质

维生素 K 是黄色黏稠油状物（维生素 K_1 是黄色油状物，维生素 K_2 是淡黄色结晶），属脂

表 7-6　　　　　　　　　　食品中的维生素 K 含量　　　　　　　单位：μg/100g

食物	维生素 K	食物	维生素 K
洋白菜（白）	70	豌豆	50
洋白菜（红）	18	马铃薯	10
胡萝卜	5	菜花	23
菠菜	161	蜂蜜	25
番茄（青）	24	咖啡	38
番茄（成熟）	12	绿茶	712
肝（鸡）	13	小麦	17
肝（猪）	111	麦糠	36
肝（牛）	92	麦胚	18
牛乳	8	燕麦	20

溶性维生素，不溶于水，稍溶于乙醇，能溶于醚、氯仿和油脂中。化学性质较稳定，均有耐热、耐酸性，但对碱不稳定。易受氧化剂和光（特别是紫外线照射）的破坏，故要避光保存。

3. 生理功能

维生素 K 具有参与凝血过程，加速血液凝固的功能。维生素 K 和肝脏合成四种凝血因子（凝血酶原、凝血因子Ⅶ、凝血因子Ⅸ及凝血因子Ⅹ）密切相关，如果缺乏维生素 K_1，则肝脏合成的上述四种凝血因子为异常蛋白质分子，它们催化凝血作用的能力大为下降。人们已知维生素 K 是谷氨酸 γ - 羧化反应的辅因子。缺乏维生素 K 则上述凝血因子的 γ - 羧化不能进行，血中这几种凝血因子减少，从而导致皮下组织和其他器官出血，凝血时间延长，严重者会流血不止。对于脂溶性维生素来说，人体易缺乏的顺序一般为维生素 D > 维生素 A > 维生素 E > 维生素 K。

维生素 K 其萘醌结构可被还原成氢醌，但仍具有生物活性。维生素 K 具有还原性，可清除自由基，保护食品中其他成分（如脂类）不被氧化，并减少肉品腌制中亚硝胺的生成。

第三节　水溶性维生素

水溶性维生素主要是 B 族维生素和维生素 C 两大类。

水溶性维生素分子中除碳、氢、氧外，还有氮、硫、钴等元素；易溶于水而不溶于脂肪及脂类溶剂；在满足了组织需要后，多余的将由尿排出；没有非功能性的单纯储存形式，在体内仅有少量储存；绝大多数以辅酶或辅基的形式参加各种酶系，在中间代谢的很多重要环节发挥重要作用；缺乏症状出现较快；营养状况大多可以通过血液或尿进行评价；毒性很小。

一、B族维生素

B族维生素包括维生素 B_1、维生素 B_2、烟酸、维生素 B_6、叶酸、维生素 B_{12}、泛酸、生物素。

1. 维生素 B_1

（1）结构与存在　维生素 B_1 又称硫胺素（thiamin），它是由被取代的嘧啶和噻唑环通过亚甲基连接而成的一类化合物。它与盐酸可生成盐酸盐，在自然界中常与焦磷酸合成焦磷酸硫胺素（简称TPP）。硫胺素的结构见图7-10。硫胺素分子中有两个碱基氮原子，一个在初级氨基基团中，另一个在具有强碱性质的四级胺中。因此，硫胺素能与酸类反应形成相应的盐。

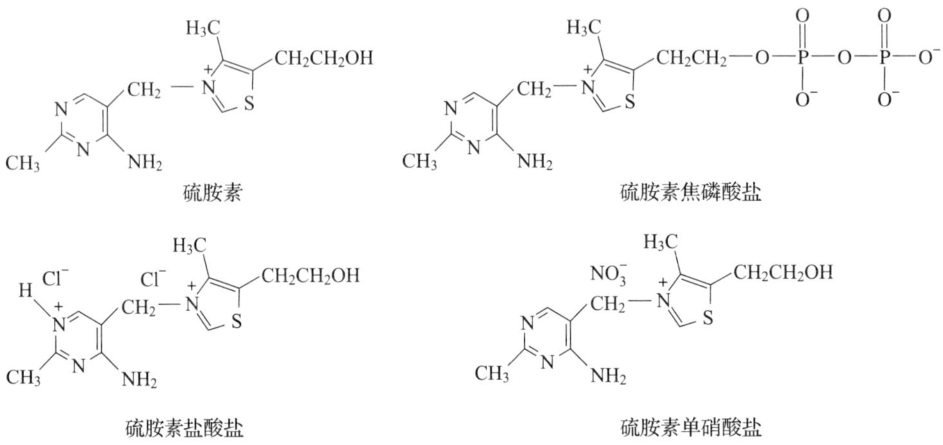

硫胺素　　　　　　　　　　　硫胺素焦磷酸盐

硫胺素盐酸盐　　　　　　　　硫胺素单硝酸盐

图7-10　各种形式硫胺素的结构

硫胺素广泛分布于动植物食品中，其中在动物内脏、鸡蛋、瘦猪肉、马铃薯、豆类、核果及全粒小麦中含量较丰富，见表7-7。

表7-7　　　　　　　　　　　一些食品中硫胺素的含量　　　　　　　　　　单位：mg/100g

食品名称	硫胺素含量	食品名称	硫胺素含量
杏仁	0.24	牛乳	0.63
玉米	0.37	豌豆	0.28
鸡蛋	0.11	猪肉（瘦）	0.87
榛子	0.46	马铃薯	0.10
牛心	0.53	小麦（硬粒）	0.57
牛肝	0.25	面粉（强化的）	0.44
通心面（强化的）	0.88	面粉（非强化的）	0.08
通心面（非强化的）	0.09		

（2）性质　硫胺素为白色针状结晶，略带酵母气味，易溶于水，具有酸-碱性质，是B族维生素中最不稳定的一种。在中性或碱性条件下易降解。对热和光不敏感，酸性条件下较稳定。食品中其他组分也会影响硫胺素的降解，例如单宁能与硫胺素形成加成物而使之失活；SO_2 或

亚硫酸盐对其有破坏作用；胆碱使其分子裂开，加速其降解；蛋白质与硫胺素的硫醇形式形成二硫化物阻止其降解。如图 7 – 11 所示为硫胺素降解的过程。

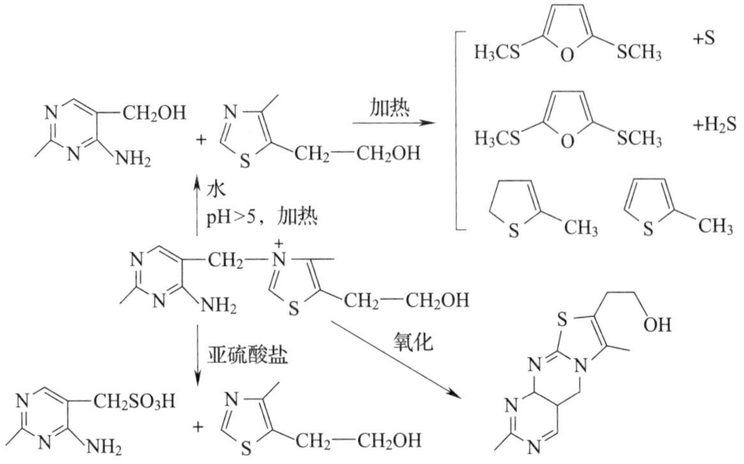

图 7 – 11　硫胺素降解的过程

食品在加工贮藏中硫胺素也有不同程度的损失。例如，面包焙烤破坏 20% 的硫胺素；牛乳巴氏消毒损失 3% ~ 20%；高温消毒损失 30% ~ 50%；喷雾干燥损失 10%；滚筒干燥损失 20% ~ 30%。硫胺素在低水分活度和室温下贮藏良好稳定。而在高水分活度和高温下长期贮藏损失较大。当水分活度在 0.1 ~ 0.65 及 37℃ 以下时，硫胺素几乎没有损失；温度上升到 45℃ 且水分活度高于 0.4 时，硫胺素损失加快，尤其以水分活度在 0.5 ~ 0.65 时更甚；当水分活度高于 0.65 时硫胺素的损失又降低。因此，贮藏温度是影响硫胺素稳定性的一个重要因素，温度越高，硫胺素的损失越大。

硫胺素在一些鱼类和甲壳动物类中不稳定，过去认为是硫胺素酶的作用，但现在认为至少应部分归因于含血红素的蛋白对硫胺素降解的非酶催化作用。在降解过程中，硫胺素的分子未裂开，可能发生了分子修饰。现已证实，热变性后的含血红素的蛋白参与了金枪鱼、猪肉和牛肉贮藏加工中硫胺素的降解。

硫胺素的热降解通常包括分子中亚甲基桥的断裂，其降解速率和机制受 pH 和反应介质影响较大。当 pH 小于 6 时，硫胺素热降解速度缓慢，亚甲基桥断裂释放出较完整的嘧啶和噻唑组分；pH 在 6 ~ 7 时，硫胺素的降解速度加快，噻唑环碎裂程度增加；在 pH 8 时降解产物中几乎没有完整的噻唑环，而是许多种含硫化合物。因此，硫胺素热分解产生肉香味可能与噻唑环释放下来后进一步形成硫、硫化氢、呋喃、噻唑和二氢噻吩有关。

（3）功能性质　硫胺素构成辅酶参与三大营养素的分解代谢和产生能量，在核酸合成和脂肪酸合成中起重要作用。在小肠组织中硫胺素经磷酸化后，被吸收进入血液循环，与蛋白质结合运送至肝脏代谢。可抑制胆碱酯酶的活性，促进胃肠蠕动，帮助消化，维持神经组织、肌肉、心脏活动的正常。因硫胺素不能在组织中大量储存，所以必须不断补充。如果摄入不足或机体吸收利用障碍以及其他各种原因引起需要量增加等，能引起机体维生素 B_1 缺乏。维生素 B_1 缺乏引起的疾病主要是脚气病，此外还能引起情绪低落、肠胃不适、手脚麻木、厌食、便秘、疲倦。维生素 B_1 摄入过量很容易被肾脏排除。长期口服维生素 B_1 未引起任何副反应，毒性非常低。

2. 维生素 B_2

(1) 结构与存在　维生素 B_2 是核糖醇与6，7－二甲基异咯嗪的缩合物，由于具有橙黄色，又称核黄素（riboflavin）。自然状态下常常是磷酸化的，在机体代谢中起辅酶作用。核黄素的生物活性形式是黄素单核苷酸和黄素腺嘌呤二核苷酸（FAD）（图7－12），二者是细胞色素还原酶、黄素蛋白等的组成部分。FAD起着电子载体的作用，在葡萄糖、脂肪酸、氨基酸和嘌呤的氧化中起重要作用。两种活性形式之间可通过食品中或胃肠道内的磷酸酶催化而相互转变。

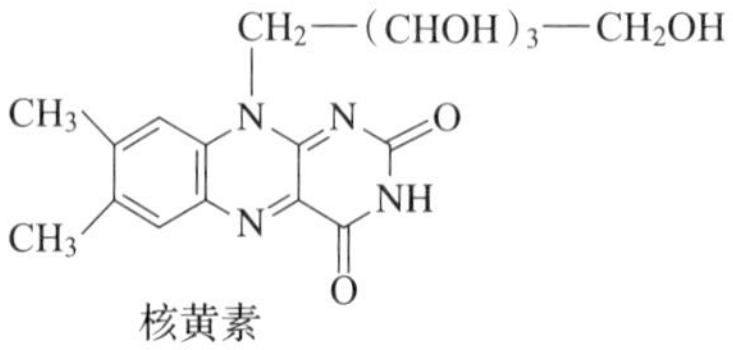

核黄素

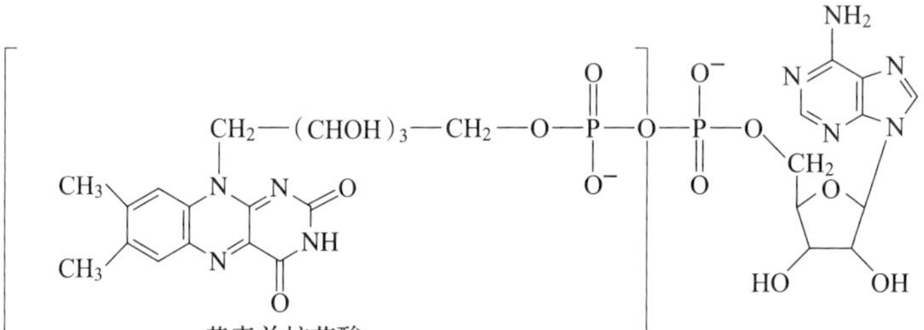

黄素单核苷酸

黄素腺嘌呤二核苷酸

图7－12　维生素 B_2 的结构

食品中核黄素与硫酸和蛋白质结合形成复合物。动物性食品富含核黄素，尤其是肝、肾和心脏；乳类和蛋类中含量较丰富；许多绿叶蔬菜和豆类中含量也很高，如菠菜、韭菜。粮谷类的核黄素主要分布在谷皮和胚芽中，碾磨加工可丢失一部分核黄素，因此，谷类加工不宜过于精细。一些食品中核黄素含量见表7－8。

表7－8　一些食品中核黄素含量　单位：mg/100g

食物	含量	食物	含量
大米	0.05	油菜	0.11
小麦粉	0.08	橘子	0.02
挂面	0.03	梨	0.03
馒头	0.07	猪肉（肥瘦）	0.16
黄豆	0.20	猪肝	2.08
大白菜	0.03	牛乳	0.14
菠菜	0.11	鸡蛋	0.32

(2) 性质　核黄素结晶呈黄棕色，味苦，240℃变暗色，280℃熔化分解。溶于水和乙醇，水溶液呈黄绿色荧光。核黄素在酸性条件下最稳定，中性下稳定性降低，在碱性介质中不稳定。对热稳定，在120℃加热6h仅少量破坏，在食品加工、脱水和烹调中损失不大。引起核黄素降

解的主要因素是光照或紫外线照射，光降解反应分为两个阶段：第一阶段是在光辐照表面时的迅速破坏阶段；第二阶段为一级反应，是慢速阶段。光的强度是决定整个反应速度的因素。酸性条件下，核黄素光解为光色素，碱性或中性下光解生成光黄素，并产生自由基。光黄素是一种强氧化剂，对其他维生素尤其是抗坏血酸有破坏作用并产生异味。核黄素的光氧化与食品中多种光敏氧化反应关系密切，例如，牛乳在日光下存放 2h 后核黄素损失 50% 以上；放在透明玻璃器皿中也会产生"日光臭味"，导致营养价值降低。若改用不透明容器存放就可避免这种现象的发生，见图 7 - 13。

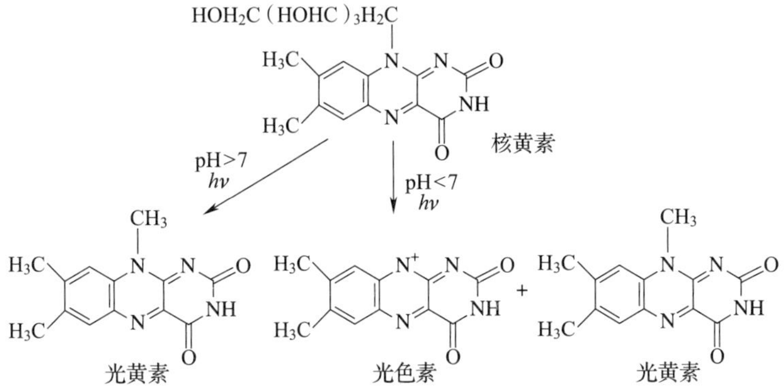

图 7 - 13　核黄素在碱性、酸性中光照时的分解

（3）功能性质　核黄素以辅酶形式参与机体内许多代谢中的氧化还原反应，对机体内糖、蛋白质、脂肪代谢起着重要作用。具有强化肝功能，调节肾上腺素的分泌，参与维生素 B_6 和烟酸的代谢，促进机体生长发育，保护皮肤毛囊黏膜及皮脂腺的功能。一旦缺乏将影响机体呼吸和代谢，出现溢出性皮脂炎、口角炎、舌炎和角膜炎等病症，易有倦怠感、头晕。

最近的研究表明，核黄素与体内的抗氧化防御体系也有密切关系。我国居民膳食以植物性食物为主，核黄素摄入不足是存在的重要营养缺乏问题，也是当今世界四大营养素缺乏病之一。

3. 烟酸

（1）结构与存在　烟酸又称维生素 B_5 或维生素 PP，包括烟酸和烟酰胺，烟酸是烟酰胺的前体，二者均为吡啶衍生物，因可由烟碱氧化制得，故称为烟酸或烟酰胺。它们的天然形式均有相同的烟酸活性，在生物体内其活性形式是烟酰胺腺嘌呤二核苷酸（NAD）和烟酰胺腺嘌呤二核苷酸磷酸（NADP）（图 7 - 14）。它们是许多脱氢酶的辅酶，在糖酵解、脂肪合成及呼吸作用中发挥重要的生理功能。

烟酸及烟酰胺广泛存在于食物中。植物食物中存在的主要是烟酸；动物性食物中以烟酰胺为主。烟酸和烟酰胺在酵母、动物肝脏、瘦肉、鱼、牛乳、花生、黄豆、坚果类、绿色蔬菜中含量丰富；乳、蛋中的含量虽然不高，但色氨酸含量丰富，可转化为烟酸；谷类中的烟酸80%～90% 存在于它们的皮层和胚芽中，因此谷物加工精度对烟酸影响较大，精制面粉、稻米中烟酸含量仅为总量的 10%～20%。

（2）性质　烟酸为无色针状晶体，味苦；烟酰胺晶体呈白色粉状，二者均溶于水及酒精，25℃时，1g 烟酸可溶于 60mL 水或 80mL 酒精中，但不溶于乙醚；烟酰胺的溶解度大于烟酸，1g 可溶于 1mL 水或 1.5mL 酒精，在乙醚中也能溶解。

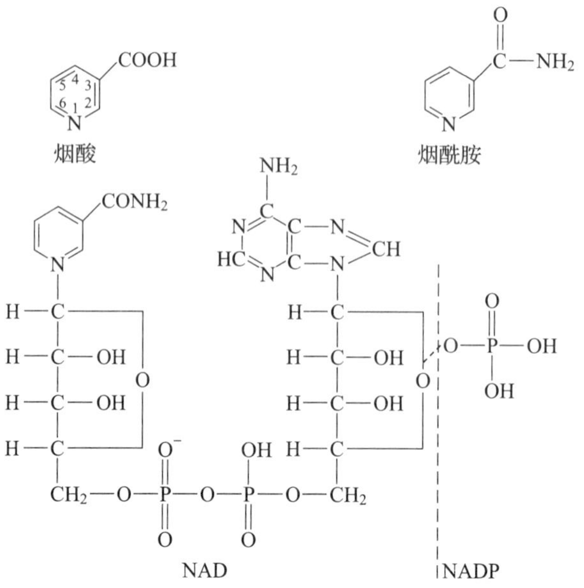

图 7 – 14 烟酸、烟酰胺、烟酰胺腺嘌呤二核苷酸（NAD）和
烟酰胺腺嘌呤二核苷酸磷酸（NADP）的化学结构

烟酸是所有维生素中最稳定的，不易被光、热、氧所破坏，对碱也很稳定。在酸性或碱性条件下加热可使烟酰胺转变为烟酸，其生物活性不受影响。烟酸的损失主要与加工中原料的清洗、烫漂和修整等有关。

（3）功能性质　烟酸在体内转化为烟酰胺，烟酰胺可合成 NAD 及 NADH，此两种辅酶是体内许多脱氢酶的辅酶，在氧化还原反应中起传递氢的作用，参与蛋白质的代谢、氨基酸的合成和降解，具有降低胆固醇水平的功能。

烟酸可促进消化、保持皮肤健康、促进血液循环、调节血压、减轻腹泻等。此外 NADP$^+$ 是 DNA 连接酶的辅酶，对 DNA 复制有重要作用。当体内缺乏维生素 PP 时，就妨碍这些辅酶的合成，影响生物氧化，使新陈代谢发生障碍，会出现癞皮病，临床表现为"三 D 症"，即皮炎（dermatitis）、腹泻（diarrhea）和痴呆（dementia）。

一般饮食条件下，很少缺乏维生素 PP，因为维生素 PP 与一般维生素不同，在人体中能由色氨酸合成少量，若饮食中有适量色氨酸时，可部分通过此途径获得。维生素 PP 缺乏的情况常发生在以玉米、高粱为主食的地区，因为玉米、高粱中的烟酸与糖形成复合物，阻碍了其在人体内的吸收和利用，导致易发生癞皮病、体重减轻、疲劳乏力、记忆力差、失眠等。碱处理可以使烟酸游离出来，若将各种杂糖合理搭配，可防止此病的发生。

4. 维生素 B$_6$

（1）结构与存在　维生素 B$_6$ 又称吡哆素，是一组含氮化合物，都是 2 – 甲基 – 3 – 羟基 – 5 – 羟甲基吡啶的衍生物，主要以天然形式存在，包括吡哆醛（pyridoxal）、吡哆醇（pyridixol）和吡哆胺（pyridoxamine）三种物质（图 7 – 15）。三者均可在 5′ – 羟甲基位置上发生磷酸化作用转变为相应的磷酸酯，即维生素 B$_6$ 的辅酶形式磷酸吡哆醛、磷酸吡哆胺，两种形式在体内可相互转化。其生物活性形式以磷酸吡哆醛为主，也有少量的磷酸吡哆胺。它们作为辅酶参与体内的氨基酸、碳水化合物、脂类和神经递质的代谢。

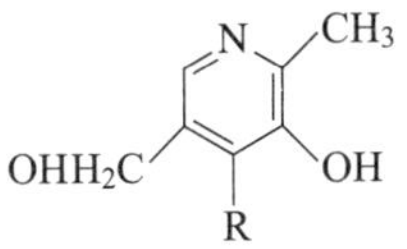

吡哆醇：R = CH_2OH

吡哆胺：R = CH_2NH_2

吡哆醛：R = CHO

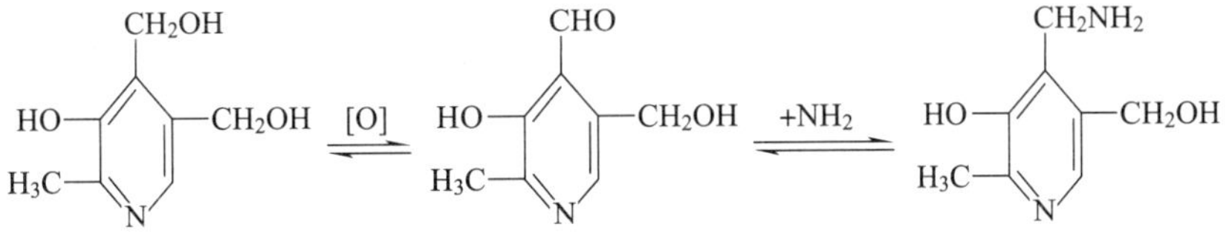

吡哆醇　　吡哆醛　　吡哆胺

图 7－15　维生素 B_6 的化学结构

维生素 B_6 的食物来源很广泛，动植物中均含有，在蛋黄、肉、鱼、乳、全谷、白菜和豆类中含量丰富，其中，谷物中主要是吡哆醇，动物产品中主要是吡哆醛和吡哆胺，牛乳中主要是吡哆醛。肠道细菌也产生一部分维生素 B_6，所以一般情况下人体不会缺乏维生素 B_6。

（2）性质　维生素 B_6 的三种形式都是白色晶体。吡哆醇易溶于水和乙醇，对热较稳定；吡哆醛和吡哆胺在高温下易迅速被破坏。

维生素 B_6 的各种磷酸盐和碱的形式均易溶于水，在空气中稳定。在酸性介质中吡哆醇、吡哆醛和吡哆胺对热都比较稳定，但在碱性介质中对热不稳定，易被碱破坏。

维生素 B_6 的各种形式对光敏感，光降解的最终产物是 4－吡哆酸或 4－吡哆酸－5′－磷酸。这种降解可能是自由基中介的光化学氧化反应，但并不需要氧的直接参与，氧化速度与氧的存在关系不大。维生素 B_6 的非光化学降解速度与 pH、温度和其他食品成分关系密切。在避光和低 pH 下，维生素 B_6 的三种形式均表现良好的稳定性，吡哆醛在 pH 5 时损失最大，吡哆胺在 pH 7 时损失最大。其降解动力学和热力学机制仍需深入进行研究。

（3）功能性质　维生素 B_6 主要以磷酸吡哆醛形式参与近百种酶反应。作为转氨基的辅酶，磷酸吡哆醛和磷酸吡哆胺在氨基酸代谢中非常重要，通过两者互变起着传递氨基的作用，参与体内的氨基酸、碳水化合物、脂类和神经递质、神经鞘磷脂、血红素、类固醇和核酸的代谢；通过与氨基酸发生羰－氨缩合反应，生成席夫碱，再与金属离子螯合形成一个稳定的物质。维生素 B_6 对免疫功能有一定影响，通过对年轻人和老年人的研究，维生素 B_6 的营养状况对免疫反应有不同的影响。给老年人补充充足的维生素 B_6，有利于淋巴细胞的增殖。一般缺乏时会有食欲不振、食物利用率低、失重、呕吐、下痢等症状。

在食品加工中维生素 B_6 可发生热降解和光化学降解。吡哆醛可能与蛋白质中的氨基酸反应生成含硫衍生物，导致维生素 B_6 的损失；吡哆醛与赖氨酸的 ε－氨基反应生成席夫碱，降低维生素 B_6 的活性。维生素 B_6 可与自由基反应生成无活性的产物。在维生素 B_6 三种形式中，吡哆醇是最稳定的，常被用于营养强化。

5. 叶酸

（1）结构与存在　叶酸（folic acid）是一种在自然界广泛存在的维生素，因为在绿叶中含量丰富，故名叶酸，也称蝶酰谷氨酸。叶酸包括一系列结构相似、生物活性相同的化合物，分子结构中含有蝶呤（pteridine nucleus）、对氨基苯甲酸（p－aminobenzoic acid）和谷氨酸（glutamic acid) 三部分（图 7 – 16）。其商品形式中含有谷氨酸残基，称蝶酰谷氨酸，天然存在的蝶酰谷氨酸有 3 ~ 7 个谷氨酸残基。

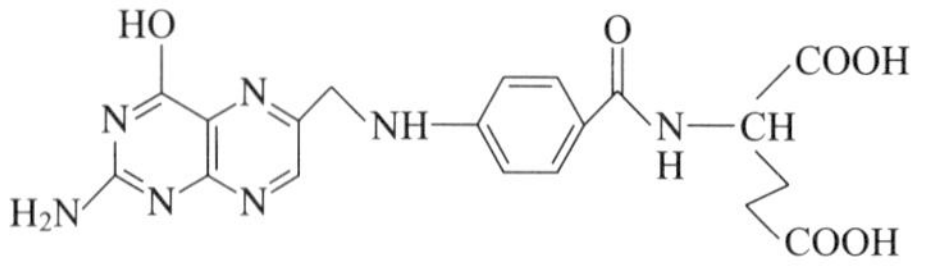

图 7 – 16　叶酸的化学结构

叶酸广泛存在于各种动、植物食品中。绿色蔬菜和动物肝脏中含量丰富，乳中含量较低。蔬菜中的叶酸呈结合型，而肝中的叶酸呈游离态。人体肠道中可合成部分叶酸。

（2）性质　叶酸为黄色结晶，溶于稀碱、稀酸，不溶于乙醇、丙酮、醚和氯仿。叶酸微溶于水，其钠盐溶解度较大。叶酸对热、酸较稳定，但在中性和碱性条件下很快被破坏，光照时更易分解。各种叶酸的衍生物以叶酸最稳定，四氢叶酸最不稳定，当被氧化后失去活性（图 7 – 17）。亚硫酸盐使叶酸还原裂解，硝酸盐可与叶酸作用生成 $N – 10 –$ 硝基衍生物，对小白鼠有致癌作用。Cu^{2+} 和 Fe^{3+} 可催化叶酸氧化；且 Cu^{2+} 作用大于 Fe^{3+}；柠檬酸等螯合剂可抑制金属离子的催化作用；维生素 C、硫醇等还原性物质对叶酸具有稳定作用。

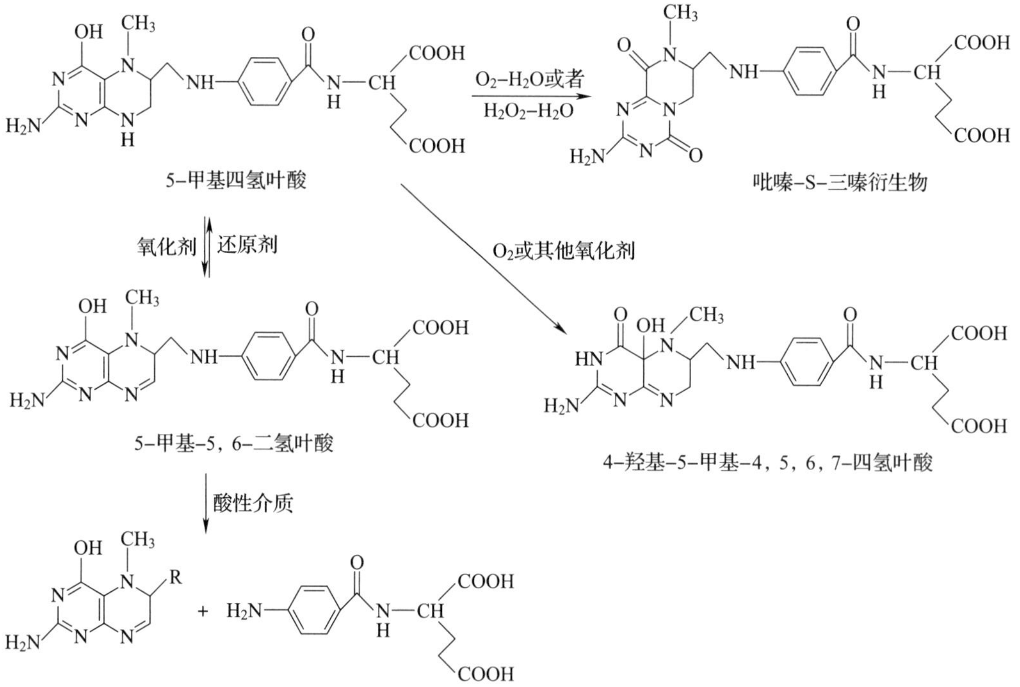

图 7 – 17　5 – 甲基四氢叶酸的氧化分解

（3）功能性质　叶酸在体内必须转变成四氢叶酸（FH4 或 THFA）才有生理活性。四氢叶酸是氧化链中传递一碳单位的辅酶，在体内嘌呤和胸腺嘧啶的合成上起重要作用。四氢叶酸参与氨基酸的相互转换作用及某些甲基化反应，参与血红蛋白及甲基化合物如肾上腺素、胆碱、肌酸等的合成。由此可见，叶酸与许多重要的生化过程密切相关，直接影响核酸的合成及氨基酸代谢，对细胞分裂、增殖和组织生长具有极其重要的作用。

6. 维生素 B_{12}

（1）结构与存在　维生素 B_{12} 由几种密切相关的具有相似活性的化合物组成，它的分子结构比其他维生素的任何一种都要复杂，而且是唯一含有金属元素钴的维生素，所以又称钴胺素（cobalamin），是一种红色的结晶物质。维生素 B_{12} 是一共轭复合体，中心为三价的钴原子。分子结构中主要包括两部分：一部分是与铁卟啉很相似的复合环式结构，另一部分是与核苷酸相似的 5,6 - 二甲基 - 1 - （α - D - 核糖呋喃酰）苯并咪唑 - 3'磷酸酯（图 7 - 18）。其中心卟啉环体系中的钴原子与卟啉环中四个内氮原子配位，二价钴原子的第六个配位位置被氰化物取代，生成氰钴胺素（cyanocobalamine）。

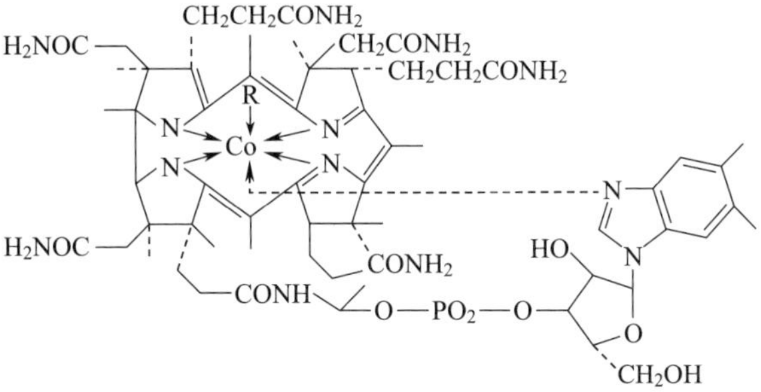

R＝CN, CH₃, H₂O, OH, NO₂,
或其他的配基

图 7 - 18　维生素 B_{12} 的化学结构

植物性食品中维生素 B_{12} 很少，其主要来源是菌类食品、发酵食品以及动物性食品如肝脏、瘦肉、肾脏、牛乳、鱼、蛋黄等。人体肠道中的微生物也可合成一部分供人体利用。

（2）性质　维生素 B_{12} 在 pH 4~7 时最稳定；在接近中性条件下长时间加热可造成较大的损失；碱性条件下酰胺键发生水解生成无活性的羧酸衍生物；pH 低于 4 时，其核苷酸组分发生水解，强酸下发生降解，但降解的机制目前尚未完全清楚。

抗坏血酸、亚硫酸盐、亚铁离子、硫胺素和烟酸可促进维生素 B_{12} 的降解。辅酶形式的 B_{12} 可发生光化学降解生成水钴胺素，但生物活性不变。食品加工过程中热处理对维生素 B_{12} 影响不大，例如肝脏在 100℃ 水中煮制 5min 维生素 B_{12} 只损失 8% ；牛乳巴氏消毒只破坏很少的维生素 B_{12}；冷冻方便食品如鱼、炸鸡和牛肉加热时可保留 79% ~100% 的维生素 B_{12}。

（3）功能性质　维生素 B_{12} 在体内以两种辅酶形式发挥生理作用，即甲基 B_{12} 和辅酶 B_{12} 参与体内生化反应。维生素 B_{12} 作为甲硫氨酸合成酶的辅酶参与同型半胱氨酸甲基化转变为甲硫氨酸，作为甲基丙二酰辅酶 A 异构酶的辅酶参与甲基丙二酸 - 琥珀酸的异构化反应。可促进红细胞的发育和成熟，可以增加叶酸的利用率，促进碳水化合物、脂肪和蛋白质的代谢。

维生素 B_{12} 很少缺乏，缺乏时引起甲硫氨酸合成酶的抑制，使甲硫氨酸合成和由 5 - 甲基四氢叶酸转变成四氢叶酸减少，进一步导致合成胸腺嘧啶所需的 5，10 亚甲基四氢叶酸形成不足，以致红细胞中 DNA 合成障碍，诱发巨幼红细胞贫血。此外，维生素 B_{12} 缺乏通过阻抑甲基化反应而引起神经系统损害。

近年来国内外对生理作用的研究逐步深入，使人们日益了解到这种人体需要量很少的维生素的重要性。

7. 泛酸

（1）结构与存在　泛酸（pantothenic acid）广泛存在于自然界，因而得名。泛酸的结构为 $D（+）-N-2，4-$二羟基$-3，3-$二甲基丁酰$-\beta-$丙氨酸（图7-19），泛酸是含有肽键的酸性物质，它是辅酶 A 的重要组成部分。

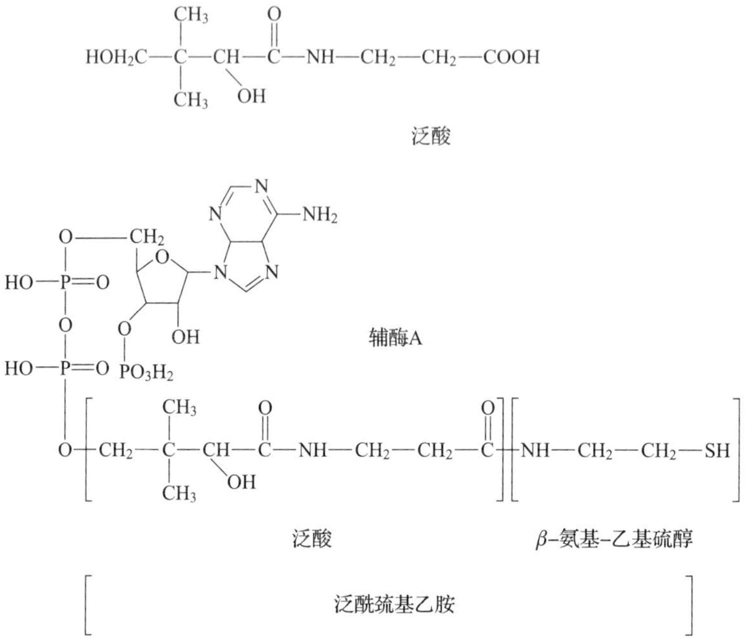

图 7-19　泛酸各种形式的结构

泛酸在肉、肝脏、肾脏、水果、蔬菜、牛乳、鸡蛋、酵母、全麦和核果中含量丰富，泛酸广泛分布于食物之中，含量可因食物的种类加工方法不同而有差异。来源最丰富的食品是动物的肝脏、肾脏、鸡蛋黄、杞果类、蘑菇等，其次为大豆粉、小麦粉、菜花、鸡肉等，蔬菜与水果中含量相对较少。动物性食品中的泛酸大多呈结合态，见表7-9。

表 7-9　　　　　　　　一些食品中泛酸的含量　　　　　　　　单位：mg/g

食品	泛酸含量	食品	泛酸含量
干啤酒酵母	200	荞麦	26
牛肝	76	菠菜	26
蛋黄	63	烤花生	25
肾	35	全乳	24
小麦麸皮	30	白面包	5

（2）性质　泛酸为淡黄色黏稠油状物，溶于水和醋酸，稍溶于乙醇，不溶于醚、丙酮和氯仿。在 pH 5~7 内最稳定，在碱性溶液中易分解，常用泛酸为其钙盐，呈白色粉状晶体，微苦，可溶于水，对光及空气稳定，但在 pH 5~7 的水溶液中遇热可被破坏。

食品加工过程中，随温度的升高和水溶性成分流失程度的增大，泛酸损失 30%~80%。热降解的原因可能是 $\beta-$丙氨酸和 2，4-二羟基-3，3-二甲基丁酸之间的连接键发生了酸催化水解。食品贮藏中泛酸较稳定，尤其是低水分活度的食品。

（3）功能性质　泛酸是生物体内合成 HSCoA 的原料，HSCoA 是酰基转移酶的辅酶，所含巯基可与酰基形成硫酯，在糖、脂类和蛋白质的代谢中起传递酰基作用。4′–磷酸泛酰巯基乙胺可作为酰基载体蛋白（ACP）的辅基，参与脂肪酸合成代谢。辅酶 A 参与体内一些重要物质如乙酰胆碱、胆固醇、卟啉等的合成，并能调节血浆脂蛋白和胆固醇的含量。泛酸可帮助伤口愈合、抵抗传染病、防止疲劳、帮助抗压、缓和多种抗生素副作用及毒素、舒缓恶心症状。缺乏泛酸易引起疲倦、忧郁、失眠，易患十二指肠溃疡、消化不良、低血糖症、过敏等。

8. 生物素

（1）结构与存在　生物素（biotin）又称维生素 H、辅酶 R，也属于 B 族维生素，是一种含硫维生素。它的基本结构是由脲和噻吩两个五元环组成的（图 7 – 20）。由于有 3 个不对称碳原子，所以它有 8 种异构体，天然存在的为具有活性的 D – 生物素。

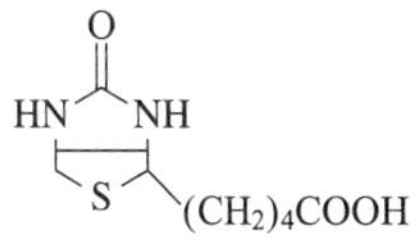

图 7 – 20　生物素分子的化学结构

生物素是合成维生素 C 的必要物质，是脂肪和蛋白质正常代谢不可或缺的物质。生物素以辅酶形式参与碳水化合物、脂肪和蛋白质的代谢。例如丙酮酸的羧化、氨基酸的脱氨基、嘌呤和必需脂肪酸的合成等。

生物素广泛存在于动植物食品中，以肉、肝、肾、牛乳、蛋黄、酵母、蔬菜和蘑菇中含量丰富。生物素在牛乳、水果和蔬菜中呈游离态，而在动物内脏和酵母等中与蛋白质结合。人体肠道细菌可合成相当部分的生物素。生物素可因食用生鸡蛋清而失活，这是由一种称抗生物素（avidin）的糖蛋白引起的，加热后则可破坏这种颉颃作用。

（2）性质　生物素能溶于热水，不溶于有机溶剂，对光、氧非常稳定，在普通温度下稳定，但高温可使其丧失活性，强酸、强碱会导致其降解。某些氧化剂如过氧化氢可使生物素分子中的硫氧化，生成无活性的生物素或生物素硫氧化物。此外，生物素环上的羰基也可与氨基发生反应。食品加工和贮藏中生物素的损失较小，所引起的损失主要是溶水流失，也有部分是由于酸碱处理和氧化造成的。

（3）功能性质　生物素与酶结合参与体内二氧化碳的固定和羧化过程，与体内的重要代谢过程如丙酮酸羧化转变成为草酰乙酸，乙酰辅酶 A 羧化成为丙二酰辅酶 A 等以及糖及脂肪代谢中的主要生化反应有关。它也是某些微生物的生长因子，极微量（$0.005\mu g$）即可使试验的细菌生长。例如，链孢霉生长时需要极微量的生物素。人体每天需要量 $100 \sim 300\mu g$。生鸡蛋清中有一种抗生物素的蛋白质能和生物素结合，结合后的生物素不能由消化道吸收，造成动物体生物素缺乏，此时出现食欲不振、舌炎、皮屑性皮炎、脱毛等。然而，尚未见人类生物素缺乏病例，可能是由于除了食物来源以外，肠道细菌也能合成生物素之故。生物素具有防止白发和脱发，保持皮肤健康的作用。如果将生物素与维生素 A、维生素 B_2、维生素 B_6、烟酸一同使用，相辅相成，作用更佳。在复合维生素 B 和多种维生素的制剂中，通常都含有生物素。

二、维 生 素 C

1. 结构与存在

维生素 C 又称抗坏血酸（ascorbic acid，AA），是一种含有 6 个碳原子的酸性多羟基化合物，具有一个烯二醇基团（图 7 – 21），有较强的还原性，其分子中的烯醇式羟基极易解离而释放出 H^+，故维生素 C 虽然不含有羧基，仍具有有机酸的性质。

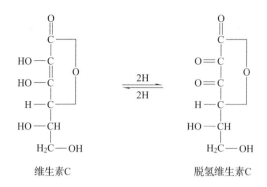

图 7-21 维生素 C 的结构

天然存在的抗坏血酸有 L 型与 D 型四种异构体：D-抗坏血酸、D-异抗坏血酸、L-抗坏血酸和 L-脱氢抗坏血酸。其中 L-抗坏血酸生物活性最高，D-异抗坏血酸虽然具有还原性，但却没有 L-抗坏血酸的生物活性，D-抗坏血酸的生物活性仅是 L-抗坏血酸的 10%。

维生素 C 主要存在于水果和蔬菜中，猕猴桃、刺梨和番石榴中含量高；柑橘类、番茄、辣椒及某些浆果中也较丰富。动物性食品中只有牛乳和肝脏中含有少量维生素 C，见表 7-10。

表 7-10　　　　　　　　　　　　食物中维生素 C 含量　　　　　　　　　单位：mg/100g

品种	含量	品种	含量
柿椒（红）	159	四季豆	57
芥蓝	90	荠菜	55
柿椒（青）	89	油菜	51
菜花	88	蒜苗	42
芥菜	86	菠菜	39
苦瓜	84	苋菜（绿、红）	28、38
雪里蕻	83	水萝卜（心里美）	34
青蒜	77	白萝卜	30
甘蓝	76	沙田柚	123
塌棵菜	75	酸枣	830~1170
紫菜薹	66	红果	89
小白菜	60	柿子	57
洋白菜	38	橙子	49
大白菜	20	柠檬	40
番茄	8~12	苹果	2~6
黄瓜	6~9	鸭梨	4
冬瓜	16	草莓	35

2. 性质

纯的维生素 C 呈无色无臭的片状结晶体，易溶于水，不溶于脂溶剂。维生素 C 是最不稳定的维生素，对氧化非常敏感。光、Cu^{2+} 和 Fe^{2+} 等加速其氧化；pH、氧浓度和水分活度（water activity，A_w）等也影响其稳定性。此外，含有铁和铜的酶如抗坏血酸氧化酶、多酚氧化酶、过氧化物酶和细胞色素氧化酶对维生素 C 也有破坏作用。水果受到机械损伤、成熟或腐烂时，由于其细胞组织被破坏，导致酶促反应的发生，使维生素 C 降解。某些金属离子螯合物对维生素 C 有稳定作用，亚硫酸盐对维生素 C 具有保护作用。维生素 C 的降解过程如图 7 - 22 所示。

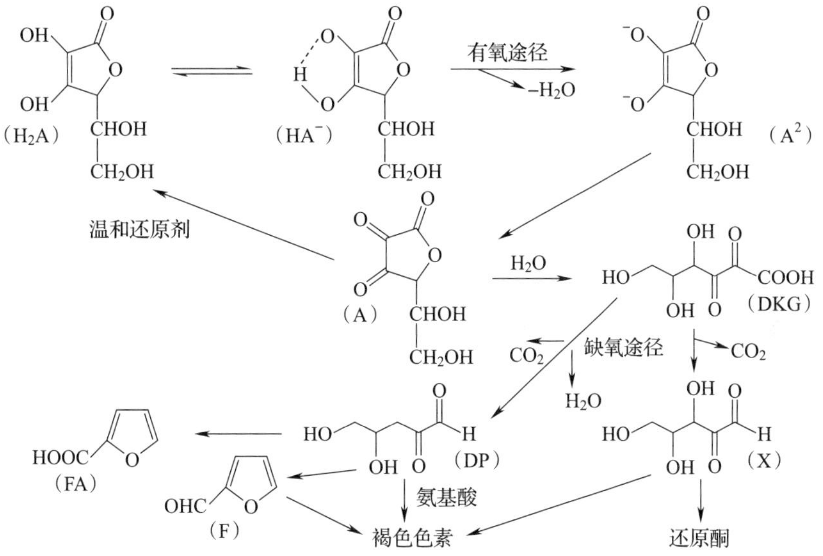

图 7 - 22 抗坏血酸的降解反应

维生素 C 降解最终阶段中的许多物质参与风味物质的形成或非酶褐变。降解过程中生成的 L - 脱氢抗坏血酸和二羰基化合物与氨基酸共同作用生成糖胺类物质，形成二聚体、三聚体和四聚体。维生素 C 降解形成风味物质和褐色物质的主要原因是二羰基化合物及其他降解产物按糖类非酶褐变的方式转化为风味物和类黑素。

3. 功能性质

维生素 C 具有广泛的生理作用。作为营养添加剂可参与羟化反应，羟化反应是体内许多重要物质合成或分解的必要步骤，如胶原和神经递质等合成，当维生素 C 缺乏时，胶原合成产生障碍，从而导致坏血病；参与体内氧化还原反应和促进铁的吸收，制造肾上腺类固醇激素，维持细胞的正常代谢，保护酶的活性，增强药物或毒物的解毒过程，某些重金属离子，如 Pb、Hg、Cd、As 等对机体有毒害作用，补充大量维生素 C 后，往往可缓解其毒性；维生素 C 与生育酚、NADH 在体内可协同清除自由基，降低胆固醇，改善心肌功能；可阻断致癌物 N - 亚硝基化合物合成，预防癌症。

维生素 C 广泛用于食品中。它可保护食品中其他成分不被氧化；可有效地抑制酶促褐变和脱色；在腌制肉品中促进发色并抑制亚硝胺的形成；在啤酒工业中作为抗氧化剂；在焙烤工业中作面团改良剂；对维生素 E 或其他酚类抗氧化剂有良好的增效作用。

食物中的维生素 C 被人体小肠上段吸收，吸收量与其摄入量有关，膳食摄入减少或机体需要增加又得不到及时补充时，可使体内维生素 C 储存减少，维生素 C 缺乏时，主要引起坏血病。

尽管维生素 C 的毒性很小，但服用量过多仍可产生一些不良反应。

三、维生素类似物

除前面介绍的维生素外，还有一些物质从目前的研究材料还不能完全证明它们是维生素，但不同程度上具有维生素的属性，人们将这类物质称为维生素类似物（vitamin - like substances），主要有以下几种。

1. 胆碱

胆碱（choline）又称维生素 B_4，其结构见图 7-23。为无色，黏滞状具强碱性的液体，易吸潮，可溶于水。胆碱非常稳定，在食品加工、烹饪、贮藏中损失不大。

胆碱首次由 Streker 在 1894 年从猪胆汁中分离出来，1962 年被正式命名为胆碱，现已成为人类食品中常用的添加剂。美国的《联邦法典》将胆碱列为"一般认为安全"（generally recognized as safe）的产品；欧洲联盟 1991 年颁布的法规将胆碱列为允许添加于婴儿食品的产品。

胆碱分布广，以动物性食品如肝脏、蛋黄、鱼和脑中含量最高，一般以乙酰胆碱和卵磷脂形式存在；绿色植物、酵母、谷物幼芽、豆科子实、油料作物子实是丰富的植物性食品来源。

胆碱在体内有着重要的功能作用：胆碱是一种"亲脂剂"，可促进脂肪以卵磷脂的形式被输送，并能提高脂肪酸在肝里的利用，防止脂肪在肝脏中的反常积累，保证肝功能的正常，防止脂肪肝；可促进代谢；可帮助越过神经细胞间隙，产生传导脉冲。

2. 肉碱

肉碱（carnitine）于 1905 年由两位俄国科学家 Gulewitsch 和 Krimberg 在肌肉抽提物中发现。1927 年 Tomita 和 Sendju 确定了其分子结构。1948 年 Fraenkel 发现大黄粉虫的生长需要一种生长因子并将之命名为维生素 BT；1952 年 Carter 等人确认维生素 BT 即为左旋肉碱；1953 年美国《化学文摘》将左旋肉碱列在 VitaminBT 的索引栏目下。肉碱有 D 型和 L 型两种形式，其中 L 型具有生物活性，而 D 型是竞争性抑制剂。L - 肉碱的化学名称为 $L-\beta-$ 羟基 $-\gamma-$ 三甲氨基丁酸（$L-\beta-$ hydroxy $-7-$ trimethylaminobutyrate），化学结构式见图 7-24。其官能团和组合键具有较好的吸水性和溶水性。L - 肉碱呈白色粉末状，易吸潮，耐高温，稳定性好，在食品加工过程中几乎无降解。在 pH 3~6 下贮存一年以上几乎无损失。

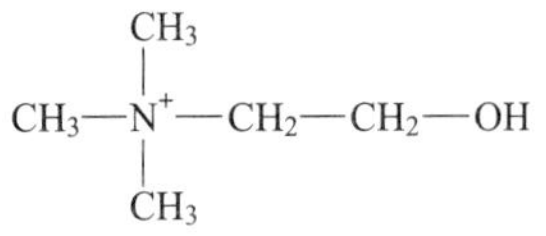

图 7-23 胆碱的化学结构式 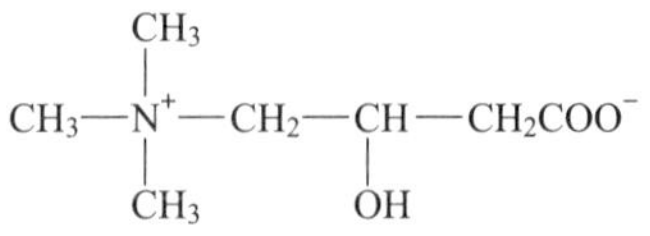　　　图 7-24 肉碱的化学结构式

自然界中只存在 L - 肉碱。大多数动物可以合成 L - 肉碱，膳食中的 L - 肉碱主要来源于动物性食品。1958 年 Fritz 发现左旋肉碱能加速脂肪代谢的速率，确立了其对脂肪酸氧化的重要作用。已证实，左旋肉碱可促进脂肪酸的 $\beta-$ 氧化；调节线粒体内酰基比例；参加支链氨基酸代谢产物的运输；排出体内过量或非理性酰基，消除机体因酰基积累而造成的代谢中毒；促进乙酰乙酸氧化，在酮体的消除和利用中起作用；防止体内过量氨产生毒性；作为抗氧化剂清除

自由基，保持细胞膜的完整性；提高机体的免疫力和抗病能力；间接参加糖原异生和调节生酮过程；有效降低运动后血液中乳酸的浓度；参与精子的成熟过程等。1984 年 FDA 确定 L - 肉碱是一种重要的食品营养强化剂，我国卫生部于 1994 年将 L - 肉碱列入食品营养强化剂范畴。

3. 肌醇

肌醇（inositol）是有 6 个羟基的六碳环状物，它有九种立体构型，但只有肌型肌醇具有生物活性（图 7 - 25）。

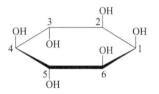

图 7 - 25 肌醇的化学结构

肌醇主要来源于心、肝、肾、脑、酵母、柑橘类水果中，谷物的肌醇一般以植酸或植酸盐的形式存在，影响人体对矿物元素的吸收和利用。肌醇很稳定，一般在食品加工和贮藏中损失很少。肌醇对肝硬化、血管硬化、脂肪肝、胆固醇过高等有明显疗效，还可用于治疗 CCl_4 中毒、脱发症等。此外，肌醇还是磷酸肌醇的前体。肌醇中的三磷酸肌醇（inositol triphosphate，IP3）具有良好的清除自由基的功能，对心脑血管疾病、糖尿病和关节炎具有良好的预防和治疗效果。其中肌醇 -1, 2, 6 - 三磷酸即 I（1, 2, 6）P3 最重要。除具有上述功能外，肌醇还是一种新型的非肽类神经肽 Y（no - peptide Y，NPY）受体拮抗剂。

4. 维生素 P（黄酮类化合物）

维生素 P 为一组与保持血管壁正常渗透性有关的黄酮类物质，主要有黄酮醇、黄酮、黄烷酮、儿茶酚、花色苷、异黄酮、二氢黄酮醇和查尔酮等。

黄酮类化合物广泛存在于植物中，柑橘皮、芹菜、银杏、芦笋、大豆、葛根、黑米、黑芝麻、黑豆、葡萄、橄榄等中含量丰富。

维生素 P 具有保持血管壁完整，降低毛细管壁渗透性及脆性的作用，为降血压维生素。黄酮类化合物具有抗氧化作用，其抗氧化作用主要通过淬灭单线态氧、清除过氧化物以及消除羟自由基活性等来体现。

第四节 维生素在食品加工与贮藏过程中的变化

食品中的维生素在加工与贮藏中，由于受各种因素的影响，都不可避免地有所损失，其损失程度取决于各种维生素的稳定性。影响食品中维生素损失的因素主要有食品原料本身的性质，如品种和成熟度；加工前预处理；加工方式；贮藏的时间和温度等。此外，维生素的损失与植物采后或动物宰后的生理也有一定的关系。因此，在食品加工与贮藏过程中应最大限度地减少维生素的损失，并提高产品的安全性。

一、食品原料本身的影响

1. 成熟度

水果和蔬菜中的维生素随着成熟度的变化而变化，所以，选择适当的原料品种和成熟度是果蔬加工中十分重要的问题。例如，番茄在成熟前维生素 C 含量最高，而辣椒成熟期时维生素

C 含量最高。大部分蔬菜和水果组织的成熟度越高，其中的维生素含量越高。成熟度对番茄中维生素 C 含量的影响见表 7 – 11。

表 7 – 11　　　　　　　　　　成熟度对番茄中维生素 C 含量的影响

开花期后周数	2	3	4	5	6	7
色泽	绿	绿	黄—绿	红—黄	红	红
维生素 C 含量/（mg/kg）	107	76	109	207	146	101

2. 不同组织部位

植物不同组织部位维生素含量有一定的差异，一般而言，维生素含量从高到低依次为叶片 > 果实和茎 > 根；对于水果则表皮维生素含量最高而核中最低。

3. 采后或宰后的变化

食品中维生素含量的变化是从收获时开始的，动植物食品原料采后或宰后，其体内的变化以分解代谢为主。由于酶的作用使某些维生素的存在形式发生了变化，例如从辅酶状态转变为游离态。脂肪氧合酶和维生素 C 氧化酶的作用直接导致维生素的损失，例如豌豆从收获、运输到加工厂 30min 后维生素 C 含量有所降低；新鲜蔬菜在室温贮存 24h 后维生素 C 的含量下降 1/3 以上。因此，加工时应尽可能选用新鲜原料或将原料及时冷藏处理，以减少维生素的损失。

二、食品加工前预处理的影响

加工前的预处理与维生素的损失程度关系很大，水果和蔬菜的去皮、整理常会造成浓集于表皮或老叶中的维生素大量流失。据报道，苹果皮中维生素 C 的含量比果肉高 3 ~ 10 倍；柑橘皮中的维生素 C 比汁液高；莴苣和菠菜外层叶中 B 族维生素和维生素 C 比内层叶中高。水果和蔬菜在清洗时，一般维生素的损失很少，但要注意避免挤压和碰撞；也尽量避免切后清洗造成水溶性维生素的大量流失。对于化学性质较稳定的水溶性维生素如泛酸、烟酸、叶酸、核黄素等，溶水流失是最主要的损失途径。

三、食品加工过程的影响

1. 碾磨

碾磨是谷物所特有的加工方式。谷物在磨碎后其中的维生素比完整的谷粒中含量有所降低，并且与种子的胚乳和胚、种皮的分离程度有关，因此，粉碎对各种谷物种子中维生素的影响不同。此外，不同的加工方式对维生素损失的影响也有差异，谷物精制程度越高，维生素损失越严重。例如，小麦在碾磨成面粉时，出粉率不同，维生素的存留也不同。小麦出粉率与维生素保留率之间的关系见图 7 – 26。

2. 热处理

（1）烫漂　烫漂是水果和蔬菜加工中不可缺少的处理方法，通过这种处理可以钝化影响产品品质的酶类、减少微生物污染及除去氧气，有利于食品贮存期间保持维生素的稳定。但烫漂往往造成水溶性维生素大量流失。豌豆在不同温度水中热烫 10min 后维生素 C 的变化见图 7 – 27。其损失程度与 pH、烫漂的时间和温度、含水量、切口表面积、烫漂类型及成熟度有关。

通常，短时间高温烫漂维生素损失较少，烫漂时间越长，维生素损失越大。产品成熟度越高，烫漂时维生素 C 和维生素 B$_1$ 损失越少。食品切分越细，单位质量表面积越大，维生素损失越多。不同烫漂类型对维生素影响的顺序为沸水 > 蒸汽 > 微波。

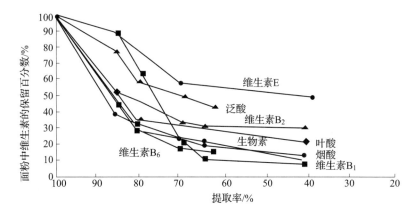

图 7 - 26　小麦出粉率与维生素保留率之间的关系

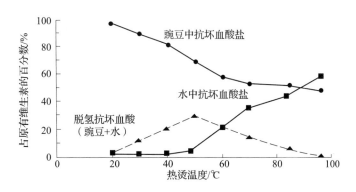

图 7 - 27　豌豆在不同温度水中热烫 10min 后维生素 C 的变化

（2）干燥　脱水干燥是保藏食品的主要方法之一。具体方法有日光干燥、烘房干燥、隧道式干燥、滚筒干燥、喷雾干燥和冷冻干燥。维生素 C 对热不稳定，干燥损失为 10% ~ 15%，但冷冻干燥对其影响很小。喷雾干燥和滚筒干燥时乳中硫胺素的损失大约为 10% 和 15%，而维生素 A 和维生素 D 几乎没有损失。蔬菜烫漂后空气干燥时硫胺素的损失平均为豆类 5%、马铃薯 25%、胡萝卜 29%。

（3）加热　加热是延长食品保藏期最重要的方法，也是食品加工中应用最多的方法之一。热加工有利于改善食品的某些感官性状如色、香、味等，提高营养素在体内的消化和吸收，但热处理会造成维生素不同程度的损失。高温加快维生素的降解，pH、金属离子、反应活性物质、溶氧浓度以及维生素的存在形式影响降解的速度。隔绝氧气、除去某些金属离子可提高维生素 C 的存留率。

为了提高食品的安全性，延长食品的货架期，杀死微生物，食品加工中还常采用灭菌方法。高温短时杀菌不仅能有效杀死有害微生物，而且可以较大程度地减少维生素的损失。不同热处理牛乳中维生素的损失见表 7 - 12。罐装食品杀菌过程中维生素的损失与食品及维生素的种类有关。罐装食品加工时维生素的损失见表 7 - 13。

表 7 – 12　　　　　　　　　　　不同热处理牛乳中维生素的损失　　　　　　　　　　单位:%

热处理	维生素 B_1	维生素 B_2	维生素 B_6	维生素 B_5	泛酸	叶酸	维生素 H	维生素 B_{12}	维生素 C	维生素 A	维生素 D
63℃，30min	10	0	20	0	0	10	0	10	20	0	0
72℃，15s	10	0	0	0	0	10	0	10	10	0	0
超高温杀菌	10	10	20	0	—	<10	0	20	10	0	0
瓶装杀菌	35	0	—	0	—	50	0	90	50	0	0
浓缩	40	0	—	—	—	—	10	90	60	0	0
加糖浓缩	10	0	0	0	—	—	10	30	15	0	0
滚筒干燥	15	0	0	—	—	—	10	30	30	0	0
喷雾干燥	10	0	0	—	—	—	10	20	20	0	0

表 7 – 13　　　　　　　　　　　罐装食品加工时维生素的损失　　　　　　　　　　单位:%

食品	维生素 H	叶酸	维生素 B_6	泛酸	维生素 A	维生素 B_1	维生素 B_2	维生素 B_5	维生素 C
芦笋	0	75	64	—	43	67	55	47	54
青豆	—	57	50	60	52	62	64	40	79
甜菜	—	80	9	33	50	67	60	75	70
胡萝卜	40	59	80	54	9	67	60	33	75
玉米	63	72	0	59	32	80	58	47	58
蘑菇	54	84	—	54	—	80	46	52	33
青豌豆	78	59	69	80	30	74	64	69	67
菠菜	67	35	75	78	32	80	50	50	72
番茄	55	54	—	30	0	17	25	0	26

3. 冷却或冷冻

热处理后的冷却方式不同对食品中维生素的影响不同，空气冷却比水冷却维生素的损失少，主要是因为水冷却时会造成大量水溶性维生素的流失。

冷冻通常认为是保持食品的感官性状、营养及长期保藏的最好方法。冷冻一般包括预冻结、冻结、冻藏和解冻。预冻结前的蔬菜烫漂会造成水溶性维生素的损失；预冻结期间只要食品原料在冻结前贮存时间不长，维生素的损失就小。冷冻对维生素的影响因食品原料和冷冻方式而异。冻藏期间维生素损失较多，损失量取决于原料、预冻结处理、包装类型、包装材料及贮藏条件等。冻藏温度对维生素 C 的影响很大，据报道，温度在 −18 ~ −7℃时，温度上升10℃可引起蔬菜如青豆、菠菜等的维生素 C 以 6 ~ 20 倍的速度加速降解；水果如桃和草莓等的维生素 C 以 30 ~ 70 倍的速度快速降解。动物性食品如猪肉在冻藏期间维生素损失大，其原因有待于进一步研究。解冻对维生素的影响主要表现在水溶性维生素损失上，动物性食品损失的主要是 B 族维生素。

总之，冷冻对食品中维生素的影响通常较小，但水溶性维生素会由于冻前的烫漂或肉类解冻时汁液的流失而损失 10% ～14% 。

4. 辐照

辐照是利用原子能射线对食品原料及其制品进行灭菌、杀虫、抑制发芽和延期后熟等，以延长食品的保存期，尽量减少食品中营养的损失。

辐照对维生素有一定的影响。水溶性维生素对辐照的敏感性主要取决于它们是处在水溶液中还是食品中或是否受到其他组分的保护等。维生素 C 对辐照很敏感，其损失随辐照剂量的增大而增加，这主要是水辐照后产生自由基破坏的结果。不同辐照剂量对维生素 C 和烟酸的影响见表 7 – 14。B 族维生素中维生素 B_1 最易受到辐照的破坏，其破坏程度与热加工相当，大约为63% 。辐照对烟酸的破坏较小，经过辐照的面粉烤制面包时烟酸的含量有所增高，这可能是面粉经辐照加热后烟酸从结合型转变成游离型造成的。脂溶性维生素对辐照的敏感程度从大到小依次为维生素 E ＞ 胡萝卜素 ＞ 维生素 A ＞ 维生素 D ＞ 维生素 K。

表 7 – 14　　　　　　　不同辐照剂量对维生素 C 和烟酸的影响

维生素	辐照剂量/kGy	维生素浓度/（μg/mL）	保存率/%
	0. 1	100	98
	0. 25	100	85. 6
维生素 C	0. 5	100	68. 7
	1. 5	100	19. 8
	2. 0	100	3. 5
烟酸	4. 0	50	100
	4. 0	10	72. 0
维生素 C ＋烟酸	4. 0	10	71. 8（维生素 C），14. 0（烟酸）

5. 添加剂

在食品加工中为防止食品腐败变质及提高其感官性状，通常加入一些添加剂，其中有些对维生素有一定的破坏作用，例如，维生素 A、维生素 C 和维生素 E 易被氧化剂破坏。因此，在面粉中使用漂白剂会降低这些维生素的含量或使它们失去活性；SO_2 或亚硫酸盐等还原剂对维生素 C 有保护作用，但因其亲核性会导致维生素 B_1 的破坏；亚硝酸盐常用于肉类的发色与保藏，但它作为氧化剂引起类胡萝卜素、维生素 B_1 和叶酸的损失；果蔬加工中添加的有机酸可减少维生素 C 和硫胺素的损失；碱性物质会增加维生素 C、硫胺素和叶酸等的损失。如在 pH 为 9时蛋糕烘烤维生素 B_1 损失95% 。不同维生素间也相互影响，例如，食品中添加维生素 C 可提高胡萝卜素、维生素 A、维生素 B_1、维生素 E、维生素 B_2 和叶酸的稳定性。抗氧化剂 BHA、BHT、维生素 E 可保护维生素 A、维生素 D、β – 胡萝卜素。

四、食品贮藏过程的影响

食品在贮藏期间，维生素的损失与贮藏温度关系密切。罐头食品冷藏保存一年后，维生素 B_1 的损失低于室温保存。包装材料对贮存食品维生素的含量有一定的影响，例如透明包装的乳制品在贮藏期间会发生维生素 B_2 和维生素 D 的损失。

食品中脂类的氧化作用产生的氢过氧化物、过氧化物和环过氧化物会引起胡萝卜素、维生素 E 和维生素 C 等的氧化，也能破坏叶酸、生物素、维生素 B_{12} 和维生素 D 等；过氧化物与活化的羰基反应导致维生素 B_1、维生素 B_6 和泛酸等的破坏；碳水化合物非酶褐变产生的高度活化的羰基对维生素同样有破坏作用。某些蔬菜在 $-18℃$ 冷冻贮藏 $6 \sim 12$ 月维生素 C 的损失情况见表 7 – 15。

表 7 – 15　　　　　　　　　　　某些蔬菜冷冻贮藏维生素 C 的损失

名称	鲜品中的代表值/(mg/100g)	−18℃冷冻贮藏6~12月平均损失率/%
芦笋	33	12
青豆	19	45
青豌豆	27	43
菜豆	29	51
嫩茎菜花	113	49
花椰菜	78	50
菠菜	51	65

第五节　维生素的增补与强化

一、维生素增补与强化的目的

食品中含有多种营养素，但种类不同，其分布和含量也不相同。此外，在食品的生产、加工和保藏过程中，营养素往往遭受损失，有时甚至造成某种或某些营养素的大量缺失。如在碾米和小麦磨粉时有多种维生素的损失，而且加工精度越高，损失越大，有的维生素损失高达 70% 以上；牛乳在加热灭菌时维生素 B_{12} 损失 10% ~30% 。所以在食品加工过程中进行维生素的增补与强化。

维生素种类繁多，在食物中普遍较缺乏。不稳定，活性不强，这是维生素的通性，进行维生素增补和营养强化是为了提高其稳定性和适应食品加工工艺的需要。

1. 弥补某些天然食物中维生素的缺陷

人们由于饮食习惯和居住地区条件等的不同，往往会出现某些营养成分的不足，造成营养失衡。如前所述，几乎没有一种天然食品能满足人体所需的全部营养需要，有针对性地进行食品营养强化，补充所缺乏的维生素，将大大提高食品营养价值，预防营养不良，增进人体健康。

2. 预防地方性维生素缺乏症

针对地方性维生素缺乏症进行食品营养强化、增补所缺少的维生素。从预防医学角度看，食品营养强化对预防和降低维生素缺乏病有很重要意义，如对寒带地区食品中加维生素 C、维生素 B_1 预防食米地区脚气病等。

3. 补充食品在加工、贮存等过程中营养素的损失

可补充碾米精度、果蔬中水溶性维生素和热敏性维生素损失。

4. 满足特殊人群的营养需要，适应不同人群生理及职业的需要

不同年龄、性别、工作性质及不同生理、病理状况的人，所需维生素有所不同，对食品进行不同的维生素增补与强化可分别满足其营养需要。例如，对钢铁厂高温作业的人，可增补维生素 A、维生素 B 和维生素 C，其营养状况大为改善，从而减轻疲劳，增加工作能力。

5. 简化膳食处理，方便摄食

天然的单一食物仅含人体所需的部分营养素，要获得全面营养就需同时进食多种食物，将不同的食物进行搭配，制成方便食品或快餐食品。现在已有许多国家在面包、大米、面粉等主食中强化维生素 B_1、维生素 B_2、赖氨酸、色氨酸等；在乳制品中强化维生素 A、维生素 D、维生素 C、维生素 B_1、维生素 B_2、维生素 B_6、维生素 B_{12} 及烟酸等，制成调制乳粉，以满足广大人民及婴儿的需要。

二、维生素增补与强化的基本原则

1. 有明确的针对性

应根据膳食调查和营养不良体征做全面细致的调查研究，选择应强化的维生素种类、数量。

2. 符合营养学原理

人体所需各种营养素有一定比例关系，除了考虑所强化的营养素其生物利用率外，还应注意保持各营养素之间的平衡和强化剂用量，以及强化剂不能与食品中原有成分起化学反应或干扰原有营养素的吸收利用。一般说来，天然强化剂和水溶性维生素相对较为安全。

3. 易被机体吸收利用

应尽量选用那些易于吸收利用的强化剂，如摄入维生素过量，会引起中毒症状。

4. 应符合国家的卫生标准，经济合理

提高强化剂在食品中的保存率，如多种维生素遇光、热、氧会被破坏，因此，要努力提高它们的稳定性，以减少在食品加工、贮存等过程中遭受损失。如改进食品加工工艺、改善包装贮藏条件等。强化剂本身应符合卫生要求，不带杂菌和有毒物质。此外，经济合理、工艺简便也是推广强化食品时应考虑的因素。

5. 保持原有的食品风味

不影响食品原有的色、香、味等感官性状，不致降低食品价值或使消费者厌恶。如维生素 B_2 会使颜色变黄，鱼肝油会改变食品气味等。

食品营养强化剂是指为增强营养成分而加入食品中的天然的或人工合成的，属于天然营养素范围的食品添加剂。维生素类添加剂是食品营养强化剂的其中一类。维生素类添加剂主要有

维生素 A、维生素 B_1、维生素 B_2、烟酸、叶酸、维生素 D、维生素 E、抗坏血酸等。

补充食品加工中损失的维生素，使其恢复到原有的组成，称为维生素的复原（restoration）。选择性的添加适量维生素以达到规定的标准量，称为维生素的增补（enrichment）。添加一种或多种维生素使其成为一种优良的维生素来源，称为维生素的强化（fortification）。

三、维生素增补

为弥补在精加工、清洗、加热、烹饪等过程中损失的维生素，在食品的生产、加工中选择性地添加适量维生素，进行营养强化，提高其稳定性和适应食品加工工艺的需要。

维生素 C，即抗坏血酸，是最不稳定的维生素之一，因此在食品中增补添加时，多用其衍生物如抗坏血酸钠、抗坏血酸钾等，可使其稳定性大大提高，甚至可以作为高温加工食品的营养强化剂。维生素 C 主要用于果汁饮料、果泥、固体饮料营养增补。

硫胺素，在实际使用时也用其衍生物，优点是水溶性比硫胺素小，不易流失，且更稳定。它在水果蔬菜的清洗、整理、漂烫和沥滤期间均有所损失，在谷类碾磨时损失最大，所以主要用于谷类加工、谷物食品尤其是婴幼儿食品中的营养增补。

维生素 B_2、维生素 B_6、维生素 B_{12} 等主要用于谷物制品、乳制品等的营养增补。

烟酸大部分地区并不缺乏，主要发生在长期食用玉米的地区。玉米中的烟酸含量并不低，但主要为结合型，不能被吸收利用。所以以玉米为主食的地区或加工生产玉米制品时需增补强化烟酸，如在玉米粉中加入 40mg/kg，每天食用 250g 可获得 10mg，即能使机体达到饱和剂量。

维生素 A 主要用于香肠、人造奶油、油脂、面包、乳制品的营养增补。

具有维生素 D 活性的物质最主要的是维生素 D_2、维生素 D_3，主要用于强化液体乳、乳制品和人造奶油。

维生素 E 具有很好的抗氧化作用，可制成抗氧化剂应用。

维生素 K 通常很少缺乏，但人乳中维生素 K 含量偏低（约 $2\mu g/L$），且哺乳期婴儿胃肠功能不全，可应用植物甲萘醌对婴儿食品进行适当的营养增补。

四、维生素强化

维生素强化剂是目前国际上应用最广最多的一类，也是在食品中应用最早的一类强化剂。食品经过维生素增补强化后，人们可获得全面的营养，就可以减少多种营养缺乏所引起的其他并发症。某些强化剂还可提高食品的感官质量及改善食品的保藏性能。

维生素营养强化剂的使用不应导致人群食用后营养素及其他营养成分摄入过量或不均衡，不应导致任何营养素及其他营养成分的代谢异常，不应导致食品一般特性如色泽、滋味、气味、烹调特性等发生明显不良改变。添加到食品中的维生素营养强化剂应能在特定的储存、运输和食用条件下保持质量的稳定。

食品强化过程中维生素的添加量可分为三级：① 生理剂量，绝大多数人不发生维生素缺乏症的量；② 药理剂量，可以用来治疗维生素缺乏症的量（约为生理剂量的 10 倍）；③ 中毒剂量，当添加量为生理剂量的 100 倍时，就会引起不良反应或中毒症状。

具体强化方法可根据食品的实际情况，参考中国营养学会和中国预防医学科学院营养与食品卫生研究所制定的中国居民的膳食营养素参考摄入量，依据《食品营养强化剂使用卫生标准》（GB 14880—2012）规定的维生素 A、维生素 D、维生素 E、维生素 B_1、维生素 B_2、维生素 B_6、维生素 B_{12}、维生素 C、维生素 K、烟酸、胆碱、肌醇、叶酸、泛酸和生物素等维生素的使用量及使用范围进行增补与强化。

五、粮食制品的维生素营养强化

维生素营养强化食品在国外发展较快，早在 1936 年，美国医学协会中的食品营养审议会就建议在食物中加碘，在牛乳、人造奶油中加维生素 A 及维生素 D；1937 年美国食品和药物管理局（FDA）公布了强化食品法规，对强化食品的营养作用、加工和销售承担重要责任，通过制定食品标准、强化标准以及限制使用食品添加剂来进行控制。美国食品和药物管理局（FDA）近年来规定面粉、面包、通心粉、玉米粉、面条和大米等必须强化某些营养素；在低脂牛乳、脱脂牛乳、炼乳及人造奶油等食品经强化后，必须注明"强化"字样及强化内容。目前，美国常用的强化营养素有：维生素 A、维生素 B_1、维生素 B_2、维生素 C、维生素 D、烟酸、碘、钙、铁、磷、蛋白质、赖氨酸、甲硫氨酸等。

日本也是强化食品发展很快的国家，由于 19 世纪末精米工业的发展，日本人的主食逐步倾向于以精白米为主，引起维生素 B_1、维生素 B_2、维生素 A 及钙等重要营养素的缺乏，特别是脚气病。在 20 世纪 50 年代日本政府规定面粉中要添加维生素 B_1，豆浆中要添加维生素 B_2。目前，日本主要的强化食品包括大米、面粉、面包、干面包、酱类、人造奶油、果酱、酱油及糖果等，其中大米的强化主要是添加维生素 B_1 和维生素 B_2，而精白面粉的强化主要是添加维生素 B_1、维生素 B_2、丝氨酸及钙。

加拿大也是进行食品强化较早的国家之一。1944 年，加拿大政府根据美国的一般强化标准，在法令中强制规定在面包、面粉中强化维生素 B_1、维生素 B_2、维生素 B_6 及铁等物质。1953 年，国家法令又规定在面粉及面包中强化营养素。1978 年，加拿大卫生及社会福利部门进一步加强了面粉的强化，在原来强化维生素 B_1、维生素 B_2、烟酸的基础上，允许有选择地在面粉中添加维生素 B_6、叶酸和泛酸。

我国食品营养强化虽起步较晚，1986 年才颁布了《食品营养强化剂使用卫生标准》和《食品营养强化剂卫生管理办法》，可作强化营养素仅 11 种；但营养强化食品在国内发展较快，政府于 1994 年又发布实施《食品营养强化剂使用卫生标准》（GB 14880—1994），在 1996 年、2011 年、2014 年的《食品添加剂使用标准》中又进行了补充（GB 2760—1996、GB 2760—2011、GB 2760—2014）。为更好地与相关标准的有效衔接、方便企业使用和消费者理解，根据《中华人民共和国食品安全法》的要求，卫生部在旧版《食品营养强化剂使用卫生标准》（GB 14880—1994）的基础上，借鉴国际食品法典委员会和相关国家食物强化的管理经验，结合我国居民的营养状况，于 2012 年修订并公布了新版《食品营养强化剂使用标准》（GB 14880—2012），该标准于 2013 年 1 月 1 日起正式施行。其中维生素强化剂是目前应用最广最多的一类。

我国由于生产技术的发展和进步，粮食加工精度的提高，粮食深加工，粮食制品品种的大幅度增加，婴幼儿食品、方便食品的开发，使粮食中的维生素及粮食制品的维生素营养强化发展步伐与发达国家已基本达到一致。目前，在大米、面粉、面包、方便面、乳粉、食盐等食品中进行了营养素强化，并正在开发一系列营养保健（功能）食品，如儿童、老年人、各种疾病患者、特殊劳动作业者等食用的系列保健（功能）食品。

思考题

1. 什么是维生素？维生素的种类有哪些？
2. 维生素在机体中有哪些主要作用？
3. 在食品加工过程中维生素损失的途径有哪些？加工时如何降低维生素的损失？
4. 维生素 E 有哪些功能作用？食品加工对维生素 E 有哪些影响？
5. 维生素 C 的降解过程受哪些因素影响？食品中维生素 C 具有哪些功能性质？
6. 谷物加工时，其加工精细度对维生素损失有什么影响？
7. 维生素增补与强化的目的、基本原则是什么？

第八章

矿 物 质

[学习指导]

熟悉和掌握矿物质在食品中存在的主要形式，必需矿物质元素、矿物质的生物有效性、酸性食品、碱性食品的概念，判断食品是酸性食品还是碱性食品的方法，植物性食物中钙、铁的生物有效性。理解矿物质的摄入剂量和相关生理功能之间的剂量－响应关系，矿物质在生物体中有何功能。了解加工过程中矿物质的变化情况，动物性食品和植物性食品中矿物质的来源及存在状态。

第一节 概 述

一、概念与分类

食品中所含的元素已知有六十多种，除去 C、H、O、N 四种构成水分和有机物质元素以外，其他元素统称为矿物质元素，简称矿物质。矿物质又称为无机盐。食品中矿物质总量一般用粗灰分表示，食品经过燃烧后，有机物成为气体逸去，而无机物大部分为不挥发性的残渣，这种残渣称为粗灰分。

在人体和动物体内，矿物质总量虽一般只占体重的 4%～5%，但却是人体和动物体不可缺少的成分。单以含有机成分而不含矿物质的食物喂饲小鼠，小鼠不久便会死亡。在人工饲料中添加乳的灰分后，小鼠则可健康生长，由此证明矿物质在营养上的重要性。

从营养和健康的角度出发，一般把矿物质元素分为必需元素（essential element）、非必需元素（no essential element）和有毒元素（toxic element）三类。必需元素是指这类元素存在于机体的健康组织中，对机体自身的稳定具有重要作用，当缺乏或不足时，机体出现各种功能异常现象。例如，缺铁导致贫血；缺硒出现白肌病；缺碘易患甲状腺肿大等。非必需元素又称辅助营养元素。有毒元素通常指重金属元素如铅、砷、汞、镉等，一般作为食品安全性控制指标，食品标准规定其限量。

食品中的矿物质若按在体内含量的多少可分为常量元素（macro - element）和微量元素（micro - element）两类。常量元素是指在人体内含量在 0.01% 以上的元素，常量必需矿物元素有钙（Ca）、磷（P）、镁（Mg）、钾（K）、钠（Na）、硫（S）、氯（Cl）7 种；含量在 0.01% 以下的称为微量元素，微量必需元素有铁（Fe）、锌（Zn）、铜（Cu）、碘（I）、钼（Mo）、锰（Mn）、钴（Co）、硒（Se）、铬（Cr）、镍（Ni）、锡（Sn）、硅（Si）、氟（F）、矾（V）14 种。无论是常量元素还是微量元素，在适当的范围内对维持人体正常的代谢与健康具有十分重要的作用。

二、存在形式

矿物质元素以多种形式存在于食品中，根据其存在层次不同可以分为以下几种：溶解态和非溶解态、胶态和非胶态、无机态和有机态、离子态和非离子态、配位态和非配位态、高价态和低价态、稳定态和不稳定态、活性态和非活性态等。

矿物质元素的溶解性取决于元素本身的性质。元素周期表中的ⅠA 族、ⅦA 族在食品中主要以游离的离子形式存在，尤其是一价元素都成为可溶性盐，大部分解离成离子的形式，如阳离子 K^+、Na^+，阴离子 Cl^-、F^-。多价元素则以离子、不溶性盐形式和胶体溶液形成动态平衡而存在。在肉、乳中矿物质常以此种形式存在。ⅡA 族部分以游离的离子形式存在，Mg^{2+}、Ca^{2+} 的卤化物是可溶的，但是它们的氢氧化物及盐是难溶物，如磷酸盐、植酸盐、碳酸盐等。ⅥA 族以阴离子离子形式存在，如 SO_4^{2-}，其ⅠA 族元素的硫酸盐是可溶的，有些硫酸盐是难溶物，如硫酸钙。矿物质元素的溶解性还受食品的 pH 影响，一般来说，食品的 pH 越低，矿物质元素的溶解性越大。

食品中的矿物质元素常常具有不同的价态，表现出不同的氧化还原性，并且在一定条件下可以互相转化，从而影响其生理功能，表现出不同的营养性或有害性。如 Fe^{2+} 很容易被人体吸收利用，而 Fe^{3+} 却很难被利用。Cr^{3+} 是人体必需的营养元素，而 Cr^{6+} 是有毒的，甚至是致癌物。

食品中的蛋白质、氨基酸、有机酸、核酸、核苷酸、肽和糖等有机物能与矿物质元素形成不同类型的配合物，从而有利于矿物质元素的溶解，如氨基酸钙。常用微量元素与氨基酸形成配合物的方法来提高其水溶性。也可以利用有些微量元素与有害金属元素形成难溶性配合物来消除其有害性，如利用柠檬酸与铅形成难溶性配合物的原理，治疗铅中毒。金属离子多以螯合物形式存在于食品中。螯合物形成的特点是：配位体至少提供两个配位原子与中心金属离子形成配位键。配位体与中心金属离子多形成环状结构。在螯合物中常见的配位原子是 O、S、N、P 等原子。在食品中常见的环状螯合物有四元环、五元环、六元环的螯合物，如叶绿素、血红素、维生素 B_{12}、钙酪蛋白等。

三、伯特兰德（G. Bertrand）定律

伯特兰德（G. Bertrand）定律即生物最佳营养浓度定律，德国科学家 G. Bertrand 于 100 多年前提出的矿物营养元素在生物生长中的功能，矿物元素的含量低于最佳浓度下限值或者高于上限值，则产生缺乏症和过量症。生物缺少某种必需元素时就会出现缺乏症状，甚至不能生存，适量时正常生长，过量时会产生毒性，甚至死亡。矿物质摄入剂量与生物效应之间的关系见图 8 - 1。不同矿物元素的适量范围是不同的，例

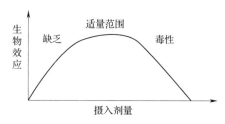

图 8 - 1　矿物质摄入剂量与生物效应之间的关系

如，钙的适量范围宽一些，硒的适量范围窄一些。任何必需矿物元素过量摄入都是有毒的，例如，过量摄入钙可能引起结石症、痛风；过量摄入镁可能引起消化系统疾病；过量摄入氯可能产生致癌物；过量摄入钠可能引起高血压、心脏病；过量摄入磷可能引起有机磷中毒。

四、矿物质的功能作用

食品中矿物质的主要作用有以下几点。

1. 机体的重要组成部分

机体中的矿物质主要存在于骨骼并维持骨骼的刚性，99%的钙元素和大量的磷、镁元素就存在于骨骼、牙齿中。此外磷、硫还是蛋白质的组成元素，体液中则普遍含有钾、钠元素。

2. 维持细胞的渗透压及机体的酸碱平衡

矿物质与蛋白质一起维持细胞内外的渗透压平衡，其中无机盐起主要作用，对体液的储留与移动起重要作用。当向体内输入溶液时，需要输入与体液等渗的溶液，以免破坏体液的渗透压。

机体中的碳酸盐、磷酸盐等组成的无机酸碱缓冲体系与蛋白质、氨基酸构成的有机酸碱缓冲体系，可以维持机体的酸碱平衡，保持体内的 pH 为 $7.35 \sim 7.45$。

3. 保持神经、肌肉的兴奋性

K、Na、Ca、Mg 等离子以一定比例存在时，对维持神经、肌肉组织的兴奋性、细胞膜的通透性具有重要作用。Na、K 使兴奋性增加，Ca、Mg 使兴奋性降低。

4. 对机体具有特殊的生理作用

矿物元素对机体具有特殊的生理作用，参与体内生物化学反应，例如，铁对于血红蛋白、细胞色素酶系的重要性，碘对于甲状腺素合成的重要性。有些矿物元素是酶的活化因子，例如氯离子对唾液淀粉酶，镁离子对磷酸化酶，锰离子对于脱羧酶均有活化作用。

5. 对于食品感官质量的作用

矿物质对于改善食品的感官质量具有重要作用，如磷酸盐类对于肉制品的保水性、黏着性的作用，钙离子对于一些凝胶的形成和食品质地的硬化等。利用钙、磷可以改善食品的性状，如在炼乳中添加磷酸氢二钠可保持盐平衡，改善炼乳的热稳定性；肉制品中添加三聚磷酸钠或焦磷酸钠等可增加肉的持水性，并可防止脂肪酸败。

聚磷酸盐能与多价金属离子起螯合作用，因而，当加入聚磷酸盐以后，可使原来与肌肉蛋白质牢固结合的 Ca^{2+} 和 Mg^{2+} 与聚磷酸盐进行螯合，使蛋白质中的羧基被释放出来，由于羧基间静电的作用，使蛋白质结构松弛，并可吸收较多的水。在蚕豆罐头中添加聚磷酸盐可促进豆皮软化（与皮中的钙螯合），磷酸盐还能稳定果蔬色素和防止啤酒混浊。利用钙盐可以使过熟的水果果胶起胶凝作用。同时钙盐还可抑制苹果的褐变作用。

第二节　食品中的矿物质

食品种类不同，其所含的矿物质元素含量也不同。同一种食品原料，由于受生长环境等因素的影响，其所含的矿物质元素含量也会有所不同，如品种、土壤、肥料、水源、饲料等都会影响食品原料中矿物质元素含量。下面介绍部分食品的矿物质元素平均含量。

一、牛乳中的矿物质

牛乳中的矿物质含量约为0.7%。牛乳因富含钙常作为人体钙的主要来源。乳清中的钙占总钙的30%且以溶解态存在；剩余的钙大部分与酪蛋白结合，以磷酸钙胶体形式存在；少量的钙与α-乳清蛋白和β-乳球蛋白结合而存在。有人提出，钙之所以能维持酪蛋白的稳定，主要是钙在磷酸根和酪蛋白磷酸基团之间形成钙桥。牛乳加热时钙、磷从溶解态转变为胶体态。牛乳中的主要矿物质含量见表8-1。

表8-1　　　　　　　　　　牛乳中矿物质组成平均值　　　　　　　　单位：mg/100g

元素	钠	钾	钙	镁	磷（总）	磷（无机）	氯	铁	锌	铜	锰
含量	50	145	120	13	95	75	100	1.0	3.8	0.30	0.02

二、肉类中的矿物质

肉类中矿物质（灰分）的含量一般为0.8%~1.2%，几种肉类矿物质含量列于表8-2。肉中常量元素以钠、钾和磷的含量较高，微量元素中铁的含量较多。因此肉类是饮食中磷和铁的重要来源。

表8-2　　　　　　　　　　　几种肉类的矿物质含量

种类	灰分含量/%	含量/（mg/100g）					
		钙	磷	铁	钠	钾	镁
猪肉	1.2	9	175	2.3	70	285	18
牛肉	0.8	11	171	2.8	65	355	18
羊肉	1.2	10	147	1.2	75	295	15

当肉中液体流失后，常量元素损失主要是钠，而钙、磷、钾损失较少，因为钠、钾几乎全部存在软组织及体液中，在动物活体中钾主要分布于胞内液，而钠则在胞外液中。

肉类中矿物质一部分以氯化物、磷酸盐、碳酸盐呈可溶性状态存在，另一部分则以与蛋白质结合成非溶性状态而存在。因此瘦肉要比脂肪组织含有更多的矿物质。除上述元素外，肉中尚含有微量的锰、铜、钴、锌、镍等。

三、蛋中的矿物质

蛋中的钙主要存在于蛋壳中，其他矿物质主要存在于蛋黄中。蛋黄中富含铁，但由于卵黄磷蛋白（prosvitin）的存在大大影响了铁在人体内的生物利用率。此外，鸡蛋中的伴清蛋白（conalbumin）可与金属离子结合，影响了在体内的吸收与利用。鸡蛋中矿物质组成平均值见表8-3。

表8-3　　　　　　　　　　　　　鸡蛋中矿物质组成平均值　　　　　　　　单位：mg/100g

元素	钾	钠	钙	镁	磷	铁	锰	锌	铜	硒
含量	121	125.7	44	11	182	2.3	0.04	1.01	0.07	0.015

四、谷物中的矿物质

谷物中的矿物质主要集中在麸皮或米糠中，胚乳中含量很低。如表8-4所示为几种谷物中矿物质的含量。

表8-4　　　　　　　　　　　　几种谷物中矿物质的含量　　　　　　　　　单位：mg/100g

品种	磷	钾	钠	钙	镁	锰	铁	铜	锌
大米	110	103	3.8	13	34	1.3	2.3	0.3	1.7
麦麸	682	862	12.2	206	382	10.8	9.9	2.0	6.0
小麦粉	188	190	3.1	31	50	1.5	3.5	0.4	1.6
玉米	218	300	3.3	14	96	0.48	2.4	0.25	1.7
荞麦	297	401	4.7	47	258	2.04	6.2	0.56	3.6
高粱米	329	281	6.3	22	129	1.22	6.3	0.53	1.6

五、豆类中的矿物质

豆类食品钾、磷含量较高，是人体钾、磷的优质来源，但大豆中的磷70%～80%与植酸结合，影响了人体对其他矿物质如钙、锌等的吸收。大豆中常量矿物元素含量见表8-5。

表8-5　　　　　　　　　　　　　大豆中矿物质的含量　　　　　　　　　　单位：mg/100g

元素	钾	钙	镁	磷	硫	氯	钠
含量	1830	240	310	780	240	30	240

六、蔬菜中的矿物质

蔬菜中的矿物质以钾最高。不同品种、产地的蔬菜中矿物质含量有差异，主要是与植物富集矿物质的能力有关。部分蔬菜中矿物质的含量见表8-6。100g小白菜绝干物中矿物质含量见表8-7。从表8-6和表8-7可以看出，蔬菜是膳食中矿物质的一个重要来源。

表8-6　　　　　　　　　　　　部分蔬菜中矿物质的含量　　　　　　　　　单位：mg/100g

蔬菜	钾	钠	钙	镁	磷	铁	锰	锌	铜
菠菜	311	85.2	66	58	47	2.9	0.66	0.85	0.1
莴笋	212	36.5	23	19	48	0.9	0.19	0.33	0.07
芹菜（茎）	206	159	80	18	38	1.2	0.16	0.24	0.09

续表

蔬菜	钾	钠	钙	镁	磷	铁	锰	锌	铜
苋菜（青）	148	39.1	34	19	26	1.5	0.26	0.51	0.09
苋菜（红）	207	32.4	187	119	59	5.4	0.78	0.80	0.13
小白菜	178	73.5	90	18	36	1.9	0.27	0.51	0.08
大白菜	90	48.4	35	9	28	0.6	0.16	0.61	0.04
胡萝卜	193	25.1	32	7	16	0.5	0.07	0.14	0.03

表8-7　　　　　　　　　　100g 小白菜绝干物中矿物质含量

元素	钾	钠	镁	钙	磷	铁	锌	铜	锰	硒	钴
含量	1.3g	1.0g	0.2g	1.2g	0.3g	34mg	3.3mg	0.3mg	2.6mg	23μg	18μg

七、水果中的矿物质

部分水果中矿物质的含量见表8-8。

表8-8　　　　　　　　　　部分水果中矿物质的含量　　　　　　　单位：mg/100g

水果	钾	钠	钙	镁	磷	铁	锰	锌	铜
橙	159	1.2	20	14	22	0.4	0.05	0.14	0.03
芦柑	54	1.3	45	45	25	1.4	0.03	0.10	0.10
葡萄（紫）	151	1.8	10	9	10	0.5	0.12	0.33	0.27
樱桃	232	8.0	11	12	27	0.4	0.07	0.23	0.10
鸭梨	77	1.5	4	5	14	0.9	0.06	0.10	0.19
香蕉	256	0.8	7	43	28	0.4	0.65	0.18	0.14
苹果	119	1.6	4	4	12	0.6	0.03	0.19	0.06

第三节　矿物质的生物有效性

在考虑食品的营养质量时，不仅要考虑其含量，还要考虑其被生物利用的实际利用率，即生物有效性。在研究食品的营养以及食品制造中矿物质营养强化工艺时，对生物有效性的考虑尤为重要。

1. 影响矿物质生物有效性的因素

影响矿物质生物有效性的因素主要有矿物质本身的物理及化学存在形式、溶解性及可消化性、食品组成的相互作用等。主要有以下几个方面。

（1）矿物质元素在水中的溶解性和存在状态　矿物质的水溶性越好，越有利于机体的吸收和利用，因为绝大多数生物化学反应是在水溶性体系中进行的，而消化吸收也需要水为介质。例如，乳酸钙的吸收率高于硫酸钙，更高于植酸钙。多价离子的磷酸盐和碳酸盐难被吸收，而钾、钠、氯等元素的化合物吸收率较高。植酸、草酸等可以使某些矿物质产生不溶性化合物，从而影响矿物质的消化与吸收。同一矿物质元素处于不同的化学形式，其生物可利用性不同。例如，Fe^{2+} 比 Fe^{3+} 更易被机体利用；血红素中铁的生物可利用率远高于无机铁离子；与酶蛋白结合的锌更易被吸收和利用。

（2）矿物质元素之间的相互作用　机体的矿物质吸收有时会发生拮抗作用，这可能与它们的竞争载体有关。如果食品中一种矿物质元素含量过高，往往会使其他矿物质元素的吸收受到抑制。如铁的含量过高会抑制锌、锰等矿物质元素的吸收。

（3）螯合效应　金属离子可以与不同的配体作用，形成相应的配合物或螯合物。形成螯合物的能力与金属离子本身的特性有关。食品体系中形成的螯合物有的可以提高矿物质元素的吸收利用率，如氨基酸钙，有的可以降低矿物质元素的吸收利用率，如植酸钙。食品中含有大量膳食纤维时会与矿物质形成螯合物，影响其吸收，如降低铁、锌、钙等的吸收利用率。有些螯合物还有其他作用，如铜离子、铁离子的螯合物可以防止其助氧化作用。

（4）其他成分的影响　蛋白质、脂类和维生素也会影响到某些矿物质的生物可利用性，例如，蛋白质摄入量的不足会造成钙的吸收水平下降；脂类摄入过量时会影响钙的吸收；维生素C 可将 Fe^{3+} 还原成 Fe^{2+}，促进铁的吸收；蛋黄中的卵黄磷蛋白抑制了铁的吸收，从而降低了蛋黄铁的生物有效性。一般说来，动物性食品中矿物元素的生物有效性高于植物性食品。这是因为植物性食物中含有较多的植酸盐、草酸盐、磷酸盐等，会降低矿物元素的生物有效性。

（5）人体的生理状态　人体对矿物质元素的吸收利用具有调节能力，以维持机体环境的相对稳定。如在食品中缺乏某种矿物质元素时，其吸收率就会提高；而当食品中供应充足时，吸收率就会下降。当然，还需要考虑其绝对吸收量。此外，机体的状态，如年龄、疾病、个体差异等因素，均会造成机体的矿物质利用率的变化，儿童随着年龄的增大，铁的吸收率减少，女性对铁的吸收率比男性高等。

2. 几种主要矿物质元素的生物有效性

（1）钙　人们对食品中钙的需要量，不仅取决于食品中钙的含量，更重要的是对钙的吸收率。在正常的饮食中，钙的含量不会出现缺乏现象，但是人体肠道对钙的吸收很不完全，有70%～80% 残留在粪便中。这主要是由于钙离子可与食物中的植酸、草酸及脂肪酸等阴离子形成不溶性钙盐，因此钙在肠道中的吸收率与钙化合物的溶解度有重要关系，只有呈溶解状态时，才能被吸收。

食品中含草酸或植酸过多时，不但食品本身所含的钙不易被吸收，而且还会影响对其他食品中钙的吸收，所以选择供钙的食品时，不能单纯考虑钙的绝对含量，还应注意影响钙吸收的草酸或植酸成分的含量。如100g 苋菜含草酸1142μg，100g 菠菜含草酸606μg，均可影响钙的吸收。

有许多因素有利于钙的吸收，首先维生素D 能促进钙的吸收，这在很多实践和理论上都已经证实。乳糖对钙的吸收也有促进作用，一般认为是钙与乳糖螯合成低相对分子质量的可溶性螯合物。很多实验证明，饮食中蛋白质供应充足有利于钙的吸收，这可能是由于蛋白质消化所释出的氨基酸与钙形成可溶性钙盐，因而能促进钙的吸收。

食品中钙的来源以乳及乳制品最好，不但含量丰富，而且吸收率高，是较理想的钙来源。此外，绿叶蔬菜、肉类、豆类、水产等钙含量都较丰富。

制造钙强化食品，通常用磷酸氢钙、碳酸钙、乳酸钙、葡萄糖酸钙来补足钙。添加食用骨粉（含钙高于20%，吸收率约为70%）也是饮食中补充钙的有效措施。

（2）铁 铁在食品中广泛存在，但是由于铁在食品中存在的形态不利于机体对它吸收利用，所以容易引起缺铁症。铁在食品中的存在有下列两种形式：

一是高价铁离子，高铁离子主要以$Fe(OH)_3$络合物的形式存在于植物性食品中，与其结合的有机分子有蛋白质、氨基酸和有机酸等。这种形式的铁必须事先与有机部分分开，并还原成亚铁离子后，才能被吸收。若饮食中有较多的植酸盐或磷酸盐，则可与铁形成不溶性铁盐而降低其吸收率。谷类食物中的铁吸收率低，原因就在于此。抗坏血酸有助于高铁离子的吸收，它不仅能把Fe^{3+}还原成Fe^{2+}，而且还可与Fe^{2+}形成可溶性络合物。半胱氨酸对铁的吸收也有类似的促进作用，肉类食品可以提高植物性食品中铁的吸收率，与半胱氨酸的存在有关。

二是血色素型铁，与血红蛋白及肌红蛋白中的血红素结合的铁离子为血色素型铁。此种类型的铁不受植酸或磷酸的影响，能以血红素铁的形式直接被肠黏膜上皮细胞吸收，其吸收率比亚铁离子还要高。一般情况下，动物性食品中的铁比植物性食品中的铁易于吸收。植物性食品中的铁，吸收率多在10%以下，例如大米为1%，菠菜和大豆为7%，玉米和黑豆为3%，莴苣为4%，小麦为5%。动物性食品的铁吸收率高，例如鱼类为11%，血红蛋白为12%，动物肌肉、肝脏可高达22%。蛋类中的铁吸收率较低，约为3%。这是由于蛋黄中磷蛋白与高铁离子结合成不溶性的铁盐，从而难于被吸收。常用强化食品的铁化合物有：硫酸亚铁、元素铁、正磷酸铁和焦磷酸铁钠。其中以硫酸亚铁容易被机体吸收，但是容易使食品褪色或氧化。元素铁也容易被吸收，并且对食品质量变化影响不大。

（3）锌 动物性食品是锌的可靠来源，如牛肉、猪肉和羊肉含锌$20\sim60mg/kg$，鱼类和其他海产品含锌在$15mg/kg$以上。豆类和小麦虽然含锌$15\sim20mg/kg$，但谷类经碾磨后，其可食部分的含锌量明显下降。此外，动物性食品中锌的生物有效性优于植物性食品。因为在谷物中含有植酸盐能与锌结合形成不溶性盐，而使锌的利用率下降。促使植酸水解的酶是含锌的酶，缺锌时其活力下降，对植酸的破坏作用减低，造成不能被利用的锌盐增多。但酵母菌具有较多的活性植酸酶，因此面粉经过酵母发酵后，植酸可以减少15%～20%，锌的溶解度增加$2\sim3$倍，锌利用率增加30%～50%。此外，铜、钙、粗纤维等都会妨碍锌的吸收。

第四节 矿物质在食品加工及贮藏中的变化

食品中矿物质的损失与维生素不同，常常不是由化学反应引起的，而是通过矿物质的丢失或与其他物质形成一种不适宜于人和动物体吸收利用的化学形态而损失。食品加工中，食品原料最初的淋洗、整理、除去下脚料等过程是食品中矿物质损失的主要途径。在烹调或热烫中也会由于在水中的溶解而使矿物质有大量损失，如表8-9所示为菠菜热烫处理对矿物质损失的影响，从表8-9可见矿物质损失的程度与它的溶解度有关。有些元素在食品中呈游离态，如钾、钠，它们在漂、烫过程中是极易损失的；而有些元素以不溶性的复合物形式存在，如钙在漂、烫过程中则不易洗去。

表8-9 　　菠菜热烫处理对矿物质损失的影响（表中数据为留存量）

元素	钾	钠	钙	镁	磷
未热烫/（g/100g）	6.9	0.5	2.2	0.3	0.6
热烫/（g/100g）	3.0	0.3	2.3	0.2	0.4
损失率/%	56	43	0	36	36

　　谷物是矿物质的一个重要来源，在谷物的胚芽和表皮中富含矿物质，所以谷物在碾磨时会损失大量矿物质，并且食品碾磨得越细，微量元素损失就越多，因此通常要在谷物食品中添加一些微量元素来弥补加工过程中一些矿物质的损失。碾磨加工对小麦粉中的一些矿物质损失情况见表8-10。由此可见几种对人体有重要作用的矿物质在小麦的碾磨加工中显著损失。

表8-10 　　碾磨加工过程中一些微量元素的损失（表中数据为留存量）

矿物质	含量/（mg/kg）				相对全麦损失率/%
	全麦	小麦粉	麦胚	麦麸	
铁	43	10.5	67	47~78	76
锌	35	8	101	54~130	77
锰	46	6.5	137	64~119	86
铜	5	2	7	7~17	60
硒	0.6	0.5	1.1	0.5~0.8	16

　　食品加工中设备、用水也会影响食品中的矿物质。牛乳中镍含量很低，但经过不锈钢设备处理后镍的含量明显上升。食品中的矿物质元素含量还能够通过与包装材料的接触而改变。在马口铁罐头食品中，食品中的酸与金属器壁反应，生产氢气和金属盐，则食品中的铁和锡含量明显上升，这类反应严重时会产生"胀罐"。在罐头食品中，由于金属与食品中的含硫氨基酸反应生成硫化黑斑，造成含硫氨基酸的损失，降低食品中硫元素的含量。

第五节　酸性食品与碱性食品

　　人体吸收的矿物质元素，由于它们的性质不同，在生理上则有酸性和碱性的区别。属于金属元素的钠、钾、钙、镁等，在人体内氧化生成带阳离子的碱性氧化物，如 Na_2O、K_2O、CaO、MgO 等。含这些带阳离子金属元素较多的食品，在生理上称它们为碱性食品。食品中所含的另一类矿物质元素为非金属元素，如磷、硫、氯等。它们在人体内氧化后，生成带阴离子的酸根，如 PO_4^{3-}、SO_4^{2-}、Cl^- 等。含有带阴离子非金属元素较多的食品，在生理上称它们为酸性食品。

　　食品在生理上是酸性还是碱性，可以通过食品灰化后，用酸或碱液进行中和来确定。灰分的酸度和碱度，是指100g食品的灰分溶于水中，用0.1000mol/L HCl 或0.1000mol/L NaOH 溶液中和时，所消耗酸液或碱液的毫升数，即为食品灰分的酸、碱度。以"＋"表示碱度，以"－"表示酸度。

大部分蔬菜、水果、豆类都属于碱性食品。水果中虽然含有各种有机酸，在味觉上呈酸性，但这些有机酸在人体内经氧化，生成二氧化碳和水而排出体外，所以水果在生理上并不显酸性。而水果中存在的矿物元素属于碱性元素，所以水果在生理上属于碱性食品。常见的碱性食品如表8-11所示。

表8-11　　　　　　　　　　常见的碱性食品

名称	灰分的碱度	名称	灰分的碱度	名称	灰分的碱度
大豆	+2.20	马铃薯	+5.20	香蕉	+8.40
豆腐	+0.20	藕	+3.40	梨	+8.40
菜豆	+5.20	洋葱	+2.40	苹果	+8.20
菠菜	+12.00	南瓜	+5.80	草莓	+7.80
莴苣	+6.33	黄瓜	+4.60	柿子	+6.20
萝卜	+9.28	海带	+14.60	牛乳	+0.32
胡萝卜	+8.32	西瓜	+9.40	茶（5g/1L水）	+8.89
螺旋藻	+41.80	干香菇	+31.50	甘薯	+10.31
番茄	+13.67	橘子	+9.61	芋头	+7.00

大部分的肉、鱼、禽、蛋等动物食品中含有丰富的含硫蛋白质；而主食米、面及其制品中含磷较多，所以它们均属于酸性食品。常见的酸性食品如表8-12所示。

表8-12　　　　　　　　　　常见的酸性食品

名称	灰分的碱度	名称	灰分的碱度	名称	灰分的碱度
猪肉	-5.60	牡蛎	-10.4	面包	-0.80
牛肉	-5.00	鱿鱼（干）	-48.0	花生	-3.00
鸡肉	-7.60	虾	-1.80	大麦	-2.50
鸡蛋黄	-18.80	大米	-11.67	啤酒	-4.80
鲤	-6.40	大米（糙）	-10.60	紫菜（干）	-0.60
鳗	-6.60	麦粉	-6.50	可乐	-4.75

正常情况下人的血液，由于自身的缓冲作用，其pH均保持在7.3~7.4。人们食用适量的酸性或碱性食品后，其中非金属元素经体内氧化，生成阴离子酸根，在肾脏中与氨结合成铵盐，被排出体外。其中金属元素经体内氧化，生成阳离子碱性氧化物，与二氧化碳结合成各种碳酸盐，从尿中排出。这样仍能使人的血液pH保持在正常的范围之内，在生理上能达到酸碱平衡的要求。如果由于饮食中各种食品搭配不当，容易引起人体生理上酸碱平衡失调。一般情况下，酸性食品在饮食中容易超过所需要的量（因为人们的主食都属于酸性食品），导致血液偏酸性。这样，不仅会增加钙、镁等碱性元素的消耗，引起人体出现缺钙症，而且使血液的色泽加深，

黏度增大，还会引起各种酸中毒症。儿童中发生酸中毒时，容易患皮肤病、神经衰弱、疲劳倦怠、胃酸过多、便秘、龋齿、软骨等病。中老年人发生酸中毒时，容易患神经痛、血压增高、动脉硬化、胃溃疡、脑溢血等病。所以在饮食中必须注意酸性食品和碱性食品的适宜搭配，尤其应该控制酸性食品的比例，这样就能保持生理上的酸碱平衡，防止酸中毒。同时也有利于食品中各种营养成分的充分利用，以提高食品营养的功效。

第六节　矿物质的营养强化

一种优质的食品应具有良好的品质属性，主要包括安全性、营养、色泽、风味和质地，其中营养是一项重要的衡量指标。但是，没有一种天然食物含有人体需要的各种营养素，其中也包括矿物质。此外，食品在加工和贮藏过程中往往造成矿物质的损失。人们由于饮食习惯和居住环境等不同，往往会出现各种矿物质的摄入不足，导致各种不足症和缺乏症，例如，缺硒地区人们易患白肌病和大骨节病。因此，有针对性地进行矿物质的强化对提高食品的营养价值和保护人体的健康具有十分重要的作用。通过强化，可补充食品在加工与贮藏中矿物质的损失，满足不同人群生理和职业的要求，方便摄食以及预防和减少矿物质缺乏症。对此，我国有关部门专门制定了《食品营养强化剂使用标准》（GB 14880—2012）。

根据营养强化的目的不同，食品中矿物质的强化主要有以下三种形式。

（1）矿物质的恢复（restoration）　添加矿物质使其在食品中的含量恢复到加工前的水平。

（2）矿物质的强化（fortification）　添加一种或多种矿物质营养素，使该食品成为一种优良的营养素来源。

（3）矿物质的增补（enrichment）　选择性地添加某种矿物质，使其达到规定的营养标准要求。

食品进行矿物质强化需遵循以下原则，即从营养、卫生、经济效益和实际需要等方面全面考虑。

（1）结合实际，有明确的针对性　在对食品进行矿物质强化时必须结合当地的实际，要对当地的食物种类进行全面的分析，同时对人们的营养状况作全面细致的调查和研究，尤其要注意地区性矿物质缺乏症，然后科学地选择需要强化的食品、矿物质强化的种类和数量。

（2）选择生物利用率较高的矿物质　在进行矿物质营养强化时，最好选择生物利用率较高的矿物质，例如，钙强化剂有氯化钙、碳酸钙、磷酸钙、硫酸钙、柠檬酸钙、葡萄糖酸钙和乳酸钙等，其中人体对乳酸钙的生物利用率最高，强化时应尽量避免使用那些难溶解、难吸收的矿物质如植酸钙、草酸钙等。还可使用某些含钙的天然物质如骨粉及蛋壳粉，因为骨粉含钙30%左右，其钙的生物可利用率为83%；蛋壳粉含钙38%，其生物可利用率为82%。

（3）应保持矿物质和其他营养素间的平衡　食品进行矿物质强化时，除考虑选择的矿物质具有较高的可利用性外，还应保持矿物质与其他营养素间的平衡。若强化不当会造成食品各营养素间新的不平衡，影响矿物质以及其他营养素在体内的吸收与利用。

（4）符合安全卫生和质量标准　食品中使用的矿物质强化剂要符合有关的卫生和质量标

准，同时还要注意使用剂量。

（5）不影响食品原来的品质属性　食品大多具有美好的色、香、味等感官性状，在进行矿物质强化时不应损害食品原有的感官性状而致使消费者不能接受。根据不同矿物质强化剂的特点选择被强化的食品与之配合，这样不但不会产生不良反应，而且还可提高食品的感官性状和商品价值。例如，铁盐色黑，当用于酱或酱油强化时，因这些食品本身具有一定的颜色和味道，在合适的强化剂量范围内，完全不会使人们产生不愉快的感觉。

（6）经济合理，有利于推广　矿物质强化的目的主要是提高食品的营养和保持人们的健康。一般情况下，食品的矿物质强化需要增加一定的成本，因此，在强化时应注意成本和经济效益相平衡，否则不利于推广，达不到应有的目的。

🔍 思考题

1. 矿物质在食品中存在的主要形式有哪些？
2. 什么是必需矿物质元素？
3. 什么是矿物质的生物有效性？
4. 什么是酸性食品？什么是碱性食品？如何判断食品是酸性食品还是碱性食品？
5. 矿物质的摄入剂量和相关生理功能之间的剂量 – 响应关系如何？（Bertrand 定律）
6. 植物性食物中钙、铁的生物有效性如何？为什么？
7. 矿物质在生物体中有何功能？
8. 简述加工过程中矿物质量的改变情况。
9. 简述动物性食品和植物性食品中矿物质的来源及存在状态。

第九章

食品色素

    了解食品天然色素按照来源的分类，类胡萝卜素的结构分类，影响花色素稳定性的主要因素和次要因素。熟悉色淀、焦糖色素的概念。掌握绿色蔬菜中叶绿素的结构和性质特点，在加热时的变化情况，在绿色蔬菜进行加工中进行护绿处理的方法；理解肌红蛋白的氧合作用和氧化反应。肉制品常用亚硝酸盐作发色剂的原理，利弊情况，腌肉颜色变化的原因。

第一节　食品色素的发色原理及分类

一、食品色素的发色原理

    颜色是指眼对有色物质的感觉；食品着色剂是指具有色泽的化学物质；天然食品色素是指存在于细胞或组织中具有色泽的正常成分；染料是指用在纺织工业上的着色剂，不能用于食品；色淀是指吸附在惰性载体表面上的食品着色剂。

    在食品加工、运输及贮藏过程中，产品本身会发生褪色或变色，从而影响食品的感官品质，导致商品价值降低。因此，一方面需要有针对性地采取必要的和有效措施，防止食品褪色或不良色泽的生成，另一方面需将一些可食用的有色物质（着色剂）添加到食品中，恢复其原来色彩，提高其感官品质和商品价值。所以，研究食品色素和着色剂的种类、特性及其在加工贮藏过程中的变化，对如何保持食品的天然色泽和防止其变色，以及如何使用食品着色剂来改进食品的色泽具有重要意义。

    评价食品的品质，除了食品的营养价值、卫生安全性、风味、质地要求外，还应该包括食品的色泽。食品色泽作为评价食品感官质量的主要影响因素之一，不仅通过视觉给人以美感，增加食欲，同时也是鉴别食品质量优劣的一项重要指标。新鲜的食品常常呈现自然、柔和、鲜艳的色彩，而不正常的食品色泽，往往是劣质、变质食品的直观标志。

    食品的颜色是由食品中所含物质对某些波长下的可见光进行选择性吸收或反射而产生的，这些存在于食品中能使人的视觉产生颜色感的物质统称为食品色素，包括原料自身存在的天然色素、添加于食物中的发色物质，以及食品原料在加工过程中某些成分转化形成的有色物质。

食品色素大多属于有机物，具有发色基团和助色基团。其中发色基团（也称生色基团）在紫外及可见光区域中具有吸收峰，包括—CHO、—COOH、—N＝N—、—N＝O 等基团。当有色物质分子中只含有一个这样的发色基团时，其吸收波长在 200～400nm，仍为无色，如果有色物质分子中同时含有两个或两个以上的发色基团并产生共轭，由于共轭的作用，使激发这些电子所需要的能量降低，而使这些化合物可以吸收波长较长的光波。共轭体系越长，吸收光波长就越长，当吸收光移向可见光区域时，物质就呈现颜色。不同食品色素的颜色差异及其变色作用，主要是由发色基团的差异和变化所引起。有些物质本身并不产生吸收峰，但与发色基团共存时，能使发色基团的吸收波段向长波方向移动，这样的基团称为助色基团，例如—OH、—OR、—NH$_2$、—NR$_2$、—OCH$_3$、—SR、—Cl、—Br 等。助色基团往往含有未共用电子对，能与发色基团产生共轭效应，促进物质显色。

二、食品色素的分类

根据色素来源不同，可将天然色素分为：① 植物色素，如叶绿素、红花色素、栀子黄色素、葡萄皮色素、辣椒红素及胡萝卜素等；② 动物色素，如血红素、虫胶色素及胭脂虫色素；③ 微生物色素，如红曲色素、核黄素等。

又可根据天然色素的色调分为：① 红紫色系列，如花青素、红曲色素、高粱红色素、甜菜红色素、辣椒红素、黄酮类色素、醌类色素、可可色素、焦糖色素等；② 黄橙色系列，如胡萝卜素、红花黄色素、藏红花素、核黄素、姜黄素、玉米黄素等；③ 蓝绿色系列，如叶绿素、叶绿素铜钠盐、藻蓝素、栀子蓝色素等。

也可根据其化学结构分类，分为：① 卟啉类（四吡咯）衍生物类色素，如叶绿素、血红素、胆色素等；② 异戊二烯衍生物类色素，如胡萝卜素、番茄红素、虾黄素、藏红花红素、胭脂树素等；③ 多酚类衍生物色素，如花青素、黄酮色素、可可色素等；④ 酮类衍生物色素，如红曲色素、姜黄素、红花黄色素等；⑤ 醌类衍生物色素，如虫胶色素、胭脂虫红紫草色素等；⑥ 其他类色素，如核黄素、甜菜红、焦糖色素等。

按照溶解性分类可分为：① 脂溶性色素，如胡萝卜素；② 水溶性色素，如血红素、花青素等。

由于天然色素种类多样，安全性高，近年来受到人们的重视，但天然色素的耐光性、耐热性、耐氧化性、酸碱稳定性均较差，对金属离子也较敏感。因此，目前商业化生产并在食品加工中使用的天然色素的种类并不多，很多时候还需用到合成着色剂。研究天然色素的意义更多的在于如何采取有效措施，减少或抑制食品中天然色素的褪色及变色，更好地保持食品的色泽。

第二节　食品中的天然色素

一、食品中卟啉类色素（四吡咯类色素）

卟啉类色素是以四个吡咯环的 α 碳原子通过次甲基相连成卟啉环为基础结构的天然色素。

卟啉环呈平面型，在其中央的 4 个 N 原子以共价键和配位键与金属离子结合。卟啉环是一个复杂的共轭体系，具有吸光性，而不同卟啉类色素吡咯环位置上有不同的取代基或螯合了不同的金属离子，从而使其呈现各种颜色。典型的卟啉类色素包括植物组织中的叶绿素及动物组织中的血红素。

1. 叶绿素

(1) 叶绿素的结构　叶绿素是高等植物和其他所有能进行光合作用的生物体含有的一类绿色色素，包括叶绿素 a、叶绿素 b、叶绿素 c 和叶绿素 d，其化学组成是由叶绿酸、叶绿醇（$C_{20}H_{39}OH$）和甲醇组成的二醇酯，人们观察到的绿色主要来自叶绿酸部分。

与食品有关的叶绿素主要是高等植物中的叶绿素 a 和叶绿素 b 两种，两者含量比约为 3:1，前者为青绿色，后者为黄绿色，其结构见图 9-1。二者的区别只在于其中一个吡咯环中 3 位碳上的取代基不同，叶绿素 a 为—CH_3，叶绿素 b 为—CHO。

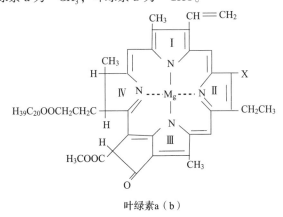

叶绿素 a（b）

X=—CH_3 为叶绿素 a　　　　X=—CHO 为叶绿素 b

图 9-1　叶绿素 a 和叶绿素 b 的结构

(2) 叶绿素的性质　叶绿素不溶于水，易溶于有机溶剂，常用丙酮、乙醇等极性有机溶剂从含有叶绿素的植物中提取。叶绿素是一切绿色植物的绿色来源，在植物活细胞中叶绿素与蛋白质结合存在于叶绿体。当细胞死后，叶绿素即从叶绿体内游离出来，游离的叶绿素很不稳定，对光、酸、碱、热等因素敏感，会产生各种衍生物。一是叶绿素分子的中心镁离子由两个质子取代生成褐色的脂溶性脱镁叶绿素；二是叶绿素中的植醇被羟基取代成为绿色的水溶性脱植醇叶绿素；三是脱镁叶绿素环上甲酯基中的酮基转为烯醇式，形成了比脱镁叶绿素色泽更暗的焦脱镁叶绿素；四是脱去镁和植醇的橄榄绿水溶性色素。

(3) 叶绿素在食品加工和贮藏中的变化　食品在加工和贮藏中，受酶、酸、热、光等因素的影响，均会引起叶绿素发生变化。其中引起叶绿素破坏的酶促反应有两类。一类是间接作用，起间接作用的酶有脂酶、蛋白酶、果胶酯酶、脂氧合酶、过氧化物酶等。脂酶和蛋白酶破坏叶绿素 - 脂蛋白复合体，使叶绿素失去脂蛋白的保护而遭受破坏；果胶酯酶将果胶水解为果胶酸，从而增加了质子浓度而使叶绿素脱镁；脂氧合酶和过氧化物酶催化使底物氧化，产生的物质会引起叶绿素的氧化分解。另一类是直接作用，叶绿素酶能直接以叶绿素或脱镁叶绿素为底物，催化其中的植醇酯键水解，产物分别为脱植醇叶绿素和脱镁脱植醇叶绿素。

绿色蔬菜在长期贮藏中，蔬菜内的有机酸会使叶绿素生成脱镁叶绿素，最后使蔬菜变黄甚至变褐。在加热中，由于组织的破坏，细胞内的成分（包括有机酸）不再区域化，因而加强了与叶绿素的接触，同时加热促使植物生成新的有机酸，例如草酸、苹果酸、柠檬酸、乙酸、琥珀酸等，由于酸的作用，叶绿素发生脱镁反应，生成脱镁叶绿素，并进一步生成焦脱镁叶绿素，食品的绿色向橄榄绿到褐色显著转变，这种变化在水溶液中是不可逆的。在低温或干燥状态时，叶绿素的性质稳定，所以常常用冷冻法或冷冻干燥护绿。

（4）护绿技术　常用护绿技术有以下几种。

① 加碱处理而护绿。叶绿素在加碱加热处理后，其结构中甲醇和叶绿醇被分离出去生成鲜绿色的叶绿酸盐，叶绿酸盐溶于水、较稳定。为了在加工烹调蔬菜时保持绿色，经常可加适量的碱来完成。但碱不可加得过多，否则会影响食品风味，并破坏食品中的维生素 C。提高罐藏蔬菜的 pH 是一种有效的护绿方法，采用适量加入氧化钙和磷酸二氢钠以保持热烫液 pH 接近7.0 的方法，或采用碳酸镁与磷酸钠调节 pH 的方法都有护绿效果，但它们都有促进组织软化和产生碱味的副作用。

将氢氧化钙或氢氧化镁用于热烫液既可提高 pH，又有一定的保脆作用，但是即使这样，该方法仍未取得商业成功，由于组织内部的酸并不能得到有效而长期的中和，一般在两个月以内，罐藏蔬菜的绿色仍会失去。采用含 5% 氢氧化镁的乙基纤维素在罐内壁上涂膜的办法可使氢氧化镁慢慢释放到食品中以保持 pH 为 8.0 很长一段时间，这样就可保持绿色长期不变。该方法的缺点是引起谷氨酰胺和天冬酰胺部分水解而产生氨味，引起脂肪水解而产生酸败气味。在青豌豆中还可能引起鸟粪石——磷酸镁和磷酸铵复合结晶的产生。

② 高温瞬时杀菌、灭酶护绿。高温瞬时杀菌、灭酶不但能使维生素和风味更好保留，而且也能显著减轻植物性食品在商业杀菌中发生的绿色破坏程度。但经过约两个月的贮藏后，这种护绿效果已被贮藏中食品 pH 自然下降造成的叶绿素脱镁效果所抵消。

③ 绿色再生。脱镁叶绿素是一种螯合剂，在有足够的锌或铜离子存在时，四吡咯环中心可与锌或铜离子生成绿色配合物，其中铜叶绿素的色泽最鲜亮，对光和热较稳定。实际生产叶绿素中，往往用铜离子使四吡咯环中心的镁为铜置换，其产品习惯上称为叶绿素铜钠盐。由于在食品加工中，叶绿素铜钠盐具有较高的稳定性及安全性，所以是一种理想的食品着色剂。

在蔬菜泥的加工中发现，经过杀菌，菜泥中偶尔有一些区域会出现亮绿色。经研究，这种返绿现象是由于 Cu^{2+} 和 Zn^{2+} 与加热中产生的叶绿素衍生物（如脱镁叶绿素和焦脱镁叶绿素）结合形成绿色物质所致。这一发现引起了一些食品加工者的重视，并初步发展成一种护绿方法。这种方法使用 Zn^{2+} 浓度约为万分之几，并控制 pH 在 6.0 左右，温度略高于 60℃。

④ 其他方法护绿。气调保鲜技术使绿色同时得以保护，这属于生理护色。比如由乙烯带来的某些水果的呼吸跃变会延缓，成熟会延缓，于是叶绿体及叶绿素也较慢被破坏。

水分活度很低时，即使有酸存在，H^+ 转移并接触叶绿素的机会也相对减小，这样它难以置换叶绿素和其他绿色叶绿素衍生物中的 Mg^{2+}，这正是为什么脱水蔬菜能较长期保持绿色的一种原因，水分活度低时微生物及酶的影响被抑制也是这种护绿方法奏效的另一原因。在贮藏绿色植物性食品时，避光、除氧可防止光氧化褪色。因此正确选择包装材料和护绿方法以及与适当使用抗氧化剂结合，可以达到护绿目的。

2. 血红素

（1）血红素的结构　血红素是动物肌肉和血液中的主要色素，能溶于水，其结构式见图9–2。动物肌肉的红色主要来自于肌红蛋白 A（70%～80%）和血红蛋白（20%～30%），肌红蛋白和血液中的血红蛋白都是血红素与球状蛋白结合而形成的，因此肉的色素本质上是血红素。

动物屠宰放血后肌肉色泽的90%以上是肌红蛋白产生的。肌肉组织中肌红蛋白的含量因动物种类、年龄和性别以及部位的不同差异很大。肌红蛋白及其各种化学形式是使肉类产生颜色的主要色素，但并不是肌肉中唯一的色素，肌肉中还有少量其他色素，如细胞色素、维生素 B_{12} 和黄素蛋白，只是这些肌肉色素含量很少不足以呈色，所以新鲜肌肉的颜色主要由肌红蛋白及其各种化学形式决定。

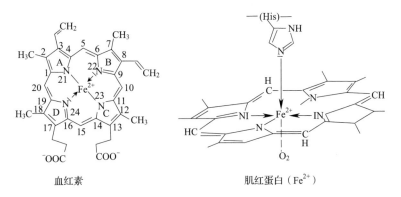

图9-2 血红素、肌红蛋白的结构

（2）血红素的性质　肌红蛋白属于氧结合血红素蛋白，蛋白质部分为珠蛋白，珠蛋白和辅基血红素结合的摩尔比为1:1，肌红蛋白的结构见图9-2。在肌红蛋白分子中，血红素中心铁离子有6个配位键，每一个键代表一对电子对，其中4对来自卟啉环上的四个 N 原子，第5个来自珠蛋白的组氨酸残基，第6个配位键则可以与任何一个能提供电子对的原子结合，如 H_2O、O_2 中的氧原子等。根据提供的电子对可以预测形成键的特性及复合物的颜色，此外肉的颜色还取决于铁离子的氧化状态和珠蛋白的物理状态等。

卟啉环中的铁可能是 Fe^{2+}（还原态）或 Fe^{3+}（氧化态）。当 O_2 取代 H_2O 时，紫红色的肌红蛋白（Mb）和分子氧结合为鲜红色的氧合肌红蛋白（MbO_2），这一过程称为氧合作用，它不同于肌红蛋白中低价铁被氧化（Fe^{2+} 转变为 Fe^{3+}）成高铁肌红蛋白（MetMb）的氧化反应。肌红蛋白和氧合肌红蛋白都能发生氧化，使 Fe^{2+} 自动氧化成 Fe^{3+}，产生褐色的高铁肌红蛋白（MetMb），肌红蛋白的氧合、氧化色变反应见图9-3。

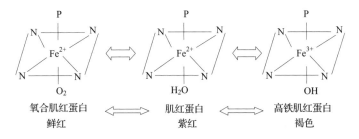

图9-3 肌红蛋白的氧合、氧化色变反应

新鲜肉呈现的色泽是氧合肌红蛋白、肌红蛋白和高铁肌红蛋白三种色素不断地互相转换产生的，这是一种动态和可逆的循环过程，受到氧气分压的强烈影响。高氧分压有利于形成鲜红色的 MbO_2，而低氧分压有利于形成 Mb 和 MetMb。

动物被屠宰放血后，由于对肌肉组织的氧气供应停止，新鲜肌肉中的 Mb 保持还原态，肌肉呈稍暗的紫红色。当新鲜肉放置在空气中与氧气充分接触，肉表面的 Mb 与氧气氧合形成鲜红色的 MbO_2（中间部分仍为紫红色）。随着存放时间的延长，在有氧或氧化剂存在时血红素的 Fe^{2+} 被氧化为 Fe^{3+}，生成褐色的 MetMb。因此当新鲜肉在空气中久置后，褐色就成为主要色泽。肉在贮藏过程中变为绿色的原因：一是过氧化氢与血红素中的 Fe^{2+} 和 Fe^{3+} 反应生成绿色的胆绿色素，使肌红蛋白形成胆绿蛋白；二是细菌繁殖产生的硫化氢在有氧存在下能使肌红蛋白形成绿色的硫肌红蛋白。

火腿、香肠等肉制品在腌制时，常用硝酸盐或亚硝酸盐作为发色剂，利用特定的化学反应使肉中原有的色素转变为亚硝基肌红蛋白、亚硝基高铁肌红蛋白、亚硝基血色原，这三种色素中心铁离子的第六配位体都是 NO。在腌制时，NO_3^- 在还原细菌的还原作用下形成 NO_2^-，NO_2^- 与 H^+ 结合形成 HNO_2，肉中固有的还原剂促使 HNO_2 产生出 NO。NO 首先与肌红蛋白生成鲜红色的亚硝基肌红蛋白（NOMb），NOMb 性质不稳定，加热后能形成具有稳定粉红腌肉色素的亚硝基血色原。此外，腌制时强氧化剂亚硝酸盐也能使肌红蛋白中的血红素最初呈氧化态，形成高铁肌红蛋白，与 NO 形成亚硝基高铁肌红蛋白，此时如果亚硝酸盐过量，亚硝基高铁肌红蛋白会生成硝基高铁肌红蛋白，还可生成绿色的亚硝酰卟啉肌绿蛋白，同时过量的发色剂与肉中的胺类物质反应还会产生亚硝胺类致癌物，正因如此发色剂的用量必须严格控制。

二、类胡萝卜素（异戊二烯衍生物类色素）

类胡萝卜素最早发现于胡萝卜中，因其分子中含有多个双键，故又称多烯类色素。类胡萝卜素是自然界最丰富的天然色素，自然界每年的生物合成量达 1 亿吨以上，其中大部分存在于高等植物中，主要包括叶黄素、玉米黄素、辣椒红素、虾黄素等。类胡萝卜素和叶绿素同时存在于陆生植物中，其黄色常常被叶绿体的绿色所覆盖，当叶绿体被破坏之后，类胡萝卜素的黄色才会显现出来。

1. 类胡萝卜素的分类

类胡萝卜素按其化学结构和溶解性质可以分成两类，一类为胡萝卜素类（即叶红素类），为共轭多烯烃，溶于石油醚，微溶于甲醇、乙醇，不溶于水，如番茄红素、α-胡萝卜素、β-胡萝卜素及 γ-胡萝卜素等。番茄红素的结构见图 9-4。另一类为叶黄素类，为共轭多烯烃的含氧衍生物，含氧的取代基包括羟基、环氧基、醛基和酮基，溶于甲醇、乙醇和石油醚，个别溶于水，如叶黄素、玉米黄素、辣椒红素、藏红花素、虾黄素等。辣椒红素的结构见图 9-5。它们的结构特征是具有共轭双键，构成其发色基团，这类化合物由多个异戊二烯单位组成，异戊二烯单位的连接方式是在分子中心的左右两边对称。类胡萝卜素之所以能呈现不同的颜色，是由于其分子结构中具有高度共轭双键发色基团及—OH 等助色基团。由于双键的数目、位置，取代基的种类、数目、位置不同，从而呈现出不同的吸收光潜。

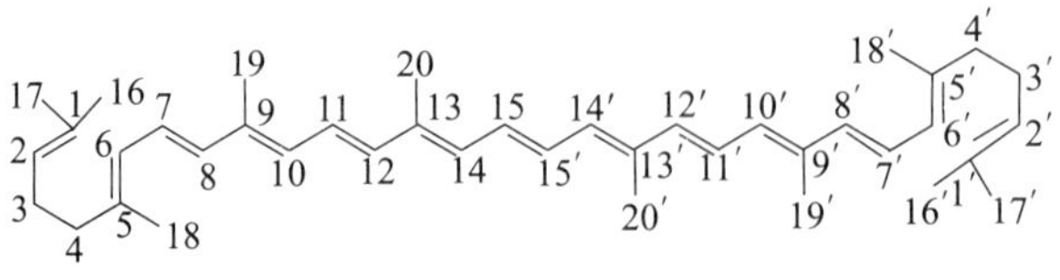

图 9-4 番茄红素的结构

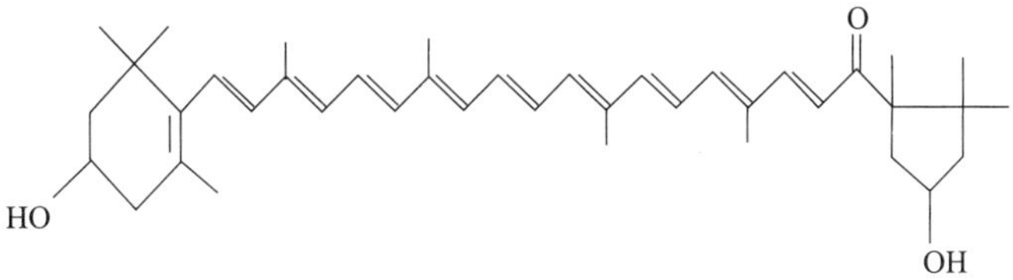

图 9-5　辣椒红素的结构

2. 类胡萝卜素的性质

在植物组织的光合作用和光保护作用中，类胡萝卜素起着重要的作用，它是所有含叶绿素组织中能够吸收光能的第二种色素。类胡萝卜素能够淬灭或使活性氧失活，因此起到光保护作用。食品中的类胡萝卜素可以作为维生素 A 的前体物质。β – 胡萝卜素具有 2 个 β – 紫罗酮环，是最有效的维生素 A 原，一分子 β – 胡萝卜素中间断裂可形成两分子维生素 A。此外 α – 胡萝卜素和 γ – 胡萝卜素分子中间断裂可生成 1 分子维生素 A，因此也具有维生素 A 原的活性。

3. 类胡萝卜素在食品加工与贮藏中的变化

如果单就颜色的稳定性而言，由类胡萝卜素作为主要色素的食品在多数加工和贮藏条件下颜色是相当稳定的，或略有轻微的变化。例如，加热胡萝卜会使金黄色变为黄色，加热西红柿会使红色变为橘黄。但在有些加工条件下，由于类胡萝卜素在植物受热时从有色体中转出而溶于脂类中，从而在组织中改变存在形式和分布，在有氧、酸性和加热条件下类胡萝卜素可能降解。受热中组织的热聚集或脱水等也较严重地影响着含类胡萝卜素的食品的色感。

作为维生素 A 原而言，食品中的类胡萝卜素在加工和贮藏中发生的上述变化中，有一部分是破坏性变化，使维生素 A 原减少。类胡萝卜素具有一定的抗氧化剂活性，在细胞和活体中氧气分压低，类胡萝卜素能抑制脂质的过氧化，清除单线态氧、羟基自由基、超氧自由基和过氧自由基，防止细胞的氧化损伤。

三、多酚类色素

多酚类色素在自然界分布广泛，是植物中水溶性色素的主要成分，含有多个酚羟基，并有一个基本母核苯并吡喃，又称苯并吡喃衍生物，根据多酚类色素结构上的差异，可以分为花青素类色素、类黄酮色素、儿茶素、单宁四种类型。

1. 花青素类色素

花青素是一类普遍分布于植物花瓣、叶、茎、果实等器官中的水溶性类黄酮色素，其结构由一个基本的母核和不同取代基组成，其结构单元为 α – 苯基苯并吡喃型阳离子，根据 B 环上 3′、5′位置上的不同取代基（羟基和甲氧基）现已确定有近 50 种花青素，详细加以区分则有 600 多种。

（1）花色苷的结构　自然条件下，游离的花色素非常少见，通常情况下与一个或多个葡萄糖、鼠李糖、半乳糖、木糖、阿拉伯糖等通过糖苷键结合，以花色苷形式存在于植物细胞的液泡中，花色苷中的 2 – 苯基苯并吡喃环上的氢可以被—OH 或—OCH$_3$ 取代，从而形成各种颜色不同的花青素。一般在花青素结构中—OH 数目增加，颜色逐渐向蓝色、紫色方向移动；随—OCH$_3$ 数目增加，颜色则趋向红色。花色苷结构及呈色特征如图 9-6 所示。目前已知的花青素有 20 种，但在食品中重要的主要有飞燕草色素、天竺葵色素、矢车菊色素、芍药色素、牵牛花色素、锦葵色素 6 种。此 6 种花青素及其颜色增加次序如图 9-7 所示。

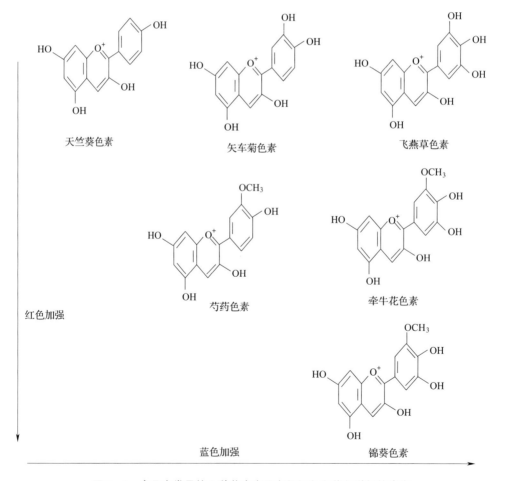

花色苷	R_1	R_2	λ_{max}/nm		颜色
			$R_3 = H$	$R_3 = gluc$	
飞燕草色素	OH	OH	546	541	紫色
牵牛花色素	OH	OCH_3	543	540	紫色
锦葵色素	OCH_3	OCH_3	542	538	红紫色
矢车菊色素	OH	H	535	530	红色
芍药色素	OCH_3	H	532	528	桃紫色
天竺葵色素	H	H	520	516	橘红色

图 9-6 膳食植物中主要花色素/花色苷的结构及呈色特征

图 9-7 食品中常见的 6 种花青素及它们红色和蓝色增加的次序

（2）影响花色苷稳定性的因素

① 结构变化。花色苷本身性质不稳定，其结构对其本身稳定性影响很大，取代基的性质对花色苷的稳定性有重要影响，一般来说，2 – 苯基苯并吡喃阳离子结构中羟基数目增加则降低稳定性。而甲基化程度提高则增加稳定性，糖基化也有利于色素稳定，酰基化花色苷的芳香酸如 p – 香豆酸、咖啡酸和一些脂肪酸如丙二酸、乙酸、琥珀酸和草酸也对花色苷的稳定起到了很大作用。另外 C_4 位上如果被取代也将有利于花色苷的稳定，因为这样可以防止水加成，也防止发生二氧化硫导致的褪色。

② pH。在酸性环境中花色苷非常稳定，在 pH 较高时破坏速率较快，其颜色常随 pH 的变化而变化。在花青素母核的吡喃环上氧原子为四价，具有碱性，而酚羟基上的氢可以解离，具有酸性，因此在不同 pH 下花青素有不同的结构，呈现不同色彩。矢车菊色素随 pH 变化呈现不同的结构，同时颜色在红色（阳离子）、蓝紫色（中性）、蓝色（阴离子）、无色（开环的查耳酮）之间转化。

③ 氧与还原剂。花色苷结构的不饱和特性使之容易受到氧分子的攻击，可引起花色苷的降解，产生无色或褐色的物质。通常对于富含花色苷的果汁采用热充满罐装、充氮罐装或真空条件下加工。在抗坏血酸、氨基酸、酚类、糖衍生物等存在时，由于这些化合物与花色苷发生缩合反应可使褪色加快。反应产生的聚合物和降解产物是十分复杂的，有些反应生成褐红色栎鞣红（phlobaphene）的化合物。这类化合物可产生陈酿红葡萄酒色。另外，在有铜离子存在的条件下，能加速抗坏血酸和花色苷的降解。温度较低时，抗坏血酸对花色苷起稳定作用，温度较高时，抗坏血酸对花色苷结构的破坏作用加速。

④ 加热和光照。食品中花色苷的稳定性与温度关系较大。一般而言，凡是能增加对 pH 稳定的结构同样能提高热稳定性。高度羟基化的花色苷比甲基化、糖基化或酰基化的花色苷的热稳定性差。

光对花色苷有两种作用，一是有利于花色苷的生物合成，二是能引起花色苷的降解。在光照下，酰基化的二糖苷比非酰化的二糖苷稳定，二糖苷又比单糖苷稳定。花色苷自身缩合或与其他有机物缩合后，根据环境条件的不同，可能提高或降低花色苷的稳定性。

⑤ 糖及其降解产物。在高浓度的糖存在下，由于降低了水分活度，花色苷生成假碱式结构的速度减慢，所以花色苷的颜色得到了保护；在低浓度的糖存在下，糖及其降解产物会加速花色素苷的降解，而且温度和光照可以加快这种作用。

⑥ 金属。花青素类色素易与金属离子络合，络合物的颜色不受 pH 影响，在食品加工中利用这一点可以增加花青素的稳定性。同时在加工时，富含花青素的食品不宜接触铁器，并须装在特殊涂料罐或玻璃瓶内。花青素对光、温度敏感，易受氧化剂、还原剂等影响而变色。

⑦ 酶促反应。糖苷酶和多酚氧化酶能引起花色素失去颜色。糖苷酶通过水解花色苷的糖苷键，生成糖和配基花色素，颜色的损失是由于花色苷在水中的溶解度降低和转变为无色化合物。多酚氧化酶在有氧和邻二酚存在时，首先将邻二酚氧化成为醌，然后邻苯醌与花色苷反应形成氧化花色苷和降解产物，从而导致褪色。

（3）生物活性 花色苷类化合物由于其复杂的结构和高清除自由基能力，对人体具有许多重要的生理保健功能，主要表现在其抗氧化、抗突变活性和护肝作用；同时对抑制脂质过氧化和血小板凝固、预防心血管疾病具有良好的实验效果。

2. 类黄酮色素

(1) 类黄酮的结构　类黄酮色素广泛分布于植物界，是呈浅黄色或无色的一大类水溶性天然色素，化学结构类似花色苷。目前已知的类黄酮化合物有1000种以上。类黄酮色素的基本母核是2－苯基苯并吡喃酮，在母核上可以形成黄酮、黄酮醇、黄烷酮、异黄烷酮、黄烷酮醇等衍生物。部分类黄酮色素的结构见图9－8。

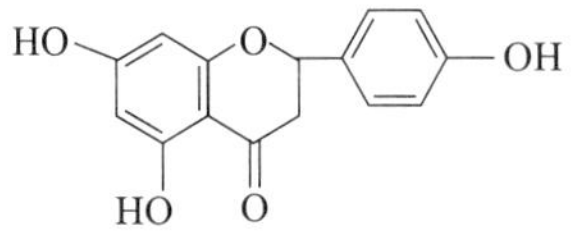

黄烷酮
（柚皮苷配基）

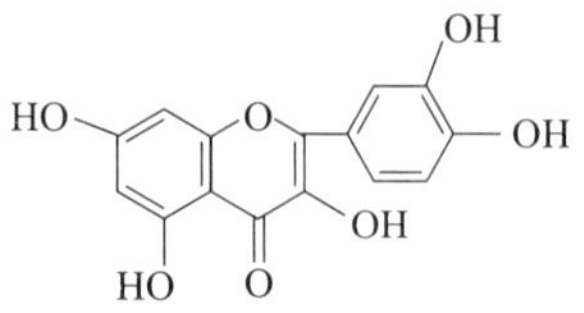

槲皮酮

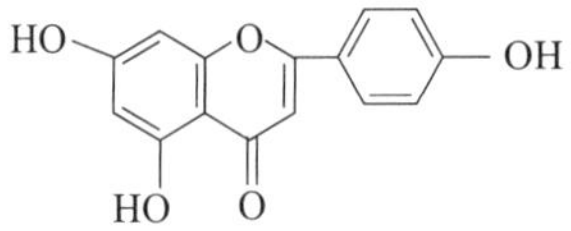

芹菜素

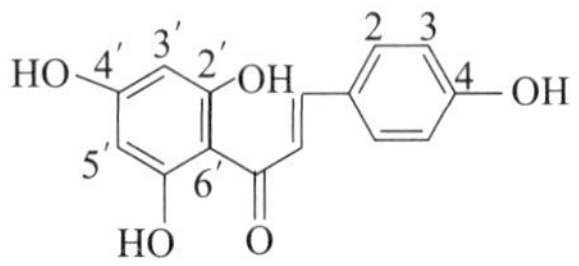

查耳酮

图9－8　部分类黄酮色素的结构

类黄酮配基通常和葡萄糖、鼠李糖、芸香糖、新橙皮糖、木糖、芹菜糖或葡萄糖醛酸等以糖苷的形式存在，成苷位置常常在母核结构的3，5，7位上，与花色素苷不同的是，最常见的是在C_7位，因为C_7位的羟基酸性最强。

(2) 类黄酮的性质　自然条件下，类黄酮的颜色从浅黄到无色，很少有鲜黄色，但遇碱时变成明显的黄色。原因是在碱性条件下C—O键断裂，形成开环的查耳酮型结构，颜色由浅黄变成深黄；酸性条件下，查耳酮又恢复闭环结构，颜色复原。柑橘皮中有大量橙皮苷存在，橙皮苷是由橙皮素（5，7，3′二羟基－4－甲氧基黄烷酮）在C_7位与芸香糖（β－鼠李糖1，6－葡萄糖）形成的苷，在碱性条件下白色的橙皮素能转化为金黄色的橙皮素查耳酮，见图9－9。

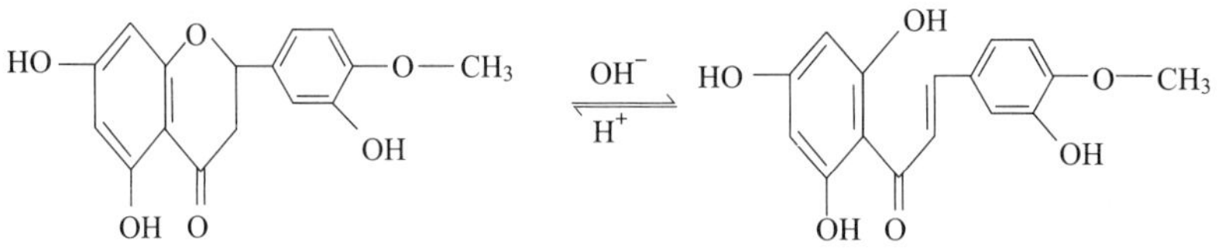

橙皮素（白色）　　橙皮素查耳酮（金黄色）

图9－9　碱性条件下橙皮素的变化

一些食品如马铃薯、大米、小麦面粉、芦笋、荸荠等在碱性水中烹煮变黄，这是由黄酮物质在碱作用下形成查耳酮结构引起的，黄皮种洋葱变黄的现象更为显著，在菜花和甘蓝中也有变黄现象发生。因此，在果蔬加工中要用柠檬酸调整预煮水的pH来控制类黄酮色素的变化。

类黄酮化合物遇三氯化铁，可呈蓝、蓝黑、紫、棕等各种颜色。这与分子中3′，4′，5′碳位上的羟基数目有关。3′碳位上的羟基与三氯化铁作用呈棕色。类黄酮色素在空气中放置容易氧化产生褐色沉淀，因此一些含类黄酮化合物的果汁存放过久便有褐色沉淀出现。

3. 儿茶素

儿茶素是茶叶中含量最多的可溶性成分。一般归类于多元酚（polyphenol）中的黄烷醇类（flavanol），是茶叶中含量最高的多元酚，占总量的75%～80%。

儿茶素结构为2–苯并吡喃环，吡喃为饱和环，见图9–10。其功能性相当多样化且效果非常显著，茶叶的功能性主要来自儿茶素抗氧化与抗衰老、抗菌、抗病毒、抗肿瘤、抗突变、抗过敏、防止放射线及紫外光伤害、抑制酶活力、抑制胆固醇与血脂质的增加、抑制血糖上升、预防心血管疾病、消臭、改善肠道菌相、抗发炎、抗过敏、促进免疫力、预防尿液中毒素的排泄、改养痛风等各种生理活性。

原花青素是目前世界上公认的最强效的自由基清除剂，体内生物活性非常强，原花青素结构由不同数量的儿茶素或表儿茶素结合而成。最简单的原花青素是儿茶素、表儿茶素或儿茶素与表儿茶素形成的二聚体，此外还有三聚体、四聚体等直至十聚体。

4. 单宁

单宁又称单宁酸、倍单宁酸（鞣酸），通常称为鞣质，存在于柿子、茶叶、石榴等植物中，属于高分子的多酚化合物，易被氧化，易与金属离子反应生成黑色物质。单宁会使食品具有收敛性的涩味，并能产生酶促褐变反应，其作用机制尚不完全了解。单宁的结构很复杂，都是由一些含酚羟基的单体缩合而成。

食品中单宁可以分为两种类型：一类是缩合性单宁，在稀酸作用下单宁不但不发生分解，反而会进一步缩合为高分子；另一类是水解单宁，包括倍单宁和鞣花单宁，在较温和的条件下（如稀酸、酶、煮沸等），它可被水解为构成分子的单体，然后这些单体又互相缩合成酯、酐或苷等新化合物。鞣花单宁为没食子酸和鞣花酸的聚合物。没食子酸、鞣花酸的结构见图9–11。

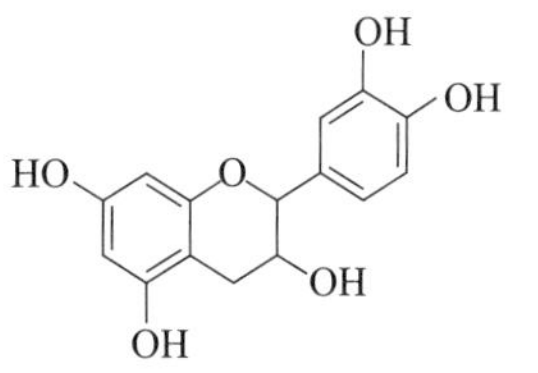

图9–10　儿茶素结构 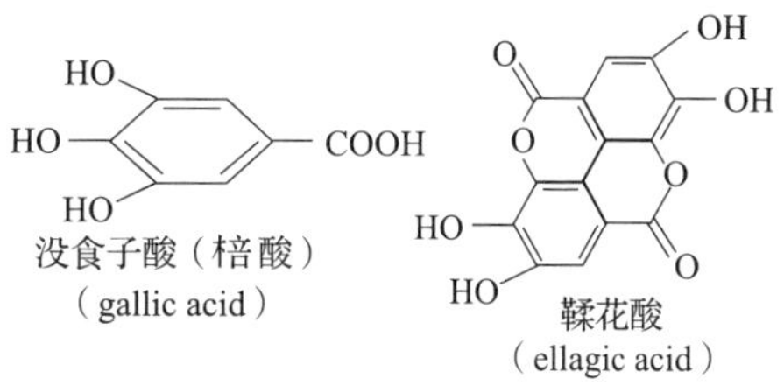　　　　图9–11　没食子酸、鞣花酸的结构

四、酮类衍生物

酮类衍生物色素主要有红曲色素、姜黄素等。

1. 红曲色素

红曲色素来源于红曲米，是一组由红曲霉菌丝分泌产生的微生物色素，在中国古代就有用它给食品着色的做法，它是通过糯米、粳米经红曲发酵制得，也可由深层发酵生产制得。红曲色素中共有6种成分，分别为黄色的红曲素和黄红曲素、橙色的红斑红曲素和红曲玉红素、紫红色的红斑红曲胺和红曲玉红胺，在化学结构上均属于酮类衍生物，其中应用得最多的是橙色的红斑红曲素和红曲玉红素。红曲色素的结构见图9–12。红曲色素不溶于水，但在培养红曲菌时，若把培养基中的氨基酸、蛋白质和肽的含量比例增大，便可以得到水溶性的红曲色素，可能是红曲色素与蛋白质之间形成了溶于水的复合物。红曲色素溶于乙醇水溶液、乙醇和乙醚等溶剂，具有较强的耐光、耐热等优点，并且对一些化学物质（例如亚硫酸盐、抗坏血酸）有较好的耐受性。添加 100mg/kg 的抗坏血酸或 0.25% 亚硫酸钠、过氧化氢到红曲色素溶液中，放置 48h 后仍然不会变色。但强氧化剂次氯酸钠易使其漂白。Ca^{2+}、Mg^{2+}、Fe^{2+} 和 Cu^{2+} 等离子对色素的颜色均无明显影响。总之，红曲色素对 pH 稳定，既耐热又耐光，几乎不受金属离子、还原剂、一般氧化剂的影响。红曲色素对蛋白质着色性特别好，安全性高，是规定允许使用的食用色素之一，它已广泛应用于畜产品、水产品、酿造食品、豆制品、酒类和各种糕点等着色。

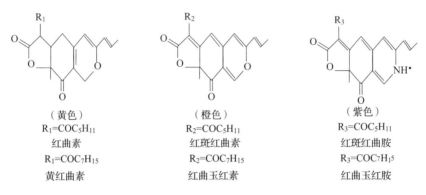

（黄色）
R_1=COC$_5$H$_{11}$
红曲素
R_1=COC$_7$H$_{15}$
黄红曲素

（橙色）
R_2=COC$_5$H$_{11}$
红斑红曲素
R_2=COC$_7$H$_{15}$
红曲玉红素

（紫色）
R_3=COC$_5$H$_{11}$
红斑红曲胺
R_3=COC$_7$H$_{15}$
红曲玉红胺

图 9 - 12　红曲色素的结构

2. 姜黄色素

姜黄色素是从多年生草本植物姜黄根茎中提取的二酮衍生物，含量为 1% ~3%，姜黄色素中的主要成分是姜黄素、脱甲基姜黄素和双脱甲基姜黄素，见图 9 - 13。

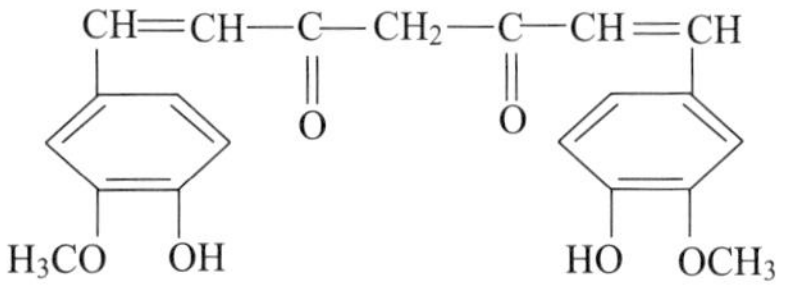

图 9 - 13　姜黄色素结构

姜黄色素不溶于冷水（其钠盐溶于冷水），溶于醇、醚，显鲜艳黄色，在酸性、中性的热水溶液中呈黄色，在碱性溶液中呈红褐色，此液经酸中和后即可恢复成原来的黄色。

姜黄色素对蛋白质着色性较强，不易被还原，对光、热稳定性较差，易与铁离子结合而变色。一般用于咖喱粉和蔬菜加工产品的着色和增香，精制的姜黄素已应用于肉制品、水产品、酒类和化妆品的着色。据报道姜黄色素还具有抗突变、抗癌的作用。

五、焦 糖 色 素

焦糖色素又称焦糖或酱色，在中国已有悠久的使用历史。焦糖是由蔗糖、饴糖、淀粉糖浆等经过高温加热使之脱水、缩合发生焦糖化反应而形成的一种混合物，一般呈褐色的胶状或块状物，也可以通过喷雾制成干粉。焦糖的生产，按照是否加酸、碱、盐可分成四类：普通焦糖、苛性亚硫酸盐焦糖、氨法焦糖、亚硫酸铵焦糖。普通焦糖生产步骤是糖在 180~200℃ 高温下，直接发生焦糖化作用形成稠液状或块状的焦糖色素，它易溶于水及稀醇，无臭，具有焦糖香味和愉快苦味，耐光和热，在不同 pH 下呈色稳定，红色色度高，但着色力差，在 pH 6 以上时容易发霉。目前焦糖色素在食品中使用量很大，多用于酱油、醋、罐头、糖果、冰淇淋、雪糕、葡萄酒、黄酒、饮料等的着色。可按照生产需要适量使用。

六、天然色素的特性

天然色素的特性见表9–1。

表9–1　　　　　　　　　　　　　天然色素的特性

色素	种类	颜色	来源	溶解性	稳定性
花色苷	150	橙、红、蓝色	植物	水溶性	对pH、金属敏感，热稳定性不好
类黄酮	800	无色、黄色	大多数植物	水溶性	对热十分稳定
原花色苷	20	无色	植物	水溶性	对热稳定
单宁	20	无色、黄色	植物	水溶性	对热稳定
甜菜苷	70	黄、红色	植物	水溶性	对热敏感
醌	200	黄至棕黑色	植物、红菌藻类	水溶性	对热稳定
咕吨酮	20	黄色	植物	水溶性	对热稳定
类胡萝卜素	450	无色、黄、红色	植物、动物	脂溶性	对热稳定、易氧化
叶绿素	25	绿、褐色	植物	溶于有机溶剂	对热敏感
血红素色素	6	红、褐色	动物	水溶性	对热敏感
核黄素	1	绿黄色	植物	水溶性	对热和pH均稳定

第三节　人工合成食品着色剂

一、概　　述

除天然色素外，还有人工合成色素用于食品着色。与天然色素相比，人工合成色素色彩鲜艳，着色力强，性质稳定，可以随意调配，成本低。但是合成色素大多是从煤焦油中提取或以苯、甲苯、萘等芳香烃化合物为原料进行合成，多数合成色素属于偶氮化合物，有一定的致癌性，合成时由于原料不纯而污染上Pb、As等有害的重金属，具有一定毒性，因此与天然色素相比，合成色素安全性较差。不同国家允许用于食品着色的合成色素种类是不同的。在我国允许使用的合成色素有：苋菜红、胭脂红、柠檬黄、靛蓝、赤藓红、新红、日落黄、亮蓝及其铝色淀、酸性红、诱惑红、二氧化钛、叶绿素铜钠盐、合成 β – 胡萝卜素等。

所谓色淀就是将水溶性色素吸附、沉淀到不溶性基质上所制备得到的一种特殊的水不溶性色素。基质为氧化铝的为铝色淀，基质还有氧化锌、碳酸钙、二氧化钛、滑石粉等。色淀的作用是增强水溶性色素在油脂中的分散性，提高耐光、耐盐性。色淀应用于粉末食品、油脂食品、糖果、包衣等。

在食用色素安全性审查方面不同国家有不同的要求，所以结果也不一样，如苋菜红，美国已淘汰而中国还在使用。其总的发展趋势是品种在减少（与天然色素相比）。

在使用合成色素时，要严格执行 GB 2760—2014《食品添加剂使用标准》，在配制色素溶液时要精确称量，用适当溶剂溶解，随配随用，同时要注意色调的选择与拼色。由红、黄、蓝三种基本色可以拼制出各种不同的颜色，调色方法见图 9 – 14。由于影响颜色的因素很多，在应用时必须通过具体实践，灵活掌握。

图 9 – 14　调色方法

二、苋　菜　红

苋菜红的化学名称为 1 –（4′ – 磺酸基 – 1′ – 萘偶氮）– 2 – 萘酚 – 3，6 – 二磺酸三钠盐。苋菜红属单偶氮类水溶性色素，呈红褐色或暗红褐色颗粒或粉末，无臭味，可溶于甘油及丙二醇，微溶于乙醇，不溶于脂类。对光、热和盐类较稳定，耐酸性良好，但在碱性条件下容易变为暗红色。此外，这种色素对氧化还原作用较为敏感，不宜用于有氧化剂或还原剂存在的食品（例如发酵食品）的着色。

苋菜红多年来被认为比较安全，但近年来国外对苋菜红进行慢性中毒试验，目前已有使小鼠致癌、致畸等方面试验结果的报道，由于试验的方法、样品等多方面的不同原因，苋菜红是否有毒，仍有争议。我国和其他很多国家目前仍广泛使用这种色素，我国规定苋菜红用于糖果、饮料、糕点、配制酒的着色最大允许用量为 50mg/kg，用于冰淇淋、雪糕最大允许用量为 25mg/kg。

三、胭　脂　红

胭脂红的化学名称为 1 –（4′ – 磺酸基 – 1′ – 萘偶氮）– 2 – 萘酚 – 6，8 – 二磺酸三钠盐，是苋菜红的异构体。

胭脂红属偶氮类水溶性色素，为红色至深红色的均匀粉末或颗粒，微溶于乙醇，不溶于油脂，无臭味，耐光、耐热，对酒石酸、柠檬酸稳定，但对还原剂的耐受性差，能被细菌所分解，遇碱变褐。我国规定胭脂红在食品中的最大允许用量为 50mg/kg，主要用于饮料、配制酒、糖果等。

四、柠　檬　黄

柠檬黄的化学名称为 1 –（4 – 磺酸苯基）– 4 –（4 – 磺酸苯基偶氮）– 5 – 吡唑啉酮 – 3 – 羧酸三钠盐。

柠檬黄属偶氮类水溶性色素，为橙黄色的颗粒或粉末，无臭，溶于甘油、丙二醇，稍溶于乙醇，不溶于油脂，对热、酸、光及盐均稳定，耐氧化性差，遇碱变红色，还原时褪色。我国规定柠檬黄在食品中的最大允许使用量为 100mg/kg。

五、日　落　黄

日落黄的化学名称为 1 –（4′ – 磺酸基 – 1′ – 苯偶氮）– 2 – 萘酚 – 6 – 磺酸二钠盐。

日落黄是橙黄色均匀粉末或颗粒。耐光、耐酸、耐热，易溶于水、甘油，微溶于乙醇，不溶于油脂。在酒石酸和柠檬酸中稳定，遇碱变红褐色。日落黄安全性较高，可用于饮料、配制酒、糖果等，我国规定其最大允许使用量为100mg/kg。

六、靛 蓝

靛蓝的化学名称为5，5′-靛蓝素二磺酸二钠盐，是世界上使用最广泛的食用色素之一。

靛蓝为蓝色均匀粉末，属靛类色素，其水溶液呈蓝紫色，在水中的溶解度较其他合成色素低（21℃时溶解度为1.1%），溶于甘油、丙二醇，不溶于乙醇和油脂，对热、光、酸、碱、氧化作用均较敏感，耐盐性也较差，易为细菌分解，还原后褪色，但染着力好，常与其他色素配合使用。我国规定其在食品中的最大允许使用量为100mg/kg。

七、亮 蓝

亮蓝又称蓝色1号，其化学名称为4-[N-乙基-N-(3′-磺基苯甲基)氨基]-苯基-(2′-磺基苯基)-亚甲基-(2，5-亚环己二烯基)-(3′-磺基苯甲基)-乙基胺二钠盐。

亮蓝是紫红色均匀粉末或颗粒，有金属光泽。耐光性、耐热性、耐酸性和耐碱性均好，溶于乙醇、甘油。可用于饮料、配制酒、糖果、冰淇淋等，最大允许使用量为25mg/kg。

八、赤 藓 红

赤藓红的化学名称为2，4，5，7-四碘荧光素。

赤藓红为水溶性色素，对碱、热、氧化还原剂的耐受性好，着色力强，但耐酸性及耐光性差，在pH<4.5的条件下，会形成不溶性的酸。在消化道中不易吸收，即使吸收也不参与代谢，安全性较高。ADI<2.5mg/kg体重，用于饮料、配制酒和糖果等，我国最大允许使用量为50mg/kg。

九、新 红

新红的化学名称为2-(4′-磺基-1′-苯氮)-1-羟基-8-乙酰氨基-3，6-二磺酸三钠盐。

新红为红色均匀粉末，易溶于水，微溶于乙醇，不溶于油脂，可用于饮料、配制酒、糖果等，最大允许使用量50mg/kg。

🔍 **思考题**

1. 食品天然色素按照来源主要可分为哪几类？

2. 类胡萝卜素的结构可分为哪两类？

3. 影响花色素稳定性的主要因素有哪些？其他次要因素有哪些？

4. 什么是色淀？什么是焦糖色素？

5. 简述绿色蔬菜中叶绿素的结构和性质特点，在加热时的变化情况，在绿色蔬菜进行加工中应如何进行护绿处理？

6. 试述肌红蛋白的氧合作用和氧化反应。肉制品常用亚硝酸盐作发色剂，其原理是什么？有何利弊？

7. 腌肉颜色变化的原因是什么？

第十章

食品风味

[学习指导]

　　熟悉和掌握食品的风味、食品味的相乘作用、食品味的消杀作用、味的疲劳作用、味的变调作用的概念。熟悉和掌握常见的风味增强剂、常见的甜味剂、常见的鲜味剂。熟悉和掌握食品中香气物质形成途径或来源，食品风味物质一般的特点。理解嗅觉的特点。

第一节　概　　述

一、食品风味的概念

　　食品风味是食品品质的一个非常重要的方面，在食品生产中食品风味和营养价值、质地等一起受到生产者、消费者的极大重视。风味化学通常被认为是食品化学中采用气相色谱法和快速扫描质谱法而发展起来的一门新分支。早期经典化学方法也曾较好地应用于某些风味研究，特别是在香精油和香料提取物方面的应用。食品风味是指以人口腔为主的感觉器官对食品产生的包括嗅觉、味觉、痛觉、视觉、触觉和听觉等感觉在大脑中留下的综合印象（图 10 – 1）。食品的风味一般包括两个方面，一个是滋味（taste），是口腔中的味蕾对甜、酸、咸和苦味等的感觉能力，另一个就是气味（odor），是鼻腔黏膜的嗅觉细胞察觉痕量挥发性气体的能力。

　　味感是食物在人的口腔内对味觉器官的刺激而产生的一种感觉，即人对各种味道的感觉及分类。这种刺激有时是单一性的，但多数情况下是复合性的，包括心理味觉（形状、色泽和光泽等）、物理味觉（软硬度、黏度、温度、咀嚼感和口感等）和化学味觉（酸味、甜味、苦味和咸味等）。

　　不同国家由于生活习惯的差异，对味感的分类也有所不同，如日本分为咸、酸、甜、苦、辣 5 味。在欧美各国分为甜、酸、咸、苦、辣、金属味 6 味。而印度则分为甜、酸、咸、苦、

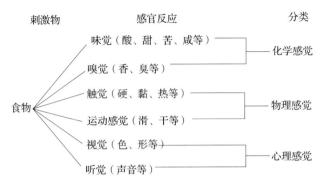

图 10 - 1　食品产生的感官反应及分类

辣、淡、涩、不正常味等 8 味。我国除酸、甜、苦、辣、咸 5 味外，还有鲜味和涩味，共分 7 味。从生理学上说基本味其实只有酸、甜、苦、咸 4 种。而辣味是刺激口腔黏膜、鼻腔黏膜、皮肤和三叉神经而引起的一种痛觉。涩味是指舌头黏膜蛋白质受到刺激而凝固时所产生的一种收敛的感觉，与触觉神经末梢有关。但辣味和涩味从食品的调味而言应看成是两种独立的味。由于鲜味和其他味配合能使食品的整个风味具有更鲜美的特殊作用，所以在西方把鲜味物质列为风味的强化剂或增效剂，并没有列为独立的味。但从食品调味方面而言鲜味也应作为独立的一种味。

从人对 4 种基本味感的感觉速度来看，以咸味最快，苦味最慢。但从人们对味的敏感性来看，苦味往往比其他味感受更敏感，更易被觉察到。这说明不同的味有不同的强度。衡量味的敏感性的标准是呈味阈值。阈值是指某一化合物能被人的感觉器官（味觉或嗅觉）辨认时的最低浓度。呈味阈值是由一定数量的味觉专家在相同条件下进行品尝评定，得出的统计值。由于人的味觉感受器（味蕾）的分布区域及对味觉物质的感受敏感性不同，所以感觉器官对呈味化合物的感受敏感性及阈值各不相同。对于基本味觉来讲，各个典型代表物的阈值如表 10 - 1 所示。一般认为蔗糖为 0.3%（质量分数），柠檬酸为 0.02%（质量分数），奎宁为 16mg/kg，氯化钠为 0.2%（质量分数）。

表 10 - 1　　　　　　　　　　几种典型物质味的阈值

名称	味感	阈值/%	
		25℃	0℃
蔗糖	甜	0.1	0.4
食盐	咸	0.05	0.25
柠檬酸	酸	2.5×10^{-3}	3.0×10^{-3}
硫酸奎宁	苦	1.0×10^{-4}	3.0×10^{-4}

食品香气的存在不仅增加了人们的愉悦感和食欲，而且有利于人体对营养成分的消化和吸收。在食品中，呈香物质种类繁多，大多数属于非营养性物质，它们的耐热性很差，并且其香气与分子结构有高度的特异性。由于食品的香气是由多种呈香物质综合产生的，很少由一种物质独立产生，因此，食品的某种香气阈值会受到其他呈香物质的影响，当它们配合恰当时，能发出诱人的香气，如果配合不当，会使食品的气味不协调，甚至出现异味。同样，食品中呈香

物质的相对浓度，只能反映食品香气的强弱，但不能完全地、真实地反映食品香气的优劣程度。判断一种呈香物质在食品香气中起作用的数值称为香气值（发香值），香气值是呈香物质的浓度和它的阈值之比，即

$$香气值 = 呈香物质的浓度/阈值$$

一般当香气值低于1，人的嗅觉器官对这种呈香物质不会有感觉。

由于风味是一种感觉现象，所以对风味的理解和评价常带有强烈的个人、地区和民族的特殊倾向。风味是评定食品感官质量的重要内容。

现代分析技术的发展（如色谱技术与质谱技术的应用）为风味化学的深入研究提供了极大地方便，但是无论是用定性或定量的方法，都很难准确地测定和描述食品的风味，因为风味是某种或某些化合物作用于人的感觉器官的生理结果。因此，感官鉴定仍是风味研究的重要手段。

二、风味物质的特点

食品中的风味大多是由食品中的某些化合物体现出来的，这些体现风味的化合物称为风味物质。食品的风味物质往往很多，除了少数食品由于风味物质均匀分布而表现出某种缓慢风味外，多数会有几种化合物起主导作用，其他作为辅助作用。如果以食品中的一个或几个化合物来代表其特定的食品风味，那么这几个化合物称为食品的特征效应化合物（characteristic compound）。例如，香蕉香甜味道的特征化合物为乙酸异戊酯，黄瓜的特征化合物为2、6 - 壬二烯醛等。食品的特征效应化合物的数目有限，并以极低的浓度存在，有时很不稳定，但它们的存在为我们研究食品风味的化学基础提供了重要依据。

体现食品风味的物质一般有如下特点。

（1）种类繁多，相互影响　形成某种食品特定风味的物质，尤其是产生嗅感风味的物质，其组分一般都非常复杂，类别众多，同类化合物也有数十种甚至上百种，如在调配的咖啡中，风味物质达到500多种。

风味物质的各组分之间，可能会产生相互协同或拮抗作用，使得用单体成分很难简单重组其原有的风味。例如当1mg/kg的（3Z） - 己烯醛单独存在时，会产生青豆气味，而当13mg/kg的（3Z） - 己烯醛和12.5mg/kg的（2E，4E） - 癸二烯醛共同存在时，气味就会消失。

（2）含量微小，效果显著　在一般的食品中，风味物质（包括嗅感和味感物质）占整个食品的比重很小，像嗅感物质的含量只占到整个食品的$10^{-7} \sim 10^{-16}$，但产生的风味却明显。味感物质因食品的不同而差异较大，例如，马钱子碱在食品中的含量达到7×10^{-9}时，便会产生苦味；在水中乙酸异戊酯含量只要达到5×10^{-6}mg/kg，就会产生香蕉气味。

（3）稳定性差，容易被破坏　很多风味物质，尤其是嗅感物质容易挥发，在空气中很快会自动氧化或分解，热稳定性也差。例如，茶叶的风味物质在分离后就极易自动氧化；油脂的嗅感成分在分离后，马上就会转变成人工效应物，而油脂腐败时形成的鱼腥味组分也极难捕集；肉类的一种风味成分，即使保存在0℃的四氯化碳（CCl_4）中，也会很快分解成12种组分等。

（4）食品的风味与风味物质的分子结构之间缺乏普遍的规律性　风味物质的分子结构缺乏普遍的规律性。结构的稍微改变将引起风味的很大差别。

一方面，食品的风味与风味物质的分子结构之间具有高度的特异性，如苯的气味一般不受人们的欢迎，但是当苯环的邻位和对位有一定基团取代时，嗅感便会产生明显的变化，见图10 - 2。

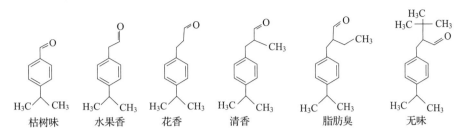

|枯树味|水果香|花香|清香|脂肪臭|无味|

图 10-2　苯环的邻位和对位上有取代基时嗅感的变化

另一方面，具有相似或相同风味的化合物，分子结构缺乏明显的规律性。例如，一般认为有四种物质（包括生物碱、萜类、糖苷类和苦肽）会呈现苦味，但是以上四种物质没有相似的官能团。盐类物质如 $MgCl_2$、$MgSO_4$ 味也极苦，但是基本的苦味形成机制与上述有机物形成苦味的机制迥然不同。

（5）风味物质还容易受到外界环境的影响　风味物质还受到其浓度、介质等外界条件的影响。戊基呋喃在低浓度时呈现豆腥味，在高浓度时则呈现甘草味。味精在 pH 为 6.0 时，鲜味最强，在 pH > 7.0 时，不呈鲜味，主要是鲜味与味精在不同介质中的解离程度有关。

风味物质大多数为非营养物质，它们虽然不参与体内代谢，但能促进食欲。所以风味也是构成食品质量的重要指标之一。

第二节　食品的味道

一、味感的生理基础

食物的滋味虽然多种多样，但都是食品中可溶性呈味物质溶于唾液或食品的溶液刺激口腔内的味觉感受器（taste receptor），再通过一个收集和传递信息的味神经感觉系统传导到大脑的味觉中枢，最后通过大脑的综合神经中枢系统的分析，从而产生味感（gustation）或称味觉。

口腔内的味觉感受器主要是味蕾（taste bud），其次是自由神经末梢。味蕾是分布在口腔黏膜中极其活跃的微结构（图 10-3），具有味孔，并与味神经相通。一般成年人有 9000 多个味蕾，婴儿可能超过 10000 个味蕾。这说明人的味蕾数目随着年龄的增长而减少，对味的敏感也随之降低。人的味蕾除小部分分布在软腭、咽喉和会咽等处外，大部分味蕾都分布在舌头表面的乳突中，尤其在舌黏膜皱褶处的乳突侧面上更为稠密。当用舌头向硬腭上研

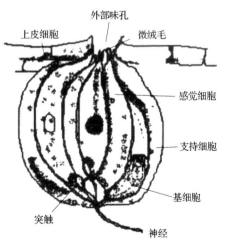

图 10-3　味蕾的结构

磨食物时，味蕾最易受到刺激而兴奋起来。自由神经末梢是一种囊包着的末梢，分布在整个口腔内，也是一种能识别不同化学物质的微接收器。

味蕾通常由 40～150 个椭圆形的味细胞组成，味蕾 10～14d 更新一次，并通过味孔与口腔相通，是味觉感受器与呈味物质相互作用的部位。味细胞表面由蛋白质、脂质及少量的糖类、核酸和无机离子组成。味蕾中的味细胞寿命不长，从味蕾边缘表皮细胞有丝分裂出来后只能存活 6～8d，因此，味细胞一直处于变化状态。味蕾有孔的顶端存在着许多长约 2μm 的微绒毛（微丝），正是由于有这些微绒毛才使得呈味物质能够被迅速吸附，从而产生味觉。味细胞后面连着传递信息的神经纤维，这些神经纤维再集成小束通向大脑，在其传递系统中存在几个独特的神经节，它们在自己的位置上支配相应的味蕾，以便选择性地响应不同的化合物。不同的呈味物质在味细胞的受体上与不同的组分作用，例如甜味物质的受体是蛋白质，苦味和咸味物质的受体则是脂质，有人认为苦味物质的受体也可能与蛋白质相关。试验也表明，不同的呈味物质在味蕾上有不同的结合部位，尤其是甜味、苦味和鲜味物质，其分子结构有严格的空间专一性要求，这反映在舌头上不同的部位会有不同的敏感性。同时，舌表面的乳头可按其形状分为茸状乳头、丝状乳头和拐角乳头，它们分别存在于舌头表面不同部位，由于乳头分布不均匀，因而舌头各部位对味觉的感受性、灵敏度也不相同。一般说来，人的舌前部对甜味最敏感，舌头和边缘对咸味较为敏感，而靠腮两边对酸味敏感，舌根部对苦味最为敏感。但这些感觉也不是绝对的，会因人而异（图10-4）。

味感物质只有溶于水后才能进入味蕾孔口刺激味细胞。将一块十分干燥的糖放在用滤纸擦干的舌表面时，则感觉不到糖的甜味。口腔内由腮腺、颌下腺、舌下腺以及无数小唾液腺分泌出来的唾液是食物的天然溶剂。分泌腺的活动和唾液成分在很大程度上也会与食物的种类相适应。食物越干燥，在单位时间内分泌的唾液量越多。吃鸡蛋黄时，分泌出的唾液浓厚并富含蛋白酶，而吃酸梅时则会分泌出稀薄而含酶少的唾液。唾液还能洗涤口腔，使味蕾能更准确地辨别味感，因此，唾液与味感也有极大的关系。

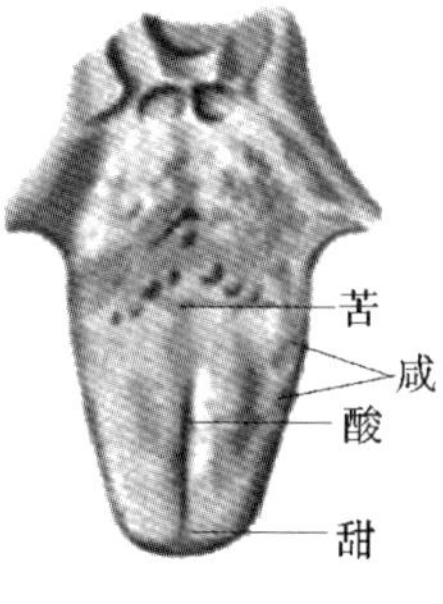

图 10-4 舌头各部位对味觉的敏感性

试验表明，人的味觉从刺激味蕾到感受到味，仅需 1.5～4.0ms，比人的视觉（13～15ms）、听觉 1.27～21.5ms）或触觉（2.4～8.9ms）都快得多。这是因为味觉通过神经传递，几乎达到了神经传递的极限速度，而视觉、听觉则是通过声波或一系列次级化学反应来传递，因而较慢。苦味的感觉最慢，所以一般来说，苦味总是在最后才有感觉。但是人们对苦味物质的感觉往往比对甜味物质敏锐些。

味觉产生的生理学机制已经基本被确认，如图 10-5 所示。对甜味化合物来讲，试验结果表明，味觉感受器与 G-蛋白（guanine nucleotide binding proteins）结合在一起（对鲜味、苦味也是如此），一旦甜味化合物与味觉细胞表面的感受器蛋白立体专一性结合，感受器蛋白将发生构型变化并随后与 G-蛋白作用，激活了腺嘌呤环化酶（adenyl cyclase），从 ATP 合成出 $3',5'-$环 AMP（cAMP）；在此后，cAMP 刺激 cAMP 依赖激酶，导致 K^+ 通道蛋白质的磷酸化，K^+ 通道最后关闭。由此，向细胞输送 K^+ 的速度降低，导致细胞膜的脱极化，这将激活电位依赖钙通道，Ca^{2+} 流入细胞，在突触释放出神经传递物质（去甲肾上腺素，norepinephrine），因此在神经细胞产生作用电位，从而产生相应的传导，最后在中枢神经形成相应的感觉。

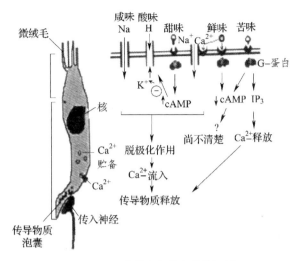

图 10 – 5　味觉产生的生理学机制

二、影响味感的主要因素

1. 呈味物质的结构

呈味物质的结构是影响味感的内因。一般来说，羧酸如醋酸、柠檬酸等多呈酸味；糖类如葡萄糖、蔗糖等多呈甜味；生物碱、重金属盐则多呈苦味，而盐类如氯化钠、氯化钾等多呈咸味。但也有例外，如草酸并无酸味而有涩味，糖精、乙酸铅等非糖有机盐也有甜味，碘化钾呈苦味而不显咸味等。总之，物质结构与其味感间的关系非常复杂，有时分子结构上的微小变化也会使其味感发生极大的变化，如图 10 – 6 所示。

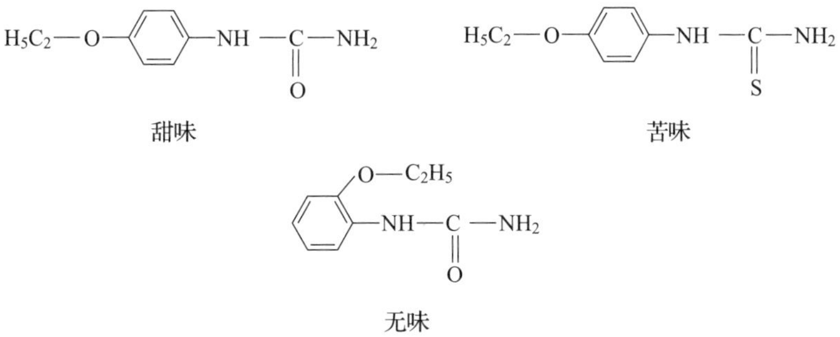

图 10 – 6　物质结构与味之间的关系

2. 温度

通常相同数量的同一物质往往因温度的不同其阈值也有差别。实验表明，味觉一般在 10 ~ 40℃较为敏锐，其中以 30℃最为敏锐。低于此温度或高于此温度，各种味觉都稍有减弱，50℃时各种味觉大多变得迟钝。在 4 种原味中，甜味和酸味的最适感觉温度在 35 ~ 50℃，咸味的最适感觉温度为 18 ~ 35℃，而苦味是 10℃。各种味感阈值会随温度的变化而变化，这种变化在一定温度范围内是有规律的。不同的味感受到温度影响的程度也不相同，其中对糖精甜度的影响最大，对盐酸影响最小。

3. 浓度和溶解度

味感物质在适当浓度时通常会使人有愉快感，而不适当的浓度则会使人产生不愉快的感觉。浓度对不同味感的影响差别很大。一般来说，甜味在任何被感觉到的浓度下都会给人带来愉快的感受；单纯的苦味差不多总是令人不愉快的；而酸味和咸味在低浓度时使人有愉快感，在高浓度时则会使人感到不愉快。

呈味物质只有在溶解后才能刺激味蕾。因此，其溶解度大小及溶解速度快慢，也会使味感产生的时间有快有慢，维持时间有长有短。例如蔗糖易溶解，故产生甜味快，消失也快；而糖精较难溶，则味觉产生较慢，维持时间也较长。由于呈味物质只有在溶解状态下才能扩散至味觉感受器，进而产生味觉，因此味觉也会受呈味物质所在的介质影响。介质的黏度会影响可溶性呈味物质向味感受器的扩散，介质性质会降低呈味物质的可溶性或者抑制呈味物质有效成分的释放。

4. 年龄、性别与生理状况

每个人生活的环境差异都很大，在饮食方面表现为所摄取的食物和嗜好的不同，特别是随着年龄的增长，味觉衰退给饮食造成很大影响。人们通过调查，研究了年龄与味觉的关系，发现如下特点。

采用砂糖、食盐、柠檬酸、盐酸奎宁、谷氨酸钠为代表物分别代表甜味物质、咸味物质、酸味物质、苦味物质、鲜味物质，日本人调查各年龄层对它们的阈值和满意浓度（满意浓度就是感觉最适口的浓度）。成人对甜味的阈值为 1.23%，孩子对糖的敏感是成人的两倍，阈值仅为 0.68%，特别是 5~6 岁的幼儿和老年人对糖的满意浓度呈极大反差，而初、高中生则喜欢低甜度。咸味则随着年龄的不同而没有明显的变化。

在呈味物质中苦味较特殊，虽然人们开始逐渐接受它，但总的来说人们一般都不喜欢它，特别是单独的苦味。幼儿对苦味最敏感，老年人显得较为迟钝。

随着年龄的增长，人的敏感性发生衰退，年龄到 50 岁左右，敏感性衰退得更加明显。对不同的味敏感性衰退有差异，对酸味的敏感性衰退不明显，甜味降低 50%，苦味只有约 30%，咸味仅剩 25%。造成这种情况的原因，一方面是年龄增长到一定程度后，舌乳头上的味蕾数目会减少；另一方面是老年人自身所患的疾病也会阻碍对味觉感觉的敏感性。

身体患某些疾病或发生异常时，会导致失味、味觉迟钝或变味。例如，人在患黄疸病的情况下，对苦味的感觉明显下降甚至丧失；患糖尿病时，舌头对甜味刺激的敏感性显著下降；若长期缺乏抗坏血酸，则对柠檬酸的敏感性明显增加；血液中糖分升高后，会降低对甜味感觉的敏感性。这些事实也证明，从某种意义讲味觉的敏感性取决于身体的需求状况。这些由于疾病而引起的味觉变化有些是暂时性的，待疾病恢复后味觉可以恢复正常，有些则是永久性的变化。

性别对味觉的影响有两种不同看法，一些研究者认为在感觉基本味觉的敏感性上无性别差别；另一些研究者则指出性别对苦味敏感性没有影响，而对咸味和甜味，女性要比男性敏感。

人处在饥饿状态下会提高味觉敏感性。有实验证明，4 种基本味的敏感性在上午 11:30 达到最高。在进食后 1h 内敏感性明显下降，降低的程度与所食用食物的热量值有关。人在进食前味觉敏感性很高，证明味觉敏感性与体内生理需求密切相关。而进食后味觉敏感性下降，一方面是所摄入的食物满足了生理需求；另一方面则是饮食过程造成味觉感受器产生疲劳导致味觉敏感性降低。饥饿对味觉敏感性有一定影响，但是对于喜好性却几乎没有影响。

三、呈味物质的相互作用

食品的成分千差万别，成分之间会相互影响，因此各种食品虽然可具体分析出组分，却不能将各个组分的味感简单加和，而必须考虑多种相关因素。

（1）食品味的相乘作用 某种物质的味感会因另一味感物质的存在而显著加强，这种现象称为味的相乘作用，也称协调作用。

自从有了谷氨酸钠以后，人们利用其为食品增加鲜味。随后发现 5′-肌苷酸和 5′-鸟苷酸等动物性鲜味，与谷氨酸并用使鲜味明显加强。以前日本用海带和木松鱼制取鲜味汁，就是不自觉地利用肌苷酸和谷氨酸鲜味相乘作用的一个典型例子。谷氨酸和肌苷酸的相乘效果是很明显的，例如在 1% 食盐溶液中分别添加 0.02% 谷氨酸钠和 0.02% 肌苷酸钠。两者只有咸味而无鲜味，但是将其混合在一起就有强烈的鲜味。另外，麦芽酚对甜味的增强效果以及对任何风味的协调作用，已为人们应用。各种甜味剂混合使用时，均能相互提高甜度，如将 26.7% 的蔗糖液和 13.3% 的 DE42 淀粉糖浆混合，尽管 DE42 淀粉糖浆的甜度远低于相同浓度的蔗糖，但其混合糖的甜度仍与 40% 的蔗糖液相当。在糖液中加入少量多糖增稠剂，例如在 1%～10% 的蔗糖液中加入 2% 的淀粉或少量树胶时，也能使其甜度和黏度都稍有提高。

（2）食品味的对比作用 两个同时感受到的味称同时对比。有时两种味感物质的共存也会对人的感觉或心理产生影响，将这种现象称为味的对比作用。而在感受现有的味时，再感受一个新味则称继时对比。由于条件的不同，感觉显然是不同的，这如同拿过不同质量物品的两只手，再拿同样重的物品时拿过轻物品的手首先感到沉。如加入一定的食盐，能使味精的鲜味增强。又如在 15% 的砂糖溶液中添加 0.001% 的奎宁，所感到的甜味比不添加奎宁时的甜味强。例如，味精中有食盐存在时，使人感到味精的鲜味增强，在西瓜上撒上少量的食盐会感到提高了甜度，粗砂糖中由于杂质的存在也会觉得比纯砂糖更甜。

（3）食品味的消杀作用 与相乘作用相反，因一种味的存在而使另一种味明显减弱的现象称为消杀作用，也称相抵作用。例如，在蔗糖、柠檬酸、氯化钠和奎宁之间，若将任何两种以适当浓度混合时，都会使其中任何一种单独的味感减弱。

日常生活中，因为有谷氨酸的存在使盐腌制品同相同浓度的食盐溶液相比，感觉咸度不高，如酱油、酱类、咸鱼等含有 20% 左右的食盐和 0.8%～1.0% 谷氨酸。糖精是合成甜味剂的代表，缺点是有苦味，但是，如果添加少量的谷氨酸钠，苦味就可明显缓和。在橘子汁里添加少量柠檬酸，会感觉甜味减少，如再加砂糖，又会感到酸味弱了。在给汤调味时，咸味淡可以适当地用食盐或酱油来弥补，如果咸味太浓了就不好办，此时，可以用添加谷氨酸钠等的办法来缓和咸味。采取谷氨酸钠来缓和过咸、过酸是相抵效果之一。这就是人们发现的砂糖、食盐、柠檬酸和奎宁中任意两者以适当比例混合后的味感，都比其单独存在时要弱的原因。在烹调或调味加工食品时，也必须充分考虑相抵作用。

（4）食品味的变调作用 两种味的相互影响会使味改变，特别是先摄入的味给后摄入的味造成质的变化，这种作用就称为变调作用，也有人称之为阻碍作用。如口渴时喝水会有甜感，同样在吃了很咸的食物之后，马上喝普通的水也会感到甜。而喝了涩感很强的硫酸镁溶液后再喝普通的水，也同样会有甜感。

变调作用和对比作用都是先味影响后味的作用，但是对比作用是指第二口味的忽强忽弱，变调现象则指味质本身的变化。

有人发现在热带植物匙羹藤的叶子内含有匙羹藤酸,当嘴咬过这种叶子后,再吃甜或苦的食物时便不知其味,它抑制甜味和苦味的时间可长达数小时,但对酸味和咸味并无抑制作用;有时两种物质的相互影响甚至会使味感改变,如西非洲有一种"神秘果"内含一种碱性蛋白质,吃了以后再吃酸的东西时,反而会感觉有甜味;有时吃了有酸味的橙子,口内也会有种甜的感觉,这些现象都是味的变调作用。变调作用是味质本身的变化,而对比作用是味的强度发生改变。

(5) 疲劳作用 当较长时间受到某味感物质的刺激后,再吃相同的味感物质时,往往会感到味感强度下降,这种现象称为味的疲劳作用。味的疲劳现象涉及心理因素,例如,吃第二块糖感觉不如吃第一块糖甜;有的人习惯吃味精,加入量越多,反而感到鲜味越来越淡。

在适当浓度(尤其是在阈值以下)的甜味剂与咸、酸、苦味物质共用时,往往有改善风味的效果。但当浓度较大时,其他味感物质对甜度的影响却没有一定规律,例如在5% ~7%的蔗糖中加入0.5%的食盐其甜度增高,加入1%的食盐其甜度下降。

除此之外,味感物与嗅感物之间相互也有影响。从生理学上讲,味感与嗅感虽有严格区别,但由于咀嚼食物时产生的由味与气相互混合而形成的复杂感觉,以及味感物质与风味化合物间的转化作用使两种感觉相互促进。实际上这些作用,在食品调味中有非常重要的利用价值,可以使风味更逼真,成本更低,在进行食品的品评比较时,必须极力避免各种作用造成的失真,第一要旨就是在品评前做到彻底漱口。

总之,各呈味物质之间或呈味物质与其味感之间的相互影响,以及它们所引起的心理作用,都是非常微妙的,机制也十分复杂,许多至今尚不清楚,还需做深入研究。

第三节 食品的滋味和呈味物质

一、甜味与甜味物质

甜味(sweet taste)是普遍受人们欢迎的一种基本味感,常用于改进食品的可口性和某些食用性。说到甜味,人们很自然地就联想到糖类,它是最有代表性的天然甜味物质。除了糖及其衍生物外,还有许多非糖的天然化合物、天然化合物的衍生物和合成化合物也都具有甜味,有些已成为正在使用的或潜在的甜味剂。

1. 呈甜机制(夏氏学说)

在提出甜味学说以前,一般认为甜味与羟基有关,因为糖类分子中含有羟基,可是这种观点不久就被否定,因为不同多羟基化合物的甜味相差很大。再者,许多氨基酸、某些金属盐和不含羟基的化合物,如氯仿($CHCl_3$)和糖精,也有甜味。所以要确定一个化合物是否具有甜味,还需要从甜味化合物结构共性上寻找联系,因此发展出从物质的分子结构上解释物质与甜味关系的相关理论。

1967年,夏伦贝尔(Shallenberger)和阿克里(Acree)等人在总结前人对糖和氨基酸的研究成果的基础上，提出了有关甜味物质的甜味与其结构之间关系的AH/B生甜团学说（图 10 - 7）。他们认为，甜味物质的分子结构中存在一个能形成氢键的基团—AH，称为质子供给基，如—OH、—H₂N、＝NH 等；同时还存在一个电负性的原子—B，称为质子接受基，如 O、N 原子等，它与基团—AH 的距离在 0.25 ~ 0.4nm；甜味物质的这两类基团还必须满足立体化学要求，才能与受体的相应部位匹配。在甜味感受器内，也存在着类似的 AH/B 结构单元，其两类基团的距离约为 0.3nm，当甜味化合物的 AH/B 结构单元通过氢键与甜味感受器内的 AH/B 结构单元结合时，便对味觉神经产生刺激，从而产生了甜味。氯仿、糖精、葡萄糖等结构不同的化合物的 AH/B 结构，可以用图 10 - 8 来形象地表示。

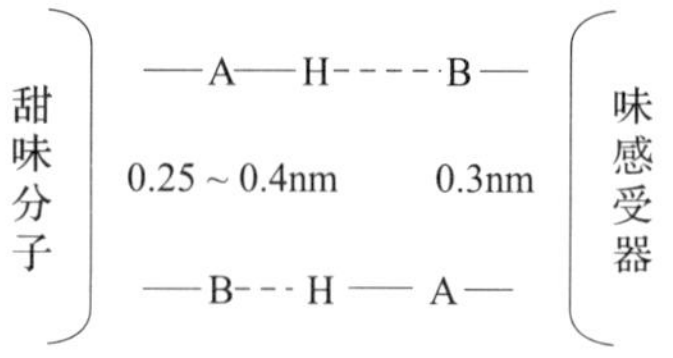

图 10 - 7 夏氏生甜学说图解

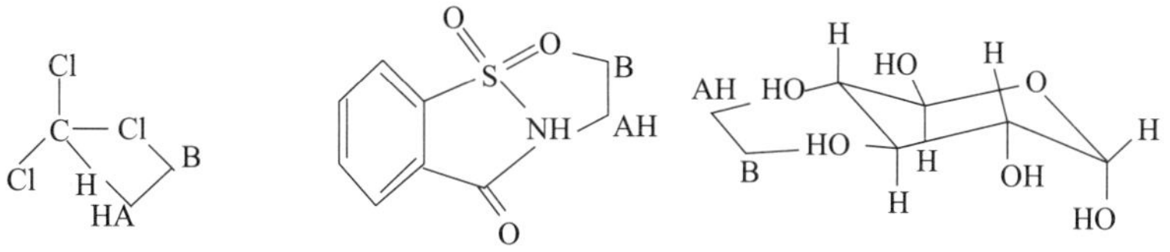

图 10 - 8 几种化合物的 AH/B 关系图

夏伦贝尔（Shallenberger）和阿克里（Acree）等提出的学说虽然从分子化学结构的特征上可以解释一个物质是否具有甜味，但是却解释不了同样具有 AH/B 结构的化合物，为什么它们的甜味强度相差许多倍的内在原因，所以该理论还是不完全的。因而后来 Kier 对 AH/B 生甜团学说作了补充和发展。他认为在甜味化合物中除了 AH 和 B 两个基团外，还可能存在着一个具有适当立体结构的亲油区域，即在距 AH 基团质子约 0.314nm 和距 B 基团 0.525nm 的地方有一个疏水基团（hydrophobic group）X（如—CH₂、—CH₃、—C₆H₅等）时，它能与甜味感受器的亲油部位通过疏水键结合，产生第三接触点，形成一个三角形的接触面（图 10 - 9）。X 部位似乎是通过促进某些分子与甜味感受器的接触而起作用，并因此影响到所感受的甜味强度。因此，X 部位是强甜味化合物的一个极为重要的特性，它或许是甜味化合物间甜味质量差别的一个重要原因。这个经过补充后的学说称为 AH - B - X 学说。

2. 甜味强度及其影响因素

甜味的强度可用"甜度"来表示，但甜度目前还不能用物理或化学方法定量测定，只能凭人的味感来判断。通常是以在水中较稳定的非还原天然蔗糖为基准物（如以 15% 或 10% 的蔗糖水溶液在 20℃时的甜度为 1.0 或 100），用以比较其他甜味剂在同温度同浓度下的甜度大小。这种相对甜度称为比甜度（表 10 - 2）。这种比较测定法，由于人为的主观因素影响很大，故所得的结果往往不一致，在不同的文献中有时差别很大。

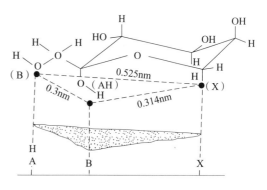

图 10 - 9 果糖甜味单元中
AH/B 和 X 之间的关系

表 10 – 2   一些糖和糖醇的比甜度

甜味剂	比甜度	甜味剂	比甜度	甜味剂	比甜度
α – D – 葡萄糖	0.40 ~ 0.79	蔗糖	1.0	木糖醇	0.9 ~ 1.4
β – D – 呋喃果糖	1.0 ~ 1.75	β – D – 麦芽糖	0.46 ~ 0.52	山梨醇	0.5 ~ 0.7
α – D – 半乳糖	0.27	β – D – 乳糖	0.48	甘露醇	0.68
α – D – 甘露糖	0.59	棉子糖	0.23	麦芽糖醇	0.75 ~ 0.95
α – D – 木糖	0.40 ~ 0.70	转化糖浆	0.8 ~ 1.3	半乳糖醇	0.58

按 Fechner 规律 $R = k [c]^n$，即甜味强度 R 与甜味剂浓度 c 的 n 次方成正比。对 43 种糖来说，其 $n = 1.3$；但对合成甜味剂如糖精、新糖精等，其 $n < 1$。例如，用绝对阈值相比，蔗糖的比甜度为 1.0 时，糖精的比甜度为 700，新糖精为 70。但用最高浓度的 R_m 值相比，糖精较蔗糖的甜度不到 1 倍，新糖精反而不及蔗糖。这是因为 $G = 1/KR_m$，糖精及新糖精与甜味感受器的结合常数 K 分别比蔗糖大 2 个和 1 个数量级。当浓度增大时，蔗糖的甜度增加很快，糖精增加很慢。所以绝对阈值的甜味倍数可作为学术探讨用，不能作为实用价值标准。

影响甜味化合物甜度的主要外部因素如下。

(1) 浓度 总的说来，甜度随着甜味化合物浓度的增大而提高，但各种甜味化合物甜度提高的程度不同，大多数糖及其甜度随浓度增高的程度都比蔗糖大，尤其以葡萄糖最为明显。例如当蔗糖与葡萄糖的浓度均小于 40% 时，蔗糖的甜度大；但当两者的浓度均大于 40% 时，其甜度却几乎无差别。而人工合成甜味剂在过高浓度下，其苦味变得非常突出，所以食品中甜味剂的使用是有一定用量范围的。

(2) 温度 温度对甜味剂甜度的影响表现在两方面。一是对味觉器官的影响，二是对化合物结构的影响。一般在 30℃ 时感觉器官的敏锐性最高，所以对滋味的评价在 10 ~ 40℃ 时较为适宜，过高、过低的温度下味觉感受均变得迟钝，不能真实反映实际情况。例如冰淇淋中的糖含量很高，但是由于我们在食用时处于低温状态，因此并不感觉非常甜。在较低温度范围内，温度对蔗糖和葡萄糖的影响很小，但果糖的甜度受温度的影响却十分显著，这是因为在果糖的平衡体系中，随着温度升高，甜度大的 β – D – 吡喃果糖的含量下降，而不甜的 β – D – 呋喃果糖含量升高（图 10 – 10）。

(3) 溶解 甜味化合物和其他呈味化合物一样，在溶解状态时才能够与味觉细胞上的受体产生作用，从而产生相应的信号并被识别。所以甜味化合物的溶解性质会影响甜味的产生快慢与维持时间长短。蔗糖产生甜味较快但维持时间较短，糖精产生甜味较慢但维持时间较长。

(4) 甜味物质的相互作用也影响其甜度。

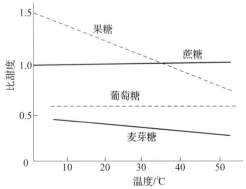

图 10 – 10 几种糖的甜度与温度关系

3. 常见甜味剂及其应用

甜味剂按其来源可以分为两类：一类是天然甜味剂，如蔗糖、淀粉糖浆、果糖、葡萄糖、麦芽糖、甘草甜素和甜菊苷；另一类是合成甜味剂，如糖醇、糖精、甜蜜素和帕拉金糖等。合成甜味剂热值低、没有发酵性，对糖尿病患者和心血管患者有益。甜味剂按其生理代谢特性，还可分为营养性甜味剂和非营养性甜味剂。

在自然界，只有少数几种能形成结晶的单糖和寡糖具有甜味，其他糖类的甜度一般随聚合度的增大而降低甚至丧失，例如淀粉（starch）、纤维素（cellulose）等不能形成结晶，就无甜味。

（1）单糖和双糖　在单糖中，葡萄糖（glucose）的甜味有凉爽感，其甜度为蔗糖（sucrose）的65%～75%，适合直接食用，也可用于静脉注射。果糖（fructose）与葡萄糖一起存在于瓜果和蜂蜜中；比其他糖类都甜，吸湿性特别强，很难从水溶液中结晶；容易被消化，不需胰岛素，能直接在人体中代谢，适于幼儿和糖尿病患者食用。木糖由木聚糖水解而制得，为无色针状结晶粉末，易溶于水，有类似果糖的甜味，其甜度约为蔗糖的65%，溶解性和渗透性大而吸湿性小，易引起褐变反应，不能被微生物发酵，在人体内是不产生热能的甜味剂，可供糖尿病和高血压患者食用。

在双糖中，蔗糖（sucrose）的甜味纯正，甜度大，是用量最多的天然甜味剂。麦芽糖（maltose）在糖类中营养价值最高，甜味爽口温和，不像蔗糖那样会刺激胃黏膜，甜度约为蔗糖的1/3。乳糖是乳中特有的糖，甜度为蔗糖的1/5，食用后在小肠内受半乳糖酶的作用，分解成半乳糖和葡萄糖而被人体吸收，同时有助于人体对钙的吸收。

（2）淀粉糖浆　淀粉糖浆（starch syrup）由淀粉经不完全水解而制得，也称转化糖浆，由葡萄糖、麦芽糖、低聚糖及糊精等组成。

（3）甘草苷　甘草苷（glycyrrhizin）由甘草酸与2分子葡萄糖醛酸缩合而成，其比甜度为100～300，常用的是其二钠盐或三钠盐。它有较好的增香效能，可以缓和食盐的咸味，不被微生物发酵，并有解毒、保肝等疗效。但它的甜味产生缓慢而保留时间较长，故很少单独使用。将它与蔗糖共用，有助于甜味的发挥，可节省蔗糖20%左右。

（4）甜菊苷　甜菊苷（stevioside）存在于甜叶菊的茎、叶内，为甜叶菊叶的水浸出物干燥后的粉末。糖基为槐糖和葡萄糖，配基是二萜类的甜菊醇，它的比甜度为200～300，是最甜的天然甜味剂之一。甜菊苷的甜感质量接近于蔗糖，对热、酸、碱都稳定，溶解性好，没有苦味和发泡性，并在降血压、促代谢、治疗胃酸过多等方面有疗效，适用于糖尿病人的甜味剂及低能值食品。

（5）糖醇　目前投入实际使用的糖醇类甜味剂（alditols），主要有D-木糖醇、D-山梨醇、D-甘露醇和麦芽糖醇4种。它们在人体内的吸收和代谢不受胰岛素的影响，也不妨碍糖原的合成，是一类不使人血糖升高的甜味剂，为糖尿病、心脏病、肝脏病人的理想甜味剂；都有保湿性，能使食品维持一定水分，防止干燥。糖醇类甜味剂还有一个共同的特点，即摄入过多时能引起腹泻，因此在适度摄入的情况下有通便的作用。

（6）糖精　糖精（saccharin）又称邻苯甲酰磺酰亚胺钠盐，是目前使用最多的合成甜味剂。它的分子本身有苦味，但在水中离解出的阴离子有甜味，比甜度300～500，后味微苦，当浓度大于0.5%时易显出分子的苦味。人食用糖精后会从粪、尿中原状排出，故无营养价值。

（7）甜蜜素　甜蜜素（sodium cyclamate）是一种无营养甜味剂，化学名称为环己基氨基磺酸钠，毒性较小，为安全的食品添加剂；甜度为蔗糖的 30 ~ 50 倍，略带苦味；易溶于水，对热、光、空气稳定，加热后略有苦味。广泛用于饮料、冰淇淋、蜜饯、糖果和医药的生产中，其使用浓度不宜超过 0.1% ~ 4.0%。

（8）甜味素　甜味素（aspartame）又称蛋白糖、阿斯巴甜，有效成分的化学名为天冬酰苯丙氨酸甲酯，其甜度为蔗糖的 100 ~ 200 倍，甜味清凉纯正，可溶于水，为白色晶体，但稳定性不高，易分解而失去甜味。甜味素安全，有一定的营养，在饮料工业中广泛使用，我国允许按正常生产需要添加。

（9）帕拉金糖　帕拉金糖（palatinose）又称异麦芽酮糖，为白色晶体，味甜无异味，其最大特点就是抗龋齿性，被人体吸收缓慢，血糖上升较慢，有益于糖尿病人的防治和防止脂肪的过多积累。帕拉金糖作为防龋齿和功能性甜味剂而广泛地应用于口香糖、高级糖果、运动员饮料等食品中。

（10）其他　蜂蜜是蜜蜂自花的蜜腺中采集的花蜜，为淡黄色至红黄色的强黏性透明浆状物，在低温下有结晶。比蔗糖甜，全部糖分约 80%，其中葡萄糖为 36.2%，果糖为 37.1%，蔗糖为 2.6%，糊精约 3.0%。蜂蜜因花的种类不同而各有其特殊风味，含果糖多，不易结晶，易吸收空气中的水分，可防止食品干燥，多用于糕点、丸药的加工中。

除上述甜味剂之外，还有一些天然物的衍生物甜味剂，如某些氨基酸和二肽衍生物、二氢查耳酮衍生物、紫苏醛衍生物、三氯蔗糖等。

二、酸味与酸味物质

酸味（sour taste）是由于舌黏膜受到氢离子刺激而引起的一种化学味感，因此，凡是在溶液中能电离出 H^+ 的化合物都具有酸味。许多动物对酸味剂刺激都很敏感，比如说食醋，已被作为区别食品味道的代表物和基准物之一。人类由于早已适应酸性食物，故适当的酸味能给人以爽快的感觉，并促进食欲。酸味强度（sour taste intensity）可采用一定的评价方法，如品尝法或测定唾液分泌的流速来进行评价。品尝法常用主观等价值（PSE）表示，指感受到相同酸味时酸味剂的浓度；测定唾液分泌的流速是指测定每一腮腺在 10min 内流出唾液的毫升数来表示。

不同的酸具有不同的味感，苹果的酸、橘子的酸、猕猴桃的酸都不同，酸的浓度与酸味之间并不是一种简单的相互关系。酸的味感与酸性基团的特性、pH、滴定酸度、缓冲效应及其他化合物，尤其是糖的存在与否有关。影响酸味的主要因素如下。

（1）氢离子浓度　所有酸味剂都能解离出氢离子，可见酸味与氢离子的浓度有关。当溶液中的氢离子浓度过低时（pH > 5.0 ~ 6.5），难以感到酸味；当溶液中的氢离子浓度过大时（pH < 3.0），酸味的强度过大使人难以忍受；但氢离子浓度和酸味之间并没有函数关系。

（2）总酸度和缓冲作用　通常在 pH 相同时，总酸度和缓冲作用较大的酸味剂，酸味更强。比如丁二酸比丙二酸酸味强，因为丁二酸的总酸度在相同 pH 时强于丙二酸。

（3）酸味剂阴离子的性质　酸味剂的阴离子对酸味强度和酸感品质都有很大的影响。在 pH 相同时，有机酸比无机酸的酸味强度大；在阴离子的结构上增加疏水性不饱和键，酸味比相同碳数的羧酸强；若在阴离子的结构上增加亲水的羟基，酸性则比相应的羧酸弱。

（4）其他因素的影响　在酸味剂溶液中加入糖、食盐、乙醇时，酸味会降低。酸味和甜味的适当混合，是构成水果和饮料风味的重要因素；呈酸适宜是食醋的风味特征；若在酸中加入适量苦味物，也能形成食品的特殊风味。

1. 呈酸机制

用酸味剂提取的味蕾匀浆，只能得到磷脂。在各种味觉的构性关系中，酸味和咸味似乎都比较简单，主要是阳离子的作用。因此目前普遍认为，H^+ 是酸味剂 HA 的定味基，阴离子 A^- 是助味基。定味基 H^+ 在受体的磷脂头部相互发生交换反应，从而引起酸味感。在 pH 相同时，有机酸的酸味之所以大于无机酸，是由于有机酸的助味基 A^- 在磷脂受体表面有较强的吸附性，能减少膜表面正电荷的密度，即减少了对 H^+ 的排斥力。二元酸的酸味随碳链延长而增强，主要是由于其阴离子 A^- 能形成吸附于脂膜的内氢键环状螯合物或金属螯合物，减少了膜表面的正电荷密度。若在 A^- 结构上增加羧基或羟基，将减弱 A^- 的亲脂性，使酸味减弱；相反，若在 A^- 结构上加入疏水性基团，则有利于 A^- 在脂膜上的吸附，使膜增加对 H^+ 的引力。酸的阴离子还对酸的风味有影响，有机酸的阴离子一般具有爽快的酸味，当然也有一定的例外。

品尝法和测唾液流速法得出的酸强度次序不一致，因此有人认为这两种反应出自不同部位的刺激。也有人证明结合在酸味受体膜上的质子多数是无效的，不能引起膜上局部构象的改变。鉴于膜结构中的不饱和烃链易与水结合，酸中的质子还有隧道效应，因此，有人也认为酸味受体有可能不是在磷脂的头部，而是在磷脂烃链的双键上。因为双键质子化后形成的 π 络合物之间有颇强的静电斥力，才能引起局部脂膜有较大的构象改变。

上述酸味模式虽说明了不少酸味现象，但目前所得到的研究数据，尚不足以说明究竟是 H^+、A^-，还是 HA 对酸感最有影响，酸味剂分子的许多性质如分子质量、分子的空间结构和极性对酸味的影响也未弄清，有关酸味的学说还有待于进一步发展。

2. 重要的食用酸味料及其应用

（1）食醋 食醋（vinegar）是我国最常用的酸味料，除含 3% ~5% 的醋酸外，还含有少量的其他有机酸、氨基酸、糖、醇、酯等。它的酸味温和，在烹调中除用作调味外，还有防腐败、去腥臭等作用。醋酸挥发性高，酸味强。浓度在 98% 以上的醋酸能冻结成冰状固体，称为冰醋酸。

（2）柠檬酸 柠檬酸（citric acid）是在果蔬中分布最广的一种有机酸。酸味圆润、滋美、爽快可口，入口即达最高酸感，后味延续时间短。广泛用于清凉饮料、水果罐头、糖果等的调配，通常用量为 0.1% ~1.0%。它还可用于配制果汁粉，作为抗氧化剂的增效剂。柠檬酸具有良好的防腐性能和抗氧化增效功能，安全性高，我国允许按生产正常需要量添加。

（3）苹果酸 苹果酸（malic acid）多与柠檬酸共存，为无色或白色结晶，易溶于水和乙醇，20℃时可溶解 55.5%。其酸味较柠檬酸强，为其 1.2 倍，爽口，略带刺激性，稍有苦涩感，呈味时间长。与柠檬酸合用时有强化酸味的效果。常用于调配饮料等，尤其适用于果冻。苹果酸钠盐有咸味，可供肾脏病人作咸味剂。苹果酸安全性高，我国允许按生产正常需要量添加，通常使用量为 0.05% ~0.5%。

（4）酒石酸 酒石酸（tartaric acid）广泛存在于许多水果中，为无色晶体，易溶于水及乙醇，20℃时在水中溶解 120%。苹果酸酸味更强，约为柠檬酸的 1.3 倍，但稍有涩感。其用途与柠檬酸相同，多与其他酸合用。酒石酸安全性高，我国允许按生产正常需要量添加，一般使用量为 0.1% ~0.2%，但它不适合于配制起泡的饮料或用作食品膨胀剂。

（5）乳酸 乳酸（latic acid）在水果蔬菜中很少存在，现多为人工合成品，溶于水及乙醇，有防腐作用，酸味稍强于柠檬酸，可用作 pH 调节剂，可用于清凉饮料、合成酒、合成醋和辣酱油等。用其制泡菜或酸菜，不仅可调味，还可防止杂菌繁殖。

（6）抗坏血酸　抗坏血酸（ascorbic acid）为白色结晶，易溶于水，有爽快的酸味，但易被氧化。在食品中可作为酸味剂和维生素 C 添加剂，还有防氧化和褐变的作用，可作为辅助酸味剂使用。

（7）葡萄糖酸　葡萄糖酸（gluconic acid）为无色或淡黄色液体，易溶于水，微溶于乙醇，因不易结晶，固其产品多为50% 的液体。干燥时易脱水生成 γ - 或 δ - 葡萄糖酸内酯，且此反应可逆，利用这一特性可将其用于某些最初不能有酸性而在水中受热后又需要酸性的食品中。例如将葡萄糖酸内酯加入豆浆中，遇热即会生成葡萄糖酸而使大豆蛋白凝固，得到内酯豆腐。此外，将葡萄糖酸内酯加入饼干中，烘烤时即成为膨胀剂。葡萄糖酸也可直接用于调配清凉饮料、食醋等，可做方便面的防腐调味剂，或在营养食品中代替乳酸。

（8）磷酸　磷酸（phosphoric acid）的酸味爽快温和，但略带涩味。可用于清凉饮料，但用量过多时会影响人体对钙的吸收。磷酸的酸味为柠檬酸的2.3~2.5 倍，收敛性强。磷酸安全性高。

（9）琥珀酸和延胡索酸　在未成熟的水果中，存在较多的琥珀酸（succinic acid）和延胡索酸（fumaric acid），也可用作酸味剂，但不普遍。延胡索酸的酸味为柠檬酸的1.5 倍。它们有特殊的酸味，一般不单独使用，多与柠檬酸、酒石酸等混用而生成水果似的酸味。

三、苦味与苦味物质

苦味（bitter taste）是食品中很普遍的味感，许多无机物和有机物都具有苦味。单纯的苦味并不令人愉快，但当它与甜、酸或其他味感调配得当时，能形成一种特殊的风味。例如，苦瓜、白果、茶和咖啡等都具有一定的苦味，但均被视为美味食品。苦味物质大多具有药理作用，可调节生理功能，如一些消化活动障碍、味觉出现减弱或衰退的人，常需要强烈刺激感受器来恢复正常，由于苦味阈值最小，也最易达到这方面的目的。

（一）呈苦机制

为了寻找苦味与其分子结构的关系，解释苦味产生的机制，曾有人先后提出过各种苦味分子识别的学说和理论，介绍如下。

1. 空间位阻学说

Shallenberger 等认为，苦味与甜味一样，也取决于刺激物分子的立体化学，这两种味感都可由类似的分子激发，有些分子既可产生甜味又可产生苦味。

2. 内氢键学说

Kubota 在研究延命草二萜分子结构时发现凡有相距 0.15nm 的内氢键分子的均有苦味。内氢键能增加分子的疏水性，且易和过渡金属离子形成螯合物，合乎一般苦味分子的结构规律。

3. 三点接触学说

Lehmann 发现，有几种 D - 型氨基酸的甜味强度与其 L - 异构体的苦味强度之间有相对应的直线关系。因而他认为苦味分子与苦味受体之间和甜感一样也是通过三点接触而产生苦味，仅是苦味剂第三点的空间方向与甜味剂相反。

上述几种苦味学说虽都能一定程度解释苦味的产生，但大都脱离了味细胞膜结构而只着眼于刺激物分子结构，而且完全没有考虑一些苦味无机盐的存在。

4. 诱导适应学说

曾广植根据他的味细胞膜诱导适应模型提出了苦味分子识别理论，其要点如下。

（1）苦味受体是多烯磷脂在膜表面形成的"水穴"，它为苦味物质和蛋白质之间的偶联提供了一个巢穴。同时肌醇磷脂（PI）通过磷酰化生成 PI－4－PO_4 和 PI－4，5－$(PO_4)_2$ 后，再与 Cu^{2+}、Zn^{2+}、Ni^{2+} 结合，形成穴位的"盖子"。苦味分子必须首先推开盖子，才能进入穴内与受体作用。这样，以盐键方式结合于盖子的无机离子便成为分子识别的监护，它一旦被某些过渡金属离子置换，味受体上的盖子便不再接受苦味物质的刺激，产生了抑制作用。

（2）由卷曲的多烯磷脂组成的受体穴可以组成各种不同的多级结构而与不同的苦味剂作用。试验表明，人在品尝了硫酸奎宁后，并不影响继续品尝出尿素或硫酸镁的苦味；反之亦然。若将奎宁和尿素共同品尝，则会产生协同效应，苦味感增强。这证明奎宁和尿素在味受体上有不同的作用部位或有不同的"水穴"。但若在品尝奎宁后再喝咖啡，则会感到咖啡的苦味减弱，这又说明两者在受体上有相同的作用部位或"水穴"，它们会产生竞争性的抑制。

（3）多烯磷脂组成的受体穴有与表蛋蛋白粘贴的一面，还有与脂质块接触的一面。与甜味剂专一性要求相比，对苦味剂的极性基位置分布、立体方向次序等的要求并不很严格。凡能进入苦味受体任何部位的刺激物都会引起"洞隙弥合"，通过下列作用方式改变其磷脂的构象，产生苦味信息。

① 盐桥转换。Cs^+、Rb^+、K^+、Ag^+、Hg^{2+}、R_3S^+、R_4N^+、$RNH－NH^{3+}$、$Sb(CH_3)_4$ 等属于破坏离子，它们能破坏烃链周围的冰晶结构，增加有机物的水溶性，可以自由地出入生物膜。当它们打开盐桥进入苦味受体后，能诱发构象的转变。Ca^{2+}、Mg^{2+} 虽和 Li^+、Na^+ 一样属结构制造离子，对有机物有盐析作用，但 Ca^{2+}、Mg^{2+} 在一些阴离子的配合下能使磷脂凝集，便于结构破坏，离子进入受体，也能产生苦味。

② 氢键的破坏。$(NH_2)_2C＝X$（X 为 O、NH、S，下同）、$RC(NH_2)＝X$、$RC＝NOH$、$RN—HCN$ 等可作为氢键供体。由于苦味受体为卷曲的多烯磷脂孔穴，无明显的空间选择性，使具有多级结构的上述刺激物也能打开盖子盐桥进入受体（更大的苦味肽只能有一部分侧链进入）继而破坏其中的氢键及脂质－蛋白质间的相互作用，对受体构象的改变产生很大的推动力。

③ 疏水键的生成。疏水键型刺激物主要是酯类，尤其是内酯、硫代物、酰胺、腈和异腈、氮杂环、生物碱、抗生素、萜类和胺等。不带极性基的疏水物不能进入受体，因为盐桥的配基和磷脂头部均有手性，使受体表层对疏水物有一定的辨别选择性。但这些疏水物一旦深入孔穴脂层即无任何空间专一性要求了，可通过疏水键作用引起受体构象的改变。

（二）常见的苦味剂及其应用

存在于食品和药物中的苦味剂，来源于植物的主要有 4 类：生物碱、萜类、糖苷类和苦味肽类；来源于动物的主要有苦味酸、甲酰苯胺、甲酰胺、苯基脲和尿素等。

生物碱分子中含有氮，具有苦且辛辣的味道。奎宁（quinine）是最常用的苦味基准物。萜类化合物种类多达上万种，一般含有内酯、内缩醛、内氢键、糖苷羟基等能形成螯合物的结构，因而有苦味，如啤酒花的苦味成分是萜类。糖苷类的配基大多具有苦味，如苦杏仁苷、白芥子苷等。柑橘类果皮和中草药中广泛存在黄酮、黄烷酮等，多数为苦味分子。氨基酸侧链基团的碳原子数多于 3 并带有碱基时为苦味分子，侧链基团疏水性不强时，其苦味也不强。

盐类中很多具有苦味，可能与它的阴、阳离子半径总和有关。随着离子半径之和加大，咸味减小，苦味增加。例如，NaCl、KCl 具有纯正的咸味，它们半径之和小于 0.658nm，而 KBr 又咸又苦，其半径之和为 0.658nm，CsCl、KI 等苦味大，半径之和大于 0.658nm。

1. 咖啡碱和可可碱

咖啡碱（caffeine）和可可碱（theobromine）都是嘌呤类衍生物，是食品中主要的生物碱类苦味物质，咖啡碱在水中浓度为 150～200mg/kg 时，显中等苦味，它存在于咖啡、茶叶和可拉坚果中。可可碱（3，7-二甲基黄嘌呤）类似咖啡因，在可可中含量最高，是可可产生苦味的原因。咖啡碱和可可碱都具有兴奋中枢神经的作用。

2. 苦杏仁苷

苦杏仁苷（amygdalin）是由氰苯甲醇与龙胆二糖所形成的苷，存在于许多蔷薇科（Rosaceae）植物如桃、李、杏、樱桃、苦扁桃、苹果等的果核、种仁及叶子中，尤以苦扁桃（Prunus amygdalus Batschvar. amara Focke）中最多。种仁中同时含有分解它的酶。苦杏仁苷本身无毒，具有镇咳作用。生食杏仁、桃仁过多引起中毒的原因是摄入的苦杏仁苷在同时摄入体内的苦杏仁酶（emulsin）的作用下，分解为葡萄糖、苯甲醛及氢氰酸之故。苦杏仁酶实际上是扁桃腈酶（mandelenitrilase）及洋李酶（prunase）的复合物。

3. 柚皮苷及新橙皮苷

柚皮苷（naringin）及新橙皮苷（neohesperidin）是柑橘类果皮中的主要苦味物质。柚皮苷纯品的苦味比奎宁还要苦，检出阈值可低达 0.002%。黄酮苷类分子中糖苷基的种类与其是否具有苦味有决定性的关系。芸香糖与新橙皮糖都是鼠李糖葡萄糖苷，但前者是鼠李糖（1→6）葡萄糖，后者是鼠李糖（1→2）葡萄糖。凡与芸香糖成苷的黄酮类没有苦味，而以新橙皮糖为糖苷基的都有苦味，当新橙皮糖苷基水解后，苦味消失。根据这一发现，可利用酶制剂来分解柚皮苷与新橙皮苷以脱去橙汁的苦味。

4. 胆汁

胆汁（bile）是动物肝脏分泌并储存于胆囊中的一种液体。味极苦，初分泌的胆汁是清澈而略具黏性的金黄色液体，pH 在 7.8～8.5，在胆囊中由于脱水、氧化等原因，色泽变绿，pH 下降至 5.50。胆汁中的主要成分是胆酸、鹅胆酸及脱氧胆酸。

5. 奎宁

奎宁（quinine）被广泛作为苦味感的标准物质，盐酸奎宁的苦味阈值大约是 10mg/kg。一般来说，苦味物质比其他呈味物质的味觉阈值低，比其他味觉活性物质难溶于水。《食品安全法》允许奎宁作为饮料添加剂，例如在有酸甜味特性的软饮料中，苦味能跟其他味感调和，使这类饮料具有清凉兴奋作用。

6. 苦味酒花

酒花（hop）大量用于啤酒工业，使啤酒具有特征风味。酒花的苦味物质是葎草酮（humulone）或蛇麻酮的衍生物，啤酒中葎草酮最丰富，在麦芽汁煮沸时，它通过异构化反应转变为异葎草酮。

异葎草酮是啤酒在光照射下所产生的臭鼬鼠臭味和日晒味化合物的前体，当有酵母发酵产生的硫化氢存在时，异己烯链上的酮基邻位碳原子发生光催化反应，生成一种带臭鼬鼠味的 3-甲基-2-丁烯-1-硫醇（异戊二烯硫醇）化合物。在预异构化的酒花提取物中，酮的选择性还原可以阻止这种反应的发生，采用清洁的棕色玻璃瓶包装啤酒也不会产生臭鼬鼠味或日晒味。挥发性酒花香味化合物是否在麦芽煮沸过程中残存，这是多年来一直争论的问题。现在已完全证明，影响啤酒风味的化合物确实在麦芽汁充分煮沸过程中残存，它们连同苦味酒花物质所形成的其他化合物一起使啤酒具有香味。

7. 蛋白质水解物和干酪

蛋白质水解物和干酪有明显的令人厌恶的苦味，这是肽类氨基酸侧链的总疏水性所引起的。所有肽类都含有相当数量的 AH 型极性基团，能满足极性感受器位置的要求，但各个肽链的大小和它们的疏水基团的性质极不相同，因此，这些疏水基团与苦味感觉器主要疏水位置相互作用的能力大小也不相同。已证明肽类的苦味可以通过计算其疏水值来预测。

8. 羟基化脂肪酸

羟基化脂肪酸常常带有苦味，可以用分子中的碳原子数与羟基数的比值或 R 值来表示这些物质的苦味。甜味化合物的 R 值是 1.00 ~ 1.99，苦味化合物为 2.00 ~ 6.99，大于 7.00 时则无苦味。

9. 盐类的苦味

盐类的苦味与盐类阴离子和阳离子的离子直径和有关。离子直径和小于 0.65nm 的盐，显示纯咸味（LiCl 为 0.498nm，NaCl 为 0.556nm，KCl 为 0.628nm），因此 KCl 稍有苦味。随着离子直径和的增大（CsCl 为 0.696nm、CsI 为 0.774nm），其盐的苦味逐渐增强。氯化镁为 0.850nm，是相当苦的盐。

四、咸味与咸味物质

咸味（salt taste）在食品调味中颇为重要。咸味是中性盐所显示的味，只有氯化钠才产生纯粹的咸味，用其他物质来模拟这种咸味是不容易的。如溴化钾、碘化氨除具咸味外，还带有苦味，属于非单纯的咸味，粗盐中即有这种味道。浓度为 0.1mol/L 的各种盐溶液的味感特点如表 10 - 3 所示。

表 10 - 3   盐的味感特点

味感	盐的种类
咸味	NaCl、KCl、NH$_4$Cl、NaBr、NaI、NaNO$_3$、KNO$_3$
咸苦味	KBr、NH$_4$I
苦味	MgCl$_2$、MgSO4、KI、CsBr
不愉快味兼苦味	CaCl$_2$、Ca（NO$_3$）$_2$

1. 咸味模式

咸味是由离解后的阴阳离子所共同决定的。咸味的产生虽与阳离子和阴离子互相依存有关，但阳离子易被味感受器的蛋白质的羧基或磷酸基吸附而呈咸味，因此，咸味与盐离解出的阳离子关系更为密切，而阴离子则影响咸味的强弱和副味，也就是说阳离子是盐的定位基，阴离子为助味基。咸味强弱与味神经对各种阴离子感应的相对大小有关。从几种咸味物质的比较中，我们发现，阴阳离子半径都小的盐呈咸味，半径都大的盐呈苦味，介于中间的盐呈咸苦味。一般情况是，盐的阳离子和阴离子的相对原子质量越大，越有增大苦味的倾向。

食品调味用的盐，应该是咸味纯正的食盐。食盐中常混杂有氯化钾、氯化镁、硫酸镁等其他盐类，它们的含量增加，除具咸味外，还带来苦味；但如果它们微量存在，在加工或直接食用时又有利于呈味作用。所以，食盐需经精制以降低这些有苦味的盐类含量。

2. 常见的咸味物质

虽然不少中性盐都显示出咸味，但其味感均不如氯化钠纯正，多数兼具有苦味或其他味道。

氯化钠是主要的食品咸味剂，但食盐的过量摄入会对身体造成不良影响，这使人们对食盐替代物产生了兴趣。近年来，食盐替代物的品种已较多，如葡萄糖酸钠、苹果酸钠等几种有机酸钠盐也有食盐一样的咸味，可用作无盐酱油和供肾脏病等限制摄取食盐患者的呈味料。此外，氨基酸的盐也带有咸味，如用 86% 的 $H_2NCOCH_2N^+H_3Cl^-$ 加入 15% 的 $5'-$核苷酸钠，其咸味与食盐无区别，这有可能成为未来的食品咸味剂。氯化钾也是一种较为纯正的咸味物，可在运动员饮料和低钠食品中部分代替 NaCl 以提供咸味和补充体内的钾。然而，使用食盐替代物的食品味感与使用食盐的食品味感仍有较大的差别，这将限制食盐替代物的使用。

五、鲜味与鲜味物质

鲜味（delicious taste）是一种复杂的综合味感，具有风味增效的作用。我国将谷氨酸一钠、$5'-$鸟苷酸二钠、天冬酰胺钠、琥珀酸二钠、谷氨酸 – 亲水性氨基酸二肽（或三肽）及水解蛋白等的综合味感均归为鲜味。当鲜味剂的用量高于其阈值时，会使食品鲜味增加；但用量少于其阈值时，则仅是增强风味，故欧美常将鲜味剂称为风味增强剂（flavor enhancers）或呈味剂。

1. 呈鲜机制

鲜味的通用结构式为 $^-O—(C)_n—O^-$，$n = 3 \sim 9$。就是说，鲜味分子需要有一条相当于 3～9 个碳原子长的脂链，而且两端都带有负电荷，当 $n = 4 \sim 6$ 时鲜味最强。脂链不限于直链，也可为脂环的一部分；其中的 C 可被 O、N、S、P 等取代。保持分子两端的负电荷对鲜味至关重要，若将羧基经过酯化、酰胺化或加热脱水形成内酯、内酰胺后，均将降低其鲜味。但其中一端的负电荷也可用一个负偶极替代，例如口蘑氨酸和鹅膏蕈氨酸等，其鲜味比味精强 5～30 倍。目前由于经济效益、副作用和安全性等方面的原因，作为商品的鲜味剂主要是谷氨酸型和核苷酸型。

2. 常见鲜味剂

鲜味剂若从化学结构特征上区分，可以分为氨基酸、肽类、核苷酸类和有机酸类。

在天然氨基酸中 L – 谷氨酸和 L – 天冬氨酸的钠盐及其酰胺都具有鲜味。L – 谷氨酸钠俗称味精，具有强烈的肉类鲜味。谷氨酸型鲜味剂（MSG）属脂肪族化合物（aliphatic compounds），在结构上有空间专一性要求，若超出其专一性范围，将会改变或失去味感。它们的定味基是两端带负电的官能团，如 $C=O$、$—COOH$、$—SO_3H$、$—SH$ 等；助味基是具有一定亲水性的基团，如 $—L—HN_2$、$—OH$ 等。因此，味精的鲜味是由 $\alpha-NH_3^+$ 和 $\gamma-COO^-$ 两个基团静电吸引产生的，在 pH 为 3.2（等电点）时，鲜味最低；在 pH 为 6 时几乎全部解离，鲜味最高；在 pH 为 7 以上时，由于形成二钠盐，鲜味消失。食盐是味精的助鲜剂，味精也有缓和咸、酸、苦的作用，使食品具有自然的风味。L – 天冬氨酸的钠盐和酰胺也具有鲜味，是竹笋等植物性食物的主要鲜味物质。

凡与谷氨酸羧基端连接有亲水性氨基酸的二肽、三肽也有鲜味，如 L – α – 氨基己二酸、琥珀酸二钠、谷 – 胱 – 甘三肽、谷 – 谷 – 丝三肽、口蘑氨酸等。若与疏水性氨基相接，则产生苦味。

在核苷酸中能够呈鲜味的有 5′ - 肌苷酸（5′ - IMP）、5′ - 鸟苷酸（5′ - GMP）和 5′ - 黄苷酸，前两者鲜味最强，分别代表着鱼类、香菇类食品的鲜味。此外，5′ - 脱氧肌苷酸及 5′ - 脱氧鸟苷酸也具有鲜味。肌苷酸型鲜味剂（IMP）属于芳香杂环化合物，结构也有空间专一性要求，其定位基是亲水的核糖磷酸，助味基是芳香杂环上的疏水取代基。这些 5′ - 核苷酸与谷氨酸钠合用时可明显提高谷氨酸钠的鲜味（表 10 - 4），如 1% IMP + 1% GMP + 98% MSG 混合物的鲜味为单纯 MSG 的 4 倍。即这两类鲜味剂混合使用时有协同效应，并依赖其浓度，随浓度升高而增加。

表 10 - 4　　　　　　　　　　　　MSG 和 IMP 的协同效应

MSG 用量/g	IMP 用量/g	混合物用量/g	相当于 MSG 用量/g	相乘效果/倍
99	1	100	290	2.9
98	2	100	350	3.5
97	3	100	430	4.3
96	4	100	520	5.2
95	5	100	600	6.0

琥珀酸（succinic acid）及其钠盐有鲜味，在鸟、兽、禽、畜等动物中均存在，以贝类中含量最多。用微生物发酵的食品如酱油、酱、黄酒中也有少量存在。它们可用作调味料，用于酒精清凉饮料、糖果的调味，其钠盐可用于酿造品及肉类食品的加工。如与其他鲜味剂合用，有助鲜效果。

麦芽酚和乙基麦芽酚在商业上作为风味增效剂在水果和甜食中使用。商品麦芽酚为白色或无色结晶粉末，常温下在水中的溶解度是 1.5%，加热时在水和油脂中溶解度提高，乙基麦芽酚商品的外观和化学性质都类似于麦芽酚。这两种物质都具有邻羟基烯酮结构，并有少量邻二酮形成的异构体与之平衡。由于结构与酚类相似，所以有类似酚类的一些化学性质，如麦芽酚可与萜盐作用而呈紫红色，与碱可形成盐等。高浓度的麦芽酚具有令人愉快的焦糖芳香，稀溶液则有甜味。50mg/kg 的麦芽酚可使果汁具有圆润、柔和的味感。麦芽酚和乙基麦芽酚都可与甜味受体的 AH/B 部分相匹配，但作为甜味增效剂，乙基麦芽酚要比麦芽酚有效得多。麦芽酚可把蔗糖的检出阈值浓度降低一半，这些化合物实际的增效风味机制迄今仍不清楚。

另外要指出的是，化合物所具有的鲜味可以随结构的改变而变化，例如谷氨酸钠虽然具有鲜味，但是谷氨酸、谷氨酸的二钠盐均没有鲜味。

六、辣味与辣味物质

辣味（hot taste）是由辛香料中的一些成分所引起的尖利的刺痛感和特殊的灼烧感的总和。它不但刺激舌和口腔的触觉神经，同时也会机械刺激鼻腔，有时甚至对皮肤也产生灼烧感。适当的辣味有增进食欲、促进消化液分泌的作用，在食品调味中已被广泛应用。

1. 呈辣机制

辣椒素、胡椒碱、生姜素、丁香、大蒜素和芥子油等都是双亲分子，其极性头部是定味基，非极性尾部是助味基。大量研究资料表明，分子的辣味随其非极性尾链的增长而加剧，以 C_9 左右达到最高峰，然后陡然下降（图 10 - 11，图 10 - 12），称为 C_9 最辣规律。上面几种物质的辣味符合 C_9 最辣规律。

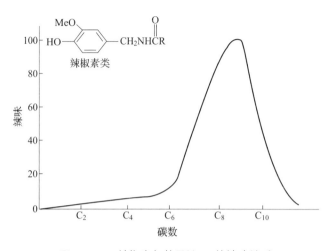

图 10-11　辣椒素与其尾链 C_n 的辣味关系

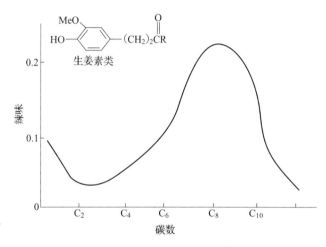

图 10-12　生姜素与其尾链 C_n 的辣味关系

一般脂肪醇、醛、酮、酸的烃链长度增长也有类似的辣味变化。上述辣味分子尾链如无顺式双键或支链时，$n-C_{12}$ 以上将丧失辣味；若链长虽超过 $n-C_{12}$ 但在 ω - 位邻近有顺式双键，则还有辣味。顺式双键越多越辣，反式双键影响不大；双键在 C_9 位上影响最大；苯环的影响相当于一个 C_4 顺式双键。一些极性更小的分子如 $BrCH=CHCH_2Br$、$CH_2=CHCH_2X$（X = NCS、OCOR、NO_2、ONO）、$(CH_2=CHCH_2)_2S_n$（$n=1$，2，3）、Ph$(CH_2)_n$NCS 等也有辣味。辣味物质分子极性基的极性大小及其位置与味感关系也很大。极性头的极性大时是表面活性剂；极性小时是麻醉剂。极性处于中央的对称分子如：RCON⬡NCOR、RCOO⬡NHCOR 其辣味只相当于半个分子的作用，且因其水溶性降低而辣味大减。极性基处于两端的对称分子如：

其味道变淡。增加或减少极性头部的亲水性，如将 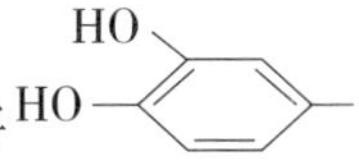 改变为 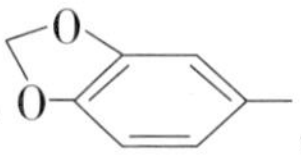 ，

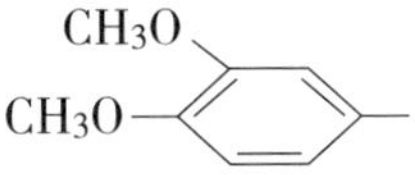

， 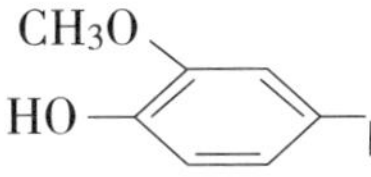 时，辣味均降低；甚至调换羟基位置也可能失去辣味，而产生甜味或苦味。

2. 常见的辣味物质

（1）热辣（火辣）味物质　热辣味物质是一种无芳香的辣味，在口中能引起灼热感觉。主要有如下几种。

① 辣椒（capsicum）。它的主要辣味成分为辣椒素（capsaicine）（图 10-13），是一类碳链长度不等（$C_8 \sim C_{11}$）的不饱和单羧酸香草基酰胺，同时还有少量含饱和直链羧酸的二氢辣椒素，后者已有人工合成。类辣椒素辣味强度各不相同，以侧链为 $C_9 \sim C_{10}$ 时最辣，双键并非是辣味所必需的。不同辣椒的辣椒素含量差别很大，甜椒通常含量极低，红辣椒含 0.06%，牛角红椒含 0.2%，印度萨姆椒为 0.3%，乌干达辣椒可高达 0.85%。

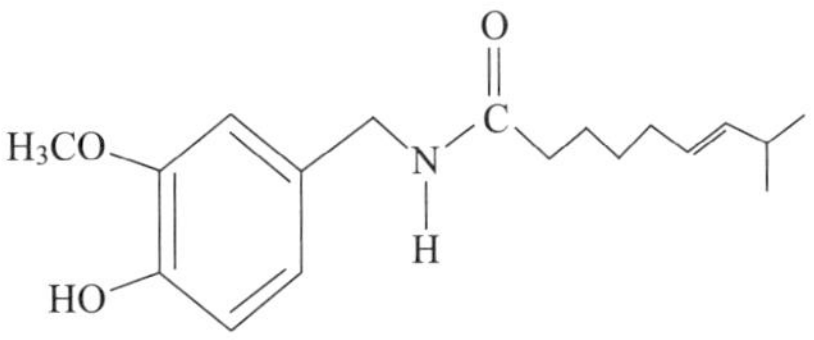

图 10-13　辣椒素结构式

② 胡椒（pepper）。常见的有黑胡椒和白胡椒两种，都由果实加工而成，用尚未成熟的绿色果实可制得黑胡椒；用色泽由绿色变黄色而未变红色时收获的成熟果实可制取白胡椒。胡椒的辣味成分除少量类辣椒素外，主要是胡椒碱（piperine）。胡椒碱是一种酰胺化合物，其不饱和烃基有顺反异构体，其中顺式双键越多时越辣；全反式结构称异胡椒碱。胡椒经光照或储存后辣味会降低，这是顺式胡椒碱异构化为反式结构所致。合成的胡椒碱已在食品中使用（图 10-14）。

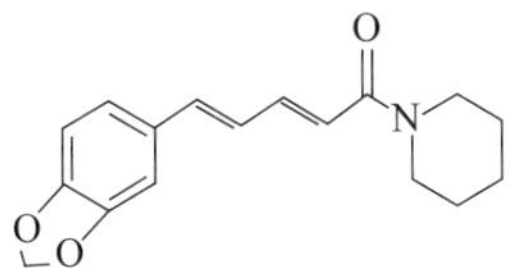

胡椒碱：2-E 和 4-E 构型，辣味最强
异胡椒碱：2-Z 和 4-E 构型，辣味较强
异黑椒素：2-E 和 4-Z 构型，辣味较强
黑椒素：2-Z 和 4-Z 构型，辣味仅次于胡椒碱

图 10-14　胡椒中的主要辣味化合物及其辣味强度

③ 花椒（xanthoxylum）。花椒主要辣味成分为山椒素（sanshool），是酰胺类化合物。除此外还有少量异硫氰酸烷丙酯等。它与胡椒、辣椒一样，除辣味成分外还含有一些挥发性香味成分。

（2）辛辣（芳香辣）味物质　辛辣味物质是一类除辣味外还伴随有较强烈的挥发性芳香味的物质，是具有味感和嗅感双重作用的成分。

① 姜（ginger）。鲜姜的辛辣成分是一类邻甲氧基酚基烷基酮，其中最具代表性的为 6-姜醇，分子中环侧链上羟基外侧的碳链长度各不相同（$C_5 \sim C_9$）。鲜姜经干燥储存，姜醇会脱水生成姜烯酚类化合物，后者较姜醇更为辛辣。当姜受热时，姜烯酚环上侧链断裂生成姜酮，辛辣味较为缓和。姜醇和姜烯酚中以 $n = 4$ 时辣味最强（图 10-15）。

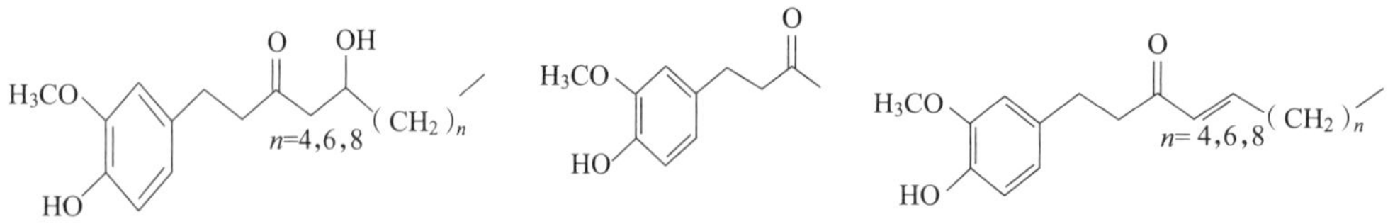

图 10 - 15　姜中的辣味成分

② 肉豆蔻（nutmeg）和丁香（clove）。肉豆蔻和丁香的辛辣成分主要是丁香酚和异丁香酚，这类化合物也含有邻甲氧基苯酚基团。

③ 芥子苷（mustard glycosides）。有黑芥子苷（sinigrin）和白芥子苷（sinalbin）两种，在水解时产生葡萄糖及芥子油。黑芥子苷存在于芥菜（*Brassica juncea*）、黑芥的种子及辣根（horse radish）等蔬菜中。白芥子苷则存在于白芥子（*Sinapis alba*）中。

在甘蓝、萝卜、菜花等十字花科蔬菜中还含有一种类似胡椒的辛辣成分 S - 甲基半胱氨酸亚砜（S - methyl - L - cysteine - sulphoxide）。

（3）刺激辣味物质　刺激辣味物质是一类除能刺激舌和口腔黏膜外，还能刺激鼻腔和眼睛，具有味感、嗅感和催泪性的物质。主要有以下几种。

① 蒜、葱、韭菜。蒜的主要辣味成分为蒜素、二烯丙基二硫化物、丙基烯丙基二硫化物三种，其中蒜素的生理活性最大。大葱、洋葱的主要辣味成分是二丙基二硫化物、甲基丙基二硫化物等，韭菜中也含有少量上述二硫化物。这些二硫化物在受热时都会分解生成相应的硫醇（mercaptan），所以蒜、葱等在煮熟后不仅辛辣味减弱，而且还产生甜味。

② 芥末、萝卜。主要辣味成分为异硫氰酸酯类化合物，其中的异硫氰酸丙酯也称芥子油（allyl mustard oil），刺激性辣味较为强烈。它们在受热时会水解为异硫氰酸，辣味减弱。

七、其 他 味 感

1. 清凉味

清凉味（cooling sensation）是由一些化合物对鼻腔和口腔中的特殊味觉感受器刺激而产生的。典型的清凉味为薄荷风味，包括留兰香和冬青油的风味。以薄荷醇（menthol）和 D - 樟脑（camphor）为代表物（图 10 - 16），它们既有清凉嗅感，又有清凉味感。其中薄荷醇是食品加工中常用的清凉风味剂，在糖果、清凉饮料中使用较广泛。这类风味产物产生清凉感的机制尚不清楚。薄荷醇可用薄荷的茎、叶进行水蒸气蒸馏而得到，它具有 8 个旋光体，自然界存在的为 L - (-) - 薄荷醇。

一些糖的结晶入口后也产生清凉感，这是因为它们在唾液中溶解时要吸收大量的热量所致。例如，蔗糖、葡萄糖、木糖醇和山梨醇结晶的溶解热分别为18.1、94.4、153.0 和110.0（J/g），后 3 种甜味剂明显具有这种清凉风味。

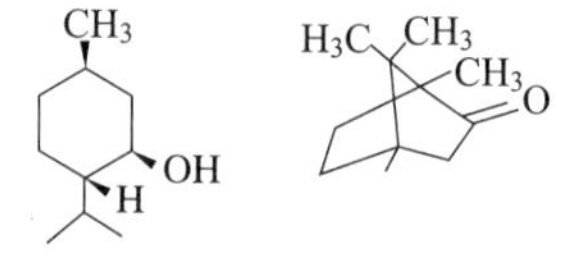

2. 涩味

当口腔黏膜蛋白质被凝固时，就会引起收敛，此时感到的滋味便是涩味（astringency）。因此，涩味不是作用于味蕾所产生的，而是刺激触觉神经末梢所产生的，表现为口腔的收敛感觉和

L - (-) - 薄荷醇　　　D-樟脑

图 10 - 16　薄荷样清凉
风味物的结构举例

干燥感觉。

引起食品涩味的主要化学成分是多酚类化合物，其次是铁金属、明矾、醛类和酚类等物质，有些水果和蔬菜中由于存在草酸、香豆素和奎宁酸等也会引起涩味。多酚的呈涩作用与其可同蛋白质发生疏水性结合的性质直接相关，比如单宁分子具有很大的横截面，易于同蛋白质分子发生疏水作用，同时它还有许多能转变为醌式结构的苯酚基团，也能与蛋白质发生交联反应。一般缩合度适中的单宁都有这种作用，但缩合度过大时因溶解度降低不再呈涩味。

未成熟柿子的涩味是典型的涩味，其涩味成分是以无色花青素为基本结构的配糖体，属于多酚类化合物，易溶于水。当涩柿及未成熟柿的细胞膜破裂时，多酚类化合物逐渐溶于水而呈涩味。在柿子成熟过程中，分子间呼吸或氧化，使多酚类化合物氧化、聚合而形成水不溶性物质，涩味即随之消失。

茶叶中也含有较多的多酚类物质，由于加工方法不同，制成的各种茶类所含的多酚类各不相同，因而它们涩味程度也不相同。一般，绿茶中多酚类含量多，而红茶经过发酵后多酚类被氧化，其含量减少，涩味也就不及绿茶浓烈。

涩味在一些食品中是所需要的风味，例如茶、红葡萄酒。在一些食品中却对食品的质量存在影响，例如在有蛋白质存在时，二者之间会生产沉淀。

3. 金属味

由于与食品接触的金属与食品之间可能存在着离子交换关系，存放时间长的罐头食品中常有一种令人不快的金属味（metals taste），有些食品也会因原料引入金属而带有异味。

第四节　嗅　　觉

嗅觉（olfaction）主要是指食品中的挥发性物质刺激鼻腔内的嗅觉神经细胞而在中枢神经中引起的一种感觉（perception）。其中，将令人愉快的嗅觉称为香味（fragrance），将令人厌恶的嗅觉称为臭味（stink）。嗅觉是一种比味觉更复杂、更敏感的感觉现象。

一、嗅觉产生的生理基础

对嗅觉的初步研究发现，气味物质是通过刺激位于鼻腔后上部的嗅觉上皮（olfactory epithelium）内含有嗅觉受体的嗅觉受体细胞（olfactory receptor cells）而产生嗅觉的，嗅觉受体细胞也称嗅细胞（图 10 - 16 和图 10 - 17）。气味物质作用于嗅细胞，产生的神经冲动经嗅神经多级传导，最后到达位于大脑梨形区域的主嗅觉皮层而形成嗅觉。在嗅觉感受和传导过程中，至少有 4 个不同的系统参与，分别是嗅觉系统（olfactory system）、三叉神经系统（trigeminal system）、副味觉系统（accessory olfactory system）和末梢神经系统（terminal nerve）。嗅觉系统主要是感知挥发性物质；三叉神经系统负责冷、辛辣或灼热的感知；副味觉系统主要负责无味的非挥发性物质的感知，如信息素（pheromone）；而末梢神经系统的功能目前还不完全明确，但它的化学感觉刺激似乎与动物的繁殖行为有关。其中，嗅觉系统在嗅觉的产生过程中是最重要的。同时，犁鼻器官（vomeronasal organ）在嗅觉产生中的作用也是非常重大的。

　　嗅觉系统主要由嗅觉上皮（olfactory epithelium）、嗅球（olfactory bulb）和嗅觉皮层（olfactory cortex）三部分组成。嗅觉上皮（图 10 - 17）内主要含嗅觉受体细胞、支持细胞（supporting cell）和基底细胞（microvillar cell）。嗅觉受体细胞为双极神经元（图 10 - 18），周围突伸向黏膜表面，末端形成带纤毛（10 ~ 30 根）的小球；中枢突（central axon）无髓鞘，融合成嗅丝后穿过筛板止于嗅球。鼻腔内大约有 6×10^5 个嗅觉受体细胞。支持细胞规则排列于黏膜浅表嗅感受细胞的树突间，起着支持作用，而不直接参与嗅觉处理。基底细胞位于黏膜最底层，能分化为嗅觉受体细胞和支持细胞。

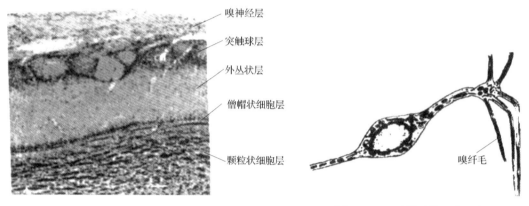

图 10 - 17　嗅觉上皮结构示意图　　　　图 10 - 18　嗅觉受体细胞示意图

　　嗅球位于前颅窝底，呈层状结构（图 10 - 19），由外向内依次为嗅神经层、突触球层、外丛状层、僧帽状细胞层和颗粒状细胞层（又称内丛状层）。分布于颗粒状细胞层间的神经元有僧帽状细胞、丛状细胞、室周细胞、颗粒状细胞和短轴突细胞等。僧帽状细胞的胞体直径 15 ~ 30μm。顶树突垂直穿过外丛状层，与突触球层形成树形复合体；二级顶树突分深、浅两类，平行分布于外丛状层。丛状细胞根据其位置分内丛状细胞、中丛状细胞和外丛状细胞，顶树突分布于突触球层，内、外丛状细胞和僧帽状细胞的轴突一起参与嗅束的构成，而中丛状细胞的轴突则分叉后分布于颗粒状细胞层。球周细胞位于突触球周围，轴突参与球周局部神经元回路的形成。颗粒状细胞无轴突，有大量树突棘。浅层颗粒状细胞的树突在外丛状层浅部与丛状细胞的二级顶树突形成突触回路，深层颗粒状细胞则在外丛状层深部与僧帽状细胞的二级顶树突形成局部突触回路。另外，在各突触球、两侧嗅球、嗅觉中枢神经元之间均有着广泛的神经联系，起着相互影响和反馈的作用。嗅束主要由僧帽状细胞、丛状细胞的轴突纤维及嗅觉上皮投射到嗅球颗粒状细胞的纤维构成，还包括一些对侧嗅球与前嗅核传出纤维，为嗅觉信息的传入与抑制性传出通路。嗅皮层主要由前嗅核、前梨形皮层、侧鼻腔内皮层和嗅小球扁桃形皮层核构成。

　　气味分子经高而窄的鼻通道到达嗅区后，必须通过亲水的黏液层才能与嗅觉受体细胞发生作用（图 10 - 20）。鼻黏膜内的可溶性气味结合蛋白（odorant binding protein）有黏合和运输气味分子、增加气味分子溶解度的作用，促进气味分子接近嗅觉感受器，能使嗅细胞周围的气味分子浓度比外周空气中的浓度提高数千倍。嗅黏膜内还具有高浓度的代谢酶，其中包括细胞色素 P - 450、谷胱甘肽及尿苷二磷酸转移酶，这些酶具有将气味物质转化为代谢产物的能力。气味分子一旦溶解于黏膜，嗅觉转导即刻启动。目前认为嗅觉转导是通过嗅觉上皮中的 G 蛋白偶联气味受体（G protein - coupled odor receptor）激活细胞内第二信使系统环磷酸腺苷（cAMP）和（或）三磷酸肌醇（inositol - 1，4，5 - triphosphate，IP3），直接影响纤毛中的离子通道，使双极感觉神经元去极化。现在发现人大约拥有 1000 个嗅觉受体基因，而每一个嗅觉神经细胞内似乎只能有一种嗅觉受体基因表达，但同一个嗅觉受体蛋白（receptor protein）可以和多种气味物质发生作用。嗅觉上皮至少可以划分为 4 个不同的区域，而不同区域由不同类型的嗅觉受体基因表达。由同一类型气味受体基因表达的嗅觉神经细胞往往被集中在其中的某一区域内，但这些嗅觉神经细胞在这一个区域内的分布是随机的，并不会再细分。类似于鼻内上皮的区域划分在嗅球里面也存在。嗅觉的信息处理部位主要位于嗅球内，并于该处进一步将初级嗅信息提纯。另外，有人发现人类两侧大脑的嗅觉能力不一样，多数认为右侧为优势侧，因为左侧中枢、周边及后脑被切除的患者仍保持嗅觉识别能力，而右侧顶、额、颞叶被损害的患者则出现单侧气味识别障碍。

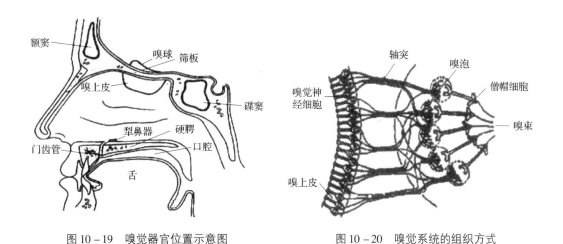

图 10 – 19　嗅觉器官位置示意图　　　　图 10 – 20　嗅觉系统的组织方式

尽管目前还不知道嗅觉系统是怎样把上千种气味分子区分开来的，也不清楚大脑是怎样处理不同的嗅觉信息和如何来区分不同气味的，但目前有关嗅觉的研究成果使人类在认识自我上又成功地向前迈出了一大步。2004 年度诺贝尔生理学或医学奖授予对嗅觉机制作出巨大贡献的科学家就是非常令人兴奋的一件事情。

二、嗅觉理论

根据气味物质的分子特征及与气味之间的关系，已提出了多种嗅觉理论，其中嗅觉立体化学理论和振动理论是最著名的。

嗅觉立体化学理论（stereochemical theory）在 1952 年由 Amoore 提出。该理论第一次将物质产生的嗅觉与其分子形状联系起来，并首次在嗅觉研究中提出主导气味（primary odor）的概念，因而也有将此理论称为主香理论的，这与颜色的视觉感觉相类似。Amoore 认为：不同物质的气味实际上是有限几种主导气味的不同组合，而每一种主导气味可以被鼻腔内的一种不同的主导气味受体（primary odor receptor）感知。Amoore 根据文献上各种气味出现的频率提出了 7 种主导气味，包括清淡气味（ethereal）、樟脑气味（camphoraceous）、发霉气味（musty）、花香气味（floral）、薄荷气味（minty）、辛辣气味（pungent）和腐烂气味（putrid）。为证明确实存在主导气味以及如何区别它们，Amoore 还进行了"特定嗅觉缺失症（specific anosmia）"实验。而后的 Guillot 对 Amoore 的实验结果分析认为，对某一特定气味识别能力缺失的特定嗅觉缺失症是因为患者缺乏其中某一主导气味受体的原因。嗅觉立体化学理论从一定程度上解释了分子形状相似的物质，气味之所以可能差别很大的原因是它们具有不同的功能基团。

嗅觉振动理论（vibrational theory）由 Dyson 于 1937 年第一次提出，在随后的 1950—1960 年又得到 Wright 的进一步发展。该理论认为嗅觉受体分子能与气味分子发生共振。这一理论主要基于对光学异构体（optical isomer）和同位素取代物质（isotopic substitution）气味的对比研究。对映异构体（enantiomer）具有相同的远红外光谱，但它们的气味可能差别很大。而用氘取代气味分子则能改变分子的振动频率，但对该物质的气味影响很小。

三、嗅觉的特点、分类及嗅感物质

1. 嗅觉的特点

（1）敏锐　人的嗅觉相当敏锐（acuity），一些气味化合物即使在很低的浓度下也会被感知，据说个别训练有素的专家能辨别 4000 种不同的气味。某些动物的嗅觉更为敏锐，有时连现代化的仪器也赶不上。犬类嗅觉的灵敏性众所周知，鳝鱼的嗅觉也几乎能与犬相匹敌，它们比人类的嗅觉约灵敏 100 万倍。

（2）易疲劳与易适应　香水虽芬芳，但久闻也不觉其香；粪便尽管恶臭，但待久也能忍受。这说明嗅觉细胞易产生疲劳而对特定气味处于不敏感状态，但对其他气味并未疲劳。当嗅觉中枢神经由于一些气味的长期刺激而陷入负反馈状态（negative feedback status）时，感觉便受到抑制而产生适应性。另外，当人的注意力分散时会感觉不到气味，而长时间受到某种气味刺激便对该气味形成习惯等。疲劳、适应和习惯这 3 种现象共同发挥作用，很难区别。嗅觉具有明显的适应现象，有人认为这是细胞内 Ca^{2+}/钙调蛋白通过对核苷酸闸门性嗅觉通道的负反馈作用，调节其对 cAMP 的亲和力的结果。

（3）个体差异大　不同的人，嗅觉差别很大，即使嗅觉敏锐的人也会因气味而异。对气味不敏感的极端情况便形成嗅盲，这也是由遗传产生的。有人认为女性的嗅觉比男性敏锐，但也有不同看法。

（4）阈值（threshold）会随人身体状况变动　当人的身体疲劳或营养不良时，会引起嗅觉功能降低；人在生病时会感到食物平淡不香；女性在月经期、妊娠期或更年期可能会发生嗅觉减退或过敏现象等。这都说明人的生理状况对嗅觉也有明显影响。

2. 嗅觉的分类

嗅觉分类实际上就是将气味类似的物质划分为一组并对它们的特征气味进行语义描述（semantic description）。目前，尚未有权威性的嗅觉分类方法。但 Amoore 分析了 600 种物质的气味和它们的化学结构，提出至少存在 7 种基本气味，即清淡气味、樟脑气味、发霉气味、花香气味、薄荷气味、辛辣气味和腐烂气味，其他众多的气味则可能由这些基本气味的组合所引起。但也有人在结构–气味关系研究中，经常把气味划分为龙涎香（ambergris）气味、苦杏仁（bitter almond）气味、麝香（musk）气味和檀香（sandalwood）气味。Boelens 对 300 中香味物质研究发现气味物质可以归属为 14 类基本气味，而 Abe 将 1573 种气味物质利用聚类分析（cluster analysis）归属为 19 类。在嗅觉的分类中最为重要的就是如何度量两种气味之间的相似性（similarity），也就是类别划分的标准，这也是导致气味类别划分各异的重要原因。

3. 嗅感物质

一般，一种食物的气味是由很多种挥发性物质共同作用的结果，例如在调配咖啡中，已鉴定出香气成分达 468 种以上。但是某种食品的气味往往又是由主要的少数几种香气成分所决定，把这些成分称为主香（导）成分（primary fragrance）。判断一种挥发性物质在某种食品香气形成中作用的大小，常用该物质的香气值的大小来衡量。如果某种挥发性物质的香气值小于 1，说明该物质对食物香气的形成没有贡献；某种挥发性物质香气值越大，说明它在食物香气形成中的贡献越大。一个食物的主香成分比该食物中其他挥发性成分具有更高的香气值。与形成食物味感的物质不同，食品的气味物质一般种类繁多、含量极微、稳定性差且大多数为非营养性成分。按气味物质的属性来分，可以将气味物质划分为醇类（alcohol）、酯类（ester）、酸类（acid）、酮类（ketone）、萜烯类（terpene）、杂环类（heterocyclic）（吡嗪、吡咯、吡咯啉、咪唑等）、含硫化合物（sulfur containing matter）和芳烃类（aromatic hydrocarbon）等。但有关气味物质的结构与其气味之间的关系极其复杂，尚没有定论可言。

第五节 食品的香气及其香气成分

一、果蔬的香气及其香气成分

水果中的香气成分比较单纯，以有机酸酯类、醛类、萜类和挥发性酚类（volatile phenol）为主，其次是醇类、酮类及挥发性酸（volatile acid）等。水果的香气成分产生于植物体内的代谢过程，因而随着果实的成熟而增加。人工催熟的果实则不及自然成熟水果的香气浓郁。

小分子酯类物质是苹果、草莓、梨、甜瓜、香蕉和甜樱桃等许多果实香气的主要成分。苹果挥发性物质中，小分子酯类物质占 78%～92%，以乙酸、丁酸和己酸分别与乙醇、丁醇和己醇形成的酯类为主。菠萝挥发性成分中酯类物质占 44.9%。构成草莓香气的酯类以甲酯和乙酯为主。厚皮甜瓜挥发性物质中乙酸乙酯占 50% 以上。在构成果实香气的小分子酯类中，一部分为甲基或甲硫基支链酯，如苹果挥发性物质中含有较多的乙酸 – 3 – 甲基丁酯、3 – 甲基丁酸乙酯和 3 – 甲基丁酸丁酯等，它们具有典型的苹果香味，且阈值很低，其中 3 – 甲基丁酸乙酯的阈值仅为 1×10^{-7} mg/kg，被认为是苹果的重要香气成分之一。甲硫基乙酸甲酯、甲硫基乙酸乙酯、乙酸 – 2 – 甲硫基乙酯、3 – 甲硫基丙酸甲酯、3 – 甲硫基丙酸乙酯和乙酸 3 – 甲硫基丙酯 6 种硫酯被认为是甜瓜的重要香气成分。3 – 甲硫基丙酸甲酯和 3 – 甲硫基丙酸乙酯对菠萝香气影响较大。某些草莓品种和柑橘挥发性物质中也含有硫酯。苹果中的醇类物质占总挥发性物质的 6%～12%，主要醇类为丁醇和己醇。甜瓜未成熟果实中存在大量中链醇和醛类物质。丁香醇、丁香醇甲酯及其衍生物等酚类物质大量存在于成熟香蕉果实的挥发性物质中。葡萄挥发性物质中含有苯甲醇、苯乙醇、香草醛、香草酮及其衍生物。草莓成熟果实中也发现有肉桂酸的衍生酯，以甲酯和乙酯为主，它们的前体物质为 $1 – O –$ 反式肉桂酰 $\beta – D –$ 吡喃葡萄糖。萜类物质是葡萄香气的重要组成部分，从葡萄挥发性物质中鉴定出 36 种单萜类物质，并认为沉香醇和牻牛儿醇为其主要香气成分。

蔬菜类的香气不如水果类的香气浓郁，但有些蔬菜具有特殊的香辣气味，如蒜、洋葱等，主要是一些含硫化合物。当组织细胞受损时，风味酶（flavor enzyme）释出，与细胞质中的香味前体底物结合，催化产生挥发性香气物质。风味酶常为多酶复合体或多酶体系，具有作物种类和品种差异，如用洋葱中的风味酶处理干制的甘蓝，得到的是洋葱气味而不是甘蓝气味；若用芥菜风味酶处理干制甘蓝，则可产生芥菜气味。番茄果实挥发性物质以醇类、酮类和醛类物质为主，主要有顺－3－己烯醛、己烯醛、己烯醇、顺－3－己烯醇、1－庚烯－3－酮、3－甲基丁醇、3－甲基丁醛、丙酮和2－庚烯醛等。

二、肉的香气及其香气成分

肉的香味主要是肉中的香气前体物质在烧烤过程中通过美拉德褐变反应（Maillard browning reaction）而形成的许多挥发性和非挥发性化合物的综合。肉汁中含有许多种氨基酸、肽、核苷酸、酸类及糖类等，其中肌苷酸含量相当丰富，与其他的化合物混合就形成了肉香。活的动物肌肉中存在 $5'$－腺苷三磷酸（$5'$－ATP），屠宰后它就转化成 $5'$－腺苷一磷酸（$5'$－AMP），然后脱氨生成 $5'$－肌苷酸磷酸。牛肉、猪肉及羊肉的风味相似，说明它们肉汁中的成分（即氨基酸及糖）非常相似，但它们的脂肪反映不同的风味。在肉香的挥发性成分中，发现可能有硫化氢或甲基硫醇存在，对肉香起着重要的作用。还分离出一些其他的挥发性物质，其中有许多羰基化合物和醇类，如乙醛、丙醛、2－甲基丙醇、3－甲基丁醇、丙酮、2－丁酮、n－环己醇和3－甲基－2－丁酮等。

三、乳品的香气及香气成分

新鲜优质的牛乳具有一种鲜美可口的香味。其香味成分主要是低级脂肪酸和羰基化合物，如2－己酮、2－戊酮、丁酮、丙酮、乙醛、甲醛等以及极微量的乙醚、乙醇、氯仿、乙腈、氯化乙烯和甲硫醚等。甲硫醚在牛乳中虽然含量微少，然而却是牛乳香气的主香成分。甲硫醚香气阈值在蒸馏水中大约为 1.2×10^{-4} mg/L。如果微高于阈值，就会产生牛乳的异臭味和麦芽臭味。

乳中的脂肪、乳糖吸收外界异味的能力较强，特别是牛乳，温度在35℃左右时，其吸收能力最强，刚挤出的牛乳的温度恰好是在这个范围。因此，此时应防止与有异臭气味的物料接触。

牛乳中存在脂水解酶（lipase），能使乳脂水解生成低级脂肪酸，其中丁酸最具有强烈的酸败臭味。乳牛用青饲料饲养时，可抑制牛乳发生水解型酸败臭味，这可能与饲料中含有较多的胡萝卜素有关，因为胡萝卜素具有抑制水解的作用。相反，用饲料喂养时，牛乳易发生水解型酸败现象。引起牛乳水解型酸败臭味除了饲养因素外，温度波动太大，没有及时冷却，长时间搅拌等都促使乳脂水解，使牛乳产生酸败臭气。

牛乳及乳制品长时间暴露在空气中，也会产生酸败气味，又称氧化臭（oxidative odour），这是由乳脂中不饱和脂肪酸的自动氧化后产生 α－、β－不饱和醛（RCH ═CHCHO）和具有2个双键的不饱和醛引起的。其中以碳原子数为8的辛二烯醛和碳原子数为9的壬二烯醛最为突出，两者即使在1mg/kg以下，也能闻到乳制品有氧化臭。微量的金属、抗坏血酸和光线等都促进乳制品产生氧化臭，尤其是二价铜离子催化作用最强。乳制品铜的含量在百万分之一时，就能形成强有力的催化作用。三价铁离子也具有催化作用，但较铜弱。

四、烘烤食品的香气及香气成分

许多食物在焙烤时都发出诱人的香气，这些香气成分形成于加热过程中发生的糖类热解、羰氨反应、油脂分解和含硫化合物（硫胺素、含硫氨基酸）分解，综合而成各类食品特有的焙烤香气。

糖类是形成香气的重要前体。当温度在 300℃ 以上时，糖类可热解形成多种香气物质，其中最重要的有呋喃（furan）衍生物、酮类、醛类和丁二酮等。

羰氨反应不仅生成棕黑色的色素，同时伴随着形成多种香气物质。食品焙烤时形成的香气大部分是由吡嗪（pyrazine）类化合物产生的。羰氨反应的产物随温度及反应物不同而异，如亮氨酸、缬氨酸、赖氨酸、脯氨酸与葡萄糖一起适度加热时都可产生诱人的气味，而胱氨酸及色氨酸则产生臭气。

面包等面制品的香气物质，除了在发酵过程中形成的醇、酯外，在焙烤过程还产生许多羰基化合物，已鉴定的就达 70 多种。在发酵面团中加入亮氨酸、缬氨酸和赖氨酸，有增强面包香气的效果；二羟丙酮和脯氨酸在一起加热可产生饼干香气。

花生及芝麻经焙烤后都有很强的特有香气。在花生加热形成的香气成分中，除了羰基化合物以外，还发现有 5 种吡嗪化合物和甲基替吡咯；芝麻香气的主要特征性成分是含硫化合物。

五、发酵食品的香气及香气成分

发酵食品及调味料的香气成分主要是由微生物作用于蛋白质、糖、脂肪及其他物质而产生的，主要有醇、醛、酮、酸和酯类物质。由于微生物代谢产物繁多，各种成分比例各异，使发酵食品的香气各有特色。

1. 酒类的香气

各种酒类的芳香成分极为复杂，其成分因品种而异。如茅台酒的主要呈香物质是乙酸乙酯及乳酸乙酯；泸州大曲的主要呈香物质为己酸乙酯及乳酸乙酯；乙醛、异戊醇在这两种酒中含量均较高；此外，在酒中鉴定出的其他微量、痕量挥发成分还有数十种之多。

2. 酱及酱油的香气

酱和酱油都是以大豆、小麦为原料，由霉菌、酵母菌和细菌发酵而成的调味料。酱和酱油的香气成分极为复杂，其中醇类主要有乙醇、正丁醇、异戊醇和 β - 苯乙醇等，以乙醇最多；酸类主要有乙酸、丙酸、异戊酸和己酸等；酚类以 4 - 乙基愈创木酚、4 - 乙基苯酚和对羟基苯乙醇为代表；酯类主要是乙酸戊酯、乙酸丁酯及 β - 苯乙醇乙酸酯；羰基化合物主要有乙醛、丙酮、丁醛、异戊醇、糖醛、饱和及不饱和酮醛等，α - 羟基异己醛二乙缩醛和异戊醛二乙缩醛也是两种重要的香气成分。酱油香气成分中还有由含硫氨基酸转化而来的硫醇、甲硫醇等，甲硫醇是构成酱油特征香气的主要成分。

六、水产品的香气及香气成分

水产品香气所涉及的范围比畜禽肉类食品更为广泛。这一方面是因为水产品的品种更多，不仅包括动物种类的鳍鱼类、贝壳、甲壳类等不同品属，而且还包括某些水产植物种类。另一方面，水产品随新鲜度而变化的香气性质也比其他食品更为明显。目前对水产品香气的研究资料相对较少，许多领域尚未涉及。

七、茶叶的香气及香气成分

从成品茶叶中分离鉴定的香气物质种类达 600 多种，主要有醇、醛、酮、酯、酸、含氮化合物与含硫化合物等，而新鲜茶叶中的香气物质种类只有 80 多种。因此，茶叶的绝大部分香气物质是在加工过程中形成的。不同品种的茶叶由于加工工艺各异，因而香气差别也甚远。绿茶中的炒青茶具有粟香或清晰的香气，主要香气成分是吡嗪、吡咯等物质；蒸青茶中芳樟醇及其氧化物含量较高而具有明显的青草香。红茶普遍具有典型的花果香，主要呈香物质是香叶醇、芳樟醇及其氧化物、苯甲醇、2－苯乙醇和水杨酸甲酯等。乌龙茶为半发酵茶，花香是其主要特点，茉莉酮酸甲酯、吲哚、芳樟醇及其氧化物、苯甲醇、苯乙醇、茉莉酮、茉莉内酯、橙花树醇和香叶醇等是呈香的主要物质。

第六节　食品中香气物质形成的途径

综合起来，食品中香气物质形成的途径或来源大致有以下 5 个方面：生物合成、酶的作用、发酵作用、高温分解作用和食物调香。

一、生物合成作用

食物中的香气物质大多数是食物原料在生长、成熟和贮藏过程中通过生物合成作用形成的，这是食品原料或鲜食食品香气物质的主要来源。食物中的香气成分主要是以氨基酸、脂肪酸、羟基酸、单糖、糖苷和色素为前体，通过进一步的生物合成而形成的。

1. 以氨基酸为前体的生物合成

在各种水果和许多蔬菜的香气成分中，都发现含有低碳数的醇、醛、酸、酯等化合物。这些香气物质的生物合成前体有很大一部分是氨基酸，其中尤以支链氨基酸（亮氨酸等）、含硫氨基酸和芳香族氨基酸最为重要。

（1）支链氨基酸　香蕉、苹果、洋梨、猕猴桃等水果是靠后期催熟来增加香气的，它们的香气成分随着水果在后熟过程中呼吸高峰期的到来而急剧生成。例如香蕉，随着蕉皮由绿色变成黄色，其特征香气物质醋酸异戊酯等酯类物质含量迅速增加。洋梨的特征香气成分 2，4－癸二烯酸酯的含量，也是在呼吸高峰期后 2~3d 时升到最高值。苹果的香气特征成分之一 3－甲基丁酸乙酯也是在后熟中形成的。苹果和香蕉的上述特征香气成分，是以支链氨基酸 L－亮氨酸为前体，通过生物合成产生的（图 10－21）。

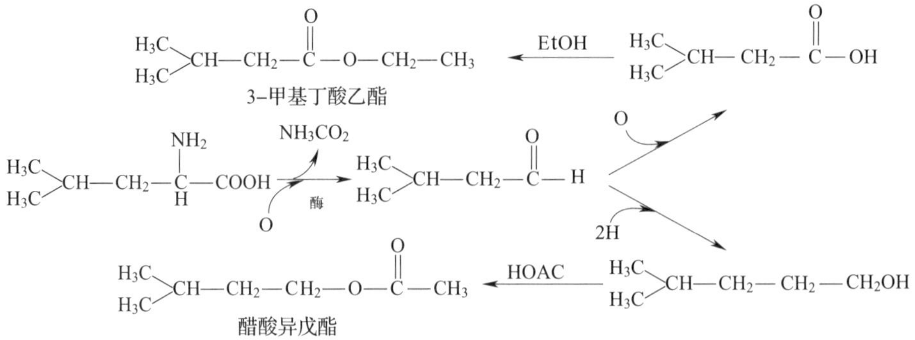

图 10－21　以亮氨酸为前体形成香蕉和苹果特征性香气物质的过程

除亮氨酸外，植物还能将其他类似的氨基酸按上述生物合成途径产生香气物质。例如，存在于各种花中的具有玫瑰花和丁香花芳香的 2 - 苯基乙醇，就由苯丙氨酸经上述途径合成。此外，某些微生物，包括酵母、产生麦芽香气的乳链球菌（Streptococcus）等也能按上述途径转变大部分氨基酸。

（2）芳香族氨基酸 很多水果的香气成分中包含有酚、醚类化合物，如香蕉内的榄香素和 5 - 甲基丁香酚、葡萄和草莓中的桂皮酸酯，以及某些果蔬中的草香醛等。这些香气物质的前体是芳香族氨基酸，如苯丙氨酸和酪氨酸。由于这些芳香族氨基酸在植物内可由莽草酸（shikimic acid）生成，所以有时也将这个生物合成过程称为莽草酸途径。通过这个途径还可以生成与香精油有关的香气成分。烟熏食品的香气，在一定程度上也是以这个途径中的某些化合物为前体的。

（3）含硫氨基酸 洋葱、大蒜、香菇、海藻等的主要特征性香气物质分别是 S - 氧化硫代丙醛、二烯丙基硫代亚磺酸酯（蒜素）、香菇酸和甲硫醚等，也是以半胱氨酸、甲硫氨酸及其衍生物为前体通过生物合成作用而形成的。其中洋葱、大蒜和香菇特征性香气物质的前体分别是 S - （1 - 丙烯基）- L - 半胱氨酸亚砜、S - （2 - 丙烯基）- L - 半胱氨酸亚砜和 S - 烷基 - L - 半胱氨酸亚砜（香菇精，lenthionine），香菇特征性香气物质形成的途径见图 10 - 22。

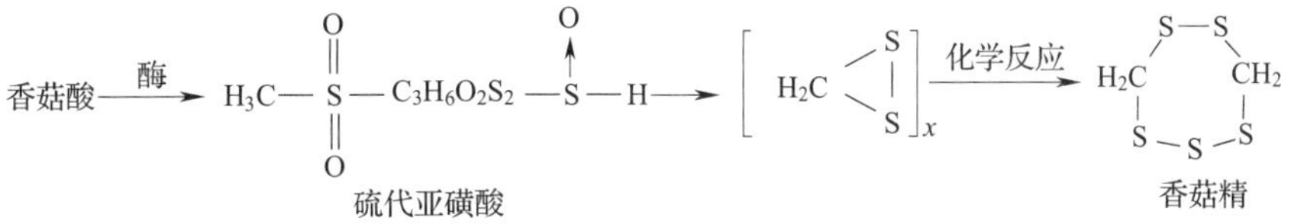

图 10 - 22　香菇特征性香气成分形成途径

2. 以脂肪酸为前体的生物合成

在水果和一些瓜果类蔬菜的香气成分中，常发现含有 C_6 和 C_9 的醇、醛类（包括饱和或不饱和化合物）以及由 C_6、C_9 的脂肪酸所形成的酯，它们大多是以脂肪酸为前体通过生物合成而形成的。按其催化酶的不同，主要有两类反应机制。

（1）由脂肪氧合酶产生的香气成分 人们发现，与脂肪在单纯的自动氧化中产生的香气劣变不同，由脂肪酸经生物酶促反应合成的香气物质通常具有独特的芳香。作为前体物的脂肪酸多为亚油酸和亚麻酸。

苹果、香蕉、葡萄、菠萝和桃子中的己醛，香瓜、西瓜的特征性香气物质 2 - trans - 壬烯醛和 3 - cis - 壬烯醇，番茄的特征性香气物质 3 - cis - 己烯醛和 2 - cis - 己烯醇以及黄瓜的特征性香气物质 2 - trans - 6 - cis - 壬二烯醛等，都是以脂肪酸（亚油酸和亚麻酸）为前体，在脂肪氧合酶（lipoxygenase）、裂解酶（lyase）、异构酶（isomerase）和氧化酶（oxidase）等的作用下合成的（图 10 - 23）。一般来说，C_6 化合物（常为伯醇和醛类）产生青草气味；C_9 化合物（也常为伯醇和醛）往往呈现出甜瓜和黄瓜的香气；而 C_8 化合物（通常为仲醇和酮类）则有紫罗兰般的香气。

大豆制品豆腥味的主要成分是己醛，该物质也是以不饱和脂肪酸（亚油酸和亚麻酸）为前体在脂肪氧合酶的作用下形成的，其具体的生物合成途径如图 10 - 24 所示。

（2）由脂肪 β - 氧化产生的香气物质 梨、杏、桃等水果在成熟时都会产生令人愉快的果香，这些香气成分很多是由长链脂肪酸经 β - 氧化（β - oxidation）衍生而成的中碳链（$C_6 \sim C_{12}$）化合物。例如，由亚油酸通过 β - 氧化途径生成的（2E，4Z）- 癸二烯酸乙酯，就是梨的

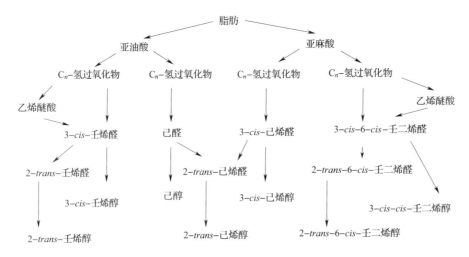

图 10-23 以脂肪酸为前体生物合成香气物质的途径

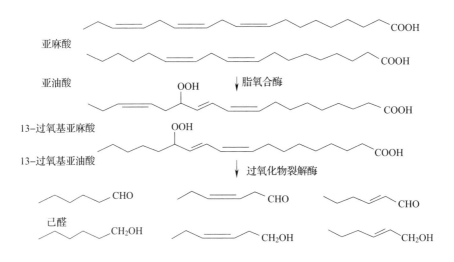

图 10-24 大豆制品豆腥味主要成分形成的途径

特征香气成分（图 10-25）。在这个途径中，还同时生成了 $C_8 \sim C_{12}$ 的羟基酸，这些羟基酸也能在酶催化下环化，生成 γ-内酯或 δ-内酮。$C_8 \sim C_{12}$ 的内酯具有明显的椰子和桃子的特征芳香。通常自然成熟的水果比人工催熟的要香，例如，自然成熟的桃子中内酯（尤其 γ-内酯）的含量增加很快，其酯类和苯甲醛的含量比人工催熟的桃子要高 3~5 倍，这与相关酶的活力有关。

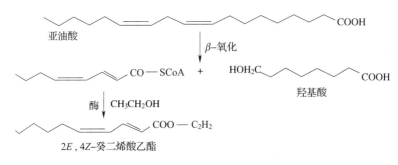

图 10-25 脂肪酸 β-氧化产生香气物质的途径

3. 以羟基酸为前体的生物合成

在柑橘类水果及其他一些水果中都含有烯萜类化合物，包括开链萜和环萜，成为这些水果的重要香气成分。这些烯萜是生物体内通过异戊二烯途径（isoprenoid pathway）合成的，其前体是甲瓦龙酸（mevalonic acid）（一种 C_6 的羟基酸），它在酶的催化下先生成焦磷酸异戊烯酯，然后再分成两条不同的途径进行合成（图 10–26）。这些反应的产物大多呈现出天然芳香，如柠檬酸、橙花醛（neral）是柠檬的特征香气成分；β–甜橙醛（β–sinensal）是甜橙的特征香气分子；诺卡酮（nootkatone）是柚子的重要香气物质等。

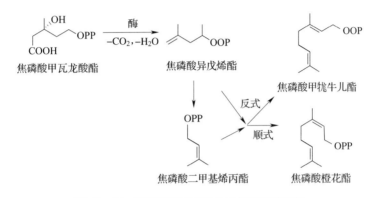

图 10–26　羟基酸形成萜烯类香气物质的途径

4. 以糖苷为前体的生物合成

在水果中存在大量的各种单糖，不但构成了水果的味感成分，而且也是许多香气成分如醇、醛、酸、酯类的前体物质。即单糖经无氧代谢生成丙酮酸后，再在脱氢酶（dehydrogenase）催化下氧化脱羧生成活性乙酰辅酶 A，再分 2 条途径通过酶促反应合成香气物质：一条是在醇转酰酶催化下生成乙酸某酯；另一条是在还原酶催化下先生成乙醇，再合成某酸乙酯。

5. 以色素为前体的生物合成

某些食物的香气物质是以色素为前体形成的，如番茄中的 6–甲基–5–庚烯–2–酮和法尼基丙酮（farnesylacetone）是由番茄红素（lycopene）在酶的催化下生成的（图 10–27）。红茶中的 β–紫罗兰酮（pionone）和 β–大马酮可以通过类胡萝卜素氧化得到。

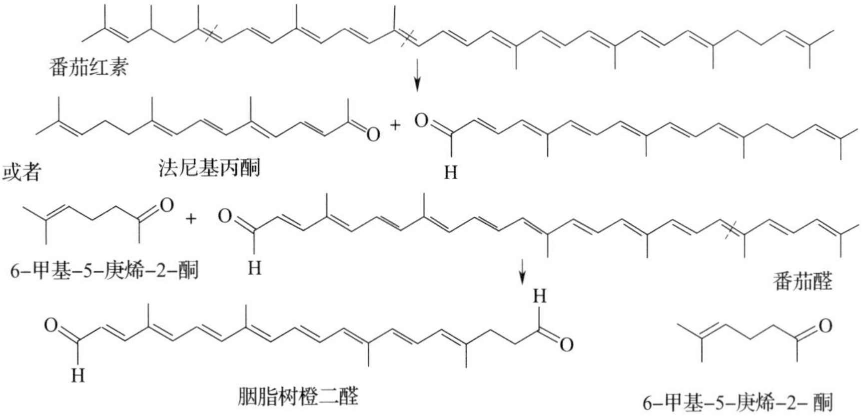

图 10–27　番茄红素降解形成香气物质的途径

二、酶 的 作 用

酶对食品香气的作用主要指食物原料在收获后的加工或贮藏过程中在一系列酶的催化下形成香气物质的过程，包括酶的直接作用和酶的间接作用。所谓酶的直接作用是指酶催化某一香气物质前体直接形成香气物质的作用，而酶的间接作用主要是指氧化酶催化形成的氧化产物对香气物质前体进行氧化而形成香气物质的作用。葱、蒜、卷心菜、芥菜的香气形成属于酶的直接作用，而红茶的香气形成则是典型的酶间接作用的例子，茶叶中的游离氨基酸在多酚氧化酶的条件下，发生 Streck 降解生成挥发性醛。

三、发 酵 作 用

发酵食品（fermented food）及其调味品（flavoring）的香气成分主要是由微生物作用于发酵基质中的蛋白质、糖类、脂肪和其他物质而产生的，主要有醇、醛、酮、酸、酯类等物质。由于微生物代谢的产物种类繁多，各种成分比例各异，使发酵食品的香气也各有特色。发酵对食品香气的影响主要体现在两个方面：一方面是原料中的某些物质经微生物发酵而形成香气物质，如醋的酸味，酱油的香气；另一方面是微生物发酵形成的一些非香气物质在产品的熟化（maturation）和贮藏过程中进一步转化而形成香气物质，如白酒的香气成分。微生物发酵形成香气物质比较典型的例子就是乳酸发酵（图 10-28）。乳酸、双乙酰和乙醛共同构成了异型乳酸发酵奶油和乳酪的大部分香气，而乳酸、乙醇和乙醛构成了同型乳酸发酵酸乳的香气，其中尤以乙醛最重要。双乙酰是生啤酒和大部分多菌株乳酸发酵食物的特征性香气物质。

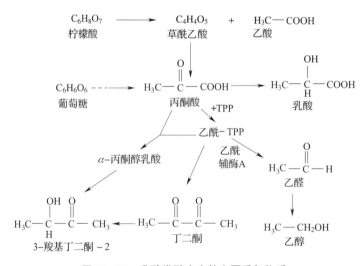

图 10-28　乳酸发酵产生的主要香气物质

四、食 物 调 香

食物的调香主要是通过使用一些香气增强剂或异味掩蔽剂来显著增加原有食品的香气强度或掩蔽原有食品具有的不愉快的气味。香气增强剂的种类很多，但广泛使用的主要是 L-谷氨酸钠、5′-肌苷酸、5′-鸟苷酸、麦芽酚和乙基麦芽酚。香气增强剂本身也可以用做异味掩蔽剂，除此之外使用的异味掩蔽剂还很多，如在烹调鱼时，添加适量食醋可以使鱼腥味明显减弱。

五、食品加热形成香气物质

1. 食品热处理中的香气成分

食物在热处理过程中，香气成分的变化十分复杂。除了食品内原有的香气物质因受热挥发而有所损失外，食品中的其他组分也会在热的影响下发生降解或相互作用而生成大量的新的香气物质。新香气成分的形成既与食物的原料组分等内在因素有关，也与热处理的方法、时间等外因有关。对动、植物性食物进行的热处理，最为常见的有烹煮、焙烤和油炸等方式。

（1）烹煮中形成的香气物质　在烹煮过程中，水果、乳品等食品，主要是原有香气物质的挥发散失，生成新的香气物质不多；蔬菜、谷类食品，除原有香气物质有部分损失外，也有一定量的新香气物质生成；鱼、肉等动物性食物，则通过反应形成大量的香气物质。在烹煮条件下发生的非酶反应（non-enzymatic reaction），主要有羟氨反应、维生素和类胡萝卜素的分解、多酚化合物的氧化、含硫化合物的降解等。因此，对于一些香气清淡或虽香气较浓而易挥发的果蔬等食物，不宜长时间烹煮，否则香气损失太大。

（2）焙烤中形成的香气物质　焙烤热处理方式通常温度较高、时间较长，这时各类食品一般都会有大量的香气物质产生。例如，烤面包除了在发酵过程中形成醇、酯类化合物外，在焙烤过程中还会产生70种以上的羰基化合物，其中的异丁醛、丁二酮等对面包香气影响很大。炒米、炒面、炒大豆、炒花生、炒瓜子和咖啡等食物的浓郁芳香气味，大都与吡嗪类化合物和含硫化合物有关，这是它们在焙烤时形成的最重要的特征香气成分。在炒花生的香气成分中，至少有8种吡嗪类化合物，此外还有羰基化合物和吡咯（pyrrole）等。在炒芝麻的香气物质中，其特征成分是硫化物。食物在焙烤时发生的非酶反应，主要有羰氨反应，维生素的降解，油脂、氨基酸和单糖的降解，以及 β-胡萝卜素、儿茶酚（catechol）等的热降解。

（3）油炸中形成的香气物质　油炸食品其诱人的香气很易引起食欲。这时产生香气物质的反应途径，除了在高温下可能发生的与焙烤相似的反应之外，更多地还与油脂的热降解反应有关。油炸食品特有的香气物质为2，4-癸二烯醛，阈值为 5×10^{-4} mg/kg。除此之外，油炸食品的香气成分还包含有高温生成的吡嗪类和酯类化合物以及油脂本身的独特香气物质。例如用椰子油炸的食品带有甜感的椰香，用芝麻油炸的食品带有芝麻酚香等。

2. 通过美拉德反应形成香气物质

高温烹调、焙烤、油炸食品香味的形成，主要发生的反应有美拉德反应，糖、氨基酸、脂肪热氧化，维生素 B_1、维生素 C、胡萝卜素降解。其中，美拉德反应是形成高温加热食品香气物质的主要途径（图 10-29）。

美拉德反应的产物十分复杂，既和参与反应的氨基酸及单糖的种类有关，也与受热的温度、时间、体系的 pH、水分含量等因素有关。一般来说，当受热时间较短、温度较低时，反应的主要产物除了 Strecker 醛类以外，还有具特征香的内酯类（lactone）和呋喃类化合物（furan）等；当温度较高、受热时间较长时，生成的香气物质种类有所增加，如有焙烤香气的吡嗪类、吡咯、吡啶类化合物形成增加。

参与美拉德反应的糖类和氨基酸的结构不同，对生成的产物影响很大。

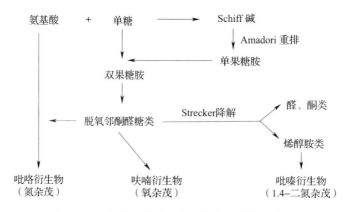

图 10-29 美拉德反应中形成香气物质的重要途径

首先，不同种类的糖与氨基酸作用时，降解产生不同的香气物质。例如，麦芽糖与苯丙氨酸反应产生令人愉快的焦糖甜香；而果糖与苯丙氨酸反应却产生一种令人不快的焦糖味，但有二羟丙酮存在时，则产生紫罗兰香气。二羟丙酮和甲硫氨酸作用形成类似烤土豆的气味，而葡萄糖和甲硫氨酸反应，则呈现烤焦的土豆味。在葡萄糖存在时，脯氨酸、缬氨酸和异亮氨酸会产生一种愉悦的烤面包香；在还原二糖如麦芽糖存在时，形成烤焦的卷心菜味；而在非还原二糖如蔗糖存在时，则产生不愉快的焦炭气味。核糖与各种氨基酸共热时，能产生丰富多彩的香气变化；但若在同样条件下加热没有核糖的含硫氨基酸时，除了产生硫黄气味外，没有其他的香气变化。

其次，不同种类的氨基酸发生美拉德反应的难易程度也不一样。一般来说，不同氨基酸的降解速率从大到小的次序为：羟基氨基酸、含硫氨基酸、酸性氨基酸、碱性氨基酸、芳香族氨基酸、脂肪族氨基酸。美拉德反应中主要形成的香气物质有咪唑（imidazole）、吡咯啉（pyrroline）、吡咯（pyrrole）、吡嗪（pyrazine）、氧杂茂（oxazole）和硫杂茂（thiazole）等。

3. 通过食品基本组分的热降解形成香气物质

（1）糖的热降解　糖即使在没有含氮物质存在的情况下受热，也会发生一系列的降解反应，根据受热温度、时间等条件的不同而生成各种香气物质。一般，当温度较低或时间较短时，会产生一种牛乳糖样的香气特征；若受热温度较高或时间较长时，则会形成甘苦而无甜香味的焦糖素，有一种焦煳气味。但不同的单糖热降解所形成的香气成分差异却并不明显。

单糖和双糖一般都经过熔融状态才进行热分解，这时发生了一系列的异构化以及分子内、分子间的脱水反应，生成以呋喃类化合物为主的香气成分，并有少量的内酯类、环二酮类等物质形成，其反应途径与美拉德反应中生成糠醛的途径相类似。如果继续受热，则单糖的碳链发生裂解，形成丙酮醛、甘油醛、乙二醛等小分子香气成分，若糖再在更高的温度下或受热时间过长时，产物最后便聚合成焦糖素。

淀粉、纤维素等多糖在高温下一般不经过熔融状态即进行热分解。在400℃以下时，主要生成呋喃类、糠醛类化合物，同时还会生成麦芽酚、环甘素（cyclic dulcin）以及有机酸等小分子物质；若加热到800℃以上，还会进一步生成多环烃和稠环芳烃类化合物，其中不少物质具有一定的致癌性。

（2）氨基酸的热降解　一般的氨基酸在较高温度受热时，都会发生脱羧反应或脱氨、脱羰反应，但这时生成的胺类产物往往具有令人不快的气味。若继续在热的作用下，其生成的产物可以进一步相互作用，生成具有良好香气的化合物。在热处理过程中，对食品香气影响较大的氨基酸主要是含硫氨基酸和杂环氨基酸（heterocyclic amino acid）。单独存在时，含硫氨基酸的热分解产物，除了有硫化氢、氨、乙醛等物质之外，还会同时生成噻唑类（thiazole）、噻吩类（thiophene）及许多含硫化合物，这些物质大多数都是挥发性极强的香气物质，不少是熟肉香气的重要组分。对于杂环氨基酸，脯氨酸和羟脯氨酸在受热时会与食品组分生成的丙酮醛进一步作用，形成具有面包、饼干、烘玉米和谷物似的香气成分吡咯和吡啶类化合物。此外，苏氨酸、丝氨酸的热分解产物以吡嗪类化合物为特征，有烘烤香气；赖氨酸的热分解产物主要是吡啶类、吡咯类和内酰胺（1actam）类化合物，也有烘烤和熟肉香气。

（3）脂肪的热氧化降解　脂肪在无氧条件下即使受热到220℃，也没有明显的降解现象。但食品的储存和加工，通常都是在有氧的大气条件下进行，此时脂肪最易被氧化生成食品的香气物质。在烹调的肉制品中发现的由脂肪降解形成的香气物质，包括脂肪烃、醛类、酮类、醇类、羧酸类和酯类（图10－30）。

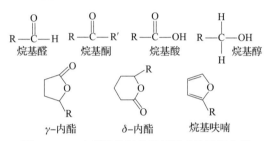

图10－30　由脂肪热氧化降解形成的香气物质

4. 由食品其他组分热降解形成的香气物质

除三大营养素外，食物体系中的组分多而杂，它们在受热时发生的反应，许多至今尚不清楚。这里仅介绍几类目前研究较多且对食物香气形成影响较大的热降解途径。

（1）硫胺素的热降解　纯的硫胺素并无香气，但它的热降解产物相当复杂，主要有呋喃类、嘧啶类（pyridine）、噻吩类和含硫化合物等。

（2）抗坏血酸的热降解　抗坏血酸极不稳定，在热、氧气或光照条件下均易降解生成糠醛和小分子醛类化合物。糠醛化合物是烘烤后的茶叶、花生以及熟牛肉香气的重要组分之一；生成的小分子醛类本身既是香气成分，也很易再与其他化合物反应生成新的香气成分。

（3）类胡萝卜素和叶黄素的氧化降解　有一些化合物能使茶叶具有浓郁的甜香味和花香，如顺－茶螺烷、β－紫罗兰酮等，其来源于β－胡萝卜素或叶黄素的氧化分解。尽管这些化合物以低浓度存在，但分布广泛，可使很多食品产生丰满和谐的香气。

第七节　食品加工与香气控制

一、食品加工中香气的生成与损失

风味物质（主要指香气成分）形成的基本途径中，除了一部分是由生物体直接合成之外，其余都是通过在贮存和加工过程中的酶促反应或者非酶促反应而生成的。而食品加工是一个复杂的过程，发生着极其复杂的物理化学变化，伴有食物形态、结构、质地、营养和风味的变化。若从工艺的角度看，食品在加工过程中产生的风味物质的反应，既有有利的一面，也有不利的一面。有利的一面是增加了食品的多样性和商业价值等，食品加工过程能提高食品的香气，如花生的炒制、面包的焙烤、牛肉的烹调以及油炸食品的生产。不利的一面是降低了食品的营养价值，产生了不希望的褐变等，加工过程使食品香气丢失或出现不良气味，如果汁巴氏杀菌产生的蒸煮味、常温贮藏绿茶的香气劣变、蒸煮牛肉的过熟味以及脱水制品的焦煳味等。任何一个食品加工过程总是伴有或轻或重的香气变化（生成与损失），因此，在食品加工中如何控制食品香气的生成与减少香气损失非常重要。

二、食品香气的控制

1. 原料的选择

食品的原料是影响食品香气的众多因素之一。不同属性（种类、产地、成熟度、新陈状况以及采后情况）的原料有截然不同的香气，甚至同一原料的不同品种其香气差异都可能很大。如在呼吸高峰期（respiration climax）采收的水果，其香气比呼吸高峰前采收的要好得多。所以，选择合适的原料是确保食品具备良好香气的一个途径。

2. 加工工艺

食品加工工艺对食品香气形成的影响也是重大的。同样的原料经不同工艺加工可以得到香气截然不同的产品，尤其是加热工艺。对比经超高温瞬时杀菌（ultra – high temperature sterilization）、巴氏杀菌和冻藏的苹果汁的香气，发现冻藏果汁香气保持最好，其次是超高温瞬时灭菌，而巴氏灭菌的果汁有明显的异味出现。在绿茶炒青茶中，有揉捻工艺的茗茶常呈清香型，无揉捻工艺的茗茶常呈花香型。揉捻茶中多数的香气成分低于未揉捻茶，尤其是顺 – 3 – 己烯醇和萜烯醇等。杀青和干燥是炒青绿茶香气形成的关键工序，适度摊放能增加茶叶中主要呈香物质游离态的含量，不同干燥方式对茶叶香气的影响是明显的。

3. 贮藏条件

茶叶在储存过程中会发生氧化而导致品质劣变，如产生陈味，质量下降。气调贮藏苹果的香气比冷藏的苹果要差，而气调贮藏后再将苹果置于冷藏条件下继续贮藏约 15d，其香气与一直在冷藏条件下贮藏的苹果无明显差异。超低氧（ultra low oxygen）环境对保持水果的硬度等非常有利，但往往对水果香气的形成有负面影响。在不同贮藏条件下，水果中呈香物质的组成模式也会不同，这主要是不同的贮藏条件选择性地抑制或加速了其中的某些香气物质形成途径。

4. 包装方式

包装方式对食品香气也有很大影响，一般体现在两个方面：一方面通过改变食品所处的环境条件，进而影响食品内部的物质转化或新陈代谢而最终导致食品的香气变化；另一方面是不同的包装材料对所包装食品的香气物质的选择性吸收。包装方式将会选择性地影响食品的某些代谢过程，如不同类型套袋的苹果中醛、酮、醇类香气物质没有明显差异，而双层套袋的苹果中酯类的含量偏低；又如脱氧、真空及充氮包装都能有效地减缓包装茶的品质劣变。而对油脂含量较高的食品，密闭、真空、充氮包装对其香气劣变有明显的抑制作用。当然目前采用的活性香气释放包装方式，也是改良或保持食品香气的一个有效途径。

5. 食品添加物

有些食品成分或添加物能与香气成分发生一定的相互作用，如蛋白质与香气物质之间有较强的结合作用。所以，新鲜的牛乳要避免与异味物质接触，否则这些异味物质会被吸附到牛乳中而产生不愉快的气味。β – 环糊精具有特殊的分子结构和稳定的化学性质，不易受酶、酸、碱、光和热的作用而分解，可包埋香气物质，减少其挥发损失，香气能够持久，并且添加这类物质后还可掩饰产品的不良气味。

三、食品香气的增强

1. 香气回收与再添加

香气回收技术是指先将香气物质在低温下萃取出来，再把回收的香气重新添加至产品，使其保持原来的香气。香气回收采用的方法主要有水蒸气气提、液态 CO_2 抽提、分馏等。目前由于超临界 CO_2 流体具有萃取率高、传质快、无毒、无害、无残留、无污染环境等诸多优点，因此在香气回收中具有广阔的应用前景。

2. 添加天然香精

添加香精是增加食品香气常用的方法，又称调香。合成香精虽然价格便宜，但由于其安全性问题，使用范围越来越小。而从天然植物、微生物或动物中获得的香精，具有香气自然、安全性高等特点，越来越受到人们的欢迎。

3. 添加香味增强剂

香味增强剂（aroma enhancement）是一类本身没有香气或很少有香气，但能显著提高或改善原有食品香气的物质。其增香机制不是增加香气物质的含量，而是通过对嗅觉感受器的作用，提高感受器对香气物质的敏感性，即降低了香气物质的感受阈值。目前，在实践中应用较多的主要有 L – 谷氨酸钠、5′ – 肌苷酸、5′ – 鸟苷酸、麦芽酚和乙基麦芽酚。香气增强中使用最多的是麦芽酚和乙基麦芽酚。麦芽酚在酸性条件下增香、调香效果好；在碱性条件下因生成盐而降低其调香作用；遇到铁盐呈紫红色，故产品中用量应适当，以免影响食品色泽。乙基麦芽酚的增香能力为麦芽酚的 6 倍，化学性质与麦芽酚相似，在食品中的用量一般为 0.4 ~ 100mg/kg。

4. 添加香气物质前体

在鲜茶叶杀青之后向萎凋叶中加入胡萝卜素、抗坏血酸等，能增强红茶的香气。添加香气物质前体与直接添加类似香精最大的区别就是，添加香气物质前体形成的香气更为自然与和谐。这一方面的研究也是食品风味化学的一个重要领域。

5. 酶技术

风味酶（flavor enzyme）是指那些可以添加到食品中、能显著增强食品风味的酶类物质。利用风味酶增强食品香气的基本原理主要有两个方面，一方面是根据食品中的香气物质可能是游离态或键合态，而只有游离态香气物质才能引起嗅觉刺激，键合态香气物质对食品香气的呈现是没有贡献的，因此在一定条件下将食品中以键合态形式存在的香气物质释放出来形成游离态香气物质，这无疑会大大提高食品的香气质量；另一方面是食品中存在一些可被酶转化的香气物质前体，在特定酶的作用下，这些前体物质会转化形成香气物质从而增强食品的香气。这方面的研究也是当前风味化学的一个热点。

对食品中香气物质前体进行催化转化的酶很多，但更多的研究集中在多酚氧化酶和过氧化物酶上。有研究表明多酚氧化酶和过氧化物酶可用于红茶的香气改良，效果十分明显。过氧化氢酶和葡萄糖氧化酶可以用于茶饮料中的萜烯类香气物质而对茶饮料有定香作用。

🔍 **思考题**

1. 什么是食品的风味？
2. 什么是食品味的相乘作用？
3. 什么是食品味的消杀作用？
4. 什么是味的疲劳作用？
5. 什么是味的变调作用？
6. 食品添加剂中常见的风味增强剂有哪些？
7. 食品添加剂中常见的甜味剂有哪些？
8. 食品添加剂中常见的鲜味剂有哪些？
9. 食品中香气物质形成途径或来源有哪些？
10. 食品风味物质一般有哪些特点？
11. 嗅觉有哪些特点？

第十一章

食品中的有害成分

[学习指导]

　　了解食品中有害成分的概念及名词解释；熟悉有害成分的结构及毒性；掌握食品中有害成分的分类及特点；熟悉食品中有害成分的安全性评估方法。

第一节　概　　述

一、有害成分的概念

　　食物中的有害成分（物质）是指"已经证明人和动物在摄入达到某个充分数量时可能带来相当程度危害的物质"，而这个摄入量通常很小，往往是正常膳食摄入量的1/25以下，也称嫌忌成分（undesirable constituents）或有毒物质或毒物（toxicants）。

　　某种物质通过物理损伤以外的机制引起细胞或组织损害的能力称为毒性（toxic）。有毒物质在一定条件下产生的临床状态称为中毒（intoxication, poisoning）。

　　有毒物质具有的对细胞和（或）组织产生损害的能力称为毒性（toxicity）。毒性较高的物质，用较小剂量即可造成损害；毒性较低的物质必需较大剂量才呈现毒性作用。同时，讨论某种物质的毒性时，还必须考虑到它进入机体的数量（剂量）、方式（经口、经呼吸道、经皮肤）和时间分布（一次给予或反复多次），其中最基本的因素是剂量。因此还应明确以下概念。

　　（1）致死量（lethal dose, LD）　在字义上是指能引起动物死亡的剂量。但实际上在多少动物中有多少死亡，则有很大的差别。所以对于致死量还应进一步明确下列概念。

　　绝对致死量（LD_{100}）：能引起一群动物全部死亡的最低剂量。

　　半数致死量（LD_{50}）：能引起一群动物的50%死亡的最低剂量。

　　最小致死量（MLD）：能使一群动物中仅有个别死亡的最高剂量。

最大耐受量（LD$_0$）：能使一群动物虽然发生严重中毒，但全部存活无一死亡的最高剂量。

（2）最大无作用量（maximal no–effect level） 是指不能再观察到某种物质对机体引起生物学变化的最高剂量。在最大无作用量的基础上，可以制定人体每日容许摄入量（acceptable daily intake，ADI）和在某种食品中最高允许含量或最高残留限量（maximal residue limit）。

（3）最小有作用量（minimal effect level） 指能使机体开始出现毒性反应的最低剂量，即能引起机体在某项观察指标发生超出正常范围的变化所必需的最小剂量，又称阈剂量（threshold level）。

在以上各种有关剂量的概念中，LD$_{50}$、最大无作用量和最小有作用量是3个最重要的剂量参数。

（4）无损害作用（non–adverse effect） 指不引起机体在形态、生长、发育和寿命方面的改变；不引起机体功能容量（functional capacity）的降低和对额外应激状态代偿能力的损害；所引起的生物学变化一般都是可逆的，停止接触有关化学物质后，不能查出机体维持体内稳态（homeostasis）能力的损害；也不能使机体对其他环境因素不利影响的易感性有所增强。

（5）损害作用（adverse effect） 与无损害作用的概念相反。

（6）效应（effect） 表示接触一定剂量化学物质在机体引起的生物学变化，如接触某些有机磷农药可引起胆碱酯酶活力降低，即为有机磷农药所引起的效应。

（7）反应（response） 是接触一定剂量化学物质后，表现一定程度某种效应的个体在一个群体中所占的比例。

所以，效应仅涉及个体，即一个人或一个动物，可用一定剂量单位表示其强度；而反应涉及群体，例如一群人或一组动物，只能用百分率（%）或比值来表示反应的强度。

二、来源和分类

食品中有害成分根据来源可分为四大类：一是天然毒物（natural toxicants），存在于食品的天然有害物；二是衍生毒物（derived toxicants），食物在贮藏和加工烹调过程中产生的；三是污染物（contaminated toxicants），随着农业产品使用量增加，一些有害的化学物质残留；四是添加毒物（added toxicants），食品加工、贮藏过程中一些化学添加剂、色素的使用。根据具体来源又可分为植物源的、动物源的、微生物源的以及环境污染带入的。也可以将其分为外源性有害物质、内源性有害物质、诱发性有害物质三类。根据其结构还可分为两大类：有机毒物（organic toxicants）和无机毒物（inorganic toxicants）。

三、食品中有害成分对食品安全性的影响

1996年，世界卫生组织（WHO）把食品安全（food safety）定义为"对食品按其特定用途进行制作和（或）食用时不会使消费者健康受到损害的一种担保"。《中华人民共和国食品卫生法》规定："食品应当无毒、无害"和"防止食品污染和有害因素对人体健康的危害，保障人民身体健康，增强人民体质"，这就是食品安全的根本内容和定义。当前，食品安全性是指："在规定的使用方式和用量的条件下长期食用，对食用者不产生不良反应的实际把握。"不良反应既包括一般毒性和特异性毒性，也包括由于偶然摄入所导致的急性毒性和长期微量摄入所导致的慢性毒性。

当前的食品安全问题涉及急性食源性疾病（foodborne illness）以及具有长期效应的慢性食

源性危害（foodborn hazard）。急性食源性疾病包括食物中毒、肠道传染病、人畜共患传染病、肠源性病毒感染以及经肠道感染的寄生虫病等。慢性食源性危害包括食物中有毒、有害成分引起的对代谢和生理功能的干扰、致癌、致畸和致突变等作用对健康的潜在性损害。

食品中的有害成分在食品中的含量常常甚微，短期摄入不会出现损害，只有长期摄入方可能造成健康损害。由于经常性的食品安全监控工作已经步入正轨、效果显著，急性食源性疾病在逐渐降低，检测和监督的重点有向慢性食源性危害转移的趋势，近年来，慢性食源性危害正在日益受到重视。

因此，影响食品安全性的因素很多，包括微生物、寄生虫、生物毒素、农药残留、重金属离子、食品添加剂、包装材料释出物和放射性核素，以及食品加工和贮藏过程中的产生物。另外，食品中营养素不足或数量不够，也容易使食用者发生诸如营养不良、生长迟缓等代谢性疾病。这也属于食品中的不安全因素。

四、食品中有害成分的危险性管理

食品中有害成分的危险性管理的目标是通过选择和实施适当的措施，尽可能地控制食品中的有害物质，从而保障公众的健康。

联合国粮食及农业组织/世界卫生组织（FAO/WHO）食品法典委员会（Codex Alimentarius Commission，CAC）制定的食品法典是防止人类免受食源性危害和保护人类健康的统一要求。虽然在技术上食品法典是非强制性的，但在国际食品贸易争端中是作为食品安全的仲裁标准。食品法典是保证食品安全的最低要求。

CAC 的决策过程所需要的科学技术信息由独立的专家委员会提出，包括负责食品添加剂、化学污染物和兽药残留的 FAO/WHO 食品添加剂联合专家委员会（the Joint FAO/WHO Expert Committee of Food Additives，JECFA），针对农药残留的 FAO/WHO 农药残留联席会议（the Joint FAO/WHO Meeting On Pesticide Residues，JMPR）和针对微生物危害的 FAO/WHO 微生物危害性评估专家联席会议（the Joint FAD/WHO Expert Meeting on Microbiological Risk Assessment，JEMRA）。

总之，食品有害成分的危害性评估由专家委员会（JECFA、JMPR 和 JEMRA）负责，而食品有害物质的危害性管理由食品法典委员会（CAC）负责。

第二节　食品中的各类有害物质

一、食品中内源性有害物质

1. 有毒植物蛋白及氨基酸

（1）过敏原（allergen）　是指存在于食品中可以引发人体对食品过敏的免疫反应的物质。由食品成分引起的免疫反应主要是由免疫球蛋白 E（immunoglobulin E，IgE）介导的速发过敏反应（immediate hypersensity）。其过程首先是 B 淋巴细胞分泌过敏原特异的 IgE 抗体，敏化的 IgE 抗体和过敏原在肥大细胞和嗜碱细胞表面交联，使肥大细胞释放组胺等过敏介质，从而产生过敏反应。

过敏的主要症状为皮肤出现湿疹和神经性水肿、哮喘、腹痛、呕吐、腹泻、眩晕和头痛等，严重者可能出现关节肿和膀胱发炎，较少死亡。产生特定的过敏反应与个体的身体素质和特殊人群有关，一般儿童对食物过敏的种类和程度要远比成人强。

从理论上讲，食品中的任何一种蛋白质都可使特殊人群的免疫系统产生 IgE 抗体，从而产生过敏反应。但实际上仅有较少的几类食品中的成分是过敏原，包括牛乳及乳制品、蛋类、花生、虾和海洋鱼类、大豆、小麦等食物（表 11 – 1）。

表 11 – 1　　　　　　　　　　　　　常见食物中的过敏原

食品名称	过敏原	食品名称	过敏原
牛乳	β – 乳球蛋白、α – 乳清蛋白	水稻	谷蛋白组分、清蛋白（相对分子质量 15000）
鸡蛋	卵黏蛋白、卵清蛋白	小麦	清蛋白、球蛋白
马铃薯	未确定蛋白（相对分子质量 16000 ~ 30000）	菜豆	清蛋白（相对分子质量 18000）
荞麦	胰蛋白酶抑制剂	花生	伴花生球蛋白

过敏原大多是相对分子质量较小的蛋白质，为 10000 ~ 70000，植物性食品的过敏原往往是谷物和豆类种子中的所谓"清蛋白"，许多过敏原仍未能从种子中纯化和鉴定出来，如花生的过敏原。

（2）凝集素（lectins）　指在豆类及一些豆状种子（如蓖麻）中含有的一种能使血红球细胞凝集的蛋白质，称为植物血细胞凝集素。

凝集素通过与血细胞高度特异性的结合而使血细胞凝集，并能刺激培养细胞的分裂。当给大白鼠口服黑豆凝集素后，明显地减少了对所有营养素的吸收。在离体的肠管试验中，观察到通过肠壁的葡萄糖吸收率比对照组低 50%。因此推测凝集素的作用是与肠壁细胞结合，从而影响了肠壁对营养成分的吸收。

已知凝集素大多为糖蛋白，含糖类 4% ~ 10%，其分子多由 2 或 4 个亚基组成，并含有二价金属离子。如刀豆球蛋白为四聚体，每条肽链由 237 个氨基酸组成，亚基中有 Ca^{2+} 和 Mn^{2+} 的结合位点和糖基结合部位。生食豆类会引起恶心、呕吐等症状，重则可致命。所有凝集素在湿热处理时均被破坏，在干热处理时则不被破坏，因此可采取加热处理、热水抽提等措施去毒。

① 大豆凝集素。大豆凝集素是一种糖蛋白，相对分子质量为 110000，糖的部分占 5%，主要是甘露糖和 N – 乙酰葡萄糖胺。食生大豆的动物比食熟大豆的动物需要更多的维生素、矿物质以及其他营养素。在常压下蒸汽处理 1h 或高压蒸汽（$9.8 \times 10^4 Pa$）处理 15min 可使其失活。

② 菜豆属豆类的凝集素。菜豆属的豆类如菜豆、绿豆、芸豆和红花菜豆等均有凝集素存在，有不少因生食或烹调不充分而中毒的报道。菜豆属豆类的凝集素具有明显的抑制饲喂动物生长的作用，剂量高时可致死，用高压蒸汽处理 15min 可使其完全失活。

其他豆类如扁豆、蚕豆、刀豆等也都有类似毒性。

③ 蓖麻毒蛋白。蓖麻籽虽不是食用种子，但在民间也有将蓖麻油加热后食用的情况。人、

畜生食蓖麻油，轻则中毒呕吐、腹泻，重则死亡。蓖麻中的有害成分是蓖麻毒蛋白，是最早被发现的植物凝集素，其毒性极大，对小白鼠的毒性比豆类凝集素大1000倍。用蒸汽加热处理可以去毒。

（3）有害氨基酸　存在于豆科植物中，据不完全统计，目前约有130种豆科植物品种中含有有毒氨基酸，它们主要分布在寒带及热带非洲和南美洲的山区。自有记录以来，人畜使用上述豆制品常出现神经紊乱症状，如肢腿瘫痪、神志不清等。通过对豆科中49种品种中种子内非蛋白质氨基酸和相关性产物分析可知，造成神经中毒的化合物是L-高精氨酸和$\beta - N -$乙酰$-\alpha,\beta -$二氨基$-$丙酸等非蛋白质氨基酸。

目前认为非蛋白质氨基酸的有害性主要是由于这些氨基酸的存在会干扰人体正常氨基酸的代谢。

（4）蛋白酶抑制剂（proteinase inhibitor）　植物中广泛存在能够抑制某些蛋白酶活性的物质，称为蛋白酶抑制剂，属于抗营养物质一类，对食物的营养价值具有较重要的影响。

据实验证明，大豆中的蛋白酶抑制剂可引起实验动物胰腺肥大、增生及胰腺瘤的发生。

胰蛋白酶富含甲硫氨酸和胱氨酸，因此它的合成量增加，使大豆含硫氨基酸不足的问题更加突出，从而导致动物的生长发育减慢。如在大豆粉中添加含硫氨基酸，可以部分抵消蛋白酶抑制剂带来的生长抑制问题。

采用高压蒸汽处理或浸泡后常压蒸煮或微生物发酵的方法，可有效消除蛋白酶抑制剂的作用。

蛋白酶抑制剂主要存在于豆类种子中，如大豆、扁豆、豌豆、红豆、绿豆、黑豆、菜豆、豇豆、四棱豆、白羽扇豆和花生等。此外，薯类、谷类和一些蔬菜中也含有少量蛋白酶抑制剂。

蛋白酶抑制剂中比较重要的有胰蛋白酶抑制剂、胰凝乳蛋白酶抑制剂和$\alpha -$淀粉酶抑制剂。

胰蛋白酶抑制剂主要存在于大豆等豆类及马铃薯块茎等食物中，相对分子质量14300～38000，分布极广。生食这些食物，由于胰蛋白酶受到抑制，反射性地引起胰腺肿大。$\alpha -$淀粉酶抑制剂主要存在于小麦、菜豆、芋头、未成熟香蕉和芒果等食物中，影响糖类的消化吸收。

（5）毒肽（toxic peptides）　毒肽中最典型的是存在于毒蕈中的鹅膏菌毒素和鬼笔菌毒素。

鹅膏菌毒素是环八肽类（环庚肽），又称毒伞肽，有6种同系物。鬼笔菌毒素是环七肽（环辛肽），有5种同系物。它们的毒性机制基本相同，鹅膏菌毒素多作用于肝细胞核，鬼笔菌毒素作用于肝细胞微粒体。鹅膏菌毒素的毒性大于鬼笔菌毒素，但其作用速度较慢，潜伏期也较长。

毒肽中毒的临床经过，一般分为6期：潜伏期、胃肠炎期、假愈期、内脏损害期、精神症状期和恢复期。

潜伏期的长短因毒蕈中两类毒肽含量的比重不同而异，一般为10～24h。开始时出现恶心、呕吐及腹泻、腹痛等，称为胃肠炎期。胃肠炎症状消失后，病人无明显症状，或仅乏力、不思饮食，但毒肽逐渐侵害实质性脏器，称为假愈期。此时，轻度中毒病人损害不严重，可由此进入恢复期。严重病人则进入内脏损害期，损害肝、肾等脏器，使肝脏肿大，甚至发生急性肝坏死，死亡率高达90%。经过积极治疗的病例，一般在2～3周后进入恢复期，各项症状和体征渐次消失后痊愈。

2. 有害糖苷类

有害糖苷类又称生氰配糖体类。有害糖苷类是指由葡萄糖、鼠李糖等为配基所结合的一类具有药理性能或有毒的各种糖苷类化合物。有害糖苷类主要存在于木薯、甜马铃薯、菜豆、小米、黍类等作物中。人如食入过量的糖苷类，将表现为胃肠道不适等症状，体内糖及钙的运转受影响，高剂量使碘失活等。

常见的植物性食物中的毒苷有硫苷、氰苷和皂苷 3 类。

(1) 硫苷类　十字花科植物如卷心菜、芥菜、萝卜和甘蓝等植物中含有较多的硫苷类物质。其中硫代葡萄糖苷是食物中重要的有害成分之一。各种天然硫苷都与一种或多种相应的苷酶同时存在，但在完整组织中，这些苷酶不与底物接触，只在组织破坏时，如将湿的、未经加热的组织匀浆、压碎或切片等处理的，苷酶才与硫苷接触，并迅速将其水解成糖苷配基、葡萄糖和硫酸盐。

糖苷配基发生分子重排，产生硫氰酸酯和腈。硫氰酸酯抑制碘吸收，具有抗甲状腺作用；腈类分解产物有毒；异硫氰酸酯经环化可成为致甲状腺肿素 (5 - 乙烯基恶唑 - 2 - 硫酮)，在血碘低时妨碍甲状腺对碘的吸收，从而抑制了甲状腺素的合成，甲状腺也因之而发生代谢性增大。

$$\underset{\text{硫代葡萄糖苷}}{\overset{\displaystyle R-C=N-O-SO_3H}{\underset{\displaystyle S-\beta-D\text{-葡萄糖}}{|}}} \xrightarrow[\text{苷酶}]{H_2O} H_2SO_4 + \text{葡萄糖} + \underset{\text{糖苷配基}}{\overset{\displaystyle R-C=NH}{\underset{\displaystyle SH}{|}}}$$

油菜、芥菜、萝卜等植物的可食部分中致甲状腺肿素含量很少，但在其种子中的含量较高，可达茎、叶部的 20 倍以上。在综合利用油菜籽饼粕、开发油菜籽蛋白质资源或以油菜籽饼粕做饲料时，必须除去致甲状腺物质。

(2) 氰苷类　许多植物性食品 (如杏、桃、李、枇杷等) 的核仁、木薯块根和亚麻籽中都含有氰苷 (cyanogentic glycosides)，如苦杏仁中含有的苦杏仁苷，木薯和亚麻子中含有的亚麻仁苷。

氰苷的基本结构是含有 α - 羟基腈的苷，其糖类成分常为葡萄糖、龙胆三糖或荚豆二糖，由于 α - 羟基腈的化学性质不稳定，在胃肠中由酶和酸的作用水解产生醛或酮和氢氰酸，氢氰酸被机体吸收后，其氰离子即与细胞色素氧化酶的铁结合，从而破坏细胞色素氧化酶传递氧的作用，影响组织的正常呼吸，可引起机体窒息死亡。中毒后的临床症状为意识紊乱、肌肉麻痹、呼吸困难、抽搐和昏迷。

氰苷在酸的作用下也可水解产生氢氰酸，但一般人胃内的酸度不足以使氰苷水解而中毒。加热可灭活使氰苷转化为氢氰酸的酶，达到去毒的目的；由于氰苷具有较好的水溶性，因而也可通过长时间用水浸泡、漂洗的办法除去。

常见食物中的氰苷如表 11 - 2 所示。

表 11 - 2　　　　　　　　　　常见食物中的氰苷

苷类	存在植物	水解产物
苦杏仁苷	杏、苹果、桃、梨、李等	龙胆二糖 + HCN + 苯甲醛
洋李苷	桂樱等	葡萄糖 + HCN + 苯甲醛
荚豆苷	野豌豆属植物	荚豆二糖 + HCN + 苯甲醛
蜀黍苷	高粱属植物	D - 葡萄糖 + HCN + 对羟基苯甲醛
亚麻苦苷	木薯、白三叶草等	D - 葡萄糖 + HCN + 丙酮

（3）皂苷类 这类物质可溶于水形成胶体溶液，搅动时会像肥皂一样产生泡沫，故称为皂苷或皂素。皂苷在试管中可破坏红血球引起溶血作用，对冷血动物有极大的毒性。皂苷广泛存在于植物界，但食品中的皂苷对人畜经口服时多数没有毒性（如大豆皂苷等），也有少数有剧毒（如茄苷）。

大豆中的皂苷已知有 5 种，其成苷的糖有木糖、阿拉伯糖、半乳糖、葡萄糖、鼠李糖及葡萄糖醛酸等，其配基为大豆皂苷配基醇，有 A、B、C、D、E 5 种同系物。

茄苷是一种胆碱酯酶抑制剂，人畜摄入过量均会引起中毒，起初舌咽麻痒、胃部灼痛、呕吐、腹泻，继而瞳孔散大、耳鸣、兴奋，重者抽搐、意志丧失，甚至死亡。茄苷对热稳定，一般烹煮不会受到破坏。

马铃薯中茄苷的含量一般为 30~100mg/100g，但发芽马铃薯芽眼四周和见光变绿部位，茄苷的含量极高，可达 5g/kg。通常认为 200mg/kg 以内食用是安全的。

3. 棉酚

棉酚（gossypol）是一种黄色化合物（结构如图 11-1 所示），溶于乙醇、乙醚及氯仿，不溶于水和低沸点的石油醚，由于是酚类化合物，故此可以溶于碱溶液中。棉酚和几种密切相关的色素存在于棉籽的色素腺中，含量为 0.4%~1.7%。棉酚使人体组织红肿出血、精神失常、食欲不振、体重减轻，影响生育力。

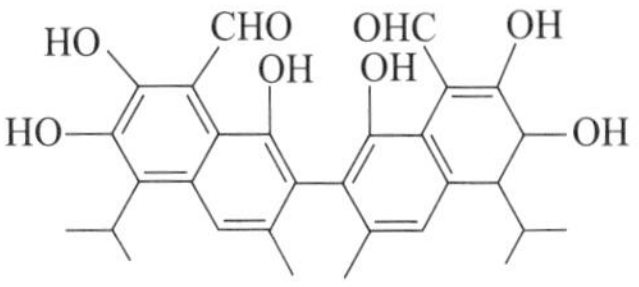

图 11-1 棉酚的化学结构

去除棉酚的方法：FeSO₄ 处理法，碱处理法，尿素处理法，氨处理法等化学方法和湿热蒸炒处理及微生物发酵法等方法。

4. 生物碱

生物碱是指存在于植物中的含氮碱性化合物，大多数具有毒性。

食物中所含生物碱的品种不多，较重要的是马铃薯中的龙葵碱（solanine）和某些毒蕈中的有毒生物碱。

龙葵碱在变青和发芽的马铃薯中含量较高。误食发芽马铃薯的患者表现为呕吐、腹泻，呼吸困难、急促，严重者可因心肺功能衰竭而致死。

黄嘌呤衍生物咖啡碱、茶碱和可可碱是食物中分布最广泛的兴奋性生物碱，相对而言，这类生物碱是无害的。

存在于毒蝇伞菌等毒伞属蕈类中的毒蝇伞菌碱和蟾蜍碱，其中毒症状是大量出汗，严重者发生恶心、呕吐和腹痛，并有致幻作用。

存在于墨西哥裸盖菇、花褶菇等蕈类中的裸盖菇素及脱磷酸裸盖菇素，误食后出现精神错乱、狂歌乱舞、大笑、极度愉快，有的烦躁苦闷，甚至杀人或自杀。花褶菇在我国各地都有分布，生于粪堆上，故称粪菌，又称笑菌或舞菌。

有毒生物碱主要有吡咯烷生物碱、秋水仙碱（colchicine）及马鞍菌素等。

秋水仙碱本身对人体无毒，但在体内被氧化成氧化二秋水仙碱后有剧毒，致死量为 3~20mg/kg 体重。秋水仙碱存在于鲜黄花菜中，食用较多炒鲜黄花菜后数分钟至十几小时发病，主要症状为恶心、呕吐、腹痛、腹泻及头昏等。鲜黄花菜干制后无毒。

5. 水产食物中的一些有害毒素

（1）河豚毒素（TTX） 是豚毒鱼类中的一种神经毒素，为氨基全氢喹唑啉型化合物，

分子式 $C_{11}H_{17}O_8N_3$，相对分子质量 319.27。河豚毒素是无色、无味、无嗅的针状结晶。河豚毒素不溶于水和有机溶剂，可溶于弱酸性水溶液中。因河豚毒素是一种生物碱，它在弱酸中相对稳定，在强酸性溶液中易分解，在碱性溶液中则全部被分解。河豚毒素对紫外线和阳光有强的抵抗能力，经紫外线照射 48h 后其毒性无变化，经自然界阳光照射一年也无毒性变化。在胰蛋白酶、胃蛋白酶和淀粉酶等作用下不被分解。对盐类也很稳定，用 30% 的盐腌制 1 个月，卵巢中仍含毒素。在中性和酸性条件下对热稳定，能耐高温。将卵巢毒素煮沸 2h 后，能使其毒性降低一半。在 100℃ 加热 4h，115℃ 加热 3h，能将毒素全部破坏。同样，120℃ 加热 30min，200℃ 以上加热 10min，也可使其毒性消失。一般家庭的烹调加热河豚毒素几乎无变化，这是食用河豚中毒的主要原因。TTX 是一种毒性极强的天然毒素，经腹腔注射对小鼠的 LD_{50} 为 8.7μg/kg，其毒性是氰化钠的 1000 多倍。

（2）麻痹性贝类中毒（PSP） 广泛分布于全球各大海域，是一类对人类生命健康危害最大的海洋生物毒素。PSP 是一类四氢嘌呤的衍生物，其母体结构为四氢嘌呤。到目前为止，已经证实结构的 PSP 有 20 多种。PSP 易溶于水，且对酸、对热稳定，在碱性条件下易分解失活。PSP 呈碱性，有较大的水溶性，可溶于甲醇、乙醇。N - 磺酰胺甲酰基类毒素在加热、酸性等条件下会脱掉磺酰基，生成相应的氨甲酰类毒素，而在稳定的条件下则生成相应的脱氨甲酰基类毒素。PSP 是一类神经和肌肉麻痹剂，中毒的临床症状首先是外周麻痹，从嘴唇与四肢的轻微麻刺感和麻木直到肌肉完全丧失力量，呼吸衰竭而死。

（3）腹泻性贝类毒素（DSP） 是一类脂溶性物质，其化学结构是聚醚或大环内酯化合物。根据这些毒素的碳骨架结构，可以将它们分为 3 类：① 酸性物质，包括具有细胞毒性的大田软海绵酸（OA）和其天然衍生物轮状鳍藻毒素（DTX）。大田软海绵酸是 C_{38} 聚醚脂肪酸衍生物，轮状鳍藻毒素 1（DTX_1）是 35 - 甲基大田软海绵酸，轮状鳍藻毒素 2（DTX_2）为 7 - O - 酰基 - 37 - 甲基大田软海绵酸。② 中性成分，蛤毒素（PTX），包括 PTX_1 ~ PTX_6。③ 其他成分。三类毒素的毒理作用各不相同。

（4）有毒活性肽 海洋生物中存在着种类众多的蛋白质、肽类毒素，这些毒素性质独特。目前研究较多的海洋肽类毒素有海葵毒素、芋螺毒素、蓝藻毒素等。

二、微生物毒素

1. 细菌毒素

某些细菌的生长能产生具有生物活性的物质。细菌毒素中毒一般是急性中毒。细菌毒素的产生需要较高的湿度条件，以利于细菌繁殖。常见的细菌毒素中毒有肉毒毒素中毒，金黄色葡萄球菌产生的肠毒素、沙门菌与副溶血性弧菌和病原大肠菌等造成的感染型食物中毒等。

（1）肉毒毒素 肉毒毒素中毒是细菌毒素中毒中最著名的一种，是由肉毒梭状芽孢杆菌生长引起的，其毒性特别强，造成的死亡率很高。已知有 7 种血清型的产毒肉毒杆菌——A、B、C（$C_α$、$C_β$）、D、E、F 型，其中只有肉毒杆菌 A、B、E 与人类肉毒杆菌中毒有关。肉毒杆菌产生的毒素是相对分子质量约 1.5×10^5 的蛋白质，由亚基通过二硫键连接在一起。肉毒毒素是一种神经毒素，它作用于周围神经系统的突触，中毒时由横隔和其他呼吸器官的麻痹造成人窒息死亡。

1μg 纯的毒素相当于家鼠最小致死量的 2×10^5 倍，对于人类的致死量可能不会超过 1μg。肉毒杆菌 A 对热最稳定，在 100℃ 加热 60min 灭活，在 120℃ 加热 4min 即灭活，所以平常人们所食用的罐藏食品必须高温处理就与肉毒杆菌 A 的热稳定性较高有关。肉毒杆菌 E 对热最不稳定，在 100℃ 加热 5min 灭活，所以食品加热过程中或在通常的烹饪条件下均能使其毒素失活。此外，肉毒毒素对胃酸、胃蛋白酶等有一定的抵抗力，但对碱不稳定，在 pH 7 以上条件下分解。

（2）肠毒素　它引起的中毒虽然严重性较低，但是日常生活中发生率高。金黄色葡萄球菌是一种常见于人类和动物皮肤的细菌，其传染源为动物或人。金黄色葡萄球菌中只有少数亚型能产生肠毒素，其产毒能力难以判定。已知至少有 6 种不同的免疫学特性肠毒素，命名为 A、B、C（C_1、C_2）、D、E 型。

根据血清学测定的结果，肠毒素 A 比较多见，其次顺序为 D、B、C。肠毒素具有相当的稳定性，如它们能够抗拒蛋白酶的水解，pH < 2.5 时胃蛋白酶能够水解肠毒素，pH > 2.5 时胃蛋白酶对它无作用，这就是肠毒素在摄入后仍然具有毒性的原因。此外，肠毒素还具有相当的热稳定性，所以通过一般的加热处理来使肠毒素灭活不能提供食品安全性保证。

发生葡萄球菌食物中毒必须满足 3 个条件：① 有足够产生肠毒素的细菌，至少有 1×10^6 CFU（菌落形式单位）以上才能产生足够的毒素；② 食品支持病原菌的生长和毒素的产生；③ 必须在适当的温度下，有足够的时间以利于毒素的产生（在室温下 4h 或更长）。所以加热食品的后污染是发生金黄色葡萄球菌中毒的原因。

（3）副溶血性弧菌　副溶血性弧菌是嗜盐菌，属于革兰阴性菌，适合生长的环境是海洋（pH 7.7，温度 37℃ 左右），在海水、贝类等中存在。未经加热杀菌的海产品极易引起中毒，中毒的临床表现是腹泻、血便、阵发性腹部绞痛，多数人出现恶心、呕吐等症状，少数人出现休克和神经症状，发病原因是食品加热不彻底。

（4）沙门菌属　沙门菌种类很多，其中能引起食物中毒的沙门菌一般为猪霍乱沙门菌、鼠伤寒沙门菌和肠炎沙门菌。造成中毒的原因是生、熟食的混放。污染的食品一般为肉类，少数还有鱼类、虾类、禽类等及其制品。中毒症状初期是头痛、恶心、食欲不振、全身无力，后期会发生腹泻、呕吐、发烧等，大便有黏液和脓血。一般将食物加热到 80℃ 时，12min 即可将病原菌杀死。

沙门菌中毒与肉毒中毒和肠毒中毒不同，需要完整的沙门细菌细胞才产生中毒，并需要摄入一定量的食物或水，不属于毒素中毒。沙门菌、副溶血性弧菌、病原大肠菌等造成的感染型食物中毒是通过它们在体内的繁殖导致摄食者产生不良反应，与严格意义上的毒素型中毒有明显的区别。

（5）其他细菌性中毒　产气荚膜梭菌（韦氏梭菌）产生的毒素有 12 种，其中有 3 种对人致病，1g 食品中活菌数量在 1×10^5 CFU 就能够致病，致病症状一般为头痛、腹泻、呕吐等。

蜡状芽孢杆菌是一个食品传染性致病菌，产生两种不同的肠毒素，一种可以导致腹泻，另一种导致呕吐。蜡状芽孢杆菌污染的食品主要是谷物类，也能污染其他食品。一般 1g 食品中活菌数量在 （1.3～3.6） $\times 10^7$ CFU 才能够致病。

2. 霉菌毒素

霉菌毒素（mycotoxin）是霉菌的次级代谢产物，人或动物接触到这些代谢产物就会发生中毒反应。霉菌毒素为一些小分子有机化合物，相对分子质量小于 500。目前已发现 50 个属的霉菌能产生毒素，但只有 3 个属的霉菌会产生对人和动物有致病作用的毒素，分别是曲霉属、镰刀霉属、青霉属。

（1）曲霉毒素

① 黄曲霉毒素（aflatoxin）。黄曲霉毒素是由黄曲霉和寄生曲霉中少数几个菌株所产生的肝毒性代谢物。根据黄曲霉毒素在紫外光照射下所发出荧光的颜色不同而分为 B 族和 G 族两大族，目前已确定结构的有黄曲霉毒素 B_1、B_2、G_1、M_1 等 17 种，其中以 B_1 毒性最大，致癌性最强，G_1、M_1 次之，其他相对较弱。

各种黄曲霉毒素的相对分子质量为 312~346，熔点 200~300℃，难溶于水、己烷和石油醚，可溶于甲醇、乙醇、氯仿、丙酮和二甲基甲酰胺等溶剂。耐热性强，加热到熔点温度时开始裂解，在一般烹调温度下很少被破坏。氢氧化钠可使黄曲霉毒素的内酯六元环开环形成相应的钠盐，溶于水，在水洗时可被洗去。因此，植物油可采用碱炼脱毒，其钠盐加盐酸酸化后又可内酯化而重新闭环。

人对黄曲霉毒素 B_1 比较敏感，日摄入量 2~6mg 即可发生急性中毒，主要表现为呕吐、厌食、发热、黄疸和腹水等肝炎症状，严重者可导致死亡。另外，黄曲霉毒素是目前所知致癌性最强的物质，可诱导多种动物产生肿瘤并同时诱导多种瘤症。

黄曲霉毒素主要污染粮油及其制品，如花生、花生油、玉米、稻米和棉子等。豆类一般不易受污染。

② 小柄曲霉毒素。杂色曲霉、构巢曲霉和离蠕孢霉会产生化学结构相似的有毒物质，称为小柄曲霉毒素，其有 14 种同系物，也是致肝癌毒素，对肾脏也有损害，但其毒性较低，存在于玉米等粮食中。

③ 棕曲霉毒素。这是一类由棕曲霉和纯绿青霉产生的毒素，有 7 种结构类似的化合物，其中以棕曲霉毒素 A 的毒性最大，动物试验证明能致肝、肾损害和肠炎，存在于玉米、小麦、花生、大豆和大米等粮食中。

（2）青霉毒素　稻谷在收割后和储存中由于水分过多，极易被青霉菌污染而霉变，其米质呈黄色，称为黄变米。从霉变后的黄变米上常可分离出各种青霉毒性代谢物，其中重要的有岛青霉、橘青霉和黄青霉等霉菌所产生的毒素。

岛青霉毒素（silanditoxin）。从岛青霉中可分离出多种毒素，其中重要的有黄变米毒素（黄天精）、环氯素和岛青霉毒素。其他的毒素如红天精、瑰天精、天精以及链精等也较重要。

① 黄变米毒素。又称黄天精，是双多羟二氢蒽醌衍生物，分子式为 $C_{30}H_{22}O_{12}$，熔点为 287℃（裂解），溶于脂肪溶剂。小鼠经口的 LD_{50} 为 221mg/kg，经腹腔注射为 40.3mg/kg。中毒时，主要引起肝脏病变。

② 环氯素。它是一种毒性较高的含氯肽类化合物，纯品为白色针状结晶，溶于水，熔点为 251℃（裂解）。环氯素是作用迅速的肝脏毒素，能干扰糖原代谢。小鼠经口服 LD_{50} 为 5.6mg/kg 体重。

③ 岛青霉毒素。也为含氯环肽，其理化性质与环氯素类似，也是作用较快的肝毒素。

橘青霉毒素。橘青霉毒素对中枢神经和脊髓运动细胞具有抑制作用。开始中毒时四肢麻痹，继而发生呼吸困难而致死。小白鼠经口服该毒素每日 5mg/kg，半数死亡。

橘青霉毒素纯品为柠檬黄色针状结晶，熔点 172℃，相对分子质量 259，能溶于无水乙醇、氯仿和乙醚，难溶于水。

（3）镰刀菌毒素　镰刀菌是污染粮食与饲料的常见霉菌菌属之一。按镰刀菌毒素的化学结构及毒性，可以大体分为四类：① 顶孢霉毒素。顶孢霉毒素已知约有 40 种同系物，均为无色结晶，微溶于水；性质稳定，用一般烹调方法不易被破坏，具有较强的细胞毒性，使分裂旺盛的骨髓细胞、胸腺细胞及肠上皮细胞的细胞核崩溃。中毒症状主要为皮炎、呕吐、腹泻和拒食等。② 玉米赤霉烯酮（zearalenone）。玉米赤霉烯酮又称 F－2 霉素，是污染玉米、大麦等粮食最常见的玉米赤霉菌产生的代谢产物。分子式为 $C_{18}H_{22}O_5$，相对分子质量为 318，熔点 164～165℃，不溶于水、二硫化碳和四氯化碳，溶于碱性水溶液、乙醚、苯、氯仿、二氯甲烷、乙酸乙酯、乙腈和乙醇。玉米赤霉烯酮具有雌激素作用，能使子宫肥大、抑制卵巢正常功能而使之萎缩，因而造成流产、不孕。食用含赤霉烯酮面粉制作的各种面食可引起中枢神经系统的中毒症状，如恶心、发冷、头痛、神智抑郁和共济失调等。③ 丁烯酸内酯。存在于多种镰刀菌中，属于血液毒素，能使动物皮肤发炎、坏死。④ 串珠镰刀菌毒素。串珠镰刀菌是寄生于植物的病菌之一。用串珠镰刀菌污染的玉米喂马，会发生皮下出血、黄疸、心出血和肝损害等。

三、食物中外源性有害物质

1. 食物中的农药残留

农药是指用于预防、消灭或者控制危害农业、林业的病、虫、草和其他有害生物以及有目的地调节植物、昆虫生长的化学合成或来源于生物、其他天然物质的一种物质或者几种物质的混合物及其制剂。按其用途可分为杀（昆）虫剂、杀（真）菌剂、除草剂、杀线虫剂、杀螨剂、杀鼠剂、落叶剂和植物生长调节剂等类型。其中最多的是杀虫剂、杀菌剂和除草剂三大类。按其化学组成及结构可将农药分为有机磷、氨基甲酸酯、拟除虫菊酯、有机氯、有机砷、有机汞等类型。

食品中农药残留是指施用农药以后在食品内部或表面残存的农药，包括农药本身、农药的代谢物和降解物以及有毒物质等。人摄入有残留农药的食品后引起的毒性作用称为农药残留毒性。

农药最高残留限量是指按照国家颁布的良好农业规范或安全合理使用农药规范，适应本国各种病虫害的防治需要，在严密的技术监督下，在有效防治病虫害的前提下，取一系列残留数据中有代表性的较高数值，定为最高残留限量。如果最终收获的食品中农药残留量超过国家规定的最高残留限量，该食品属于不合格产品，应不准其出售或出口。所以制定农药最高残留限量有利于提高本国的食品质量和促进食品国际贸易，也可以以技术壁垒的方式保护国内食品和农药产品生产。

一直以来食品中农药污染是各国都关注的问题，各国均将农药残留标准的制定列为重要的工作。一般食品进口国对农药残留要求严格，出口国要求较松，加之各国人民膳食结构不同，各国对不同种类的食品中的农药残留都有不同的严格限量要求。

2. 多氯联苯化合物和溴联苯化合物

多氯联苯（polychlorinated biphenyl，PCB）和多溴联苯（polybrominated biphenyl，PBB）是稳定的惰性分子，具有良好的绝缘性与阻燃性，在工业中应用广泛，如作为抗燃剂、抗氧剂加于油漆中；作为软化剂等加到塑料、橡胶、油墨、纸与包装材料中。PCB 和 PBB 不易通过生物和化学途径分解，极易随工业废弃物而污染环境。由于其具有高度稳定性与亲油性，可通过各种途径富集于食物链中，特别是水生生物体中。鱼是人食入 PCB 和 PBB 的主要来源，家禽、乳和蛋中也常含有这类物质。PCB 和 PBB 进入人体后主要积蓄在脂肪组织及各种脏器中。中毒表现为皮疹、色素沉积、浮肿、无力和呕吐等症状，病人脂肪中 PCB 和 PBB 的含量为 13.1～

75.5mg/kg。

3. 二噁英类化合物

二噁英（dioxin）又称二氧杂芑，通常指具有相似结构和理化特性的一组多氯取代的平面芳烃类化合物。二噁英类化合物无色、无味、无臭，沸点与熔点较高，具有较高的疏水性及溶于有机溶剂等物理化学特性。它包括75种多氯二苯并二噁英（polychlorinated dibenzo – p – dioxin，PCDD）和135种多氯二苯并呋喃（polychlorinated dibenzo – furan，PCDF）。前者是由2个氧原子联结2个被氯原子取代的苯环，后者是由1个氧原子联结2个被氯原子取代的苯环。每个苯环上都可以取代1~4个氯原子，从而形成了众多的异构体。其中2，3，7，8 – 四氯二苯并对二噁英（2，3，7，8 – PCDD）是目前所有已知化合物中毒性最强的二噁英单体，具有包括极强的致癌性和极低剂量的环境内分泌干扰作用在内的多种毒性作用，2，3，7，8 – PCDD对豚鼠的经口 LD_{50} 按体重计仅为1μg/kg。

与一般急性毒物不同的是，动物染毒二噁英后死亡时间长达数周。中毒特征表现为染毒几天内体重急剧下降，并伴随肌肉和脂肪组织的急剧减少等"消瘦综合征"症状。低于致死剂量染毒液可引发体重减少，而且呈剂量 – 效应关系。在二噁英非致死剂量时，可引起实验动物的胸腺萎缩，主要以胸腺皮质中淋巴细胞减少为主。二噁英毒性的一个特征性标志是氯痤疮，它使皮肤发生增生或角化过度、色素沉着。

二噁英还有肝毒性，在剂量较大时可使受试动物的肝脏肿大，进而变性坏死。另外，二噁英还有生殖毒性和致癌性。据报道二噁英能促进雌二醇羟基化，使血中雌二醇浓度降低。二噁英还可以引起睾丸形状改变，影响精子的形成。另外，2，3，7，8 – PCDD对动物有较强的致癌性，对啮齿动物进行2，3，7，8 – PCDD染毒实验表明，致小白鼠肝癌的最低剂量为1pg/g生物重。

二噁英实际是一些工业生产的副产物。如在造纸生产时，由于漂白而使用氯及其衍生物，发生副反应，形成少量的二噁英化合物，最终随废水排放至环境。二噁英化合物的另外来源是日常生活中垃圾的焚烧、石油的燃烧、废旧金属的回收等。这些过程产生的二噁英化合物通过废水、废气、尘埃等各种途径进入食物链，通过生物富集作用影响食品安全性。

4. 重金属

相对密度在4.0以上的金属统称为重金属。重金属对机体损害的一般机制是与蛋白质、酶结合成不溶性盐而使蛋白质变性。当人体的功能性蛋白，如酶类、免疫性蛋白等变性失活时，对人体的损伤极大，严重者常可致死亡。

重金属主要是因工业污染而进入环境，并经过多种途径进入食物链。人和动物体通过食物吸收和富集大量重金属，严重时可出现中毒症状，其中以汞、镉、铅、砷等元素的毒性最大，各国的食品法规或条例都对它们在食品中的含量设立明确的限制。

（1）汞 汞主要来源于环境的自然释放和工业的污染。在有工业污染的水域生长的鱼可富集有机汞，汞曾作为杀菌剂用于处理种子，因而对粮食作物也有污染。环境中的汞经微生物群的甲基化作用形成了毒性较强的烷基汞类化合物，如双甲基汞等。

（2）镉 镉是食品中最重要的重金属污染之一，主要是通过水体和水生生物污染以及含镉废水、废渣、废气被作物及牧草吸收所富集。

镉在人体内的含量，随年龄的增长而增多。镉随水、食品进入机体，主要在肾、肝等脏器中蓄积。镉在人体内的半衰期是16~31年。长期摄入含微量镉的食品，可使体内蓄积而引起慢性中毒，主要是损害肾近曲小管上皮细胞，表现为蛋白尿、糖尿和氨基酸尿等。由于镉对磷有一定的亲和力，故可使骨骼中的钙析出而引起骨质疏松软化，出现严重的腰背酸痛、关节痛以及全身刺痛。现已知镉有害于个体发育，故可畸胎，影响与锌有关的酶而干扰代谢功能，改变血压状况，具有致癌作用并引起贫血。人对镉的耐受量为0.5mg/周。

（3）铅　人体内的铅主要来自食物。据测定，每人每天通过接触吸收的铅量为300μg，其中90%来自食物。而食物中铅的来源主要有3个方面，一是含铅农药在粮食、水果上的残留物；二是汽车燃烧含铅汽油排放的氧化铅及油漆与涂料中含的铅造成的环境污染；三是食品加工、贮藏、运输使用的设备器皿含铅，或在食品加工的配料中含铅，如铅合金、搪瓷、陶瓷、马口铁和皮蛋包料等均含有铅。

铅在生物体内的半衰期约4年，在骨骼中沉积的铅半衰期为10年，故铅在机体内较易积蓄，达到一定量时即可呈毒性反应。铅主要损害神经系统、造血器官和肾脏，同时出现口腔金属味、齿龈铅线、胃肠道疾病、神经衰弱以及肌肉酸痛、贫血等症，严重时发生休克、死亡。人对铅的耐受量为3.5mg/周。

（4）砷　砷污染食品的主要原因是田间使用含砷农药和食品加工时使用不符合卫生标准的含砷辅助剂等。砷进入人体后，主要在富含胶质的毛发和指甲中富集，骨骼和皮肤中次之。成人体内含砷量平均为18～21mg。砷在体内排泄缓慢，可因蓄积而致慢性中毒。中毒机制是：三价砷在体内与细胞中含巯基的酶络合而形成稳定的络合物，使酶失去活性，阻碍细胞呼吸作用，引起细胞死亡而呈现毒性；也可使神经细胞代谢发生障碍，造成神经系统病变，如多发性神经炎等。五价砷在体内还原成三价砷后也可呈现毒性。人对砷的耐受量为0.35mg/周。

5. 兽药及禁用饲料添加剂等

所谓兽药残留是指动物性产品的任何可食部分所含兽药的母体化合物和（或）其代谢物，及与兽药有关杂质的残留。兽药残留通常是通过预防和治疗动物疾病用药、饲料添加剂及在食品保鲜中引入药物而带来对食品的污染。

兽药残留对人体主要有如下危害。

第一，致癌、致畸、致突变。如苯并咪唑类抗蠕虫药，通过抑制细胞活性可杀灭蠕虫以及虫卵，同时其抑制细胞活性的作用使其具有潜在的致突变性和致畸性，当人们长期食用含"三致"作用的药物残留的动物性食品时，这些残留物便会对人体产生有害作用，或在人体内蓄积，最终产生致癌、致畸、致突变作用。

第二，具有毒性作用。人长期摄入含兽药的动物性食品后，积累到一定程度，会对人体产生危害。如敌百虫在弱碱条件下可形成敌敌畏，使毒性增强；硫酸铜过量可造成体内铜的积累和中毒等症状。

第三，易引起潜在的过敏反应。一些残留兽药，如青霉素、四环素、磺胺类等，可使某些过敏体质人群发生过敏反应。过敏反应症状多种多样，轻者表现为皮疹、发热、喉头水肿、关节肿痛等，严重时可出现过敏性休克，甚至危及生命。

第四，会引起细菌耐药性增加、疑难杂症的产生及抗菌药物的失效。饲料中添加抗菌药物，实际上等于持续低剂量用药。抗菌药物残留于动物性食品中，通过食物链在人体内积累后，同样造成人与药物长期接触，导致人体内耐药菌增加。

（1）抗生素类兽药　抗生素本身具有杀灭病原微生物、抗菌、促进动物生长的作用。然而长期食用抗生素会引起诸多方面的问题，主要有耐药菌的产生、二次感染、扰乱机体微生态、对机体造成各种不良反应（如毒性反应和变态反应）等。2002年的"牛乳抗生素残留风波"中，牛乳药物残留对人类健康的实际影响众说纷纭，但无论从理论上还是实践上均证明抗生素及其他兽药的广泛、大量、频繁地使用对人类健康和生命是有害的，对家畜的正常生理、健康、动物性食品质量安全和食品生产工艺也具有不良影响。

（2）激素类兽药　激素类兽药残留会影响人和动物体正常的激素水平和功能，并有一定的致癌性，对人类可表现为儿童早熟、肥胖儿、儿童异性化倾向、肿瘤等。β-肾上腺素受体激动剂可引发急性中毒，出现头痛、心动过速、狂躁不安和血压下降等。

（3）渔药　水产品是渔药残留的载体，在用药浴、内服、涂抹和注射等途径给水产品用渔药时，水产品经体表或肠道吸收进入体内。人一旦使用承载有残留渔药的水产品，当浓度蓄积到一定量时，即可对人体产生各种危害。

四、食品加工及贮藏中产生的有害物质

1. 硝酸盐类及亚硝胺的形成

食物中硝酸盐（nitrate）及亚硝酸盐（nitrite）的来源：一是腌肉制品中作为发色剂；二是施肥过度由土壤转移到蔬菜中。在硝酸还原酶作用下，硝酸盐还原成亚硝酸盐。

在适宜的条件下，亚硝酸盐可与肉中的氨基酸发生反应，也可在人体的胃肠道内与蛋白质的消化产物二级胺和四级胺反应，生成亚硝基化合物（NOC—），尤其是生成 N-亚硝胺（N-nitrosamine）和亚硝酰胺这类致癌物，因此也有人将亚硝酸盐称为内生性致癌物。

亚硝酸盐的急性毒性作用是导致高铁血红蛋白症，即亚硝酸盐使血红蛋白的亚铁离子被氧化为高铁离子，血氧运输严重受阻。这种症状特别容易在婴儿中发生，这是因为婴儿肠内酸度较低，并且缺乏使血红素的高铁离子还原为亚铁离子的心肌黄酶。

硝酸盐及亚硝酸盐的慢性毒性作用有3方面：① 致甲状腺肿，硝酸盐浓度较高时干扰正常的碘代谢，导致甲状腺代偿性增大。② 致维生素A不足，长期摄入过量亚硝酸盐导致维生素A的氧化破坏并阻碍胡萝卜素转化为维生素A。③ 与仲胺或叔胺结合成亚硝基化合物，其中许多都有强烈的致癌作用。

2. 多环芳烃及苯并［a］芘

多环芳烃（polycyclic aromatic hydrocarbons，PAH）是煤、石油、木材、烟草和有机高分子化合物等有机物不完全燃烧时产生的挥发性碳氢化合物，是重要的环境和食品污染物。食品中的脂肪、固醇等成分，在烹调加工时经高温热解或热聚，形成稠环芳烃，这是食品中稠环芳烃的主要来源。多环芳烃种类繁多，其中10多种具有强烈的致癌作用，研究最详细的是苯并［a］芘（图11-2）。

烟熏烧烤类食品中含有一种称为苯并［a］芘的多环芳烃类有机物，这种物质正常情况下在食品中含量甚微，但经过烟熏或烧烤时，含量显著增加。苯并［a］芘是目前世界上公认的强致癌、致畸、致突变的物质之一。

苯并［a］芘常温下呈黄色结晶，熔点178℃。在常温下苯并［a］芘是一种固体，一般呈黄色单斜状或菱形片状结晶，不论是何种结晶，其化学性质均很稳定，不溶于水，但溶于苯、甲苯、丙酮等有机溶剂，在碱性介质中较为稳定，在酸性介质中不稳定，易与硝酸等起化学反应，对氯、溴等卤族元素亲和力较强，有一

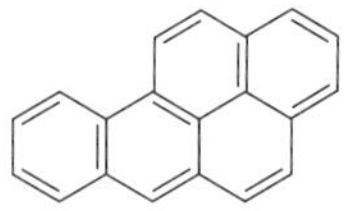

图11-2　苯并［a］芘结构

种特殊的黄绿色荧光，能被带正电荷的吸附剂如活性炭、木炭、氢氧化铁等所吸附，从而失去荧光，但不能被带负电吸附剂吸附。

多环芳烃类化合物的致癌作用与其本身化学结构有关，三环以下不具有致癌作用，四环者开始出现致癌作用，一般致癌物多在四、五、六、七环范围内，超过七环未见有致癌作用。通过人群调查及流行病学调查资料证明，苯并［a］芘等多环芳烃化合物通过呼吸道、消化道、皮肤等均可被人体吸收，严重危害人体健康。苯并［a］芘对人类能引起胃癌、肺癌及皮肤癌等癌症。

3. 油脂氧化及加热产物

油脂自动氧化及热变化的许多产物对人体是极其有害的。

油脂自动氧化产物及其毒性：在氧气存在下，油脂易发生游离基反应，产生各类氢过氧化物和过氧化物，继而进一步分解，产生低分子的醛、酮类物质。在过氧化物分解的同时，也可能聚合生成二聚体、多聚物。脂肪自动氧化不但使油脂营养价值降低，气味变劣，口味变差，而且还会产生毒性物质，主要有过氧化物、4 – 过氧化氢链烯醛、甘油酯聚合物和环状化合物等。

4. 丙烯酰胺

丙烯酰胺（acrylamide）是制造塑料的化工原料，为已知的致癌物，并能引起神经损伤。一些普通食品在经过煎、炸、烤等高温加工处理时也会产生丙烯酰胺，如油炸薯条、薯片等含碳水化合物高的食物，经120℃以上高温长时间油炸，在食品内检测出含有致癌可能性的丙烯酰胺。

食品中丙烯酰胺主要产生于高温加工食品中，食品在120℃下加工即会产生丙烯酰胺。对300种食品的检测结果表明，大部分炸薯条和炸薯片中、部分面包、可可粉、杏仁、咖啡、饼干等中检测出了相当高浓度的丙烯酰胺。

除了食品本身形成之外，丙烯酰胺也可能有其他污染来源，如以聚丙烯酰胺塑料为食品包装材料的单体迁出，食品加工用水中絮凝剂的单体迁移等。

动物实验发现丙烯酰胺单体是一种有毒的化学物质，引起动物致畸、致癌。丙烯酰胺进入人体之后，可以转化为另一种分子——环氧丙酰胺，此化合物能与细胞中 RNA 发生反应，并破坏染色体结构，从而导致细胞死亡或病变为癌细胞。丙烯酰胺的毒性特点是在体内有一定的蓄积效应，并具有神经毒性效果，主要导致周围神经病变和小脑功能障碍，损坏神经系统，丙烯酰胺甚至还可能使人瘫痪。

5. 氯丙醇

随着人们对调味品的需求量的大大增加，酱油工艺近年来发生了很大的变化。水解植物蛋白被用于酱油工业，提高了产量，降低了成本，但如果采用的水解工艺不对也会引入有害物质——氯丙醇。氯丙醇会引起肝、肾脏、甲状腺等的癌变，并会影响生育。

氯丙醇是甘油上的羟基被氯取代 1~2 个所产生的一类化合物的总称。天然食物中几乎不含氯丙醇，但随着应用 HCl 水解蛋白质，就产生了氯丙醇。这是由于蛋白质原料中不可避免地也含有脂肪物质，在盐酸水解过程中发生副反应，形成氯丙醇物质。目前，人们关注氯丙醇是因为 3 – 氯 – 1，2—丙二醇（3 – MCPD）和 1，3 – 二氯 – 2 – 丙醇（1，3 – DCP）具有潜在致癌性，其中 1，3 – DCP 属于遗传毒性致癌物。由于氯丙醇的潜在致癌、抑制男子精子形成和肾脏毒性，国际社会纷纷采取措施限制食品中的含量。

6. 杂环芳胺类

杂环胺是在食品加工、烹调过程中由于蛋白质、氨基酸热解产生的一类化合物。杂环胺的发现与人们对食品中具有致癌、致突变性物质的寻找有密切相关。

从化学结构上杂环胺可分为氨基咪唑氮杂芳烃（AIA）和氨基咔啉两大类。

通过 Ames 试验发现鸡肉和牛肉经过油炸所产生的致突变性，在高效液相色谱馏分上轮廓极为相似，这提示所有烹调肌肉组织中含有相似的前体物。目前认为肌酸、肌酐、游离氨基酸和糖等是杂环胺形成的前体物，它们都具有水溶性，因此随着烘烤的进行，这些水溶性前体物具有分子流动性，可向表面迁移并被加热干燥，这可以解释为什么突变活性主要存在于肉的表面。除了前体物对杂环胺的形成有影响外，反应温度和时间也是杂环胺形成的关键因素。由于煎、炸、烘、烤及水煮等烹调方法所用温度不同，其产品中的杂环胺含量也不同，前 4 种烹调方法，由于温度较高，其产品中杂环含量高，而水煮品产生的杂环胺较低。在正常家用烹调温度下，对肉类进行充分烹调（但未变焦或变糊），也会产生致突变性。对不同烹调方法进行比较，肉类进行油炸和烧烤较烘烤、煨炖及微波烹调致突变性高。

所有的杂环胺都是前致突变物，必须经过代谢活化才能产生致癌及致突变性。杂环胺的毒性除与含量有关外，不同的杂环胺之间的毒性往往有相加作用。据报道，当有其他环境致癌物、促癌物和细胞增生诱导物存在时杂环胺的毒性增加。烧烤食品中存在多种杂环胺，而且含量较其他加工方式高得多，所以要给予重视。

7. 美拉德反应产物

在面包、糕点和咖啡等食品的烘烤过程中，美拉德反应能产生诱人的焦黄色和独特风味。美拉德反应也是食品在加热或长期贮藏时发生褐变的主要原因。美拉德反应除形成褐色素、风味物质和多聚物外，还可形成许多杂环化合物。从美拉德反应得到的混合物表现出很多不同的化学和生物特性，其中，有促氧化物和抗氧化物、致突变物和致癌物以及抗突变物和抗致癌物。事实上，美拉德反应诱发生物体组织中氨基和羰基的反应并导致组织损伤，后来证明这是导致生物系统损害的原因之一。在食品加工过程中，美拉德反应形成的一些产物具有强致突变性，提示可能形成致癌物。

8. 溶剂萃取和毒素的形成

一些化合物本身在一定浓度范围内并不具有毒性，但与食品组分发生化学反应后能生成有毒产物。例如，在某些国家中曾用三氯乙烯萃取多种油料作物种子中的油脂和从咖啡豆中萃取咖啡。在萃取加工过程中，溶剂与原料中的半胱氨酸作用产生有毒的 S－（二氯乙烯）－L－半胱氨酸，当用萃取后的残留物（饼粕）喂养动物时即产生再生障碍性贫血。

9. 粮食食品中的有害物质

（1）植酸　是一种有机酸，由肌酸和磷组成。在成熟的谷类种子中，植酸盐占总磷的 $60\% \sim 80\%$，谷类、豆类和硬果含较多的植酸盐，特别是在荞麦、燕麦、高粱中含量较高。植酸能与蛋白质和矿物质结合成复合化合物，因而降低蛋白质和矿物质的消化吸收率。粮食中的植酸，既可与粮食本身所含的钙镁结合，又可在肠道中与其他食物中的钙镁结合，使钙镁变成不能为人体吸收的植酸钙镁盐。植酸还可与其他微量元素铁、锌、铜、锰等形成不溶解的盐类，进而影响这些重要微量元素的吸收利用率。

（2）单宁　广泛存在于植物体中，是高分子多元酚的衍生物，易与金属离子反应生成黑褐色物质。单宁有涩味，是植物性食品可食部分涩味的主要来源，高单宁膳食将大大降低蛋白质和钙的消化、吸收和利用。高粱是高单宁食品的典型代表。因此，食用高粱要适当提高加工精度，尽可能多地碾去皮层，以清除单宁的不利影响。

（3）淀粉酶抑制剂　谷类、豆类中存在着抑制酶活力的毒蛋白物质，由于它的作用，使淀粉酶的活力降低，影响人体对淀粉的消化吸收，但由于酶是一种特殊的蛋白质，加热可破坏其抑制作用，因此，熟制的谷类和豆类不会有这种不良作用。

除以上例子外，还有棉酚、生氰苷、芥酸等有毒有害物质。

10. 食品添加剂引起的毒害

在食品生产加工过程中，在一定范围内使用一定剂量的食品添加剂，对人体无害。但如果滥用，也可能引起各种形式的毒害作用，如慢性中毒、致畸、致癌和致突变等。

第三节　食品中有害物质的安全评价方法

一、食品中有害物质的安全性评价

1. 预备工作

在进行食品安全性评价之前，另一个首先需要解决的问题是确定人群对某一种物质的摄入水平。做这种测量的方法之一是进行全膳食分析，即访问调查对象以获得他们消费食物类型的信息，并对这类食品所含的所有化学成分（包括有毒物质的残留）进行全面的分析。另一方法是所谓的"菜篮子分析"，即从零售商那里购买食物，用传统或有代表性的方法进行处理，然后分析某种有疑问的食品成分。通过分析可以计算出某一特定食物成分的年人均消耗量或暴露量。

暴露量评价是指对于通过食品或其他有关途径的暴露而可能进入的生物、化学和物理性因素进行定性和定量评估。例如膳食农药残留暴露评价应以农药残留水平和膳食消费结构为基础进行。农药残留水平主要通过监测分析得出食品中的具体残留量（MRL，单位 mg/kg 或 μg/kg），膳食消费可通过全膳食研究获得数据，以 kg/（人·d）表示。

2. 急性毒性

首先要做的毒性检验通常都是急性毒性试验，一般是用单剂量的被检物质在 24h 内反复饲喂两种性别的大鼠或小鼠，并记录 7d 发生的中毒效应。急性毒性试验的主要目的是确定被检物使实验动物死亡的剂量水平，即定出 LD_{50}。如果该物质的 LD_{50} 小于人的可能摄入量的 10 倍以上，则不再进行下一步的试验。极个别情况下某物质具有很强的急性毒性而不能用于食品，应对该物质作弃用处理。从急性毒性试验获得的数据通常用来确定接下来进行的长期毒性试验的剂量和方法，一般被测物通常要接着做遗传毒性试验，并进行代谢及药动学的研究。急性毒性试验的结果只能作为下一阶段试验的参考，而不能作为某种待测物安全评价的依据。

3. 遗传毒性

遗传毒性检验的首要目的是确定被检化学物质诱导供试生物发生突变的可能性，以致突变试验来定性表明受试物是否有突变作用或潜在的致癌作用。

致突变试验包括微生物和哺乳动物细胞的点突变分析（DNA 的定点诱变）；培养的哺乳动物细胞和动物实体模型的染色体畸变（chromosome aberration），以及人和其他哺乳动物细胞的转化研究（肿瘤移植）。致突变试验一般首选鼠伤寒沙门菌/哺乳动物微粒体酶试验，即 Ames 试验；必要时可另选和加选其他试验，如小鼠骨髓微核率测定和骨髓细胞染色体畸变分析、小鼠精子畸形分析和睾丸染色体畸变分析。

如果遗传毒理学的研究发现某物质有致突变性，并具有可能的致癌性，那么就可进行该物质的危害性评价。假如某物质在几个试验中都表现出致突变性，并与人类的致癌性有关，而且使用该物质可明显增加人群对该物质的暴露程度，即使没有做进一步的慢性试验，也可将此物质从进一步使用的名单中删除。如果某物质被检测为低的致突变危险性，例如，该物质仅在一个试验中观察到致突变性，或者仅在很大剂量时才在几个试验中表现出致突变性，则该物质有必要做进一步的分析。

4. 代谢试验

代谢试验是亚慢性试验的一部分，应该在致突变试验之后才进行。该试验的目的是获得单剂量或重复剂量的某物质被摄入后，其在有机体中的吸收、生物转化、沉积（贮藏）和清除特性方面的定性和定量数据，如胃肠道吸收量、血中的浓度、在主要器官中的分布和排泄物中的含量等。如果该物质的代谢物的生物效应已知，便可做出使用或拒绝使用该物质的决定。例如，如果能分析出该物质的所有代谢物并且已知它们都是无毒物质，则可认为该被检物质是安全的。如果该物质的有些代谢物有毒或母体物质的大部分沉积于一些组织中，则需做进一步的试验。对一种物质的潜在危害性进行评价之前，要确定该物质在试验动物中的代谢情况是否与其在人体中的代谢一样。因此，对一种物质的代谢和药动学方面知识的了解，是对从动物试验结果推断到人体发生相似的危害的结果是必不可少的。

我国的《食品安全性毒理学评价程序和方法》中要求，对于我国新创制的化学物质，在进行最终评价时，至少应进行以下几项代谢方面的试验：该物质在胃肠道的吸收、血液中的浓度及生物半衰期，该物质在主要器官和组织中的分布及其排泄（尿、粪、胆汁）。有条件时，可进一步进行代谢产物的分离、鉴定。对于国际上许多国家已批准使用和毒性评价资料比较齐全的化学物质，可暂不要求进行代谢试验。

5. 亚慢性毒性试验

亚慢性毒性试验的周期从几个月到一年不等，目的是测定摄入某物质对组织或代谢系统可能的累积效应。为衡量某一食物成分的安全性，亚慢性毒性试验一般对两种试验对象进行 90d 的膳食研究，其中一种应是啮齿动物。亚慢性毒性试验包括每天检查试验动物的外观和行为变化，每周记录体重、食物消耗量和排泄物的特性。除了血、尿的生化检测外，还定期进行血液学和眼科检查。在某些情况下，还做肝、肾和胃肠功能检查以及血压和体温的测量。实验结束后，对所有动物进行尸体解剖，检查总的病理改变，其中包括主要器官和腺体质量的改变。

通过亚慢性毒性试验可确定某物质的最大无作用剂量（MNEL）。如果某物质的最大无作用剂量小于人的可能摄入量的 100 倍，表示毒性较强，应予以放弃；大于 100 倍而小于 300 倍者，可进行慢性毒性试验；若大于或等于 300 倍者，则不必进行慢性试验，可直接进行毒性评价。

6. 致畸性试验

致畸试验是亚慢性试验的一个重要方面。致畸性（teratogenesis）可解释为从受精卵形成至胎儿成熟出生之间任何时候开始的发育异常。

致畸试验包括妊娠雌性动物在胎儿器官形成期的短期（1~2d）试验和整个妊娠期的试验。短期给药的致畸试验，避免了母体对毒物的代谢和排出等产生适应系统，还避免了死胎的发生。接下来的给药则要覆盖胚胎器官发育的各个关键时期，并监控毒物在母体和胎儿两个体系中的累积效应，即同时监控妊娠期母体肝脏对该物质的代谢活性，以及胎儿体系中该代谢物的浓度及成分的变化；还要监控怀孕母体储留部位的该物质所达到的饱和水平，后者与胎儿体系中试验物质浓度的提高紧密相关。

假如试验条件与该物质暴露的实际情况相符，通过上述急性和亚慢性试验即可对该物质的毒效应做出评价。如果某一物质的消耗量很大，或者该物质具有可能致癌的化合物结构，或者该物质在亚慢性毒性试验中显示其具有累积毒性，或者显示遗传毒性试验的阳性结果，则不能做出对人体无毒的最终决定。

7. 慢性毒性试验

慢性毒性试验的主要目的是评价长期暴露于相对低水平的某物质时，在亚慢性试验中不能被验证的毒性作用，其是否具有进行性和不可逆的毒性作用以及致癌作用，最后确定最大无作用剂量，为受试物能否用于食品的最终评价提供依据。慢性毒性试验是在实验动物生命周期中的关键时期，用适当的方法和剂量饲喂动物被测物质，观察其累积的毒性效果，有时可包括几代的试验。致癌试验是检验受试物或其代谢产物是否具有致癌或诱发肿瘤作用的慢性毒性试验。

对决定是否接受一种物质用于食物而言，慢性毒性试验的结论是最终的结论。如果该物质在慢性毒性试验中未发现有致癌性，那么根据上述急性和慢性毒性试验的数据以及该物质的摄入水平，将对该物质应用于食品做出总的风险性评估。如果一种物质被证明具有致癌活性，且有剂量和效应关系，在绝大多数情况下该物质不允许作为食品添加剂使用。如果发现毒性试验的设计有误或在将来出现未预料的发现，则需要进一步的试验。

二、食品中有害物质的安全性评价方法展望

上面介绍的是传统的评价方法，现在提出了减少或部分取代使用实验动物的"替代试验方法"（alternative testing methods）。"替代方法"是使用微生物、细胞、组织、基因动物（也包括虚拟数据库）等来预测外来化学物对人的毒性。

目前，欧洲和北美分别有政府组织在进行这方面的工作，如欧盟的"替代方法欧洲确认中心"（ECVAM）和美国的"替代方法指标确认国际协作委员会"（ICCVAM）。

毒理学试验方法的革新需要机制知识（特别是分子水平和基因水平），而机制知识是建立替代方法的基础。

美国 ICCVAM 不久前提出：确定外源化学物、致癌物应减少依赖动物试验，更多地采用新的分子生物学技术，更多地了解外源化学物如何损伤人的细胞和控制细胞增殖的遗传物质，以便衡量外源化学物的致癌潜力。

要得出接触很小剂量可能产生的细胞损伤，而不是依靠传统的大剂量的动物致癌试验结果外推对人体的效应，就要深入了解致癌前期的分子生物学变化与毒作用机制；进行外源化学物的安全性毒理学评价很需要这样的涉及机制的定性定量资料，当然也包括毒代动力学资料。

所以，当前的发展趋势是重视研究外源化学物更早发生的、在小剂量作用下、分子（基因）方面改变的机制，从机制出发来改进现行毒性试验方法（例如诱变性试验和致癌性试验）以及根据毒作用机制来进行安全性毒理学评价，逐步建立起国际通用的替代试验方法与评价

标准。

　　替代试验方法的关键要点是比较毒理学。比较毒理学是指将新食品中的内源毒素（例如天然存在的和内源的毒素）浓度与存在于与新食品对应的传统食品中的毒素的浓度做比较。这与传统方法相比有不同的基本观念变化：传统方法强调在范围很广的安全限量（主观设定为100倍）内不存在毒性，而替代方法允许在新食品中含有内源毒素，只要其含量不超过与新食品对应的传统食品所含的毒素量（与新食品对应的传统食品是指目前还被食用的但要被新食品取代的食品）。替代方法的可信度取决于是否存在可靠的、有可比性的、天然存在于普通食物中的有毒物质数据库。

🔍 思考题

1. 食品内源性有害成分大致分为几类以及分别大量存在于何种食品中？
2. 花生及其制品在贮藏期间最易产生何种有害成分，有哪些种类，特点是什么？
3. 简述食品中有害物质分类并分别举例。
4. 简述由食品加工产生的有害成分有哪些。
5. 简述食品中有害成分的安全性评价方法。
6. 试述丙烯酰胺的形成机制及影响因素。
7. 论述食品中硝酸盐、亚硝酸盐、亚硝胺的来源与危害。

第十二章
食品添加剂

[学习指导]

　　熟悉食品添加剂的概念，食品添加剂在食品加工中的作用。掌握常见防腐剂、抗氧化剂、酸味剂、鲜味剂、甜味剂、护色剂、漂白剂、着色剂、增稠剂的应用范围和方法。了解食品添加剂的种类，选用时应该遵循哪些原则，食品添加剂的毒理学评价方法与步骤，食品添加剂的安全性问题。

第一节　概　　述

　　食品是人类赖以生存和发展的物质基础，而食品工业的发展对于改善人们的食物结构、方便人们生活、提高人民体质具有重要的意义。近年来，随着改革开放的深入发展，我国的食品工业得到了持续、快速、健康的发展，特别是近几年，食品工业一直保持着良好的发展趋势。食品工业取得的这些成就与食品添加剂工业是分不开的。从某种意义上讲，食品添加剂在食品工业的发展中起了决定性的作用，没有食品添加剂，就没有现代食品工业。食品添加剂是现代食品工业的催化剂和基础，被誉为"现代食品工业的灵魂"。它已渗透到食品加工的各个领域，包括粮油加工、畜禽产品加工、水产品加工、果蔬保鲜与加工、酿造以及饮料、酒、茶、糖果、糕点、冷冻食品、调味品等加工，乃至于在烹饪行业，家庭的一日三餐中，添加剂也是必不可少的。食品添加剂对于改善食品的色、香、味、形，调整食品营养结构，提高食品质量和档次，改善食品加工条件，延长食品的保存期，发挥着极其重要的作用。

　　近20年来，食品添加剂已成为一门独立的生产工业，一方面它直接影响着食品工业的发展，故其应用价值远远大于其自身价值。另一方面，食品工业的发展又对食品添加剂提出了更高的要求，两者是相互促进的。

一、食品添加剂的定义

按《食品添加剂使用标准》（GB 2760—2014），我国将食品添加剂定义为：为改善食品品质和色、香、味，以及为防腐、保鲜和加工工艺的需要而加入食品中的人工合成或者天然物质。食品用香料、胶基糖果中基础剂物质、食品工业用加工助剂也包括在内。

各国对食品添加剂的定义有所不同。日本规定：食品添加剂是指在食品制造过程，即食品加工中，为了保存或其他目的加入食品中的物质，使之混合、浸润。美国规定：食品添加剂是由于生产、加工、储存或包装而存在于食品中的物质或物质的混合物，而不是基本的食品成分。联合国粮食及农业组织（FAO）和世界卫生组织（WHO）联合组成的食品法典委员会（CAC）1983年规定：食品添加剂是指本身不作为食品消费，也不是食品特有成分的任何物质，不管其有无营养价值；它们在食品的生产、加工、调制、处理、充填、包装、运输、贮存等过程中，由于技术（包括感官）的目的，有意加入食品中或者预期这些物质或其副产物会成为（直接或间接）食品的一部分，或者改善食品的性质。它不包括污染物或者为保持、提高食品营养价值而加入到食品中的物质。

二、食品添加剂在食品加工中的意义与作用

食品添加剂是加工食品的重要组成部分，被誉为现代食品工业的灵魂和食品工业创新的秘密武器。食品添加剂在食品加工中的作用可归纳成以下几个方面。

1. 有利于提高食品的质量

随着人们生活水平的提高，人们对食品的品质要求也越来越高，不但要求食品新鲜可口，具有良好的色、香、味、形，而且要求食品具有较高的、合理的营养结构。这就要求在食品中添加合适的食品添加剂。

食品添加剂对食品质量的影响主要体现在3个方面。

（1）提高食品的贮藏性，防止食品腐败变质　绝大多数食品若不能及时加工或加工不当，往往会发生腐败变质，如蔬菜容易霉烂，含油脂高的食品易发生油脂的氧化变质等。而一旦食品腐败变质，就失去了其应有的食用价值，有的甚至还会变得有毒，造成资源的浪费。而适当使用食品添加剂可防止食品的败坏，延长保质期。如防腐剂可以防止由微生物引起的食品腐败变质，同时还可以防止由微生物污染引起的食物中毒现象；抗氧化剂可阻止或延缓食品的氧化变质，抑制油脂的自动氧化反应，抑制水果、蔬菜的酶促褐变与非酶褐变等。

（2）改善食品的感官性状　食品的色、香、味、形态和质地等是衡量食品质量的重要指标。食品加工后，往往会发生变色、褪色等现象，质地和风味也可能会有所改变。如果在食品加工过程中，适当使用着色剂、护色剂、漂白剂、食用香料以及乳化剂、增稠剂等添加剂，可显著提高食品的感官性状，满足人们的不同需要。如增稠剂可赋予饮料所要求的稠度，乳化剂可防止面包硬化，着色剂可赋予食品诱人的色泽等。

（3）保持或提高食品的营养价值和提高产品质量　食品质量的高低与其营养价值密切相关。防腐剂和抗氧化剂在防止食品腐败变质的同时，对保持食品的营养价值也有一定的作用。食品加工往往还可能造成一定的营养损失，如在粮食的精制过程中，会造成维生素B_1的大量损失。因此，在加工食品中适当地添加某些属于天然营养素范围的食品营养强化剂，可以大大提高食品的营养价值，这对防止营养不良和营养缺乏、促进营养平衡、提高人们的健康水平具有

重要意义。

2. 有利于食品加工，适应生产的机械化和自动化

在食品的加工中使用食品添加剂，往往有利于食品的加工。如在面包的加工中膨松剂是必不可少的基料。在制糖工业中添加乳化剂，可缩短糖膏煮炼时间，消除泡沫，提高过饱和溶液的稳定性，使晶粒分散、均匀，提高热交换系数，稳定糖膏，进而提高糖果的产量与质量。采用葡萄糖酸内酯作豆腐的凝固剂，有利于豆腐生产的机械化和自动化。

3. 有利于满足不同人群的特殊营养需要

研究开发食品必须要考虑如何满足不同人群的需要，这就要借助于各种食品添加剂。例如，糖尿病人不能吃蔗糖，可用甜味剂如三氯蔗糖、天冬酰苯丙氨酸甲酯、甜叶菊糖等代替蔗糖用于加工食品。对于缺碘人群供给碘强化食盐，可防止因缺碘而引起的甲状腺肿大。二十二碳六烯酸（DHA）是组成脑细胞的重要营养物质，对儿童智力发育有重要作用，可在儿童食品如乳粉中添加适量 DHA，促进儿童健康成长。近年来，功能性食品添加剂的开发受到世界各国的日益重视。国内外研究表明，大豆异黄酮、人参素、番茄红素等具有明显的防癌作用；核酸可防止皮肤出现皱纹和粗糙等衰老现象。这些功能性食品添加剂可添加到食品中，加工成保健食品，以满足不同人群的需要。

4. 增加食品的品种，有利于开发新的食品资源

现在，不少超级市场已拥有多达万种以上的食品可供消费者选择。这些食品的加工与制作，不仅需要粮油、果蔬、肉、蛋、乳等主要原料，而且也需要不同类型的添加剂，如防腐、抗氧化、乳化、增稠，以及不同的着色、增香、调味乃至其他各种食品添加剂配合使用

总之，食品添加剂是食品工业发展的需要，是现代食品工业、食品加工技术中的重要内容。食品添加剂的应用加速了食品工业现代化的发展进程。没有食品添加剂的应用和发展就没有现代化的食品工业。

第二节　食品添加剂的分类及组成

食品添加剂有多种分类方法，如可按其来源、功能、安全性评价的不同等级进行分类。

一、按其来源分类

按来源分类，食品添加剂可分为天然食品添加剂和化学合成食品添加剂两类。前者是指利用动植物或微生物的代谢产物等为原料，经提取所获得的天然物质。后者是利用各种化学反应如氧化、还原、缩合、聚合、成盐等得到的物质，其中又可分为一般化学合成品与人工合成天然等同物，如我国使用的 β - 胡萝卜素、叶绿素铜钠就是通过化学方法得到的天然等同色素。

二、按其功能分类

我国在《食品添加剂使用标准》（GB 2760—2014）中，将食品添加剂分为 22 类，分别为：（1）酸度调节剂；（2）抗结剂；（3）消泡剂；（4）抗氧化剂；（5）漂白剂；（6）膨松

剂；（7）胶基糖果中基础剂物质；（8）着色剂；（9）护色剂；（10）乳化剂；（11）酶制剂；（12）增味剂；（13）面粉处理剂；（14）被膜剂；（15）水分保持剂；（16）防腐剂；（17）稳定剂和凝固剂；（18）甜味剂；（19）增稠剂；（20）食品用香料；（21）食品工业用加工助剂；（22）其他。每类添加剂中所包含的种类不同，少则几种（如专用抗结剂 6 种），多则达千种（如食用香料 1528 种）。

第三节　食品添加剂的性质及应用

一、食品防腐剂（抗微生物剂）

引起食品腐败变质的因素包括物理、化学、酶及微生物等，其中微生物是导致食品腐败变质的主要因素。为了防止各种加工食品、水果和蔬菜等腐败变质，我们通常可以采用物理方法或化学方法来防腐。化学方法即使用防腐剂（抗微生物剂或抗菌剂）来抑制或杀死微生物，从而达到保藏食品的目的。化学防腐剂包括有机化学防腐剂和无机化学防腐剂两大类，有机化学防腐剂主要包括苯甲酸及其盐、山梨酸及其盐、丙酸盐、对羟基苯甲酸酯类、过氧乙酸及其他防腐剂；无机化学防腐剂主要包括亚硫酸及其盐类、二氧化碳、硝酸盐及其亚硝酸盐类、游离氯及次氯酸盐等；生物防腐剂主要有乳酸链球菌素、溶菌酶、壳聚糖、鱼精蛋白等。

（一）食品防腐剂的作用机制

防腐剂抑制与杀死微生物的机制是十分复杂的，从细胞水平上分析，作用机制归纳如下。

1. 作用于微生物细胞壁或细胞膜

作用于微生物细胞壁或细胞膜，影响其细胞壁质的合成或使细胞质膜中巯基失活，可使三磷酸腺苷等细胞物质渗出，甚至导致细胞溶解。

2. 作用于微生物细胞原生质

通过对部分遗传机制的作用，抑制或干扰细菌等微生物的正常生长，甚至令其失活，从而使细胞凋亡。

3. 作用于微生物细胞中的蛋白质

通过使蛋白质中的二硫键断裂，从而导致微生物中蛋白质变性。

4. 作用于微生物细胞中的酶

通过影响酶中二硫键、敏感基团和与之相连的辅酶，抑制或干扰酶的活力，进而导致敏感微组织中的中间代谢机制丧失活性。

（二）常用食品防腐剂

1. 苯甲酸及其盐类

（1）苯甲酸　苯甲酸，俗称安息香酸，是最早的一种食品防腐剂。分子式 $C_7H_6O_2$，相对分子质量为 122.12。苯甲酸的结构式如图 12-1 所示。

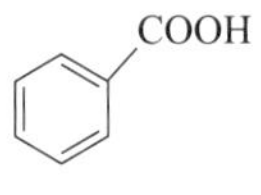

图 12-1　苯甲酸结构

纯苯甲酸为白色结晶或粉末，无味或略带安息香或苯甲醛味。常温下难溶于水；溶于乙醇、丙醇等有机溶剂。在热空气下稍具挥发性，在100℃左右升华。相对密度为1.2659，熔点122.4℃，沸点249.2℃，因苯甲酸的水溶性差，通常制成钠盐后使用。

苯甲酸为一元芳香羧酸，酸性较弱，其25%饱和水溶液的pH为2.8，所以其杀菌、抑菌效力随介质的酸度增高而增强。在碱性介质中则失去杀菌、抑菌作用。pH为3.5时，0.125%的溶液在1h内可杀死葡萄球菌和其他细菌；pH为4.5时，对一般菌类的抑制最小浓度约为0.1%；pH为5时，即使5%的溶液，杀菌效果也不明显；其防腐的最适pH为2.5～4.0。

苯甲酸亲油性大，易透过细胞膜进入细胞体内，从而干扰微生物细胞膜的通透性，抑制细胞膜对氨基酸的吸收。进入细胞体内的苯甲酸分子，能抑制细胞的呼吸酶系的活性，对乙酰辅酶A缩合反应有很强的阻止作用，从而起到食品防腐作用。

毒性：ADI为0～5mg/kg（苯甲酸及其盐的总量，以苯甲酸计）（FAO/WHO，1994）；LD_{50}（半数致死量）2530mg/kg（大鼠，经口）；GRAS（一般公认安全物质）。

苯甲酸防腐剂适用于苹果汁等软饮料、番茄酱等高酸度食品的防腐保鲜，这些食品的酸性本身足以抑制细菌的生长，苯甲酸的加入主要是抑制霉菌和酵母菌。苯甲酸在酱油、清凉饮料中可与对–羟基苯甲酸酯类一起使用而增效。《食品添加剂使用标准》（GB 2760—2014）中规定的最大使用量分别为：碳酸饮料、特殊用途饮料，0.2g/kg；配制酒，0.4g/kg；蜜饯凉果，0.5g/kg；复合调味料，0.6g/kg；果酒、除胶基糖果以外的其他糖果，0.8g/kg；风味冰、冰棍类、果酱（罐头除外）、腌渍的蔬菜、调味糖浆、醋、酱油、酱及酱制品、半固体复合调味料、液体复合调味料、果蔬汁（浆）类饮料、蛋白饮料、茶、咖啡、植物（类）饮料、风味饮料，1.0g/kg；食品工业用浓缩果蔬汁（浆），2g/kg。

（2）苯甲酸钠　又称安息香酸钠，分子式$C_7H_5O_2Na$，相对分子质量144.11，结构式如图12–2所示。

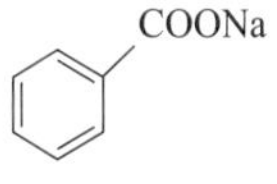

苯甲酸钠为结晶性粉末或白色颗粒或片状，无臭或略带安息香气味，有甜涩味。在空气中稳定，露置空气中可吸潮。极易溶于水，53.0g/100mL（25℃）水溶液的pH为8，溶于乙醇。

图12–2　苯甲酸钠结构

毒性：LD_{50}为2700mg/kg（大鼠，经口）。其毒性参照苯甲酸。

苯甲酸钠的防腐作用机制与苯甲酸相同，但防腐效果小于苯甲酸，pH为3.5时，0.05%的溶液能完全防止酵母生长；pH为6.5时，溶液为2.5%方能有此效果。这是因为苯甲酸钠只有在游离出苯甲酸的条件下才能发挥防腐作用。在较强酸性食品中，苯甲酸钠的防腐效果好。

总的来说，目前广泛认为苯甲酸及苯甲酸钠是比较安全的防腐剂，以小剂量添加于食品中，未发现任何毒性作用，但有一定的不良气味。在发达国家苯甲酸及其钠盐逐渐被山梨酸取代，但在发展中国家，由于受传统工艺及价格等因素的影响，目前仍然大量使用。在短期内，苯甲酸仍会是我国防腐剂的一个主要产品。从发展趋势来看，开发性能优异、安全性高的新型防腐剂是必然趋势。

2. 山梨酸及其钾盐

（1）山梨酸　山梨酸为2，4-己二烯酸，又称花楸酸，分子式$C_6H_8O_2$，相对分子质量112.13，结构式为：$CH_3CH=CH—CH=CHCOOH$。

山梨酸为无色或白色晶体粉末，无臭或微带刺激性臭味，耐光、耐热性能好。微溶于水

（溶解度 0.16g/100mL），溶于多种有机溶剂。沸点 228℃（分解），熔点 132~135℃，长期露置会被氧化而变色。

山梨酸是使用最多的防腐剂。1945 年美国 Cooding 发现山梨酸具有良好的防霉性能，对霉菌、酵母菌和好气性细菌的生长发育起抑制作用，而对厌氧性细菌几乎无效。山梨酸为酸型防腐剂，在酸性介质中对微生物有良好的抑制作用，随 pH 增大防腐效果减小，pH 为 8 时丧失防腐作用，适用于 pH 在 5.5 以下的食品防腐。

山梨酸的抑菌作用机制是它与微生物的酶系统的巯基结合，从而破坏许多重要酶系统的作用，此外它还能干扰传递机能，如细胞色素 C 对氧的传递，以及细胞膜能量传递的功能，抑制微生物增殖，达到防腐的目的。毒性：ADI 为 0~25mg/kg 体重（FAO/WHO，1994）；LD_{50} 为大鼠经口 7360mg/kg，小鼠静脉注射 1300mg/kg。

山梨酸可用于绿色食品加工和保藏，是目前被认为最安全的食品防腐剂之一。山梨酸是一种毒性较低的食品防腐剂，其毒性仅为苯甲酸的 1/4，食盐的 1/10。山梨酸的生理代谢作用和其他脂肪酸一样，通过水合、脱氢、氧化等作用最后生成二氧化碳和水，并释放出能量，因而山梨酸及其盐类是对人体无害的食品防腐剂。

按 FAO/WHO（1994）规定，山梨酸的用途及限量如下：人造奶油，1g/kg（单用或与苯甲酸及其盐类合用）；餐用油橄榄，0.5g/kg（单用或与其盐合用，以山梨酸计）；果酱和果冻，1g/kg（单用或与苯甲酸盐、山梨酸钾合用）；橘皮果冻，0.5g/kg（单用或与山梨酸钾合用）；加工干酪，3g/kg；杏干，0.5g/kg（单用或与其钠盐或钾盐合用量，以山梨酸计）；带防腐剂的菠萝浓汁，1g/kg（单用或与苯甲酸及其盐以及亚硫酸盐合用，但亚硫酸盐不得超过 0.5g/kg，仅用于食品制造）。

山梨酸应避光、密闭保存。在需要加热的产品中使用山梨酸时，为防止山梨酸受热挥发，最好在加热过程的后期添加。

（2）山梨酸钾 分子式 $C_6H_7KO_2$，相对分子质量 150.22，结构式为： $CH_3CH=CH-CH=CHCOOK$。

山梨酸钾为结晶性粉末或无色至浅黄色鳞片，无臭或稍有臭味。露置空气中能吸湿和被氧化而着色。相对密度 1.363，约 270℃熔化并分解，具有良好的水溶性，在山梨酸盐系列中应用最广泛。

毒性：ADI 为 0~25mg/kg（山梨酸及其盐总量，以山梨酸计）（FAO/WHO，1994）；LD_{50} 为大鼠经口 4920mg/kg，小鼠静脉注射 1300mg/kg。

山梨酸钾毒性远低于其他防腐剂，已成为广泛使用的防腐剂。在酸性介质中山梨酸钾能充分发挥防腐作用，在中性条件下防腐作用能力降低。山梨酸钾的抑菌作用机制与山梨酸相同。

3. 对羟基苯甲酸酯

对羟基苯甲酸酯类又称尼泊金酯类，用于食品防腐的主要有对羟基苯甲酸甲酯、对羟基苯甲酸乙酯、对羟基苯甲酸丙酯、对羟基苯甲酸丁酯、对羟基苯甲酸异丁酯，其结构如图 12-3 所示。

对羟基苯甲酸酯类为白色或无色结晶或粉末，无味，无臭，难溶于水，与苯甲酸相似，其溶解度比苯甲酸高，但随着酯基 R 中碳链的增长溶解度下降，而在油、乙醇、甘油中随碳链的增长溶解度增大。

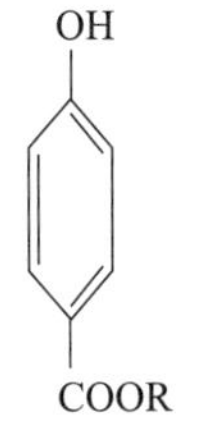

R: ——CH₃、——CH₂CH₃、——CH₂CH₂CH₃、——CH₂CH₂CH₂CH₃

图 12 - 3 对羟基苯甲酸酯类结构图

对羟基苯甲酸酯类的抑菌机制类似苯酚，可破坏细胞膜，使细胞内蛋白质变性，并可抑制微生物细胞的呼吸酶系与电子传递酶系的活性，对真菌的抑菌效果最好，对细菌的抑制作用也较苯甲酸和山梨酸强，对革兰阳性菌有致死作用，但对革兰阴性杆菌及乳酸菌的作用较差。其抗菌作用在 pH 为 4~8 内有良好效果，对细菌最适 pH 为 7.0。对羟基苯甲酸酯类的抑菌效果随 C 原子数的增多而增强，其毒性随 C 原子数的增多而减弱。毒性：ADI 为 0~5mg/kg。

许多国家都允许将对羟基苯甲酸甲酯、对羟基苯甲酸乙酯、对羟基苯甲酸正丙酯、对羟基苯甲酸丁酯作为食品防腐剂，美国允许甲酯、丙酯在啤酒中使用，日本多用丁酯。对羟基苯甲酸酯类在人肠中很快被吸收，与苯甲素类抗菌剂一样，在肝、肾中酯键水解，产生对羟基苯甲酸直接由尿排出或再转变成羟基马尿酸、葡萄糖醛酸酯后排出，在体内不积累，使用较为安全。

4. 乳酸链球菌素

乳酸链球菌素别名乳酸链球菌肽，分子式为 $C_{143}H_{230}N_{42}O_{37}S_7$。结构式如图 12 −4 所示。

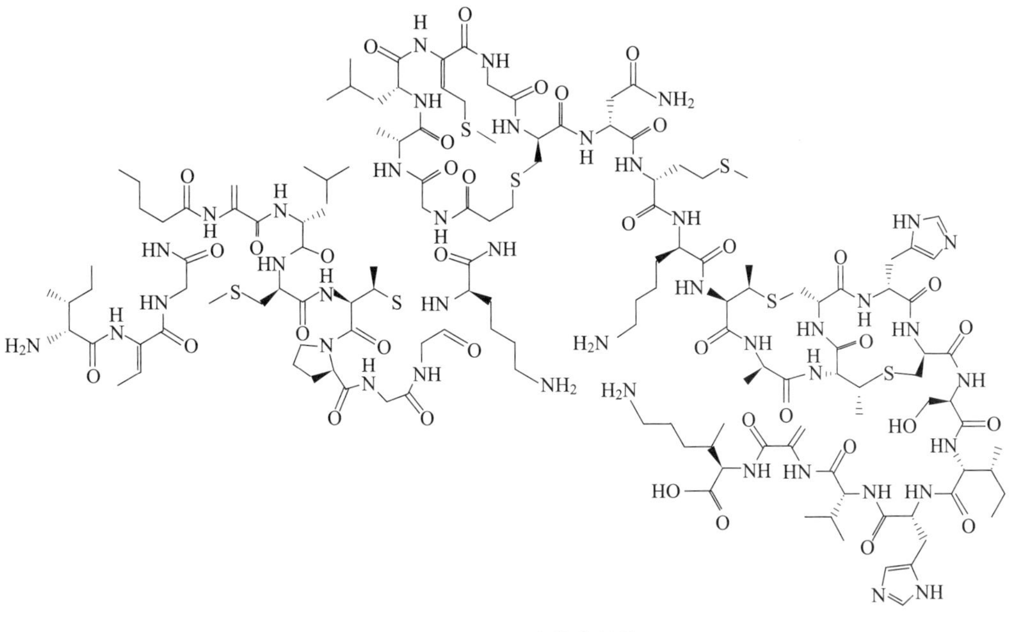

图 12 - 4 乳酸链球菌素结构图

乳酸链球菌素为白色或略带黄色的结晶性粉末或颗粒，略带咸味，使用时需溶于水或液体中。不同 pH 下溶解度不同，pH 为 2.5 时溶解度为 12%，pH 为 8.0 时溶解度为 4%，在 0.02mol/L HCl 中溶解度为 118.0mg/L。

乳酸链球菌素是一种比较理想的天然食品防腐剂。其毒理学依据为，ADI：0 ~ 33000IU/kg（FAO/WHO，1994）。LD_{50}：小鼠口服 9.26g/kg（雄性），小鼠口服 6.81g/kg（雌性）；大鼠口服 14.7g/kg（雄性），大鼠口服 6.81g/kg（雌性）。

乳酸链球菌素在乳制品、罐头、饮料、肉类、鱼类以及酒精饮料等中广泛使用。它在牛乳及其加工产品和罐头食品中的应用意义特别大，因为这些食品加工中，往往需采用巴氏消毒法进行消毒。由于杀菌温度较低，虽能杀菌，但往往残留耐热性孢子，而乳酸链球菌素具有很强的杀芽孢能力，可使牛乳等用较低的温度处理后久放而不变质。

二、抗 氧 化 剂

（一）抗氧化剂的作用机制

食品在贮存运输过程中除了由微生物作用发生腐败变质外，氧化是导致食品品质变劣的又一重要因素。氧化不仅会使食品发生褪色、褐变、维生素遭到破坏和产生异臭，降低食品的质量和营养价值，而且氧化酸败严重时甚至产生有毒物质，危及人体健康。为了避免氧化现象发生，降低因氧化变质带来的损失和影响，一方面可以在食品的加工和贮运环节中，采取低温、避光、隔绝氧气以及充氮密封包装等物理的方法；另一方面需要配合使用一些安全性高、效果好、成本低的食品抗氧化剂。

食品抗氧化剂的作用机制是比较复杂的。一种是抗氧化剂可以提供氢原子来阻断食品油脂自动氧化的连锁反应，从而防止食品氧化变质；一种是抗氧化剂自身被氧化，消耗食品内部和环境中的氧气从而使食品不被氧化；还有一种抗氧化剂是通过抑制氧化酶的活性来防止食品氧化变质的。

防止油脂氧化酸败的抗氧化剂如丁基羟基茴香醚（BHA）、二丁基羟基甲苯（BHT）、没食子酸丙酯（PG）、特丁基对苯二酚（TBHQ）及维生素 E 等均属于酚类化合物（AOH），能够提供氢原子与油脂自动氧化产生的自由基结合，形成相对稳定的结构，阻断油脂的链式自动氧化过程。反应如下：

$$R \cdot + AOH \rightarrow AO \cdot + RH（稳定产物）$$
$$ROO \cdot + AOH \rightarrow AO \cdot + ROOH（稳定产物）$$

抗氧化剂产生的醌式自由基（AO·），可通过分子内部的电子共振而重新排列，呈现出比较稳定的新构型，这种醌式自由基不再具备夺取油脂分子中氢原子所需要的能量，故属稳定产物。此类提供氢原子的抗氧化剂不能永久起抗氧化作用，而且不能使已酸败的油脂恢复原状，必须是在油脂未发生自动氧化或刚刚开始氧化时添加才有效。

而水溶性抗氧化剂如抗坏血酸（钠）、异抗坏血酸（钠）等主要是可以吸收环境中的氧，抑制氧化反应的发生。

（二）常用食品抗氧化剂

抗氧化剂从来源方面可分为合成物质与天然物质，但由于天然抗氧化物质的生产成本较高，而能够用于食品的产品仅占天然抗氧化剂较小的比例，故使用最多的仍然是化学合成或化学修饰的抗氧化剂。

1. 丁基羟基茴香醚（butylated hydroxyanisole，BHA）

丁基羟基茴香醚，又称叔丁基 – 4 – 羟基茴香醚、丁基大茴香醚。分子式为 $C_{11}H_{16}O_2$，相对分子质量为 180.25。它有两种同分异构体，3 – 叔丁基 – 4 – 羟基茴香醚、2 – 叔丁基 – 4 – 羟基

茴香醚，市场上通常出售的是3 – BHA（占95% ~98%）
与少量的2 – BHA（5% ~2%）的混合物。其结构式如
图12 – 5所示。

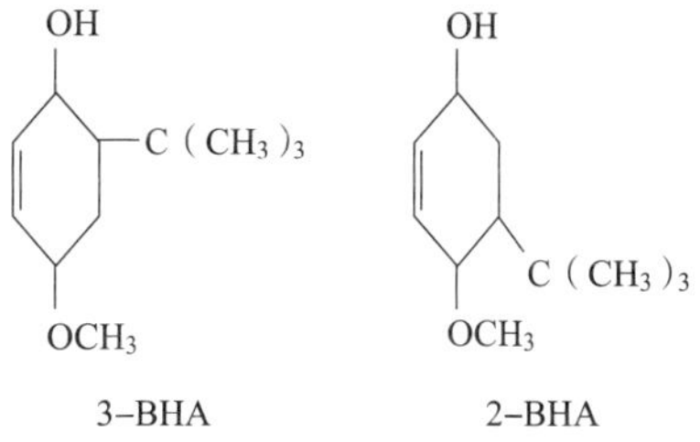

　　形状与性能：白色或微黄色蜡样结晶性粉末，具有
酚类的特异臭和刺激性味道；熔点48 ~63℃，随3 –
BHA、2 – BHA混合比不同而异；不溶于水，易溶于乙醇
（25g/100mL，25℃）、甘油（1g/100mL，25℃）、丙二醇
（50g/100mL，25℃）等。

图12 – 5　丁基羟基茴香醚结构图

　　3 – BHA的抗氧化效果是2 – BHA的1.5 ~2倍，两者混合使用时有增效效果。BHA对动物
性脂肪的抗氧化作用较之对不饱和植物油更有效。它的热稳定性高，在弱碱条件下不易被破坏，
因此具有良好的持久的抗氧化能力，尤其是对使用动物脂的焙烤制品。BHA具有一定的挥发
性，能被水蒸气蒸馏，故在高温制品中，尤其是在煮炸制品中易损失。BHA不会与金属离子作
用而着色；除了抗氧化作用外，BHA还有相当强的抗菌作用。

　　毒性：ADI为0 ~0.5mg/kg（FAO/WHO，1994）。LD_{50}为2.2 ~5g/kg。

　　我国规定，BHA可用于油脂、油炸食品、干鱼制品、饼干、速煮米面、干制食品、罐头、
腌腊肉制品中。最大使用量为0.2g/kg（以脂肪计）。在油脂和含油食品中使用，可以采用直接
加入法，即将油脂加热到60 ~70℃加入BHA，充分搅拌，使其充分溶解并分布均匀；用于鱼肉
制品时，可以采用浸渍法和拌盐法，浸渍法抗氧化效果较好，它是将BHA预先配成1%的乳化
液，然后按比例加入到浸渍液中。有实验证明，BHA抗氧化效果以用量0.01% ~0.02%为好，
0.02%比0.01%的抗氧化效果提高10%，但是超过0.02%后抗氧化效果反而下降，在使用时要
严格控制添加量。

　　2. 二丁基羟基甲苯（butylated hydroxytoluene，BHT）

　　二丁基羟基甲苯，又称2，6 – 二特定基对甲酚。分子式为$C_{15}H_{24}O$，相对分子质量为
220.36，结构式如图12 – 6所示。

　　无色结晶或白色晶体粉末，无臭味或有很淡的特殊
气味。熔点为69.5 ~71.5℃，沸点为265℃。不溶于水，
能溶于多种有机溶剂及植物油。BHT化学稳定性好，对
光、热相当稳定，抗氧化效果好，与金属离子反应无颜
色变化。

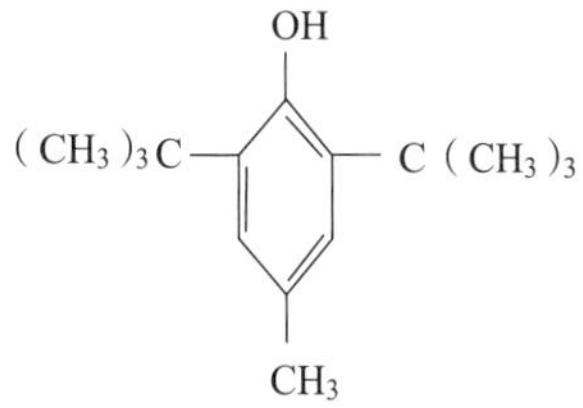

　　毒性：ADI为0 ~0.3mg/kg（FAO/WHO，1995）。大
鼠经口LD_{50}为1.7 ~1.97g/kg，小鼠经口LD_{50}为1.39g/kg。
BHT毒性比BHA稍大，但无致癌性。

图12 – 6　二丁基羟基甲苯结构图

　　按照《食品添加剂使用标准》（GB 2760—2014）规定，BHT的使用范围和最大使用量与
BHA相同，BHT与BHA混合使用时总量不得超过0.2g/kg。BHT与BHA、柠檬酸或抗坏血酸复
配使用时，能显著提高其对油脂的抗氧化效果，BHT可延缓肉制品中亚铁血红素的氧化褪色，
对乳品、香精油、口香糖等有稳定和防止变味的功能。

　　3. 没食子酸丙酯（propyl gallate，PG）

　　没食子酸丙酯又称棓酸丙酯，分子式$C_{10}H_{12}O_5$，相对分子质量为212.21，结构式如图
12 –7所示。

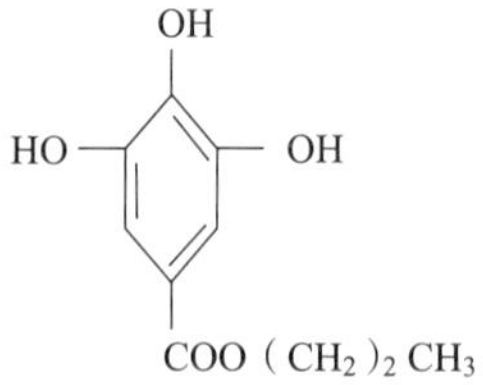

白色至浅黄褐色晶体粉末，或乳白色针状结晶，无臭、微有苦味，水溶液无味。熔点为 146~150℃，易溶于乙醇等有机溶剂，微溶于油脂和水。PG 易与铜、铁离子发生呈色反应，变为紫色或暗绿色，对光、热的稳定性较差。

毒性：ADI 为 0~1.4mg/kg（FAO/WHO，1996）。大鼠经口 LD_{50} 为 3.6g/kg。

图 12-7 没食子酸丙酯结构图

根据《食品添加剂使用标准》（GB 2760—2014）规定，没食子酸酯类抗氧化剂可用于脂肪、油和乳化脂肪制品，坚果与籽类罐头，方便米面制品，饼干，腌腊肉制品类，水产品，油炸面食品，其最大用量为 0.1g/kg；与其他抗氧化剂复配使用时，PG 不得超过 0.05g/kg（以脂肪总量计）。

4. 生育酚

生育酚即维生素 E（tocopherol，vitamin E），具有防止动植物组织内脂溶性成分氧化变质的功能。生育酚是色满（苯并二氢呋喃）的衍生物，由一个具有氧化活性的 6-羟基环和一个类异戊二烯侧链构成，根据苯环上甲基数及位置，具有 α，β，γ，δ 四种异构体，其结构式如图 12-8 所示。

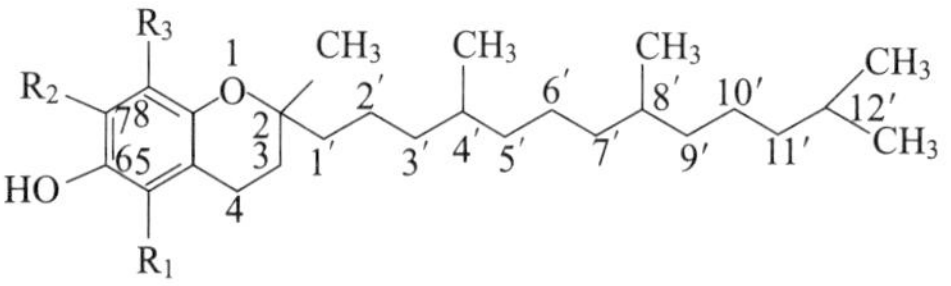

化合物	R_1	R_2	R_3
α-生育酚	CH_3	CH_3	CH_3
β-生育酚	CH_3	H	CH_3
γ-生育酚	H	CH_3	CH_3
δ-生育酚	H	H	CH_3

图 12-8 生育酚结构图

生育酚为黄至褐色透明黏稠状液体；几乎无臭；密度 0.932~0.955kg/m³；不溶于水，溶于乙醇，可与丙酮、乙醚、油脂自由混合；对热稳定，在无氧条件下，即使加热至200℃也不被破坏；具有耐酸性但不耐碱；热稳定性较差。

毒性：ADI 为 0.15~2mg/kg（FAO/WHO，1994），大鼠经口 LD_{50} 为 5g/kg，小鼠经口为 10g/kg。

我国目前生育酚浓缩物价格还较高，主要用于保健食品、婴儿食品和其他高价值的食品。由于其为油溶性抗氧化剂，使用限于基本不含水的脂肪和油、固体汤料，最大使用量按生产需要适量使用；油炸小食品的最大使用量为 0.2g/kg 体重。

5. 抗坏血酸

抗坏血酸 4 种异构体结构如图 12-9 所示。

抗坏血酸的四种异构体中唯结构 I 的生物活性最高，称为 L-(+) 抗坏血酸（即维生素 C），其他几乎无生物活性。Ⅲ为 D-(+) 抗坏血酸；Ⅱ、Ⅳ为异抗坏血酸。

（1）L-抗坏血酸及其钠盐　L-抗坏血酸（L-ascorbic acid）别名维生素 C，化学式 $C_6H_8O_6$，相对分子质量为 176.14。L-抗坏血酸为白色或略带淡黄色的结晶或粉末，无臭，味酸，熔点为 190~192℃，遇光颜色逐渐变深至褐色，干燥状态较稳定，在酸介质中比较稳定，不溶于苯、乙醚等溶剂。

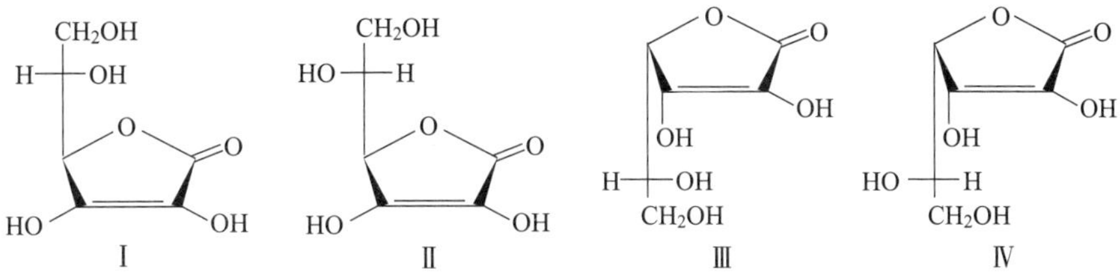

图 12-9 抗坏血酸结构图

毒性：正常剂量的抗坏血酸对人无毒性作用。ADI 为 0～15mg/kg 体重（FAO/WHO，1994）。大鼠经口 $LD_{50} \geqslant 5g/kg$ 体重。

L-抗坏血酸呈酸性，在不适宜添加酸性物质的食品中可食用。其用于可可制品、巧克力制品以及糖果的最大使用量为 1.5g/kg，用于发酵面制品的最大使用量为 0.2g/kg，用于果蔬汁（肉）饮料、碳酸饮料、茶饮料的最大使用量为 0.5g/kg。

L-抗坏血酸钠，分子式 $C_6H_7O_8Na$，相对分子质量 198.11。L-抗坏血酸钠为白色或略带黄白色的结晶或结晶性粉末，无臭，稍咸，干燥状态下稳定，吸湿性强；较 L-抗坏血酸易溶于水，极难溶于乙醇，遇光颜色逐渐变深。其抗氧化作用与 L-抗坏血酸相同。

毒性：与 L-抗坏血酸相同。

使用方法与 L-抗坏血酸相同。除了作为抗氧化剂外，L-抗坏血酸及其钠盐还可以作为肉制品的发色剂。

（2）异抗坏血酸及其钠盐　异抗坏血酸和异抗坏血酸钠都是白色至浅黄色结晶体或结晶粉末，无臭。光线照射下逐渐发黑。干燥状态下，在空气中相当稳定，但其溶液在空气存在的情况下，迅速变质。164～172℃熔化并分解。化学性质类似于抗坏血酸，但几乎没有抗坏血酸的生理活性。抗氧化性较抗坏血酸强，极易溶于水（40g/100mL）、乙醇（异抗坏血酸 5g/100mL，钠盐几乎不溶于乙醇），难溶于甘油，不溶于乙醚和苯。

异抗坏血酸可用于抗氧化、防腐、助发色。用于水果罐头、果酱、蔬菜罐头、冷冻水产品及其制品和肉罐头类的最大使用量为 1.0g/kg，用于预制水产品及其制品的最大使用量为 0.5g/kg，用于果蔬汁（肉）饮料、葡萄酒的最大用量为 0.15g/kg，用于啤酒和麦芽饮料的最大用量为 0.04g/kg。

6. 茶多酚

茶多酚（tea polyphenols）也称维多酚、TP，指茶叶中儿茶素类、黄酮及其衍生物、茶青素类、酚酸和缩酚酸类化合物的复合体，其中儿茶素类约占总量的 80%。

茶多酚颜色依据其纯度的不同而不同，纯品为白色，多为淡黄至茶褐色的水溶液、灰白色粉状固体或结晶，略带茶香，有较强的涩味。易溶于水、乙醇、乙酸乙酯，微溶于油脂。对热、酸较稳定，在 160℃油脂中加热 30min 降解 20%。在 pH 为 2.0～8.0 较稳定。TP 的水溶液 pH 为 3.0～4.0，碱性条件下易氧化褐变。茶多酚对猪油的抗氧化性能优于生育酚混合浓缩物和 BHA、BHT，由于植物中含有生育酚，所以茶多酚用于植物油中可以更加显示出其很强的抗氧化能力。

毒性：茶多酚无毒，对人体无害。

根据《食品添加剂使用标准》（GB 2760—2014）规定，茶多酚在食品中的最大使用量分别为：基本不含水的脂肪和油、糕点、焙烤食品馅料及表面用挂浆（仅限含油脂馅料）、腌腊肉制品类，0.4g/kg；酱卤肉制品类、熏、烤、烧肉类，0.3g/kg；熟制坚果与籽类（仅限油炸坚果与籽类）、油炸面制品、即食谷物、方便米面制品，0.2g/kg。

使用方法是先将茶多酚溶于乙醇，加入一定量的柠檬酸配制成溶液，然后以喷涂或添加的形式用于食品。

三、鲜 味 剂

鲜味剂也称风味增强剂，主要指能补充或增强食品原有风味的物质。鲜味剂的种类很多，按来源分成动物性鲜味剂、植物性鲜味剂、微生物鲜味剂和化学合成鲜味剂等；也可按化学成分分成氨基酸类鲜味剂、核苷酸类鲜味剂、有机酸类鲜味剂、复合鲜味剂等。我国目前应用最广的鲜味剂是谷氨酸钠（味精，氨基酸类）、5′-肌苷酸及5′-鸟苷酸（核苷酸类）。

（一）传统鲜味剂

1. L-谷氨酸钠

L-谷氨酸钠（简称 MSG），俗称味精，分子式 $C_5H_8O_4NNa \cdot H_2O$，相对分子质量 187.14，结构式如图 12-10 所示。

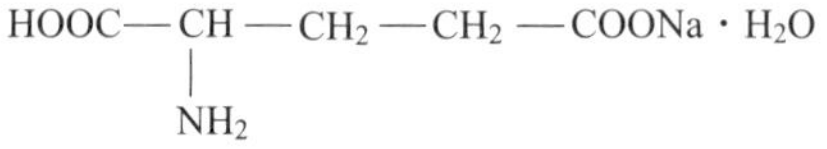

$$HOOC—CH—CH_2—CH_2—COONa \cdot H_2O$$
$$|$$
$$NH_2$$

图 12-10　L-谷氨酸钠结构图

味精为无色至白色的结晶或结晶性粉末，无臭，有特有的鲜味。易溶于水，微溶于乙醇，不溶于乙醚。无吸湿性，对光稳定。它是人们最常使用的第一代鲜味剂，主要成分是谷氨酸一钠，进入人体可被直接吸收利用。

味精具有很强的肉类鲜味，用水稀释 3000 倍仍能感到鲜味，味阈值为 0.014%。一般 1g 食盐加入 0.1~0.15g 味精呈味效果最佳。味精还有缓和苦味的作用，如在糖精加入味精后可缓和其不良苦味。味精的鲜味与 pH 有关，当 pH<3.2 时呈味最弱，pH 为 6.7 时，谷氨酸钠全部解离，呈味最强。

毒性：急性毒性试验，小鼠经口 LD_{50} 为 16.2g/kg 体重。ADI 为 0~120mg/kg 体重，该 ADI 不适用于 12 周以内的婴儿。

味精适用于家庭、饮食业及食品加工业。用量，一般罐头、醋、汤类 0.1%~0.3%，浓缩汤料、速食粉 3%~10%，水产品、肉类 0.5%、1.5%，酱油、酱菜、腌渍食品 0.1%~0.5%，面包、饼干、酿造酒 0.015%~0.06%，竹笋、蘑菇罐头 0.05%~0.2%。味精除作为鲜味剂，在豆制品、曲香酒中有增香作用外，在竹笋、蘑菇罐头中也具有防止混浊、改良色香味等作用。味精与 5′-肌苷酸（IMP）、5′-鸟苷酸（GMP）等其他调味料混合使用时，用量可减少 50% 以上。

2. 5′-肌苷酸钠

继味精生产后，国外 20 世纪 60 年代初又开始工业化生产核苷酸，核苷酸与谷氨酸钠混合可制成第二代味精（复合鲜味剂，即强力味精），鲜味比第一代谷氨酸味精高几倍至几十倍。

5′-肌苷酸钠（IMP），又称 5′-肌苷酸二钠、肌苷-5′-磷酸二钠。分子式 $C_{10}H_{11}Na_2O_8P \cdot 7.5H_2O$，其相对分子质量 527.20，结构式如图 12-11 所示。

5′-肌苷酸钠为无色结晶或白色粉末，无臭，有特异鲜鱼味。易溶于水，微溶于乙醇，不溶于乙醚，稍有吸湿性，对酸、碱、盐和热均稳定。IMP 是核苷酸类型的鲜味剂，可增强食品的鲜味，与谷氨酸有协同作用。

毒性：小鼠经口 LD_{50} 为 12g/kg。肌苷酸与鸟苷酸是构成核酸的成分，所组成的核蛋白是生命和遗传现象的物质基础，故它对人体是安全而有益的。本品广泛存在于肉类、鱼类和贝类中，ADI 不需特殊规定。

5′-肌苷酸钠很少单独使用，多与味精（MSG）和鸟苷酸钠（GMP）混合使用。肌苷酸钠和鸟苷酸钠两者各占 50% 的混合物简称 I + G，是一种较为完全的鲜味剂。在食品加工中多应用于配制强力味精、特鲜酱油和汤料等，用量为 0.02 ~ 0.03g/kg。添加 2% I + G 于味精中，可使鲜味提高 4 倍，而成本增加不到 2 倍。这种复合味精鲜味更丰厚、滋润，鲜度比例可任意调配。5′-肌苷酸钠能增加肉类的原味，可用于肉、禽、鱼等动物性食品，也可用于蔬菜、酱等植物性食品，用量为 0.05 ~ 0.1g/kg。5′-肌苷酸钠可改善一般食品的基本味觉，使甜、酸、苦、辣、鲜、香、咸味更柔和而浓郁。5′-肌苷酸钠还可抑制食品中的硫黄味、铁腥味、生酱味，鱼片中的腥味和酱油中的苦涩味等。

3. 5′-鸟苷酸钠

5′-鸟苷酸钠（GMP），又称鸟苷 5′-磷酸钠，鸟苷酸二钠。分子式 $C_{10}H_{12}N_5Na_2O_8P$，相对分子质量 407.19，结构式如图 12 - 12 所示。

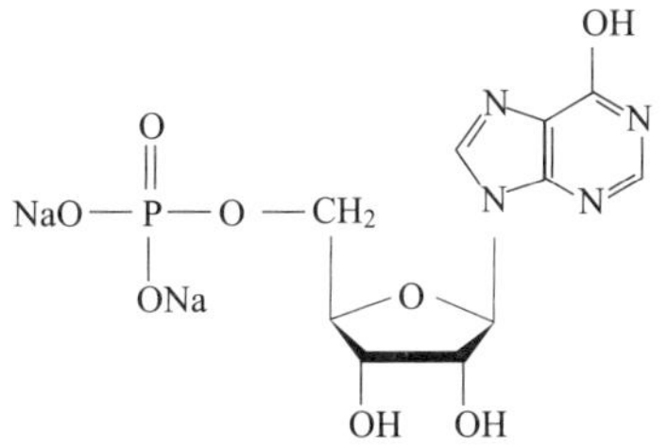

图 12 - 11　5′肌苷酸钠结构图 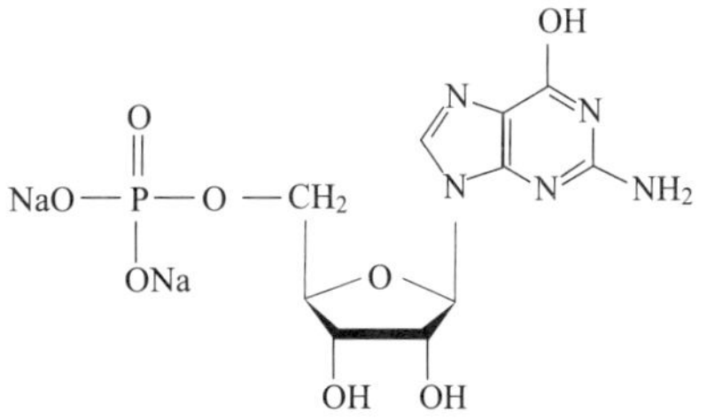　　　　图 12 - 12　5′-鸟苷酸钠结构图

5′-鸟苷酸钠为无色或白色结晶或白色粉末。无臭，有特殊的类似香菇的鲜味。易溶于水，微溶于乙醇，几乎不溶于乙醚。吸湿性较强。对酸、碱、盐和热均稳定。GMP 鲜味程度为 IMP 的 3 倍以上，它与 MSG 合用有十分强的相乘作用。

毒性：小鼠经口 LD_{50} 为 10g/kg 体重。ADI：不需特殊规定。

本品单独应用较少，多与 MSG 及 IMP 配合使用。混合使用时，其用量为味精总量的 1% ~ 5%。酱油、食醋、肉、鱼制品、速溶汤粉、速煮面条及罐头食品等均可添加，其用量为 0.01 ~ 0.1g/kg；也可以与赖氨酸等混合后，添加于蒸煮米饭、速煮面条、快餐中，用量约为 0.5g/kg。

（二）新型鲜味剂

动物蛋白质水解物（hydrolyzed animal protein，HAP）、植物蛋白质水解物（hydrolyzed vegetable protein，HVP）及酵母抽提物（yeast extract，YE）都是新型食品鲜味剂，主要用于各种调味品的生产和食品的营养强化，并作为功能性食品的基料，是生产肉味香精的重要原料。

1. 动物蛋白质水解物

动物蛋白质水解物是指用物理或者酶法水解富含蛋白质的动物组织而得到的产物。这些原料如畜、禽的肉、骨及鱼等的蛋白质含量高，而且所含的氨基酸构成模式更接近人体需要，具有良好的风味。HAP 除保留原料的营养成分外，由于蛋白质被水解为小肽及游离的氨基酸，易溶于水，有利于人体消化吸收，原有风味更为突出。

HAP 为淡黄色液体、糊状物、粉状体或颗粒。制品的鲜味程度和风味因原料和加工工艺而各异。

毒性：无毒性，安全性高。用于各种食品加工和烹饪中，与调味料的配合使用，可产生独特风味。

2. 植物蛋白质水解物

植物蛋白质水解物是指在酸或酶作用下，水解含蛋白质的植物组织得到的产物。水解植物蛋白作为一种高级调味品，是近年来蓬勃发展起来的一种新型调味品，它集色、香、味、营养成分于一体。由于其氨基酸含量高，逐渐成为取代味精的新一代调味品。HVP 的植物蛋白质来源丰富，经水解、脱色、中和、除臭、除杂、调味、杀菌、喷雾干燥等工艺制造而成，可机械化、大规模、自动化生产，因此，水解植物蛋白作为调味品，前景非常广阔。

制品的鲜味程度和风味，因原料和加工工艺而各异。采用酶法生产工艺制得的产品安全性高。若采用酸法，则应严格控制工艺路线及参数，以减少微量致癌物质 3 - 氯丙醇（3 - CPD）的产生。用于各种食品加工和烹饪中，与调味料的配合使用，特别广泛用于方便食品，如方便面、佐餐调味料中。

蛋白质水解物的应用范围非常广泛，可用于多种需要增加风味的食品和制造食品的原料中，如小吃食品、糖果、调味汁、罐头食品、肉类加工品、医药和保健品等。

3. 酵母抽提物

酵母抽提物又称酵母精或酵母味素，是通过将啤酒酵母、糖液酵母、面包酵母等酵母细胞内的蛋白质降解成小分子氨基酸和多肽，核酸降解成核苷酸，并把它们和其他有效成分，如 B 族维生素、谷胱甘肽、微量元素等一起从酵母细胞中抽提出来，所制得的人体可直接吸收利用的可溶性营养物质与风味物质的浓缩物。

广泛应用于各种加工食品，如汤类、酱油、香肠、焙烤食品等。如在酱油、蚝油、鸡精、各种酱类、腐乳、食醋等加入 1% ~5% 的酵母抽提物，成品具有明显的鲜香味；添加 0.5% ~1.5% 酵母抽提物的葱油饼、炸薯条、玉米等经高温烘烤后更加美味可口；榨菜、咸菜、梅干菜等添加 0.8% ~1.5% 酵母抽提物，可以起到降低咸味的效果，并可掩盖异味，使酸味更加柔和，风味更加香浓持久。

四、酸 味 剂

食品酸味剂是以赋予食品酸味为主要目的的食品添加剂。酸味是味蕾受到 H^+ 刺激的一种感觉。大多数食品的 pH 在 5~6.5，虽为酸性，但并无酸味感觉。若 pH 在 3.0 以下，则酸味感强，难以适口。

1. 柠檬酸

柠檬酸又称枸橼酸，学名为 3 - 羟基 -3 - 羧基戊二酸。分子式 $C_6H_8O_7 \cdot H_2O$，相对分子质量 210.14，结构式如图 12 -13 所示。

柠檬酸为无色、半透明结晶或白色颗粒或白色结晶粉末，无臭，易溶于水。具有强酸味，酸味柔和爽快，入口即达到最高酸感，后味延续时间较短。其刺激阈的最大值为 0.08%，最小值为 0.02%，适用于各类食品的酸化。柠檬酸抑制细菌繁殖的效果较好，它螯合金属离子的能力较强，可作为抗氧化增效剂，延缓油脂酸败，也可作色素稳定剂，防止果蔬褐变。

毒性：小鼠经口 LD_{50} 为 5040 ~5790mg/kg 体重，大鼠经口 LD_{50} 为 6730mg/kg 体重。ADI 不需要规定。在人体中，柠檬酸为三羧酸循环的重要中间体，无蓄积作用。

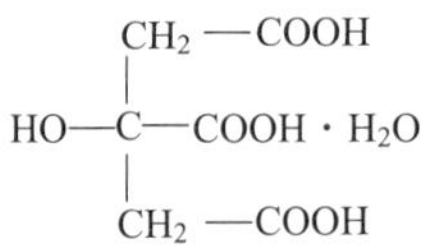

$$CH_2-COOH$$
$$|$$
$$HO-C-COOH \cdot H_2O$$
$$|$$
$$CH_2-COOH$$

图 12 -13 柠檬酸结构图

我国规定柠檬酸可在各类食品中按"正常生产需要"添加。柠檬酸在汽水和果汁等饮料中的用量一般为 1.2~1.5g/kg，浓缩果汁为 1~3g/kg；在水果罐头和蔬菜罐头的糖液中，常加适量的柠檬酸，一般用量为：桃 0.2%~0.3%，橘片 0.1%~0.3%，梨 0.1%。在鲜蘑菇、芹菜罐头的预煮液中加柠檬酸 0.7~1g/kg；柠檬酸常用于果酱和果冻，其用量以保持制品的 pH 为 2.8~3.5 较为合适；柠檬酸用于水果硬糖，一般用量为 4~14g/kg；用于水果味冰棍和雪糕，一般用量为 0.5~0.65g/kg；在贝、蟹、虾等水产品的罐装或速冻工艺中添加柠檬酸，可减少褪色、变味，并且可以避免铜、铁等金属杂质使产品变蓝色或黑色。另外，在酒中加入柠檬酸可调节 pH，防止氧化，防止或溶解鞣酸或磷酸与铁生成络合物所引起的混浊；用于蜜饯可增加水果风味和促进蔗糖的转化；用于冰淇淋可加强乳化作用；用于乳酪、奶油可络合钙离子，抗氧化和防硬化。

2. 乳酸

乳酸，学名为 2-羟基丙酸，分子式 $C_3H_6O_3$，相对分子质量 90.08，结构式如图 12-14 所示。

乳酸为无色或微黄色的糖浆状液体，是乳酸和乳酸酐的混合物。一般乳酸的浓度为 85%~92%，几乎无臭，味微酸，有吸湿性，水溶液显酸性。可以与水、乙醇、丙酮任意混合，不溶于氯仿。乳酸存在于发酵食品、腌渍物、果酒、清酒、酱油及乳制品中，具有较强的杀菌作用，能防止杂菌生长，抑制异常发酵。因具有特异收敛性酸味，故使用范围不如柠檬酸广泛。

毒性：大鼠经口 LD_{50} 为 3730mg/kg。乳酸在体内分解为氨基酸及二羧酸，在胃中即可大部分分解，几乎无毒。ADI 不需要规定。

我国规定乳酸可在各类食品中按"正常生产需要"添加。用于果酱、果冻时，其添加量以保持产品的 pH 为 2.8~3.5 较为合适。用于乳酸饮料和果味露时，一般添加量为 0.4~2.0g/kg，且多与柠檬酸并用。用于配制酒、果酒调酸时，添加 0.03%~0.04%。

3. 苹果酸

苹果酸又称羟基琥珀酸、羟基丁二酸，分子式为 $C_4H_6O_5$，相对分子质量为 134.09，结构式如图 12-15 所示。

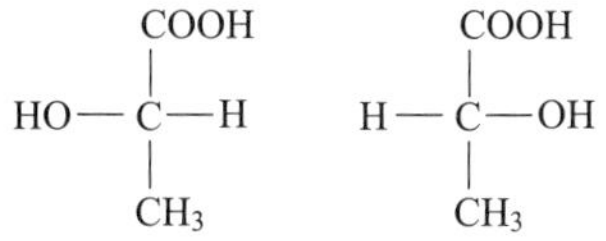

图 12-14 乳酸结构式

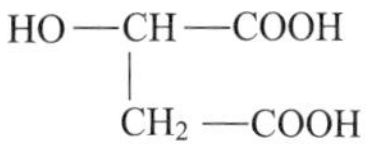

图 12-15 苹果酸结构式

苹果酸为白色结晶或结晶性粉末，无臭或稍有异味，有特殊的刺激性酸味，易溶于水，有吸湿性，酸味较柠檬酸强约 20%，呈味缓慢，且保留时间长，爽口，但微有苦涩味。ADI 不需要规定。苹果酸在水果中使用有很好的抗褐变作用。在果酱、饮料、罐头、糖果中可根据正常生产需要使用，一般多与柠檬酸并用。如苹果酸 100% 加柠檬酸 40% 可更接近天然苹果酸味；用于果汁、清凉饮料等的用量为 0.25%~0.55%，果子露 0.05%~0.1%，果酱 0.2%~0.3%，果冻 0.1%~0.3%，水果糖 0.05%~0.1%。

五、甜 味 剂

甜味剂是以赋予食品甜味为主要目的的食品添加剂。甜味剂分为 2 类：一类是天然甜味剂，如砂糖或糖浆。天然甜味剂又可分为糖与糖的衍生物以及非糖天然甜味剂。另一类是人工合成甜味剂，如采用淀粉或植物类原料，得到的人工甜味剂。通常所说的甜味剂是指人工合成的非营养甜味剂、糖醇类甜味剂与非糖天然甜味剂 3 类。

（一）主要合成甜味剂

1. 甜蜜素

甜蜜素又称环己基氨基磺酸钠，分子式为 $C_6H_{12}O_3NSNa$，相对分子质量 201.22，结构式如图 12-16 所示。

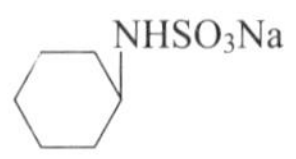

图 12-16　甜蜜素
结构图

甜蜜素为白色结晶或白色晶体粉末，无臭，味甜，易溶于水，难溶于乙醇，不溶于氯仿和乙醚；对热、光、空气以及较宽范围的 pH 均很稳定。甜度为蔗糖的 40~50 倍，为无营养甜味剂，其浓度大于 0.4% 时带苦味，溶于亚硝酸盐、亚硫酸盐含量高的水中。甜蜜素的甜味刺激来得较慢，但持续时间较长。

毒性：小鼠经口 LD_{50} 为 18g/kg。ADI 为 0~11mg/kg。食后由尿（40%）和粪便（60%）排出，无营养作用。

甜蜜素有一定的后苦味，常与糖精以 9:1 或 10:1 的比例混合使用，可使味质提高。与天门冬酰苯丙氨酸甲酯混合使用，也有增强甜度、改善味质的效果。作为一种无能量甜味剂，甜蜜素主要应用于如下产品：点心、果冻、果酱等；软饮料、果汁饮料的配料，清凉饮料、冰淇淋、糕点的最大使用量为 0.25g/kg；各种水果蜜饯，最大使用量为 1.0g/kg；口香糖、糖果和果冻 0.5~2.0g/kg 等。但《绿色食品　食品添加剂使用准则》（NY/T 392—2013）规定在生产绿色食品时禁止使用甜蜜素。

2. 天冬酰苯丙氨酸甲酯

天冬酰苯丙氨酸甲酯（aspartame，$N-L-\alpha-aspartyl-L-phenyianin\ L-methyl\ ester$，APM）又称甜味素、阿斯巴甜，商品名蛋白糖，分子式 $C_{14}H_{18}N_2O_5$，相对分子质量 294.31。结构式如图 12-17 所示。

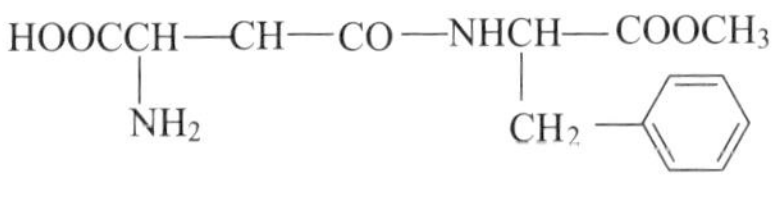

天冬酰苯丙氨酸甲酯为白色晶体粉末，无臭，有强甜味，微溶于水，难溶于乙醇，不溶于油脂。在水溶液中不稳定，热稳定性差，易分解而失去甜味。甜度为蔗糖的 100~200 倍，是一种安全性较高的二肽型甜味剂，属于低热量甜味剂，可作糖尿病、肥胖症等患者的疗效食品的甜味剂。

图 12-17　天冬酰苯丙氨酸甲酯结构图

毒性：小鼠经口 $LD_{50} > 10g/kg$，属无毒级。ADI 为 0~40mg/kg。

美国、日本及欧洲一些国家允许甜味素用于麦片、口香糖、粉末饮料、碳酸饮料、酸乳、腌渍物及用作餐桌甜味剂，但因其容易分解，在焙烤、油炸食品及酸性饮料中的应用受到限制。若用于需高温灭菌处理的制品，应控制加热时间不超过 30s。与甜蜜素或糖精混合使用有协同增效作用，对酸性水果香味有增强作用。由于阿斯巴甜是天冬氨酸和苯丙氨酸结合而成的双肽类甜味剂，一些国家（包括我国）出于对苯丙酮酸尿症患者需要控制苯丙氨酸摄入量的考虑，要求使用阿斯巴甜的食品标签上应标示"含有苯丙氨酸"。

（二）天然甜味剂

1. 木糖醇（xylitol）

木糖醇分子式为 $C_5H_{12}O_5$，相对分子质量 152.15，结构式如图 12-18 所示。

木糖醇为白色结晶或结晶性粉末，几乎无臭，味甜，甜度与蔗糖相当，耐热，极易溶于水（约160g/100mL），微溶于乙醇和甲醇，不与可溶性氨基化合物发生美拉德反应。木糖醇溶于水中会吸收很多能量，是所有糖醇甜味剂中吸热最大的一种，食用时会在口中产生愉快的清凉感。在人体内代谢与胰岛素无关，而且还能促进胰脏分泌胰岛素，是糖尿病人理想的代糖品。

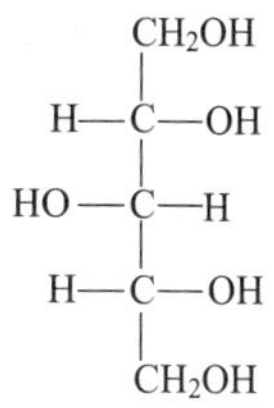

图12-18　木糖醇结构式

毒性：ADI 无须规定（FAO/WHO，1994）。

食用木糖醇过多会引起肠胃不适，故不宜在软饮料中使用。在其他食品中使用时，应在标签上说明适于糖尿病人食用。木糖醇主要用于防止龋齿性糖果（如口香糖、糖果、巧克力和软糖等）和糖尿病人的专用食品，也用于医药和洁齿品。

2. 山梨糖醇（sorbitol）

山梨糖醇又称山梨醇，分子式为 $C_6H_{14}O_6$，相对分子质量182.17，结构式如图12-19所示。

山梨糖醇为无色的针状结晶，或白色晶体粉末，无臭，易溶于水，微溶于甲醇、乙醇和乙酸，具有很大的吸湿性，在水溶液中不易结晶析出，能螯合各种金属离子。在通常情况下化学性质稳定，不与酸、碱起作用，不易氧化，不易与氨基酸、蛋白质等发生美拉德反应。耐热性能好，对微生物的抵抗力较强。甜度是蔗糖的60%～70%，具有清凉爽快的甜味。

毒性：小鼠经口 LD_{50} 为23.3～25.7g/kg体重，ADI 不作特殊规定。

山梨糖醇作为食品甜味剂用于清凉饮料，用量为1%～3%，用于面包、蛋糕保水的用量为1%～3%，巧克力为3%～5%，肉制品为1%～3%；在口香糖、糖果生产中加入少许山梨糖醇可保持食品柔软、改进组织和减少硬化。另外，山梨糖醇还能螯合金属离子，用于罐头饮料和葡萄酒中，可防止因金属离子而引起食品混浊。

3. 麦芽糖醇（maltitol）

麦芽糖醇，分子式为 $C_{12}H_{24}O_{11}$，相对分子质量344.31，结构式如图12-20所示。

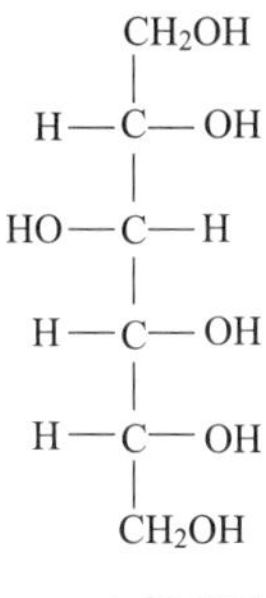

图12-19　山梨糖醇结构式 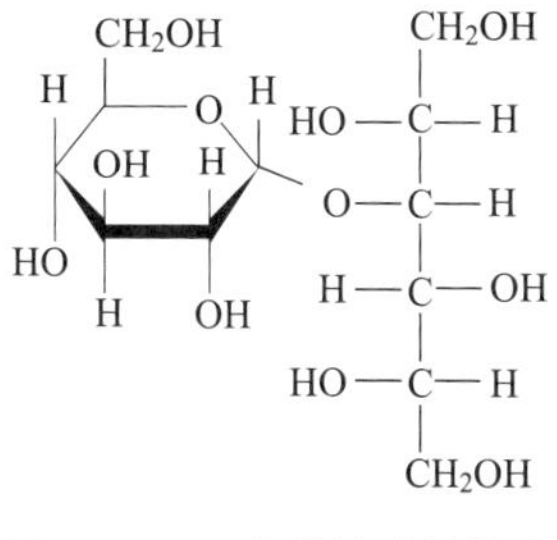　　　　图12-20　麦芽糖醇结构式

麦芽糖醇为白色结晶性粉末或无色透明的中性黏稠液体，易溶于水，不溶于甲醇和乙醇。吸湿性很强，甜度为蔗糖的85%～95%，具有耐热性、耐酸性、保湿性和非发酵性等特点，与氨基酸、蛋白质基本上不起美拉德反应。在体内不被消化吸收，不产生热量，不使血糖升高，不增加胆固醇，不被微生物利用，为疗效食品的理想甜味剂。

毒性：ADI 不作特殊规定。

我国规定麦芽糖醇可按生产需要适量用于雪糕、冰棍、糕点、果汁型饮料、饼干、面包、酱菜和糖果等食品中。由于麦芽糖醇口味清香纯正，食后无余味，并具有良好的保湿性和抗结晶性，可用来制造各种糖果，使糖果绵软不变硬和防止其他糖类结晶析出，如制造发泡的棉花糖、硬糖、透明软糖、巧克力。

六、食用合成色素

食品合成色素的安全性问题日益受到重视，各国对其均有严格的限制，不仅在品种和质量上有明确的限制性规定，而且对生产企业也有明确的限制，因此生产中实际使用的品种正在逐渐减少，我国目前允许使用的有 10 种，分别为苋菜红、胭脂红、赤藓红、新红、柠檬黄、日落黄、亮蓝、靛蓝、诱惑红、酸性红等。但由于合成色素在稳定性和价格等方面的优点，因此世界总的使用量仍在上升。

1. 苋菜红

苋菜红，又称酸性红、杨梅红、鸡冠花红、蓝光酸性红、食用色素红色 2 号，为水溶性偶氮类着色剂。分子式为 $C_{20}H_{11}N_2Na_3O_{10}S_3$，相对分子质量为 604.46。

性状与性能：苋菜红为紫红色均匀粉末，无臭，易溶于水，0.01% 的水溶液呈玫瑰红色，可溶于甘油及丙二醇，不溶于油脂等其他有机溶剂。最大吸收波长为（520 ± 2）nm，耐细菌性差，但耐光性、耐热性、耐盐性、耐酸性良好，对柠檬酸、酒石酸等稳定，遇碱变为暗红色。与铜、铁等金属接触易褪色。耐氧化、还原性差，不适于在发酵食品及含还原性物质的食品中使用。

毒性：苋菜红多年来被公认其安全性高，并被世界各国普遍使用。但是 1968 年报道本品有致癌性，1972 年 FAO/WHO 联合国食品添加剂专家委员会将其 ADI 从 0 ~ 1.5mg/kg 体重修改为暂定 ADI 为 0 ~ 0.75mg/kg 体重。1984 年该委员会根据所收集到的资料再次进行评价，规定其 ADI 为 0 ~ 0.5mg/kg 体重。

用途：我国规定，苋菜红使用范围和最大使用量为山楂制品、樱桃制品、果汁型饮料、汽水、配制酒、糖果、糕点上彩妆、红绿丝、罐头、浓缩果汁、青梅、对虾片，0.05g/kg。

2. 胭脂红

胭脂红，又称丽春红 4R、大红、亮猩红，为水溶性偶氮类着色剂。分子式为 $C_{20}H_{11}O_{10}N_2S_3Na_3$，相对分子质量为 604.46。

性状与性能：胭脂红为红色至深红色粉末，无臭，溶于水，水溶液呈红色，20℃ 时在 100mL 水中的溶解度为 23g。溶于甘油，微溶于乙醇，不溶于油脂。胭脂红吸湿性强。最大吸收波长为（508 ± 2）nm。耐光性、耐酸性、耐盐性较好，但耐热性、耐还原性相当弱，耐细菌性也较弱，遇碱变为褐色，着色性能差。

毒性：本品经动物试验证明无致癌、致畸作用，ADI 为 0 ~ 4mg/kg 体重，目前除美国不许可使用外，绝大多数国家许可使用。

用途：我国规定，胭脂红的使用范围和最大使用量与苋菜红相同，还可用于糖果色衣、豆乳饮料，最大使用量为 0.1g/kg，红肠肠衣，最大使用量为 0.025g/kg。

3. 赤藓红

赤藓红，又称食用色素红色 3 号、四碘荧光素、新品酸性红、樱桃红，为水溶性非偶氮类着色剂。分子式为 $C_{20}H_6I_4Na_2O_5 \cdot H_2O$，相对分子质量为 897.88。

性状与性能：赤藓红为红褐色颗粒或粉末，无臭。0.1%水溶液呈微蓝的红色，酸性时生成黄棕色沉淀，碱性时产生红色沉淀。溶于乙醇、甘油及丙二醇，不溶于油脂。着色力强，耐热、耐还原性好，但耐酸性、耐光性很差，吸湿性强。最大吸收波长（526±2）nm。

毒性：1974年FAO/WHO食品添加量专家委员会规定，本品ADI为0～2.5mg/kg体重；1984年再次评价，将其降为暂定ADI为0～1.25mg/kg体重；1986年降为暂定ADI为0～0.6mg/kg体重；1988年再次降为暂定ADI为0～0.05mg/kg体重；1990年对其进行评价后制定ADI为0～0.1mg/kg体重。

用途：我国规定，赤藓红使用范围和最大使用量为果味型饮料（液、固体）、果汁型饮料、汽水、配制酒、糖果、糕点上彩妆、红绿丝、罐头、浓缩果汁、青梅，0.05g/kg。该品耐热、耐碱，故适于对饼干等焙烤食品着色。因耐光性差，可对罐头食品着色而不适于在汽水等饮料中添加，不适于对酸性强的液体食品和水果糖等的着色。

4. 新红

新红属水溶性偶氮类着色剂，分子式为$C_{18}H_{12}O_{11}N_3Na_2S_3$，相对分子质量611.45。

性状与性能：新红为红色粉末，易溶于水，水溶液呈红色，微溶于乙醇，不溶于油脂，具有酸性染料特性。遇铁、铜易变色。最大吸收波长（515±10）nm。

毒性：经长期动物试验，未见致癌、致畸、致突变性，大鼠MNE（最大无作用量）为0.5%。

用途：我国规定，新红可用于液体酱类或膏状食品；用于固态食品，可用水溶液喷涂表面着色；用于糖果生产可在熬糖后冷却前加入糖坯中混匀。最大使用量都为0.5g/kg。

5. 柠檬黄

柠檬黄，又称酒石黄、酸性淡黄、食用色素黄色4号，为水溶性偶氮类着色剂。分子式$C_{16}H_9N_4Na_3O_9S_2$，相对分子质量534.37。

性状与性能：柠檬黄为橙黄色粉末，无臭。易溶于水，0.1%水溶液呈黄色，溶于甘油、丙二醇，微溶于乙醇，不溶于油脂。最大吸收波长为（428±2）nm。耐酸性、耐热性、耐盐性、耐光性均好，但耐氧化性较差。遇碱稍变红，还原时褪色。在柠檬酸、酒石酸中稳定。着色力强。

毒性：柠檬黄经长期动物试验表明安全性高，为世界各国普遍许可使用。该品ADI为0～7.5mg/kg体重。

用途：我国规定，本品使用范围和最大使用量为风味发酵乳、调制炼乳、冷冻饮品、焙烤食品馅料及表面挂浆（仅限风味派馅料、饼干夹心、蛋糕夹心）、果冻，0.05g/kg；蜜饯凉果、装饰性果蔬、腌渍的蔬菜、熟制豆类、加工坚果与籽类、可可制品、巧克力和巧克力制品、虾味片、糕点上彩妆、香辛料酱，0.1g/kg；除胶基糖果外的其他糖果、面糊、焙烤食品馅料及表面挂浆（仅限布丁、糕点），0.3g/kg；果酱、水果调味糖浆、半固体复合调味料，0.5g/kg。

七、发色剂

在食品的加工过程中添加适量的化学物质与食品中的某些成分发生作用，而使制品呈现良好的色泽，这种物质称为发色剂或称呈色剂。常用的食品发色剂主要有亚硝酸钠、硝酸钠、硝酸钾。

1. 亚硝酸钠

亚硝酸钠，分子式 $NaNO_2$，相对分子质量 69.00，是食品加工中最常用的发色剂。

性状与性能：亚硝酸钠为无色或微带黄色结晶，有咸味，易潮解，水溶液呈碱性反应。

毒性：小鼠经口 LD_{50} 为 0.2g/kg。人中毒量为 0.3～0.5g，致死量 3g。FAO/WHO（1985）规定，ADI 值为 0～5mg/kg（以亚硝酸钠计的亚硝酸盐总量）。

使用：我国《食品添加剂使用标准》（GB 2760—2014）对发色剂的使用标准规定，亚硝酸钠的使用范围为肉类制品、肉类罐头，其最大使用量均不超过 0.15g/kg。

2. 硝酸钠

硝酸钠，分子式为 $NaNO_3$，相对分子质量为 85.00。

性状与性能：硝酸钠为无色结晶或白色结晶，有时为带有浅灰色或浅黄色的粉末，具有一定的咸味并有苦味，易吸湿。在常温下溶解度很高，可达 90% 以上，10% 的水溶液呈中性。硝酸钠在肉制品中受细菌作用，发生还原转变成亚硝酸钠，在酸性条件下与肉中的肌红蛋白作用而发色。

毒性：大鼠经口 LD_{50} 为 1.1～2.0g/kg。FAO/WHO（1985）规定，ADI 值为 0～5mg/kg（以硝酸钠计的硝酸盐总量），硝酸盐的毒性作用主要是它在食物中、在水中或在胃肠道内，尤其是在婴幼儿的胃肠道内被还原成亚硝酸盐所致。

使用：其使用情况参照亚硝酸钠。

3. 硝酸钾

硝酸钾，又称土硝、硝石、盐硝或火硝，分子式为 KNO_3，相对分子质量 101.10。

性状与性能：硝酸钾为无色透明结晶或白色的结晶状粉末，味咸，稍有吸湿性，易溶于水。25℃时溶解度为 38%。其可代替硝酸钠，作为混合盐的成分之一，用于肉类腌制。

毒性及使用：大鼠经口 LD_{50} 为 3.2g/kg。FAO/WHO（1985）规定，ADI 值为 0～5mg/kg（以硝酸钠计的硝酸盐总量），在硝酸盐中，硝酸钾的毒性较强，此外其所含的钾离子对人体心脏有影响。其使用情况参照亚硝酸钠。

八. 漂 白 剂

漂白剂是指能够破坏、抑制食品发色因素，使其褪色或使食品免于褐变的物质。漂白剂不同于以吸附方式除去着色物质的脱色剂。

（一）食品漂白剂的作用原理

从食品漂白剂的作用机制看，漂白剂可以分为还原性漂白剂及氧化性漂白剂两大类。

1. 氧化性漂白剂的作用机制

能使着色物质氧化分解而漂白的称为氧化性漂白剂，有过氧化氢、过氧化钙、过氧化丙酮、过氧化苯甲酮、过氧化苯甲酰（现已取消使用）、高锰酸钾、二氧化氯等。氧化性漂白剂除了用于面粉处理剂的过氧化苯甲酰等少数品种外，在我国实际应用很少。至于过氧化氢，我国仅许可在某些地区用于生牛乳保鲜、袋装豆腐干，不作为氧化性漂白试剂使用。

2. 还原性漂白剂的作用机制

能使着色物质还原而起漂白作用的物质称为还原型漂白剂，所有的还原型漂白剂都属于亚硫酸类化合物，如亚硫酸氢钠、亚硫酸钠、低亚硫酸钠、焦亚硫酸钾等。无论是氧化型漂白剂还是还原型漂白剂，除了具有漂白作用外，大多数对微生物也有显著的抑制作用，所以又可作为防腐剂。

（二）还原性漂白剂及应用

1．二氧化硫

二氧化硫又称亚硫酸酐，相对分子质量为64.07，由燃烧的硫黄或黄铁矿制得。

性状与性能：在常温下为一种无色的气体，有强烈的刺激臭，熔点-76.1℃，沸点-10℃。在-10℃时冷凝成无色的液体。二氧化硫易溶于水或乙醇，对水的溶解度为22.8%（0℃）和5%（50℃）。二氧化硫溶于水后，一部分水化合成亚硫酸，亚硫酸不稳定，即使在常温下，特别是暴露在空气中时，很容易分解，当加热时更为迅速地分解而放出二氧化硫。

在果蔬制品加工中，熏硫时由于二氧化硫的还原作用，可起到对酶氧化系统的破坏、阻止氧化的作用，使果实中单宁类物质不致氧化而变色，达到漂白的目的。对于果脯、蜜饯类产品来说可以使成品保持浅黄色或金黄色。二氧化硫除具有漂白作用外，还可以改变细胞膜的透性，在脱水蔬菜的干制过程中，可明显促进干燥，提高干燥率。另外由于二氧化硫在溶于水后形成亚硫酸，对微生物具有强烈的抑制作用，所以又可达到防腐的目的。

毒性：二氧化硫是一种有害气体，在空气中浓度较高时，对于眼和呼吸道黏膜有强刺激性。

2．亚硫酸钠

亚硫酸钠，分子式Na_2SO_3，相对分子质量为129.06，分为无水品与七水品两种。

性状与性能：无水亚硫酸钠为白色粉末或小结晶，含水亚硫酸钠为无色单斜晶系结晶。无水品易溶于水，微溶于乙醇，对水的溶解度为13.9%（0℃）和28.3%（80℃），在空气中缓慢氧化成硫酸盐，但比含水晶体要稳定。无臭，具有清凉咸味和亚硫酸味。其水溶液呈碱性，1%水溶液的pH为9.3~9.4。由于亚硫酸呈碱性，与酸反应产生二氧化硫，具有强烈的还原性。

毒性：小鼠经口LD_{50}为600~700mg/kg（以SO_2），ADI值为0~0.7mg/kg（1983，以SO_2）。

3．焦亚硫酸钠

焦亚硫酸钠原名偏重亚硫酸钠，分子式为$Na_2S_2O_5$，相对分子质量190.10。

性状与性能：焦亚硫酸钠为白色粒状粉末或无色晶体或白色至黄色结晶状粉末。带SO_2气味，在空气中可释放出二氧化硫而分解，易溶于水，难溶于乙醇。1%水溶液的pH为4.0~5.5。亚硫酸氢钠与焦亚硫酸钠呈可逆反应，商品一般为两者的混合物。

（三）氧化性漂白剂及应用

氧化性漂白剂主要包括氯制剂和一些过氧化物类物质，它们借氧化作用而显示漂白功能，同时具有较强的杀菌功能。其杀菌功能较一般防腐剂如山梨酸、苯甲酸要强。氧化性漂白剂的性质普遍都不稳定，易于分解，作用不持久，有的有异味，所以一般很少直接添加到食品中去，即使添加到食品中，由于氧化性漂白剂的毒副作用较强，一般在形成成品前都要将其除去或严格控制其残留量。下面就常用的氧化性漂白剂的应用介绍如下。

1．过氧化丙酮

性状与性能：过氧化丙酮为单体或线型二聚过氧化丙酮的混合物，含少量高级聚合物，作为食品添加剂使用时通常与食用载体混合。其与玉米淀粉的混合物为白色流散性细粉。

毒性：ADI不做规定。

2．过氧化氢

过氧化氢又称双氧水，分子式为H_2O_2，相对分子质量34.01。

性状与性能：过氧化氢为无色透明液体。无臭或略带刺激性臭味。100%的过氧化氢纯品，相对密度 1.4649，熔点 – 0.89℃，沸点 151.4℃。过氧化氢可与水任意混溶。在食品中所使用的过氧化氢浓度为 27.5% 或 50%，具有强漂白作用和杀菌作用。遇有机物或光、热等分解并产生氧。在过氧化氢酶、过氧化物酶或碱的作用下分解成水和氧。所以为防止过氧化氢保存中的分解，常使用磷酸盐、有机酸盐等稳定剂。过氧化氢在碱性条件下 （pH 10 ~ 12）漂白作用最强。

3. 二氧化氯

二氧化氯，分子式为 ClO_2，相对分子质量 67.45。

性状与性能：二氧化氯为红黄绿色气体，有不愉快臭气，对光较不稳定，易分解，微溶于水。冷却压缩后成红色液体，沸点 11℃，熔点 –59℃，含游离氯 25% 以上。

毒性：ADI 为 0 ~ 30mg/kg。

九、食品增稠剂

食品增稠剂指可以提高食品黏稠度或形成凝胶，从而改变食品的物理性质、赋予食品黏润、适宜的口感，并兼有乳化、稳定或使食品呈悬浮状态作用的物质。食品增稠剂一般都能够在水中溶解或分散，能增加流体或半流体食品的黏度，并能保持所在体系的相对稳定。

增稠剂分子中含有许多亲水集团，如羟基、羧基、氨基或羧酸根，能与水分子发生水化作用。增稠剂分子质点大小一般在 1 ~ 100nm，质点水化后以分子状态高度分散在水中，构成单相均匀分散体系。因此，食品增稠剂是一类高分子亲水胶体物质，具有亲水胶体的一般性质。

食品增稠剂除了增稠、凝胶作用外，还具有以下的功效。

1. 发泡剂和稳定泡沫作用

增稠剂可以发泡，形成网络结构，它的溶液在搅拌时可包含大量气体，并因液泡表面黏性增加使其稳定。蛋糕、啤酒、面包、冰淇淋等常使用槐豆胶、海藻酸钠、明胶等做发泡剂用。

2. 黏合作用

香肠中使用槐豆胶、鹿角菜胶的目的是使产品成为一个集聚体，均质后组织结构稳定、润滑，并利用胶的强力保水性防止香肠在贮藏中失重。阿拉伯胶可以作为片、粒状产品的结合剂。

3. 成膜作用

增稠剂能在食品表面形成非常光润的薄膜，可以防止冰冻食品、固体粉末食品因表面吸湿而导致的质量下降。这层膜还可以使果品、蔬菜保鲜，并有抛光作用。作被膜用的常见的增稠剂包括醇溶性蛋白、明胶、琼脂、海藻酸等。当前，可食用包装膜是增稠剂发展的方向之一。

4. 保健作用

增稠剂都是大分子物质，许多来自于天然胶质，在人体内几乎不消化而被排泄掉，所以用增稠剂代替部分糖浆、蛋白质溶液等原料，很容易降低食品的热量，这种方法已在果酱、果冻、调料、点心、饼干、布丁中采用，并向更广泛的方面继续发展。

5. 保水作用

增稠剂有强亲水作用。在肉制品、面粉制品中能起改良品质的作用。如在面类食品中，增稠剂可以改善面团的吸水性，调制面团时，增稠剂可以加速水分向蛋白质分子和淀粉颗粒渗透的速度，有利于调粉过程。增稠剂能吸收几十倍乃至上百倍于自身质量的水分，并有持水性，这个特性可改善面团的吸水量，增加产品的重量。由于增稠剂有凝胶特性，使面制品黏弹性增强，淀粉 α 化程度高，不易老化变干。

6. 矫味作用

增稠剂对一些不良的气味有掩蔽作用，其中环糊精效果较好，但绝不能将增稠剂用于腐败变质的食品。

常用增稠剂在食品中的用途如表12-1所示。

表 12-1　　　　　　　　　　常用增稠剂在食品中的用途

功效特征	用途	常用增稠剂
胶黏、包胶、成膜作用	糕点糖衣、香肠、粉末固定香料及调味料、糖衣	琼脂、角豆胶、鹿角藻胶、果胶、CMC、海藻酸钠
膨松、膨化作用	疗效食品、加工肉制品	阿拉伯胶、瓜尔豆胶
结晶控制	冰制品、糖浆	CMC、海藻酸钠
澄清作用	啤酒、果酒	琼脂、海藻酸钠、CMC、瓜尔豆胶
混浊作用	果汁、饮料	CMC、鹿角藻胶
乳化作用	饮料、调味料、香精	丙二醇藻蛋白酸酯
凝胶作用	布丁、甜点心、果冻、肉冻	海藻酸钠、果胶、琼脂
脱膜、润滑作用	橡皮糖、糖衣、软糖	CMC、阿拉伯胶
保护性作用	乳、色素	松胶、CMC
稳定、悬浮作用	饮料、汽酒、啤酒、奶油、蛋黄酱等	丙二醇藻蛋白酸酯、鹿角藻胶、果胶、瓜尔豆胶
防缩剂	乳酪、冰冻食品	瓜尔豆胶等
发泡剂	糕点、甜食	CMC、果胶

十、粮食食品中常使用的食品添加剂

我国食品添加剂工业应用的重要领域是在粮油食品中的应用。面粉品质改良剂的研究和应用在国内外已有近百年历史，人们对小麦蛋白、淀粉的性质及品质改良剂的作用机制曾做过大量的工作。粮油食品中，焙烤食品的种类甚多，它们需要不同规格的面粉。例如制作优质面包时，需要用湿面筋量高达32%~38%的面筋筋力强的小麦面粉，而我国出产的小麦磨成的面粉，湿面筋含量偏低，一般在24%~28%，筋力较弱，适宜于制作馒头和面条等。因此我国的面粉加工厂常使用国外进口的含蛋白高、筋力强的硬质小麦，与我国的小麦进行搭配制成各种用途的专用面粉。目前，国内外已经开发应用了许多品种的面粉品质改良剂。此外，其他一些种类的食品添加剂如抗氧化剂、防腐剂和香精香料等在粮油食品中的应用也十分常见，具体介绍如下。

1. 面粉增筋剂

面粉增筋剂是最主要的面粉品质改良剂，主要用于提高制作面包、部分面条的面粉筋力。抗坏血酸、过硫酸铁、二氧化氯、氯气、磷酸盐、过氧化钙等均可作为面粉增筋剂。

2. 面粉降筋剂

降筋剂主要有还原剂和蛋白酶，用于降低或减弱面粉筋力。还原剂是将面筋蛋白质中的二硫键还原为硫氢基；蛋白酶是切断面筋蛋白质的肽链。二者都是使互相交联在一起的大分子面筋网络转变为小分子的面筋，从而达到减弱面团筋力的作用。它们主要用于糕点和饼干面粉的品质改良。目前，我国国产小麦粉质以中筋和低筋为主，故不能盲目地使用降筋剂，应以配麦或配粉作为主要技术措施来解决面粉筋力过强的问题。已开发应用的降筋剂有 L – 盐酸半胱氨酸、山梨酸、焦亚硫酸钠、亚硫酸氢钠、抗坏血酸、蛋白酶（木瓜蛋白酶、细菌蛋白酶、霉菌蛋白酶、胃蛋白酶、胰蛋白酶）等。

蛋白酶主要应用于韧性饼干和发酵饼干中。通过水解蛋白质切断肽链，将面筋蛋白质分子切断成较小的蛋白质分子，达到减弱面筋筋力，降低面团弹性和韧性，提高面团的伸展性和延伸性的目的，以利于饼干的生产和加工。同时，改善饼干的食用品质，使饼干口感疏松，入口即化，风味佳，不粘牙，不糊口。目前市售的"饼干松化剂"，就是用木瓜蛋白酶，再加入活化剂、淀粉充填剂一起混合复配而成的。它一般与焦亚硫酸钠或亚硫酸氢钠同时使用，也可以单独使用。

3. 乳化剂

利用微胶囊技术将乳化剂制成细粉状，可使乳化剂作为品质改良剂广泛应用于面粉中。已应用的有离子型乳化剂 SSL（硬脂酰乳酸钠）、CSL（硬脂酰乳酸钙）、蒸馏单硬脂酸甘油酯、蔗糖酯、双乙酰酒石酸单甘酯等。乳化剂的种类甚多，以 SSL、CSL 为例，这种乳化剂的优点是使用方便，不易吸潮结块，如果与其他乳化剂混合使用，如单硬脂酸甘油酯、蔗糖酯等，能延缓面包的老化速度，延长货架寿命。

4. 发酵促进剂

发酵促进剂是保证面团正常、连续发酵，或加快面团发酵速度的一类食品添加剂，具体包括以下几种。

（1）真菌 α – 淀粉酶　主要用途：补充面包粉中 α – 淀粉酶活力的不足，提供面团发酵过程中酵母生长繁殖时所需要的能量来源。α – 淀粉酶能将面粉中的淀粉连续不断地水解成小分子糊精和可溶性淀粉，再继续水解成麦芽糖、葡萄糖提供给酵母生长繁殖的能量，保证面团的正常、连续发酵，使面包体积和比体积达到正常标准，并使得内部质构和组织均匀细腻。不添加真菌 α – 淀粉酶的面粉，由于 α – 淀粉酶活力过低，面团发酵速度很慢，发酵时间长，面包质量较差。国内市场供应产品有丹麦诺和诺德公司、比利时 Rimond – Beidem 公司、国内有关酶制剂产品。

（2）铵盐类　主要是氯化铵、硫酸铵、磷酸铵，提供酵母细胞合成所需的氮源，加快细胞合成，促进酵母生长繁殖。

（3）磷酸盐　主要是磷酸二氢钙等，提供酵母生长繁殖所需的钙源。

5. 营养强化剂

常用的营养强化剂有维生素 B_1、维生素 B_2、烟酸、铁、钙、小麦胚芽粉、膳食纤维及其他复合型添加剂。粮油食品中使用营养强化剂时，可考虑添加铁、锌、硒、碘等无机盐类，由于在安全方面有争议，影响食品的原味，目前只有补充钙质的添加剂较多地用于粮油制品。含钙的添加剂品种较多，其中碳酸钙的价格低廉，含钙质约 40%，应用最多，其次为骨粉、碳酸钙、生物制品及乳酸钙等。

6. 膨松剂

膨松剂又称疏松剂或发粉，主要用于面包、蛋糕、饼干和发面制品中，一般分为生物膨松剂和化学膨松剂两类。前者种类有液体酵母、鲜酵母、干酵母、速效干酵母等；后者一般是碳酸盐、硫酸盐、磷酸盐、铵盐和矾类及其复合物。近年来，植物蛋白膨松剂应用越来越多，这种产品溶解性、起泡性好，泡沫持久，无色无味，膨松效果良好，在粮油食品中应用渐趋于广泛。

7. 增稠剂

增稠剂主要增强面团的黏稠度，提高面团强度和面筋网络稳定性，并能提高面团持气和膨胀能力，增大产品比体积和体积。常用的有海藻酸钠、黄原胶、羧甲基纤维素、瓜尔豆胶、沙蒿子胶等。

8. 抗氧化剂

在含油量较高的食品中一般还要用抗氧化剂，主要用于保存期长、含水分较低的粮油食品中，用以延缓其中的油脂的氧化，延长制品的保存期。其主要用于粮油制品中植物油脂的抗氧化。比较能耐高温的抗氧化剂有油溶性的丁基羟基茴香醚（BHA）、二丁基羟基甲苯（BHT），用量皆为油脂含量的 $0.01\% \sim 0.02\%$，二者合用总量也为 $0.01\% \sim 0.02\%$。在使用抗氧化剂的同时，最好加入等量的柠檬酸（以螯合食品中的金属离子），可增加抗氧化作用。

9. 防腐剂

目前，国内外常用于粮油食品的防霉剂主要有苯甲酸及其盐类、山梨酸及其盐类、脱氢醋酸及其盐、尼泊金酯丙酸盐类等，防霉剂可分为酸性防霉剂和酯型防霉剂等。它们主要用于面包、蛋糕、饼干等焙烤食品的防霉保鲜。

10. 甜味剂

甜味剂是使用最广泛的食品添加剂，在粮油食品中也经常应用。蔗糖是粮油食品加工中使用最为频繁的甜味剂。近年来，由于消费者对食品中过多热量的担心，而粮油食品一般含热量较高，所以当前添加的甜味剂趋向于无热量或低热量型的，如阿斯巴甜、乙酰磺胺酸钾、索马甜、山梨醇、木糖醇等甜味剂。

11. 香精香料

在粮油食品中还使用一些香料。如焙烤食品常用较耐高温的油脂香精和粉末香料，大都偏重于乳制品的香味，还有特殊的椰子、葱油等香精及人工合成的乙基麦芽酚和乙基香兰素等。粮油食品中使用的天然香料有椰子粉、脱水葱片以及青葱、洋葱汁或酱等。目前使用香味剂时，先将其配制成各种风味的粉末，喷洒在出炉的糕点表层，特别是一些休闲小吃的表层。在粗杂粮食品中，香精香料的使用也较多。

第四节　食品添加剂与食品安全性

一、食品添加剂的危害及毒性

食品添加剂除具有有益作用外，也可能有一定的危害性，特别是有些食品添加剂具有一定的毒性。所谓毒性是指某种物质对机体造成损害的能力。毒性除与物质本身的化学结构与理化性质有关外，还与其有效浓度或剂量、作用时间及次数、接触途径与部位、物质的相互作用与机体的功能状态等条件有关。构成毒害的基本因素是物质本身的毒性及剂量。

随着科学技术的发展，人们对食品添加剂的深入认识，对那些对人体有害，对动物致癌、致畸的食品添加剂品种已禁止使用，而对那些安全性还未确定的食品添加剂则继续进行更严格的毒理学检验以确定其是否可用。从 1956 年开始，FAO／WHO 食品添加剂联合专家委员会（JECFA）就建立了添加剂纯度、毒理学评价数据、推荐安全用量等具体规范。我国目前使用的食品添加剂都有充分的毒理学评价，并且符合食用级质量标准，因此只要在其正常使用范围内，使用方法与使用量符合食品添加剂使用卫生标准，一般来说都是安全可靠的。

此外，目前国际上认为食品危害人体健康最大的问题首先是由微生物污染引起的食物中毒；其次是食物营养问题，如营养缺乏、营养过剩所带来的问题；第三是环境污染；第四是食品中天然毒物的误食，最后才是食品添加剂。由此可见，因食品添加剂产生的问题相对较少。在实际操作上，对某些效果显著而又具有一定毒性的物质，是否批准应用于食品中，则要权衡其利弊。以亚硝酸盐为例，亚硝酸盐长期以来一直被作为肉类制品的护色剂和发色剂，但随着科学技术的发展，人们不但认识到它本身的毒性较大，而且还发现它可以与仲胺类物质作用生成具有强烈致癌作用的亚硝胺。但尽管这样，亚硝酸盐在大多数国家仍批准使用，因为它除了可使肉制品呈现美好、鲜艳的亮红色外，还具有防腐作用，可抑制多种厌氧性梭状芽孢菌，尤其是肉毒梭状芽孢杆菌的生产，防止肉类中毒。亚硝酸盐的这一功能在目前使用的添加剂中还找不到理想的替代品，并且，只要严格控制其使用量，其安全性是可得到保证的。

二、食品添加剂的安全性

同样的物质在不同的摄取量下，对人体的安全性是不同的。1958 年以前，FDA 认为每种食品添加剂在任何浓度下均应是无害的。后来逐渐发现只有在某一剂量下，才能讨论某种食品添加剂的安全性问题。理想的食品添加剂最好是安全无毒的；但有些食品添加剂，尤其是一般的化学合成食品添加剂往往有一定的毒性，所以在使用过程中需要严格控制其使用量。

对于一般的食品添加剂来说，虽然有一定的毒性，但是不论其毒性强弱或剂量大小，对人体都有一个剂量与效应关系的问题，也就是只有达到一定浓度或剂量水平，才能显示其毒害作用。只要在一定的条件下使用时不呈现毒性，即可相对地认为对机体是无害的。而且国家允许使用的食品添加剂，其毒性大多是比较低的，在正常使用条件下，它们都不属于"毒药"。就某一食品添加剂而言，如果已有充分的毒理学评价，并且符合食用级质量标准，其使用范围、使用方法与使用量符合卫生管理原则，在这一系列条件下，一般来说都是无毒的。

为了保证人体的健康，对食品添加剂的毒性必须严谨慎重地对待。一般食品添加剂通常的使用量并不会引起人的急性中毒，但是食品添加剂是长期少量地随同食品摄入，这些物质毕竟不是天然食品的正常成分，长期少量摄入是否会有潜在的危害，应该加以注意。要防止使用不当而造成食品污染，应该提倡尽量少用或不用，对允许使用的食品添加剂，也要严格控制其使用范围与使用量。

三、食品添加剂安全性管理

食品添加剂最重要的是安全和有效，其中安全性最为重要。为了达到安全使用的目的，需要对用作食品添加剂的物质进行充分的安全性管理，这是根据国家标准、卫生要求，以及食品添加剂的生产工艺、理化性质、质量标准、使用效果、范围、加入量、毒理学评价及检验方法等做出的综合性的安全评价。食品添加剂安全性管理的目的：一方面已将那些对人体有害，对动物致癌、致畸，并有可能危害人体健康的食品添加剂品种禁止使用；另一方面对那些有怀疑的品种继续进行更严格的毒理学检验以确定其是否可用、许可使用时的使用范围、最大使用量与残留量，制定质量规格，确定分析检验方法等。

JECFA 目前已对数千种食品添加剂进行了安全性评价，其研究结果为各国食品添加剂管理部门所引用。JECFA 食品添加剂评价遵循的主要原则可概括为：① 再评估原则。因食品添加剂使用情况的改变（添加量增减、摄入量和摄入模式改变等），对食品添加剂认识程度的加深，以及检测技术和安全性评价标准的改进，需要对添加剂安全性进行再评估。② 个案处理原则。不同添加剂理化性质、使用情况各不相同，因此没有统一的评价模式。③ 分两个阶段评价。先搜集相关评价资料，再对资料进行评价。

现有的食品添加剂安全性评价主要包括化学评价和毒理学评价。化学评价关注食品添加剂的纯度、杂质及其毒性、生产工艺以及成分分析方法，并对食品添加剂在食品中发生的化学作用进行评估。毒理学评价最重要的是识别添加剂危害的主要数据来源，它又可分为体外毒理学评价和动物毒理学评价。通过毒理学评价确定食品添加剂在食品中无害的最大限量，并对有害的物质提出禁用或放弃的理由，以确保食品添加剂使用的安全性。

四、食品添加剂生产管理

《食品添加剂生产监督管理规定》（国家食品药品监督管理总局令第 127 号）明确规定，生产食品添加剂产品的企业必须具备以下条件：

（1）合法有效的营业执照。

（2）与生产食品添加剂相适应的专业技术人员。

（3）与生产食品添加剂相适应的生产场所、厂房设施；其卫生管理符合卫生安全要求。

（4）与生产食品添加剂相适应的生产设备或者设施等生产条件。

（5）与生产食品添加剂相适应的符合有关要求的技术文件和工艺文件。

（6）健全有效的质量管理和责任制度。

（7）与生产食品添加剂相适应的出厂检验能力；产品符合相关标准以及保障人体健康和人身安全的要求。

（8）符合国家产业政策的规定，不存在国家明令淘汰和禁止投资建设的工艺落后、耗能高、污染环境、浪费资源的情况。

（9）法律法规定的其他条件。

食品添加剂的生产管理具体规范如下：

（1）生产者应当对出厂销售的食品添加剂进行出厂检验，检验合格后方可销售。

（2）生产食品添加剂，应当使用符合相关质量安全要求的原辅材料、包装材料及生产设备。

（3）生产者应当建立原材料采购、生产过程控制、产品出厂检验和销售等质量管理制度，并做好以下生产管理记录：

　　① 生产者从业人员的培训和考核记录；

　　② 厂房、设施和设备的使用、维护、保养检修和清洗消毒记录；

　　③ 生产者质量管理制度的运行记录，其中包括原辅材料进货验收记录、生产过程控制记录、产品出厂检验记录、产品销售记录等。

　　上述记录应当真实、完整，生产者对其真实性和完整性负责。记录的保存期限不得少于二年；产品保质期超过二年的，保存期限应当不短于产品保质期。

　　（4）食品添加剂应当有标签、说明书，并在标签上载明"食品添加剂"字样。

　　标签、说明书，应当标明下列事项：

　　① 食品添加剂产品名称、规格和净含量；

　　② 生产者名称、地址和联系方式；

　　③ 成分或者配料表；

　　④ 生产日期、保质期限或安全使用期限；

　　⑤ 贮存条件；

　　⑥ 产品标准代号；

　　⑦ 生产许可证编号；

　　⑧ 食品安全标准规定的和国务院卫生行政部门公告批准的使用范围、使用量和使用方法；

　　⑨ 法律法规或者相关标准规定必须标注的其他事项。

　　（5）食品添加剂标签、说明书不得含有不真实、夸大的内容，不得涉及疾病预防、治疗功能。食品添加剂的标签、说明书应当清楚、明显，容易辨认识读。有使用禁忌或安全注意事项的食品添加剂，应当有警示标志或者中文警示说明。

　　（6）食品添加剂应当有包装并保证食品添加剂不被污染。

　　（7）受他人委托加工食品添加剂的，受委托生产者应当具有委托生产范围内的食品添加剂生产许可证。委托加工的食品添加剂，除应当按照产品质量和食品安全法律法规以及本规定的要求进行食品添加剂标识标注外，还应标明受委托生产者的名称、地址和联系方式等内容。

　　（8）生产的食品添加剂存在安全隐患的，生产者应当依法实施召回。生产者应当将食品添加剂召回和召回产品的处理情况向质量技术监督部门报告。

　　（9）生产者应当建立生产管理情况自查制度，按照有关规定对食品添加剂质量安全控制等生产管理情况进行自查。

五、食品添加剂销售和使用的管理

　　近年来，食品安全事故频发，消费者对食品添加剂谈虎色变。出现这种情况的主要原因在于，一些食品生产企业在利益驱动下，超标使用食品添加剂。甚至在食品中添加非法添加剂。滥用食品添加剂对消费者的身体健康产生很大的危害。加强食品添加剂的销售和使用管理成为保障食品安全的重要组成部分。

　　（1）严格规范食品添加剂的使用标准　严格遵守《食品添加剂新品种管理办法》（卫生部令第 73 号）和《食品添加剂生产监督管理规定》（国家食品药品监督管理总局令第 127 号），严格按照食品添加剂的规定使用剂量进行添加，避免在食品中添加非法添加剂。对于违法超剂量添加食品添加剂的企业进行严惩。利用媒体和社会舆论进行公开，情节严重或屡教不改者给予吊销营业执照处分。形成一种联动监督的模式，加强食品生产企业的自律，保证食品的安全生产，确保消费者的身心健康。

（2）完善食品添加剂相关法规，加强监督管理　通过完善食品添加剂新品种的行政许可制度，严格规范食品添加剂新品种的研究和申报，及时公布审核缺乏技术必要性和未通过安全性评价的物质名单，以及违法添加的非食用物质的名单。严格执行食品添加剂生产许可制度，加强食品添加剂标签标识管理。开展食品添加剂的专项抽检和检测，及时公布不合格的食品名单。进一步巩固和完善食品添加剂相关法律、法规，加强监督管理，明确各自的责任和分工，保证食品添加剂在销售和使用过程的安全性。

（3）增强消费者的食品安全意识　食品安全问题直接关系到消费者的身体健康，加强食品安全管理还应增强消费者的食品安全意识，争取全民参与监督食品安全。生产企业因存在某些疑虑，标签上往往隐瞒所用添加剂，甚至标注"本品不含任何添加剂"，误导和欺骗消费者。消费者可以通过电视、报纸相关媒介，了解食品添加剂及其作用，增强食品安全意识，形成全民共同监督食品安全的良好氛围。

随着食品工业的不断发展，人们食用的食品种类越来越多，追求的色、香、味、形、营养等质量越来越高，食品添加剂的种类和数量也越来越多，食品添加剂的安全性问题越来越受到人们的关注，食品添加剂的质量控制、安全性管理、毒理学试验、新品种的审批要求也将越来越严格。天然提取的绿色食品添加剂将成为未来主要发展方向，如天然抗氧化剂茶多酚、天然甜味剂甘草提取物、天然抗菌剂大蒜素、天然色素和天然香料等。食品添加剂是食品工业发展的需要，是现代食品工业、食品加工技术中的重要内容。食品添加剂的应用加速了食品工业现代化的发展历程。可以说，没有食品添加剂的应用与发展就没有现代化食品工业。

🔍 思考题

1. 什么是食品添加剂？
2. 食品添加剂在食品加工中有何意义与作用？
3. 食品添加剂按其来源、功能和安全性评价的不同方法进行分类各有哪些种类？
4. 简述常见防腐剂的应用范围和方法。
5. 抗氧化剂有哪些类型？各有何使用特点？
6. 食品中常使用哪些酸味剂、鲜味剂、甜味剂？分别举例说明。
7. 食品中常使用哪些护色剂？试讨论其利弊。
8. 食品中常使用哪些漂白剂？分别举例说明。
9. 常用的合成着色剂有哪些？各有何特性？
10. 食品中常用的增稠剂有哪些？分别举例说明。
11. 简述食品添加剂的毒理学评价方法与步骤。
12. 食品添加剂的选用应该遵循哪些原则？
13. 讨论食品添加剂的毒性及危害问题。
14. 讨论食品添加剂的安全性问题。简述食品添加剂的安全性生产管理、销售和使用管理办法。

参 考 文 献

［1］迟玉杰. 食品化学. 北京：化学工业出版社，2012.

［2］谢明勇. 食品化学. 北京：化学工业出版社，2011.

［3］钟立人，蒋家新，竺尚武. 食品科学与工艺原理. 北京：中国轻工业出版社，1999.

［4］江波，杨瑞金，卢蓉蓉. 食品化学. 北京：化学工业出版社，2005.

［5］阚建全. 食品化学. 北京：中国农业大学出版社，2008.

［6］冯凤琴，叶立扬. 食品化学. 北京：化学工业出版社，2005.

［7］夏延斌. 食品化学. 北京：中国农业出版社，2004.

［8］姜发堂，陆生槐. 方便食品原料学与工艺学. 北京：中国轻工业出版社，1997.

［9］赵新淮. 食品化学. 北京：化学工业出版社，2006.

［10］汪东风. 食品中有害成分化学. 北京：化学工业出版社，2006.

［11］许牡丹，毛跟年. 食品安全性与分析检测. 北京：化学工业出版社，2003.

［12］Owen R. Fennema. Food Chemistry. 食品化学. 王璋等译. 北京：中国轻工业出版社，2003.

［13］中国疾病预防控制中心营养与食品安全所、杨月欣、王光亚等. 中国食物成分表. 第2版. 北京：北京大学医学出版社，2009.

［14］凌关庭. 天然食品添加剂手册. 第2版. 北京：化学工业出版社，2009.

［15］何国庆，丁立孝. 食品酶学. 北京：化学工业出版社，2006.

［16］吴秋明，叶兴乾，吴丹，等. 脂肪酶在食品工业中的应用. 粮油加工与食品机械，2004，（11）：72－73.

［17］刘湘，王秋安. 天然产物化学. 第2版. 北京：化学工业出版社，2010.

［18］David E. Netwon. Food Chemistry. 食品化学. 王中华译. 上海：上海科学技术文献出版社，2011.

［19］汪东风. 食品化学. 第2版. 北京：化学工业出版社，2014.

［20］孙长颢. 营养与食品卫生学. 第7版. 北京：人民卫生出版社，2012.

［21］高彦祥. 食品添加剂. 北京：中国轻工业出版社，2011.

［22］谢笔钧. 食品化学. 北京：科学出版社，2004.

［23］黄梅丽，江小梅. 食品化学. 北京：中国人民大学出版社，1986.

［24］刘邻渭. 食品化学. 郑州：郑州大学出版社，2011.

［25］凌关庭. 天然食品添加剂手册. 北京：化学工业出版社，2000.

［26］刘钟栋. 食品添加剂在粮油制品中的应用. 北京：中国轻工业出版社，2001.

［27］郝利平，夏延斌，陈永泉，等. 食品添加剂. 北京：中国农业大学出版社，2002.

［28］陈正行，狄济乐. 食品添加剂新产品与新技术. 南京：江苏科学技术出版社，2002.

［29］侯振建. 食品添加剂及其应用技术. 北京：化学工业出版社，2004.

［30］胡国华. 食品添加剂应用基础. 北京：化学工艺出版社，2005.

［31］刘钟栋. 食品添加剂. 南京：东南大学出版社，2006.